数值计算原理

李庆扬　关　治　白峰杉　编著

清华大学出版社
北　京

内 容 简 介

本书的内容是现代科学计算中常用的数值计算方法及其原理，包括数值逼近，插值与拟合，数值积分，线性与非线性方程组数值解法，矩阵特征值与特征向量计算，常微分方程初值问题、刚性问题与边值问题数值方法，以及并行算法概述等。本书是为学过少量《计算方法》的理工科研究生学习《数值分析》而编写的教材。内容较新，起点较高，叙述严谨，系统性强，偏重数值计算一般原理。每章附有习题及数值试验题，附录介绍了 Matlab 软件以便于读者使用。本书可作为理工科研究生《数值分析》课程的教材或参考书，也可供从事科学与工程计算的科技人员学习参考。

图书在版编目(CIP)数据

数值计算原理/李庆扬等编著. —北京：清华大学出版社，2000(2020.8重印)

ISBN 978-7-302-03942-6

Ⅰ. 数…　Ⅱ. 李…　Ⅲ. 数值计算-研究生-教材　Ⅳ. 0241

中国版本图书馆 CIP 数据核字(2000)第 32999 号

责任编辑：刘　颖
责任印制：宋　林

出版发行：清华大学出版社
网　　址：http://www.tup.com.cn，http://www.wqbook.com
地　　址：北京清华大学学研大厦 A 座　　**邮　　编**：100084
社 总 机：010-62770175　　**邮　　购**：010-62786544
投稿与读者服务：010-62776969，c-service@tup.tsinghua.edu.cn
质 量 反 馈：010-62772015，zhiliang@tup.tsinghua.edu.cn
印 装 者：北京建宏印刷有限公司
经　　销：全国新华书店
开　　本：140mm×203mm　**印　张**：14.875　**字　数**：371 千字
版　　次：2000 年 9 月第 1 版　　**印　次**：2020 年 8 月第 13 次印刷
定　　价：45.00 元

产品编号：003942-04/O

前　言

本书是为清华大学理工科各专业硕士研究生学位课程《数值分析》编写的教材。我们开设研究生《数值分析》课已经20年，先后编写并使用过的教材有多种[1～3,5]。近六七年针对本科生已普遍学过32～48学时的《计算方法》的情况，为使学生学到更多的数值计算新内容，我们使用《现代数值分析》[1]作为教材(1995—1997)，1998年又使用了《数值分析基础》[3]作为教材。根据多年教学实践及使用上述教材中发现的问题，并考虑到新世纪对理工科研究生数学教育的要求，我们在原有教材的基础上编写新的教材。考虑到本科生已学过少量《计算方法》，新教材尽可能不重复这部分内容，但其基本内容仍包括数值逼近与插值，数值积分，线性方程组和非线性方程组数值解法，矩阵特征值计算及常微分方程刚性问题与边值问题数值方法等。考虑到理工科研究生对科学计算的需要以及近年计算机的硬件及软件环境，并兼顾到提高数学素质的目的，本教材具有以下特点：(1) 内容更新，起点更高。删除了以前教材中较基本和陈旧的内容，增加科学计算中的实用方法和一些新的方法。(2) 着重数值计算基本原理和各种方法的基本思想的阐述。注意数学概念的准确性和严密性，使学生的数学逻辑思维能力得到训练，但又根据非数学专业的要求减少了定理的证明，内容上还减少了具体算法步骤的描述。(3) 由于并行计算机硬件条件的改善，掌握并行算法并将它付之实践成为可能，本教材介绍了并行算法的基本概念并将并行算法思想贯穿于有关章节，但对具体并行算法不多作描述，目的只是使读者需要时能加以使用，并非基本要求，但有了并行算法思想将对数值计算算法理解更为全面。(4) 加强数值试验,掌握并应用数值计算方法是本课程的重要部分,它必须通过数值试验达到,为此本书各章都给出了适当的数值试验题,供读者选做,并推荐 Matlab 软件作为基本计算工具。在附录中对 Matlab 做了介绍,附录中还简单介绍了其他数学软件工具,目的都是为了加强数值试验。

根据上述内容和特点,本书定名为《数值计算原理》,它适合于作为大学理工科各专业研究生“数值分析”学位课的教材,它在深度和广度上均超过现有《数值分析》教材的内容,较适合于在本科已学过少量《计算方法》,数学要求较高的高校选用。由于本书自成系统,即使本科没有学过《计算方法》,只要有微积分和线性代数基础也不会有太大困难。本书内容较多,对于只有 64 学时的课程,任课老师可根据学生情况和教学大纲要求适当删减某些内容。此外本书也可供从事科学与工程计算的科技人员学习参考。

本书第 1,2,4,6 章由李庆扬编写,第 3,5 两章由关治编写,各章的数值试验题及附录由白峰杉编写。

清华大学数学科学系领导对本书编写非常重视,组织原计算数学教研组教师对课程大纲进行了认真讨论,并对本书取材提出了宝贵意见,陆金甫教授仔细审阅了全书并提出了修改意见,清华大学出版社在时间紧迫的情况下为本书出版给予大力支持,在此我们表示衷心感谢。我们希望使用本书的老师、同学及广大读者对本书提出批评指正。

编　者

2000 年 3 月于清华园

目　　录

第1章　数值计算原理与计算精确度

1　数值计算的一般原理

1-1　数学问题与数值计算

数学与科学技术一向有着密切的关系并互相影响，科学技术各领域的问题通过建立数学模型与数学产生了紧密的联系，数学又以各种形式应用于科学与工程. 近几十年由于计算机的飞速发展，求解各种数学问题的数值计算方法也愈来愈多地应用于各领域，除科学与工程计算外，还包括医学，经济管理和社会科学等.

实际应用中所导出的数学模型其完备形式往往不能方便地求出精确解，于是人们就局限于讨论问题的简化模型，例如将复杂的非线性模型忽略一些因素，简化为线性模型，但这样做往往不能满足精度要求，因此目前更多的是用数值计算方法来直接求解较少简化的模型，而计算量大小往往依赖所用的数值方法及所需精度. 高速大型和并行计算机的发展为利用数值计算方法进行科学与工程计算(简称科学计算)提供了条件，为适应这种需要数值计算方法的研究发展也很快，一批适合计算机求解并节省计算量的数值计算方法随之产生，并被广泛使用，成为科学计算的主要方法. 数值计算是指面向数学问题适合于计算机使用的数值方法，是计算数学重要部分，也是计算科学的公共基础和最通用的数值方法.

本书作为研究生教材，考虑到学生已学过最基本的“计算方法”，原则上不再详细介绍基本的和目前较少使用的算法，而着重介绍一些现代科学计算中较常用的算法和数值计算的一般原理.本书仍然只涉及微积分,常微分方程和高等代数等基础数学的数值计算问题,但其内容深度和广度均超过目前理工科研究生“数值分析”课的要求.

1-2 数值问题与算法

数值问题是指输入数据(即问题中的自变量与原始数据)与输出数据(结果)之间函数关系的一个确定而无歧义的描述.输入输出数据可用有限维向量表示.根据这种定义,“数学问题”不一定是“数值问题”,但它往往可用“数值问题”逼近.例如,解常微分方程 $\frac{\mathrm{d}y}{\mathrm{d}x}=x^2+y^2$, $y(0)=0$,它不是数值问题,因为输出不是数据而是连续函数 $y=y(x)$,但只要规定输出数据是 $y(x)$ 在 $x=h,2h,\cdots,nh$ 处的近似值,这就是一个数值问题,它可用欧拉(Euler)折线法或其他数值方法求解,这些数值方法就是算法.

计算的基本单位称为算法元,它由算子、输入元和输出元组成,算子可以是简单操作,如算术运算+、-、×、/,逻辑运算,也可以是宏操作如向量运算、数组传输、函数求值等.输入元和输出元分别可视为若干变量或向量.由一个或多个算法元组成一个进程,它是算法元的有限序列.一个**数值问题的算法是指按规定顺序执行一个或多个完整的进程**.通过它们将输入元变换成一个输出元.面向计算机的算法可分为串行算法与并行算法两类.只有一个进程的算法适用于串行计算机,称为串行算法;两个以上进程的算法适合于并行计算机,称为并行算法.对于一个给定的数值问题可以有许多不同的算法,它们都能给出近似答案,但所需计算量和得到精度可能相差很大.一个面向计算机,计算复杂性好,又有可靠理论分析的算法就是一个好算法.所谓**计算复杂性**包含时间复杂性和空间复杂性两方面，在同一精度下，计算时间少的为时间复杂性好，而占用内存空间少的为空间复杂性好.

例 1.1 计算多项式

$$p(x)=a_0x^n+\cdots+a_{n-1}x+a_n$$

的值.

这是一个数值问题，输入数据为 $a_0,\cdots,a_n$ 及 x，输出数据为 $p(x)$，若直接由 x 算出 $x^2,\cdots,x^n$ 再乘相应的系数 $a_{n-1},a_{n-2},\cdots,a_0$ 并相加，则要做 $2n-1$ 次乘法和 n 次加法，占用 $2n+1$ 个存储单元. 若将 $p(x)$ 改写为

$$p(x)=(\cdots(a_0x+a_1)x+\cdots+a_{n-1})x+a_n$$

用递推公式表示为

$$b_0=a_0,\ b_i=a_i+b_{i-1}x,\ i=1,2,\cdots,n,\ b_n=p_n(x)$$

它只用 n 次乘法和 n 次加法，并占用 $n+2$ 个存储单元，故这是一个好的串行算法，它称为秦九韶方法，也称霍纳(Horner)算法(秦九韶于 1247 年提出此算法，比霍纳于 1819 年提出的算法早 500 多年).

对于大型计算问题，不同算法计算复杂性差别就更大. 例如解线性方程组，当 $n=20$ 时，用克莱姆(Cramer)法则，其运算次数(乘除法)需 9.7×10^{20}，用每秒运算 1 亿次的计算机也要算 30 多万年. 而用高斯(Gauss)消去法只需乘除运算 3060 次，并且 n 愈大相差就愈大. 这个例子既表明算法研究的重要性，又说明只提高计算机速度而不改进和选用好的算法也是不行的. 人类的计算能力是计算工具的性能与计算方法效率的总和，因此，计算能力的提高有赖于双方的提高. 例如，1955 至 1975 年的 20 年间，计算机速度提高数千倍，而同一时间解决一定规模的椭圆型偏微分方程计算方法效率提高约 100 万倍，这说明研究和选择好的算法对提高计算速度，在某种意义上说比提高计算机速度更重要，因为算法研究所需代价要小得多. 当然，选择好算法的前提是保证计算结果的可

靠性，这就要求有可靠的理论分析，使计算结果满足精度要求.

1-3　数值计算的共同思想和方法

在基本的“计算方法”中已经知道了一些常用的数值算法，它们可概括为以下几种共同的思想与方法.

1-3-1　迭代法

迭代法即逐次逼近法，它指按同一公式重复计算的一个数值过程. 例如在方程求根中，求方程

$$x = G(x) \tag{1.1}$$

的根，假定 $G(x)$ 在有根区间 $[a,b]$ 上连续、可微，可构造迭代法

$$x_{k+1} = G(x_k), \quad k = 0,1,\cdots \tag{1.2}$$

从某个初始近似 $x_0 \in [a,b]$ 出发，由(1.2)可算得 $x_1, x_2, \cdots$，计算一次 $G(x_k)$ 称为一次迭代. 若序列 $\{x_k\}$ 收敛于一个极限 x^*，则由(1.2)有

$$x^* = \lim_{k\to\infty} x_{k+1} = \lim_{k\to\infty} G(x_k) = G(x^*)$$

故 x^* 是方程(1.1)的一个根. 同一方程可构造出不同的迭代法，它们有的收敛快有的收敛慢，有的不收敛，这与 $G(x)$ 在根 x^* 附近导数 $G'(x)$ 的变化有关. 若在根 x^* 附近 $|G'(x)|<1$，则序列 $\{x_k\}$ 收敛，且 $|G'(x^*)|$ 越小收敛越快，在精度要求内迭代次数愈少则收敛越快.

例 1.2　用下列三种迭代法求方程 $x^2-3=0$ 的根 $x^*=\sqrt{3}$，各计算 3 步，考察它们是否收敛和收敛快慢.

(1) $x_{k+1}=\dfrac{3}{x_k}$, $k=0,1,\cdots$

(2) $x_{k+1}=x_k-\dfrac{1}{4}(x_k^2-3)$, $k=0,1,\cdots$

(3) $x_{k+1}=\dfrac{1}{2}\left(x_k+\dfrac{3}{x_k}\right)$, $k=0,1,\cdots$

解　取 $x_0=2$，分别计算 3 步，结果见表 1-1.

表 1-1　分类迭代表

x_k	方法(1)	方法(2)	方法(3)
x_0	2	2	2
x_1	1.5	1.75	1.75
x_2	2	1.73475	1.73214
x_3	1.5	1.73236	1.732051

此题精确解 $x^*=\sqrt{3}=1.7320508\cdots$，可见迭代法(1)不收敛，(2)、(3)收敛，而(3)收敛最快. 实际上迭代法(1)的 $G(x)=\frac{3}{x}$，$G'(x)=-\frac{3}{x^2}$，$G'(x^*)=-1$；在迭代法(2)中，$G(x)=x-\frac{1}{4}(x^2-3)$，$G'(x)=1-\frac{1}{2}x$，$G'(x^*)=1-\frac{1}{2}\sqrt{3}\approx 0.134<1$；在迭代法(3)中，$G(x)=\frac{1}{2}\left(x+\frac{3}{x}\right)$，$G'(x)=\frac{1}{2}\left(1-\frac{3}{x^2}\right)$，$G'(x^*)=0$.

对线性方程组

$$\boldsymbol{A}\boldsymbol{x}=\boldsymbol{b} \tag{1.3}$$

其中 $\boldsymbol{A}\in\mathbf{R}^{n\times n}$，$\boldsymbol{b}\in\mathbf{R}^n$ 已知. 用迭代法求解 $\boldsymbol{x}=(x_1,\cdots,x_n)^{\mathrm{T}}$，若 $\boldsymbol{A}=\boldsymbol{M}-\boldsymbol{N}$，$\boldsymbol{M}$ 非奇异，也可构造迭代法

$$\boldsymbol{x}^{(k+1)}=\boldsymbol{B}\boldsymbol{x}^{(k)}+\boldsymbol{f},\ k=0,1,\cdots \tag{1.4}$$

其中 $\boldsymbol{B}=\boldsymbol{M}^{-1}N\in\mathbf{R}^{n\times n}$ 称为迭代矩阵，$\boldsymbol{f}=\boldsymbol{M}^{-1}\boldsymbol{b}$. 若 $\boldsymbol{B}$ 的范数 $\|\boldsymbol{B}\|<1$，则对 $\forall\,\boldsymbol{x}^{(0)}\in\mathbf{R}^n$，可由(1.4)逐次求得 $\boldsymbol{x}^{(1)},\boldsymbol{x}^{(2)},\cdots$，且 $\lim\limits_{k\to\infty}\boldsymbol{x}^{(k)}=\boldsymbol{x}^*$，$\boldsymbol{x}^*$ 即为方程(1.3)的解.

无论在实用上或理论上，处理线性或非线性问题，迭代法都是最重要的手段之一，但无论哪种问题都必须找到合适的方法把方程转化成类似于方程(1.1)的形式，并选取某个合适的初始近似. 为了减少迭代次数，通常必须在多种方案中选取收敛较快的方法，因而同一问题可产生各种不同的迭代法.

1-3-2 以直代曲

另一个经常出现的思路是将非线性问题线性化，也就是在一个局部范围中用直线近似代替曲线，更进一步是用多项式逼近复杂函数. 仍以方程 $f(x)=0$ 的求根为例，在几何上 $y=f(x)$ 是一曲线，它与 x 轴交点的横坐标即为方程的根，假如已给出一个近似根 x_k，我们用曲线在点 $(x_k, f(x_k))$ 上的切线逼近该曲线，令 x_{k+1} 是该切线与 x 轴交点的横坐标，在正常情况下 x_{k+1} 对根的近似比 x_k 好（如图 1-1）. 上述以直代曲相当于用 $f(x)$ 在 $x=x_k$ 处泰勒（Taylor）级数中一次项近似 $f(x)$，然后求线性方程的根，即

$$f(x) \approx f(x_k) + f'(x_k)(x - x_k) = 0$$

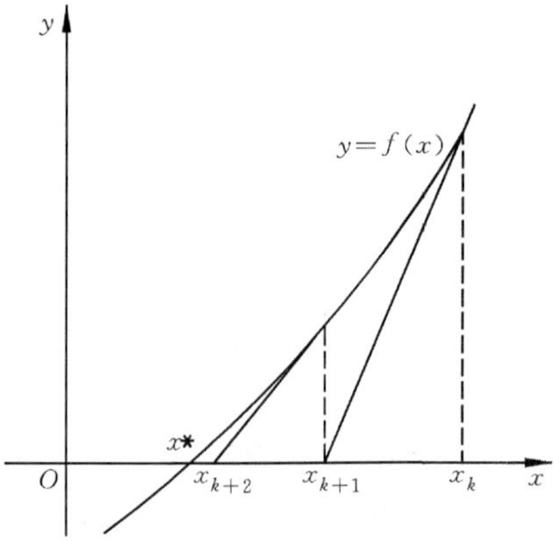

图 1-1 以直代曲

将它的解记作 x_{k+1}，重复这一过程则产生序列

$$x_{k+1} = x_k - \frac{f(x_k)}{f'(x_k)}, \quad k = 0,1,\cdots \tag{1.5}$$

称为**牛顿（Newton）法**，它是局部线性化与迭代法结合产生的，是一个具有 2 阶收敛的迭代法.

另一个用直线逼近 $y=f(x)$ 的方法是在曲线上任取两点，然

后连接这两点的割线近似曲线，用割线方程近似 $f(x)=0$，则得到方程求根的割线法. 这种用割线方程近似函数 $f(x)$ 的方法也称为线性插值法. 用这种方法计算定积分

$$I=\int_a^b f(x)\mathrm{d}x \tag{1.6}$$

则得到数值积分的**梯形法**

$$\int_a^b f(x)\mathrm{d}x \approx \frac{b-a}{2}[f(a)+f(b)]$$

它的几何意义是用梯形面积近似曲边梯形面积.

为提高精度可将以直代曲的思路进一步推广，用一般的 n 次多项式

$$p_n(x)=a_0+a_1x+\cdots+a_nx^n$$

逼近函数 $f(x)$. 其中包括用泰勒展开，内插法和其他数值逼近方法. 在此基础上，方程求根，定积分计算，常微分方程数值求解等都能导出各种不同的数值算法.

1-3-3 化整为零

指将整体问题分割为若干小部分处理，例如计算(1.6)的积分 I，可将 $[a,b]$ 分割为 n 个小区间，令 $a=x_0<x_1<\cdots<x_n=b$，$x_i=a+ih$，$h=\dfrac{b-a}{n}$，在每个小区间 $[x_i,x_{i+1}]$ 上的积分都用梯形法计算，则得**复化梯形公式**

$$I\approx T(h)=\frac{h}{2}\sum_{i=0}^{n-1}[f(x_i)+f(x_{i+1})] \tag{1.7}$$

当 $h\to 0$ 有

$$T(h)-I=O(h^2)$$

因此，只要 h 取得足够小就可得到任意高的近似精度，只不过计算工作量(计算函数值 $f(x)$ 的次数)要与 h 成正比. 当 h 较小时计算量增长很快.

求常微分方程 $y'=f(x,y)$，$y(a)=y_0$，$x\in[a,b]$ 的数值解，计

算时也是化整为零，取分点 $x_k=a+kh,h=\dfrac{b-a}{n}$，可将它等价于

$$y(x_{k+1})-y(x_k)=\int_{x_k}^{x_{k+1}}f(x,y(x))\mathrm{d}x,\quad k=0,1,\cdots \tag{1.8}$$

在小区间上求积分近似，则可得到精确解 $y(x_k)$的近似 y_k，如上式积分用梯形法，则得到

$$y_{k+1}=y_k+\frac{h}{2}[f(x_k,y_k)+f(x_{k+1},y_{k+1})],\ k=0,1,\cdots \tag{1.9}$$

称为**梯形公式**. 由 $y(x_0)=y_0$ 已知，由 y_0 可算出 y_1，逐次求出 y_2，y_3，…，它是一个递推过程.(1.9)中 y_{k+1}包含在函数 f 中，故它是隐式的. 若用左矩形公式近似(1.8)右端积分，则得最简单的计算公式

$$y_{k+1}=y_k+hf(x_k,y_k),\quad k=0,1,\cdots \tag{1.10}$$

称为**欧拉(Euler)法**，当 $h\to 0$ 时

$$y(x_k)-y_k=O(h)$$

而对梯形公式，当 $h\to 0$ 时

$$y(x_k)-y_k=O(h^2)$$

它表明只要步长 h 足够小，数值解 y_k 都能逼近 $y(x_k)$并达到所要求的精度.

1-3-4　外推法

对于依赖步长 h 的数值计算公式，为提高其逼近精度都可使用外推法. 例如计算积分 $I=\int_a^b f(x)\mathrm{d}x$ 的梯形公式(1.7)，由于

$$T(h)=I+c_1h^2+c_2h^4+\cdots \tag{1.11}$$

其中 c_1,c_2 不依赖 h，若用步长 $2h$ 计算，则

$$T(2h)=I+c_1(2h)^2+c_2(2h)^4+\cdots \tag{1.12}$$

(1.12)式减去 4×(1.11)式，则得

$$T(2h)-I=4[T(h)-I]+O(h^4)$$

忽略 $O(h^4)$，则得

$$I \approx T(h) + \frac{1}{3}[T(h) - T(2h)] \tag{1.13}$$

用(1.13)右端作为 I 的新近似,其逼近误差可达到 $O(h^4)$,比用 $T(h)$ 近似好得多,这种方法就是**外推法**,也称 Richardson 外推法.这种外推思路不仅对数值积分有效,对其他许多能用 h 的幂次展开的数值计算问题都可应用,是提高数值计算问题精度的一种有效的方法.

例 1.3 对 $f(x)=x^3$ 和 $f(x)=x^5$,用梯形法计算 $I=\int_2^4 f(x)\mathrm{d}x$,取 $h=\frac{1}{2}$,并与外推法和精确值比较.

解 按梯形公式(1.7)及外推法(1.13),计算结果如下:

$f(x)$	x^3	x^5
$f(2)$	8	32
$f(2.5)$	15.625	97.65625
$f(3)$	27	243
$f(3.5)$	42.875	525.21875
$f(4)$	64	1024
$T\left(\frac{1}{2}\right)$	60.75	696.9375
$T(1)$	63	771
外推法	60	672.25
精确值 I	60	672

由于外推法误差为 $O(h^4)$.故对 $f(x)=x^3$,它与精确值 I 相等.而对 $f(x)=x^5$,它与精确值误差也很小.

2 数值计算中的精确度分析

2-1 误差来源与误差估计问题

在求解实际问题中,从建立数学模型,将数学问题转化为数值问题，到设计算法并在计算机上算出结果，每步都存在误差. 数学模型是对被描述问题进行抽象，忽略次要因素简化得到的. 一般说它是原始问题的近似，其误差称为**模型误差**. 建立数学模型时涉及到的物理量如温度、质量密度、电压等等这些参量都是观测得到的，也是近似的，其误差称为**观测误差**. 上述两种误差不属于数值计算的研究范围，数值计算主要研究从数学问题转化为数值问题的算法时所产生的误差，这种误差称为**截断误差**或**方法误差**. 例如用泰勒展开的前 n 项和近似函数 $f(x)$ 时，其余项就是截断误差. 数值问题算法确定后具体计算时是用有限位运算，这时原始数据和运算中位数的舍入都可能产生误差，这种误差我们统称为**舍入误差**. 它也将影响数值计算的精确度，也是应该研究的.

数值计算中的截断误差应结合具体数值算法讨论，将在以后各章中介绍. 至于舍入误差，目前还没有较有效的估计方法，这里只就简单的＋、－、×、/运算及函数计算时给出其误差界的估计. 设 $y=y(x)$，当 x 有误差 Δx 时，估计 y 的误差，由

$$\Delta y = y'(\tilde{x})\Delta x,\ \tilde{x} \in (x-\Delta x, x+\Delta x)$$

可得

$$\Delta y \approx y'(x)\Delta x \quad 或 \quad |\Delta y| \leqslant \max|y'(x)||\Delta x| \tag{2.1}$$

更一般地，若 $y=y(x_1,\cdots,x_n)$，x_i 的误差为 $\Delta x_i (i=1,2,\cdots,n)$，则由多元函数的泰勒展开得 y 的误差 Δy

$$\Delta y \approx \sum_{i=1}^{n} \frac{\partial y(x)}{\partial x_i}\Delta x_i \quad 或 \quad |\Delta y| \leqslant \sum_{i=1}^{n} \max\left|\frac{\partial y(x)}{\partial x_i}\right||\Delta x_i| \tag{2.2}$$

这种误差估计得到 $|\Delta y|$ 的上界，包含了最坏的情况，是保守的估计. 对四则运算的误差估计也已包含在(2.2)的公式中.

例 2.1 若 $x_1=1.03\pm0.01$，$x_2=0.45\pm0.01$ 计算 $y=x_1^2+\frac{1}{2}e^{x_2}$ 的近似值并估计误差 Δy 及其上界.

解 这里 $x_1=1.03$，$\Delta x_1=0.01$，$x_2=0.45$，$\Delta x_2=0.01$

由于

$$\frac{\partial y}{\partial x_1}=2x_1=2.06,\quad \frac{\partial y}{\partial x_2}=\frac{1}{2}e^{x_2}=0.7842$$

$$\left|\frac{\partial y}{\partial x_1}\right|\leqslant 2.1,\quad \left|\frac{\partial y}{\partial x_2}\right|\leqslant 0.79$$

由(2.2)可得 $\Delta y\approx 0.0285$，$|\Delta y|\leqslant 0.029$. $y=x_1^2+\frac{1}{2}e^{x_2}=1.845$ 可表示为 $y=1.845\pm 0.029$.

上述误差估计只适合于简单的计算问题，对于大规模数值计算是不合适的，因为实际上在计算中舍入误差往往互相抵消，但用什么方法定量估计仍有很大难度. 已经提出的向后误差分析法，区间分析法和概率分析法也都不能用于实际的误差估计，为此我们着重于误差的定性分析，也就是讨论数值算法的数值稳定性及避免舍入误差的危害.

2-2 算法的数值稳定性

对一个数值问题我们关心的是计算结果的可靠性. 对一个算法是否可靠与舍入误差是否增长密切相关.

定义 2.1 一个算法如果输入数据有扰动(即误差)，而计算过程中舍入误差不增长则称此算法是**数值稳定的**，否则此算法就称为**不稳定的**.

先看以下例题.

例 2.2 对 $n=0,1,\cdots,8$，计算积分 $y_n=\int_0^1\frac{x^n}{x+5}dx$.

解 由于

$$y_n+5y_{n-1}=\int_0^1\frac{x^n+5x^{n-1}}{x+5}dx=\int_0^1 x^{n-1}dx=\frac{1}{n}$$

于是可得到计算积分 y_n 的递推公式

$$y_n=\frac{1}{n}-5y_{n-1},\quad n=1,2,\cdots,8 \tag{2.3}$$

其中

$$y_0=\int_0^1 \frac{1}{x+5}\mathrm{d}x=\ln(x+5)\Big|_0^1=\ln\frac{6}{5}\approx 0.182=\tilde{y}_0$$

利用公式(2.3)计算 y_n，计算取到小数后 3 位，由于初值 y_0 用 $\tilde{y}_0$ 近似，实际计算结果为

$$\tilde{y}_n=\frac{1}{n}-5\tilde{y}_{n-1},\quad n=1,2,\cdots,8 \tag{2.4}$$

若用其他算法求 y_n 精确到小数后 6 位，计算结果见表 1-2.

表 1-2　积分值 y_n 与近似值 $\tilde{y}_n$ 及 $\bar{y}_n$ 比较

n	y_n	$\tilde{y}_n$	$\bar{y}_n$
0	0.182322	0.182	0.182
1	0.088392	0.090	0.088
2	0.058039	0.050	0.058
3	0.043139	0.083	0.043
4	0.034306	−0.165	0.034
5	0.028468	1.025	0.028
6	0.024325	−4.958	0.025
7	0.021231	24.933	0.021
8	0.018846	−124.540	0.019

从表中看到，$\tilde{y}_n$ 的结果误差很大，$n\geqslant 4$ 时已完全失真. 实际上，容易估计出 $\frac{1}{6(n+1)}<y_n<\frac{1}{5(n+1)}$，而 $\tilde{y}_4<0$ 是根本不对的. 这里计算公式(2.4)是精确的，误差都是由于 y_0 有微小误差 $\varepsilon_0=y_0-\tilde{y}_0<\frac{1}{2}\times 10^{-3}$ 引起的，记 $\varepsilon_n=y_n-\tilde{y}_n$，由(2.3)减(2.4)得

$$\varepsilon_n=-5\varepsilon_{n-1}=\cdots=(-1)^n 5^n \varepsilon_0$$

这表明误差 ε_n 增长很快，故算法(2.3)不稳定.

现在从另一方向使用这公式,由(2.3)得

$$y_{n-1} = \frac{1}{5}\left(\frac{1}{n} - y_n\right), \quad n = 8,7,\cdots,1 \tag{2.5}$$

若取 $\bar{y}_8 = 0.019$, $|\varepsilon_8| = |y_8 - \bar{y}_8| < \frac{1}{2}\times 10^{-3}$,由(2.5)对 $n=8,7,\cdots,1$ 算出 $\bar{y}_{n-1} = \frac{1}{5}\left(\frac{1}{n} - \bar{y}_n\right)$,此时所有 $\bar{y}_7,\cdots,\bar{y}_0$ 与 $y_7,\cdots,y_0$ 比较都有 3 位有效数字. 见表 1-2,此时 $\varepsilon_{n-1} = (-1)\left(\frac{1}{5}\right)\varepsilon_n$, $\varepsilon_{8-k} = (-1)^k\cdot\left(\frac{1}{5}\right)^k\varepsilon_8$, $k=1,2,\cdots,8$,当 k 增大时 $|\varepsilon_{8-k}|$ 是减少的,故它是数值稳定的.

数值不稳定的算法是不能使用的. 实际计算中对任何输入数据都是稳定的算法,称为无条件稳定. 另一类算法对某些数据稳定,而对另一些数据不稳定,这种算法称为条件稳定.

例 2.3 求实二次方程 $ax^2+bx+c=0$ 的根.

用求根公式 $x_{1,2} = \frac{-b\pm\sqrt{b^2-4ac}}{2a}$ 求解,此算法就是条件稳定的. 因为当 $b^2 \gg 4|ac|$ 时算法不稳定,其他情况算法稳定. 如求 $x^2-56x+1=0$ 的根, $x_1 = 28+\sqrt{783} \approx 55.982$, $x_2 = 28-\sqrt{783} \approx 0.018$, x_2 只有两位有效数字,这是由于 $b^2 \gg 4ac$ 引起的. 此时出现两相近数相减,有效位数损失. 为避免舍入误差增长可将求根公式改为

$$x_1 = \frac{-b-\mathrm{sgn}(b)\sqrt{b^2-4ac}}{2a}, \quad x_2 = \frac{c}{ax_1} \tag{2.6}$$

按(2.6)求方程 $x^2-56x+1=0$ 根,可得 $x_2 = \frac{1}{55.982} \approx 0.017863$,它具有 5 位有效数字. 算法(2.6)是无条件稳定的.

在算法中如出现两相近数相减或在除法运算中出现除数绝对值近似于零的情况都会导致算法数值不稳定,设计算法时应尽量

避免.通常对条件稳定算法总可通过重新设计算法或利用计算机提供的双倍或多倍精度数的运算,使算法数值稳定.对舍入误差恶性增长的不稳定算法是绝对不能使用的,这种算法用双精度数运算也是不行的.

2-3 病态问题与条件数

上面讨论的数值稳定性是对算法而言的,对数学问题本身如果输入数据有微小扰动,引起输出数据(即问题解)很大扰动,这就是病态问题.它是数学问题本身性质所决定的,与算法无关,也就是说对病态问题,用任何算法直接计算都将产生不稳定性.先看下面例子.

例 2.4 求方程组

$$\begin{cases} x + \alpha y = 1 \\ \alpha x + y = 0 \end{cases}$$

的解.

当 $\alpha=1$ 时,系数矩阵奇异,解不存在.当 $\alpha\neq 1$ 时,解为 $x=(1-\alpha^2)^{-1}$,$y=-\alpha(1-\alpha^2)^{-1}$.若 α 是唯一经舍入的数据,当 $\alpha^2\approx 1$ 时,若输入数据 α 有误差,则解的误差很大.例如,当 $\alpha=0.99$ 时,$x\approx 50.25$;若α 有舍入误差 0.001,即 $\tilde{\alpha}=0.991$ 则解 $\tilde{x}\approx 55.81$.误差 $\tilde{x}-x=5.56$,这时问题便是病态的.而当 $\alpha\ll 1$ 时问题就是良态的.

病态与**良态**是相对的,没有严格界线,通常判断问题是否病态,可用条件数大小来衡量,条件数越大问题病态越严重.例如,求函数值 $f(x)$的条件数 cond$(f(x))$可定义为

$$c_p = c(x) = \mathrm{cond}(f(x)) = \frac{|xf'(x)|}{|f(x)|} \tag{2.7}$$

这里输入数据为 x,输出数据为 $f(x)$,当 x 有扰动 Δx 时,条件数

$\mathrm{cond}(f(x))$为 f 的相对误差$\left|\dfrac{\Delta f(x)}{f(x)}\right|$比 x 的相对误差$\dfrac{\Delta x}{x}$，当 $\Delta x \to 0$，得

$$\mathrm{cond}(f(x)) = \lim_{\Delta x\to 0}\left|\frac{f(x+\Delta x)-f(x)}{f(x)}\right| \Big/ \left|\frac{\Delta x}{x}\right| = \frac{|xf'(x)|}{|f(x)|}$$

根据定义，条件数 $c(x)$越大，f 的相对误差越大，当 $c(x)\gg 1$ 就认为问题是病态的. 在例 2.4 中解 $x=(1-\alpha^2)^{-1}$，计算 $\mathrm{cond}(x)$可由(2.7)得到

$$c(\alpha) = \left|\frac{\alpha x'(\alpha)}{x(\alpha)}\right| = \frac{2\alpha^2}{1-\alpha^2}$$

当 $\alpha=0.99$ 时，$c(0.99)\approx 100$，故问题是病态的.

例 2.5 解线性方程组

$$\begin{cases} x_1 + \dfrac{1}{2}x_2 + \dfrac{1}{3}x_3 = \dfrac{11}{6} \\ \dfrac{1}{2}x_1 + \dfrac{1}{3}x_2 + \dfrac{1}{4}x_3 = \dfrac{13}{12} \\ \dfrac{1}{3}x_1 + \dfrac{1}{4}x_2 + \dfrac{1}{5}x_3 = \dfrac{47}{60} \end{cases} \tag{2.8}$$

此方程组解为 $x_1=x_2=x_3=1$. 在计算机上运算其所有输入数据都是有限位小数，若计算时取 3 位十进制有效数字，则用消去法求解得 $x_1=1.089$，$x_2=0.488$，$x_3=0.491$，误差很大，这表明输入数据有微小扰动，输出数据误差很大，故此问题是病态问题. 线性方程组(1.3)的条件数 $\mathrm{cond}(\mathbf{A})=\|\mathbf{A}\|\,\|\mathbf{A}^{-1}\|$（见第 3.1 节），可以算出例 2.5 中 $\mathrm{cond}(\mathbf{A})=748$，故方程组(2.8)也是病态的.

对病态问题，其计算结果一般是不可靠的，通常应改变问题提法以改善条件数，或采用特殊处理方法，或用高精度运算以减少舍入误差等. 如何处理病态问题，将在后面各章节针对不同问题做具体介绍.

3 并行算法及其基本概念

3-1 并行算法及其分类

传统计算机采用 Von Neumann 结构，其特点是每一时刻按一条指令加工处理一个或一对数据，这类计算机称作单指令流单数据流系统，简称 SISD(Single Instruction Stream Single Data Stream)型，只有一个进程的算法，就是传统的串行算法，适用于这类计算机. 并行计算机与此不同，它每一时刻可按多条指令处理多个数据，面向并行计算机具有 2 个以上进程的算法称为**并行算法**.

例 3.1 求 N 个数 $a_1, a_2, \cdots, a_N$ 的和

$$s = \sum_{i=1}^{N} a_i \tag{3.1}$$

一个进程的串行算法是累加算法

$$s_1 = a_1,\ s_k = s_{k-1} + a_k,\quad k = 2, \cdots, N$$

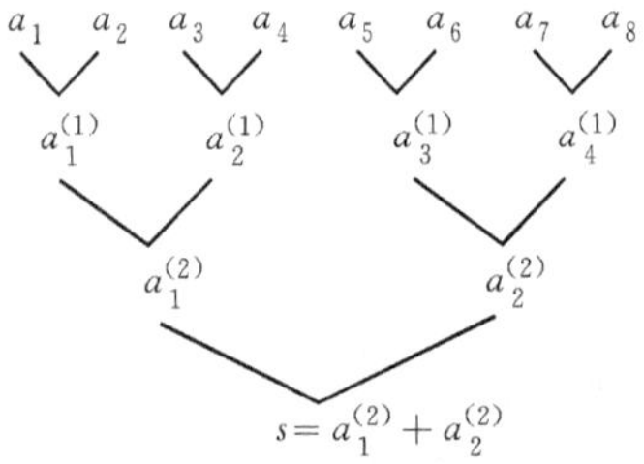

图 1-2 扇入加法示意图

$s_N = s$ 即为所求，在累加过程中所给和数规模逐次减 1，显然它不适合于并行计算. 图 1-2 给出 $N=8$ 时的一种并行算法，称为扇入加法. 它可组成 4 个进程 P_1, P_2, P_3, P_4 如下：

P_1	P_2	P_3	P_4
$a_1^{(1)}=a_1+a_2$	$a_2^{(1)}=a_3+a_4$	$a_3^{(1)}=a_5+a_6$	$a_4^{(1)}=a_7+a_8$
$a_1^{(2)}=a_1^{(1)}+a_2^{(1)}$		$a_2^{(2)}=a_3^{(1)}+a_4^{(1)}$	
$s=a_1^{(2)}+a_2^{(2)}$			

在有 4 台处理机的并行系统中用 3＝lb8 级完成 8 个数求和. 第 1 级并行做 4 个加法,第 2 级并行做 2 个加法,第 3 级做 1 个加法.

并行机必须是包含 2 台以上处理机,它有不同类型. 用一个控制器控制多台处理机,在每一时刻都执行同一指令对单个或一对数组进行同样加工,这类并行机称为单指令流多数据流系统,简称 SIMD(Single Instruction Stream Multiple Data Stream)机. 另一类并行机由多个控制器分别控制多台处理机,各处理机在自己的指令控制下处理自己的数据流,称为多指令流多数据流系统,简称 MIMD(Multiple Instruction Stream Multiple Data Stream)机.

按指令流单个还是多个并行算法可分为两大类:**SIMD 算法**与 **MIMD 算法**.

SIMD 算法的基本特征是:

(1) k 个进程由 1 个指令流控制,一个并行步仅由一条指令控制,故每个并行步所含的操作必须完全相同.

(2) 允许并行步中操作的个数在 2 至 k 之间有任意性,且有含 k 个操作的并行步.

(3) 能在一个具有 k 台处理机的 SIMD 系统中实现.

例 3.1 给出的扇入加法就是 SIMD 算法.

MIMD 算法的基本特征是:

(1) k 个进程由 k 个指令流控制. 故每个并行步所含各操作可两两相异,而且存在包含不同操作的并行步.

(2) 同 SIMD 算法特征(2).

(3) 能在一个具有 k 台处理机的 MIMD 系统中实现.

按照进程之间是否需要同步也可将并行算法分为同步算法与异步算法.

同步算法 是指在 k 个进程的算法中有些进程的若干算法必须在另一些进程的某些算法之后执行，为此有些进程可能出现在计算之前或计算之间的等待阶段，同步算法可在一个具有 k 台处理机的 SIMD 系统或 MIMD 系统中实现.

异步算法 k 个进程间有信息联系但不须同步，它只能在一个具有 k 台处理机的 MIMD 系统中实现. 因此异步算法一定是 MIMD 算法. 使用这种算法时各次执行的实际过程可能互不重复. 同步算法既可以是 SIMD 算法也可以是 MIMD 算法，而 SIMD 算法一定是同步算法. 进程间的同步通过单指令流的控制来保证. 这样并行算法可分成 3 类，即 SIMD 算法，同步 MIMD 算法和异步算法.

例 3.2 对 $f(x)=0$ 求根的牛顿法(1.5)，分别设计两个进程的同步及异步算法.

解 同步算法：可将每次迭代分成三个计算元：分别计算 $f(x_k)\to f_k, f'(x_k)\to f'_k$ ，$x_k-\dfrac{f_k}{f'_k}\to x_{k+1}$ 及检验精度. 将计算分为两个进程 P_1 及 P_2，假定计算 $f'(x_i)$ 比 $f(x_i)$ 更花时间，则两个进程或其中一个必出现等待继续计算所需数据的情况，图 1-3 给出两种同步 MIMD 算法示意图.

异步算法：可引进 3 个公用变量 t_1, t_2, t_3 分别表示 $f(x)$，$f'(x)$ 及 x 在计算中的当前值，仍假定计算 $f'(x)$ 比计算 $f(x)$ 更花时间，图 1-4 给出两个进程的异步算法，进程 P_1 更新 t_1 与 t_3，且检验根的近似是否满足精度要求，进程 P_2 只更新 t_2，假定变量初值 $t_1=0, t_2=c\neq 0, t_3=x_0$ 前三个近似值

$$x_1 = x_0 - f(x_0)/c$$

$$x_2 = x_1 - f(x_1)/f'(x_0)$$

$$x_3 = x_2 - f(x_2)/f'(x_1)$$

<table>
<tr><th>P_1</th><th>P_2</th></tr>
<tr><td>$f(x_0)\to f_0$</td><td rowspan="2">$f'(x_0)\to f_0'$</td></tr>
<tr><td>等待 f_0'</td></tr>
<tr><td>$x_0-f_0/f_0'\to x_1$
检验精度</td><td>等待 x_1</td></tr>
<tr><td>$f(x_1)\to f_1$</td><td rowspan="2">$f'(x_1)\to f_1'$</td></tr>
<tr><td>等待 f_1'</td></tr>
<tr><td>$x_1-f_1/f_1'\to x_2$
检验精度</td><td>等待 x_2</td></tr>
</table>

<table>
<tr><th>P_1</th><th>P_2</th></tr>
<tr><td>$f(x_0)\to f_0$</td><td>$f'(x_0)\to f_0'$</td></tr>
<tr><td>等待 x_1</td><td>$x_0-f_0/f_0'\to x_1$
检验精度</td></tr>
<tr><td>$f(x_1)\to f_1$</td><td>$f'(x_1)\to f_1'$</td></tr>
<tr><td>等待 x_2</td><td>$x_1-f_1/f_1'\to x_2$
检验精度</td></tr>
</table>

图 1-3　MIMD 算法示意图

<table>
<tr><th>P_1</th><th>P_2</th></tr>
<tr><td>$f(t_3)\to t_1$</td><td rowspan="2">$f'(t_3)\to t_2$</td></tr>
<tr><td>$t_3-t_1/t_2\to t_3$,检验</td></tr>
<tr><td>$f(t_3)\to t_1$</td><td rowspan="2">$f'(t_3)\to t_2$</td></tr>
<tr><td>$t_3-t_1/t_2\to t_3$,检验</td></tr>
<tr><td>$f(t_3)\to t_1$</td><td rowspan="2">$f'(t_3)\to t_2$</td></tr>
<tr><td>$t_3-t_1/t_2\to t_3$,检验</td></tr>
</table>

图 1-4　异步算法示意图

其一般关系如下：

$$x_{k+1}=x_k-f(x_k)/f'(x_j),\quad k=0,1,\cdots\quad j<k \tag{3.2}$$

当 $k\to\infty$ 时 $j\to\infty$，这与传统牛顿法(1.5)不同，它是一种混乱迭代，其收敛性要另外证明，由于“计算 $f'(x)$ 比 $f(x)$ 更花时间”，所以，只要 $f'(x_j)$ 计算出新值就用于迭代，对异步算法，由于不用等待故它更节省机时.

3-2　并行算法基本概念

评价和分析并行算法，主要应关注它的计算复杂性，即算法的运行时间(时间复杂性)与所提供的处理机台数(空间复杂性),并行处理的基本思想是用增加处理机台数来换取运算时间的节省,为了评价并行算法我们先引进一些基本概念.

定义 3.1 一个算法的**并行度**是指算法中能用一个运算步(并行)完成的运算个数.假设算法运算个数为 r,利用 s 个运算步完成,则 r/s 称为**平均并行度**.

如例 3.1 的 N 个数求和(3.1),若用串行算法需要 $N-1$ 个加法步,每步一个加法,并行度为 1,平均并行度 $(N-1)/(N-1)$ 也等于 1,如果用扇入加法,对 $N=2^n$ 个数求和,有 $n=\text{lb}N$ 个加法步,并行性由高到低分布,逐步减半,运算个数 $r=\frac{N}{2}+\frac{N}{2^2}+\cdots+1=2^n-1=N-1$,运算步 $s=n=\text{lb}N$,其平均并行度为

$$\frac{r}{s}=\frac{N-1}{\text{lb}N}=O\left(\frac{N}{\text{lb}N}\right) \tag{3.3}$$

N 个数求和的 $N-1$ 个加法不能用一个并行步完成,即不能以 $N-1$ 为并行度,但用扇入加法可把并行度降为$\frac{N-1}{\text{lb}N}$.

并行度和平均并行度是算法内在并行性的一种度量,不依赖于并行系统中处理机台数,当然处理机台数会影响完成计算所需时间.

处理机台数充分多时的最少运行时间称作算法的时间界,而算法的运行时间达到时间界时需要提供的处理机台数称作处理机台数界,上述 N 个数求和的时间界为 $T=\text{lb}N$,而处理机台数界为 $P=\frac{N}{2}$.

下面考察由 P 台处理机组成的并行系统,假定每台处理机的算术运算的操作时间相同,我们引进加速比和效率的概念作为并行化的又一种度量.

定义 3.2 设 T_1 为串行算法在单处理机上运行时间,T_P 为

并行算法在 P 台处理机的系统上运行时间，则一个**并行算法的加速比**定义为

$$S_P = \frac{T_1}{T_P} \tag{3.4}$$

该**算法的效率**定义为

$$E_P = \frac{S_P}{P} \tag{3.5}$$

加速比和效率是评价并行算法的重要指标，研究并行算法的目标是达到尽可能大的加速比，理想上 $S_P = P$，这时并行效率达到 $E_P = 1$，但一般不可能达到理想的加速比 $S_P = P$. 这是因为：

(1) 算法缺乏必要的并行度，

(2) 在并行系统上没有达到完全的负荷均衡，

(3) 通讯、存储争用及同步时间延迟等.

3-3 并行算法设计与二分技术

"分而治之"是并行算法设计的重要原则，其基本思想是把问题依次划分为可以独立完成的较小问题，将规模逐次减半的**二分技术**是并行算法设计的一种基本技术，例 3.1 给出求和的扇入加法就是一种二分技术，设 $N = 2^n$ 将所给和式下标为奇偶的对应项两两合并，得

$$s = \sum_{i=1}^{N/2} (a_{2i-1} + a_{2i})$$

这样，若令

$$a_i^{(1)} = a_{2i-1} + a_{2i}, \quad i = 1, 2, \cdots, N/2$$

则所给和式的规模被压缩了一半

$$s = \sum_{i=1}^{N/2} a_i^{(1)}$$

重复施行这种规模减半的二分手续，二分 k 次后和式的项数被缩

减成 $N/2^k$

$$s = \sum_{i=1}^{N/2^k} a_i^{(k)}$$

式中

$$a_i^{(k)} = a_{2i-1}^{(k-1)} + a_{2i}^{(k-1)}, \quad i = 1,2,\cdots,N/2^k \tag{3.6}$$

这样二分 $n=\mathrm{lb}N$ 次后，所给和式最终退化为一项，从而直接得出所求和值 s. 于是有**求和二分算法**：对 $k=1,2,\cdots,n(=\mathrm{lb}N)$ 执行算式(3.6)得

$$s = a_1^{(n)}$$

表 1-3 就 $N=8$ 的情形具体给出该算法计算流程.

表 1-3　求和二分算法流程

<table>
<tr><td>a_1</td><td>a_2</td><td>a_3</td><td>a_4</td><td>a_5</td><td>a_6</td><td>a_7</td><td>a_8</td></tr>
<tr><td colspan="2">$a_1^{(1)}$</td><td colspan="2">$a_2^{(1)}$</td><td colspan="2">$a_3^{(1)}$</td><td colspan="2">$a_4^{(1)}$</td></tr>
<tr><td colspan="4">$a_1^{(2)}$</td><td colspan="4">$a_2^{(2)}$</td></tr>
<tr><td colspan="8">$a_1^{(3)}$</td></tr>
</table>

从以上求和二分算法看到它有以下特点：

(1) 结构递归，每步都是同样求和问题.

(2) 规模递减，和式规模逐次减半.

概括地说，二分算法的设计原理是反复地将所给计算问题加工成规模减半的同类计算问题，直至规模为 1 时直接得出问题的解.

上述求和的并行算法加速比为 $S\approx\frac{N}{\mathrm{lb}N}$，而处理机台数界为 $P=\frac{N}{2}$. 故在具有 $P=\frac{N}{2}$ 台处理机并行系统中其并行效率为

$$E \approx \frac{2}{\mathrm{lb}N}$$

下面再讨论多项式求值问题

$$p(x)=\sum_{i=1}^{N}a_ix^{i-1} \tag{3.7}$$

显然 $x=1$ 时就是求和问题(3.1).故可仿照求和二分法,将所给多项式(3.7)的奇偶项两两合并,则有

$$\begin{aligned}p=p(x_0)&=\sum_{i=1}^{N/2}(a_{2i-1}x_0^{2i-2}+a_{2i}x_0^{2i-1})\\&=\sum_{i=1}^{N/2}(a_{2i-1}+a_{2i}x_0)x_0^{2(i-1)}\end{aligned}$$

这样,若令

$$a_i^{(1)}=a_{2i-1}+a_{2i}x_0,\quad i=1,2,\cdots,\frac{N}{2},\quad x_1=x_0^2$$

则有

$$p=\sum_{i=1}^{N/2}a_i^{(1)}x_1^{i-1}$$

这样加工得出的是一个以 x_1 为变元的多项式,而其规模(项数)是原来的一半,因此上述手续是一种二分手续.重复这种手续,二分 k 次后所给多项式被加工成

$$p=\sum_{i=1}^{N/2^k}a_i^{(k)}x_k^{i-1}\qquad(\text{记 } a_i^{(0)}=a_i)$$

这里

$$\begin{cases}a_i^{(k)}=a_{2i-1}^{(k-1)}+a_{2i}^{(k-1)}x_{k-1}, & i=1,\cdots,\dfrac{N}{2^k}\\x_k=x_{k-1}^2, & k=1,2,\cdots,n\end{cases} \tag{3.8}$$

这样二分 $n=\mathrm{lb}N$ 次,最终得出的系数 $a_1^{(n)}$ 即为所求的值 p.

于是得**多项式求值的二分算法**:

对 $k=1,2,\cdots,n(=\mathrm{lb}N)$ 执行算式(3.8),结果有

$$p=a_1^{(n)}$$

现在分析算法的效率,设将(3.8)式的 $a_i^{(k)}$ 与 x_k 并行计算,

（x_k 可表示为 $x_k=0+x_{k-1}\cdot x_{k-1}$则与 a_k 同步）则每步 2 次运算（一乘一加），上述算法共做 $n=\mathrm{lb}N$ 步，故其时间界为

$$T=2\mathrm{lb}N$$

而按(3.8)并行计算第 k 步需处理机 $N/2^k+1$ 台，因此处理机台数界

$$P=\max_{1\leqslant k\leqslant n}\left(\frac{N}{2^k}+1\right)=\frac{N}{2}+1$$

注意到多项式求值的串行算法需做 $T_1=2(N-1)$次运算，易知此算法的加速比与效率为

$$S_P=\frac{N-1}{\mathrm{lb}N}\approx\frac{N}{\mathrm{lb}N}$$

$$E_P=\frac{2}{\mathrm{lb}N}$$

上面分析二分法效率是在提供$\frac{N}{2}+1$ 台处理机的系统上得到的，如果处理机只有 $P+1$ 台，而 $P<\frac{N}{2}$，若假定 $N=rP$，$r>2$ 的正整数，此时可将所给多项式(3.7)分成 P 段，每段含 r 项进行处理.

可利用串行算法来改造或设计并行算法. 许多传统的数值计算方法虽然只适合于串行机上计算，但其中有不少算法包含了可直接利用的并行性，例如，上述多项式求值的秦九韶算法可用二分技术改造为适合于并行系统的并行算法. 用二分技术还可将许多矩阵计算及解线性方程组直接解法改造成适合于并行计算的算法. 还有如解线性方程的 Jacobi 迭代法本身就具有直接的并行性，还有一些迭代法经过重新排序也可改造成适合于并行的算法. 另一类就是根据并行算法特点设计具有新思想的新算法，它的出发点仍然是“分而治之”的原理，符合此原理的区域、算子、系统的分裂方法和技术是设计和实现并行处理的重要手段，如解线性与

非线性方程的多分裂方法，解微分方程的区域分解法(即 DDM 方法)，都属于此类.由于这些方法减小了求解方程的规模，使计算时间减少，因此效率大为提高.此外，异步数值算法基本上是混乱迭代法，是并行算法最富有特色的组成部分之一，混乱迭代不是传统意义的迭代法，在理论上必须做收敛性与收敛速度的分析，混乱迭代与多分裂技术的结合是近十几年才发展起来的新算法，仍有不少问题值得研究.

关于具体数值计算的并行算法本书不做详细介绍，但对涉及到较大规模的计算问题将在有关章节做一些介绍，以便读者有一个初步了解，需要在并行处理机系统使用时能加以应用，对于小规模的数值计算问题通常不使用并行系统.

评　注

本章第 1 节对数值计算的研究对象，算法的基本概念及数值计算的一些共同思路和方法做一些概括性的介绍，使读者对数值计算的方法和原理有初步了解，这对学习本课程是很有必要的.第 2 节对数值计算的精确度与误差估计问题做一些原则性介绍，重点是有关数值计算的稳定性及问题的病态性质等定性分析方法，它是数值计算中很重要的问题，也是本书后续章节研究具体算法时要着重介绍的.对一般误差和有效数字的基本概念及运算法则本书不再介绍，读者可参看文献[2,3]等.第 3 节介绍了并行算法的基本概念和设计并行算法的原则与二分技术，这是由于计算机的发展，已具备了并行计算的硬件条件，学习和掌握并行算法是进行科学计算必不可少的，这里对并行算法所做的简单介绍是为后续章节中介绍某些大型数值计算的并行算法做准备，也是读者使用并行算法时所必须了解的，更详细的内容可参看有关并行算法的书，如文献[6,7].

习　　题

1. 分别用以下给出的 3 种迭代公式求方程 $f(x)=x^3-x^2-1=0$ 在 $x_0=1.5$ 附近的一个根.各计算 3 步并分析它们的收敛性.

(1) $x_{k+1}=1+1/x_k^2$

(2) $x_{k+1}=\sqrt[3]{1+x_k^2}$

(3) $x_{k+1}=\dfrac{1}{\sqrt{x_k-1}}$

2. 试建立一种收敛的迭代法求方程组

$$\begin{cases} 4x_1-x_2 = 1 \\ -x_1+4x_2-x_3=4 \\ -x_2+4x_3=-3 \end{cases}$$

的解.

3. 令 $f(x)=x^2-a=0$,试用牛顿法(1.5)建立求$\sqrt{a}$的迭代公式,并证明对任何 $x_0>0$ 迭代收敛,再计算 $\sqrt{10}$的近似值,精确到 5 位小数.

4. 用不同方法计算 $\int_0^{1/2} \mathrm{e}^x \mathrm{d}x$:

(1) 用原函数计算到 6 位小数.

(2) 用梯形法计算,取步长 $h=\dfrac{1}{4}$.

(3) 利用把 $h=\dfrac{1}{2},\dfrac{1}{4}$时得到的结果外推到 $h\to 0$ 的方法计算.

5. 求微分方程$\dfrac{\mathrm{d}y}{\mathrm{d}x}=y$,$y(0)=1$.利用欧拉法(1.10)计算到 $x=0.4$,(1) 步长分别取 $h=0.1$ 及 $h=0.2$.(2) 利用误差近似正比于步长这一事实,外推到 $h\to 0$ 将算出结果与精确解比较.

6. 设 $f(x)=\ln x$,利用 $f(x)$在 $x_0=\mathrm{e}$ 的泰勒展开式计算 ln3

的近似值，使误差不超过 10^{-4}.

7. 设 $y_0=28$，按递推公式

$$y_n = y_{n-1} - \frac{1}{100}\sqrt{783}, \quad n = 1,2,\cdots$$

计算 y_{100}，若取 $\sqrt{783}\approx 27.982$，试问计算 y_{100} 将有多大误差？

8. 已知

$$p(x) = (x-10)^4 + 0.200(x-10)^3 + 0.0500(x-10)^2 - 0.00500(x-10) + 0.00100$$

用秦九韶法计算 $p(10.11)$，计算用 3 位有效数字.

9. 上题 $p(x)$ 的一个近似式为

$$q(x) = x^4 - 39.8000x^3 + 594.050x^2 - 3941.00x + 9805.05$$

用秦九韶法求 $q(10.11)$，并求此问题的条件数 c_p.

10. 设 $f(x)=\ln(x-\sqrt{x^2-1})$，它等价于 $f(x)=-\ln(x+\sqrt{x^2-1})$. 分别计算 $f(30)$，开方和对数取 6 位有效数字. 试问哪一个公式计算结果可靠？为什么？

11. 求方程 $x^2+62x+1=0$ 的两个根，使它们具有 4 位有效数字.

12. 计算下列式子，要求具有 4 位有效数字：

(1) $\sqrt{101.1}-\sqrt{101}$

(2) $1-\cos 1^\circ$

13. 序列 $\left\{\left(\frac{1}{3}\right)^n\right\}_0^\infty$ 可由下列两种递推公式生成：

(1) $x_0=1, x_n=\frac{1}{3}x_{n-1}, n=1,2,\cdots$

(2) $y_0=1, y_1=\frac{1}{3}, y_n=\frac{5}{3}y_{n-1}-\frac{4}{9}y_{n-2}, n=2,3,\cdots$

采用 5 位有效数字舍入运算，试分别考察递推计算 $\{x_n\}$ 与 $\{y_n\}$ 是否稳定.

14. 试导出计算积分 $I_n=\int_0^1 \frac{x^n}{4x+1}\mathrm{d}x$ 的一个递推公式，并讨

论所得公式是否计算稳定.

数值实验题

实验 1.1 （病态问题）

实验目的：算法有“优”与“劣”之分，问题也有“好”和“坏”之别. 对数值方法的研究而言，所谓坏问题就是问题本身对扰动敏感者，反之属于好问题. 希望读者通过本实验对此有一个初步的体会.

数值分析的大部分研究课题中，如线性代数方程组、矩阵特征值问题、非线性方程及方程组等都存在病态的问题. 病态问题要通过研究和构造特殊的算法来解决，当然一般要付出一些代价（如耗用更多的机器时间、占用更多的存储空间等）.

问题提出：考虑一个高次的代数多项式

$$p(x)=(x-1)(x-2)\cdots(x-20)=\prod_{k=1}^{20}(x-k) \qquad \text{(E.1.1)}$$

显然该多项式的全部根为 1,2,…,20 共计 20 个，且每个根都是单重的（也称为简单的）. 现考虑该多项式的一个扰动

$$p(x)+\varepsilon x^{19}=0 \qquad \text{(E.1.2)}$$

其中 ε 是一个非常小的数. 这相当于是对(E.1.1)中 x^{19} 的系数作一个小的扰动. 我们希望比较(E.1.1)和(E.1.2)根的差别，从而分析方程(E.1.1)的解对扰动的敏感性.

实验内容：为了实现方便，我们先介绍两个 Matlab 函数：“roots”和“poly”.

```
u=roots(a)
```

其中若变量 a 存储 $n+1$ 维的向量，则该函数的输出 u 为一个 n 维的向量. 设 a 的元素依次为 $a_1,a_2,\cdots,a_{n+1}$，则输出 u 的各分量是多项式方程

$$a_1x^n + a_2x^{n-1} + \cdots + a_nx + a_{n+1} = 0$$

的全部根；而函数

```
b=poly(v)
```

的输出 b 是一个 $n+1$ 维变量，它是以 n 维变量 v 的各分量为根的多项式的系数. 可见“roots”和“poly”是两个互逆的运算函数.

```
ve=zeros(1,21);
ve(2)=ess;
roots(poly(1:20)+ve)
```

上述简单的 Matlab 程序便得到(E.1.2)的全部根，程序中的“ess”即是(E.1.2)中的 ε.

实验要求：

(1) 选择充分小的 ess，反复进行上述实验，记录结果的变化并分析它们. 如果扰动项的系数 ε 很小，我们自然感觉(E.1.1)和(E.1.2)的解应当相差很小. 计算中你有什么出乎意料的发现？表明有些解关于如此的扰动敏感性如何？

(2) 将方程(E.1.2)中的扰动项改成 εx^{18} 或其他形式，实验中又有怎样的现象出现？

(3) 请从理论上分析产生这一问题的根源. 注意我们可以将方程(E.1.2)写成展开的形式，

$$p(x,\alpha) = x^{20} - \alpha x^{19} + \cdots = 0 \qquad \text{(E.1.3)}$$

同时将方程的解 x 看成是系数 α 的函数，考察方程的某个解关于 α 的扰动是否敏感，与研究它关于 α 的导数的大小有何关系？为什么？你发现了什么现象，哪些根关于 α 的变化更敏感？

实验 1.2 (迭代法、初始值与收敛性)

实验目的： 初步认识非线性问题的迭代法与线性问题迭代法的差别，探讨迭代法及初始值与迭代收敛性的关系.

问题提出： 迭代法是求解非线性方程及方程组的基本思想方法，

与线性方程的情况一样，其构造方法可以有多种多样，但关键是怎样才能使迭代收敛且有较快的收敛速度.

实验内容：考虑一个简单的代数方程

$$x^2 - x - 1 = 0$$

针对上述方程，可以构造多种迭代法，如

$$x_{n+1} = x_n^2 - 1 \tag{E.1.4}$$

$$x_{n+1} = 1 + \frac{1}{x_n} \tag{E.1.5}$$

$$x_{n+1} = \sqrt{x_n + 1} \tag{E.1.6}$$

在实轴上取初始值 x_0，请读者分别用迭代(E.1.4)～(E.1.6)作实验，记录各算法的迭代过程.

实验要求：

(1) 取定某个初始值，分别计算(E.1.4)～(E.1.6)迭代结果，它们的收敛性如何？重复选取不同的初始值，反复实验.请读者自行设计一种比较形象的记录方式(如利用 Matlab 的图形功能)，分析三种迭代法的收敛性与初值选取的关系.

(2) 对三个迭代法中的某个，取不同的初始值进行迭代，结果如何？试分析迭代法对不同的初值是否有差异？

(3) 线性方程组迭代法的收敛性是不依赖初始值选取的.比较线性与非线性问题迭代的差异，有何结论和问题.

实验 1.3 (误差传播与算法稳定性)

实验目的：体会稳定性在选择算法中的地位.误差扩张的算法是不稳定的，是我们所不期望的；误差衰竭的算法是稳定的，是我们努力寻求的，这是贯穿本课程的目标.

问题提出：考虑一个简单的由积分定义的序列

$$E_n = \int_0^1 x^n e^{x-1} dx, \quad n = 1,2,\cdots \tag{E.1.7}$$

显然 $E_n > 0, n = 1,2,\cdots$.当 $n=1$ 时，利用分部积分易得

$$E_1 = \int_0^1 x\mathrm{e}^{x-1}\mathrm{d}x = 1/\mathrm{e}$$

而对 $n \geqslant 2$,经分部积分可得

$$E_n = \int_0^1 x^n \mathrm{e}^{x-1}\mathrm{d}x = x^n \mathrm{e}^{x-1}\Big|_0^1 - \int_0^1 nx^{n-1}\mathrm{e}^{x-1}\mathrm{d}x, \quad n = 1,2,\cdots$$

也就是

$$E_n = 1 - nE_{n-1}, \quad n = 2,3,\cdots \tag{E.1.8}$$

而再由(E.1.7),可以得到

$$E_n = \int_0^1 x^n \mathrm{e}^{x-1}\mathrm{d}x \leqslant \int_0^1 x^n \mathrm{d}x = 1/(n+1) \tag{E.1.9}$$

实验内容:由递推关系(E.1.8),可以得到计算(E.1.7)积分序列$\{E_n\}$的两种算法.其一为(E.1.8)的直接应用,即

$$E_1 = 1/\mathrm{e},\ E_n = 1 - nE_{n-1}, \quad n = 2,3,\cdots \tag{E.1.10}$$

另外一种算法则是利用(E.1.8)变形得到的

$$E_N = 0,\ E_{n-1} = \frac{1-E_n}{n}, \quad n = N-1, N-2, \cdots, 3, 2 \tag{E.1.11}$$

实验要求:

(1) 分别用算法(E.1.10)、(E.1.11)并在计算中分别采用 5 位、6 位和 7 位有效数字,请判断哪种算法能给出更精确的结果.

(2) 两种算法的优劣,与你的第一感觉是否吻合.请从理论上证明你实验得出的结果,解释实验的结果.设(E.1.10)中 E_1 的计算误差为 e_1,由 E_1 递推计算 E_n 的误差为 e_n;算法(E.1.11)中 E_N 的误差为 ε_N,由 E_N 向前递推计算 $E_n(n<N)$的误差为 ε_n.如果在上述两算法中都假定后面的计算不再引入其他误差,试给出 e_n 与 e_1 的关系和 ε_n 与 ε_N 的关系.

(3) 算法(E.1.10)中通常 e_1 会很小,当 n 增大时,e_n 的变化趋势如何?算法(E.1.11)中 ε_N 通常相对比较大,当 n 减小时,误差 ε_n 又是如何传播的?也就是说比较一下上述两个算法,当

某一步产生误差后，该误差对后面的影响是衰减还是扩张的.

(4) 通过理论分析与计算实验，针对算法(E.1.10)和(E.1.11)的稳定性，给出你的结论.

实验 1.4 (算法的复杂度)

实验目的：了解算法及其复杂度的概念，认识复杂度在算法选择中的地位和作用.通过实验体会使用计算机进行数值模拟中算法选择的重要地位.

问题提出：设有矩阵 $\boldsymbol{A}=(a_{ij})_{n\times n}$，矩阵的行列式是线性代数的重要课题，其定义为

$$\det(\boldsymbol{A})=\sum_{(i_1,i_2,\cdots,i_n)\in\pi}(-1)^{\tau(i_1 i_2\cdots i_n)}a_{1i_1}a_{2i_2}\cdots a_{ni_n} \quad \text{(E.1.12)}$$

其中 π 代表自然数 $1,2,\cdots,n$ 排列数的全体构成的集合(该集合共有 $n!$ 个元素)，$\tau(i_1 i_2\cdots i_n)$为正整数由 $i_1,i_2,\cdots,i_n$ 的次序决定.

实验内容：考虑并比较计算矩阵行列式的两种算法.

算法 1：按行列式的定义(E.1.12)计算.和式(E.1.12)共有 $n!$ 项，如此计算一个 n 阶行列式，需要乘法和加法次数分别为 $(n-1)n!$ 和 $n!$ 这称为该算法的计算复杂度.

算法 2：Matlab 软件平台具有计算矩阵行列式的功能.若 $\boldsymbol{A}$ 是 n 阶方阵，变量 A 存储矩阵 $\boldsymbol{A}$ 的元素，则

```
det (A)
```

便可以得到 $\boldsymbol{A}$ 的行列式值.Matlab 中“det”使用的算法基础是我们熟知的 Gauss 消去法，它需要的浮点运算次数(即算法的复杂度)尚不超过 n^3.

实验要求：

(1) 机器的寿命一般为 10 年(近年计算机更新速度更快)，现有的较大规模计算机浮点运算速度为 10^{12} 次/秒，问它们分别能算多大规模的行列式？一台最先进的计算机，从投入使用到报

废的全部机时用于计算一个行列式，其规模能达到多少？核算一下如果按行列式的定义计算行列式，计算机的能力有多大. 完成此项实验，你只需要一个计算器.

(2) 再使用 Matlab 软件尝试计算行列式，看能算多大的行列式. 请读者选择若干在大机器上用行列式定义无法计算的矩阵，使用 Matlab 尝试一下. 试分析实验的结果.

(3) 考虑其他的问题，给出若干不同的算法，并比较它们的复杂度，进而进一步深化对算法及其复杂度概念的认识. 计算机的速度的确很快，但它硬件处理能力还是十分有限的. 只有算法使用得当，才能够真正发挥其作用.

实验 1.5 （计算的误差来源与浮点数）

实验目的：数值计算中误差是不可避免的，希望读者能通过本实验初步认识数值分析中极端重要的两个概念：截断误差和舍入误差，并认真体会误差对计算结果及计算精度的影响. 处理实际问题中，还需要考虑到模型本身的误差和测量数据的误差，这当然超出了本课程讨论的范围.

问题提出：设一元函数 $f:\mathbf{R}\to\mathbf{R}$，则 $f(x)$ 在 x_0 的导数定义为

$$f'(x_0)=\lim_{h\to 0}\frac{f(x_0+h)-f(x_0)}{h}$$

如何数值计算函数的导数.

实验内容：函数在 x_0 的导数值可以用下述算法近似.

算法 1：$f'(x_0)\approx\dfrac{f(x_0+h)-f(x_0)}{h}$ (E.1.13)

算法 2：$f'(x_0)\approx\dfrac{f(x_0+h)-f(x_0-h)}{2h}$ (E.1.14)

算法通常总是有误差的. 比如对算法(E.1.13)，由泰勒公式有

$$f(x_0+h)=f(x_0)+hf'(x_0)+\frac{h^2}{2!}f''(x_0)+O(h^3)$$

所以有

$$\frac{f(x_0+h)-f(x_0)}{h}=f'(x_0)+\frac{h}{2}f''(x_0)+O(h^2) \qquad (E.1.15)$$

在(E.1.13)中我们是用上式的左端近似 $f'(x_0)$的,所以误差总是存在的,而且当步长 h 越来越小时(E.1.13)的近似程度越来越好.(E.1.15)中

$$T_1 = \frac{h}{2}f''(x_0) + O(h^2) \qquad (E.1.16)$$

称为算法(E.1.13)的截断误差,它来源于算法中用有限的差分替代了无限的极限过程.

计算方法的截断误差是数值计算中误差的重要来源,然而不是唯一的! 我们都知道“数”在计算机中是用二进制表示的.科学计算中通常使用的数,在计算机中的描述形式为

$$\pm d_1 d_2 \cdots d_t \times 2^s \qquad (E.1.17)$$

其中 d_i 为 0 或 1($i=1,2,\cdots,t$)称为尾数且 $d_1 \neq 0$;s 称为阶码且满足 $L \leqslant s \leqslant U$.这说明计算机中的数是有限个,当然它只能是实数的一个子集,这个集合称为浮点数并用 F 来表示.所以科学计算中大量使用的是浮点运算.

无论在怎样的计算机上,浮点数都是一个有限的集合.计算机的字长增加时,浮点数的集合会变大.但无论如何实数中的绝大部分在计算机上都不能精确表出,总要经“舍”或“入”而由一个与之相近的浮点数代替,由此而引起的误差称为舍入误差,这是算法误差的另外一个主要来源.

实验要求:

(1) 选择有代表性的函数 $f(x)$(最好选择多个),对同样的步长 h,比较算法 1 和算法 2 的计算结果.为使你观察到更明显的现象,分别采用 5 位、6 位和 7 位有效数字的浮点数集合,实施本

实验. Matlab 平台上可以简单地完成实验的要求.

(2) 分析算法(E.1.14)的截断误差. 从截断误差的角度分析比较算法(E.1.14)和算法(E.1.13). 对同样的步长 $h(\ll 1)$,说明哪个算法会更接近于 $f'(x_0)$.

(3) 选择有代表性的函数 $f(x)$,比较步长 h 取不同值时的计算结果. 使用 Matlab 提供的绘图工具,可以画出该函数在某个区间的导数曲线 $f'(x)$. 再将数值计算的结果用 Matlab 画出来,认真思考实验的结果. 对怎样的步长 h 你会得到最好的结果,是否越小越好? 为什么?

(4) 分析浮点数集合 F 的上界和下界. 特别对所谓的 64 位计算机,浮点数集合 F 的上界和下界如何. 64 位计算机的寄存器由 64 位二进制的电器元件组成,每一个位上电位只有高和低两个状态. 低电位代表 0,高电位代表 1,位的分配如下:

尾数符号	尾数	阶码符号	阶码
1	56	1	6

即在(E.1.17)中 $t=56, L=-63, U=63$. 具体地讲就是:
尾数符号(占 1 位): 代表浮点数本身的正负;
尾数(占 56 位): 它可以表示区间(0,1)上的 2^{55} 个数;
阶码符号(占 1 位): 代表(2.1.5)中指数 s 的符号;
阶码(占 6 位): 代表 s 的绝对值,它的取值范围是 1 到 63 的正整数.

(5) 讨论浮点数的分布问题. 考虑(E.1.16)中取 $t=3, L=-2, U=2$ 所给出的浮点数集合. 这时该浮点数集中最小元素为 1/8,最大的元素为 3.5. 该集合 F 共有正数 20 个,负数 20 个及零元素. 由于正、负数是关于零点对称的,我们只要考虑正数部分(如下表). 请你动手将这些画在数轴上,便可以看出它们分布的情况.

二进制尾数		0.100	0.101	0.110	0.111
十进制尾数		4/8	5/8	6/8	7/8
指数 s	2^s	浮点数			
−2	1/4	4/32	5/32	6/32	7/32
−1	1/2	4/16	5/16	6/16	7/16
0	1	4/8	5/8	6/8	7/8
1	2	4/4	5/4	6/4	7/4
2	4	4/2	5/2	6/2	7/2

第2章　数值逼近与数值积分

1　函数逼近的基本概念

1-1　数值逼近与函数空间

在数值计算中经常要计算函数值，如计算机上计算基本初等函数及其他特殊函数；当函数只在已知点集上给出函数值时，而需要用公式逼近点集所在的某个区间上的函数。这些都涉及到用多项式、有理分式或分段多项式等便于在计算机上计算的简单函数逼近已给函数，使它达到精度要求而且计算量尽可能小。这就是数值逼近研究的问题，它也是数值积分，微分方程数值解的基础，因此，数值逼近是数值计算中最基本的问题。为了在数学上描述更精确，下面先介绍有关代数及分析中一些基本概念及预备知识。

数学上常把在各种集合中引入某些不同的确定关系称为赋予集合以某种空间结构，并将这样的集合称为空间。例如，在"线性代数"中将所有实 n 维向量组成的集合，按向量加法及向量与数的乘法构成实数域上的线性空间记作 $\mathbf{R}^n$，称为 n 维向量空间。类似地，对次数不超过 n（n 为正整数）的实系数多项式全体，按通常多项式加法及数与多项式乘法也构成数域 $\mathbf{R}$ 上一个线性空间，用 H_n 表示，称为多项式空间。又如所有定义在区间 $[a,b]$ 上的连续函数集合，按函数加法和数与函数乘法构成数域 $\mathbf{R}$ 上的线性空间，记作 $C[a,b]$，称为连续函数空间。

定义 1.1　设集合 S 是数域 P 上的线性空间，$x_1,\cdots,x_n\in S$，如果存在不全为零的数 $a_1,\cdots,a_n\in P$，使得

$$a_1x_1+a_2x_2+\cdots+a_nx_n=0 \tag{1.1}$$

则称 $x_1,\cdots,x_n$ 是**线性相关的**；否则，若等式(1.1)只对 $a_1=a_2=\cdots=a_n=0$ 成立，则称 $x_1,\cdots,x_n$ 是**线性无关的**.

若 S 是由 n 个线性无关元素 $x_1,\cdots,x_n$ 生成的，即 $\forall x\in S$ 都有 $x=a_1x_1+\cdots+a_nx_n$，则称 $x_1,\cdots,x_n$ 是 S 的一组基，记为 $S=\mathrm{span}\{x_1,\cdots,x_n\}$，并称 S 是 n 维的，系数 $a_1,\cdots,a_n$ 称为 x 在基 $x_1,\cdots,x_n$ 下的坐标，记作 $(a_1,\cdots,a_n)$，如果 S 中有任意多个线性无关的元素 $x_1,\cdots,x_n,\cdots$，则称 S 为无限维的.

下面考察次数不超过 n 的多项式集合 H_n，其元素

$$p_n(x)=a_0+a_1x+\cdots+a_nx^n \tag{1.2}$$

是由 $n+1$ 个系数 $(a_0,a_1,\cdots,a_n)$ 唯一确定的，$1,x,\cdots,x^n$ 线性无关，故 $H_n=\mathrm{span}\{1,x,\cdots,x^n\}$，$(a_0,a_1,\cdots,a_n)$ 是 $p_n(x)$ 的坐标向量，故 H_n 是 $n+1$ 维的.

对连续函数 $f(x)\in C[a,b]$，它不能用有限个线性无关的函数表示，故 $C[a,b]$ 是无限维的，但 $f(x)$ 可用有限维的多项式空间 H_n 的元素 $p(x)$ 逼近，使误差 $\max\limits_{a\leqslant x\leqslant b}|f(x)-p(x)|\leqslant\varepsilon$（任何给定的小正数），这就是著名的**维尔斯特拉斯(Weierstrass)定理**.

定理 1.1 设 $f(x)\in C[a,b]$，则 $\forall\varepsilon>0$，$\exists p_n(x)\in H_n$ 使得

$$|f(x)-p_n(x)|<\varepsilon$$

在 $[a,b]$ 上一致成立.

此定理可在“数学分析”书中找到证明. 1912 年伯恩斯坦(Бернштейи)构造了一个多项式

$$B_n(f,x)=\sum_{k=0}^{n}f\left(\frac{k}{n}\right)\mathrm{C}_k^n x^k(1-x)^{n-k} \tag{1.3}$$

其中 $\mathrm{C}_k^n=\dfrac{n(n-1)\cdots(n-k+1)}{k!}$ 为二项式展开系数，并证明了 $\lim\limits_{n\to\infty}B_n(f,x)=f(x)$ 在 $[0,1]$ 上一致成立，若 $f(x)$ 在 $[0,1]$ 上 m 阶可导，则还有 $\lim\limits_{n\to\infty}B_n^{(m)}(f,x)=f^{(m)}(x)$. 这也就从理论上给出定理

1.1 的构造性证明.但由于伯恩斯坦多项式 $B_n(f,x)$ 收敛于 $f(x)$ 很慢,因此实际计算 $f(x)$ 的近似值时,很少使用这种逼近方法.

连续函数 $f(x)$ 还可用其他函数集合逼近,如 $f(x)\in C[0,2\pi]$,可用形如

$$S(x)=a_0+\sum_{k=1}^{n}(a_k\cos kx+b_k\sin kx) \tag{1.4}$$

的三角多项式逼近.更一般地,可用一组在 $C[a,b]$ 上线性无关的函数集合 $\{\varphi_i(x)\}_{i=0}^{n}$ 来逼近 $f(x)\in C[a,b]$,即用 $\varphi(x)\in\Phi=\mathrm{span}\{\varphi_0(x),\varphi_1(x),\cdots,\varphi_n(x)\}\subset C[a,b]$

$$\varphi(x)=a_0\varphi_0(x)+a_1\varphi_1(x)+\cdots+a_n\varphi_n(x) \tag{1.5}$$

逼近 $f(x)$.于是函数逼近问题就是对 $\forall f(x)\in C[a,b]$,在集合 Φ 中找某一元素 $\varphi^*(x)\in\Phi$,使 $f(x)-\varphi^*(x)$ 在某种意义下最小.

1-2 范数与赋范空间

为了在线性空间中衡量元素的大小,可将在 $\mathbf{R}^n$ 空间的范数定义推广到一般线性空间 S.

定义 1.2 设 $f\in S$,若存在唯一实数 $\|\cdot\|$,满足条件

(1) $\|f\|\geqslant 0$ 当且仅当 $f\equiv 0$ 时 $\|f\|=0$;

(2) $\|\alpha f\|=|\alpha|\,\|f\|,\alpha\in\mathbf{R}$;

(3) $\|f+g\|\leqslant\|f\|+\|g\|,\forall f,g\in S$;

则称 $\|\cdot\|$ 为线性空间 S 上的**范数**.在线性空间 S 上定义了范数 $\|\cdot\|$,称为**赋范线性空间**,记为 X.

例如,在 $\mathbf{R}^n$ 上的向量 $\boldsymbol{x}=(x_1,\cdots,x_n)^{\mathrm{T}}$ 的三种常用范数为

$\|\boldsymbol{x}\|_\infty=\max\limits_{1\leqslant i\leqslant n}|x_i|$,称为 ∞- 范数或最大范数;

$\|\boldsymbol{x}\|_1=\sum\limits_{i=1}^{n}|x_i|$,称为 1- 范数;

$\|\boldsymbol{x}\|_2=\left(\sum\limits_{i=1}^{n}x_i^2\right)^{1/2}$,称为 2- 范数.

类似地对连续函数空间 $C[a,b]$中的 $f(x)$也可定义以下三种范数：

$$\|f\|_\infty=\max_{a\leqslant x\leqslant b}|f(x)|\text{，称为 }\infty\text{- 范数；}$$

$$\|f\|_1=\int_a^b|f(x)|\mathrm{d}x\text{，称为 1- 范数；}$$

$$\|f\|_2=\left(\int_a^b f^2(x)\mathrm{d}x\right)^{1/2}\text{，称为 2- 范数.}$$

可以验证，这样定义的范数 $\|\cdot\|_\infty$，$\|\cdot\|_1$，$\|\cdot\|_2$ 满足定义 1.2 中的 3 个条件.

定义 1.3 设 X 为赋范线性空间，其范数为 $\|\cdot\|$，若序列 $\{\varphi_n\}_0^\infty\subset X$，$f\in X$，使

$$\lim_{n\to\infty}\|\varphi_n-f\|=0$$

则称序列$\{\varphi_n\}_0^\infty$ 依范数 $\|\cdot\|$ 收敛于 f，记作$\lim\limits_{n\to\infty}\varphi_n=f$. 对 $f(x)\in C[a,b]$及 $\|\cdot\|_\infty$，上述收敛定义就是$\{\varphi_n\}_0^\infty$ 在区间$[a,b]$上一致收敛于 $f(x)$. 若范数为 2- 范数，则上述收敛定义称为**平方收敛或均方收敛**.

1-3 函数逼近与插值

如上所述，函数逼近就是研究用有限维子空间中的简单函数 $\varphi(x)\in\Phi=\mathrm{span}\{\varphi_0(x),\varphi_1(x),\cdots,\varphi_n(x)\}$去逼近 $f(x)\in C[a,b]$，这里 $\varphi(x)$由(1.5)表示，$\varphi_i(x)$可以是多项式，也可以是有理分式或其他简单函数，当 $\varphi_i(x)$是 x^i 或多项式时，$\varphi(x)$就是(1.2)表示的 $p_n(x)$，此时就是求多项式逼近 $f(x)$. 若在 $\Phi=\mathrm{span}\{\varphi_0(x),\varphi_1(x),\cdots,\varphi_n(x)\}$中求 $\varphi^*(x)=a_0^*\varphi_0(x)+a_1^*\varphi_1(x)+\cdots+a_n^*\varphi_n(x)$，使

$$\|f-\varphi^*\|=\min_{\varphi\in\Phi}\|f-\varphi\| \tag{1.6}$$

这就是最佳逼近问题. 根据不同范数就得到不同的逼近函数 $\varphi^*(x)$，通常只研究 $\|\cdot\|_2$ 及 $\|\cdot\|_\infty$，分别称为最佳平方逼近与最佳一致逼近.

若求 $\varphi^*(x)\in\Phi=\mathrm{span}\{\varphi_0(x),\varphi_1(x),\cdots,\varphi_n(x)\}$使

$$\| f-\varphi^* \|_2^2=\min_{\varphi\in\Phi}\| f-\varphi \|_2^2=\min_{\varphi\in\Phi}\int_a^b[f(x)-\varphi(x)]^2\mathrm{d}x \tag{1.7}$$

则称 $\varphi^*(x)$是 $f(x)$在$[a,b]$上的最佳平方逼近函数. 若 Φ 取为多项式集合 H_n,则 $\varphi^*(x)$为**最佳平方逼近多项式**.

若求 $p_n^*(x)\in H_n$ 使

$$\begin{aligned}\| f-p_n^* \|_\infty &= \min_{p_n\in H_n}\| f-p_n \|_\infty \\ &= \min_{p_n\in H_n}\max_{a\leqslant x\leqslant b}| f(x)-p_n(x) |\end{aligned} \tag{1.8}$$

则称 $p_n^*(x)$为 $f(x)$在$[a,b]$上的**最佳一致逼近多项式**.

如果 $f(x)$是由函数表$(x_i,f(x_i))$ $(i=0,1,\cdots,n)$给出,要求$\varphi(x)$满足条件

$$\varphi(x_i;a_0,\cdots,a_n)=f(x_i),\quad i=0,1,\cdots,n \tag{1.9}$$

由此得到关于系数 $a_0,\cdots,a_n$ 的线性方程组

$$a_0\varphi_0(x_i)+a_1\varphi_1(x_i)+\cdots+a_n\varphi_n(x_i)=f(x_i),\quad i=0,1,\cdots,n$$

由于 $\varphi_0(x),\cdots,\varphi_n(x)$线性无关,当 $x_i(i=0,1,\cdots,n)$满足一定条件时,方程组有唯一解,于是满足条件(1.9)的逼近函数 $\varphi(x)$是唯一确定的,$\varphi(x)$称为 $f(x)$的**插值函数**.

如果 $\varphi_k(x)(k=0,1,\cdots,n)$均为多项式,则 $\varphi(x)$就是**插值多项式**,根据基函数 $\varphi_k(x)$所取的不同形式,插值多项式 $\varphi(x)$也有不同形式,常用的有牛顿插值多项式 $p_n(x)$及拉格朗日(Lagrange)插值多项式 $L_n(x)$.(具体公式将在第 3 节给出).

如果 $f(x)$是由实验数据给出的函数表$(x_i,f(x_i))$,$i=0,1,\cdots,m$,且 $m>n$,求 $\varphi^*(x)\in\Phi$,使

$$\| f-\varphi^* \|_2^2=\sum_{i=0}^m[f(x_i)-\varphi^*(x_i)]^2=\min_{\varphi\in\Phi}\| f-\varphi \|_2^2 \tag{1.10}$$

这里$\|\cdot\|_2$ 的定义用和式代替连续函数时的积分,实质上是一样的,由(1.10)得到的 $\varphi^*(x)$称为 $f(x)$的最小二乘逼近.

1-4 内积与正交多项式

先给出权函数与内积的定义

定义 1.4 设$[a,b]$为有限或无限区间，$\rho(x)$是定义在$[a,b]$上的非负函数，$\int_a^b x^k\rho(x)\mathrm{d}x$ 对 $k=0,1,\cdots$，都存在，对非负的 $f(x)\in C[a,b]$，若 $\int_a^b f(x)\rho(x)\mathrm{d}x=0$，则 $f(x)\equiv 0$，称 $\rho(x)$为$[a,b]$上的**权函数**.

定义 1.5 设 $f(x),g(x)\in C[a,b]$，$\rho(x)$为$[a,b]$上的权函数，定义

$$(f,g)=\int_a^b f(x)g(x)\rho(x)\mathrm{d}x \tag{1.11}$$

为函数 $f(x)$与 $g(x)$的**内积**.

注：定义 1.5 是 $\mathbf{R}^n$ 空间中两个向量 $\boldsymbol{x}=(x_1,\cdots,x_n)^{\mathrm{T}}$ 与 $\boldsymbol{y}=(y_1,\cdots,y_n)^{\mathrm{T}}$ 的数量积 $(\boldsymbol{x},\boldsymbol{y})=\sum_{i=1}^{n}x_iy_i$ 定义的推广.

线性空间定义了内积就称为内积空间，连续函数空间 $C[a,b]$定义内积(f,g)就是一个内积空间. 容易验证内积满足以下基本法则：

(1) $(f,g)=(g,f)$；

(2) $(c_1f+c_2g,h)=c_1(f,h)+c_2(g,h)$，$c_1,c_2\in\mathbf{R}$；

(3) $(f,f)\geqslant 0$，并且当且仅当 $f\equiv 0$ 时$(f,f)=0$.

由内积定义得 $(f,f)=\int_a^b f^2(x)\rho(x)\mathrm{d}x=\|f\|_2^2$，$\|\cdot\|_2$ 称为 $f(x)$的加权欧氏(Euclid)模或加权 2-范数. 当 $\rho(x)\equiv 1$ 时就是 2-范数.

定理 1.2 设 $f(x),g(x)\in C[a,b]$，则有不等式

$$|(f,g)|\leqslant\|f\|_2\|g\|_2 \tag{1.12}$$

此公式称为**柯西(Cauchy)不等式**. 还有三角不等式

$$\|f+g\|_2\leqslant\|f\|_2+\|g\|_2 \tag{1.13}$$

证明 (1.12)对 $g(x)=0$ 显然成立,若 $g(x)\neq 0$,则$(g,g)>0$,对 $\forall\lambda\in\mathbf{R}$ 有

$$0\leqslant (f+\lambda g,f+\lambda g)=(f,f)+2\lambda(f,g)+\lambda^2(g,g)$$

取 $\lambda=-\dfrac{(f,g)}{(g,g)}$,代入上式得

$$(f,f)-\frac{(f,g)^2}{(g,g)}\geqslant 0,\ 或\quad (f,g)^2\leqslant \|f\|_2^2\cdot\|g\|_2^2$$

开方即得(1.12);利用(1.12)可得

$$\begin{aligned}\|f+g\|_2^2&=(f+g,f+g)=(f,f)+2(f,g)+(g,g)\\&\leqslant \|f\|_2^2+2\|f\|_2\cdot\|g\|_2+\|g\|_2^2\\&=(\|f\|_2+\|g\|_2)^2\end{aligned}$$

两端开方则得(1.13).证毕.

定理 1.3 设 $\varphi_0(x),\varphi_1(x),\cdots,\varphi_n(x)\in C[a,b]$,则 $\varphi_0(x),\varphi_1(x),\cdots,\varphi_n(x)$在$[a,b]$上线性无关的充分必要条件是 $\det\boldsymbol{G}_n\neq 0$,其中

$$\begin{aligned}\boldsymbol{G}_n&=G(\varphi_0,\varphi_1,\cdots,\varphi_n)\\&=\begin{bmatrix}(\varphi_0,\varphi_0)&(\varphi_0,\varphi_1)&\cdots&(\varphi_0,\varphi_n)\\(\varphi_1,\varphi_0)&(\varphi_1,\varphi_1)&\cdots&(\varphi_1,\varphi_n)\\\cdots&\cdots&&\cdots\\(\varphi_n,\varphi_0)&(\varphi_n,\varphi_1)&\cdots&(\varphi_n,\varphi_n)\end{bmatrix}\end{aligned}\tag{1.14}$$

这里(·,·)表示内积.

证明 由于 $\det\boldsymbol{G}_n\neq 0$ 等价于齐次方程组

$$\sum_{i=0}^{n}c_i(\varphi_i,\varphi_j)=0,\quad j=0,1,\cdots,n\tag{1.15}$$

只有零解.

当 $\varphi_0(x),\cdots,\varphi_n(x)$线性无关时,由定义 1.1 知 $c_0=c_1=\cdots=c_n=0$,故 $\det\boldsymbol{G}_n\neq 0$.

反之,若 $\det\boldsymbol{G}_n\neq 0$,则由 $\sum\limits_{i=0}^{n}c_i\varphi_i(x)=0$ 可得

$$\left(\sum_{i=0}^{n} c_i\varphi_i, \varphi_j\right) = \sum_{i=0}^{n} c_i(\varphi_i, \varphi_j) = 0, \quad j = 0,1,\cdots,n.$$

故 $c_0 = c_1 = \cdots = c_n = 0$，由定义 1.1 知 $\varphi_0(x),\cdots,\varphi_n(x)$线性无关.

定义 1.6 设 $f(x), g(x) \in C[a,b]$，$\rho(x)$为$[a,b]$上的权函数，若

$$(f,g) = \int_a^b f(x)g(x)\rho(x)\mathrm{d}x = 0$$

则称 $f(x)$ 与 $g(x)$ 在$[a,b]$上带权 $\rho(x)$ 正交. 若函数序列$\{\varphi_j(x)\}_0^{\infty}$ 在$[a,b]$上两两正交，即

$$(\varphi_i, \varphi_j) = \begin{cases} 0, & i \neq j \\ A_j \neq 0, & i = j \end{cases}$$

则称$\{\varphi_j(x)\}_0^{\infty}$ 为正交函数族.

例 1.1 三角函数族 $1, \sin x, \cos x, \sin 2x, \cos 2x, \cdots$ 在$[-\pi,\pi]$上是正交函数族(权 $\rho(x) \equiv 1$).

实际上 $(1,1) = \int_{-\pi}^{\pi} \mathrm{d}x = 2\pi$，而

$$(\sin nx, \sin mx) = \int_{-\pi}^{\pi} \sin nx \sin mx \,\mathrm{d}x = \begin{cases} \pi, & m = n \\ 0, & m \neq n \end{cases} \quad n,m = 1,2,\cdots$$

$$(\cos nx, \cos mx) = \int_{-\pi}^{\pi} \cos nx \cos mx \,\mathrm{d}x = \begin{cases} \pi, & m = n \\ 0, & m \neq n \end{cases} \quad n,m = 1,2,\cdots$$

$$(\cos nx, \sin mx) = \int_{-\pi}^{\pi} \cos nx \sin mx \,\mathrm{d}x = 0, \quad m,n = 0,1,\cdots,$$

定义 1.7 设 $\varphi_n(x)$是首项系数 $a_n \neq 0$ 的 n 次多项式，如果多项式序列$\{\varphi_n(x)\}_0^{\infty}$ 满足

$$(\varphi_i, \varphi_j) = \int_a^b \varphi_i(x)\varphi_j(x)\rho(x)\mathrm{d}x = \begin{cases} 0, & i \neq j \\ A_j \neq 0, & i = j \end{cases} \tag{1.16}$$

则称多项式序列$\{\varphi_i(x)\}_0^\infty$为在$[a,b]$上带权$\rho(x)$的**正交多项式族**，$\varphi_n(x)$称为$[a,b]$上带权$\rho(x)$的$n$次**正交多项式**.

只要给定区间$[a,b]$及权函数$\rho(x)$，均可由线性无关的一组基$\{1,x,x^2,\cdots,x^n,\cdots\}$，利用正交化构造出正交多项式$\{\varphi_n(x)\}_0^\infty$：

$$\varphi_0(x)=1,\ \varphi_n(x)=x^n-\sum_{k=0}^{n-1}\frac{(x^n,\varphi_k)}{(\varphi_k,\varphi_k)}\varphi_k(x),\quad n=1,2,\cdots$$

这样构造的正交多项式有以下性质：

(1) $\varphi_n(x)$是最高项系数为1的n次多项式.

(2) 任何n次多项式$p_n(x)\in H_n$，均可表示为$\varphi_0(x),\varphi_1(x),\cdots,\varphi_n(x)$的线性组合.

(3) 当$n\neq m$时，$(\varphi_n,\varphi_m)=0$，且$\varphi_n(x)$与任一次数小于n的多项式正交.

(4) 递推关系

$$\varphi_{n+1}(x)=(x-\alpha_n)\varphi_n(x)-\beta_n\varphi_{n-1}(x),\quad n=0,1,\cdots \tag{1.17}$$

其中

$$\varphi_0(x)=1,\ \varphi_{-1}(x)=0$$

$$\alpha_n=\frac{(x\varphi_n,\varphi_n)}{(\varphi_n,\varphi_n)},\qquad n=0,1,\cdots,$$

$$\beta_n=\frac{(\varphi_n,\varphi_n)}{(\varphi_{n-1},\varphi_{n-1})},\qquad n=1,2,\cdots$$

这里$(x\varphi_n,\varphi_n)=\int_a^b x\varphi_n^2(x)\rho(x)\mathrm{d}x$.

(5) 设$\{\varphi_n(x)\}_0^\infty$是在$[a,b]$上带权$\rho(x)$的正交多项式序列，则$\varphi_n(x)(n\geqslant 1)$的$n$个根都是单重实根，且都在区间$(a,b)$内.

以上性质证明可见文献[1]，下面给出常见的而又十分重要的正交多项式.

1-4-1 勒让德多项式

在区间$[-1,1]$上权函数$\rho(x)=1$的正交多项式称为**勒让德(Legendre)多项式**，其表达式为

$$P_0(x)=1,\ P_n(x)=\frac{1}{2^n n!}\frac{d^n}{dx^n}\{(x^2-1)^n\},\quad n=1,2,\cdots \tag{1.18}$$

$P_n(x)$的首项 x^n 的系数为$\frac{(2n)!}{2^n(n!)^2}$,记

$$\widetilde{P}_0(x)=1,\ \widetilde{P}_n(x)=\frac{n!}{(2n)!}\frac{d^n}{dx^n}\{(x^2-1)^n\},\quad n=1,2,\cdots \tag{1.19}$$

则 $\widetilde{P}_n(x)$是首项 x^n 系数为 1 的勒让德多项式.

勒让德多项式有许多重要性质,特别有:

(1) 正交性

$$(P_n,P_m)=\int_{-1}^{1}P_n(x)P_m(x)dx=\begin{cases}0, & m\neq n\\ \frac{2}{2n+1}, & m=n\end{cases} \tag{1.20}$$

只要令 $\varphi(x)=(x^2-1)^n$,则 $\varphi^{(k)}(\pm 1)=0,k=0,1,\cdots,n-1$ 且 $P_n(x)=\frac{1}{2^n n!}\varphi^{(n)}(x)$. 设多项式 $Q(x)\in H_n$,用分部积分得

$$\begin{aligned}\int_{-1}^{1}P_n(x)Q(x)dx&=\frac{1}{2^n n!}\int_{-1}^{1}Q(x)\varphi^{(n)}(x)dx\\&=-\frac{1}{2^n n!}\int_{-1}^{1}Q^{(1)}(x)\varphi^{(n-1)}(x)dx\\&=\cdots=\frac{(-1)^n}{2^n n!}\int_{-1}^{1}Q^{(n)}(x)\varphi(x)dx\end{aligned}$$

当 $Q(x)$为次数不超过 $n-1$ 时 $Q^{(n)}(x)=0$,于是有

$$\int_{-1}^{1}P_n(x)P_m(x)dx=0,\quad m\neq n$$

当 $Q(x)=P_n(x)$,则 $Q^{(n)}(x)=P_n^{(n)}(x)=\frac{(2n)!}{2^n n!}$,于是

$$\int_{-1}^{1}P_n^2(x)dx=\frac{(-1)^n(2n)!}{2^{2n}(n!)^2}\int_{-1}^{1}(x^2-1)^n dx=\frac{2}{2n+1}$$

这就证明了(1.20)的正确性.

(2) 递推公式

$$(n+1)P_{n+1}(x)=(2n+1)xP_n(x)-nP_{n-1}(x),\quad n=1,2,\cdots \tag{1.21}$$

其中 $P_0(x)=1, P_1(x)=x$.

此公式可直接利用正交性证明.由(1.21)可得

$$P_2(x) = \frac{1}{2}(3x^2 - 1)$$

$$P_3(x) = \frac{1}{2}(5x^3 - 3x)$$

$$P_4(x) = \frac{1}{8}(35x^4 - 30x^2 + 3)$$

$$P_5(x) = \frac{1}{8}(63x^5 - 70x^3 + 15x)$$

……

图 2-1 给出了 $P_0(x), P_1(x), P_2(x), P_3(x)$的图形.

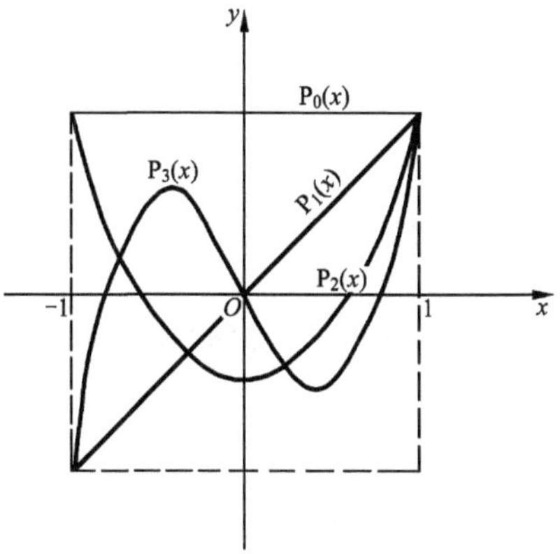

图 2-1

(3) 奇偶性

$$P_n(-x) = (-1)^n P_n(x)$$

1-4-2 切比雪夫多项式

在区间[-1,1]上权函数 $\rho(x)=\frac{1}{\sqrt{1-x^2}}$的正交多项式称为**切比雪夫(Чебыщев)多项式**,它可表示为

$$T_n(x) = \cos(n\arccos x), \quad n = 0,1,\cdots \tag{1.22}$$

若令 $x=\cos\theta$,则 $T_n(x)=\cos n\theta, 0\leqslant\theta\leqslant\pi$,这是 $T_n(x)$的参数表示.利用三角公式可将 $\cos n\theta$ 展成 $\cos\theta$ 的一个 n 次多项式,故(1.22)是x 的 n 次多项式.下面给出 $T_n(x)$的主要性质:

(1) 正交性

$$(T_n, T_m) = \int_{-1}^{1} \frac{T_n(x)T_m(x)}{\sqrt{1-x^2}}\mathrm{d}x = \begin{cases} 0, & m\neq n \\ \dfrac{\pi}{2}, & m=n\neq 0 \\ \pi, & m=n=0 \end{cases} \tag{1.23}$$

只要对积分做变换 $x=\cos\theta$,利用三角公式即可得到(1.23)的结果.

(2) 递推公式

$$T_{n+1}(x) = 2xT_n(x) - T_{n-1}(x), \quad n = 1,2,\cdots \tag{1.24}$$

其中 $T_0(x)=1$, $T_1(x)=x$.

由 $x=\cos\theta, T_{n+1}(x)=\cos(n+1)\theta$,用三角公式

$$\cos(n+1)\theta = 2\cos\theta\cos n\theta - \cos(n-1)\theta$$

则得(1.24).由(1.24)可推出 $T_2(x)$到 $T_8(x)$如下:

$$T_2(x) = 2x^2 - 1$$

$$T_3(x) = 4x^3 - 3x$$

$$T_4(x) = 8x^4 - 8x^2 + 1$$

$$T_5(x) = 16x^5 - 20x^3 + 5x$$

$$T_6(x) = 32x^6 - 48x^4 + 18x^2 - 1$$

$$T_7(x) = 64x^7 - 112x^5 + 56x^3 - 7x$$

$$T_8(x) = 128x^8 - 256x^6 + 160x^4 - 32x^2 + 1$$

图 2-2 给出了 $T_0(x), T_1(x), T_2(x), T_3(x), T_4(x)$的图形.

(3) 奇偶性

$$T_n(-x) = (-1)^n T_n(x)$$

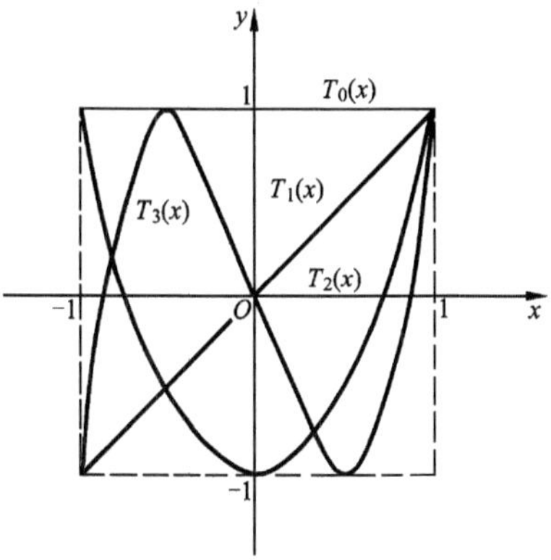

图 2-2

(4) $T_n(x)$在$(-1,1)$内的 n 个零点为 $x_k=\cos\dfrac{2k-1}{2n}\pi, k=1,2,\cdots,n$，在$[-1,1]$上有 $n+1$ 个极点 $y_k=\cos\dfrac{k}{n}\pi, k=0,1,\cdots,n$.

(5) $T_n(x)$的最高次幂 x^n 的系数为 $2^{n-1}, n\geqslant 1$.

1-4-3 其他正交多项式

除上述两个最常用的正交多项式外，较重要的还有无穷区间的正交多项式，它们是：

(1) 拉盖尔(Laguerre)多项式

在区间$[0,\infty)$上，权函数 $\rho(x)=e^{-x}$的正交多项式称为**拉盖尔多项式**，其表达式为

$$L_n(x)=e^x\frac{d^n}{dx^n}(x^n e^{-x}),\quad n=0,1,\cdots \tag{1.25}$$

它的递推公式为

$$L_{n+1}(x)=(1+2n-x)L_n(x)-n^2L_{n-1}(x),\quad n=1,2,\cdots \tag{1.26}$$

其中 $L_0(x)=1$，$L_1(x)=1-x$. 正交性为

$$(L_n,L_m)=\int_0^{\infty}L_n(x)L_m(x)e^{-x}dx=\begin{cases}0, & m\neq n\\(n!)^2, & m=n\end{cases}$$

(2) 埃尔米特(Hermite)多项式

在区间$(-\infty,\infty)$上,带权函数$\rho(x)=e^{-x^2}$的正交多项式称为**埃尔米特多项式**,其表达式为

$$H_n(x)=(-1)^n e^{x^2}\frac{d^n}{dx^n}e^{-x^2} \tag{1.27}$$

它的递推公式为

$$H_{n+1}(x)=2xH_n(x)-2nH_{n-1}(x),\quad n=1,2,\cdots \tag{1.28}$$

其中 $H_0(x)=1,H_1(x)=2x$. 正交性为

$$(H_n,H_m)=\int_{-\infty}^{\infty}H_n(x)H_m(x)e^{-x^2}dx=\begin{cases}0, & m\neq n\\2^n n!\sqrt{\pi}, & m=n\end{cases}$$

2 多项式逼近

2-1 最佳平方逼近与勒让德展开

设 $f(x)\in C[a,b]$,$\varphi_0(x),\varphi_1(x),\cdots,\varphi_n(x)$为 $C[a,b]$上 $n+1$ 个线性无关函数,记 $\Phi=\mathrm{span}\{\varphi_0(x),\varphi_1(x),\cdots,\varphi_n(x)\}$,则对 $\forall\varphi(x)\in\Phi$ 有

$$\varphi(x)=\sum_{j=0}^{n}a_j\varphi_j(x) \tag{2.1}$$

用 $\varphi(x)$逼近 $f(x)\in C[a,b]$,使满足

$$\|f-\varphi\|_2^2=\int_a^b[f(x)-\varphi(x)]^2\rho(x)dx=\min \tag{2.2}$$

其中 $\rho(x)$是$[a,b]$上的权函数,这就是最佳平方逼近问题. 若$f(x)$由函数表$(x_i,f(x_i))$,$i=0,1,\cdots,m(m>n)$给出,则最佳平方逼近问题是求 $\varphi(x)\in\Phi$ 使

$$\| f-\varphi \|_2^2 = \sum_{i=0}^{m} [f(x_i)-\varphi(x_i)]^2 \rho_i = \min \qquad (2.3)$$

这里 ρ_i 是点 x_i 处的权. 综合以上情形可给出

定义 2.1 设 $f(x)\in C[a,b]$，若存在 $\varphi^*(x)\in \Phi = \mathrm{span}\{\varphi_0(x),\varphi_1(x),\cdots,\varphi_n(x)\}$使

$$\| f-\varphi^* \|_2^2 = \min_{\varphi\in\Phi} \| f-\varphi \|_2^2 \qquad (2.4)$$

则称 $\varphi^*(x)$为 $f(x)$在 Φ 中的**最佳平方逼近**函数.

定义中 $\|\cdot\|_2$ 在连续的情形就是(2.2)，在离散的情形就是(2.3). 下面针对连续情形讨论求 $\varphi^*(x)\in\Phi$ 的解法及存在唯一性. 由定义可知，求解 $\varphi^*(x)\in\Phi$ 等价于求多元函数

$$F(a_0,a_1,\cdots,a_n) = \int_a^b \Big[\sum_{j=0}^{n} a_j\varphi_j(x) - f(x)\Big]^2 \rho(x)\mathrm{d}x \qquad (2.5)$$

的极小值. 由于 F 是关于参数 $a_0,a_1,\cdots,a_n$ 的二次函数，由多元函数取极值的必要条件得

$$\frac{\partial F}{\partial a_k} = 2\int_a^b \Big[\sum_{j=0}^{n} a_j\varphi_j(x) - f(x)\Big]\varphi_k(x)\rho(x)\mathrm{d}x = 0,$$

$$k=0,1,\cdots,n$$

于是有

$$\sum_{j=0}^{n} (\varphi_j,\varphi_k)a_j = (f,\varphi_k), \quad k=0,1,\cdots,n \qquad (2.6)$$

这是关于 $a_0,a_1,\cdots,a_n$ 的线性方程组，称为**法方程**. 由于 $\varphi_0(x)$，$\varphi_1(x),\cdots,\varphi_n(x)$线性无关，由定理 1.3 知，方程组(2.6)的系数矩阵 $\boldsymbol{G}_n$ 非奇异，故此方程组有唯一解 $a_k=a_k^*$，$k=0,1,\cdots,n$，于是有

$$\varphi^*(x) = a_0^*\varphi_0(x) + a_1^*\varphi_1(x) + \cdots + a_n^*\varphi_n(x) \qquad (2.7)$$

下面证明由此得到的 $\varphi^*(x)$满足(2.4)，即对 $\forall\,\varphi(x)\in\Phi$ 有

$$\| f-\varphi^* \|_2^2 \leqslant \| f-\varphi \|_2^2 = \int_a^b [f(x)-\varphi(x)]^2\rho(x)\mathrm{d}x \qquad (2.8)$$

由于 a_j^*，$j=0,1,\cdots,n$ 是(2.6)的解，因此有

$$\left(\sum_{j=0}^{n} a_j^* \varphi_j - f, \varphi_k\right) = 0, \ k = 0,1,\cdots,n$$

于是对$\forall \varphi(x) \in \Phi$,有$(f-\varphi^*,\varphi)=0$及$(f-\varphi^*,\varphi^*-\varphi)=0$,由此可得

$$\begin{aligned}\| f-\varphi \|_2^2 &= \| f-\varphi^* + \varphi^* - \varphi \|_2^2 \\ &= \| f-\varphi^* \|_2^2 + 2(f-\varphi^*,\varphi^*-\varphi) + \| \varphi^* - \varphi \|_2^2 \\ &= \| f-\varphi^* \|_2^2 + \| \varphi^* - \varphi \|_2^2 \geqslant \| f-\varphi^* \|_2^2\end{aligned}$$

这就证明了(2.8),从而也证明了$f(x)$在Φ中存在唯一的最佳平方逼近函数$\varphi^*(x)$.上面结论对离散情形(2.3)也同样成立.

记$\delta(x)=f(x)-\varphi^*(x)$,称$\|\delta\|_2^2$为最佳平方逼近误差,简称平方误差,$\|\delta\|_2$为**均方误差**.由于$(f-\varphi^*,\varphi^*)=0$,故

$$\begin{aligned}\|\delta\|_2^2 &= (f-\varphi^*, f-\varphi^*) = (f,f)-(\varphi^*,f) \\ &= \|f\|_2^2 - \sum_{j=0}^{n} a_k^*(\varphi_k, f)\end{aligned} \tag{2.9}$$

作为特例,若取$\varphi_k(x)=x^k$,$k=0,1,\cdots,n$,区间取为$[0,1]$,$\rho(x)=1$,此时$f(x)\in C[0,1]$在$\Phi=H_n=\mathrm{span}\{1,x,\cdots,x^n\}$上的最佳平方逼近多项式为

$$p_n^*(x) = a_0^* + a_1^* x + \cdots + a_n^* x^n \tag{2.10}$$

此时由于

$$(\varphi_j,\varphi_k) = \int_0^1 x^{j+k}\mathrm{d}x = \frac{1}{j+k+1}, \quad j,k=0,1,\cdots,n$$

$$(f,\varphi_k) = \int_0^1 f(x)x^k\mathrm{d}x = d_k, \quad k=0,1,\cdots,n$$

相应于法方程(2.6)的系数矩阵$\boldsymbol{G}_n$记为$\boldsymbol{H}_n=G(1,x,\cdots,x^n)$,即

$$\boldsymbol{H}_n = \begin{pmatrix} 1 & 1/2 & \cdots & 1/(n+1) \\ 1/2 & 1/3 & \cdots & 1/(n+2) \\ \cdots & \cdots & & \cdots \\ 1/(n+1) & 1/(n+2) & \cdots & 1/(2n+1) \end{pmatrix} \equiv (h_{ij})_{(n+1)\times(n+1)}$$

其中 $h_{ij}=\dfrac{1}{i+j-1}$. $\boldsymbol{H}_n$ 称为**希尔伯特(Hilbert)矩阵.**

若记 $\boldsymbol{a}=(a_0,a_1,\cdots,a_n)^{\mathrm{T}}$,$\boldsymbol{d}=(d_0,d_1,\cdots,d_n)^{\mathrm{T}}$,此时法方程为

$$\boldsymbol{H}_n\boldsymbol{a}=\boldsymbol{d} \tag{2.11}$$

它的解为 $a_k=a_k^*$,$k=0,1,\cdots,n$,由此则得最佳平方逼近多项式 $p_n^*(x)$.

例 2.1 设 $f(x)=\sqrt{1+x^2}$,求$[0,1]$上的一次最佳平方逼近多项式 $p_1^*(x)=a_0^*+a_1^*x$.

解

$$d_0=\int_0^1\sqrt{1+x^2}\,\mathrm{d}x=\frac{1}{2}\ln(1+\sqrt{2})+\frac{\sqrt{2}}{2}\approx 1.147,$$

$$d_1=\int_0^1\sqrt{1+x^2}\,x\mathrm{d}x=\frac{2\sqrt{2}-1}{3}\approx 0.609$$

法方程为

$$\begin{pmatrix}1 & 1/2\\ 1/2 & 1/3\end{pmatrix}\begin{pmatrix}a_0\\ a_1\end{pmatrix}=\begin{pmatrix}1.147\\ 0.609\end{pmatrix}$$

求得解为 $a_0^*=0.934$,$a_1^*=0.426$,于是得

$$p_1^*(x)=0.934+0.426x$$

平方误差为

$$\begin{aligned}\|\delta\|_2^2&=(f,f)-(p_1^*,f)\\&=\int_0^1(1+x^2)\mathrm{d}x-a_0^*d_0-a_1^*d_1\\&=0.0026\end{aligned}$$

均方误差为

$$\|\delta\|_2=0.051$$

最大误差为

$$\|\delta\|_\infty=\max_{0\leqslant x\leqslant 1}\left|\sqrt{1+x^2}-p_1^*(x)\right|=0.066$$

由于 $\boldsymbol{H}_n$ 是病态矩阵，在 $n \geqslant 3$ 时直接解法方程(2.11)的误差很大，因此当 $\varphi_k(x)=x^k$ 时解法方程方法只适合 $n \leqslant 2$ 的情形，对 $n \geqslant 3$ 的情形，可用正交多项式作 Φ 的基的方法来求解最佳平方逼近多项式.

设 $f(x) \in C[a,b]$，$\Phi=\operatorname{span}\{\varphi_0(x),\varphi_1(x),\cdots,\varphi_n(x)\}$，若 $\varphi_0(x),\varphi_1(x),\cdots,\varphi_n(x)$ 是满足条件(1.16)的正交函数族，则当 $i \neq j$ 时，$(\varphi_i,\varphi_j)=0$，而 $(\varphi_j,\varphi_j)>0$，于是法方程(2.6)的系数矩阵 $\boldsymbol{G}_n$ 为非奇异对角阵，方程的解为

$$a_k^* = \frac{(f,\varphi_k)}{(\varphi_k,\varphi_k)}, \quad k=0,1,\cdots,n \tag{2.12}$$

于是 $f(x)$ 在 Φ 中的最佳平方逼近函数为

$$\varphi^*(x) = \sum_{k=0}^{n} \frac{(f,\varphi_k)}{\|\varphi_k\|_2^2}\varphi_k(x) \tag{2.13}$$

称为 $f(x)$ 的**广义傅里叶(Fourier)展开**，相应(2.12)的系数 a_k^* 称为广义傅里叶系数，由(2.9)可得

$$\|f-\varphi^*\|_2^2 = \|f\|_2^2 - \sum_{k=0}^{n}\left[\frac{(f,\varphi_k)}{\|\varphi_k\|_2}\right]^2 \geqslant 0 \tag{2.14}$$

下面考虑特殊情形. 设 $[a,b]=[-1,1]$，$\rho(x)=1$，此时正交多项式为勒让德多项式，取 $\Phi=\operatorname{span}\{\mathrm{P}_0(x),\mathrm{P}_1(x),\cdots,\mathrm{P}_n(x)\}$，根据(2.13)可得到 $f(x) \in C[-1,1]$ 的最佳平方逼近多项式为

$$s_n^*(x) = \sum_{k=0}^{n} a_k^* \mathrm{P}_k(x) \tag{2.15}$$

其中

$$a_k^* = \frac{(f,\mathrm{P}_k)}{\|\mathrm{P}_k\|_2^2} = \frac{2k+1}{2}\int_{-1}^{1} f(x)\mathrm{P}_k(x)\,\mathrm{d}x \tag{2.16}$$

且平方误差为

$$\|\delta_n\|_2^2 = \int_{-1}^{1} f^2(x)\,\mathrm{d}x - \sum_{k=0}^{n}\frac{2}{2k+1}(a_k^*)^2 \tag{2.17}$$

这样得到的最佳平方逼近多项式 $s_n^*(x)$ 与直接由 $\{1,x,\cdots,x^n\}$ 为基得到的 $p_n^*(x)$ 是一致的，但此处不用解病态的法方程(2.11)，而且当 $f(x)\in C[-1,1]$ 时可以证明 $\lim\limits_{n\to\infty}\|s_n^*(x)-f(x)\|_2=0$，即 $s_n^*(x)$ 均方收敛于 $f(x)$. 特别当 $f(x)\in C^2[-1,1]$ 时，还可得到 $s_n^*(x)$ 一致收敛于 $f(x)$.

由最佳平方逼近多项式的勒让德展开，还可得到以下有关勒让德多项式的重要性质.

定理 2.1 在所有首项系数为 1 的 n 次多项式中，勒让德多项式 $\widetilde{\mathrm{P}}_n(x)$ 在 $[-1,1]$ 上与零的平方误差最小.

证明 设 $Q_n(x)$ 为任一最高项系数为 1 的 n 次多项式，于是

$$Q_n(x)=\widetilde{\mathrm{P}}_n(x)+\sum_{k=0}^{n-1}a_k\widetilde{\mathrm{P}}_k(x)$$

$$\|Q_n\|_2^2=\int_{-1}^{1}Q_n^2(x)\mathrm{d}x=\|\widetilde{\mathrm{P}}_n\|_2^2+\sum_{k=0}^{n-1}a_k^2\|\widetilde{\mathrm{P}}_k\|_2^2\geqslant\|\widetilde{\mathrm{P}}_n\|_2^2$$

上式当且仅当 $a_0=a_1=\cdots=a_{n-1}=0$ 时等号成立. 证毕.

例 2.2 用勒让德展开求 $f(x)=\mathrm{e}^x$ 在 $[-1,1]$ 上的最佳平方逼近多项式(取 $n=1,3$).

解 先计算

$$(f,\mathrm{P}_0)=\int_{-1}^{1}\mathrm{e}^x\mathrm{d}x=\mathrm{e}-\mathrm{e}^{-1}\approx 2.3504$$

$$(f,\mathrm{P}_1)=\int_{-1}^{1}x\mathrm{e}^x\mathrm{d}x=2\mathrm{e}^{-1}\approx 0.7358$$

$$(f,\mathrm{P}_2)=\int_{-1}^{1}\left(\frac{3}{2}x^2-\frac{1}{2}\right)\mathrm{e}^x\mathrm{d}x=\mathrm{e}-7\mathrm{e}^{-1}\approx 0.1431$$

$$(f,\mathrm{P}_3)=\int_{-1}^{1}\left(\frac{5}{2}x^3-\frac{3}{2}x\right)\mathrm{e}^x\mathrm{d}x=37\mathrm{e}^{-1}-5\mathrm{e}\approx 0.02013$$

由(2.16)可算出

$$a_0^*=1.1752,\ a_1^*=1.1036,\ a_2^*=0.3578,\ a_3^*=0.07046$$

于是由(2.15)可求得

$$s_1^*(x) = 1.1752 + 1.1036x$$

$$s_3^*(x) = 0.9963 + 0.9979x + 0.5367x^2 + 0.1761x^3$$

且

$$\|\delta_3\|_2 = \|e^x - s_3^*(x)\|_2 \leqslant 0.0084$$

$$\|\delta_3\|_\infty = \|e^x - s_3^*(x)\|_\infty \leqslant 0.0112$$

2-2 曲线拟合的最小二乘法

当 $f(x)$是由实验或观测得到的,其函数通常是由函数表$(x_i, f(x_i))$,$i=0,1,\cdots,m$ 给出.若要求曲线 $y=\varphi(x)$逼近函数 $y=f(x)$,由于观测有误差,因此 $s_i=\varphi(x_i)-f(x_i)=0$ 不一定成立,当只要求 $\|\delta\|_2^2=\sum_{i=0}^{m}[\varphi(x_i)-f(x_i)]^2=\min$,就是曲线拟合的**最小二乘问题**.若取 $\varphi(x)\in\Phi=\mathrm{span}\{\varphi_0(x),\varphi_1(x),\cdots,\varphi_n(x)\}$,$n<m$,这就是定义 2.1 中当 $f(x)$为离散情形的最佳平方逼近问题.由(2.4)可知,此时求 $\varphi^*(x)\in\Phi=\mathrm{span}\{\varphi_0(x),\varphi_1(x),\cdots,\varphi_n(x)\}$使

$$\|f-\varphi^*\|_2^2=\sum_{i=0}^{m}[f(x_i)-\varphi^*(x_i)]^2\rho_i=\min_{\varphi\in\Phi}\|f-\varphi\|_2^2$$

这里 $\varphi(x)$与 $\varphi^*(x)$是由(2.1)及(2.7)表示,$\rho_i(i=0,1,\cdots,m)$为点 x_i 处的权.求 $\varphi^*(x)$的问题等价于求多元函数

$$F(a_0,a_1,\cdots,a_n)=\sum_{i=0}^{m}\Big[\sum_{j=0}^{n}a_j\varphi_j(x_i)-f(x_i)\Big]^2\rho_i \tag{2.18}$$

的极小值,由取极值的必要条件可得到法方程

$$\sum_{j=0}^{n}(\varphi_j,\varphi_k)a_j=(f,\varphi_k),\quad k=0,1,\cdots,n \tag{2.19}$$

其中内积(·,·)表示和式,即

$$\begin{cases}(\varphi_j,\varphi_k)=\sum\limits_{i=0}^{m}\varphi_j(x_i)\varphi_k(x_i)\rho_i\\(f,\varphi_k)=\sum\limits_{i=0}^{m}f(x_i)\varphi_k(x_i)\rho_i\end{cases}$$

要使法方程(2.19)有唯一解 $a_0,a_1,\cdots,a_n$,就要求其系数矩阵非奇异,为使 $\varphi_0(x),\varphi_1(x),\cdots,\varphi_n(x)$ 在点集 $\{x_i\}_{i=0}^{m}$ 上线性无关,还须加上另外条件.

定义 2.2 设 $\varphi_0(x),\varphi_1(x),\cdots,\varphi_n(x)\in C[a,b]$ 的任意线性组合在点集 $\{x_i\}_0^m(m\geqslant n)$ 上至多只有 n 个不同零点,则称 $\varphi_0(x)$,$\varphi_1(x),\cdots,\varphi_n(x)$ 在点集 $\{x_i\}_{i=0}^{m}$ 上满足 **Haar 条件.**

可以证明,如果 $\varphi_0(x),\varphi_1(x),\cdots,\varphi_n(x)$ 在 $\{x_i\}_0^m$ 上满足 Haar 条件则法方程(2.19)的系数矩阵非奇异,于是求解此法方程得 $a_k=a_k^*,k=0,1,\cdots,n$,从而得到 $\varphi^*(x)$,它是存在唯一的. 我们称 $\varphi^*(x)$ 为最小二乘逼近函数,其平方误差 $\|\delta\|_2^2=\|f-s_n^*\|_2^2$ 仍由(2.9)表示.

在最小二乘逼近中如何选择数学模型是很重要的,即如何根据给定的 $f(x)$ 来选择 Φ. 常用的方法是取 $\Phi=\mathrm{span}\{1,x,\cdots,x^n\}$,但是当 n 较大时法方程病态,需另作处理,而 n 较小有时不一定适合. 通常要根据物理意义,或 $f(x_i)(i=0,1,\cdots,n)$ 数据分布的大致图形选择相应的数学模型. 但必须指出,我们此处讨论的是线性最小二乘问题,即 $\varphi(x)$ 是形如(2.1)的线性组合. 有些数学模型表面上不是线性模型,但通过变换可化为线性模型,同样可以使用上述的方法. 例如 $y=ae^{bx}$,其中 a,b 为待定参数,取对数得 $\ln y=\ln a+bx$,令 $Y=\ln y$,记 $A=\ln a$,于是有 $Y=A+bx$,取 $\varphi_0(x)=1,\varphi_1(x)=x$,将曲线拟合数据 (x_i,y_i) 变换为 $(x_i,Y_i),i=0,1,\cdots,n$,求形如 $\varphi(x)=A+bx$ 的曲线,就是一个线性模型.

例 2.3 给定数据 $(x_i,f(x_i)),i=0,1,2,3,4$,见表 2-1,试选择适当模型,求最小二乘拟合函数 $\varphi^*(x)$.

表 2-1

i	x_i	$f(x_i)$	$Y_i=\ln f(x_i)$	x_i^2	x_iY_i	$y_i=\varphi^*(x_i)$
0	1.00	5.10	1.629	1.000	1.629	5.09
1	1.25	5.79	1.756	1.5625	2.195	5.78
2	1.50	6.53	1.876	2.2500	2.814	6.56
3	1.75	7.45	2.008	3.0625	3.514	7.44
4	2.00	8.46	2.135	4.000	4.270	8.44

根据给定数据选择数学模型 $y=ae^{bx}$，取对数 $\ln y=\ln a+bx$，令 $Y=\ln y, A=\ln a$，取 $\varphi_0(x)=1, \varphi_1(x)=x$，要求 $Y=A+bx$ 与 $(x_i, Y_i), i=0,1,\cdots,4$，做最小二乘拟合，$Y_i=\ln f(x_i)$. 由于 $(\varphi_0, \varphi_0)=5, (\varphi_0, \varphi_1)=(\varphi_1, \varphi_0)=7.5, (\varphi_1, \varphi_1)=11.875$，$(Y, \varphi_0)=\sum_{i=0}^{4} Y_i=9.404, (Y, \varphi_1)=\sum_{i=0}^{4} Y_i x_i=14.422$，由(2.19)得法方程

$$\begin{cases}5A+7.50b=9.404\\7.50A+11.875b=14.422\end{cases}$$

求解此方程得 $A=1.122, b=0.5056, a=e^A=3.071$，于是得最小二乘拟合曲线

$$y=3.071e^{0.5056x}=\varphi^*(x)$$

在 x_i 处 $\varphi^*(x_i)$ 的值见表 2-1 最后一列，从结果看到这一模型效果较好.

此例还可选其他模型，例如取 $y=\dfrac{1}{a_0+a_1x}$，令 $\overline{Y}=\dfrac{1}{y}=a_0+a_1x$，此时 $\varphi_0(x)=1, \varphi_1(x)=x, (\overline{Y}, \varphi_0)=0.77436, (\overline{Y}, \varphi_1)=1.11299$. 法方程为

$$\begin{cases}5.0a_0+7.50a_1=0.77436\\7.50a_0+11.875a_1=1.11299\end{cases}$$

求解得

$$a_0 = 0.27139,\ a_1 = -0.07768$$

于是得最小二乘拟合曲线

$$y = \frac{1}{0.27139 - 0.07768x} = \tilde{\varphi}^*(x)$$

可算出 $\tilde{\varphi}^*(x_i)$,$(i=0,1,2,3,4)$的值分别为 5.16,5.74,6.46,7.38,8.62,结果比指数模型 $y=ae^{bx}$ 差些.而若直接用多项式模型 $y=a_0+a_1x+a_2x^2$,结果将更差,请读者自己计算、比较.

此例表明了求曲线拟合的最小二乘问题选择模型的重要性,目前已有自动选择模型的软件供使用.另外,当数学模型为多项式时,需要使用关于点集$\{x_i\}_0^m$ 的正交多项式集合$\{\varphi_k(x)\}_0^n$ 为基,要求正交多项式$\{\varphi_k(x)\}_0^n$ 满足条件

$$(\varphi_j,\varphi_k) = \sum_{i=0}^{m} \varphi_j(x_i)\varphi_k(x_i)\rho_i = \begin{cases} 0, & j \neq k \\ A_i > 0, & j = k \end{cases} \tag{2.20}$$

根据正交性条件,可由递推公式构造正交多项式

$$\begin{aligned} &\varphi_0(x) = 1 \\ &\varphi_1(x) = (x-\alpha_0)\varphi_0 \\ &\varphi_{k+1}(x) = (x-\alpha_k)\varphi_k(x) - \beta_{k-1}\varphi_{k-1}(x), \\ &\qquad k = 1,2,\cdots,n-1 \end{aligned} \tag{2.21}$$

其中

$$\begin{cases} \alpha_k = \dfrac{(x\varphi_k,\varphi_k)}{(\varphi_k,\varphi_k)} = \dfrac{\sum\limits_{i=0}^{m} x_i\varphi_k^2(x_i)\rho_i}{\sum\limits_{i=0}^{m} \varphi_k^2(x_i)\rho_i}, & k=0,1,\cdots,n-1 \\ \beta_{k-1} = \dfrac{(\varphi_k,\varphi_k)}{(\varphi_{k-1},\varphi_{k-1})} = \dfrac{\sum\limits_{i=0}^{m} \varphi_k^2(x_i)\rho_i}{\sum\limits_{i=0}^{m} \varphi_{k-1}^2(x_i)\rho_i}, & k=1,2,\cdots,n \end{cases} \tag{2.22}$$

与连续情形相似,此时可得最小二乘逼近多项式

$$s_n(x) = a_0^* \varphi_0(x) + a_1^* \varphi_1(x) + \cdots + a_n^* \varphi_n(x)$$

其中

$$a_k^* = \frac{(f,\varphi_k)}{(\varphi_k,\varphi_k)} = \frac{1}{A_k}\sum_{i=0}^{m} f_i \varphi_k(x_i)\rho_i, \quad k = 0,1,\cdots,n \tag{2.23}$$

用此方法求最小二乘逼近多项式 $s_n(x)$,只要由(2.21)、(2.22)、(2.23)递推求出 $\alpha_k, \beta_{k-1}, \varphi_k$ 及 a_k^* 即可,计算过程简单.读者可根据上述算法写出计算步骤及程序.可根据平方误差

$$\delta_n^2 = \| f - s_n(x) \|_2^2 = \| f \|_2^2 - \sum_{k=0}^{n} (a_k^*)^2 \| \varphi_k \|_2^2 \leqslant \varepsilon$$

或 $n=N$(事先给定)控制算法的停止.

2-3　最佳一致逼近与切比雪夫展开

定义 2.3　设 $f(x) \in C[a,b]$, $p(x) \in H_n = \text{span}\{1, x, \cdots, x^n\}$,记

$$\Delta(f,p) = \| f-p \|_\infty = \max_{a \leqslant x \leqslant b} | f(x) - p(x) | = \mu \tag{2.24}$$

称为 $p(x)$与 $f(x)$的**偏差**.若 $\exists\, x_0 \in [a,b]$使

$$| f(x_0) - p(x_0) | = \Delta(f,p) = \mu$$

则称 x_0 是 $p(x)$关于 $f(x)$的**偏差点**.若 $p(x_0) - f(x_0) = \mu$,则称 x_0 为正偏差点;若 $p(x_0) - f(x_0) = -\mu$,则称 x_0 为负偏差点.

定义 2.4　设 $f(x) \in C[a,b]$,若存在 $p_n^*(x) \in H_n$,使

$$\Delta(f, p_n^*) = \min_{p \in H_n} \Delta(f,p) = E_n \tag{2.25}$$

则称 $p_n^*(x)$为 $f(x)$在$[a,b]$上的**最佳一致逼近多项式**,简称最佳逼近多项式.E_n 称为 $p_n^*(x)$与 $f(x)$的**最小偏差**.

可以证明最佳逼近多项式是存在的.即

定理 2.2　若 $f(x) \in C[a,b]$,则存在 $p_n^*(x) \in H_n$ 使得

$$\Delta(f, p_n^*) = \min_{p \in H_n} \Delta(f,p) = E_n$$

证明略(可见文献[8]).若 $p_n^*(x)\in H_n$ 是 $f(x)\in C[a,b]$的最佳逼近多项式,则 $p_n^*(x)$与 $f(x)$同时存在正负偏差点(可用反证法证明).更进一步可证明以下重要定理.

定理 2.3(切比雪夫定理) $p_n^*(x)\in H_n$ 是 $f(x)\in C[a,b]$的最佳逼近多项式的充分必要条件是:在$[a,b]$上至少有 $n+2$ 个轮流为正负的偏差点,即至少有 $n+2$ 个点 $a\leqslant x_1<x_2<\cdots<x_{n+2}\leqslant b$,使得

$$p_n^*(x_k)-f(x_k)=(-1)^k\sigma\|f-p_n^*\|_\infty,\ \sigma=\pm 1;\quad k=1,2,\cdots,n+2 \tag{2.26}$$

上述点$\{x_k\}_1^{n+2}$ 称为切比雪夫交错点组.

定理证明可见文献[8],这定理给出了最佳逼近多项式的基本特性,它是求最佳逼近多项式的主要依据,但最佳逼近多项式的计算是很困难的,下面将只对 $n=1$ 的情形进行讨论.另外还有

推论 1(唯一性定理) 设 $f(x)\in C[a,b]$,则在 H_n 中的最佳逼近多项式是唯一的.

证明 设 $p_n^*(x),q_n^*(x)\in H_n$ 均为 $f(x)$的最佳逼近多项式,由于

$$-E_n\leqslant p_n^*(x)-f(x)\leqslant E_n,\ -E_n\leqslant q_n^*(x)-f(x)\leqslant E_n$$

于是

$$E_n\leqslant\left\|f(x)-\frac{p_n^*(x)+q_n^*(x)}{2}\right\|_\infty\leqslant\frac{1}{2}\|f(x)-p_n^*(x)\|_\infty+\frac{1}{2}\|f(x)-q_n^*(x)\|_\infty\leqslant E_n$$

它表明 $r(x)=\dfrac{p_n^*(x)+q_n^*(x)}{2}$也是 $f(x)$的最佳逼近多项式,于是由定理 2.3 知 $r(x)$关于 $f(x)$的 $n+2$ 个偏差点 $x_1,\cdots,x_{n+2}$有

$$r(x_k)-f(x_k)=(-1)^k\sigma E_n,\ \sigma=\pm 1;\ k=1,2,\cdots,n+2$$

从而得到

$$E_n = |r(x_k) - f(x_k)| \leqslant \frac{1}{2}|p_n^*(x_k) - f(x_k)| + \frac{1}{2}|q_n^*(x_k) - f(x_k)| = E_n$$

于是有

$$|p_n^*(x_k) - f(x_k)| = E_n, \quad |q_n^*(x_k) - f(x_k)| = E_n$$

它表明 $x_1, \cdots, x_{n+2}$ 也是 $p_n^*(x)$ 和 $q_n^*(x)$ 关于 $f(x)$ 的偏差点.

由于 $\left|\frac{1}{2}[p_n^*(x_k) - f(x_k)] + \frac{1}{2}[q_n^*(x_k) - f(x_k)]\right| = E_n$，故 $p_n^*(x_k) - f(x_k)$ 与 $q_n^*(x_k) - f(x_k)$ 同号，于是

$$p_n^*(x_k) - f(x_k) = q_n^*(x_k) - f(x_k) = (-1)^k \sigma E_n, \quad k = 1, 2, \cdots, n+2$$

因此有 $p_n^*(x_k) = q_n^*(x_k)$，$k = 1, 2, \cdots, n+2$. 故 $p_n^*(x) \equiv q_n^*(x)$. 证毕.

下面讨论 $n=1$ 时求 $p_1(x) = a_0 + a_1 x$ 的方法. 设 $f(x) \in C^2[a,b]$ 且 $f''(x)$ 在 $[a,b]$ 上不变号，由定理 2.3 可知，存在点 $a \leqslant x_1 < x_2 < x_3 \leqslant b$ 使

$$p_1(x_k) - f(x_k) = (-1)^k \sigma E_n, \quad k = 1, 2, 3; \quad \sigma = \pm 1$$

由于 $f''(x) \neq 0$，故 $f'(x)$ 在 $[a,b]$ 上单调，于是 $f'(x) - p_1'(x) = f'(x) - a_1 = 0$ 在 $[a,b]$ 上只有一个根 x_2，故 $p_1(x)$ 对 $f(x)$ 另两个偏差点只能在 $[a,b]$ 的端点，故有

$$x_1 = a, \quad x_3 = b$$

由此可得

$$p_1(a) - f(a) = -[p_1(x_2) - f(x_2)] = p_1(b) - f(b)$$

或

$$a_0 + a_1 a - f(a) = a_0 + a_1 b - f(b), \tag{2.27}$$

$$a_0 + a_1 a - f(a) = -[a_0 + a_1 x_2 - f(x_2)] \tag{2.28}$$

由(2.27)得

$$a_1=\frac{f(b)-f(a)}{b-a} \tag{2.29}$$

代入(2.28)得

$$a_0=\frac{1}{2}[f(a)+f(x_2)]-\frac{a+x_2}{2}\frac{f(b)-f(a)}{b-a} \tag{2.30}$$

其中 x_2 由 $f'(x_2)=a_1$ 得到，由此则得 $f(x)$ 在 $[a,b]$ 上的最佳一次逼近多项式 $p_1(x)=a_0+a_1x$. 其几何意义如图 2-3 所示.

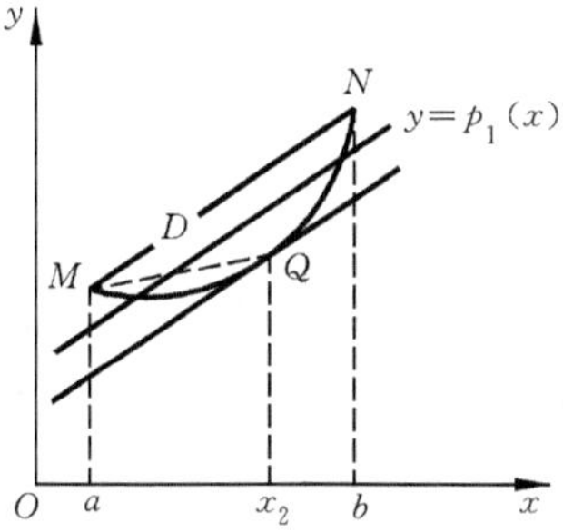

图 2-3

例 2.4 设 $f(x)=\sqrt{1+x^2}$，在 $[0,1]$ 上求 $f(x)$ 的最佳一次逼近多项式 $p_1(x)=a_0+a_1x$.

由(2.29)求得

$$a_1=\frac{\sqrt{2}-1}{1}\approx 0.414$$

由 $f'(x)=\dfrac{x}{\sqrt{1+x^2}}$，得到 $f'(x_2)=\dfrac{x_2}{\sqrt{1+x_2^2}}=0.414$，于是

$$x_2=\sqrt{\frac{\sqrt{2}-1}{2}}=0.4551,\ f(x_2)=\sqrt{1+x_2^2}=1.0986$$

由(2.30)可求得 $a_0=0.955$，于是得 $f(x)$ 的最佳逼近一次多项式为

$$p_1(x)=0.955+0.414x$$

根据定理 2.3,还可得到切比雪夫多项式的一个重要性质.

定理 2.4 所有最高项系数为 1 的 n 次多项式中,在区间 $[-1,1]$上与零偏差最小的多项式是 $\widetilde{T}_n(x)$,这里 $\widetilde{T}_n(x)$是最高项系数为 1 的切比雪夫多项式,$\widetilde{T}_n(x)=\dfrac{1}{2^{n-1}}T_n(x)$.

证明 由于 $\widetilde{T}_n(x)=\dfrac{1}{2^{n-1}}T_n(x)=x^n-p_{n-1}^*(x)$,当 $x_k=\cos\dfrac{k}{n}\pi,k=0,1,\cdots,n$ 时,有

$$\begin{aligned}\widetilde{T}_n(x_k)&=\frac{1}{2^{n-1}}(\cos n\arccos x_k)=\frac{1}{2^{n-1}}\cos k\pi\\&=\frac{(-1)^k}{2^{n-1}},\ k=0,1,\cdots,n\end{aligned}$$

它表明 $p_{n-1}^*(x)$与 $f(x)=x^n$ 有 $n+1$ 个轮流为正负的偏差点,根据定理 2.3 可知,$p_{n-1}^*(x)\in H_{n-1}$是 $f(x)=x^n$ 的最佳逼近多项式,即

$$\max_{-1\leqslant x\leqslant 1}|\widetilde{T}_n(x)|=\min_{p_{n-1}(x)\in H_{n-1}}\|x^n-p_{n-1}(x)\|_\infty=E_{n-1}$$

所以 $\widetilde{T}_n(x)$是$[-1,1]$上与零偏差最小的多项式. 证毕.

这个定理给出了切比雪夫多项式的一个非常重要的性质,它表明以 $T_n(x)$为余项的误差在整个区间$[-1,1]$上分布是均匀的,因此这一性质在求函数的近似最佳逼近多项式中有广泛的应用.

例 2.5 设 $f(x)=x^4$,在$[-1,1]$上求 $f(x)$在 H_3 中的最佳逼近多项式.

根据定理 2.4,已知 $\widetilde{T}_4(x)=\dfrac{1}{8}(8x^4-8x^2+1)=x^4-\left(x^2-\dfrac{1}{8}\right)$,于是可知所求最佳逼近多项式为 $p_3^*(x)=x^2-\dfrac{1}{8}$.

根据定理 2.3,实际上只要误差 $f(x)-p_{n-1}^*(x)=aT_n(x)$,则 $p_{n-1}^*(x)\in H_{n-1}$是区间$(-1,1)$上多项式 $f(x)$的最佳一致逼近多项式,因此时有 $n+1$ 个轮流为正负的偏差点. 更一般的若在$[-1,1]$上$f(x)-p_n(x)\approx aT_{n+1}(x)$,那么 $p_n(x)\in H_n$ 可作为

$f(x)$在 H_n 中的近似最佳逼近多项式，例如设 $f(x)\in C[-1,1]$的拉格朗日插值多项式为 $L_n(x)$，其余项可表示为

$$R_n(x) = f(x) - L_n(x) \approx a_{n+1}\omega_{n+1}(x).$$

若取 $\omega_{n+1}(x)=(x-x_0)(x-x_1)\cdots(x-x_n)=\widetilde{T}_{n+1}(x)$. 这时插值节点为 $\widetilde{T}_{n+1}(x)$的 $n+1$ 个零点

$$x_k = \cos\frac{(2k+1)\pi}{2(n+1)},\ k = 0,1,\cdots,n \tag{2.31}$$

这样构造的插值多项式 $L_n(x)$，也可作为最佳逼近多项式的近似.

更常用和可行的方法是将 $f(x)\in C[-1,1]$直接按$\{T_k(x)\}_0^\infty$展开并用它的 n 部分和逼近 $f(x)$，由于$\{T_k(x)\}_0^\infty$ 是在区间$[-1,1]$上带权 $\rho(x)=(1-x^2)^{-1/2}$ 正交的多项式，根据(2.13)可得 $f(x)$在 $\Phi=\text{span}\{T_0(x),T_1(x),\cdots,T_n(x)\}$的最佳平方逼近多项式是

$$c_n^*(x) = \frac{a_0^*}{2} + \sum_{k=1}^{n} a_k^* T_n^*(x) \tag{2.32}$$

其中

$$a_k^* = \frac{2}{\pi}\int_{-1}^{1}\frac{f(x)T_k(x)}{\sqrt{1-x^2}}\mathrm{d}x,\quad k = 0,1,\cdots,n \tag{2.33}$$

如果 $f(x)\in C^1[-1,1]$则不但$\lim\limits_{n\to\infty}\|f(x)-c_n^*(x)\|_2=0$，且$\lim\limits_{n\to\infty}\|f(x)-c_n^*(x)\|_\infty=0$，因此可得到

$$f(x) - c_n^*(x) \approx a_{n+1}^* T_{n+1}(x)$$

它表明用 $c_n^*(x)$逼近 $f(x)$其误差近似于 $a_{n+1}^*T_{n+1}(x)$，是均匀分布的，故 $c_n^*(x)$是 $f(x)$在$[-1,1]$上近似最佳逼近多项式.

例 2.6 设 $f(x)=\mathrm{e}^x$，在$[-1,1]$按切比雪夫多项式$\{T_k(x)\}_0^n$ 展开，并计算到 $n=3$.

由(2.33)可得出

$$a_k^* = \frac{2}{\pi}\int_{-1}^{1}\frac{\mathrm{e}^x T_k(x)}{\sqrt{1-x^2}}\mathrm{d}x = \frac{2}{\pi}\int_0^\pi \mathrm{e}^{\cos\theta}\cos k\theta\,\mathrm{d}\theta$$

此积分可用数值积分计算得

k	0	1	2	3	4
a_k^*	2.532132	1.130318	0.271495	0.0443369	0.00547424

于是可得到

$$\begin{aligned}c_3^*(x) &= \frac{1}{2}a_0^* + a_1^* T_1(x) + a_2^* T_2(x) + a_3^* T_3(x) \\ &= 1.266066 + 1.130318T_1(x) + 0.271495T_2(x) + \\ &\quad 0.0443369T_3(x) \\ &= 0.994571 + 0.99730x + 0.542991x^2 + 0.177347x^3\end{aligned}$$

直接计算可得

$$\max_{-1\leqslant x\leqslant 1} | e^x - c_3^*(x) | = 0.00607$$

这与 $f(x)=e^x$ 的最佳一致逼近多项式 $p_3^*(x)\in H_3$ 的误差

$$\max_{-1\leqslant x\leqslant 1} | e^x - p_3^*(x) | = 0.00553$$

相差很小，而计算 $p_3^*(x)$ 通常是相当困难的，它要根据定理 2.3 再用逐次迭代求得，但计算 $c_3^*(x)$ 则容易得多，并且效果较好.

3 多项式插值与样条插值

3-1 多项式插值及其病态性质

若在$[a,b]$上给出 $n+1$ 个点 $a\leqslant x_0<x_1<\cdots<x_n\leqslant b$，$f(x)$是$[a,b]$上的实值函数，要求一个具有 $n+1$ 个参量的函数 $\varphi(x;a_0,\cdots,a_n)$使它满足

$$\varphi(x_i;a_0,\cdots,a_n) = f(x_i),\ i = 0,1,\cdots,n \tag{3.1}$$

则称 $\varphi(x)$为 $f(x)$在$[a,b]$上的**插值函数**. 若 $\varphi(x)$关于参量 $a_0,a_1,\cdots,a_n$ 线性，此时 $\varphi(x)\in\Phi=\mathrm{span}\{\varphi_0(x),\varphi_1(x),\cdots,\varphi_n(x)\}$，即

$$\varphi(x) = a_0\varphi_0(x) + a_1\varphi_1(x) + \cdots + a_n\varphi_n(x) \tag{3.2}$$

如果 $\varphi_k(x)$为 k 次多项式，$\varphi(x)$就是**插值多项式**，此时插值为代数

插值.若 $\varphi(x)$ 为有理函数,就是**有理插值**.而 $\varphi(x)$ 为三角函数时,则为**三角插值**.

下面讨论多项式插值.若取 $\varphi_0(x)=1, \varphi_k(x)=(x-x_0)\cdots(x-x_{k-1}), k=1,2,\cdots,n$.此时可得插值多项式

$$p(x)=a_0+a_1(x-x_0)+\cdots+a_n(x-x_0)\cdots(x-x_{n-1}) \tag{3.3}$$

利用插值条件

$$p(x_i)=f(x_i),\ i=0,1,\cdots,n \tag{3.4}$$

可得关于 $a_0, a_1, \cdots, a_n$ 的三角方程组

$$\begin{aligned}
&p(x_0)=a_0=f(x_0),\\
&p(x_1)=a_0+a_1(x_1-x_0)=f(x_1),\\
&p(x_2)=a_0+a_1(x_2-x_0)+a_2(x_2-x_0)(x_2-x_1)=f(x_2),\\
&\cdots\cdots\cdots\cdots\cdots\cdots\cdots\cdots\cdots\cdots\cdots\cdots\cdots\cdots\cdots\cdots\\
&p(x_n)=a_0+a_1(x_n-x_0)+\cdots+a_n(x_n-x_0)\cdots(x_n-x_{n-1})\\
&\qquad=f(x_n)
\end{aligned}$$

由此方程可以递推求出 $a_0, a_1, \cdots, a_n$,用差商表示为

$$a_0=f(x_0),\ a_1=\frac{f(x_1)-f(x_0)}{x_1-x_0}=f[x_0,x_1] \text{ 为一阶差商},$$

$$\begin{aligned}
a_2&=\frac{1}{x_2-x_1}\left(\frac{f(x_2)-f(x_0)}{x_2-x_0}-a_1\right)=\frac{f[x_0,x_2]-f[x_0,x_1]}{x_2-x_1}\\
&=f[x_0,x_1,x_2]
\end{aligned}$$

称为二阶差商,一般有

$$a_k=f[x_0,x_1,\cdots,x_k],\ k=1,2,\cdots,n$$

为 k 阶差商,于是可得插值多项式

$$p(x)=f(x_0)+f[x_0,x_1](x-x_0)+\cdots+f[x_0,x_1,\cdots,x_n](x-x_0)\cdots(x-x_{n-1}) \tag{3.5}$$

式(3.5)称为**牛顿插值多项式**.此公式的优点是每增加一个插值点时只增加一项,便于计算.插值多项式还可用插值基函数 $l_k(x)$ 表示为

$$L_n(x)=\sum_{k=0}^{n} l_k(x)f(x_k) \tag{3.6}$$

其中 $l_k(x)$是 n 次插值基函数,满足条件

$$l_k(x_i)=\delta_{ik}=\begin{cases}1, & i=k\\ 0, & i\neq k\end{cases}$$

显然 $L_n(x)$满足条件 $L_n(x_i)=f(x_i)$. 形如(3.6)的插值多项式称为**拉格朗日插值多项式**,它还可写成

$$L_n(x)=\sum_{k=0}^{n}\frac{\omega_{n+1}(x)}{(x-x_k)\omega_{n+1}'(x_k)}f(x_k) \tag{3.6$'$}$$

其中 $\omega_{n+1}(x)=(x-x_0)(x-x_1)\cdots(x-x_n)$.

在 H_n 中满足条件(3.4)的插值多项式表示形式虽有不同,但它是唯一的. 当 $f(x)$在$[a,b]$上有 $n+1$ 阶导数时,其截断误差可表示为

$$R_n(x)=f(x)-p(x)=\frac{f^{(n+1)}(\xi)}{(n+1)!}\omega_{n+1}(x),\ \xi\in(a,b) \tag{3.7}$$

(3.7)也称**插值余项**,它还有差商的表示形式

$$R_n(x)=f[x_0,x_1,\cdots,x_n,x]\omega_{n+1}(x) \tag{3.8}$$

比较(3.7)及(3.8)还可得到差商与导数关系

$$f[x_0,x_1,\cdots,x_k]=\frac{f^{(k)}(\xi)}{k!},\ k=1,2\cdots,n \tag{3.9}$$

这里给出的余项表达式(3.7)与函数 $f(x)$的泰勒展开相似,实际上当插值点 $x_i\to x_0$,$i=1,2,\cdots,n$ 时,(3.7)的极限就是泰勒展开的余项,而插值多项式(3.5)的极限就成为泰勒展开的前 n 项和.

如果要求的插值函数除满足条件(3.1)外,在插值点上还满足导数条件(含高阶导数),这种插值称为**埃尔米特(Hermite)插值**. 例如,在点 $x_i(i=0,1,\cdots,n)$上已给 $f(x_i)=f_i$ 及 $f'(x_i)=f_i'$,$i=0,1,\cdots,n$,要求构造埃尔米特插值多项式 $H(x)\in H_{2n+1}$,使

$$H(x_i)=f_i,\ H'(x_i)=f_i',\ i=0,1,\cdots,n \tag{3.10}$$

利用基函数方法可得到

$$H(x)=\sum_{i=0}^{n}f_i\alpha_i(x)+\sum_{i=0}^{n}f_i'\beta_i(x) \tag{3.11}$$

其中 $\alpha_i(x)$及 $\beta_i(x)$为 $2n+1$ 次的埃尔米特插值基函数,分别满足条件

$$\alpha_i(x_j)=\delta_{ij},\ \alpha_i'(x_j)=0,\ j=0,1,\cdots,n$$

$$\beta_i(x_j)=0,\ \beta_i'(x_j)=\delta_{ij},\ j=0,1,\cdots,n$$

这里 $\delta_{ij}=\begin{cases}1,i=j\\0,i\neq j\end{cases}$,用 $H(x)$近似 $f(x)$其余项为

$$R_{2n+1}(x)=f(x)-H(x)=\frac{f^{(2n+2)}(\xi)}{(2n+2)!}\omega_{n+1}^2(x) \tag{3.12}$$

理论上已经证明多项式插值有唯一解,下面研究当 n 很大时等距节点上的插值多项式 $L_n(x)$的性态,即 $\lim\limits_{n\to\infty}L_n(x)=f(x)$是否成立?稳定性如何?先看例子.

例 3.1 $f(x)=\dfrac{1}{1+25x^2}$在$[-1,1]$上构造等距节点 $x_i=-1+\dfrac{2i}{n}(i=0,1,\cdots,n)$上的插值多项式,取 $n=10$ 的插值多项式 $L_{10}(x)$逼近 $f(x)$,图 2-4 中连续曲线表示 $f(x)$,虚线表示插值多项式 $L_n(x)$的图形,从图中看到$|f(x)-L_n(x)|$在靠近区间端点处是很大的,而在靠近区间中部,在$[-1/5,1/5]$处误差很小,实际上在$|x|>0.726$ 时 $L_n(x)$不收敛于 $f(x)$,这种现象称为**龙格(Runge)现象**,它对等距节点的高次插值多项式是典型的,表明它对函数的给定值是敏感的,因此它是病态的.

如果取切比雪夫多项式 $T_{n+1}(x)$的零点 $x_k=\cos\dfrac{2k+1}{2(n+1)}\pi$,$k=0,1,\cdots,n$ 作插值点,取 $n=10$,由此得到的插值多项式记作 $L_{10}^*(x)$,在图 2-4 中由点状曲线表示,它当然比 $L_{10}(x)$好得多,因此时余项可表示为

$$R_n(x)=f(x)-L_n^*(x)=\frac{f^{(n+1)}(\xi)}{(n+1)!}\widetilde{T}_{n+1}(x)$$

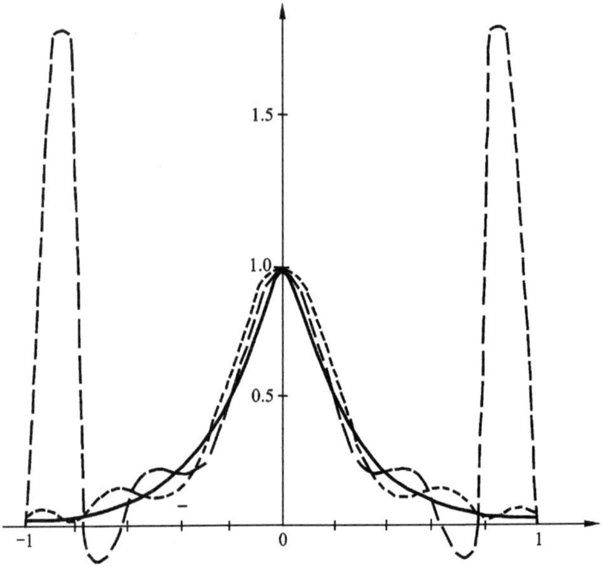

图 2-4

其中 $\widetilde{T}_{n+1}(x)=(x-x_0)(x-x_1)\cdots(x-x_n)$是最高次项系数为 1 的 $n+1$ 次切比雪夫多项式,故有 $\max\limits_{-1\leqslant x\leqslant 1}|\widetilde{T}_{n+1}(x)|\leqslant\frac{1}{2^n}$,于是有

$$\max_{-1\leqslant x\leqslant 1}|R_n(x)|\leqslant\frac{1}{2^n}\frac{M_{n+1}}{(n+1)!},$$

其中 $M_{n+1}=\max\limits_{-1\leqslant x\leqslant 1}|f^{(n+1)}(x)|$.

它表明用 $T_{n+1}(x)$ 的零点做插值点得到的插值多项式 $L_n^*(x)$. 其误差$|f(x)-L_n^*(x)|$很小,并且$\lim\limits_{n\to\infty}L_n^*(x)=f(x)$成立. $L_n^*(x)$是 $f(x)$在$[-1,1]$上的近似最佳一致逼近多项式,它是良态的.

如果插值区间为$[a,b]$,则可通过变量替换,令 $x=\frac{b-a}{2}t+$

$\frac{a+b}{2}$将 $x\in[a,b]$转化为 $t\in[-1,1]$，此时取

$$x_k=\frac{b-a}{2}\cos\frac{2k+1}{2(n+1)}\pi+\frac{a+b}{2},\quad k=0,1,\cdots,n$$

即可构造出 $L_n^*(x)$.

下面讨论**插值函数的稳定性**. 当 $f_i=f(x_i)(i=0,1,\cdots,n)$ 有误差 δ_i 时，即实际求插值函数(多项式)时使用的函数表为 $(x_i,\tilde{f}_i)$，$i=0,1,\cdots,n$，而精确值 $f_i=\tilde{f}_i+\delta_i$. 我们要研究当 δ_i 充分小时，插值函数 $I_n(f,x)$的误差是否随 n 增大，这就是插值函数的稳定性问题. 记

$$I_n(f,x)=\sum_{i=0}^{n}l_i(x)f_i$$

其中 $l_i(x)$为插值基函数，$l_i(x_j)=\begin{cases}1,i=j\\0,i\neq j\end{cases}$，实际算出的插值函数应为

$$I_n(\tilde{f},x)=\sum_{i=0}^{n}l_i(x)\tilde{f}_i$$

于是得到插值函数的总误差

$$\begin{aligned}E_n(f,x)&=f(x)-I_n(\tilde{f},x)\\&=(f(x)-I_n(f,x))+(I_n(f,x)-I_n(\tilde{f},x))\end{aligned}$$

上式右端第 1 项差为截断误差 $R_n(x)$，第 2 项差为插值函数的舍入误差，记作 $\bar{\varepsilon}_n$，即

$$\begin{aligned}\bar{\varepsilon}_n&=\max_{a\leqslant x\leqslant b}|I_n(f,x)-I_n(\tilde{f},x)|\\&\leqslant\max_{a\leqslant x\leqslant b}\left[\sum_{i=0}^{n}|l_i(x)|\right]\max_{1\leqslant i\leqslant n}|f_i-\tilde{f}_i|\\&=\lambda_n\max_{1\leqslant i\leqslant n}|f_i-\tilde{f}_i|\end{aligned}$$

其中若 $\lambda_n=\max\limits_{a\leqslant x\leqslant b}\left(\sum\limits_{i=0}^{n}|l_i(x)|\right)$ 有界，则插值函数 $I_k(f,x)$就是

数值稳定的.下面可给出定义.

定义 3.1 对任给 $\varepsilon>0$,若 $\exists\delta>0$,使当 $\max\limits_{1\leqslant i\leqslant n}|f_i-\tilde{f}_i|\leqslant\delta$,就有

$$\bar{\varepsilon}_n=\max_{a\leqslant x\leqslant b}|I_n(f,x)-I_n(\tilde{f},x)|\leqslant\varepsilon$$

则称插值函数 $I_n(f,x)$是稳定的,否则就是不稳定的.

对等距高次多项式插值 λ_n 随 n 增长,稳定性没有保证,因此,从收敛性和稳定性考虑,当插值节点 n 较大时一般不用多项式插值,而采用样条插值或用次数较低的最小二乘逼近.

3-2 三次样条插值

在具有收敛性与稳定性的插值函数中,最常用和最重要的是样条函数插值,而且用样条函数给出的光滑插值曲线或曲面在飞机、轮船、汽车等精密机械设计中有着广泛的应用.在数据逼近、数值微积分、微分方程数值解等计算数学领域中,样条函数是重要的工具.

定义 3.2 设$[a,b]$上一个剖分 $\Delta:a=x_0<x_1<\cdots<x_n=b$,如果函数 $s(x)$满足条件

(1) $s(x)\in C^{m-1}[a,b]$;

(2) $s(x)$在每个子区间$[x_{i-1},x_i]$,$i=1,2,\cdots,n$ 上是 m 次代数多项式;

则称 $s(x)$是关于节点剖分 Δ 的 m 次样条函数.若再给定 $f(x)\in C[a,b]$在节点上的值 f_i,并使

$$s(x_i)=f_i,\ i=0,1,\cdots,n \tag{3.13}$$

则称 $s(x)$是 $f(x)$的 ***m* 次样条插值函数**.

$m=1$ 时的样条插值函数就是**分段线性插值**,此时 $s(x)\in C[a,b]$,但它不光滑,不满足工程设计要求.通常使用较多的是 $m=3$ 时的具有二阶连续导数的三次样条插值函数.

三条样条函数 $s(x)$在每个子区间$[x_{i-1},x_i]$上可用三次多项式的 4 个系数唯一确定,因此 $s(x)$在$[a,b]$上有 $4n$ 个待定参数,

由于 $s(x)\in C^2[a,b]$，故有

$$\begin{cases} s(x_i-0)=s(x_i+0), \\ s'(x_i-0)=s'(x_i+0), \\ s''(x_i-0)=s''(x_i+0),\ i=1,2,\cdots,n-1, \end{cases} \tag{3.14}$$

这里给出了 $3n-3$ 个条件，再加上插值条件(3.13)，一共有 $4n-2$ 个条件. 为了确定 $s(x)$，通常还需要补充两个**边界条件**，常用的边界条件有 3 种类型：

(1) $$s'(x_0)=f_0',s'(x_n)=f_n' \tag{3.15}$$

(2) $$s''(x_0)=f_0'',s''(x_n)=f_n'' \tag{3.16}$$

或 $$s''(x_n)=s''(x_n)=0 \tag{3.17}$$

(3.17)称为**自然边界条件**.

(3) 周期样条函数条件

$$s^{(j)}(x_0)=s^{(j)}(x_n),\ j=0,1,2 \tag{3.18}$$

求三次样条插值函数 $s(x)$ 有多种方法，这里只给出其中一种，称为**三弯矩法**. 记 $s''(x_i)=M_i$，$i=0,1,\cdots,n$，$s(x)$ 在每个子区间 $[x_{i-1},x_i]$ 上是 3 次多项式，故 $s''(x)$ 在 $[x_{i-1},x_i]$ 上为线性函数，可表示为

$$s''(x)=M_{i-1}\frac{x_i-x}{h_{i-1}}+M_i\frac{x-x_{i-1}}{h_{i-1}} \tag{3.19}$$

这里 $h_{i-1}=x_i-x_{i-1}$，对上式积分两次，并利用插值条件 $s(x_{i-1})=f_{i-1}$，$s(x_i)=f_i$ 便可得到

$$\begin{aligned} s(x)=&M_{i-1}\frac{(x_i-x)^3}{6h_{i-1}}+M_i\frac{(x-x_{i-1})^3}{6h_{i-1}}+ \\ &\left(f_{i-1}-\frac{M_{i-1}h_{i-1}^2}{6}\right)\frac{x_i-x}{h_{i-1}}+\left(f_i-\frac{M_ih_{i-1}^2}{6}\right)\cdot \\ &\frac{x-x_{i-1}}{h_{i-1}},\ x\in[x_{i-1},x_i] \end{aligned} \tag{3.20}$$

对(3.20)求导得

$$s'(x)=-M_{i-1}\frac{(x_i-x)^2}{2h_{i-1}}+M_i\frac{(x-x_{i-1})^2}{2h_{i-1}}+$$

$$\frac{f_i - f_{i-1}}{h_{i-1}} - \frac{M_i - M_{i-1}}{6}h_{i-1} \tag{3.21}$$

利用条件 $s'(x_i-0)=s'(x_i+0),i=1,2,\cdots,n-1$ 可得

$$\mu_i M_{i-1} + 2M_i + \lambda_i M_{i+1} = d_i,\ i = 1,2,\cdots,n-1 \tag{3.22}$$

其中

$$\mu_i = \frac{h_{i-1}}{h_{i-1}+h_i},\ \lambda_i = 1-\mu_i$$

$$d_i = 6\left(\frac{f_{i+1}-f_i}{h_i} - \frac{f_i - f_{i-1}}{h_{i-1}}\right)\frac{1}{h_{i-1}+h_i} = 6f[x_{i-1},x_i,x_{i+1}]$$

对于边界条件(3.15),由(3.21)可导出两个方程

$$\begin{cases} 2M_0 + M_1 = \dfrac{6}{h_0}(f[x_0,x_1]-f_0') \\ M_{n-1} + 2M_n = \dfrac{6}{h_{n-1}}(f_n' - f[x_{n-1},x_n]) \end{cases} \tag{3.23}$$

若记 $\lambda_0=1,d_0=\dfrac{6}{h_0}(f[x_0,x_1]-f_0'),\mu_n=1,d_n=\dfrac{6}{h_{n-1}}(f_n'-f$ $[x_{n-1},x_n])$,则方程(3.22)与(3.23)可写成矩阵形式

$$\begin{pmatrix} 2 & \lambda_0 & & & \\ \mu_1 & 2 & \lambda_1 & & \\ & \ddots & \ddots & \ddots & \\ & & \mu_{n-1} & 2 & \lambda_{n-1} \\ & & & \mu_n & 2 \end{pmatrix} \begin{pmatrix} M_0 \\ M_1 \\ \cdots \\ M_{n-1} \\ M_n \end{pmatrix} = \begin{pmatrix} d_0 \\ d_1 \\ \cdots \\ d_{n-1} \\ d_n \end{pmatrix} \tag{3.24}$$

对于边界条件(3.16)直接得到

$$M_0 = f_0'',\ M_n = f_n'' \tag{3.25}$$

若令 $\lambda_0=\mu_n=0,d_0=2f_0'',d_n=2f_n''$,则方程(3.22)及(3.25)也可写成(3.24)的矩阵形式.

对于边界条件(3.18),可导出两个补充条件

$$M_0 = M_n,\ \lambda_n M_1 + \mu_n M_{n-1} + 2M_n = d_n \tag{3.26}$$

其中 $\lambda_n=h_0(h_{n-1}+h_0)^{-1},\ \mu_n=1-\lambda_n$

$$d_n=6(f[x_0,x_1]-f[x_{n-1},x_n])(h_0+h_{n-1})^{-1}$$

方程(3.22)与(3.26)可写成矩阵形式

$$\begin{pmatrix} 2 & \lambda_1 & & & \mu_1 \\ \mu_2 & 2 & \lambda_2 & & \\ & \ddots & \ddots & \ddots & \\ & & \mu_{n-1} & 2 & \lambda_{n-1} \\ \lambda_n & & & \mu_n & 2 \end{pmatrix} \begin{pmatrix} M_1 \\ M_2 \\ \cdots \\ M_{n-1} \\ M_n \end{pmatrix} = \begin{pmatrix} d_1 \\ d_2 \\ \cdots \\ d_{n-1} \\ d_n \end{pmatrix} \tag{3.27}$$

方程组(3.24)和(3.27)称为三弯矩方程组,M_i,$i=0,1,\cdots,n$ 称为 $s(x)$的矩,这种三对角方程的系数矩阵元素 $\lambda_i+\mu_i=1$,且 $\lambda_i\geqslant 0$,$\mu_i\geqslant 0$,故它是严格对角占优的,利用追赶法就可求出(3.24)中的 $M_i(i=0,1,\cdots,n)$,再由(3.20)就可求得 $s(x)$.

以上讨论说明三次样条插值函数在边界条件 1,2,3 下的解是存在唯一的,上面求三次样条插值函数 $s(x)$是一个常用的算法.下面给出在计算机上求 $s(x)$的算法:

算法 1 (三次样条插值的三弯矩法)

① 输入初始数据(x_i,f_i),$i=0,1,\cdots,n$ 及 f_0',f_n'.

② 对 $i=1,\cdots,n$,计算

$$h_{i-1}=x_i-x_{i-1},\ f[x_{i-1},x_i]=\frac{f_i-f_{i-1}}{h_{i-1}}.$$

③ 对 $i=0,1,\cdots,n$,计算 μ_i,λ_i,d_i.

④ 用追赶法解方程组(3.24)求出 $M_0,M_1,\cdots,M_n$.

⑤ 由(3.20)求出 $s(x)$,并根据要求计算 $s(x)$在若干点上的值,然后打印结果.

三次样条插值 $s(x)$逼近 $f(x)$是收敛的,并且也是数值稳定的,其误差估计与收敛性定理证明较复杂,下面只给出结论.

定理 3.1 设 $f(x)\in C^4[a,b]$,$s(x)$是 $f(x)$满足边界条件(3.15)或(3.16)的三次样条插值函数,则有估计式

$$\| f^{(k)}(x)-s^{(k)}(x) \|_\infty \leqslant C_k \| f^{(4)} \|_\infty h^{4-k},\ k=0,1,2 \tag{3.28}$$

其中 $h=\max\limits_{1\leqslant i\leqslant n} h_{i-1}=\max\limits_{1\leqslant i\leqslant n}(x_i-x_{i-1})$,$C_0=\dfrac{5}{384}$,$C_1=\dfrac{1}{24}$,$C_2=\dfrac{1}{8}$.

例 3.2 设 $f(x)$ 为定义在区间 $[0,3]$ 上的函数，剖分节点为 $x_i=i, i=0,1,2,3$. 并给出 $f(x_0)=0, f(x_1)=0.5, f(x_2)=2.0, f(x_3)=1.5$ 和 $f'(x_0)=0.2, f'(x_3)=-1$. 试求三次样条插值函数 $s(x)$，并使其满足边界条件(3.15).

解 利用三弯矩方程组(3.24)进行求解，易知 $h_i=1, i=0,1,2, \lambda_0=1, \mu_3=1, \lambda_1=\lambda_2=\mu_1=\mu_2=1/2, d_0=6(f[x_0,x_1]-f_0')/h_0=1.8, d_1=6f[x_0,x_1,x_2]=3, d_2=6f[x_1,x_2,x_3]=-6, d_3=6(f'(x_3)-f[x_2,x_3])/h_2=-3$，于是三弯矩方程组为

$$\begin{pmatrix} 2 & 1 & & \\ 0.5 & 2 & 0.5 & \\ & 0.5 & 2 & 0.5 \\ & & 1 & 2 \end{pmatrix}\begin{pmatrix} M_0 \\ M_1 \\ M_2 \\ M_3 \end{pmatrix}=\begin{pmatrix} 1.8 \\ 3 \\ -6 \\ -3 \end{pmatrix}$$

求此方程组解，得 $M_0=-0.36, M_1=2.52, M_2=-3.72, M_3=0.36$，代入(3.20)经简化得到

$$s(x)=\begin{cases} 0.48x^3-018x^2+0.2x & x\in[0,1] \\ -1.04(x-1)^3+1.26(x-1)^2+1.28(x-1)+0.5, & x\in[1,2] \\ 0.68(x-2)^3-1.86(x-2)^2+0.68(x-2)+2.0, & x\in[2,3] \end{cases} \tag{3.29}$$

三次样条插值函数(3.29)的图形见图 2-5.

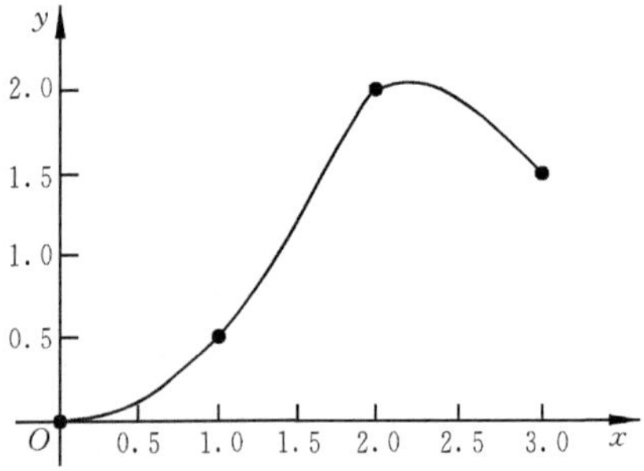

图 2-5

3-3 B-样条函数

上面导出的三次样条插值函数 $s(x)$ 是分别在每个子区间 $[x_{i-1},x_i]$ 上有一表达式，这在应用上和理论分析中都很不方便，如果利用基函数表示往往更为方便. 为此可根据定义 3.2 给出的 m 次样条函数的概念，构造 m 次样条函数空间的基函数.

设区间 $[a,b]$ 的剖分 $\Delta: a=x_0<x_1<\cdots<x_n=b$ 上的 m 次样条函数全体组成的集合为 $S(m,\Delta)$，它是一个线性空间，因为 $S(m,\Delta)$ 至多有 $(m+1)\times n$ 个自由参数，由连续性条件知有 $m\times(n-1)$ 个约束条件，因此 $S(m,\Delta)$ 的维数至多为 $(m+1)\times n-m\times(n-1)=n+m$.

定义截幂函数为

$$x_+^m=\begin{cases}x^m, & x\geqslant 0\\ 0, & x<0\end{cases}$$

下面证明，$S(m,\Delta)$ 中的 $n+m$ 个样条函数

$$\begin{aligned}&x^k, k=0,1,\cdots,m\\ &(x-x_j)_+^m, j=1,2,\cdots,n-1\end{aligned} \tag{3.30}$$

在区间 $[a,b]$ 上线性无关，从而可得出 $S(m,\Delta)$ 维数为 $n+m$.

用反证法，假定(3.30)中 $n+m$ 个函数在区间 $[a,b]$ 上线性相关，即存在不全为零的常数 $a_k, k=0,1,\cdots,m$ 与 $c_j, j=1,\cdots,n-1$ 使

$$\sum_{k=0}^{m}a_kx^k+\sum_{j=1}^{n-1}c_j(x-x_j)_+^m=0$$

对于 $x<x_1$，由截幂函数定义，上式变成

$$a_0+a_1x+\cdots+a_mx^m=0$$

由 $1,x,\cdots,x^m$ 的线性无关性，可推出 $a_k=0, k=0,1,\cdots,m$，对于 $x\in[x_1,x_2]$，得到

$$c_1(x-x_1)^m=0$$

从而有 $c_1=0$，以此类推，可得到所有 $c_j=0, j=1,2,\cdots,n-1$，由此得到(3.30)的 $n+m$ 个函数线性无关.

为了构造 B-样条函数，对剖分 Δ 加入新节点，把剖分扩展为

$$x_{-m}<\cdots<x_{-1}<a=x_0<x_1<\cdots<x_n=b<x_{n+1}<\cdots<x_{n+m}$$

令 $\varphi_m(t;x)=(t-x)_+^m$，x 视为参数，$\varphi_m(t;x)$ 是 t 的函数，当 $t=x_{-m},\cdots,x_{-1},x_0,x_1,\cdots,x_n,x_{n+1},\cdots,x_{n+m}$ 时，则 $\varphi_m(x_i;x)$，$i=-m,\cdots,0,1,\cdots,n+m$ 都是关于剖分 Δ 的样条函数，记 $\varphi_m(t)=\varphi_m(t;x)$，关于 $t=x_j,x_{j+1},\cdots,x_{j+m+1}$ 所作的 $m+1$ 阶差商为 $\varphi_m[x_j,x_{j+1},\cdots,x_{j+m+1}]$.

定义 3.3 设 $\{x_i\}$ 是节点序列，令 $\varphi_m(t)=(t-x)_+^m$，函数 $(x_{j+m+1}-x_j)\varphi_m(t)$ 关于 $t=x_j,\cdots,x_{j+m+1}$ 的 $m+1$ 阶差商

$$B_{j,m}(x)=(x_{j+m+1}-x_j)\varphi_m[x_j,x_{j+1},\cdots,x_{j+m+1}],\quad j=-m,-m+1,\cdots,n-1 \tag{3.31}$$

称为第 j 个 $\boldsymbol{m}$ **次 B-样条函数，简称 B-样条函数.**

利用差商的性质

$$\varphi_m[x_j,x_{j+1},\cdots,x_{j+m+1}]=\sum_{k=j}^{j+m+1}\frac{(x_k-x)_+^m}{\omega_{m,j}'(x_k)}$$

其中 $\omega_{m,j}(t)=(t-x_j)(t-x_{j+1})\cdots(t-x_{j+m+1})$. 由此得到

$$B_{j,m}(x)=(x_{j+m+1}-x_j)\sum_{k=j}^{j+m+1}\frac{(x_k-x)_+^m}{\omega_{m,j}'(x_k)} \tag{3.32}$$

由(3.31)定义的 $n+m$ 个样条函数是线性无关的，所以组成 $S(m,\Delta)$ 的一组基. 这样对任何在 $[a,b]$ 上关于剖分 Δ 的 m 次样条函数 $s(x)\in S(m,\Delta)$ 都可表示为

$$s(x)=\sum_{j=-m}^{n-1}a_jB_{j,m}(x) \tag{3.33}$$

这样求 $s(x)$ 的问题就归结为求系数 $a_{-m},\cdots,a_0,\cdots,a_{n-1}$，实际上就是解线性方程组. 例如，已知在点 $x_0,x_1,\cdots,x_n$ 上的函数值 f_0，$f_1,\cdots,f_n$，以及 x_0,x_n 处的导数值 f_0' 及 f_n'，要求三次样条插值函

数$s(x)$，由(3.33)可得方程组

$$\begin{cases}\sum_{j=-3}^{n-1} a_j B'_{j,3}(x_0) = f'_0 \\ \sum_{j=-3}^{n-1} a_j B_{j,3}(x_i) = f_i, \quad i = 0,1,\cdots,n \\ \sum_{j=-3}^{n-1} a_j B'_{j,3}(x_n) = f'_n\end{cases} \tag{3.34}$$

求出$a_{-3},\cdots,a_0,\cdots,a_{n-1}$这$n+3$个系数则得三次样条插值函数$s(x)$.

为了说明方程组(3.34)的系数矩阵特点并研究其解的存在唯一性，以及确定系数a_j，就必须了解B-样条函数的性质.下面给出B-样条函数的一些重要性质，其证明可根据B-样条函数定义及差商性质得到，此处从略，可见文献[5].

性质1 递推关系

$$B_{j,0}(x) = \begin{cases}1, & x \in [x_j, x_{j+1}) \\ 0, & \text{其他}\end{cases}$$

$$B_{j,k}(x) = \frac{x - x_j}{x_{j+k} - x_j} B_{j,k-1}(x) + \frac{x_{j+k+1} - x}{x_{j+k+1} - x_{j+1}} B_{j+1,k-1}(x),$$

$$k = 1,2,\cdots,m \tag{3.35}$$

性质2 正性与局部非零性

$$B_{j,m}(x) = \begin{cases}0, & x \overline{\in} [x_j, x_{j+m+1}) \\ > 0, & x \in [x_j, x_{j+m+1})\end{cases} \tag{3.36}$$

性质3 规范性

$$\sum_{j=-m}^{n-1} B_{j,m}(x) = \sum_{j=i-m}^{i} B_{j,m}(x) = 1, x_i \leqslant x \leqslant x_{i+1} \tag{3.37}$$

性质4 B-样条的导数

当$m=0$，$B'_{j,0}(x)=0$；当$m \geqslant 1$($m=1$时除x为节点外)

$$B'_{j,m}(x) = m\left[\frac{B_{j,m-1}(x)}{x_{j+m} - x_j} - \frac{B_{j+1,m-1}(x)}{x_{j+m+1} - x_{j+1}}\right] \tag{3.38}$$

现在考虑剖分为等距节点，即 $x_i=x_0+ih, i=0,1,\cdots,n, h=\frac{b-a}{n}$，利用递推关系(3.35)可求得

$$B_{j,1}(x)=\begin{cases}\dfrac{x-x_j}{x_{j+1}-x_j}, & x\in[x_j,x_{j+1})\\ \dfrac{x_{j+2}-x}{x_{j+2}-x_j}, & x\in[x_{j+1},x_{j+2})\\ 0, & x\overline{\in}[x_j,x_{j+2})\end{cases}\tag{3.39}$$

它在$[x_j,x_{j+2})$上为分段线性且连续，在区间$[x_j,x_{j+2})$外为零.

由(3.35)及(3.39)可得

$$B_{j,2}(x)=\frac{1}{2h^2}\begin{cases}(x-x_j)^2, & x\in[x_j,x_{j+1})\\ h^2+2h(x-x_{j+1})-2(x-x_{j+1})^2, & x\in[x_{j+1},x_{j+2})\\ (x_{j+3}-x)^2, & x\in[x_{j+2},x_{j+3})\\ 0, & x\overline{\in}[x_j,x_{j+3})\end{cases}\tag{3.40}$$

由(3.35)及(3.40)可得

$$B_{j,3}(x)=\frac{1}{6h^3}\begin{cases}(x-x_j)^3, & x\in[x_j,x_{j+1})\\ h^3+3h^2(x-x_{j+1})+3h(x-x_{j+1})^2-\\ \qquad 3(x-x_{j+1})^3, & x\in[x_{j+1},x_{j+2})\\ h^3+3h^2(x_{j+3}-x)+3h(x_{j+3}-x)^2-\\ \qquad 3(x_{j+3}-x)^3, & x\in[x_{j+2},x_{j+3})\\ (x_{j+4}-x)^3, & x\in(x_{j+3},x_{j+4})\\ 0, & x\overline{\in}[x_j,x_{j+4})\end{cases}\tag{3.41}$$

于是由(3.41)及(3.38)可求得 $B_{j,3}(x)$ 及 $B'_{j,3}(x)$ 在节点 $x_i(i=j,j+1,j+2,j+3,j+4)$上的值，见表 2-2.

表 2-2

x	x_j	x_{j+1}	x_{j+2}	x_{j+3}	x_{j+4}
$B_{j,3}(x)$	0	1/6	2/3	1/6	0
$B'_{j,3}(x)$	0	$1/(2h)$	0	$-1/(2h)$	0

将以上结果代入方程(3.34)并化简可得系数 $\alpha_{-3},\alpha_{-2},\cdots,\alpha_{n-1}$应满足的 $n+3$ 个线性方程组

$$\begin{pmatrix} 1 & 0 & -1 & & & \\ 1 & 4 & 1 & & & \\ & 1 & 4 & 1 & & \\ & & \ddots & \ddots & \ddots & \\ & & & 1 & 4 & 1 \\ & & & -1 & 0 & 1 \end{pmatrix} \begin{pmatrix} \alpha_{-3} \\ \alpha_{-2} \\ \alpha_{-1} \\ \cdots \\ \alpha_{n-2} \\ \alpha_{n-1} \end{pmatrix} = 6 \begin{pmatrix} -\frac{1}{3}hf'_0 \\ f_0 \\ f_1 \\ \cdots \\ f_n \\ \frac{1}{3}hf'_n \end{pmatrix} \tag{3.42}$$

此方程组不是三对角方程组，但若由第 1 个方程与第 $n+3$ 个方程解得

$$\alpha_{-3} = \alpha_{-1} - 2hf'_0, \quad \alpha_{n-1} = \alpha_{n-3} + 2hf'_n \tag{3.43}$$

代入(3.42)消去 α_{-3}及 α_{n-1}，则得

$$\begin{pmatrix} 4 & 2 & & & \\ 1 & 4 & 1 & & \\ & \ddots & \ddots & \ddots & \\ & & 1 & 4 & 1 \\ & & & 2 & 4 \end{pmatrix} \begin{pmatrix} \alpha_{-2} \\ \alpha_{-1} \\ \cdots \\ \alpha_{n-3} \\ \alpha_{n-2} \end{pmatrix} = 6 \begin{pmatrix} f_0 + 2hf'_0 \\ f_1 \\ \cdots \\ f_{n-1} \\ f_n - 2hf'_n \end{pmatrix} \tag{3.44}$$

此线性方程组的系数矩阵是严格对角占优的三对角矩阵，故方程组存在唯一解，且可用追赶法求得解$(\alpha_{-2},\alpha_{-1},\cdots,\alpha_{n-2})^{\mathrm{T}}$，代入(3.43)得到 α_{-3}及 α_{n-1}.

其他类型的边界条件也可类似得到基样条的表达式，此处不再讨论.

4 有理逼近

4-1 有理逼近与连分式

前面讨论了用多项式逼近函数. 多项式是一种计算简便的逼近工具,但当函数在某点 a 附近无界时用多项式逼近效果很差,这种情形若用有理逼近则可得到较好的效果. 下面先看例题. 对函数 $\ln(1+x)$用泰勒展开得

$$\ln(1+x)=\sum_{k=1}^{\infty}(-1)^{k-1}\frac{x^k}{k},\ x\in[-1,1] \tag{4.1}$$

取部分和 $$S_n(x)=\sum_{k=1}^{n}(-1)^{k-1}\frac{x^k}{k}\approx\ln(1+x)$$

另一方面对 $\ln(1+x)$做连分式展开,得

$$\ln(1+x)=\frac{x}{1}+\frac{1^2\cdot x}{2}+\frac{1^2\cdot x}{3}+\frac{2^2\cdot x}{4}+\frac{2^2\cdot x}{5}+\cdots \tag{4.2}$$

(注:上式可由(4.1)式用辗转相除逐次得到,(4.2)为紧凑形式)取它的渐近分式做有理逼近,若取前 2,4,6,8 各项则分别得到

$$R_{11}(x)=\frac{2x}{2+x},\qquad R_{22}(x)=\frac{6x+3x^2}{6+6x+x^2},$$

$$R_{33}(x)=\frac{60x+60x^2+11x^3}{60+90x+36x^2+3x^3},$$

$$R_{44}(x)=\frac{420x+630x^2+260x^3+25x^4}{420+840x+540x^2+120x^3+6x^4}$$

若用同样多项的泰勒展开部分和 $S_{2n}(x)$计算 $x=1$ 时 $\ln(x+1)$的值,则 $S_{2n}(1)$及 $R_{nn}(1)$的计算结果如表 2-3.

ln2 的准确值为 0.69314718…,由此看出,$R_{44}(1)$的精度比 $S_8(1)$高出近 10 万倍,而它们的计算量是相当的,这说明有理逼近比多项式逼近效果好得多. 利用有理逼近,在计算上通常还可转换

为连分式以减少乘除法的计算次数.

表 2-3

n	$R_{nn}(1)$	ε_R	$S_{2n}(1)$	ε_S
1	0.667	0.026	0.50	0.19
2	0.69231	0.00084	0.58	0.11
3	0.693122	0.000025	0.617	0.076
4	0.69314642	0.00000076	0.634	0.058

例 4.1 给出有理分式

$$R_{43}(x)=\frac{2x^4+45x^3+381x^2+1353x+1511}{x^3+21x^2+157x+409}$$

用辗转相除法将它化为连分式.

解 用辗转相除可逐步得到

$$\begin{aligned}R_{43}(x)&=2x+3+\frac{4x^2+64x+284}{x^3+21x^2+157x+409}\\&=2x+3+\cfrac{4}{x+5+\cfrac{6(x+9)}{x^2+16x+71}}\\&=2x+3+\cfrac{4}{x+5+\cfrac{6}{x+7+\cfrac{8}{x+9}}}\\&=2x+3+\frac{4}{x+5}+\frac{6}{x+7}+\frac{8}{x+9}\end{aligned}$$

上式右端为紧凑形式,用连分式计算 $R_{43}(x)$ 只需 3 次除法,1 次乘法和 7 次加法. 若直接用多项式的秦九韶算法,则需 1 次除法 6 次乘法和 7 次加法. 可见将有理分式化为连分式可节省乘除法的运算次数,对一般有理函数

$$R_{nm}(x)=\frac{P_n(x)}{Q_m(x)}=\frac{a_0+a_1x+\cdots+a_nx^n}{b_0+b_1x+\cdots+b_mx^m} \tag{4.3}$$

可以转化为一个连分式

$$R_{nm}(x)=p_1(x)+\frac{c_2}{p_2(x)}+\cdots+\frac{c_k}{p_k(x)} \tag{4.4}$$

它的乘除法运算只需用 $\max\{m,n\}$ 次，而直接用有理分式计算则需 $n+m$ 次乘除法运算.

上述例子表明，研究有理逼近是很有意义的，这也是近 20 多年来有理逼近受到重视的原因. 计算机中不少函数的标准子程序就是用有理逼近给出的，有理逼近与连分式内容很多，且有不少专著论述，我们这里只简单介绍有理插值与 Padé 逼近.

4-2 有理插值

设给定 $f(x)$ 在 $n+m+1$ 个互异节点 $x_i(i=0,1,\cdots,n+m)$ 上的值 $f(x_i)$，要求一个有理函数

$$R_{nm}(x)=\frac{P_n(x)}{Q_m(x)}=\frac{\sum_{k=0}^{n}a_kx^k}{\sum_{k=0}^{m}b_kx^k}$$

使

$$R_{nm}(x_i)=f(x_i),\ i=0,1,\cdots,n+m \tag{4.5}$$

$R_{nm}(x)$ 表面上有 $n+m+2$ 个待定参数 $a_k(k=0,1,\cdots,n)$ 及 $b_k(k=0,1,\cdots,m)$，但实际上只有 $n+m+1$ 个独立参数，从条件(4.5)可得到关于系数的 $n+m+1$ 个方程组. 对有理插值首先要研究解的存在唯一性问题，其次是如何构造插值函数，第三是误差估计问题. 这些问题比多项式插值困难得多，首先要指出，有理插值并非都有解存在.

例 4.2 给定 3 点 $(0,0)$，$(1,0)$，$(2,1)$ 求形如 $R_{11}(x)=\dfrac{a_0+a_1x}{b_0+b_1x}$ 的有理插值.

解 由(0,0)可得 $a_0=0$,由点(1,0)可得 $a_1=0$,于是 $R_{11}(x)=0$,显然点(2,1)的条件不满足,这表明形如 R_{11} 的插值问题无解.

下面我们不讨论解的存在唯一性,只讨论当有理插值有解时如何构造 $R_{nm}(x)$. 在第 3 节中得到的牛顿差商插值公式(3.5)可看成 $f(x)$按差商的逐次展开式. 基于这一思想可构造有理插值 $R_{nm}(x)$的连分式形式

$$R(x) = c_0 + \frac{x-x_0}{c_1} \,\underset{+}{}\, \frac{x-x_1}{c_2} \,\underset{+}{}\,\cdots\,\underset{+}{}\, \frac{x-x_n}{c_{n+1}} \tag{4.6}$$

其中 $c_k(k=0,1,\cdots,n)$由插值条件

$$R(x_i) = f(x_i),\ i = 0,1,\cdots,n \tag{4.7}$$

确定,类似差商的定义可给出反差商的定义.

定义 4.1 给定一组点集$\{x_i, i=0,1,\cdots\}$,如果函数序列满足如下关系

$$\begin{cases} v_0(x) = f(x) \\ v_k(x) = \dfrac{x-x_{k-1}}{v_{k-1}(x)-v_{k-1}(x_{k-1})}, \quad k = 1,2,\cdots \end{cases} \tag{4.8}$$

就称 $v_k(x)$为函数 $f(x)$在点集$\{x_i, i=0,1,\cdots\}$上的 ***k* 阶反差商**.

当 $k=1$ 时, $v_1(x)=\dfrac{x-x_0}{v_0(x)-v_0(x_0)}=\dfrac{x-x_0}{f(x)-f(x_0)}$

当 $k=2$ 时, $v_2(x)=\dfrac{x-x_1}{v_1(x)-v_1(x_1)}$

……

(4.8)可改写为

$$v_0(x) = v_0(x_0) + \frac{x-x_0}{v_1(x)}$$

$$v_k(x) = v_k(x_k) + \frac{x-x_k}{v_{k+1}(x)}, \quad k = 1,2,\cdots \tag{4.9}$$

于是可将 $f(x)$展开为连分式

$$f(x) = v_0(x) = v_0(x_0) + \cfrac{x-x_0}{v_1(x_1) + \cfrac{x-x_1}{v_2(x)}}$$

$$= v_0(x_0) + \frac{x - x_0}{v_1(x_1)} + \frac{x - x_1}{v_2(x_2)} + \cdots + \frac{x - x_{n-1}}{v_n(x_n)} + \frac{x - x_n}{v_{n+1}(x)}$$

上式右端略去最后一项$\frac{x-x_n}{v_{n+1}(x)}$,并记

$$R(x) = v_0(x_0) + \frac{x - x_0}{v_1(x_1)} + \frac{x - x_1}{v_2(x_2)} + \cdots + \frac{x - x_{n-1}}{v_n(x_n)} \qquad (4.10)$$

这与(4.6)的连分式形式相似,假设对 $x_0, x_1, \cdots, x_n$ 函数 $v_k(x_k)$有定义,则得 $R(x_i) = f(x_i)$, $i=0,1,\cdots,n$,这就说明(4.10)就是满足条件(4.7)的连分式插值(有理插值).

下面只验证当 $n=0,1,2,3$ 时插值条件成立.

当 $x=x_0$ 时,$R(x_0)=v_0(x_0)=f(x_0)$

当 $x=x_1$ 时,$R(x_1)=v_0(x_0)+\frac{x_1-x_0}{v_1(x_1)}=v_0(x_1)=f(x_1)$

当 $x=x_2$ 时,$R(x_2)=v_0(x_0)+\cfrac{x_2-x_0}{v_1(x_1)+\cfrac{x_2-x_1}{v_2(x_2)}}$

$$=v_0(x_0)+\frac{x_2-x_0}{v_1(x_2)}$$

$$=v_0(x_2)=f(x_2)$$

当 $x=x_3$ 时,$R(x_3)=v_0(x_0)+\cfrac{x_3-x_0}{v_1(x_1)+\cfrac{x_3-x_1}{v_2(x_3)}}$

$$=v_0(x_3)=f(x_3)$$

当 $n=3$ 时,

$$R(x) = v_0(x_0) + \frac{x - x_0}{v_1(x_1)} + \frac{x - x_1}{v_2(x_2)} + \frac{x - x_2}{v_2(x_3)} \qquad (4.11)$$

它可改写为

$$R(x) = \frac{a_0 + a_1 x + a_2 x^2}{b_0 + b_1 x}$$

即由(4.11)定义的 $R(x)$属于有理函数 $R_{21}(x)$. 一般情况下,由(4.10)定义的 $R(x)$,当 $n=2m$ 时,属于 $R_{mm}(x)$,当 $n=2m+1$ 时

属于 $R_{m+1,m}(x)$. 求 $R(x)$时需要计算反差商 $v_k(x_k)$,可造反差商表(见表 2-4).

表 2-4

x_i	$f(x_i)=v_0(x_i)$	$v_1(x_i)$	$v_2(x_i)$	$v_3(x_i)$	…	$v_{n-1}(x_i)$	$v_n(x_i)$
x_0	$f_0=\underline{v_0(x_0)}$						
x_1	$f_1=v_0(x_1)$	$\underline{v_1(x_1)}$					
x_2	$f_2=v_0(x_2)$	$v_1(x_2)$	$\underline{v_2(x_2)}$				
x_3	$f_3=v_0(x_3)$	$v_1(x_3)$	$v_2(x_3)$	$\underline{v_3(x_3)}$			
x_4	$f_4=v_0(x_4)$	$v_1(x_4)$	…	…	…	$\underline{v_{n+1}(x_{n-1})}$	
…	…	…	…	…	…	$v_{n-1}(x_n)$	$\underline{v_n(x_n)}$

表中

$$v_1(x_i)=\frac{x_i-x_0}{v_0(x_i)-v_0(x_0)},\quad i=1,2,\cdots$$

$$v_2(x_i)=\frac{x_i-x_1}{v_1(x_i)-v_1(x_1)},\quad i=2,3,\cdots$$

一般地

$$v_k(x_i)=\frac{x_i-x_{k-1}}{v_{k-1}(x_i)-v_{k-1}(x_{k-1})},\ k=1,2,\cdots;$$

$$i=k,k+1,\cdots$$

例 4.3 给出函数表

x_i	0	1	2	3	4
f_i	1	1/2	1/5	1/10	1/17

求有理插值 $R(x)$.

解 先造反差商表

x_i	$f_i=v_0(x_i)$	$v_1(x_i)$	$v_2(x_i)$	$v_3(x_i)$	$v_4(x_i)$
0	$\underline{1}$				
1	1/2	$\underline{-2}$			
2	1/5	−5/2	$\underline{-2}$		
3	1/10	−10/3	−3/2	$\underline{2}$	
4	1/17	−17/4	−4/3	3	$\underline{1}$

于是由公式(4.10)得有理插值函数

$$R(x)=1+\frac{x-0}{-2}+\frac{x-1}{-2}+\frac{x-2}{2}+\frac{x-3}{1}$$

$$=1+\frac{x}{-2+\dfrac{(x-1)^2}{-x}}=\frac{1}{1+x^2}$$

4-3 帕德逼近

利用函数的泰勒展开可以得到函数的有理逼近，设 $f(x)$ 在 $x=0$ 处的泰勒展开为

$$f(x)=\sum_{k=0}^{n}\frac{1}{k!}f^{(k)}(0)x^k+\frac{f^{(n+1)}(\xi)}{(n+1)!}x^{n+1} \tag{4.12}$$

将它的部分和记作

$$p(x)=\sum_{k=0}^{n}\frac{1}{k!}f^{(k)}(0)x^k \tag{4.13}$$

它满足条件

$$p^{(k)}(0)=f^{(k)}(0),\ k=0,1,\cdots,n \tag{4.14}$$

这表明 $p(x)$ 是满足条件(4.14)的带导数的插值多项式，于是立即有以下结论：

定理 4.1 设 $f(x)\in C^{n+1}[-a,a]$，则插值问题(4.14)等价于在 H_n 中求 $p(x)=c_0+c_1x+\cdots+c_nx^n$，使

$$|f(x)-p(x)|\leqslant \frac{1}{(n+1)!}\max_{-a\leqslant x\leqslant a}|f^{(n+1)}(x)||x|^{n+1}$$

推广上述多项式插值到有理函数插值，假定 $f(x)$在$(-a,a)$上具有 $N=n+m+1$ 阶导数，则有

定义 4.2 设 $f(x)\in C^N(-a,a)$，$N=n+m+1$，如果有理函数

$$R_{nm}(x)=\frac{a_0+a_1x+\cdots+a_nx^n}{1+b_1x+\cdots+b_mx^m}=\frac{P_n(x)}{Q_m(x)} \tag{4.15}$$

其中 $P_n(x)$，$Q_m(x)$互质，且满足条件

$$R_{nm}^{(k)}(0)=f^{(k)}(0),\ k=0,1,\cdots,n+m \tag{4.16}$$

则称 $R_{nm}(x)$为函数 $f(x)$在 $x=0$ 处的**(n,m)阶帕德(Padé)逼近**，记作$R(n,m)$.

从定义可知，帕德逼近是一种特殊的带导数的有理插值.

假设函数 $f(x)$在 $x=0$ 附近有幂级数展开

$$f(x)=\sum_{k=0}^{\infty}c_kx^k,\ x\in(-a,a) \tag{4.17}$$

若存在形如(4.15)的有理函数 $R_{nm}(x)$，使不等式

$$|f(x)-R_{nm}(x)|\leqslant M|x^{\nu}|,\ x\in(-a,a) \tag{4.18}$$

成立，当 $\nu=n+m+1$ 时，则 $R_{nm}(x)$就是函数 $f(x)$在 $x=0$ 处的(n,m)阶帕德逼近.

为讨论满足条件(4.16)的形如(4.15)的有理函数的存在唯一性和计算方法，先给两个等价定理.

定理 4.2 设 $R_{nm}(x)$由(4.15)定义，函数 $f(x)\in C^N(-a,a)$，$N=n+m+1$，令

$$h(x)=p(x)Q_m(x)-P_n(x)$$

其中 $p(x)=\sum\limits_{k=0}^{n+m}\frac{1}{k!}f^{(k)}(0)x^k$，则插值条件(4.16)成立的充分必要条件是 $h^{(k)}(0)=0$，$k=0,1,\cdots,n+m$.

证明 令 $g(x)=\dfrac{1}{Q_m(x)}$，由定理假设有

$$p(x)-R_{nm}(x)=h(x)g(x) \tag{4.19}$$

应用莱布尼茨(Leibnitz)关于乘积求导公式，可得

$$p^{(l)}(0)-R_{nm}^{(l)}(0)=\sum_{k=0}^{l}c_k^l h^{(k)}(0)g^{(l-k)}(0) \tag{4.20}$$

现在，如果 $h^{(k)}(0)=0,k=0,1,\cdots,n+m$，则得

$$p^{(l)}(0)-R_{nm}^{(l)}(0)=0,\ l=0,1,\cdots,n+m$$

故(4.16)成立.

反之，如果(4.16)成立，则 $l=0$ 时由(4.20)得

$$h(0)g(0)=0$$

而 $g(0)=1$，故 $h(0)=0$. 当 $l=1$ 时，由(4.20)得

$$h(0)g'(0)+h'(0)g(0)=0$$

因 $h(0)=0,g(0)\neq0$，故 $h'(0)=0$，如此继续下去就可证得

$$h^{(l)}(0)=0,\ l=0,1,\cdots,n+m$$

定理 4.3 设 $f(x)\in C^N(-a,a)$，$N=n+m+1$，则形如(4.15)的有理函数 $R_{nm}(x)$ 是 $f(x)$ 的 (n,m) 阶帕德逼近的充分必要条件是，多项式 $P_n(x)$ 及 $Q_m(x)$ 的系数 $a_0,a_1,\cdots,a_n$ 及 $b_1,\cdots,b_m$ 满足下列线性方程组

$$a_k-\sum_{j=0}^{k-1}c_jb_{k-j}=c_k,\ k=0,1,\cdots,n+m \tag{4.21}$$

其中 $c_j=\dfrac{1}{j!}f^{(j)}(0)$. 当 $j>n$ 时 $a_j=0$；$j>m$ 时 $b_j=0,b_0=1$.

证明 由 $P_n(x)$ 与 $Q_m(x)$ 定义和定理 4.2 知，插值条件(4.16)等价于

$$h^{(k)}(0)=(pQ_m-P_n)^{(k)}(0)=0,\quad k=0,1,\cdots,n+m$$

现在 $P_n^{(k)}(0)=k!\,a_k$，应用莱布尼茨求导公式得

$$(pQ_m-P_n)^{(k)}(0)=k!\sum_{j=0}^{k}c_jb_{k-j}-k!a_k=0,$$

$$k = 0,1,\cdots,n+m$$

上式两端除 $k!$,并注意 $b_0=1$,此时上式就是方程组(4.21).

现约定 $j<0$ 时,$c_j=0$,则方程组(4.21)可写成矩阵形式

$$\left(\begin{array}{ccccc:cccc} \overbrace{1 \quad 0 \quad 0 \quad \cdots \quad 0}^{n+1} & & & & & \overbrace{0 \quad \cdots \quad 0}^{m} & & & 0 \\ 0 & 1 & 0 & \cdots & 0 & 0 & \cdots & 0 & -c_0 \\ 0 & 0 & 1 & \cdots & 0 & 0 & \cdots & -c_0 & -c_1 \\ \cdots & \cdots & \cdots & \ddots & \cdots & \cdots & & \cdots & \cdots \\ 0 & 0 & 0 & \cdots & 1 & -c_{n-m} & \cdots & -c_{n-2} & -c_{n-1} \\ \hdashline 0 & 0 & 0 & \cdots & 0 & -c_{n-m+1} & \cdots & -c_{n-1} & -c_n \\ 0 & 0 & 0 & \cdots & 0 & -c_{n-m+2} & \cdots & -c_n & -c_{n+1} \\ \cdots & \cdots & \cdots & & \cdots & \cdots & & \cdots & \cdots \\ 0 & 0 & 0 & \cdots & 0 & -c_n & \cdots & -c_{n+m-2} & -c_{n+m-1} \end{array}\right)$$

$$\times \begin{pmatrix} a_0 \\ a_1 \\ \cdots \\ a_n \\ b_m \\ b_{m-1} \\ \cdots \\ b_1 \end{pmatrix} = \begin{pmatrix} c_0 \\ c_1 \\ \cdots \\ c_n \\ c_{n+1} \\ c_{n+2} \\ \cdots \\ c_{n+m} \end{pmatrix} \tag{4.22}$$

由方程结构看出,若记 m 阶方阵 $\boldsymbol{H}$ 为

$$\boldsymbol{H} = \begin{pmatrix} -c_{n-m+1} & \cdots & -c_{n-1} & -c_n \\ -c_{n-m+2} & \cdots & -c_n & -c_{n+1} \\ \cdots & & \cdots & \cdots \\ -c_n & \cdots & -c_{n+m-2} & -c_{n+m-1} \end{pmatrix} \tag{4.23}$$

如果 $\boldsymbol{H}$ 非奇异,则由方程组(4.22)立即看出解存在唯一,并且 b_1,$\cdots$,b_m 可由子方程

$$Hb = \tilde{c} \tag{4.24}$$

唯一确定,其中 $\boldsymbol{b}=(b_m,b_{m-1},\cdots,b_1)^{\mathrm{T}}$, $\tilde{\boldsymbol{c}}=(c_{n+1},c_{n+2},\cdots,c_{n+m})^{\mathrm{T}}$.由(4.24)解出 $b_1,\cdots,b_m$ 后代入(4.22)前 $n+1$ 个方程则可求出 $a_0,a_1,\cdots,a_n$.

实际使用时常把各阶的帕德逼近列成一张表,称为**帕德表**(见表 2-5).

表 2-5 帕德表

$n \backslash m$	0	1	2	3	4	…
0	(0,0)	(0,1)	(0,2)	(0,3)	(0,4)	…
1	(1,0)	(1,1)	(1,2)	(1,3)	(1,4)	…
2	(2,0)	(2,1)	(2,2)	(2,3)	(2,4)	…
3	(3,0)	(3,1)	(3,2)	(3,3)	(3,4)	…
4	(4,0)	(4,1)	(4,2)	(4,3)	(4,4)	…
…	…	…	…	…	…	

表中第 1 列就是 $f(x)$的泰勒展开部分和.

例 4.4 求 $f(x)=\mathrm{e}^x$ 的帕德逼近表.

由 e^x 泰勒展开

$$\mathrm{e}^x = 1 + x + \frac{1}{2!}x^2 + \frac{1}{3!}x^3 + \frac{1}{4!}x^4 + \cdots$$

得 $c_0=1,c_1=1,c_2=\frac{1}{2},c_3=\frac{1}{6},c_4=\frac{1}{24},\cdots$,由(4.24)及(4.22)可分别求出 $b_1,b_2,\cdots$及 $a_0,a_1,a_2,\cdots$.现只以 $n=m=2$ 为例,由(4.24)可得方程

$$\begin{cases} -b_2 - \frac{1}{2}b_1 = \frac{1}{6} \\ -\frac{1}{2}b_2 - \frac{1}{6}b_1 = \frac{1}{24} \end{cases}$$

求得 $b_1=-\frac{1}{2}, b_2=\frac{1}{12}$,再由(4.22)得

$$a_0=1,\ a_1=\frac{1}{2},\ a_2=\frac{1}{12}$$

于是得

$$R_{22}(x)=\frac{12+6x+x^2}{12-6x+x^2}$$

其余各阶的帕德逼近可类似得到,结果见表 2-6.表中对角线上各帕德逼近(1,1),(2,2),(3,3),(4,4)在 $x=1$ 处的值分别为 $3,\frac{19}{7},\frac{193}{71},\frac{2721}{1001}$.

表 2-6　e^x 的帕德逼近

n \ m	0	1	2
0	1	$\frac{1}{1-x}$	$\frac{2}{2-2x+x^2}$
1	$1+x$	$\frac{2+x}{2-x}$	$\frac{6+2x}{6-4x+x^2}$
2	$\frac{2+2x+x^2}{2}$	$\frac{6+4x+x^2}{6-2x}$	$\frac{12+6x+x^2}{12-6x+x^2}$
3	$\frac{6+6x+3x^2+x^3}{6}$	$\frac{24+18x+16x^2+x^3}{24-6x}$	$\frac{60+36x+9x^2+x^3}{60-24x+3x^2}$
4	$\frac{24+24x+12x^2+4x^3+x^4}{24}$	$\frac{120+96x+36x^2+8x^3+x^4}{120-24x}$	$\frac{360+240x+72x^2+12x^3+x^4}{360-120x+12x^2}$

n \ m	3	4
0	$\frac{6}{6-6x+3x^2-x^3}$	$\frac{24}{24-24x+12x^2-4x^3+x^4}$
1	$\frac{24+6x}{24-18x+6x^2-x^3}$	$\frac{120+24x}{120-96x+36x^2-8x^3+x^4}$
2	$\frac{60+24x+3x^2}{60-30x+9x^2-x^3}$	$\frac{360+120x+12x^3}{360-240x+72x^2-12x^3+x^4}$
3	$\frac{120+60x+12x^2+x^3}{120-60x+12x^2-x^3}$	$\frac{840+360x+60x^2+4x^3}{840-480x+120x^2-16x^3+x^4}$
4	$\frac{840+480x+120x^2+16x^3+x^4}{840-360x+60x^2-4x^3}$	$\frac{1680+840x+180x^2+20x^3+x^4}{1680-840x+180x^2-20x^3+x^4}$

若以 $R_{44}(1)=\dfrac{2721}{1001}=2.718281718$ 与精确值 e 比较，误差为

$$|e-R_{44}(1)|<10^{-7}$$

这已经是很好的结果. 它比多项式逼近好得多.

为导出(n,m)阶帕德逼近 $R(n,m)$的误差表达式，利用 $Q_m(0)=1\neq 0$ 的性质，可知在区间$(-a,a)$中不等式(4.18)等价于不等式

$$|f(x)Q_m(x)-P_n(x)|\leqslant M|x^\nu Q_m(x)|\leqslant M_1|x^\nu| \tag{4.25}$$

其中 M_1 为常数，如果把 $Q_m(x)$及 $P_n(x)$通过添加零系数而写成两个无穷级数的话，则(4.25)可表示为

$$\left|\left(\sum_{k=0}^{\infty}c_k x^k\right)\left(\sum_{k=0}^{\infty}b_k x^k\right)-\sum_{k=0}^{\infty}a_k x^k\right|\leqslant M_1|x^\nu|$$

利用两级数相乘可将上式改写为

$$\left|\sum_{k=0}^{\infty}\left(\sum_{j=0}^{k}c_j b_{k-j}-a_k\right)x^k\right|\leqslant M_1|x^\nu| \tag{4.26}$$

由此看出，要使 $n+m+1$ 个系数 $a_0,\cdots,a_n,b_1,\cdots,b_m$ 得到确定至少应取 $\nu=n+m+1$，即(4.26)的前 $n+m+1$ 项系数为 0，它恰好就是 $f(x)$的(n,m)阶帕德逼近的系数，于是可得

$$f(x)Q_m(x)-P_n(x)=x^{n+m+1}\sum_{l=0}^{\infty}\left(\sum_{k=0}^{m}b_k c_{n+m+1+l-k}\right)x^l$$

将 $Q_m(x)$除上式两端，即得

$$f(x)-R_{nm}(x)=x^{n+m+1}\sum_{l=0}^{\infty}r_l x^l\Big/Q_m(x) \tag{4.27}$$

其中 $r_l=\sum\limits_{k=0}^{m}b_k c_{n+m+1+l-k}$，当$|x|<1$ 时可用首项 r_0x^{n+m+1} 近似表示 $R(n,m)$的误差 $\left(r_0=\sum\limits_{k=0}^{m}b_k c_{n+m+1-k}\right)$.

5　高斯型求积公式

5-1　代数精确度与高斯型求积公式

假定 $f(x)$是定义在区间$[a,b]$上的可积函数,考虑带权积分

$$I(f) = \int_a^b f(x)\rho(x)\mathrm{d}x \tag{5.1}$$

其中 $\rho(x)\geqslant 0$ 为$[a,b]$上的权函数,$I(f)$的数值求积就是用和式

$$I_n(f) = \sum_{k=0}^{n} A_k f(x_k) \tag{5.2}$$

近似 $I(f)$,(5.2)称为**数值求积公式**,其中 $A_k(k=0,1,\cdots,n)$与 $f(x)$无关,称为求积系数,$x_k(k=0,1,\cdots,n)$称为求积节点.通常取 $a\leqslant x_0<x_1<\cdots<x_n\leqslant b$.若记

$$I(f) = I_n(f) + R_n[f]$$

称 $R_n[f]$为求积公式的余项.

定义 5.1　若求积公式(5.2)对 $f(x)=x^j,j=0,1,\cdots,m$ 精确成立,即 $I_n(x^j)=I(x^j),j=0,1,\cdots,m$,而对 $f(x)=x^{m+1}$不成立,即 $I_n(x^{m+1})\neq I(x^{m+1})$,则称求积公式 $I_n(f)$的**代数精确度**是 m,或称 $I_n(f)$具有 **m 次代数精确度.**

根据定义可知:求积公式 $I_n(f)$的代数精确度为 m 的充分必要条件是对一切次数小于等于 m 的多项式 $p(x)$都有

$$I_n(p(x)) = I(p(x))$$

但存在 $m+1$ 次多项式 $p_{m+1}(x)$,使 $I_n(p_{m+1}(x))\neq I(p_{m+1}(x))$.

例 5.1　假定计算积分

$$\int_a^b f(x)\mathrm{d}x$$

的求积公式为 $I_1(f)=A_0f(x_0)+A_1f(x_1)$

(1) 若取定 $x_0=a,x_1=b$,确定 A_0,A_1 使 $I_1(f)$具有 1 次代数

精确度；

(2) 若取 $a=-1,b=1$，试确定系数 A_0,A_1 及节点 x_0,x_1 使 $I_1(f)$的代数精确度尽可能高.

解 (1) 为使 $I_1(f)$的代数精确度为 $m=1$，由

$$I_1(x^j)=I(x^j),\ j=0,1$$

得

$$A_0+A_1=\int_a^b \mathrm{d}x=b-a$$

$$A_0a+A_1b=\int_a^b x\,\mathrm{d}x=\frac{1}{2}(b^2-a^2)$$

解得 $A_0=A_1=\dfrac{b-a}{2}$. 于是得求积公式

$$I(f)=\int_a^b f(x)\mathrm{d}x\approx\frac{b-a}{2}[f(a)+f(b)] \tag{5.3}$$

它就是梯形公式，此时

$$I_1(x^2)=\frac{b-a}{2}(a^2+b^2)\neq I(x^2)=\int_a^b x^2\mathrm{d}x=\frac{1}{3}(b^3-a^3)$$

故梯形公式的代数精确度为 1.

(2) 要确定 4 个参数 A_0,A_1,x_0 及 x_1，可要求

$$I_1(x^j)=I(x^j),\ j=0,1,2,3$$

由于 $a=-1,b=1$，于是有

$$\begin{cases}A_0+A_1=\int_{-1}^1 \mathrm{d}x=2\\ A_0x_0+A_1x_1=\int_{-1}^1 x\mathrm{d}x=0\\ A_0x_0^2+A_1x_1^2=\int_{-1}^1 x^2\mathrm{d}x=\dfrac{2}{3}\\ A_0x_0^3+A_1x_1^3=\int_{-1}^1 x^3\mathrm{d}x=0\end{cases} \tag{5.4}$$

方程组(5.4)是关于 4 个未知量 A_0,A_1,x_0,x_1 的非线性方程组，

不难看出 A_0, A_1, x_0, x_1 均不为零，且 $x_0 \neq x_1$，由第 2 和第 4 个方程可得

$$x_0^2 = x_1^2 \tag{5.5}$$

由第 2 个方程减去第 1 个方程的 x_0 倍，则得

$$A_1(x_1 - x_0) = -2x_0 \tag{5.6}$$

由第 3 个方程减去第 2 个方程的 x_0 倍，则得

$$A_1 x_1 (x_1 - x_0) = \frac{2}{3}$$

将(5.6)代入则得

$$x_0 x_1 = -\frac{1}{3}$$

与(5.5)联立解得 $x_0 = -\frac{1}{\sqrt{3}}, x_1 = \frac{1}{\sqrt{3}}$，代入(5.4)前两个方程解得 $A_0 = A_1 = 1$.

又由于 $$I_1(x^4) = \frac{2}{9} \neq I(x^4) = \frac{2}{5},$$

故得求积公式

$$I_1(f) = f\left(-\frac{1}{\sqrt{3}}\right) + f\left(\frac{1}{\sqrt{3}}\right) \tag{5.7}$$

它的代数精确度为 3.

假设在$[a,b]$上给出 $n+1$ 个节点 $a \leqslant x_0 < x_1 < \cdots < x_n \leqslant b$ 及其对应的函数值 $f(x_i), i = 0, 1, \cdots, n$，则由(3.6′)可得拉格朗日插值多项式为

$$L_n(x) = \sum_{k=0}^{n} \frac{\omega_{n+1}(x)}{(x - x_k)\omega'_{n+1}(x_k)} f(x_k)$$

其中 $\omega_{n+1}(x) = (x - x_0)(x - x_1)\cdots(x - x_n)$，于是有

$$f(x)\rho(x) = L_n(x)\rho(x) + R_n(x)\rho(x)$$

这里 $R_n(x)$是插值余项(3.7)，上式两端从 a 到 b 积分并忽略余项，则得插值求积公式

$$I(f)=\int_a^b f(x)\rho(x)\mathrm{d}x \approx I_n(f)=\sum_{k=0}^{n} A_k f(x_k)$$

其中系数

$$A_k=\int_a^b \frac{\omega_{n+1}(x)\rho(x)}{(x-x_k)\omega'_{n+1}(x_k)}\mathrm{d}x,\ k=0,1,\cdots,n \tag{5.8}$$

余项为

$$R_n[f]=I(f)-I_n(f)=\frac{1}{(n+1)!}\int_a^b f^{(n+1)}(\xi)\omega_{n+1}(x)\rho(x)\mathrm{d}x \tag{5.9}$$

显然，当 $f(x)$是不高于 n 次的多项式时，则 $f^{(n+1)}(\xi)=0$，从而 $R_n[f]=0$，即 $I(f)=I_n(f)$. 它表明 $n+1$ 个节点的插值求积公式(5.2)的代数精确度至少是 n. 如果 $n+1$ 个节点适当选择，使求积公式(5.2)的代数精确度尽量高，则 $A_k, x_k(k=0,1,\cdots,n)$应满足关系

$$I_n(x^j)=I(x^j),\ j=0,1,\cdots,2n+1 \tag{5.10}$$

这是关于 $A_k, x_k(k=0,1,\cdots,n)$这 $2n+2$ 个参量的 $2n+2$ 个非线性方程组. 它的求解是很困难的，一般不用这种方法建立求积公式. 不过由此看到求积公式(5.2)的代数精确度可达到 $2n+1$，若令

$$f(x)=(x-x_0)^2(x-x_1)^2\cdots(x-x_n)^2=\omega_{n+1}^2(x)$$

它是 $2n+2$ 次多项式，显然此时

$$I_n(\omega_{n+1}^2(x))=\sum_{k=0}^{n} A_k\omega_{n+1}^2(x_k)=0$$

而另一方面

$$I(\omega_{n+1}^2(x))=\int_a^b \omega_{n+1}^2(x)\rho(x)\mathrm{d}x>0$$

因此，$I_n(\omega_{n+1}^2(x))\neq I(\omega_{n+1}^2(x))$，这说明 $n+1$ 个节点的插值求积公式(5.2)的代数精确度最多是 $2n+1$.

定义 5.2 具有最高代数精确度的插值求积公式(5.2)的节

点 $a \leqslant x_0 < x_1 < \cdots < x_n \leqslant b$，称为**高斯(Gauss)点**，相应求积公式称为**高斯型求积公式**.

定理 5.1 插值型求积公式(5.2)的求积节点 $\{x_k\}_{k=0}^n$ 是高斯点的充分必要条件是，在 $[a,b]$ 上以这组节点为根的多项式 $\omega_{n+1}(x)=(x-x_0)(x-x_1)\cdots(x-x_n)$ 与任何次数不超过 n 的多项式 $p(x)$ 带权 $\rho(x)$ 正交，即

$$\int_a^b p(x)\omega_{n+1}(x)\rho(x)\mathrm{d}x = 0 \tag{5.11}$$

证明 必要性：设 $\{x_k\}_{k=0}^n$ 是高斯点，即当 $f(x)$ 是次数不超过 $2n+1$ 的多项式时，(5.2)精确成立，现对任何 $p(x)\in H_n$，令 $f(x)=p(x)\omega_{n+1}(x)\in H_{2n+1}$，故有

$$\int_a^b p(x)\omega_{n+1}(x)\rho(x)\mathrm{d}x = \sum_{k=0}^n A_k p(x_k)\omega_{n+1}(x_k) = 0$$

充分性：即由(5.11)成立来证明 $\{x_k\}_{k=0}^n$ 为高斯点，设 $f(x)\in H_{2n+1}$ 是任意的，于是有

$$f(x) = p(x)\omega_{n+1}(x) + q(x)，\text{其中 } p(x),q(x) \in H_n$$

$$\int_a^b f(x)\rho(x)\mathrm{d}x = \int_a^b p(x)\omega_{n+1}(x)\rho(x)\mathrm{d}x + \int_a^b q(x)\rho(x)\mathrm{d}x$$

由于(5.11)成立，故右端第1个积分为零，由于插值求积公式对 $q(x)\in H_n$ 是精确成立的，故有

$$\int_a^b q(x)\rho(x)\mathrm{d}x = \sum_{k=0}^n A_k q(x_k) = \sum_{k=0}^n A_k f(x_k)$$

于是(5.2)对任何 $f(x)\in H_{2n+1}$ 精确成立. 因此，$\{x_k\}_{k=0}^n$ 为高斯点. 证毕.

推论 1 在 $[a,b]$ 上带权 $\rho(x)$ 的正交多项式 $q_{n+1}(x)$ 的根 $a\leqslant x_0<x_1<\cdots<x_n\leqslant b$，就是高斯型求积公式(5.2)的高斯点.

求积公式(5.2)在节点 $\{x_k\}_{k=0}^n$ 给定后，求积系数 $A_k(k=0,1,$

$\cdots,n$)可通过(5.10)的前 $n+1$ 个方程求出，也可直接由插值求积公式系数表达式得到. 求积公式(5.2)的余项则可通过 $f(x)$ 的埃尔米特插值多项式得到，设 $H_{2n+1}(x)\in H_{2n+1}$，满足

$$H_{2n+1}(x_k)=f(x_k),\ H'_{2n+1}(x_k)=f'(x_k),\quad k=0,1,\cdots,n$$

于是有

$$f(x)=H_{2n+1}(x)+\frac{f^{(2n+2)}(\xi)}{(2n+2)!}\omega_{n+1}^2(x)$$

两端乘 $\rho(x)$，并从 a 到 b 积分，则得

$$I(f)=\int_a^b f(x)\rho(x)\mathrm{d}x=\sum_{k=0}^{n}A_kf(x_k)+R_n[f] \tag{5.12}$$

其中

$$R_n[f]=\frac{f^{(2n+2)}(\eta)}{(2n+2)!}\int_a^b\omega_{n+1}^2(x)\rho(x)\mathrm{d}x,\ \eta\in[a,b] \tag{5.13}$$

(5.12)右端第1项可以由埃尔米特插值条件得到，而 $R_n[f]$ 是利用积分中值定理得到的. 下面还可证明求积公式(5.2)的稳定性与收敛性.

在数值积分中，由于计算 $f(x_k)$ 可能产生误差 δ_k，使实际得到 $\tilde{f}_k$，即 $f(x_k)=\tilde{f}_k+\delta_k$. 若记和式

$$I_n(f)=\sum_{k=0}^{n}A_kf(x_k),\ I_n(\tilde{f})=\sum_{k=0}^{n}A_k\tilde{f}_k$$

如果其误差小于给定正数 $\varepsilon>0$，即

$$|I_n(f)-I_n(\tilde{f})|=\left|\sum_{k=0}^{n}A_k(f(x_k)-\tilde{f}_k)\right|\leqslant\varepsilon \tag{5.14}$$

则表明求积公式计算稳定. 具体定义如下：

定义 5.3 对任给 $\varepsilon>0$，若 $\exists\delta>0$，只要 $|f_k-\tilde{f}_k|\leqslant\delta(k=0,1,\cdots,n)$ 就有(5.14)成立，则称求积公式(5.2)是稳定的.

定理 5.2 若求积公式(5.2)中系数 $A_k>0(k=0,1,\cdots,n)$，则此求积公式是稳定的.

证明 对任给 $\varepsilon>0$,若取 $\delta=\varepsilon\Big/\int_a^b\rho(x)\mathrm{d}x$,当 $k=0,1,\cdots,n$ 时都有 $|f(x_k)-\tilde{f}_k|\leqslant\delta$,则得

$$\begin{aligned}|I_n(f)-I_n(\tilde{f})|&=\left|\sum_{k=0}^{n}A_k(f(x_k)-\tilde{f}_k)\right|\\&\leqslant\sum_{k=0}^{n}|A_k||f(x_k)-\tilde{f}_k|\\&\leqslant\delta\sum_{k=0}^{n}A_k=\delta\int_b^a\rho(x)\mathrm{d}x=\varepsilon\end{aligned}$$

由定义 5.3 可知求积公式(5.2)是稳定的. 证毕.

定义 5.4 在求积公式(5.2)中,若

$$\lim_{\substack{n\to\infty\\h\to 0}}\sum_{k=0}^{n}A_kf(x_k)=\int_a^b f(x)\rho(x)\mathrm{d}x$$

其中 $h=\max\limits_{1\leqslant i\leqslant n}(x_i-x_{i-1})$,则称求积公式(5.2)是收敛的.

定理 5.3 高斯型求积公式(5.2)的系数 $A_k>0(k=0,1,\cdots)$.

证明 由于(5.2)对任何次数不超过 $2n+1$ 的多项式精确成立,若取 $f(x)=l_k^2(x)$,其中 $l_k(x)$ 是 n 次拉格朗日插值基函数

$$l_k(x)=\frac{\omega_{n+1}(x)}{(x-x_k)\omega_{n+1}'(x_k)}\in H_n$$

故 $f(x)=l_n^2(x)\in H_{2n}$ 对高斯求积公式(5.2)精确成立,故有

$$0<\int_a^b l_k^2(x)\rho(x)\mathrm{d}x=\sum_{i=0}^{n}A_il_k^2(x_i)=A_k,\quad k=0,1,\cdots,n$$

推论 2 求积公式(5.2)是稳定的.

定理 5.4 设 $f(x)\in C[a,b]$,对高斯型求积公式(5.2)有

$$\lim_{n\to\infty}I_n(f)=\int_a^b f(x)\rho(x)\mathrm{d}x$$

证明 由于 $f(x)\in C[a,b]$,利用维尔斯特拉斯定理有,任给 $\varepsilon>0$,存在多项式 $p(x)$ 使

$$\| f-p \|_\infty \leqslant \frac{\varepsilon}{2\int_a^b \rho(x)\mathrm{d}x}$$

现用插入项方法有

$$\left|\int_a^b f(x)\rho(x)\mathrm{d}x - I_n(f)\right| \leqslant \left|\int_a^b f(x)\rho(x)\mathrm{d}x - \int_a^b p(x)\rho(x)\mathrm{d}x\right| + \left|\int_a^b p(x)\rho(x)\mathrm{d}x - I_n(p)\right| + |I_n(p) - I_n(f)|$$

上式右端各项分别为

$$\left|\int_a^b f(x)\rho(x)\mathrm{d}x - \int_a^b p(x)\rho(x)\mathrm{d}x\right| \leqslant \| f-p \|_\infty \int_b^a \rho(x)\mathrm{d}x < \frac{\varepsilon}{2}$$

$$\begin{aligned} | I_n(f) - I_n(p) | &= \left| \sum_{k=0}^n A_k [f(x_k) - p(x_k)] \right| \\ &\leqslant \| f-p \|_\infty \sum_{k=0}^n A_k \\ &= \| f-p \|_\infty \int_a^b \rho(x)\mathrm{d}x < \frac{\varepsilon}{2} \end{aligned}$$

设多项式 $p(x)$ 为 m 次，当 $2n+1 \geqslant m$，高斯型求积公式有

$$\int_a^b p(x)\rho(x)\mathrm{d}x = \sum_{k=0}^n A_k p(x_k) = I_n(p)$$

因此，当 $2n+1 \geqslant m$ 时有

$$\left|\int_a^b f(x)\rho(x)\mathrm{d}x - I_n(f)\right| < \varepsilon \quad \text{证毕.}$$

5-2 高斯-勒让德求积公式

在高斯型求积公式(5.2)中，若取 $\rho(x) \equiv 1$，区间为$[-1,1]$，相应的正交多项式是勒让德多项式 $\mathrm{P}_n(x)$，这时高斯型求积公式称为**高斯-勒让德求积公式**，简称高斯求积公式. 它表为

$$\int_{-1}^1 f(x)\mathrm{d}x = \sum_{k=0}^n A_k f(x_k) + R_n[f] \tag{5.15}$$

其中节点$\{x_k\}_{k=0}^{n}$是勒让德多项式$P_{n+1}(x)$的零点，系数

$$A_k = \int_{-1}^{1} l_k^2(x)\mathrm{d}x,\ l_k(x) = \frac{\omega_{n+1}(x)}{(x - x_k)\omega_{n+1}'(x_k)}$$

余项

$$\begin{aligned} R_n[f] &= \frac{f^{(2n+2)}(\eta)}{(2n+2)!}\int_{-1}^{1} \omega_{n+1}^2(x)\mathrm{d}x \\ &= \frac{2^{2n+3}[(n+1)!]^4}{(2n+3)[(2n+2)!]^3} f^{(2n+2)}(\eta), \end{aligned} \qquad (5.16)$$

高斯求积公式(5.15)的求积节点和系数见表 2-7.

表 2-7

n	x_k	A_k
0	0	2
1	±0.5773502692	1
2	±0.7745966692	5/9
	0	8/9
3	±0.8611363116	0.3478548451
	±0.3399810436	0.6521451549
4	±0.9061798459	0.2369268851
	±0.5384693101	0.4786286705
	0	0.5688888889
5	±0.9324695142	0.1713244924
	±0.6612093865	0.3607615730
	±0.2366191861	0.4679139346
6	±0.4910791230	0.1294849662
	±0.7415311856	0.2797053915
	±0.4058451514	0.3818300505
	0	0.4179591337

从表中看到当$n=1$时就是例 5.1(2)中得到的结果. 对一般区间$[a,b]$应用高斯求积公式时需作变量置换

$$x = \frac{1}{2}[(b-a)t + (a+b)]$$

将$[a,b]$映射到$[-1,1]$，然后再用公式(5.15).

例 5.2 用高斯-勒让德求积公式计算积分

$$I(f) = \int_{0}^{\frac{\pi}{2}} x^2 \cos x \mathrm{d}x$$

解 对区间$\left[0,\frac{\pi}{2}\right]$做变换 $x=\frac{\pi}{4}(1+t)$，于是

$$I(f)=\int_{-1}^{1}\left(\frac{\pi}{4}\right)^{3}(1+t)^{2}\cos\frac{\pi}{4}(1+t)\mathrm{d}t$$

用 $n=3$ 时的高斯求积公式计算可得

$$I(f)\approx\sum_{k=0}^{3}A_{k}f(x_{k})\approx 0.467402$$

精确值 $I(f)=0.467401\cdots$.

5-3 高斯-切比雪夫求积公式

在区间$[-1,1]$上权函数 $\rho(x)=\frac{1}{\sqrt{1-x^{2}}}$的正交多项式为切比雪夫多项式 $T_{n}(x)=\cos(n\arccos x)$，此时的高斯型求积公式称为**高斯-切比雪夫求积公式**，表示为

$$\int_{-1}^{1}f(x)\frac{1}{\sqrt{1-x^{2}}}\mathrm{d}x=\frac{\pi}{n}\sum_{k=1}^{n}f(x_{k})+R_{n}[f] \quad (5.17)$$

其中 $x_{k}=\cos\frac{(2k-1)\pi}{2n}$，$k=1,2,\cdots,n$ 为 $T_{n}(x)$的零点，余项为

$$R_{n}[f]=\frac{\pi}{2^{2n-1}(2n)!}f^{(2n)}(\eta),\ \eta\in(-1,1) \quad (5.18)$$

这公式由于 $A_{k}\equiv\frac{\pi}{n}$，计算最简单，又因被积函数包含因子$(1-x^{2})^{-\frac{1}{2}}$，故可处理含此类因子的奇异积分.

例 5.3 计算积分

$$I(f)=\int_{-1}^{1}\frac{\mathrm{e}^{x}}{\sqrt{1-x^{2}}}\mathrm{d}x$$

解 $f(x)=\mathrm{e}^{x}$，$f^{(2n)}(x)=\mathrm{e}^{x}$. 若取 $n=5$ 的求积公式(5.17)可得

$$I(f)\approx\frac{\pi}{5}\sum_{k=1}^{5}\mathrm{e}^{\cos\frac{2k-1}{10}\pi}=3.977463$$

误差为

$$|R_{5}(f)|=\frac{\pi}{2^{9}\cdot 10!}\mathrm{e}^{\eta}\leqslant 4.6\times 10^{-9}$$

5-4 固定部分节点的高斯型求积公式

上面给出的高斯型求积公式是把所有求积节点$\{x_k\}_{k=0}^{n}$都看成待定参数，但是在应用中有时希望将一个或几点节点预先固定，这就需要对原公式作一点修改. 根据定理 5.1，如果在求积公式中有 m 个节点固定，n 个节点待定，则求积公式的代数精确度为 $m+2n-1$ 次. 最常用的情形是对区间为$[-1,1]$、权函数 $\rho(x)=1$ 时要求区间端点 -1 或 1 固定，或两个端点均为固定. 前者称为**高斯-拉道（Gauss-Radau）求积公式**，后者称为**高斯-洛巴托（Gauss-Lobatto）求积公式**. 下面分别讨论这两种公式.

5-4-1 高斯-拉道求积公式

设 $x_0=-1$，$-1<x_1<x_2<\cdots<x_n<1$ 为待定节点，与定理 5.1 类似可证明，以节点为根的多项式 $\omega_n(x)=(x-x_1)\cdots(x-x_n)$带权 $\rho(x)=x+1$ 与任何次数不超过 $n-1$ 的多项式 $p(x)\in H_{n-1}$正交，即

$$\int_{-1}^{1}(x+1)(x-x_1)\cdots(x-x_n)p(x)\mathrm{d}x=0$$

满足此条件的多项式

$$\omega_n(x)=\frac{1}{x+1}[\mathrm{P}_n(x)+\mathrm{P}_{n+1}(x)] \tag{5.19}$$

其中 $\mathrm{P}_n(x)$，$\mathrm{P}_{n+1}(x)$是 n 次及 $n+1$ 次勒让德多项式. 于是可得拉道求积公式

$$\int_{-1}^{1}f(x)\mathrm{d}x=\frac{2}{(n+1)^2}f(-1)+\sum_{k=1}^{n}A_kf(x_k)+R_n[f] \tag{5.20}$$

其中节点$\{x_k\}_{k=1}^{n}$是多项式(5.19)的根. 系数及余项为

$$A_k=\frac{1}{(1-x_k)[\mathrm{P}_n'(x_k)]^2}$$

$$R_n[f]=\frac{2^{2n+1}(n+1)(n!)^4}{[(2n+1)!]^3}f^{(2n+1)}(\eta),\quad \eta\in(-1,1) \tag{5.21}$$

求积公式(5.20)的节点及系数在 $1\leqslant n\leqslant 4$ 时见表 2-8.

表 2-8

n	x_k	A_k	n	x_k	A_k
1	0.333333	1.5	3	−0.575319 0.181066 0.822824	0.657689 0.776287 0.440924
2	−0.289898 0.689898	1.024972 0.752806	4	−0.720488 −0.167181 0.446314 0.885792	0.446208 0.623653 0.562712 0.287427

对于 $x_0=1,-1<x_1<x_2<\cdots<x_n<1=x_0$ 的情形，则有

$$\int_{-1}^{1} f(x)\mathrm{d}x = \frac{2}{(n+1)^2}f(1)+\sum_{k=1}^{n}A_k f(x_k)+R_n[f] \qquad (5.22)$$

其中节点和系数与公式(5.20)作一镜像对应即可，而 $R_n[f]$仍与(5.21)相同.

5-4-2 高斯-洛巴托公式

设 $x_0=-1,x_n=1$ 为给定节点，其余节点 $-1<x_1<\cdots<x_{n-1}<1$ 为待定节点，它可取为$[-1,1]$上与权 $\rho(x)=1-x^2$ 正交的 $n-1$ 次多项式的根，由此得到的求积公式为

$$\int_{-1}^{1} f(x)\mathrm{d}x = \frac{2}{n(n+1)}[f(-1)+f(1)]+\sum_{k=1}^{n-1}A_k f(x_k)+R_n[f] \qquad (5.23)$$

可以证明 x_k 为 $\mathrm{P}_n'(x)$的零点，$\mathrm{P}_n(x)$为 n 次勒让德多项式，系数与余项分别为

$$A_k=\frac{2}{n(n+1)[\mathrm{P}_n(x_k)]^2}$$

$$R_n[f]=-\frac{n^3(n+1)2^{2n+1}[(n-1)!]^4}{(2n+1)[(2n)!]^3}f^{(2n)}(\eta),\quad \eta\in(-1,1) \qquad (5.24)$$

当 $n=2$ 时,节点为 $x_0=-1, x_1=0, x_2=1$,系数为$\frac{1}{3},\frac{4}{3},\frac{1}{3}$.这实际上就是辛普森公式.$n=3$ 时节点为±1 及±0.447214,相应系数为$\frac{1}{6}$与$\frac{5}{6}$,公式(5.23)的代数精确度为 $2n-1$.

6 积分方程数值解

积分方程是指方程中含有积分,而积分中又含有未知函数的方程.积分方程有各种不同类型,不同类型方程的理论及解法也有很大差异,这里作为数值积分的应用仅介绍第二类弗雷德霍姆(Fredholm)积分方程的数值解法.

第二类弗雷德霍姆积分方程

$$y(x)=\lambda\int_a^b k(x,s)y(s)\mathrm{d}s+f(x),\quad a\leqslant x\leqslant b \tag{6.1}$$

其中 $k(x,s)$为积分方程的核,$f(x)$为自由项,λ 为参数,$\lambda, k(x,s), f(x)$均为已知,$y(x)$为未知函数.求积分方程(6.1)的解 $y(x)$的数值方法就是在区间$[a,b]$的某些点 $x_i(i=0,1,\cdots,n)$上求值 $y(x_i)$的近似 y_i,使误差$|y(x_i)-y_i|$满足精度要求.通常可用数值积分方法将方程(6.1)离散化.设数值积分公式为

$$\int_a^b f(x)\mathrm{d}x\approx\sum_{j=1}^n A_j f(x_j) \tag{6.2}$$

其中 $x_j\in[a,b]$为求积节点,A_j 为求积系数.在(6.1)的积分中用求积公式(6.2)近似,则得

$$y(x)\approx\lambda\sum_{j=1}^n A_j k(x,x_j)y(x_j)+f(x) \tag{6.3}$$

若在上式中令 $x=x_1,\cdots,x_n$,并记 $y_i\approx y(x_i), k_{ij}=k(x_i,x_j), f_i=f(x_i)$,由(6.3)得

$$y_i=\lambda\sum_{j=1}^n A_j k_{ij} y_j+f_i,\ i=1,2,\cdots,n \tag{6.4}$$

这是关于未知量 $y_1,\cdots,y_n$ 的线性方程组,若记

$$\boldsymbol{K}=\begin{pmatrix} A_1k_{11} & A_2k_{12} & \cdots & A_nk_{1n} \\ A_1k_{21} & A_2k_{22} & \cdots & A_nk_{2n} \\ \cdots & \cdots & & \cdots \\ A_1k_{n1} & A_2k_{n2} & \cdots & A_nk_{nn} \end{pmatrix}$$

则当方程(6.4)的系数行列式

$$\det(\boldsymbol{I}-\lambda\boldsymbol{K})\neq 0 \tag{6.5}$$

时方程组有唯一解 $y_1,\cdots,y_n$,它就是积分方程(6.1)的解 $y(x)$ 在点$x_1,\cdots,x_n$ 上的近似值,由此可得到 $y(x)$ 在$[a,b]$上的近似解

$$\tilde{y}(x)=f(x)+\lambda\sum_{j=1}^{n}A_jk(x,x_j)y_j \tag{6.6}$$

积分方程数值解求解过程要解线性方程组,其阶数与求积公式节点数相同,一般应使阶数 n 尽可能小,因此使用最高代数精确度的高斯求积公式是最节省工作量的方法.

例 6.1 求解积分方程

$$y(x)=\int_0^1(1-3xs)y(s)\mathrm{d}s+(1-3x) \tag{6.7}$$

解 若采用 3 点的高斯求积公式

$$\int_0^1F(x)\mathrm{d}x\approx\frac{1}{18}[5F(x_1)+8F(0.5)+5F(x_3)]$$

其中 $x_1=\frac{1}{2}(1-\sqrt{0.6})=0.112702$, $x_3=\frac{1}{2}(1+\sqrt{0.6})=0.887298$,将它应用于积分方程(6.7)得到方程组

$$\begin{cases} 0.732807y_1-0.369310y_2-0.194444y_3=0.661895 \\ -0.230819y_1+0.888889y_2+0.091930y_3=-0.5 \\ -0.194444y_1+0.147088y_2+1.378304y_3=-1.661894 \end{cases}$$

解此方程组得 $y_1=0.441264$, $y_2=-0.333333$, $y_3=-1.107929$,利用近似表达式(6.6)可算出

$$\tilde{y}(0)=0.666667,\qquad \tilde{y}\left(\frac{1}{4}\right)=0.166667,$$

$$\tilde{y}\left(\frac{3}{4}\right)=-0.833334,\quad \tilde{y}(1)=-1.333333$$

本例的解析解为 $y(x)=\frac{2}{3}(1-3x)$，可看出这里得到的结果具有很高的精度.

7 奇异积分与振荡函数积分计算

7-1 反常积分的计算

反常积分通常是指被积函数在有限区间$[a,b]$上无界的积分. 下面介绍几种处理方法.

(1) 变量置换法

通过变量置换将奇点消除，使反常积分转化为正常积分. 例如计算

$$I=\int_0^1 x^{-\frac{1}{n}}g(x)\mathrm{d}x,\ n\geqslant 2$$

$g(x)$为充分光滑的函数.

$x=0$ 为被积函数的奇点，若令 $x=t^n$，则得

$$I=n\int_0^1 g(t^n)t^{n-2}\,\mathrm{d}t$$

为正常积分.

又如例 5.3 的积分 $I(f)=\int_{-1}^{1}\frac{\mathrm{e}^x}{\sqrt{1-x^2}}\mathrm{d}x$，在 $x=\pm 1$ 为奇点，但若令 $x=\cos\theta$，则可转化为正常积分 $I(f)=\int_0^{\pi}\mathrm{e}^{\cos\theta}\mathrm{d}\theta$，当然直接使用高斯-切比雪夫求积公式效果更好.

(2) 区间截断法

设 $I=\int_a^b f(x)\mathrm{d}x$，$a$ 点为奇点，则可将 I 分为

$$I=\int_a^{a+\delta} f(x)\mathrm{d}x+\int_{a+\delta}^b f(x)\mathrm{d}x$$

若存在 $\delta>0$，使 $\left|\int_a^{a+\delta} f(x)\mathrm{d}x\right|\leqslant\varepsilon$，则第 1 个积分可忽略不计. 而得 $I\approx\int_{a+\delta}^b f(x)\mathrm{d}x$，这是正常积分.

例 7.1 计算 $I=\int_0^1 \frac{g(x)}{x^{1/2}+x^{1/3}}\mathrm{d}x$，其中 $g(x)\in C[0,1]$，且 $|g(x)|\leqslant 1$，对 $x\in[0,1]$.

因在 $[0,1]$ 上 $x^{1/2}\leqslant x^{1/3}$，所以

$$\left|\frac{g(x)}{x^{1/2}+x^{1/3}}\right|\leqslant\frac{1}{2x^{1/2}},$$

$$\left|\int_0^\delta \frac{g(x)}{x^{1/2}+x^{1/3}}\mathrm{d}x\right|\leqslant\frac{1}{2}\int_0^\delta x^{-1/2}\mathrm{d}x=\delta^{1/2}$$

若要求 I 的精度 $\varepsilon=10^{-3}$，则 $\delta\leqslant 10^{-6}$，于是

$$I\approx\int_\delta^1 \frac{g(x)}{x^{1/2}+x^{1/3}}\mathrm{d}x$$

为正常积分.

(3) 用高斯型积分

第 5 节给出的高斯-切比雪夫求积公式考虑积分 $I(f)=\int_{-1}^1 \frac{f(x)}{\sqrt{1-x^2}}\mathrm{d}x$，尽管 $f(x)\in C[-1,1]$，但积分 $I(f)$ 本身是奇异积分，直接使用求积公式(5.17)就可算出 $I(f)$ 近似值. 例如求 $I=\int_{-1}^1 \frac{1}{\sqrt{1-x^4}}\mathrm{d}x$，可写成 $I=\int_{-1}^1 \frac{1}{\sqrt{1+x^2}}\frac{1}{\sqrt{1-x^2}}\mathrm{d}x$，对 $f(x)=\frac{1}{\sqrt{1+x^2}}$ 用高斯-切比雪夫求积公式 $I\approx$

$\frac{\pi}{n}\sum_{k=1}^{n} f\left(\cos\frac{(2k-1)}{2n}\pi\right)$，即可算出.

还有一些积分可利用已知的高斯型求积公式得到，如区间$[0,1]$上，权函数$\rho(x)=\frac{1}{\sqrt{x}}$，其正交多项式族为$\{q_k(x)\}$，$q_k(x)=\mathrm{P}_{2k}(\sqrt{x})$，其中$\mathrm{P}_{2k}(x)$为勒让德多项式. 若$\tilde{x}_k$与$\overline{A}_k$为$2(n+1)$个节点的高斯-勒让德求积公式的节点和系数，则有求积公式

$$I(f)=\int_0^1\frac{1}{\sqrt{x}}f(x)\mathrm{d}x=\sum_{k=0}^{n}A_k f(x_k)+R_n[f] \tag{7.1}$$

其中$x_k=\overline{x}_k^2$，$A_k=2\overline{A}_k$，余项为

$$R_n[f]=\frac{2^{4n+5}[(2n+2)!]^3}{(4n+5)[(4n+4)!]^2}f^{(2n+2)}(\eta) \tag{7.2}$$

对积分$I=\int_0^1\left(\frac{x}{1-x}\right)^{1/2}f(x)\mathrm{d}x$，被积函数以$x=1$为奇点，由于在区间$[0,1]$上带权$\rho(x)=\left(\frac{x}{1-x}\right)^{1/2}$的正交多项式族为

$$q_k(x)=\frac{1}{\sqrt{x}}T_{2k+1}(\sqrt{x}),\ k=0,1,\cdots$$

这里$T_{2k+1}(x)$为切比雪夫多项式，此时求积公式为

$$I(f)=\int_0^1\left(\frac{x}{1-x}\right)^{1/2}f(x)\mathrm{d}x$$

$$=\sum_{k=0}^{n}A_k f(x_k)+R_n[f] \tag{7.3}$$

其中节点$x_k=\cos^2\frac{(2k+1)}{2(2n+3)}\pi$，系数$A_k=\frac{2\pi}{2n+3}x_k$，$k=0,1,\cdots,n$，余项为

$$R_n(f)=\frac{\pi}{2^{4n+5}(2n+2)!}f^{(2n+2)}(\eta) \tag{7.4}$$

例 7.2 计算$I=\int_0^1\frac{1+x}{\sqrt{x}}\mathrm{d}x$.

用求积公式(7.1)，取$n=1$，从表 2-7 中的节点可得

$$x_0=(0.339981044)^2, \qquad x_1=(0.861136312)^2,\text{而}$$
$$A_0=2\times 0.652145155, \quad A_1=2\times 0.347854845,$$
应用公式(7.1)得 $I\approx A_0(1+x_0)+A_1(1+x_1)=2.666666667$,与真值 $I=2\dfrac{2}{3}$ 相比精确到 $\dfrac{1}{2}\times 10^{-9}$.

对于没有现成求积公式可用的奇异积分,也可用建立高斯型求积的方法进行处理.如下例.

例 7.3 $I(f)=\int_0^1 f(x)\ln\dfrac{1}{x}\mathrm{d}x$,被积函数 $f(x)\in C[0,1]$ 在 $x=0$ 奇异,取 $\rho(x)=\ln\dfrac{1}{x}=-\ln x\geqslant 0$,求积公式为

$$I(f)=-\int_0^1 f(x)\ln x\mathrm{d}x\approx\sum_{k=0}^{n}A_k f(x_k) \tag{7.5}$$

现只对 $n=1$ 建立高斯型求积公式,则(7.5)对 $f(x)=1,x,x^2,x^3$ 精确成立,于是有

$$\begin{cases} A_0+A_1=-\int_0^1 \ln x\mathrm{d}x=1 \\ A_0x_0+A_1x_1=-\int_0^1 x\ln x\mathrm{d}x=\dfrac{1}{4} \\ A_0x_0^2+A_1x_1^2=-\int_0^1 x^2\ln x\mathrm{d}x=\dfrac{1}{9} \\ A_0x_0^3+A_1x_1^3=-\int_0^1 x^3\ln x\mathrm{d}x=\dfrac{1}{16} \end{cases} \tag{7.6}$$

为求此方程组的解 x_0,x_1 及 A_0,A_1,可令

$$(x-x_0)(x-x_1)=x^2+bx+c$$

于是

$$A_0(x_0^2+bx_0+c)+A_1(x_1^2+bx_1+c)=0$$
$$A_0x_0(x_0^2+bx_0+c)+A_1x_1(x_1^2+bx_1+c)=0$$

利用(7.6)则得

$$\frac{1}{9}+\frac{1}{4}b+c=0 \quad \text{及} \quad \frac{1}{16}+\frac{1}{9}b+\frac{1}{4}c=0 \tag{7.7}$$

解(7.7)得 $b=-\dfrac{5}{7}$, $c=\dfrac{17}{252}$.

于是可由 $x^2-\dfrac{5}{7}x+\dfrac{17}{252}=0$ 求得

$$x_{1,2}=\frac{5}{14}\mp\frac{\sqrt{106}}{42}$$

再代入(7.6)前两式解得

$$A_1=\frac{1}{2}+\frac{9\sqrt{106}}{424},\quad A_2=\frac{1}{2}-\frac{9\sqrt{106}}{424}$$

此处给出的方法对 $n>1$ 的求积公式也适用.

7-2 无穷区间积分

无穷区间积分可类似反常积分处理.

(1) 变量置换

用变换 $t=\mathrm{e}^{-x}$ 或 $t=\dfrac{x}{1+x}$ 可将无穷区间$[0,\infty]$变换为$[0,1]$，用 $t=\dfrac{\mathrm{e}^x-1}{\mathrm{e}^x+1}$ 可将区间$(-\infty,\infty)$变换为$(-1,1)$，如变换后被积函数有界则可用正常积分方法计算，若变换后仍为反常积分则可用反常积分方法处理.

(2) 无穷区间截断

将无穷区间截去"尾巴"转化为有限区间，若选 $R>M$，使 $\left|\int_R^\infty f(x)\mathrm{d}x\right|\leqslant\varepsilon$，，则 $I=\int_0^\infty f(x)\mathrm{d}x=\int_0^R f(x)\mathrm{d}x+\int_R^\infty f(x)\mathrm{d}x$，只要计算右端第 1 个积分即可. 例如，计算

$$I=\int_0^\infty \mathrm{e}^{-x^2}\mathrm{d}x$$

由于

$$\int_R^\infty \mathrm{e}^{-x^2}\mathrm{d}x\leqslant\int_R^\infty \mathrm{e}^{-Rx}\mathrm{d}x=\frac{1}{R}\mathrm{e}^{-R^2}$$

取 $R=4$，则 $\dfrac{1}{4}\mathrm{e}^{-R^2}\approx10^{-8}$，因此 $I=\int_0^4 \mathrm{e}^{-x^2}\mathrm{d}x$ 就满足要求.

(3) 无穷区间上的高斯型求积公式

无穷区间$[0,\infty)$，权函数 $\rho(x)=\mathrm{e}^{-x}$ 的正交多项式为拉盖尔多项式，由此构造的高斯-拉盖尔求积公式为

$$\int_0^{\infty} f(x)\mathrm{e}^{-x}\mathrm{d}x = \sum_{k=0}^{n} A_k f(x_k) + R_n[f] \tag{7.8}$$

其中 $x_k(k=0,1,\cdots,n)$是 $n+1$ 次拉盖尔多项式的根，$n=1,2,3,4$ 时的节点与系数见表 2-9，余项为

$$R_n[f]=\frac{[(n+1)!]^2}{(2n+2)!}f^{(2n+2)}(\eta),\ \eta\in(0,\infty)$$

表 2-9

n	x_k	A_k	x_k	A_k
1	0.5857864376	0.8535533906	3.4142135624	0.1464466094
2	0.4157745568 2.2942803603	0.7110930099 0.2785177336	6.2899450829	0.0103892565
3	0.3225476896 1.7457611012	0.6031541043 0.3574186924	4.5366202969 9.3950709123	0.0388879085 0.0005392947
4	0.2635603197 1.4134030591 3.5964257710	0.5217556106 0.3986668110 0.0759424497	7.0858100059 12.6408008443	0.0036117587 0.0000233700

区间为$(-\infty,\infty)$权函数 $\rho(x)=\mathrm{e}^{-x^2}$ 的正交多项式为埃尔米特多项式，由此构造的高斯-埃尔米特求积公式为

$$\int_{-\infty}^{\infty} f(x)\mathrm{e}^{-x^2}\mathrm{d}x = \sum_{k=0}^{n} A_k f(x_k) + R_n[f] \tag{7.9}$$

其节点 x_k 及系数 $A_k(k=0,1,\cdots,n)$见表 2-10，余项

$$R_n[f]=\frac{(n+1)!\sqrt{\pi}}{2^{n+1}(2n+2)!}f^{(2n+2)}(\eta),\quad \eta\in(-\infty,\infty)$$

表 2-10

n	x_k	A_k	x_k	A_k
1	±0.7071067812	0.8862269255		
2	±1.2247448714	0.2954089752	0	1.1816359006
3	±1.6506801239	0.08131283545	±0.5246476233	0.8049140900
4	±2.0201828705 ±0.9585724646	0.01995324206 0.3936193232	0	0.9453087205
5	±2.3506049737 ±1.3358490740	0.004530009906 0.1570673203	±0.4360774119	0.7246295952
6	±2.6519613568 ±1.6735516288	0.0009717812451 0.05451558282	±0.8162878829 0	0.4256072526 0.8102646176

7-3 振荡函数积分

在科学与工程计算中经常要求计算积分

$$I(t) = \int_a^b f(x)k(x,t)\mathrm{d}x \tag{7.10}$$

其中 $k(x,t)$是振荡函数，而 $f(x)$为非振荡函数. 例如傅里叶积分

$$\int_0^{2\pi} f(x)\cos nx\,\mathrm{d}x, \quad \int_0^{2\pi} f(x)\sin nx\,\mathrm{d}x$$

当 n 较大时就是振荡函数积分. 对这类积分用通常数值积分方法计算效果都不好，因此需要用特殊方法处理. 下面介绍几种方法.

(1) 在零点之间积分

设被积函数振荡部分在$[a,b]$上的零点为

$$a \leqslant x_1 < x_2 < \cdots < x_p \leqslant b$$

则将$[a,b]$分解为子区间$[x_k, x_{k+1}]$的并，而将原积分化为各子区间积分之和. 在每个子区间端点上被积函数之值为零，故可采用高斯-洛巴托求积公式，这样不必增加计算量就可得到较高精度. 例如：

$$\int_0^{2\pi} f(x)\sin nx\,\mathrm{d}x = \sum_{k=0}^{2n-1}\int_{\frac{k}{n}\pi}^{\frac{k+1}{n}\pi} f(x)\sin nx\,\mathrm{d}x$$

右端每个积分在区间端点为零，若用 5 点的公式，只需算 3 个内点函数值.

（2） Filon 方法

在积分(7.10)中，若 $f(x)$可表示为

$$f(x) = \sum_{k=1}^{n} a_k\varphi_k(x) + \varepsilon(x),\ a \leqslant x \leqslant b$$

其中 $\varepsilon(x)$是一个小量，那么积分(7.10)可表示为

$$\begin{aligned} I(t) &= \sum_{k=1}^{n} a_k\int_a^b \varphi_k(x)k(x,t)\mathrm{d}x + \int_a^b \varepsilon(x)k(x,t)\mathrm{d}x \\ &\approx \sum_{k=1}^{n} a_k\int_a^b \varphi_k(x)k(x,t)\mathrm{d}x \end{aligned}$$

Filon 方法就是用 $f(x)$的近似求出积分(7.10)，通常是用 $f(x)$的抛物线插值函数近似，也可用三次样条插值近似.

现考虑积分

$$I(n) = \int_a^b f(x)\sin nx\,\mathrm{d}x$$

可将区间$[a,b]$分为 $2N$ 个子区间，在每两个子区间上用 $f(x)$的 2 次插值多项式近似 $f(x)$，则相应积分可用分部积分准确计算出来. 于是

$$\begin{aligned} I(n) = \int_a^b f(x)\sin nx\,\mathrm{d}x \approx h\{-\alpha[f(b)\cos nb - \\ f(a)\cos na] + \beta S_{2N} + \gamma S_{2N-1}\} \end{aligned} \qquad (7.11)$$

其中 $h=\dfrac{b-a}{2N}$，$\alpha=(\theta^2+\theta\sin\theta\cos\theta-2\sin^2\theta)/\theta^3$

$$\beta = 2[\theta(1+\cos^2\theta) - 2\sin\theta\cos\theta]/\theta^3$$

$$\gamma = 4(\sin\theta - \theta\cos\theta)/\theta^3,\ \theta = nh$$

$$S_{2N} = \frac{1}{2}f(a)\sin na + f(a+2h)\sin n(a+2h) +$$

$$f(a+4h)\sin n(a+4h)+\cdots+\frac{1}{2}f(b)\sin nb$$

$$S_{2N-1}=f(a+h)\sin n(a+h)+f(a+3h)\sin n(a+3h)+\cdots$$
$$+f(b-h)\sin n(b-h)$$

类似地

$$\int_a^b f(x)\cos nx\,\mathrm{d}x \approx h\{\alpha[f(b)\sin nb-f(a)\sin na]+$$
$$\beta C_{2N}+\gamma C_{2N-1}\}, \tag{7.12}$$

其中 C_{2N-1} 与 C_{2N} 是将 S_{2N-1} 与 S_{2N} 中相应的 $\sin\alpha$ 用 $\cos\alpha$ 代替即可.

若 $f(x)$用三次样条函数 $s(x)$近似,考虑积分区间为$[0,2\pi]$,节点为 $0=x_0<x_1<\cdots<x_N=2\pi$,边界条件 $s'(0)=f'(0)$,$s'(2\pi)=f'(2\pi)$,由三弯矩方程(3.24)计算出 $M_0,M_1,\cdots,M_N$,再用分部积分及样条函数性质得到

$$\int_0^{2\pi} f(x)\cos nx\,\mathrm{d}x \approx \int_0^{2\pi} s(x)\cos nx\,\mathrm{d}x$$
$$=\frac{1}{n^2}[s'(2\pi)-s'(0)]+\frac{1}{n^3}\int_0^{2\pi} s'''(x)\sin nx\,\mathrm{d}x \tag{7.13}$$

注意到 $s(x)$为分段 3 次多项式 $s''(x)$在$[x_i,x_{i+1}]$上为线性函数,于是在$[x_i,x_{i+1}]$上 $s'''(x)=\dfrac{M_{i+1}-M_i}{h_i}$,若假定区间为等分 $h_i=x_{i+1}-x_i=h(i=0,1,\cdots,n-1)$,于是

$$\int_0^{2\pi} s'''(x)\sin nx\,\mathrm{d}x=\sum_{i=0}^{N-1}\int_{x_i}^{x_{i+1}} s'''(x)\sin nx\,\mathrm{d}x$$
$$=\sum_{i=0}^{N-1}\frac{M_{i+1}-M_i}{h}\int_{x_i}^{x_{i+1}}\sin nx\,\mathrm{d}x$$
$$=\frac{2\sin\frac{nh}{2}}{nh}\sum_{i=0}^{N-1}(M_{i+1}-M_i)\sin\frac{(2i+1)nh}{2}$$

将这式子代入(7.13)则得

$$\int_0^{2\pi} f(x)\cos nx\,dx \approx \frac{1}{n^2}[s'(2\pi)-s'(0)]+$$

$$\frac{2\sin\frac{nh}{2}}{n^4 h}\sum_{i=0}^{N-1}(M_{i+1}-M_i)\sin\frac{(2i+1)nh}{2} \tag{7.14}$$

按完全类似的推导有

$$\int_0^{2\pi} f(x)\sin nx\,dx \approx -\frac{1}{n}[s(2\pi)-s(0)]+\frac{1}{n^3}[s''(2\pi)-s''(0)]-$$

$$\frac{2\sin\frac{nh}{2}}{n^4 h}\sum_{i=0}^{N-1}(M_{i+1}-M_i)\cos\frac{(2i+1)nh}{2} \tag{7.15}$$

例 7.4 近似计算积分

$$I(30)=\int_0^{2\pi} x\cos x\sin(30x)\,dx=-0.209672479\cdots$$

用 Filon 方法,即公式(7.11),当 $h=\frac{2\pi}{210}$(即 $2N=210$)时,可求得 $I(30)\approx-0.20967248$,具有 8 位有效数字.若用样条求积法(7.15),将区间$[0,2\pi]$做 N 等分,对 $f(x)=x\cos x$ 做三次样条插值 $s(x)$.当 $N=48$ 时,$I(30)\approx-0.20967231$,当 $N=96$,$I(30)\approx-0.20967247$.

8 计算多重积分的蒙特卡罗方法

8-1 蒙特卡罗方法及其收敛性

蒙特卡罗(Monte Carlo)方法又称随机抽样法或统计试验方法,它是 20 世纪 40 年代中期由于科学技术发展,特别是核武器研制和电子计算机发明而被提出的,它在原子能技术中有广泛应用,也可以解决很多典型数学问题,如重积分计算,微分方程边值问题，积分方程，线性方程组求解等等，这里只介绍在计算重积分中的应用. 我们假定读者已了解概率统计中随机数，随机抽样，密度函数，期望值，方差，正态分布等基本概念.

现设 D 为 s 维空间 $\mathbf{R}^s$ 的一个区域，$f(\boldsymbol{x})\in D\subset\mathbf{R}^s\to\mathbf{R}$，考虑多重积分

$$I=\int_D f(p)\mathrm{d}p \tag{8.1}$$

其中 D 为积分区域，$p=p(x_1,\cdots,x_s)$表示在积分区域 D 上的点. 由一维积分变为多维积分时其处理难度及多样性将大大增加，虽然可以将一维积分方法推广到多维积分，但一般只限于积分区域较规则的二、三维积分，当 $s\geqslant 4$ 的高维积分一般使用随机抽样方法，即蒙特卡罗方法. 假定要计算的积分为 I，把它看作是某种随机过程的期望值，并用抽样方法加以估算，所得的值就作为 I 的一种近似. 为了说明方法的实质，下面以一维积分为例来讨论. 设要计算的积分为

$$I=\int_a^b f(x)\mathrm{d}x$$

$f(x)$在$[a,b]$上的平均值为$\dfrac{I}{b-a}$，令 $x_1,\cdots,x_n$ 为$[a,b]$中随机抽出的 n 个点，则通过计算 $f(x_1),\cdots,f(x_n)$抽样算出 $f(x)$的高度，形成样本均值

$$\hat{f_n}=\frac{1}{n}\sum_{i=1}^n f(x_i)$$

我们希望 $\hat{f_n}\approx\dfrac{I}{b-a}$，因而

$$I=\int_a^b f(x)\mathrm{d}x\approx\frac{b-a}{n}\sum_{i=1}^n f(x_i) \tag{8.2}$$

当 x_i 采用随机数时，此法称为蒙特卡罗方法. 这种计算的实质是大数定律，令$\{x_i\}_0^\infty$ 为按照概率密度函数 $\rho(x)$选择的随机数，即

$$\int_{-\infty}^{\infty}\rho(x)\mathrm{d}x=1$$

再设 $I=\int_{-\infty}^{\infty} f(x)\rho(x)\mathrm{d}x$ 存在，便有概率

$$P\left(\lim_{n\to\infty}\frac{1}{n}\sum_{i=1}^{n} f(x_i)=I\right)=1 \tag{8.3}$$

它表明取足够的样本，就可使样本平均值趋于 I 的概率为 1. 在蒙特卡罗方法中通常取无限长度的一个单位抽样，即(8.3)成立，这里取

$$\rho(x)=\begin{cases}1, & 0\leqslant x\leqslant 1\\ 0, & \text{其他 } x \text{ 值}\end{cases}$$

对于一般区间$[a,b]$，由(8.2)

$$I=\int_a^b f(x)\mathrm{d}x=(b-a)\int_a^b f(x)\frac{1}{b-a}\mathrm{d}x$$

其中 $\rho(x)=\dfrac{1}{b-a}$为密度函数，$\int_a^b \dfrac{1}{b-a}\mathrm{d}x=1$.

将一维情形推广到 s 维积分(8.1)，设 $\rho(p)$为密度函数，它满足 $\int_D\rho(p)\mathrm{d}p=1$，$\rho(p)\neq 0, p\in D$. 令

$$F(p)=\begin{cases}f(p)/\rho(p), & \text{当 } \rho(p)\neq 0\\ 0, & \text{当 } \rho(p)=0\end{cases}$$

则(8.1)积分可改写为

$$I=\int_D F(p)\rho(p)\mathrm{d}p \tag{8.4}$$

设 $p_1,\cdots,p_n$ 为 D 上按 $\rho(p)$选取的随机样点，只要积分 I 是有限值，则 I 是随机变量 $F(p)$的数学期望值，其算术平均值

$$\hat{F}_n=\frac{1}{n}\sum_{i=1}^{n} F(p_i) \tag{8.5}$$

就是积分 I 的近似，选取 $\rho(p)$最简单方法是取区域 D 上的均匀分布，设 D 的体积为 V_D，则

$$\rho(p)=\begin{cases}1/V_D, & \text{当 } p\in D\\ 0, & \text{其他}\end{cases}$$

这时 $F(p)=V_D f(p)$，由(8.5)可知

$$I \approx \hat{F}_n = \frac{1}{n}\sum_{i=1}^{n} F(p_i) = \frac{V_D}{n}\sum_{i=1}^{n} f(p_i) = V_D \hat{f}_n \tag{8.6}$$

这就是求多重积分(8.1)的蒙特卡罗方法，当 $n\to\infty$ 时，抽样算术平均 $\hat{F}_n$ 以概率 1 收敛到 I，即

$$P\left(\lim_{n\to\infty}\hat{F}_n = I\right) = 1$$

例 8.1 考虑二重积分

$$I = \int_2^5\int_1^6 f(x,y)\mathrm{d}x\mathrm{d}y$$

其中域 $D=\{(x,y)\,|\,2\leqslant x\leqslant 5,1\leqslant y\leqslant 6\}$，区域面积为 $V_D=15$，假设 $p_i=(x_i,y_i),i=1,\cdots,n$ 为 D 上均匀分布的随机点，则

$$I = \int_2^5\int_1^6 f(x,y)\mathrm{d}x\mathrm{d}y \approx \frac{15}{n}\sum_{i=1}^{n} f(x_i,y_i)$$

蒙特卡罗方法执行时有两个问题需要解决：

(1) 如何得出随机数?

(2) 如何估计积分近似值的误差?

关于第 1 个问题，通常计算机系统中都有随机数发生器. Matlab 中也有几个生成随机数的函数，积分计算通常使用函数“rand”，它产生均匀分布在区间[0,1]上的随机数，即通常的单位矩形分布. 但计算机生成的随机数显然不是真正的随机数，因为它生成的方式是完全确定的，故称为**伪随机数**. 产生伪随机数有很多方法，如乘同余方法，加同余方法，取中方法等等. 下面介绍一个产生伪随机数的典型算法.

算法 取任一整数 l_0，满足 $1<l_0<2^{31}-1$，对 $k=1,2,\cdots$ 令 l_k 为$(2^{31}-1)/7^5 l_{k-1}$的余数，取

$$x_k = l_k/(2^{31}-1)$$

上述算法中 l_k 总满足 $0<l_k<2^{31}-1$，l_0 为算法种子，由此产生的数列 $x_k\in(0,1),k=1,2,\cdots$ 就是伪随机数列. 算法中起重要

作用的数 $2^{31}-1=2147483647$ 是著名的 Mersenne 质数.

假设 $x_1, x_2, \cdots$ 是(0,1)中的随机数列,则 $\mathbf{R}^s$ 空间区域 $D_s=\{x=(x_1,\cdots,x_s)^{\mathrm{T}} \mid 0 \leqslant x_i \leqslant 1\}$上的随机点可取为

$$p_1=(x_1,\cdots,x_s), p_2=(x_{s+1},\cdots,x_{2s}), \cdots p_n=(x_{(s-1)n},\cdots,x_{ns})$$

从而解决了计算积分的取点问题.

8-2 误差估计

关于蒙特卡罗方法误差估计可用中心极限定理,仍用前述一维积分 $I=\int_{-\infty}^{\infty} f(x)\rho(x)\mathrm{d}x$ 来讨论,I 是 $f(x)$的平均值,设方差

$$\sigma^2=\int_{-\infty}^{\infty}(f(x)-I)^2\rho(x)\mathrm{d}x=\int_{-\infty}^{\infty} f^2(x)\rho(x)\mathrm{d}x-I^2$$

则由中心极限定理知

$$P\left(\left|\frac{1}{n}\sum_{i=1}^{n} f(x_i)-I\right| \leqslant \frac{\lambda_\alpha \sigma}{\sqrt{n}}\right)=\frac{1}{\sqrt{2\pi}}\int_{-\lambda_\alpha}^{\lambda_\alpha} \mathrm{e}^{-x^2/2}\mathrm{d}x+O\left(\frac{1}{\sqrt{n}}\right) \approx \alpha \tag{8.7}$$

其中

$$\alpha=\frac{2}{\sqrt{2\pi}}\int_0^{\lambda\alpha} \mathrm{e}^{-x^2/2}\mathrm{d}x \tag{8.8}$$

它表明不等式

$$\left|\frac{1}{n}\sum_{i=1}^{n} f(x_i)-I\right| \leqslant \varepsilon=\frac{\lambda_\alpha \sigma}{\sqrt{n}}$$

以概率 α 成立.

对多重积分(8.4)也有类似结果,若方差

$$\sigma^2=\int_D (F(p)-I)^2\rho(p)\mathrm{d}p<+\infty$$

则在 α 置信水平下,不等式

$$|\hat{E}_n-I| \leqslant \varepsilon=\frac{\lambda_\alpha \sigma}{\sqrt{n}} \tag{8.9}$$

成立,根据(8.8)的概率积分数值表有以下典型数据

α	0.5	0.90	0.95	0.99	0.999
λ_α	0.6745	1.645	1.96	2.576	3.291

这表明如果具有 50%概率,其误差 $\varepsilon=\frac{0.6745\sigma}{\sqrt{n}}$;如果具有 90%量级概率,其误差 $\varepsilon=\frac{1.645\sigma}{\sqrt{n}}$;如果具有 95%量级概率,其误差 $\varepsilon=\frac{1.96\sigma}{\sqrt{n}}$等等.

对一种固定的置信水平(即 λ_α 为常数),误差界 $\varepsilon=\frac{\lambda_\alpha\sigma}{\sqrt{n}}$与 σ 成正比,与 $n^{1/2}$ 成反比,这就是著名的 $n^{-1/2}$"定律",从这里可知计算重积分(8.1)的近似积分公式(8.6),其误差在 α 置信水平下仍为

$$\left|I-\frac{V_D}{n}\sum_{i=1}^{n}f(p_i)\right|\leqslant\frac{\lambda_\alpha\sigma}{\sqrt{n}} \tag{8.10}$$

其误差阶仅为 $O(n^{-1/2})$,它比梯形法收敛阶 $O(n^{-2})$慢得多,因此,对单重积分当然不用蒙特卡罗方法,但蒙特卡罗法不依赖积分重数 s,故适用于高维积分. 由(8.10)可知为减少误差,或者增加 n 或者减少方差 σ^2,如 n 增加 100 倍,则精度只增加 10 倍,尽管如此,对现代计算机而言是可以接受的,但我们仍要考虑减少 σ,以使计算效率尽可能高,下面各节将提供一些提高效率的方法.

8-3 方差缩减法

如果能减少误差估计的方差,σ 降低一半误差就减少一半,相当于 n 增大 4 倍的收益,因此方差缩减法受到普遍关注,常用的有"控制变量法","重要抽样","分层抽样"等等.

一般说来降低方差可能使计算函数时间增加,因此一种方法优劣不能只从降低方差衡量,还应观察所花费的计算机时间,当然以总计算量越少越好,计算积分 I 其方差为 σ^2,若算一个函数

$f(x)$的计算时间为 t，达到给定精度 ε 的抽样总数为 n，那么计算 I 的总时间为 nt，由(8.9)知

$$n=\sigma^2\left(\frac{\lambda_\alpha}{\varepsilon}\right)^2 \tag{8.11}$$

因此，$nt=\sigma^2 t\left(\frac{\lambda_\alpha}{\varepsilon}\right)^2$.

若用两种方法计算积分 I，其方差分别为 σ_1^2 及 σ_2^2，每个 $f(x)$ 计算时间分别为 t_1 及 t_2，则两种方法的效率比可定义为

$$\frac{E_1}{E_2}=\frac{t_1\sigma_1^2}{t_2\sigma_2^2} \tag{8.12}$$

显然当 $E_1/E_2>1$ 时，方法 2 优于方法 1；当 $E_1/E_2<1$ 时，方法 1 优于方法 2.

例如要计算 $I=\int_0^1 f(x)\mathrm{d}x$，其方差为 σ_1^2，若已知 $\int_0^1 g(x)\mathrm{d}x=J$，且计算 $\int_0^1(f(x)-g(x))\mathrm{d}x$ 的方差

$$\sigma_2^2=\int_0^1(f(x)-g(x))^2\mathrm{d}x-\left(\int_0^1(f(x)-g(x))\mathrm{d}x\right)^2\ll\sigma_1^2 \tag{8.13}$$

而

$$\begin{aligned}I&=\int_0^1 g(x)\mathrm{d}x+\int_0^1(f(x)-g(x))\mathrm{d}x\\&=J+\int_0^1(f(x)-g(x))\mathrm{d}x\\&\approx J+\frac{1}{n}\sum_{i=1}^{h}(f(x_i)-g(x_i))\end{aligned}$$

当然求 $f(x)-g(x)$的计算时间 t_2 比计算 $f(x)$的时间 t_1 要多，但仍有 $t_2\sigma_2^2<t_1\sigma_1^2$，于是由(8.12)知 $E_1/E_2>1$，故方法 2 优于方法 1，此法称为**控制变量法**.

例 8.2 用控制变量法，取 $f(x)=\mathrm{e}^x$，$g(x)=1+x$，$I=$

$\int_0^1 e^x dx$ 的方差 $\sigma_1^2 = \int_0^1 f^2(x)dx - I^2 = \frac{1}{2}(e^2-1)-(e-1)^2 = 0.242$，而 $\int_0^1 (f(x)-g(x))dx$ 的方差 $\sigma_2^2 = \frac{1}{2}(e-1)(5-e)-\frac{23}{12} = 0.044$，若计算 e^x-1-x 所花时间 t_2 比计算 e^x 多 20%，则效率比 $\frac{E_1}{E_2}=\frac{0.242}{0.044\times 1.2}\approx 2.2$，故方法 2 比方法 1 好.

第 2 种方差缩减法是重要性抽样. 记 $I=\int_0^1 f(x)dx$，密度函数 $\rho(x)>0$，且 $\int_0^1 \rho(x)dx=1$，则 $I=\int_0^1 \frac{f(x)}{\rho(x)}\rho(x)dx$. 设 $\{x_i\}$ 为随机变量，是由 $\rho(x)$ 中抽出来的

$$I \approx \frac{1}{n}\sum_{i=1}^{n}\frac{f(x_i)}{\rho(x_i)}$$

方差

$$\sigma^2 = \int_0^1 \left(\frac{f(x)}{\rho(x)}\right)^2 \rho(x)dx - I^2$$

若设 $f(x)\geqslant 0$，取

$$\rho(x) \approx f(x)\Big/\int_0^1 f(x)dx = f(x)/I \tag{8.14}$$

则 $\sigma^2 \approx 0$.

实际计算当然找不到 $\sigma^2=0$ 的 $\rho(x)$，但它从理论上说明存在 $\rho(x)$，使 $\sigma^2=0$. 这就为求较优的密度函数 $\rho(x)$ 提供一些启示. 如果能找到一个密度函数 $\rho(x)$，使 $f(x)/\rho(x)$ 比 $f(x)$ 方差更小，则用它计算 I 就比直接计算好. 如 $f(x)\geqslant 0$ 的情形，由(8.14)看到 $\rho(x)$ 与 $f(x)$ 成正比，于是 $f(x)$ 大的地方就是对 I 贡献大，$\rho(x)$ 也大，因而这些地方应多抽，点就密一些，反之，$f(x)$ 小的地方就少抽，点就取得稀一些.

以上给出的方差缩减法都可用于多维积分.

8-4 分层抽样法

这一节介绍 Haber 提出的**分层抽样法**[12]，它适合于维数为 $6\leqslant s\leqslant 10$ 的问题. 用 D_s 表示单位超立方体 $0\leqslant x_i\leqslant 1, i=1,\cdots,s$,

仍记 $I=\int_{D_s} f(p)\mathrm{d}p$，对于给定整数 n，将 D_s 分成 $N=n^s$ 个等分的小立方体，边长为 $\frac{1}{n}$，并记作 $R_1,R_2,\cdots,R_N$，每个 R_i 上随机地取一点 P_i，记

$$Q_{1,N}=\frac{1}{N}\sum_{i=1}^{N} f(P_i) \tag{8.15}$$

它是一个随机变量，其平均值为 I，标准差 $\sigma_{1,N}$. 若在 D_s 中所有偏导数 $\frac{\partial f(x)}{\partial x_i}$，$(i=1,\cdots,s)$ 连续，Haber 证明了

$$\sigma_{1,N}=(r_1+\varepsilon_N)/N^{(1/2+1/s)} \tag{8.16}$$

式中当 $N\to\infty$ 时，$\varepsilon_N\to 0$，且

$$r_1^2=\int_{D_s}\left[\left(\frac{\partial f(x)}{\partial x_1}\right)^2+\cdots+\left(\frac{\partial f(x)}{\partial x_s}\right)^2\right]\mathrm{d}x_1\cdots\mathrm{d}x_s$$

这比在 D_s 中简单蒙特卡罗方法要精确一个因子 $N^{-1/s}$.

Haber 还给出另一个估算公式，令 P_i^* 为这样一个点，使得 $(P_i+P_i^*)/2$ 是 R_i 的中点，定义

$$Q_{2,N}=\frac{1}{2N}\sum_{i=1}^{N}[f(P_i)+f(P_i^*)] \tag{8.17}$$

若 D_s 中所有偏导数 $\frac{\partial^2 f(\boldsymbol{x})}{\partial x_i \partial x_j}(i,j=1,\cdots,s)$ 都连续，则

$$\sigma_{2,N}=(r_2+\varepsilon_N)/N^{(1/2+2/s)} \tag{8.18}$$

其中 r_2 为包含二阶偏导数的积分.

对于在 R_i 中随机选取的点 P_i 和 π_i，记

$$Q_{3,N}=\frac{1}{2N}\sum_{i=1}^{N}[f(P_i)+f(\pi_i)] \tag{8.19}$$

$$Q_{4,N}=\frac{1}{4N}\sum_{i=1}^{N}[f(P_i)+f(P_i^*)+f(\pi_i)+f(\pi_i^*)] \tag{8.20}$$

可以看出 $Q_{3,N}$ 及 $Q_{4,N}$ 是两个不同值 $Q_{1,N}$ 及 $Q_{2,N}$ 的平均值.

例 8.3 计算 $I=\int_0^1\cdots\int_0^1\left(\sum_{i=1}^{10} x_i\right)^d \mathrm{d}x_1\cdots\mathrm{d}x_{10}$，结果如下：

d	精确值 I	n	$Q_{3,N}$	$Q_{4,N}$	n	$Q_{3,N}$	$Q_{4,N}$
-2.5	2.1203×10^{-2}	2	2.1289×10^{-2}	2.1220×10^{-2}	3	2.1207×10^{-2}	2.1201×10^{-2}
1.5	11.32097	2	11.35693	11.32107	3	11.31959	11.32085

8-5 等分布序列

定义 8.1 在区间$[a,b]$中的一个(确定性)点列 $x_1,x_2,\cdots$,若对所有的有界黎曼(Riemann)可积函数 $f(x)$,均有

$$\lim_{n\to\infty}\frac{b-a}{n}\sum_{i=1}^{n}f(x_i)=\int_a^b f(x)\mathrm{d}x$$

则称该点列在$[a,b]$中是等分布的.

令(ξ)表示 ξ 的小数部分,即

$$(\xi)=\xi-\lceil\xi\rceil$$

这里$\lceil\xi\rceil$代表不超过 ξ 的最大整数. 于是有

定理 8.1 若 θ 为一个无理数,则数列

$$x_n=n\theta,\ n=1,2,\cdots$$

在$[0,1]$中是等分布的.

证明略,可见文献[11,p357].

对于 s 维积分 $I=\int_{D_s}f(p)\mathrm{d}p$, 积分区域 D_s 为单位超立方体 $0\leqslant x_i\leqslant1,i=1,\cdots,s$,设 $\theta_1,\cdots,\theta_s$ 为 s 个无理数,它们对有理数线性独立,即对 $\alpha_i\in\mathbf{R}$ 不全为 0,有

$$\alpha_1\theta_1+\cdots\alpha_s\theta_s\neq0$$

则可证明点集

$$P_n=((n\theta_1),(n\theta_2),\cdots,(n\theta_s)),\ n=1,2,\cdots$$

在超立方体 D_s 中是等分布的,从而有

$$\lim_{N\to\infty}I_N=\lim_{N\to\infty}\frac{1}{N}\sum_{n=1}^{N}f((n\theta_1),\cdots,(n\theta_s))=\int_0^1\cdots\int_0^1 f(p)\mathrm{d}p \tag{8.21}$$

并且

$$\left|\int_0^1\cdots\int_0^1 f(p)\mathrm{d}p-\frac{1}{N}\sum_{n=1}^{N}f((n\theta_1),\cdots,(n\theta_s))\right|\leqslant\frac{C}{N} \tag{8.22}$$

这比用随机序列计算时的误差阶 $O\left(\frac{1}{N^{1/2}}\right)$好.

例 8.4 用等分布序列计算 $I=\int_0^1\cdots\int_0^1 \mathrm{e}^{x_1x_2x_3x_4}\mathrm{d}x_1\cdots\mathrm{d}x_4$

解 取 $\theta_1=\sqrt{2}$, $\theta_2=\sqrt{3}$, $\theta_3=\frac{1}{3}\sqrt{6}$, $\theta_4=\sqrt{10}$，精确值 $I=1.06939761$，下面给出几位 I_N 的计算值

N	8	32	128	512	2048	8192
I_N	1.0592766	1.0626119	1.0657314	1.0668403	1.0685418	1.0688021

在 s 维多重积分中用得较成功的另一个等分布点列是

$$P_n=\left(\left(\frac{n(n+1)}{2}P_1^{1/2}\right),\cdots,\left(\frac{n(n+1)}{2}P_s^{1/2}\right)\right)$$

其中 P_1，P_2，…是质数 2,3,5,7,…所组成的序列，而(ξ)仍表示 ξ 的小数部分，这一序列的特性是对 $n\geqslant1$，序列(P_1, P_{n+1})，(P_2, P_{n+2})，…是在维数为 $2s$ 的单位超立方体上等分布的.

评　注

数值逼近，插值与数值积分是数值计算中最基础的部分，本身又有广泛应用. 本章内容是在基本"计算方法"基础上进一步扩充的，当然着重于实用内容的扩充. 对熟知的基本内容一般不再重复，但为了自成系统，承前启后和注重实用，对一些基本内容，如最佳一致逼近多项式，最佳平方逼近及插值多项式的一般形式等仍作简单的介绍. 勒让德多项式与切比雪夫多项式是两个最常用和最重要的正交多项式，不但是数值逼近的重要工具，在高斯型求积

公式中也有重要作用. 等距节点上插值多项式的 Runge 现象表明了高次插值多项式的不收敛和不稳定性必须引起重视，虽然切比雪夫插值可以得到较理想的逼近多项式，但实际应用仍使用收敛性和稳定性都较好的三次样条插值. B-样条函数是一种重要的表达形式，这里只做简单介绍，需要进一步学习的读者可参看文献[9,11]. 最小二乘曲线拟合是一种应用广泛的实验数据处理方法，对它的正交化算法应予以重视. 有理逼近与连分式在函数计算中也很重要，特别是帕德逼近应用广泛，也是常用的逼近方法. 有关数值逼近更详细内容可见文献[8,11]等.

关于数值积分这里只介绍高斯型求积公式，包括固定区间端点的高斯型求积公式，这是具有最高代数精确度的求积公式，也是计算振荡积分与数值求解积分方程的基本方法，在常微分方程数值解和偏微分方程谱方法中有重要作用. 积分方程数值解内容很多，这里作为高斯求积公式的应用只介绍了最简单的类型，更详细内容可见文献[14]. 奇异积分与振荡积分也是实际应用中常见的，了解其基本计算方法是必要的. 计算重积分，特别是高维积分较有效的方法是蒙特卡罗方法，它属于概率统计计算方法，一般的“数值分析”教材都将其忽略，但这是一种有广泛应用的数值计算方法，并且特别适合于并行计算，在计算机功能越来越大的新世纪，这种方法计算量虽大，却很容易实现，当然应引起重视，而计算高维积分是蒙特卡罗方法最成功和典型的应用. 利用数论方法求积分可得到比蒙特卡罗更好的效果，但它需要更多的数学理论，已超出本课程范围，需要进一步了解的读者可参看文献[10,15]等.

习　题

1. 设 $f(x)=\sin\frac{\pi}{2}x$，给出[0,1]上的伯恩斯坦多项式

$B_1(f,x)$及$B_3(f,x)$.

2. 如果$f(x)=x$,求证$B_n(f,x)=x$.

3. 证明函数$1,x,\cdots,x^n$线性无关.

4. 计算下列向量的$\|x\|_\infty$,$\|x\|_1$及$\|x\|_2$:

(1) $x=\left(3,-4,0,\frac{3}{2}\right)$;

(2) $x=(2,-1,3,-4)$;

(3) $x=(\sin k,\cos k,2^k)$,k为正整数.

5. 证明,当$f(x)\in C[a,b]$时,$\|f\|_2=\left\{\int_a^b f^2(x)\mathrm{d}x\right\}^{\frac{1}{2}}$是$C[a,b]$上的一个范数.

6. 计算下列函数$f(x)$关于$C[0,1]$的$\|f\|_\infty$,$\|f\|_1$与$\|f\|_2$:

(1) $f(x)=(x-1)^3$;

(2) $f(x)=\left|x-\frac{1}{2}\right|$;

(3) $f(x)=x^m(1-x)^n$,m与n为正整数;

(4) $f(x)=(x+1)^2\mathrm{e}^{-x}$.

7. 证明$\|f-g\|\geqslant\|f\|-\|g\|$.

8. 设$f(x),g(x)\in C^1[a,b]$,定义

(1) $(f,g)=\int_a^b f'(x)g'(x)\mathrm{d}x$

(2) $(f,g)=\int_a^b f'(x)g'(x)\mathrm{d}x+f(a)g(a)$

问它们是否构成内积.

9. 令$T_n^*(x)=T_n(2x-1)$,$x\in[0,1]$,试证$\{T_n^*(x)\}$是在$[0,1]$上带权$\rho(x)=\frac{1}{\sqrt{x-x^2}}$的正交多项式,并求$T_0^*(x)$,$T_1^*(x)$,$T_2^*(x)$,$T_3^*(x)$.

10. 设$f(x)=|x|$,在$[-1,1]$上求在$\Phi=\mathrm{span}\{1,x^2,x^4\}$上

$f(x)$的最佳平方逼近多项式.

11. 求函数 $f(x)$在指定区间上对 $\Phi=\mathrm{span}\{1,x\}$的最佳平方逼近多项式：

(1) $f(x)=\frac{1}{x}$,$[1,3]$；

(2) $f(x)=e^x$,$[0,1]$；

(3) $f(x)=\cos \pi x$,$[0,1]$；

(4) $f(x)=\ln x$,$[1,2]$.

12. 设 $f(x)=\sin\frac{\pi}{2}x$,在$[-1,1]$上按勒让德多项式展开求 $f(x)$的3 次最佳平方逼近多项式.

13. 观测物体的直线运动,得出以下数据：

时间 t(秒)	0	0.9	1.9	3.0	3.9	5.0
距离 s(米)	0	10	30	50	80	110

求运动方程.

14. 已知实验数据如下：

x_i	19	25	31	38	44
y_i	19.0	32.3	49.0	73.3	97.8

用最小二乘法求形如 $y=a+bx^2$ 的经验公式,并计算均方误差.

15. 选常数 a,使$\max\limits_{0\leqslant x\leqslant 1}|x^3-ax|$达到极小.

16. 设 $f(x)\in C[a,b]$,试证明 $f(x)$的零次最佳逼近多项式为 $P(x)=\frac{1}{2}(M+m)$,其中 M,m 分别为 $f(x)$在$[a,b]$上的最大值和最小值.

17. 设 $f(x)=\frac{1}{3+x}$,在$[-1,1]$上求 $f(x)$的最佳逼近一次多

项式，并求 $E_1(f)$，计算到小数点后三位.

18. 求 $f(x)=e^x$ 在[0,1]上的最佳逼近一次多项式.

19. 求 $f(x)=x^4+3x^2-1$ 在[0,1]上的最佳逼近三次多项式.

20. 将 $f(x)=\arccos x$ 在[−1,1]上展成切比雪夫级数，写出它的前三项.

21. 给出 $f(x)=\ln x$ 的函数表如下：

x	0.4	0.5	0.6	0.7
$\ln x$	−0.916291	−0.693147	−0.510826	−0.356675

用拉格朗日插值求 ln0.54 近似值并估计误差（计算取 $n=1$ 及 $n=2$）.

22. 设 $f(x)\in C[a,b]$，试求它在$[a,b]$上的一次样条函数.

23. 建立三次样条插值函数 $s(x)$，并求 $f(0)$的近似值 $s(0)$，这里已给函数表：

x_i	−0.3	−0.1	0.1	0.3
$f(x_i)$	−0.20431	−0.08993	0.11007	0.39569

边界条件 $s''(-0.3)=s''(0.3)=0$.

24. 设 $f(x)\in C^4[a,b]$，$s(x)$是以 $a=x_0<x_1<\cdots<x_n=b$ 为节点的 $f(x)$的 3 次插值样条函数并满足条件 $s'(x)=f'(x)$，$x=a,b$. 求证 $\int_a^b[f''(x)-s''(x)]^2\mathrm{d}x=\int_a^b[f(x)-s(x)]f^{(4)}(x)\mathrm{d}x$.

25. 用辗转相除法将 $R_{22}(x)=\dfrac{3x^2+6x}{x^2+6x+6}$化为连分式.

26. 用形如$\dfrac{x-a}{bx+c}$的形式进行有理插值，使通过点$(0,-2)$，$\left(1,-\dfrac{1}{3}\right)$，$(-1,3)$.

27. 给定一组点(0,7),(1,4),(2,2),(3,3),试建立通过此组点的反差商有理插值函数.

28. 求 $f(x)=\ln(1+x)$ 的帕德逼近 $R(1,2)$,$R(3,3)$,并用 $R(3,3)$ 计算 ln2 的近似值并估计误差.

29. 确定下列求积公式的待定参数,使其代数精确度尽量高,并指明所构造出的求积公式所具有的代数精度:

(1) $\int_{-h}^{h} f(x)\mathrm{d}x \approx Af(-h)+Bf(0)+Cf(h)$

(2) $\int_{-h}^{h} f(x)\mathrm{d}x \approx Af(-h)+Bf(x_1)$

(3) $\int_{-2h}^{2h} f(x)\mathrm{d}x \approx Af(-h)+Bf(0)+Cf(h)$

(4) $\int_{0}^{1} f(x)\mathrm{d}x \approx Af(0)+Bf(x_1)+Cf(1)$

30. 证明求积公式

$$\int_{-1}^{1} f(x)\mathrm{d}x \approx \frac{1}{9}\left[5f\left(-\sqrt{\frac{3}{5}}\right)+8f(0)+5f\left(\sqrt{\frac{3}{5}}\right)\right]$$

的代数精确度为 5.

31. 利用 $n=2,3$ 的高斯-勒让德求积公式计算下列积分:

(1) $\int_{1}^{3} \mathrm{e}^{x}\sin x\mathrm{d}x$

(2) $\int_{1}^{3} \frac{1}{x}\mathrm{d}x$

32. 证明$[a,b]$上以 $\rho(x)$ 为权的高斯型积分公式(5.2)的系数 A_k 满足

$$\sum_{k=0}^{n} A_k = \int_{a}^{b} \rho(x)\mathrm{d}x$$

33. 求 x_1,x_2,A_1,A_2 使公式 $\int_{0}^{1} \frac{1}{\sqrt{x}}f(x)\mathrm{d}x \approx A_1f(x_1)+A_2f(x_2)$ 为高斯型求积公式.

34. 证明求积公式

$$\int_{-\infty}^{\infty} e^{-x^2} f(x)\,dx \approx \frac{\sqrt{\pi}}{6}\left[f\left(-\sqrt{\frac{3}{2}}\right) + 4f(0) + f\left(\sqrt{\frac{3}{2}}\right)\right]$$

具有 5 次代数精确度.

35. 用 3 点高斯求积公式解积分方程

$$y(t) = \frac{2}{e-1}\int_0^1 e^t y(s)\,ds - e^t$$

此方程的精确解为 $y(t)=e^t$.

36. 计算下列奇异积分,准确到 10^{-4}：

(1) $\int_0^1 \frac{\cos x}{\sqrt{x}}\,dx$

(2) $\int_0^1 \frac{\arctan x}{x^{3/2}}\,dx$

37. 利用 5 点的高斯-切比雪夫公式,通过变量置换计算积分

$$I = \int_0^{1/3} \frac{6x}{[x(1-3x)]^{1/2}}\,dx$$

38. 将区间$[0,2\pi]$三等分,分点 $x_k=\frac{2k\pi}{3}(k=0,1,2,3)$,建立求积公式

$$\int_0^{2\pi} f(x)\sin mx\,dx \approx A_0 f(x_0) + A_1 f(x_1) + A_2 f(x_2) + A_3 f(x_3)$$

使当 $f(x)=x^n(n=0,1,2,3)$时精确成立. 利用此公式计算积分

$$I = \int_0^{2\pi} x\cos x\sin(30x)\,dx \quad （精确值\ I = -0.20967248）$$

数值实验题

实验 2.1 （多项式插值的振荡现象）

问题提出：考虑在一个固定的区间上用插值逼近一个函数. 显然拉格朗日插值中使用的节点越多,插值多项式的次数就越高. 我们自然关心插值多项式的次数增加时,$L_n(x)$是否也更加靠近被逼

近的函数. 龙格给出的一个例子是极著名并富有启发性的. 设区间$[-1,1]$上函数

$$f(x)=\frac{1}{1+25x^2}$$

实验内容: 考虑区间$[-1,1]$的一个等距划分,分点为

$$x_i=-1+\frac{2i}{n},\ i=0,1,2,\cdots,n$$

则拉格朗日插值多项式为

$$L_n(x)=\sum_{i=0}^{n}\frac{1}{1+25x_i^2}l_i(x)$$

其中的 $l_i(x)$, $i=0,1,2,\cdots,n$ 是 n 次拉格朗日插值基函数.

实验要求:

(1) 选择不断增大的分点数目 $n=2,3\cdots$,画出原函数 $f(x)$及插值多项式函数 $L_n(x)$在$[-1,1]$上的图像,比较并分析实验结果.

(2) 选择其他的函数,例如定义在区间$[-5,5]$上的函数

$$h(x)=\frac{x}{1+x^4},\ g(x)=\arctan x$$

重复上述的实验看其结果如何.

(3) 区间$[a,b]$上切比雪夫点的定义为

$$x_k=\frac{b+a}{2}+\frac{b-a}{2}\cos\left(\frac{(2k-1)\pi}{2(n+1)}\right),k=1,2,\cdots,n+1$$

以 $x_1,x_2,\cdots,x_{n+1}$为插值节点构造上述各函数的拉格朗日插值多项式,比较其结果.

实验 2.2 (样条插值的收敛性)

问题提出: 多项式插值是不收敛的,即插值的节点多,效果不一定就好. 对样条函数插值又如何呢? 理论上证明样条插值的收敛性是比较困难的,也超出了本课程的内容. 通过本实验可以验证这一理论结果.

实验内容：请按一定的规则分别选择等距或者非等距的插值节点，并不断增加插值节点的个数. 考虑实验 2.1 中的函数或选择其他你有兴趣的函数，可以用 Matlab 的函数“spline”作此函数的三次样条插值. 在较新版本的 Matlab 中，还提供有 Spline 工具箱(toolbox)，你可以找到极丰富的样条工具，包括 B-样条.

实验要求：

(1) 随节点个数增加，比较被逼近函数和样条插值函数误差的变化情况. 分析所得结果并与拉格朗日多项式插值比较.

(2) 样条插值的思想最早产生于工业部门. 作为工业应用的例子考虑如下问题：某汽车制造商用三次样条插值设计车门的曲线，其中一段的数据如下：

x_k	0	1	2	3	4	5	6	7	8	9	10
y_k	0.0	0.79	1.53	2.19	2.71	3.03	3.27	2.89	3.06	3.19	3.29
y_k'	0.8										0.2

(3) 对实验 2.1 中的问题，计算它们的 B-样条插值.

实验 2.3 (曲线逼近方法的比较)

问题提出：曲线的拟合和插值，是逼近函数的基本方法，每种方法具有各自的特点和特定的适用范围，实际工作中合理选择方法是重要的.

实验内容：仍然考虑实验 2.1 中的著名问题. 下面的 Matlab 程序给出了该函数的二次和三次拟合多项式.

```
x=-1:0.2:1; y=1/(1+25*x.*x);
xx=-1:0.02:1;
p2=polyfit(x,y,2);
yy=polyval(p2,xx);
plot(x,y,'o',xx,yy);
```

```
xlabel('x'); ylabel('y');
hold on;
p3=polyfit(x,y,3);
yy=polyval(p3,xx);
plot(x,y,'o',xx,yy);
hold off;
```

适当修改上述 Matlab 程序,也可以拟合其他你有兴趣的函数.

实验要求:

(1) 将拟合的结果与拉格朗日插值及样条插值的结果比较.

(2) 归纳总结数值实验的结果,试定性地说明函数逼近各种方法的适用范围,及实际应用中选择方法应注意的问题.

实验 2.4 (高斯数值积分方法用于积分方程求解)

问题提出: 线性的积分方程的数值求解,可以被转化为线性代数方程组的求解问题. 而线性代数方程组所含未知数的个数,与用来离散积分的数值方法的节点个数相同. 在节点数相同的前提下,高斯数值积分方法有较高的代数精度,用它通常会得到较好的结果.

实验内容: 求解第二类 Fredholm 积分方程

$$y(t)=\int_a^b k(t,s)y(s)\mathrm{d}s+f(t),\ a\leqslant t\leqslant b$$

首先将积分区间$[a,b]$等分成 n 份,在每个子区间上离散方程中的积分就得到线性代数方程组.

实验要求: 分别使用如下方法,离散积分方程中的积分

1. 复化梯形方法;2. 复化辛甫森方法;3. 复化高斯方法. 求解如下的积分方程.

(1) $y(t)=\dfrac{2}{\mathrm{e}-1}\displaystyle\int_0^1 \mathrm{e}^t y(s)\mathrm{d}s-\mathrm{e}^t$,方程的准确解为 e^t;

(2) $y(t)=\displaystyle\int_0^1 \mathrm{e}^{st} y(s)\mathrm{d}s+1-\dfrac{1}{2}\mathrm{e}^{2t}+\mathrm{e}^t$,方程的准确解为 e^t;

比较各算法的计算量和误差以分析它们的优劣.

实验 2.5 （高维积分数值计算的蒙特卡罗方法）

问题提出：高维空间中的积分，如果维数不很高且积分区域是规则的或者能等价地写成多重积分的形式，可以用一元函数积分的数值方法来计算高维空间的积分. 蒙特卡罗方法对计算复杂区域甚至不连通的区域上的积分并没有特殊的困难.

实验内容：对于一般的区域 Ω，计算其测度（只要理解为平面上的面积或空间中的体积）的一般方法是：先找一个规则的区域 A 包含 Ω，且 A 的测度是已知的. 生成区域 A 中 m 个均匀分布的随机点 $p_i, i=1,2,\cdots,m$，如果其中有 n 个落在区域 Ω 中，则区域 Ω 的测度 $m(\Omega)$ 为 n/m. 函数 $f(x)$ 在区域 Ω 上的积分可以近似为：区域 Ω 的测度与函数 $f(x)$ 在 Ω 中 n 个随机点上平均值的乘积，即

$$\int_{\Omega} f(x)\mathrm{d}x \approx m(\Omega) \times \frac{1}{n}\sum_{p_k \in \Omega} f(p_k)$$

实验要求：假设冰琪淋的下部为一锥体而上面为一半球，考虑冰琪淋锥体积问题：计算锥面 $z^2=x^2+y^2$ 上方和球面 $x^2+y^2+(z-1)^2=1$ 内部区域的体积. 如果使用球面坐标，该区域可以表示为如下的积分：

$$\int_0^{\pi/4}\int_0^{2\cos\varphi}\int_0^{2\pi} \rho^2 \sin\varphi \,\mathrm{d}\varphi\,\mathrm{d}\rho\,\mathrm{d}\theta$$

用蒙特卡罗方法可以计算该积分.

另一方面，显然这样的冰琪淋可以装在如下立方体的盒子里

$$-1 \leqslant x \leqslant 1,\ -1 \leqslant y \leqslant 1,\ 0 \leqslant z \leqslant 2$$

而该立方体的体积为 8. 只要生成这个盒子里均匀分布的随机点，落入冰琪淋锥点的个数与总点数之比再乘以 8 就是冰琪淋锥的体积. 比较两种方法所得到的结果.

类似的办法可以计算复杂区域的测度（面积或体积）. 试求由下列关系所界定区域的测度：

(1) $\begin{cases} 0\leqslant x\leqslant 1,\ 1\leqslant y\leqslant 2,\ -1\leqslant z\leqslant 3 \\ e^x\leqslant y \\ \sin(z)\,y\geqslant 0 \end{cases}$

(2) $\begin{cases} 1\leqslant x\leqslant 3,\ -1\leqslant y\leqslant 4 \\ x^3+y^3\leqslant 29 \\ y\geqslant e^x-2 \end{cases}$

(3) $\begin{cases} 0\leqslant x\leqslant 1,\ 0\leqslant y\leqslant 1,\ 0\leqslant z\leqslant 1 \\ x^2+\sin y\leqslant z \\ x-z+e^y\leqslant 1 \end{cases}$

第3章　线性代数方程组的数值解法

1　引言、线性代数的一些基础知识

1-1　引　　言

本章讨论线性代数方程组

$$\boldsymbol{A}\boldsymbol{x}=\boldsymbol{b} \tag{1.1}$$

的数值解法，这里 $\boldsymbol{A}$ 是一个给定的 $n\times n$ 矩阵，$\boldsymbol{b}$ 是给定的 n 维向量：

$$\boldsymbol{A}=\begin{pmatrix} a_{11} & a_{12} & \cdots & a_{1n} \\ a_{21} & a_{22} & \cdots & a_{2n} \\ \vdots & \vdots & & \vdots \\ a_{n1} & a_{n2} & \cdots & a_{nn} \end{pmatrix},\ \boldsymbol{b}=\begin{pmatrix} b_1 \\ b_2 \\ \vdots \\ b_n \end{pmatrix}$$

在科学技术、工程和经济等领域中，例如电路分析、分子结构和测量学等学科都会遇到解线性方程组的问题. 在很多有广泛应用背景的数学问题中，例如样条逼近、最小二乘拟合、微分方程边值问题的差分方法和有限元方法也需要求解线性方程组，求解非线性问题的很多方法也把解线性方程组作为方法的某些步骤. 所以，解线性方程组在科学与工程计算中有十分重要的作用，而且方程组的阶 n 往往是一个很大的整数.

本章主要讨论两类方法. 第一类是**直接方法**，在没有舍入误差的假设下，直接方法在有限步产生方程的解. 第二类是**迭代方法**，它按一定的格式逐次递推求出方程组的近似解，当然，近似解序列收敛的方法才能被采用.

下面给出本章和下面几章的计算方法及其分析中用到的一些线性代数的基础知识.

1-2 向量空间和内积

全体 n 维实向量组成的集合,在其上按向量的加法和与实数的数乘,构成实数域 $\mathbf{R}$ 上的 n 维线性空间,称 n 维实向量空间,记为 $\mathbf{R}^n$. 在本书有矩阵和向量参与运算的情况下,n 维向量一般写成列向量,像方程组(1.1)中的向量 $\boldsymbol{b}$ 那样. 若 $\boldsymbol{x}\in\mathbf{R}^n$,有

$$\boldsymbol{x}=(x_1,x_2,\cdots,x_n)^{\mathrm{T}}$$

其中 $\boldsymbol{x}$ 的分量 x_i 均为实数,$i=1,2,\cdots,n$. $\mathbf{R}^n$ 的一组自然的基是 $\{\boldsymbol{e}_1,\boldsymbol{e}_2,\cdots,\boldsymbol{e}_n\}$,其中 $\boldsymbol{e}_i$ 是第 i 个分量为 1,其余分量为 0 的向量.

同样,n 维复向量空间记为 $\mathbf{C}^n$,在其上定义了复向量的加法和与复数的数乘. 若 $\boldsymbol{x}\in\mathbf{C}^n$,有 $\boldsymbol{x}=(x_1,x_2,\cdots,x_n)^{\mathrm{T}}$,其中分量 x_i 是复数.

复向量空间 $\mathbf{C}^n$ 中可以定义**内积**$(\cdot,\cdot)$,它是从 $\mathbf{C}^n\times\mathbf{C}^n$ 到 $\mathbf{C}$ 上的映射,即对一切 $\boldsymbol{x}\in\mathbf{C}^n$,$\boldsymbol{y}\in\mathbf{C}^n$,有唯一的复数$(\boldsymbol{x},\boldsymbol{y})$与之对应,满足:

(1) $(\boldsymbol{x},\boldsymbol{y})=\overline{(\boldsymbol{y},\boldsymbol{x})}$, $\quad\forall\,\boldsymbol{x},\boldsymbol{y}\in\mathbf{C}^n$,

(2) $(\alpha\boldsymbol{x},\boldsymbol{y})=\alpha(\boldsymbol{x},\boldsymbol{y})$, $\quad\forall\,\boldsymbol{x},\boldsymbol{y}\in\mathbf{C}^n,\alpha\in\mathbf{C}$,

(3) $(\boldsymbol{x}+\boldsymbol{y},\boldsymbol{z})=(\boldsymbol{x},\boldsymbol{z})+(\boldsymbol{y},\boldsymbol{z})$, $\quad\forall\,\boldsymbol{x},\boldsymbol{y},\boldsymbol{z}\in\mathbf{C}^n$,

(4) $(\boldsymbol{x},\boldsymbol{x})\geqslant 0$,且$(\boldsymbol{x},\boldsymbol{x})=0\Leftrightarrow\boldsymbol{x}=\boldsymbol{0}$.

上面最后的 $\boldsymbol{0}$ 是指 $\mathbf{C}^n$ 中的零向量,而且根据(1),$(\boldsymbol{x},\boldsymbol{x})$一定是一个实数.

实向量空间 $\mathbf{R}^n$ 中的内积亦可类似定义,对于任意的 $\boldsymbol{x}\in\mathbf{R}^n$,$\boldsymbol{y}\in\mathbf{R}^n$,有唯一的实数$(\boldsymbol{x},\boldsymbol{y})$与之对应. 对应定义的 4 条规定中,$\boldsymbol{x}$,$\boldsymbol{y}$,$\boldsymbol{z}\in\mathbf{R}^n$,$\alpha\in\mathbf{R}$,第 1 条现在成为$(\boldsymbol{x},\boldsymbol{y})=(\boldsymbol{y},\boldsymbol{x})$,即实内积的对称性.

定理 1.1（Cauchy-Schwartz 不等式） 对于 $\mathbf{C}^n$ 中任何一种内积，有

$$|(\boldsymbol{x},\boldsymbol{y})|^2 \leqslant (\boldsymbol{x},\boldsymbol{x})(\boldsymbol{y},\boldsymbol{y}), \quad \forall\, \boldsymbol{x},\boldsymbol{y} \in \mathbf{C}^n$$

如果向量 $\boldsymbol{x},\boldsymbol{y}$ 满足 $(\boldsymbol{x},\boldsymbol{y})=0$，称 $\boldsymbol{x}$ 与 $\boldsymbol{y}$ 正交. 若 $\{\boldsymbol{u}_1,\boldsymbol{u}_2,\cdots,\boldsymbol{u}_m\}$ 是一个线性无关的向量序列，则可按 **Gram-Schmit 正交化方法**：

$$\begin{cases} \boldsymbol{v}_1 = \boldsymbol{u}_1 \\ \boldsymbol{v}_i = \boldsymbol{u}_i - \displaystyle\sum_{k=1}^{i-1} \frac{(\boldsymbol{u}_i,\boldsymbol{u}_k)}{(\boldsymbol{v}_k,\boldsymbol{v}_k)} \boldsymbol{v}_k, \quad i = 2,\cdots,m \end{cases}$$

产生一个正交的向量序列 $\{\boldsymbol{v}_1,\boldsymbol{v}_2,\cdots,\boldsymbol{v}_m\}$，即当 $i\neq j$ 时，有 $(\boldsymbol{v}_i,\boldsymbol{v}_j)=0$.

例 1.1（$\mathbf{R}^n$ 和 $\mathbf{C}^n$ 的欧氏内积） 设 $\boldsymbol{x},\boldsymbol{y}\in\mathbf{R}^n$，$\boldsymbol{x}=(x_1,x_2,\cdots,x_n)^{\mathrm{T}}$，$\boldsymbol{y}=(y_1,y_2,\cdots,y_n)^{\mathrm{T}}$，定义

$$(\boldsymbol{x},\boldsymbol{y}) = \sum_{i=1}^{n} x_i y_i$$

若 $\boldsymbol{x},\boldsymbol{y}\in\mathbf{C}^n$，定义

$$(\boldsymbol{x},\boldsymbol{y}) = \sum_{i=1}^{n} x_i \bar{y}_i$$

不难验证它们满足内积的定义，称为欧几里得（Euclid）内积，或欧氏内积. 本书一般都用这种向量内积，但有时也用其他意义的内积.

例 1.2（带权的内积） 在 $\mathbf{C}^n$ 中可定义

$$(\boldsymbol{x},\boldsymbol{y}) = \sum_{i=1}^{n} \omega_i x_i \bar{y}_i$$

其中 $\{\omega_i\}$ 是给定的正实数数列. 同样在 $\mathbf{R}^n$ 可定义

$$(\boldsymbol{x},\boldsymbol{y}) = \sum_{i=1}^{n} \omega_i x_i y_i$$

可验证它们都满足内积定义. $\omega_1,\cdots,\omega_n$ 称为权系数. 当所有权系

数都等于 1 时,带权的内积就是欧氏内积.

1-3 矩阵空间和矩阵的一些性质

全体 n 行 m 列实(复)矩阵组成的集合,按矩阵的加法和与实(复)数的数乘,构成 $\mathbf{R}(\mathbf{C})$ 上的一个 $n\times m$ 维线性空间,记作 $\mathbf{R}^{n\times m}(\mathbf{C}^{n\times m})$.

对于方阵 $\boldsymbol{A}\in\mathbf{C}^{n\times n}$,若存在复数 $\lambda\in\mathbf{C}$ 和非零向量 $\boldsymbol{x}\in\mathbf{C}^n$,使 $\boldsymbol{Ax}=\lambda\boldsymbol{x}$,则 λ 称为 $\boldsymbol{A}$ 的特征值,$\boldsymbol{x}$ 称为 $\boldsymbol{A}$ 对应于 λ 的特征向量. $\boldsymbol{A}$ 全体特征值的集合称为 $\boldsymbol{A}$ 的**谱**,记作 $\sigma(\boldsymbol{A})$,即 $\sigma(\boldsymbol{A})=\{\lambda_1,\lambda_2,\cdots,\lambda_n\}$.

$$\rho(\boldsymbol{A}) = \max_{\lambda\in\sigma(\boldsymbol{A})} |\lambda|$$

称为 $\boldsymbol{A}$ 的**谱半径**. 如果 $\boldsymbol{A}=(a_{ij})$,$\boldsymbol{A}$ 的迹 $\mathrm{tr}\boldsymbol{A}$ 指 $\boldsymbol{A}$ 对角元的和,即 $\sum\limits_{i=1}^{n} a_{ii}$,且若 $\lambda_1,\cdots,\lambda_n\in\sigma(\boldsymbol{A})$,则

$$\mathrm{tr}\boldsymbol{A}= \sum_{i=1}^{n}\lambda_i \tag{1.2}$$

$$\det\boldsymbol{A}= \lambda_1\lambda_2\cdots\lambda_n \tag{1.3}$$

不难验证:对于 $\boldsymbol{A}\in\mathbf{R}^{n\times n}$,欧氏内积满足

$$(\boldsymbol{Ax},\boldsymbol{y}) = (\boldsymbol{x},\boldsymbol{A}^{\mathrm{T}}\boldsymbol{y}),\quad \forall\, \boldsymbol{x},\boldsymbol{y}\in\mathbf{R}^n \tag{1.4}$$

对于 $\boldsymbol{A}\in\mathbf{C}^{n\times n}$,则有

$$(\boldsymbol{Ax},\boldsymbol{y}) = (\boldsymbol{x},\boldsymbol{A}^{\mathrm{H}}\boldsymbol{y}),\quad \forall\, \boldsymbol{x},\boldsymbol{y}\in\mathbf{C}^n \tag{1.5}$$

其中 $\boldsymbol{A}^{\mathrm{H}}$ 是 $\boldsymbol{A}$ 的共轭转置.

如果 $\boldsymbol{A}\in\mathbf{R}^{n\times n}$,$\boldsymbol{A}^{\mathrm{T}}=\boldsymbol{A}$,则称 $\boldsymbol{A}$ 为对称阵,若还满足

$$(\boldsymbol{Ax},\boldsymbol{x}) > 0,\ \forall\, \boldsymbol{x}\in\mathbf{R}^n,\boldsymbol{x}\neq\boldsymbol{0}$$

则称 $\boldsymbol{A}$ 为**对称正定阵**. 若 $\boldsymbol{A}$ 对称,则它是正定阵的充要条件是 $\boldsymbol{A}$ 的顺序主子式都是正的. 另一个充要条件是 $\boldsymbol{A}$ 的特征值都大于零. 对称阵 $\boldsymbol{A}$ 如果满足

$$(\boldsymbol{Ax},\boldsymbol{x}) \geqslant 0,\quad \forall\, \boldsymbol{x}\in\mathbf{R}^n,\boldsymbol{x}\neq\boldsymbol{0}$$

则称 $\boldsymbol{A}$ 是半正定的. 如果 $\boldsymbol{A}$ 是一个长方阵, $\boldsymbol{A}\in\mathbf{R}^{n\times m}$, 则 $\boldsymbol{AA}^{\mathrm{T}}$ 和 $\boldsymbol{A}^{\mathrm{T}}\boldsymbol{A}$ 都是半正定的, 特别是 $\boldsymbol{A}\in\mathbf{R}^{n\times n}$, $\boldsymbol{AA}^{\mathrm{T}}$ 和 $\boldsymbol{A}^{\mathrm{T}}\boldsymbol{A}$ 是具有相同特征值的半正定阵.

实方阵 $\boldsymbol{Q}\in\mathbf{R}^{n\times n}$, 若满足 $\boldsymbol{Q}^{\mathrm{T}}\boldsymbol{Q}=\boldsymbol{I}$, 则 $\boldsymbol{Q}$ 称为正交阵. 显然 $\boldsymbol{Q}^{\mathrm{T}}=\boldsymbol{Q}^{-1}$, $\det\boldsymbol{Q}$ 等于 1 或 -1, 而且对于欧氏内积

$$(\boldsymbol{Qx},\boldsymbol{Qy})=(\boldsymbol{x},\boldsymbol{y}),\quad \forall\,\boldsymbol{x},\boldsymbol{y}\in\mathbf{R}^n$$

复方阵 $\boldsymbol{A}\in\mathbf{C}^{n\times n}$, 若 $\boldsymbol{A}=\boldsymbol{A}^{\mathrm{H}}$, 称 $\boldsymbol{A}$ 为 Hermite 阵. 如果 $\boldsymbol{Q}\in\mathbf{C}^{n\times n}$, 满足 $\boldsymbol{Q}^{\mathrm{H}}\boldsymbol{Q}=\boldsymbol{I}$, 则 $\boldsymbol{Q}$ 称为酉矩阵. 对于欧氏内积, 有

$$(\boldsymbol{Qx},\boldsymbol{Qy})=(\boldsymbol{x},\boldsymbol{y}),\quad \forall\,\boldsymbol{x},\boldsymbol{y}\in\mathbf{C}^n$$

方阵 $\boldsymbol{A}\in\mathbf{C}^{n\times n}$ 可以通过相似变换化为不同的标准形式.

定理 1.2 $n\times n$ 方阵 $\boldsymbol{A}$ 当且仅当它有 n 个线性无关的特征向量时, 可以通过相似变换化为对角矩阵.

定理 1.3 (Jordan 标准形) 任一方阵 $\boldsymbol{A}$ 可以通过相似变换化为 Jordan 标准形 $\boldsymbol{J}$, 它是含有 p 个对角块的块对角阵. 也就是存在可逆阵 $\boldsymbol{S}$, 使

$$\boldsymbol{S}^{-1}\boldsymbol{AS}=\boldsymbol{J}=\begin{pmatrix}\boldsymbol{J}_1 & & & \\ & \boldsymbol{J}_2 & & \\ & & \ddots & \\ & & & \boldsymbol{J}_p\end{pmatrix}$$

其中每个对角块 $\boldsymbol{J}_i$ 对应 $\boldsymbol{A}$ 的不同特征值 $\lambda_i(i=1,\cdots,p)$. 而每个对角块 $\boldsymbol{J}_i$ 有它自己的含有 r_i 个子块的块对角结构(这里 r_i 是特征值 λ_i 的几何重数, 即对应 λ_i 的最大线性无关特征向量的数目), 可写成

$$\boldsymbol{J}_i=\begin{pmatrix}\boldsymbol{J}_{i1} & & & \\ & \boldsymbol{J}_{i2} & & \\ & & \ddots & \\ & & & \boldsymbol{J}_{ir_i}\end{pmatrix},\ \text{其中}\ \boldsymbol{J}_{ik}=\begin{pmatrix}\lambda_i & 1 & & \\ & \ddots & \ddots & \\ & & \lambda_i & 1 \\ & & & \lambda_i\end{pmatrix}$$

如果$\lambda_i(i=1,\cdots,p)$是$\boldsymbol{A}$的特征多项式的m_i重根(m_i称λ_i的代数重数,$m_1+\cdots+m_p=n$),则$\boldsymbol{J}_i$是一个$m_i\times m_i$的方阵,称为Jordan子阵. $\boldsymbol{J}_i$中的对角块$\boldsymbol{J}_{ik}$称为Jordan块. $\boldsymbol{J}_i$中不同的Jordan块$\boldsymbol{J}_{ik}$对应特征值λ_i不同的特征向量.

定理 1.4 (Schur 标准形) 对任意的复方阵$\boldsymbol{A}$,存在酉矩阵$\boldsymbol{Q}$,使得

$$\boldsymbol{Q}^{\mathrm{H}}\boldsymbol{A}\boldsymbol{Q}=\boldsymbol{R}$$

其中$\boldsymbol{R}$是一个上三角阵.

定理1.2~1.4给出方阵的几个标准形式,证明可在线性代数教科书上找到. 定理1.4也称Schur分解定理. 在第5章我们还要介绍实矩阵的Schur分解定理.

1-4 向量的范数

向量范数的概念可以看成是二、三维解析几何中向量长度概念的推广.

定义 1.1 $\mathbf{R}^n$ 中向量的范数 $\|\cdot\|$ 是$\mathbf{R}^n$到$\mathbf{R}$的一个映射,即对一切$\boldsymbol{x}\in\mathbf{R}^n$,有唯一的实数$\|\boldsymbol{x}\|$与$\boldsymbol{x}$对应,满足

(1)(正定性) $\|\boldsymbol{x}\|\geqslant 0$, $\forall\boldsymbol{x}\in\mathbf{R}^n$,且$\|\boldsymbol{x}\|=0\Leftrightarrow\boldsymbol{x}=\boldsymbol{0}$,

(2)(齐次性)$\|\alpha\boldsymbol{x}\|=|\alpha|\,\|\boldsymbol{x}\|$, $\forall\boldsymbol{x}\in\mathbf{R}^n,\alpha\in\mathbf{R}$,

(3)(三角不等式)$\|\boldsymbol{x}+\boldsymbol{y}\|\leqslant\|\boldsymbol{x}\|+\|\boldsymbol{y}\|$, $\forall\boldsymbol{x},\boldsymbol{y}\in\mathbf{R}^n$.

$\mathbf{C}^n$中向量范数可以类似定义.

在$\mathbf{R}^n$和$\mathbf{C}^n$中,设$\boldsymbol{x}=(x_1,x_2,\cdots,x_n)^{\mathrm{T}}$,常用的范数有:

$$\|\boldsymbol{x}\|_2=(|x_1|^2+|x_2|^2+\cdots+|x_n|^2)^{1/2} \tag{1.6}$$

$$\|\boldsymbol{x}\|_1=|x_1|+|x_2|+\cdots+|x_n| \tag{1.7}$$

$$\|\boldsymbol{x}\|_\infty=\max_{1\leqslant i\leqslant n}|x_i| \tag{1.8}$$

它们分别称为2-范数,1-范数和∞-范数. 可以验证它们都满足定义1.1. 其中$\|\boldsymbol{x}\|_2$是由内积导出的向量范数,验证三角不等式时要用到Cauchy-Schwartz不等式. 同时,除欧氏内积外,其他的内

积也可以导出不同的范数.

下面给出 $\mathbf{R}^n$ 上向量范数的性质，对 $\mathbf{C}^n$ 类似的性质也成立. 证明可见文献[3].

定理 1.5 设给定 $\boldsymbol{A}\in\mathbf{R}^{n\times n}$，则对 $\mathbf{R}^n$ 上每一种向量范数 $\|\cdot\|$，$\boldsymbol{x}=(x_1,x_2,\cdots,x_n)^{\mathrm{T}}\in\mathbf{R}^n$，$\|\boldsymbol{A}\boldsymbol{x}\|$ 都是$(x_1,x_2,\cdots,x_n)$的 n 元连续函数.

推论 1 $\|\boldsymbol{x}\|$ 是$(x_1,x_2,\cdots,x_n)$的 n 元连续函数.

定义 1.2 向量空间 $\mathbf{R}^n$ 上定义了两种范数 $\|\cdot\|_\alpha$ 和 $\|\cdot\|_\beta$，如果存在常数 $C_1,C_2>0$，使

$$C_1\|\boldsymbol{u}\|_\alpha\leqslant\|\boldsymbol{u}\|_\beta\leqslant C_2\|\boldsymbol{u}\|_\alpha,\quad\forall\boldsymbol{u}\in\mathbf{R}^n$$

则称 $\|\cdot\|_\alpha$ 和 $\|\cdot\|_\beta$ 是 $\mathbf{R}^n$ 上等价的范数.

显然，范数的等价性具有传递性，即若 $\|\cdot\|_\alpha$ 与 $\|\cdot\|_\beta$ 等价，$\|\cdot\|_\beta$ 与 $\|\cdot\|_\gamma$ 等价，则有 $\|\cdot\|_\alpha$ 与 $\|\cdot\|_\gamma$ 等价.

定理 1.6 $\mathbf{R}^n$ 上所有范数是彼此等价的.

1-5 矩阵的范数

这里主要讨论 $\mathbf{R}^{n\times n}$ 中的范数及其性质，在 $\mathbf{C}^{n\times n}$ 中可类似讨论.

定义 1.3 如果对 $\mathbf{R}^{n\times n}$ 上任一矩阵 $\boldsymbol{A}$，对应一个实数 $\|\boldsymbol{A}\|$，满足以下条件：对于任意的 $\boldsymbol{A},\boldsymbol{B}\in\mathbf{R}^{n\times n}$ 和 $\alpha\in\mathbf{R}$，

(1) $\|\boldsymbol{A}\|\geqslant 0$，而且 $\|\boldsymbol{A}\|=0\Leftrightarrow\boldsymbol{A}=\boldsymbol{0}$，

(2) $\|\alpha\boldsymbol{A}\|=|\alpha|\,\|\boldsymbol{A}\|$，

(3) $\|\boldsymbol{A}+\boldsymbol{B}\|\leqslant\|\boldsymbol{A}\|+\|\boldsymbol{B}\|$，

(4) $\|\boldsymbol{A}\boldsymbol{B}\|\leqslant\|\boldsymbol{A}\|\,\|\boldsymbol{B}\|$，

则称 $\|\boldsymbol{A}\|$ 为**矩阵 $\boldsymbol{A}$ 的范数**.

例 1.3 （矩阵的 Frobenius 范数）

$$\|\boldsymbol{A}\|_{\mathrm{F}}=\Big(\sum_{i=1}^{n}\sum_{j=1}^{n}|a_{ij}|^2\Big)^{1/2}\tag{1.9}$$

它可以看成 n^2 维向量的 2-范数，所以满足定义 1.3 的前 3 个条件，利用矩阵的乘法性质及 Cauchy 不等式可以验证条件(4). 不难直接验证

$$\|\boldsymbol{A}\|_F = [\mathrm{tr}(\boldsymbol{A}^T\boldsymbol{A})]^{1/2} = [\mathrm{tr}(\boldsymbol{A}\boldsymbol{A}^T)]^{1/2} \tag{1.10}$$

关于向量范数和矩阵范数的联系，我们要先引入相容性的概念，再由一种向量范数导出对应的矩阵范数.

定义 1.4 对于给定的 $\mathbf{R}^n$ 上一种向量范数 $\|\boldsymbol{x}\|$ 和 $\mathbf{R}^{n\times n}$ 上一种矩阵范数 $\|\boldsymbol{A}\|$，若有

$$\|\boldsymbol{Ax}\| \leqslant \|\boldsymbol{A}\|\ \|\boldsymbol{x}\|,\quad \forall \boldsymbol{x}\in\mathbf{R}^n, \boldsymbol{A}\in\mathbf{R}^{n\times n} \tag{1.11}$$

则称上述矩阵范数与向量范数**相容**.

对于 $\mathbf{R}^n$ 上一种向量范数 $\|\cdot\|$，对任一个 $\boldsymbol{A}\in\mathbf{R}^{n\times n}$ 及非零向量 $\boldsymbol{x}\in\mathbf{R}^n$，可以计算 $\|\boldsymbol{Ax}\|/\|\boldsymbol{x}\|$，下面我们说明，对所有 $\boldsymbol{x}\neq\boldsymbol{0}$，它存在最大值，并且定义了 $\mathbf{R}^{n\times n}$ 上的一种矩阵范数.

定理 1.7 设 $\|\cdot\|$ 是 $\mathbf{R}^n$ 上任一种向量范数，则对任意的 $\boldsymbol{A}\in\mathbf{R}^{n\times n}$，$\|\boldsymbol{Ax}\|/\|\boldsymbol{x}\|$ 对所有 $\boldsymbol{x}\neq\boldsymbol{0}$ 有最大值，而且此值确定了 $\mathbf{R}^{n\times n}$ 的一种矩阵范数 $\|\boldsymbol{A}\|$，并有

$$\|\boldsymbol{A}\| = \max_{\boldsymbol{x}\neq\boldsymbol{0}}\frac{\|\boldsymbol{Ax}\|}{\|\boldsymbol{x}\|} = \max_{\|\boldsymbol{x}\|=1}\|\boldsymbol{Ax}\| \tag{1.12}$$

证明 $\|\boldsymbol{Ax}\|$ 是 $\mathbf{R}^n$ 中有界闭集

$$D=\{\boldsymbol{x}\mid \boldsymbol{x}=(x_1,\cdots,x_n)^T, \|\boldsymbol{x}\|=1\}$$

上的连续函数，故 $\|\boldsymbol{Ax}\|$ 在 D 上有最大值，即存在 $\boldsymbol{x}_0\in D$，使 $\|\boldsymbol{Ax}_0\|=\max\limits_{\|\boldsymbol{x}\|=1}\|\boldsymbol{Ax}\|$，记它为 $\|\boldsymbol{A}\|$. 而对任意的 $\boldsymbol{x}\in\mathbf{R}^n$，$\boldsymbol{x}\neq\boldsymbol{0}$，可令 $\bar{\boldsymbol{x}}=\boldsymbol{x}/\|\boldsymbol{x}\|$，故

$$\frac{\|\boldsymbol{Ax}\|}{\|\boldsymbol{x}\|} = \left\|\boldsymbol{A}\frac{\boldsymbol{x}}{\|\boldsymbol{x}\|}\right\| = \|\boldsymbol{A}\bar{\boldsymbol{x}}\|,\quad \bar{\boldsymbol{x}}\in D$$

所以(1.12)式成立，由此相容性条件(1.11)成立.

下一步验证以上确定的 $\|\boldsymbol{A}\|$ 满足矩阵范数定义 1.3. 其中(1)，(2)是明显的. 由相容性条件及向量范数性质得

$$\|(\boldsymbol{A}+\boldsymbol{B})\boldsymbol{x}\| = \|\boldsymbol{Ax}+\boldsymbol{Bx}\| \leqslant \|\boldsymbol{Ax}\| + \|\boldsymbol{Bx}\|$$
$$\leqslant (\|\boldsymbol{A}\| + \|\boldsymbol{B}\|)\|\boldsymbol{x}\|$$

由此式及(1.12)可得

$$\|\boldsymbol{A}+\boldsymbol{B}\| = \max_{\|\boldsymbol{x}\|=1} \|(\boldsymbol{A}+\boldsymbol{B})\boldsymbol{x}\| \leqslant \|\boldsymbol{A}\| + \|\boldsymbol{B}\|$$

即(3)得证,同理可证(4).定理证毕.

定义 1.5 对于 $\mathbf{R}^n$ 上任意一种范数,由(1.12)确定的矩阵范数称为从属于给定向量范数的矩阵范数,简称**从属范数**,也称**算子范数**或由向量范数导出的矩阵范数.

显然,单位矩阵 $\boldsymbol{I}$ 的任一种从属范数满足 $\|\boldsymbol{I}\|=1$.所以当 $n \geqslant 2$ 时,$\|\boldsymbol{A}\|_F$ 不是从属范数.从上面定理的证明可知从属的矩阵范数一定与所给定的向量范数相容,但是矩阵范数与向量范数相容,却未必有从属关系.例如可以证明 $\|\boldsymbol{A}\|_F$ 与 $\|\boldsymbol{x}\|_2$ 相容,即

$$\|\boldsymbol{Ax}\|_2 \leqslant \|\boldsymbol{A}\|_F \|\boldsymbol{x}\|_2$$

但 $\|\boldsymbol{A}\|_F$ 不从属于 $\|\boldsymbol{x}\|_2$.

我们把从属于向量 2-范数的矩阵范数称为矩阵的 2-范数,记为 $\|\boldsymbol{A}\|_2$,同样可以定义 $\|\boldsymbol{A}\|_1$ 和 $\|\boldsymbol{A}\|_\infty$.

定理 1.8 设 $\boldsymbol{A}=(a_{ij})\in\mathbf{R}^{n\times n}$,则

$$\|\boldsymbol{A}\|_\infty = \max_{1\leqslant i\leqslant n}\sum_{j=1}^{n}|a_{ij}| \tag{1.13}$$

$$\|\boldsymbol{A}\|_1 = \max_{1\leqslant j\leqslant n}\sum_{i=1}^{n}|a_{ij}| \tag{1.14}$$

$$\|\boldsymbol{A}\|_2 = [\rho(\boldsymbol{A}^{\mathrm{T}}\boldsymbol{A})]^{1/2} \tag{1.15}$$

定理 1.8 的证明可见文献[2,3]等,它也可以推广到 $\mathbf{C}^{n\times n}$,其中对应于(1.15)有 $\|\boldsymbol{A}\|_2=[\rho(\boldsymbol{A}^{\mathrm{H}}\boldsymbol{A})]^{1/2}$.若 $\boldsymbol{A}$ 是实对称阵,由(1.15)有 $\rho(\boldsymbol{A})=\|\boldsymbol{A}\|_2$.然而,一般地 $\rho(\boldsymbol{A})$ 不能作为 $\boldsymbol{A}$ 的一种范数.例如,若 $\boldsymbol{A}=\boldsymbol{B}^{\mathrm{T}}=\begin{pmatrix}0 & 1\\ 0 & 0\end{pmatrix}$,则有 $\rho(\boldsymbol{A})=0$ 而 $\boldsymbol{A}\neq\boldsymbol{0}$,且 $\rho(\boldsymbol{A}+\boldsymbol{B})=1$ 而 $\rho(\boldsymbol{A})+\rho(\boldsymbol{B})=0$,矩阵范数定义中的(1),(3)均不成立.

定理 1.9 设 $\|x\|_\alpha$ 为 $\mathbf{R}^n$ 上任一种向量范数，从属于它的矩阵范数记为 $\|\boldsymbol{A}\|_\alpha$，并设 $\boldsymbol{P}\in\mathbf{R}^{n\times n}$，$\det\boldsymbol{P}\neq 0$，则

(1) $\mathbf{R}^n$ 到 $\mathbf{R}$ 的映射：$\boldsymbol{x}\mapsto\|\boldsymbol{P}\boldsymbol{x}\|_\alpha$ 定义了 $\mathbf{R}^n$ 上另一种向量范数，记为 $\|\boldsymbol{x}\|_{P,\alpha}=\|\boldsymbol{P}\boldsymbol{x}\|_\alpha$.

(2) 从属于向量范数 $\|\boldsymbol{x}\|_{P,\alpha}$ 的矩阵范数为

$$\|\boldsymbol{A}\|_{P,\alpha}=\|\boldsymbol{P}\boldsymbol{A}\boldsymbol{P}^{-1}\|_\alpha$$

定理的证明留给读者.

现设 λ 为 $\boldsymbol{A}$ 的一个特征值，且 $\boldsymbol{A}$ 的谱半径 $\rho(\boldsymbol{A})=|\lambda|$，对应 λ 的特征向量为 $\boldsymbol{x}$，即 $\boldsymbol{A}\boldsymbol{x}=\lambda\boldsymbol{x}$. 所以对任一种向量范数有 $\|\boldsymbol{A}\boldsymbol{x}\|=|\lambda|\,\|\boldsymbol{x}\|$，即

$$\rho(\boldsymbol{A})=|\lambda|=\frac{\|\boldsymbol{A}\boldsymbol{x}\|}{\|\boldsymbol{x}\|}$$

这就导出 $\rho(\boldsymbol{A})\leqslant\|\boldsymbol{A}\|$ 对任一种矩阵从属范数成立. 下面我们给出更一般的性质.

定理 1.10 (1) 设 $\|\cdot\|$ 为 $\mathbf{R}^{n\times n}$ 上任一种(从属或非从属)矩阵范数，则对任意的 $\boldsymbol{A}\in\mathbf{R}^{n\times n}$，有

$$\rho(\boldsymbol{A})\leqslant\|\boldsymbol{A}\| \tag{1.16}$$

(2) 对任意的 $\boldsymbol{A}\in\mathbf{R}^{n\times n}$ 及实数 $\varepsilon>0$，至少存在一种从属的矩阵范数 $\|\cdot\|$，使

$$\|\boldsymbol{A}\|\leqslant\rho(\boldsymbol{A})+\varepsilon \tag{1.17}$$

证明 (1) 设 $\boldsymbol{x}\in\mathbf{R}^n$ 满足 $\boldsymbol{x}\neq\boldsymbol{0}$，$\boldsymbol{A}\boldsymbol{x}=\lambda\boldsymbol{x}$，且 $|\lambda|=\rho(\boldsymbol{A})$. 必存在向量 $\boldsymbol{y}\in\mathbf{R}^n$，使 $\boldsymbol{x}\boldsymbol{y}^{\mathrm{T}}$ 不是零矩阵. 对于任意一种矩阵范数 $\|\cdot\|$，由范数定义

$$\rho(\boldsymbol{A})\|\boldsymbol{x}\boldsymbol{y}^{\mathrm{T}}\|=\|\lambda\boldsymbol{x}\boldsymbol{y}^{\mathrm{T}}\|=\|\boldsymbol{A}\boldsymbol{x}\boldsymbol{y}^{\mathrm{T}}\|\leqslant\|\boldsymbol{A}\|\,\|\boldsymbol{x}\boldsymbol{y}^{\mathrm{T}}\|$$

因 $\|\boldsymbol{x}\boldsymbol{y}^{\mathrm{T}}\|\neq 0$，便有(1.16).

(2) 对任意的 $\boldsymbol{A}\in\mathbf{R}^{n\times n}$，总存在非奇异的 $\boldsymbol{S}\in\mathbf{R}^{n\times n}$，使 $\boldsymbol{J}=\boldsymbol{S}^{-1}\boldsymbol{A}\boldsymbol{S}$ 为 Jordan 标准形，$\boldsymbol{J}$ 是块对角阵，$\boldsymbol{J}=\mathrm{diag}(\boldsymbol{J}_1,\boldsymbol{J}_2,\cdots,\boldsymbol{J}_r)$，这里我们把 $\boldsymbol{J}_i$ 作为 $\boldsymbol{J}$ 的 Jordan 块，即

$$\boldsymbol{J}_i = \begin{pmatrix} \lambda_i & 1 & & \\ & \ddots & \ddots & \\ & & \lambda_i & 1 \\ & & & \lambda_i \end{pmatrix}, \quad i = 1,2,\cdots,r$$

对于实数 $\varepsilon > 0$，定义对角阵 $\boldsymbol{D}_\varepsilon \in \mathbf{R}^{n\times n}$，为

$$\boldsymbol{D}_\varepsilon = \mathrm{diag}(1,\varepsilon,\cdots,\varepsilon^{n-1})$$

容易验证 $\boldsymbol{D}_\varepsilon^{-1}\boldsymbol{J}\boldsymbol{D}_\varepsilon$ 仍为块对角形式，其分块与 $\boldsymbol{J}$ 相同，即

$$\hat{\boldsymbol{J}} = \boldsymbol{D}_\varepsilon^{-1}\boldsymbol{J}\boldsymbol{D}_\varepsilon = \mathrm{diag}(\hat{\boldsymbol{J}}_1,\hat{\boldsymbol{J}}_2,\cdots,\hat{\boldsymbol{J}}_r)$$

其中

$$\hat{\boldsymbol{J}}_i = \begin{pmatrix} \lambda_i & \varepsilon & & \\ & \ddots & \ddots & \\ & & \lambda_i & \varepsilon \\ & & & \lambda_i \end{pmatrix}, \quad i = 1,2,\cdots,r$$

它的阶数与 $\boldsymbol{J}_i$ 相同. 取 $\hat{\boldsymbol{J}}$ 的∞-范数，用(1.13)计算

$$\|\hat{\boldsymbol{J}}\|_\infty = \|\boldsymbol{D}_\varepsilon^{-1}\boldsymbol{S}^{-1}\boldsymbol{A}\boldsymbol{S}\boldsymbol{D}_\varepsilon\|_\infty \leqslant \rho(\boldsymbol{A}) + \varepsilon$$

而 $\boldsymbol{D}_\varepsilon^{-1}\boldsymbol{S}^{-1}$ 为非奇异阵，由定理 1.9 $\|\boldsymbol{D}_\varepsilon^{-1}\boldsymbol{S}^{-1}\boldsymbol{x}\|_\infty$ 定义了 $\mathbf{R}^n$ 上一种向量范数，$\boldsymbol{A}$ 从属于此向量范数的矩阵范数为

$$\|\boldsymbol{A}\| = \|\boldsymbol{D}_\varepsilon^{-1}\boldsymbol{S}^{-1}\boldsymbol{A}\boldsymbol{S}\boldsymbol{D}_\varepsilon\|_\infty \leqslant \rho(\boldsymbol{A}) + \varepsilon$$

证毕.

定理 1.11 对于 $\mathbf{R}^{n\times n}$ 上任意两种范数 $\|\cdot\|_\alpha$ 和 $\|\cdot\|_\beta$，存在常数 M 和 m $(M \geqslant m > 0)$，使

$$m\|\boldsymbol{A}\|_\alpha \leqslant \|\boldsymbol{A}\|_\beta \leqslant M\|\boldsymbol{A}\|_\alpha, \quad \forall \boldsymbol{A} \in \mathbf{R}^{n\times n}$$

只要把 $\mathbf{R}^{n\times n}$ 看成 $n\times n$ 维的向量空间，由定理 1.6 就可以得到定理 1.11.

定理 1.12 设 $\|\cdot\|$ 是 $\mathbf{R}^{n\times n}$ 上的一种从属范数，矩阵 $\boldsymbol{B} \in \mathbf{R}^{n\times n}$，满足 $\|\boldsymbol{B}\| < 1$，则 $\boldsymbol{I}+\boldsymbol{B}$ 非奇异，且

$$\|(\boldsymbol{I}+\boldsymbol{B})^{-1}\| \leqslant \frac{1}{1-\|\boldsymbol{B}\|} \tag{1.18}$$

证明 若 $\boldsymbol{I}+\boldsymbol{B}$ 奇异，则存在向量 $\boldsymbol{x}\neq\boldsymbol{0}$，使 $(\boldsymbol{I}+\boldsymbol{B})\boldsymbol{x}=\boldsymbol{0}$，所以 $\boldsymbol{B}$ 有一个特征值为 -1，故有 $\rho(\boldsymbol{B})\geqslant 1$. 又 $\|\boldsymbol{B}\|\geqslant\rho(\boldsymbol{B})$，这和定理假设矛盾，所以 $I+\boldsymbol{B}$ 非奇异. 现记 $\boldsymbol{D}=(\boldsymbol{I}+\boldsymbol{B})^{-1}$，则

$$\begin{aligned}1 = \|\boldsymbol{I}\| &= \|(\boldsymbol{I}+\boldsymbol{B})\boldsymbol{D}\| = \|\boldsymbol{D}+\boldsymbol{B}\boldsymbol{D}\| \\ &\geqslant \|\boldsymbol{D}\| - \|\boldsymbol{B}\|\,\|\boldsymbol{D}\| = \|\boldsymbol{D}\|(1-\|\boldsymbol{B}\|)\end{aligned}$$

其中 $1-\|\boldsymbol{B}\|>0$，即可得到(1.18).

定理中的 $\boldsymbol{I}+\boldsymbol{B}$ 换成 $\boldsymbol{I}-\boldsymbol{B}$ 也同样成立.

推论 2(摄动引理) 设 $\boldsymbol{A},\boldsymbol{C}\in\mathbf{R}^{n\times n}$，若 $\boldsymbol{A}^{-1}$ 存在，且 $\|\boldsymbol{A}^{-1}\|\leqslant\alpha$，$\|\boldsymbol{A}-\boldsymbol{C}\|\leqslant\beta$，$\alpha\beta<1$，则 $\boldsymbol{C}$ 可逆，且

$$\|\boldsymbol{C}^{-1}\| \leqslant \frac{\alpha}{1-\alpha\beta} \tag{1.19}$$

推论的证明留给读者.

1-6 初 等 矩 阵

定义 1.6 设 $\boldsymbol{u},\boldsymbol{v}\in\mathbf{R}^n$，$\sigma\in\mathbf{R}$，$\sigma\neq 0$，称

$$\boldsymbol{E}(\boldsymbol{u},\boldsymbol{v};\sigma) = \boldsymbol{I} - \sigma\boldsymbol{u}\boldsymbol{v}^{\mathrm{T}}$$

为**实初等矩阵**.

显然 $\boldsymbol{E}(\boldsymbol{u},\boldsymbol{v};\sigma)\in\mathbf{R}^{n\times n}$. 例如，若 $\boldsymbol{u}=(u_1,u_2,u_3)^{\mathrm{T}}$，$\boldsymbol{v}=(v_1,v_2,v_3)^{\mathrm{T}}\in\mathbf{R}^3$，我们有

$$\boldsymbol{E}(\boldsymbol{u},\boldsymbol{v};\sigma) = \begin{pmatrix} 1-\sigma u_1 v_1 & -\sigma u_1 v_2 & -\sigma u_1 v_3 \\ -\sigma u_2 v_1 & 1-\sigma u_2 v_2 & -\sigma u_2 v_3 \\ -\sigma u_3 v_1 & -\sigma u_3 v_2 & 1-\sigma u_3 v_3 \end{pmatrix}$$

如果定义 1.6 中 $\boldsymbol{u},\boldsymbol{v}\in\mathbf{C}^n$，$\sigma\in\mathbf{C}$，$\sigma\neq 0$，且 $\boldsymbol{u}^{\mathrm{T}}$ 改为 $\boldsymbol{u}^{\mathrm{H}}$，则得到**复初等矩阵** $\boldsymbol{E}(\boldsymbol{u},\boldsymbol{v};\sigma)$.

设 $\sigma,\tau\in\mathbf{R}$，则

$$\boldsymbol{E}(\boldsymbol{u},\boldsymbol{v};\sigma)\boldsymbol{E}(\boldsymbol{u},\boldsymbol{v};\tau) = (\boldsymbol{I}-\sigma\boldsymbol{u}\boldsymbol{v}^{\mathrm{T}})(\boldsymbol{I}-\tau\boldsymbol{u}\boldsymbol{v}^{\mathrm{T}})$$

$$= \boldsymbol{I} - (\sigma + \tau - \sigma\tau\boldsymbol{v}^{\mathrm{T}}\boldsymbol{u})\boldsymbol{u}\boldsymbol{v}^{\mathrm{T}}$$

所以若 σ 已知，选 $\tau \in \mathbf{R}$，使 $\sigma + \tau - \sigma\tau\boldsymbol{v}^{\mathrm{T}}\boldsymbol{u} = 0$，即当 $\sigma\boldsymbol{v}^{\mathrm{T}}\boldsymbol{u} \neq 1$ 时，令

$$\tau = \frac{\sigma}{\sigma\boldsymbol{v}^{\mathrm{T}}\boldsymbol{u} - 1} \tag{1.20}$$

则有

$$\boldsymbol{E}(\boldsymbol{u},\boldsymbol{v};\sigma)^{-1} = \boldsymbol{E}(\boldsymbol{u},\boldsymbol{v};\tau) \tag{1.21}$$

此外，还可证明（见文献[17]）

$$\det(\boldsymbol{E}(\boldsymbol{u},\boldsymbol{v};\sigma)) = 1 - \sigma\boldsymbol{v}^{\mathrm{T}}\boldsymbol{u} \tag{1.22}$$

例 1.4　初等排列阵（或称**初等置换阵**）$\boldsymbol{I}_{ij}$. 令 $\sigma = 1, \boldsymbol{u} = \boldsymbol{v} = \boldsymbol{e}_i - \boldsymbol{e}_j$，则

$$\boldsymbol{I}_{ij} = \boldsymbol{E}(\boldsymbol{e}_i - \boldsymbol{e}_j, \boldsymbol{e}_i - \boldsymbol{e}_j; 1) = \boldsymbol{I} - (\boldsymbol{e}_i - \boldsymbol{e}_j)(\boldsymbol{e}_i - \boldsymbol{e}_j)^{\mathrm{T}}$$

显然，若 $i = j$，则 $\boldsymbol{I}_{ij}$ 为单位阵. 若 $i \neq j$，将单位阵中的第 i, j 行置换就得到 $\boldsymbol{I}_{ij}$，这时有 $\det(\boldsymbol{I}_{ij}) = -1$. $\boldsymbol{I}_{ij}\boldsymbol{A}$ 是将 $\boldsymbol{A}$ 第 i, j 行交换所得到的矩阵，而 $\boldsymbol{A}\boldsymbol{I}_{ij}$ 则是将 $\boldsymbol{A}$ 的第 i, j 列交换. 同时有

$$\boldsymbol{I}_{ij}^{-1} = \boldsymbol{I}_{ij}$$

若干个初等排列阵的乘积称为**排列阵**. 排列阵 $\boldsymbol{P}$ 的每行与每列正好有 1 个元素为 1 而其他元素为 0，相当于单位阵 $\boldsymbol{I}$ 置换了若干次.

例 1.5　令 $\boldsymbol{u} = \boldsymbol{e}_j, \boldsymbol{v} = \boldsymbol{e}_i, \sigma = -\alpha$，则

$$\boldsymbol{E}(\boldsymbol{e}_j, \boldsymbol{e}_i; -\alpha) = \boldsymbol{I} + \alpha\boldsymbol{e}_j\boldsymbol{e}_i^{\mathrm{T}}$$

$\boldsymbol{E}(\boldsymbol{e}_j, \boldsymbol{e}_i; -\alpha)\boldsymbol{A}$ 是将 α 乘 $\boldsymbol{A}$ 的第 i 行再加到 $\boldsymbol{A}$ 的第 j 行所得到的矩阵.

例 1.6（初等下三角阵）　设 $\sigma = -1, \boldsymbol{v} = \boldsymbol{e}_j$，而 $\boldsymbol{u} = \boldsymbol{l}_j$，其中 $\boldsymbol{l}_j$ 的前 j 个分量为 0，即

$$\boldsymbol{l}_j = (0, \cdots, 0, l_{j+1,j}, \cdots, l_{n,j})^{\mathrm{T}}$$

则 $\boldsymbol{E}(\boldsymbol{l}_j, \boldsymbol{e}_j; -1)$ 记为 $\boldsymbol{L}_j(\boldsymbol{l}_j)$，称指标为 j 的初等下三角阵，即

$$\boldsymbol{L}_j(\boldsymbol{l}_j) = \boldsymbol{I} + \boldsymbol{l}_j\boldsymbol{e}_j^{\mathrm{T}} = \begin{pmatrix} 1 & & & & & \\ & \ddots & & & & \\ & & 1 & & & \\ & & l_{j+1,j} & 1 & & \\ & & \vdots & & \ddots & \\ & & l_{n,j} & & & 1 \end{pmatrix} \tag{1.23}$$

不难验证

$$\det(\boldsymbol{L}_j(\boldsymbol{l}_j)) = 1$$

$$\boldsymbol{L}_j(\boldsymbol{l}_j)^{-1} = \boldsymbol{E}(\boldsymbol{l}_j, \boldsymbol{e}_j; 1) = \boldsymbol{I} - \boldsymbol{l}_j\boldsymbol{e}_j^{\mathrm{T}} = \boldsymbol{L}_j(-\boldsymbol{l}_j) \tag{1.24}$$

$\boldsymbol{L}_j(\boldsymbol{l}_j)\boldsymbol{A}$ 的第 1 行至第 j 行与 $\boldsymbol{A}$ 相同,而其他各行是 $\boldsymbol{A}$ 的各行分别加上 $\boldsymbol{A}$ 的第 j 行乘以一个因子.

当 $i \leqslant j$ 时,有 $\boldsymbol{e}_i^{\mathrm{T}}\boldsymbol{l}_j = 0$,所以

$$\boldsymbol{L}_i(\boldsymbol{l}_i)\boldsymbol{L}_j(\boldsymbol{l}_j) = (\boldsymbol{I} + \boldsymbol{l}_i\boldsymbol{e}_i^{\mathrm{T}})(\boldsymbol{I} + \boldsymbol{l}_j\boldsymbol{e}_j^{\mathrm{T}}) = \boldsymbol{I} + \boldsymbol{l}_i\boldsymbol{e}_i^{\mathrm{T}} + \boldsymbol{l}_j\boldsymbol{e}_j^{\mathrm{T}} \tag{1.25}$$

当 $i < j$ 时,如果将 $\boldsymbol{L}_i(\boldsymbol{l}_i)$ 的第 j 列对角元以下的元素换为 $\boldsymbol{l}_j$ 相应的元素,就得到 $\boldsymbol{L}_i(\boldsymbol{l}_i)\boldsymbol{L}_j(\boldsymbol{l}_j)$. 所以,一个**单位下三角阵**

$$\boldsymbol{L} = \begin{pmatrix} 1 & & & \\ l_{21} & 1 & & \\ \vdots & \vdots & \ddots & \\ l_{n1} & l_{n2} & \cdots & 1 \end{pmatrix}$$

可以写成

$$\boldsymbol{L} = \boldsymbol{L}_1(\boldsymbol{l}_1)\boldsymbol{L}_2(\boldsymbol{l}_2)\cdots\boldsymbol{L}_{n-1}(\boldsymbol{l}_{n-1}) \tag{1.26}$$

以上的初等矩阵在解线性代数方程组的直接方法中有重要的作用,其他的初等矩阵还会在第 5 章介绍.

2 Gauss 消去法和矩阵的三角分解

解线性代数方程组的直接方法主要是 Gauss 消去法及其变种,包括主元素法和三角分解方法等.

2-1　Gauss 顺序消去法

设 $\boldsymbol{A}=(a_{ij})\in\mathbf{R}^{n\times n}$，$\det\boldsymbol{A}\neq 0$，$\boldsymbol{b}=(b_1,b_2,\cdots,b_n)^{\mathrm{T}}\in\mathbf{R}^n$，求解线性方程组

$$\boldsymbol{A}\boldsymbol{x}=\boldsymbol{b} \tag{2.1}$$

如果 $\boldsymbol{A}$ 是一个下三角阵，即对于 $j>i$，$a_{ij}=0$，而且 $a_{ii}\neq 0$，$i=1,2,\cdots,n$. 我们可以从第 1 个方程求得 x_1，代入第 2 个方程求 x_2，这样逐次向前代入求出 $\boldsymbol{x}$ 的所有分量. 如果 $\boldsymbol{A}$ 是一个上三角阵，即对于 $i>j$，$a_{ij}=0$，而且 $a_{ii}\neq 0$，$i=1,2,\cdots,n$. 我们就从最后一个方程求得 x_n，再代入第 $n-1$ 个方程求得 x_{n-1}，这样逐次向后回代求出 $\boldsymbol{x}$ 的所有分量. **Gauss 消去法**就是将系数矩阵 $\boldsymbol{A}$ 逐次消去成上三角阵，再逐次向后回代求出方程组的解.

设 $(\boldsymbol{A}^{(1)}\,|\,\boldsymbol{b}^{(1)})=(\boldsymbol{A}\,|\,\boldsymbol{b})$，$\boldsymbol{A}^{(1)}=(a_{ij}^{(1)})$ 可写成

$$\boldsymbol{A}^{(1)}=\begin{pmatrix} a_{11}^{(1)} & \boldsymbol{r}_1^{\mathrm{T}} \\ \boldsymbol{c}_1 & \bar{\boldsymbol{A}}_1 \end{pmatrix}$$

设 $a_{11}^{(1)}\neq 0$，方程组 $\boldsymbol{A}^{(1)}\boldsymbol{x}=\boldsymbol{b}^{(1)}$ 两边左乘初等矩阵 $\boldsymbol{L}_1^{-1}$，其中

$$\boldsymbol{L}_1=\boldsymbol{I}+\boldsymbol{l}_1\boldsymbol{e}_1^{\mathrm{T}},\quad \boldsymbol{L}_1^{-1}=\boldsymbol{I}-\boldsymbol{l}_1\boldsymbol{e}_1^{\mathrm{T}}$$

$\boldsymbol{l}_1=(0,l_{21},\cdots,l_{n1})^{\mathrm{T}}$，$l_{i1}=a_{i1}^{(1)}/a_{11}^{(1)}$，$i=2,\cdots,n$. 记 $\boldsymbol{A}^{(2)}=\boldsymbol{L}_1^{-1}\boldsymbol{A}^{(1)}$，则有

$$\boldsymbol{A}^{(2)}=\boldsymbol{L}_1^{-1}\boldsymbol{A}^{(1)}=\begin{pmatrix} 1 & \boldsymbol{0} \\ -\boldsymbol{c}_1/a_{11}^{(1)} & \boldsymbol{I}_{n-1} \end{pmatrix}\begin{pmatrix} a_{11}^{(1)} & \boldsymbol{r}_1^{\mathrm{T}} \\ \boldsymbol{c}_1 & \bar{\boldsymbol{A}}_1 \end{pmatrix}$$

$$=\begin{pmatrix} a_{11} & \boldsymbol{r}_1^{\mathrm{T}} \\ \boldsymbol{0} & \bar{\boldsymbol{A}}_1-\boldsymbol{c}_1\boldsymbol{r}_1^{\mathrm{T}}/a_{11}^{(1)} \end{pmatrix}$$

设 $\boldsymbol{A}^{(2)}=(a_{ij}^{(2)})$，它的第 1 行与 $\boldsymbol{A}^{(1)}$ 相同，而第 1 列对角线以下元素已经消为 0.

一般地，设第 k 步等价方程组对应于增广矩阵 $(\boldsymbol{A}^{(k)}\,|\,\boldsymbol{b}^{(k)})$. 设 $a_{kk}^{(k)}\neq 0$，$l_{ik}=a_{ik}^{(k)}/a_{kk}^{(k)}$，$i=k+1,\cdots,n$，$\boldsymbol{l}_k=(0,\cdots,0,l_{k+1,k},\cdots,$

$l_{nk})^{\mathrm{T}}$. 以 $\boldsymbol{L}_k^{-1}=\boldsymbol{I}-\boldsymbol{l}_k\boldsymbol{e}_k^{\mathrm{T}}$ 左乘方程两边，有

$$(\boldsymbol{A}^{(k+1)} \mid \boldsymbol{b}^{(k+1)}) = \boldsymbol{L}_k^{-1}(\boldsymbol{A}^{(k)} \mid \boldsymbol{b}^{(k)})$$

把 $\boldsymbol{b}^{(k)}$ 的元素记成 $a_{i,n+1}^{(k)}$，$(\boldsymbol{A}^{(k+1)} \mid \boldsymbol{b}^{(k+1)})$ 元素的计算公式是

$$l_{ik}=a_{ik}^{(k)}/a_{kk}^{(k)},\quad i=k+1,\cdots,n$$

$$a_{ij}^{(k+1)}=\begin{cases} a_{ij}^{(k)}, & i=1,\cdots,k;j=1,\cdots,n+1 \\ a_{ij}^{(k)}-l_{ik}a_{kj}^{(k)}, & i=k+1,\cdots,n;j=k+1,\cdots,n+1 \\ 0, & i=k+1,\cdots,n;j=1,\cdots,k \end{cases} \tag{2.2}$$

设 $a_{kk}^{(k)}\neq 0,k=1,2,\cdots,n-1$，最后得到

$$\boldsymbol{L}_{n-1}^{-1}\boldsymbol{L}_{n-2}^{-1}\cdots\boldsymbol{L}_2^{-1}\boldsymbol{L}_1^{-1}\boldsymbol{A}^{(1)} = \boldsymbol{A}^{(n)} = \boldsymbol{U}$$

这里 $\boldsymbol{U}=\boldsymbol{A}^{(n)}=(a_{ij}^{(n)})$ 是上三角阵，这就完成了消去过程，最后得到等价方程组

$$\boldsymbol{A}^{(n)}\boldsymbol{x} = \boldsymbol{b}^{(n)}$$

其中 $a_{nn}^{(n)}\neq 0$. 回代计算公式是

$$\begin{cases} x_n = a_{n,n+1}^{(n)}/a_{nn}^{(n)} \\ x_i = \left(a_{i,n+1}^{(i)} - \sum\limits_{j=i+1}^{n} a_{ij}^{(i)}x_j\right)/a_{ii}^{(i)}, i = n-1,\cdots,2,1 \end{cases} \tag{2.3}$$

从(2.2)看到，消去过程的第 k 步共含除法运算 $n-k$ 次，乘法和减法各 $(n-k)(n+1-k)$ 次，所以消去过程共含乘除法次数为

$$\sum_{k=1}^{n-1}(n-k)+\sum_{k=1}^{n-1}(n-k)(n+1-k)=\frac{n^3}{3}+\frac{n^2}{2}-\frac{5n}{6}$$

含加减法次数为

$$\sum_{k=1}^{n-1}(n-k)(n+1-k)=\frac{n^3}{3}-\frac{n}{3}$$

而回代过程含乘除法次数为 $\dfrac{n(n+1)}{2}$，加减法次数为 $\dfrac{n(n-1)}{2}$，所以 Gauss 消去法总的乘除法次数为

$$\frac{n^3}{3}+n^2-\frac{n}{3}\approx\frac{n^3}{3}$$

加减法次数为

$$\frac{n^3}{3}+\frac{n^2}{2}-\frac{5n}{6}\approx\frac{n^3}{3}$$

如果我们用克莱姆法则计算(2.1)的解,要计算 $n+1$ 个 n 阶行列式并作 n 次除法. 而计算每个行列式,若用子式展开的方法,则有 $n!$ 次乘法,所以用克莱姆法则大约需要 $(n+1)!$ 次乘除法运算. 例如,当 $n=10$ 时约需 4×10^7 次乘除法运算,而用 Gauss 消去法只需 430 次乘除法运算.

从上面消去过程可以看出,Gauss 消去步骤能顺序进行的条件是 $a_{11}^{(1)},a_{22}^{(2)},\cdots,a_{n-1,n-1}^{(n-1)}$ 全不为 0,回代步骤要求 $a_{nn}^{(n)}\neq0$. 若用 Δ_i 表示 $\boldsymbol{A}$ 的顺序主子式,即

$$\Delta_i=\begin{vmatrix}a_{11} & \cdots & a_{1i}\\ \vdots & & \vdots\\ a_{i1} & \cdots & a_{ii}\end{vmatrix},\quad i=1,2,\cdots,n$$

有下面的定理.

定理 2.1 $a_{ii}^{(i)}(i=1,2,\cdots,k)$ 全不为零的充分必要条件是 $\boldsymbol{A}$ 的顺序子式 $\Delta_i\neq0,i=1,\cdots,k$,其中 $k\leqslant n$.

定理 2.2 对方程组 $\boldsymbol{Ax}=\boldsymbol{b}$,若 $\boldsymbol{A}$ 的顺序主子式均不为零,则可用 Gauss 顺序消去法求出方程组的解.

2-2 矩阵的三角分解、直接三角分解解法

从上面消去法的过程,我们看到

$$\boldsymbol{L}_{n-1}^{-1}\boldsymbol{L}_{n-2}^{-1}\cdots\boldsymbol{L}_2^{-1}\boldsymbol{L}_1^{-1}\boldsymbol{A}=\boldsymbol{U}$$

$\boldsymbol{U}$ 是一个上三角阵,由此得

$$\boldsymbol{A}=\boldsymbol{L}_1\boldsymbol{L}_2\cdots\boldsymbol{L}_{n-1}\boldsymbol{U}$$

令 $\boldsymbol{L}=\boldsymbol{L}_1\boldsymbol{L}_2\cdots\boldsymbol{L}_{n-1}$,它是一个单位下三角阵,可表示为

$$
\boldsymbol{L}=\boldsymbol{I}+\sum_{i=1}^{n-1}\boldsymbol{l}_i\boldsymbol{e}_i^{\mathrm{T}}=\begin{pmatrix}1 & & & & \\ l_{21} & 1 & & & \\ l_{31} & l_{32} & 1 & & \\ \vdots & \vdots & \vdots & \ddots & \\ l_{n1} & l_{n2} & l_{n3} & \cdots & 1\end{pmatrix} \tag{2.4}
$$

这样，如果 $\boldsymbol{A}$ 的顺序主子式 $\Delta_1,\Delta_2,\cdots,\Delta_{n-1}$ 均不为零，$\boldsymbol{A}$ 便可以写成一个单位下三角阵和一个上三角阵的乘积，即

$$
\boldsymbol{A}=\boldsymbol{L}\boldsymbol{U} \tag{2.5}
$$

这称为矩阵 $\boldsymbol{A}$ 的 **Doolittle 分解.**

定理 2.3 非奇异矩阵 $\boldsymbol{A}\in\mathbf{R}^{n\times n}$，若其顺序主子式 Δ_i $(i=1,\cdots,n-1)$均不为零，则存在唯一的单位下三角阵 $\boldsymbol{L}$ 和上三角阵 $\boldsymbol{U}$，使 $\boldsymbol{A}=\boldsymbol{L}\boldsymbol{U}$.

可以证明，当 $\boldsymbol{A}$ 为奇异阵时，定理 2.3 仍然成立. 上面的分解称作 $\boldsymbol{A}$ 的 LU 分解，其中单位下三角阵 $\boldsymbol{L}$ 的第 j 列是消去过程中引入的向量 $\boldsymbol{l}_j$.

我们也可以得到

$$
\boldsymbol{A}=\boldsymbol{L}\boldsymbol{D}\boldsymbol{U}
$$

其中 $\boldsymbol{D}$ 为对角阵，$\boldsymbol{L}$ 与 $\boldsymbol{U}$ 分别为单位下三角阵与单位上三角阵，这称为 $\boldsymbol{A}$ 的 LDU 分解. 并有下面定理.

定理 2.4 非奇异矩阵 $\boldsymbol{A}\in\mathbf{R}^{n\times n}$ 有唯一的 LDU 分解的充分必要条件是 $\boldsymbol{A}$ 的顺序主子式 $\Delta_1,\Delta_2,\cdots,\Delta_{n-1}$ 均不为零.

定理证明留作练习.

下面我们引入解线性方程组的**直接三角分解解法**. 设 $\boldsymbol{A}=(a_{ij})$满足定理 2.3 的条件，则有 $\boldsymbol{A}=\boldsymbol{L}\boldsymbol{U}$，$\boldsymbol{L}=(l_{ij})$为单位下三角阵，$\boldsymbol{U}=(u_{ij})$为上三角阵. 根据矩阵的乘法规则有

$$a_{kj} = \sum_{r=1}^{\min(k,j)} l_{kr} u_{rj}, \quad k,j = 1,2,\cdots,n \tag{2.6}$$

当 $k=1$ 时，由 $l_{11}=1$ 可得

$$u_{1j} = a_{1j}, \quad j = 1,2,\cdots,n$$

当 $j=1$ 时，可得到

$$l_{k1} = \frac{a_{k1}}{u_{11}}, \quad k = 2,3,\cdots,n$$

这样由 $\boldsymbol{A}$ 的第 1 行和第 1 列可以计算出 $\boldsymbol{U}$ 的第 1 行和 $\boldsymbol{L}$ 的第 1 列. 如果 $\boldsymbol{U}$ 的第 1 至 $k-1$ 行和 $\boldsymbol{L}$ 的第 1 至 $k-1$ 列已经算出，则由 (2.6) 可计算 $\boldsymbol{U}$ 的第 k 行元素

$$u_{kj} = a_{kj} - \sum_{r=1}^{k-1} l_{kr} u_{rj}, \quad j = k,k+1,\cdots,n \tag{2.7}$$

同理，对 $i>k$，先将 (2.6) 改写成

$$a_{ik} = \sum_{r=1}^{k-1} l_{ir} u_{rk} + l_{ik} u_{kk}, \quad i = k+1,\cdots,n$$

就可计算出 $\boldsymbol{L}$ 的第 k 列元素

$$l_{ik} = \frac{a_{ik} - \sum_{r=1}^{k-1} l_{ir} u_{rk}}{u_{kk}}, \quad i = k+1,\cdots,n \tag{2.8}$$

如果把和式 $\sum_{r=1}^{0}$ 认为等于零，则 (2.7) 和 (2.8) 也包含了 $\boldsymbol{U}$ 的第 1 行和 $\boldsymbol{L}$ 的第 1 列元素的计算公式. 所以我们交替使用 (2.7) 和 (2.8)，就能逐次计算出 $\boldsymbol{U}$(按行) 和 $\boldsymbol{L}$(按列) 的全部元素，而且可以把它们就存放在矩阵 $\boldsymbol{A}$ 对应的位置上 ($\boldsymbol{L}$ 的对角线不必存). 这就完成了 $\boldsymbol{A}$ 的 LU 分解.

解方程组 $\boldsymbol{Ax}=\boldsymbol{b}$ 就化为求解 $\boldsymbol{LUx}=\boldsymbol{b}$. 分两步求解，第 1 步解 $\boldsymbol{Ly}=\boldsymbol{b}$，$\boldsymbol{L}$ 是下三角阵，采用逐次用向前代入的方法；第 2 步解 $\boldsymbol{Ux}=\boldsymbol{y}$，$\boldsymbol{U}$ 是上三角阵，用逐次向后回代的方法. 设 $\boldsymbol{x}=(x_1,\cdots,x_n)^{\mathrm{T}}$，

$\boldsymbol{y}=(y_1,\cdots,y_n)^{\mathrm{T}}$，$\boldsymbol{b}=(b_1,\cdots,b_n)^{\mathrm{T}}$，计算公式是

$$y_i = b_i - \sum_{r=1}^{i-1} l_{ir} y_r, \quad i = 1,\cdots,n \tag{2.9}$$

$$x_i = \frac{y_i - \sum_{r=i+1}^{n} u_{ir} x_r}{u_{ii}}, \quad i = n, n-1, \cdots, 1 \tag{2.10}$$

其中遇 $\sum_{r=n+1}^{n}$ 也认作零.

(2.7)～(2.10)称为解线性方程组的 Doolittle 方法.

例 2.1 用 Doolittle 方法求解

$$\begin{pmatrix} 6 & 2 & 1 & -1 \\ 2 & 4 & 1 & 0 \\ 1 & 1 & 4 & -1 \\ -1 & 0 & -1 & 3 \end{pmatrix} \begin{pmatrix} x_1 \\ x_2 \\ x_3 \\ x_4 \end{pmatrix} = \begin{pmatrix} 6 \\ -1 \\ 5 \\ -5 \end{pmatrix}$$

解 第 1 步用(2.7)和(2.8)计算出

$$\boldsymbol{L} = \begin{pmatrix} 1 & & & \\ \frac{1}{3} & 1 & & \\ \frac{1}{6} & \frac{1}{5} & 1 & \\ -\frac{1}{6} & \frac{1}{10} & -\frac{9}{37} & 1 \end{pmatrix}, \quad \boldsymbol{U} = \begin{pmatrix} 6 & 2 & 1 & -1 \\ & \frac{10}{3} & \frac{2}{3} & \frac{1}{3} \\ & & \frac{37}{10} & -\frac{9}{10} \\ & & & \frac{191}{74} \end{pmatrix}$$

第 2 步用(2.9)算出

$$\boldsymbol{y} = \left(6, 3, \frac{23}{5}, -\frac{191}{74}\right)^{\mathrm{T}}$$

第 3 步用(2.10)算出

$$\boldsymbol{x} = (1, -1, 1, -1)^{\mathrm{T}}$$

Doolittle 方法的计算工作量同 Gauss 消去法.

2-3 选主元的消去法和三角分解

如果 $\boldsymbol{A}$ 非奇异，方程组 $\boldsymbol{Ax}=\boldsymbol{b}$ 就有唯一解. 但 A 的顺序主子式不一定都非零. 例如，若 $a_{11}=0$，消去法或 Doolittle 方法的第 1 步就不能进行. 但我们可在 $\boldsymbol{A}$ 的第 1 列中找出一个非零元 a_{i1}，先将第 1 行与第 i 行交换，然后作第 1 步消去. 其他各步类似处理.

有时虽然 $a_{ii}^{(i)}\neq 0$，但 $|a_{ii}^{(i)}|$ 很小，消去法可以计算下去，但计算过程中的舍入误差可能导致结果不可靠.

例 2.2 用 3 位十进制浮点运算求解

$$\begin{cases} 1.00\times 10^{-5}\quad x_1+1.00x_2=1.00 & (E_1)\\ 1.00x_1+1.00x_2=2.00 & (E_2)\end{cases}$$

解 这个方程组的准确解显然应接近$(1.00,1.00)^{\mathrm{T}}$. 但是系数 $a_{11}=1.00\times 10^{-5}$ 与其他系数相比是个小数，如果我们用顺序的 Gauss 消去法求解，则有

$$l_{21}=\frac{a_{21}}{a_{11}}=1.00\times 10^5$$

$$a_{22}^{(2)}=a_{22}-l_{21}a_{12}=1.00-1.00\times 10^5$$

$$a_{23}^{(2)}=2.00-1.00\times 10^5$$

在 3 位十进制运算的限制下，得到

$$x_2=\frac{a_{23}^{(2)}}{a_{22}^{(2)}}=1.00$$

代回(E_1)得 $x_1=0$，这是显然不正确的解. 因为用小数 a_{11} 做除数，使 l_{21} 是个大数，在计算 $a_{22}^{(2)}$ 的过程中 a_{22} 的值完全被掩盖了. 如果对方程组先作变换$(E_1)\leftrightarrow(E_2)$，再用 Gauss 消去法，就不会出现上述问题，解得 $x_1=1.00,x_2=1.00$.

为了克服类似例 2.2 的困难，可用下面的主元素消去法.

列主元消去法也称按列部分选主元的消去法. 现在只设 $\boldsymbol{A}$ 非

奇异. 在第 k 步按公式(2.2)计算 $\boldsymbol{A}^{(k+1)}$ 之前,在 $\boldsymbol{A}^{(k)}$ 的第 k 列,从第 k 到第 n 个元素中选取 $a_{i_k k}^{(k)}$,使

$$|a_{i_k k}^{(k)}| = \max_{k\leqslant i\leqslant n} |a_{ik}^{(k)}| \tag{2.11}$$

由于 $\boldsymbol{A}$ 非奇异,有 $a_{i_k k}^{(k)} \neq 0$. 我们先将 $(\boldsymbol{A}^{(k)} | \boldsymbol{b}^{(k)})$ 的第 i_k 行与第 k 行对调,再按公式(2.2)作消去计算. 换行步骤相当左乘 $\boldsymbol{I}_{i_k k}$,所以

$$(\boldsymbol{A}^{(k+1)} \mid \boldsymbol{b}^{(k)}) = \boldsymbol{L}_k^{-1}\boldsymbol{I}_{i_k k}(\boldsymbol{A}^{(k)} \mid \boldsymbol{b}^{(k)}) \tag{2.12}$$

其中 $\boldsymbol{L}_k^{-1}$ 是指标为 k 的初等下三角阵,$\boldsymbol{I}_{i_k k}$ 是初等排列阵,当 $i_k=k$ 时,$\boldsymbol{I}_{kk}=\boldsymbol{I}$,表示这步不换行.

经过 $n-1$ 次换行与消去的步骤,$\boldsymbol{A}$ 化为上三角阵 $\boldsymbol{U}$,即有

$$\boldsymbol{L}_{n-1}^{-1}\boldsymbol{I}_{i_{n-1},n-1}\cdots\boldsymbol{L}_2^{-1}\boldsymbol{I}_{i_2,2}\boldsymbol{L}_1^{-1}\boldsymbol{I}_{i_1,1}\boldsymbol{A} = \boldsymbol{U}$$

$$\boldsymbol{A} = \boldsymbol{I}_{i_1,1}\boldsymbol{L}_1\boldsymbol{I}_{i_2,2}\boldsymbol{L}_2\cdots\boldsymbol{I}_{i_{n-1},n-1}\boldsymbol{L}_{n-1}\boldsymbol{U} \tag{2.13}$$

以上换行与消去的计算,加上回代过程,称为列主元消去法. 一般地我们有下面的定理.

定理 2.5(有换行步骤的三角分解) 设 $\boldsymbol{A}$ 非奇异,则存在排列阵 $\boldsymbol{P}$,单位下三角阵 $\boldsymbol{L}$ 和上三角阵 $\boldsymbol{U}$,使

$$\boldsymbol{PA} = \boldsymbol{LU} \tag{2.14}$$

如果上述分解式对应列主元消去法的运算,则 $\boldsymbol{L}$ 的元素绝对值不大于 1.

例 2.3 用列主元消去法解方程组 $\boldsymbol{Ax}=\boldsymbol{b}$,计算过程取 5 位数字,其中

$$(\boldsymbol{A} \mid \boldsymbol{b}) = \left(\begin{array}{ccc|c} -0.002 & 2 & 2 & 0.4 \\ 1 & 0.78125 & 0 & 1.3816 \\ 3.996 & 5.5625 & 4 & 7.4178 \end{array}\right)$$

解 对于 $(\boldsymbol{A}^{(1)} | \boldsymbol{b}^{(1)}) = (\boldsymbol{A} | \boldsymbol{b})$,第 1 步选主元为 $a_{31}^{(1)}=3.996$,$i_1=3$. 交换第 1,3 行,计算

$$l_{21}=\frac{1}{3.996}=0.250\ 25$$

$$l_{31}=\frac{-0.002}{3.996}=-0.000\ 500\ 50$$

作消去,得到

$$(\boldsymbol{A}^{(2)}\mid\boldsymbol{b}^{(2)})=\left(\begin{array}{ccc|c}3.996 & 5.562\ 5 & 4 & 7.417\ 8\\ 0 & -0.610\ 77 & -1.001\ 0 & -0.474\ 71\\ 0 & 2.002\ 8 & 2.002\ 0 & 0.403\ 71\end{array}\right)$$

第 2 步,对 $\boldsymbol{A}^{(2)}$ 选列主元为 $a_{32}^{(2)}=2.002\ 8$,$i_2=3$. 交换第 2,3 行,计算

$$l_{32}=\frac{-0.610\ 77}{2.002\ 8}=-0.304\ 96$$

再作消去计算,得到

$$(\boldsymbol{A}^{(3)}\mid\boldsymbol{b}^{(3)})=\left(\begin{array}{ccc|c}3.996 & 5.562\ 5 & 4 & 7.417\ 8\\ 0 & 2.002\ 8 & 2.002\ 0 & 0.403\ 71\\ 0 & 0 & -0.390\ 47 & -0.351\ 59\end{array}\right)$$

消去过程至此结束. 回代计算得到解

$$x_1=1.927\ 3,x_2=-0.698\ 50,x_3=0.900\ 43$$

这个例题的精确解是

$$\boldsymbol{x}=(1.927\ 30,-0.698\ 496,0.900\ 423)^{\mathrm{T}}$$

而用不选主元的顺序 Gauss 消去法,则解得

$$(1.930\ 0,-0.686\ 95,0.888\ 88)^{\mathrm{T}}$$

这个结果误差较大,这是因为消去法的第 1 步中,$a_{11}^{(1)}$ 按绝对值比其他元素小很多所引起的. 从此例看到列主元消去法是有效的方法.

除了列主元消去法外,还有一种**完全主元消去法**. 在其过程的第 k 步($k\geqslant1$),不是按列来选主元,而是在 $\boldsymbol{A}^{(k)}$ 右下角的 $n-k+1$ 阶子阵中选主元 $a_{i_kj_k}^{(k)}$,即

$$|a_{i_k j_k}^{(k)}| = \max_{\substack{k\leqslant i\leqslant n\\ k\leqslant j\leqslant n}} |a_{ij}|$$

然后将$(\boldsymbol{A}^{(k)}|\boldsymbol{b}^{(k)})$的第 i_k 行与第 k 行,第 j_k 列与第 k 列交换,再进行消去运算.完全主元消去法比列主元消去法运算量大得多,可以证明列主元消去法的舍入误差一般已较小,所以实际计算中多用列主元消去法.

定理 2.6 设 $\boldsymbol{A}$ 非奇异,则存在排列阵 $\boldsymbol{P}$ 和 $\boldsymbol{Q}$,单位下三角阵 $\boldsymbol{L}$ 和上三角阵 $\boldsymbol{U}$,使

$$\boldsymbol{PAQ} = \boldsymbol{LU} \tag{2.15}$$

如果上述分解式对应完全主元消去法的运算,则 $\boldsymbol{L}$ 的元素绝对值不大于 1.

2-4 对称正定方程组

设方程组系数矩阵 $\boldsymbol{A}$ 是对称正定阵,从定理 2.4 可得到下面的定理.

定理 2.7 设 $\boldsymbol{A}\in\mathbf{R}^{n\times n}$,$\boldsymbol{A}^{\mathrm{T}}=\boldsymbol{A}$,$\boldsymbol{A}$ 的顺序主子式 $\Delta_i(i=1,2,\cdots,n)$皆非零,则存在唯一的单位下三角阵 $\boldsymbol{L}$ 和对角阵 $\boldsymbol{D}$,使

$$\boldsymbol{A} = \boldsymbol{LDL}^{\mathrm{T}} \tag{2.16}$$

定理 2.8 设 $\boldsymbol{A}\in\mathbf{R}^{n\times n}$,$\boldsymbol{A}$ 对称正定,则存在唯一的对角元素为正的下三角阵 $\boldsymbol{L}$,使

$$\boldsymbol{A} = \boldsymbol{LL}^{\mathrm{T}} \tag{2.17}$$

证明 由 $\boldsymbol{A}$ 的对称性及定理 2.7 可知 $\boldsymbol{A}=\boldsymbol{L}_1\boldsymbol{D}\boldsymbol{L}_1^{\mathrm{T}}$,其中 $\boldsymbol{L}_1$ 为单位下三角阵,$\boldsymbol{D}=\mathrm{diag}(d_1,d_2,\cdots,d_n)$.若令 $\boldsymbol{U}=\boldsymbol{D}\boldsymbol{L}_1^{\mathrm{T}}$,则 $\boldsymbol{A}=\boldsymbol{L}_1\boldsymbol{U}$ 为 $\boldsymbol{A}$ 的 Doolittle 分解,$\boldsymbol{U}$ 的对角元即 $\boldsymbol{D}$ 的对角元.

$\boldsymbol{A}$ 的顺序主子式 $\Delta_m=d_1d_2\cdots d_m$,$m=1,2,\cdots,n$.因为 $\boldsymbol{A}$ 正定,有 $\Delta_i>0$,$i=1,2,\cdots,n$,由此可推出 $d_i>0$,$i=1,2,\cdots,n$.记

$$\boldsymbol{D}^{\frac{1}{2}} = \mathrm{diag}(\sqrt{d_1},\sqrt{d_2},\cdots,\sqrt{d_n})$$

则有

$$\boldsymbol{A} = \boldsymbol{L}_1 \boldsymbol{D}^{\frac{1}{2}} \boldsymbol{D}^{\frac{1}{2}} \boldsymbol{L}_1^{\mathrm{T}} = (\boldsymbol{L}_1 \boldsymbol{D}^{\frac{1}{2}})(\boldsymbol{L}_1 \boldsymbol{D}^{\frac{1}{2}})^{\mathrm{T}}$$

令 $\boldsymbol{L}=\boldsymbol{L}_1\boldsymbol{D}^{\frac{1}{2}}$，它是对角元为正的下三角阵，所以(2.17)成立. 由分解 $\boldsymbol{L}_1\boldsymbol{D}\boldsymbol{L}_1^{\mathrm{T}}$ 的唯一性可得分解(2.17)的唯一性. 证毕.

(2.17)称为矩阵 $\boldsymbol{A}$ 的 **Cholesky 分解**. 容易证明，若存在可逆阵 $\boldsymbol{B}$(是否三角阵无关重要)使 $\boldsymbol{A}=\boldsymbol{B}\boldsymbol{B}^{\mathrm{T}}$，则 $\boldsymbol{A}$ 对称正定.

利用 $\boldsymbol{A}$ 的 Cholesky 分解式来求解 $\boldsymbol{A}\boldsymbol{x}=\boldsymbol{b}$ 的方法称 **Cholesky 方法或平方根法**. 现设 $\boldsymbol{A}=(a_{ij})$，$\boldsymbol{L}=(l_{ij})$，当 $i<j$ 时，$l_{ij}=0$. 由矩阵乘法规则可以得到逐列计算 $\boldsymbol{L}$ 元素的公式

$$l_{jj} = \Big(a_{jj} - \sum_{k=1}^{j-1} l_{jk}^2\Big)^{1/2} \tag{2.18}$$

$$l_{ij} = \frac{1}{l_{jj}}\Big(a_{ij} - \sum_{k=1}^{j-1} l_{ik} l_{jk}\Big), \quad i = j+1,\cdots,n \tag{2.19}$$

这样可以从 $j=1$ 直到 $j=n$ 逐列计算出 $\boldsymbol{L}$ 的元素，再求解下三角方程组 $\boldsymbol{L}\boldsymbol{y}=\boldsymbol{b}$ 和上三角方程组 $\boldsymbol{L}^{\mathrm{T}}\boldsymbol{x}=\boldsymbol{y}$.

Cholesky 方法的原理基于矩阵的 LU 分解，所以它也是 Gauss 消去法的变种. 但它利用了矩阵对称正定的性质，运算次数比标准的 Gauss 消去法要少得多.

从 $\boldsymbol{A}=\boldsymbol{L}\boldsymbol{L}^{\mathrm{T}}$ 元素的计算公式可得

$$a_{ii} = \sum_{k=1}^{i} l_{ik}^2$$

由此推出 $|l_{ik}| \leqslant \sqrt{a_{ii}}$，$k=1,2,\cdots,i$. 所以 Cholesky 方法中，中间量 l_{ik} 得以控制，不会产生如例 2.2 所示中间量放大使计算结果不可靠的现象.

可以证明，若 $\boldsymbol{A}$ 对称正定，用顺序 Gauss 消去法求解 $\boldsymbol{A}\boldsymbol{x}=\boldsymbol{b}$，则有

$$\max_{1\leqslant i,j\leqslant n} | a_{ij}^{(k)} | \leqslant \max_{1\leqslant i,j\leqslant n} | a_{ij} |, \quad k=1,2,\cdots,n$$

其中 $a_{ij}^{(k)}$ 为 $\boldsymbol{A}^{(k)}$ 的元素，即顺序 Gauss 消去法的中间量也得以控制，不必加入选主元步骤.

例 2.4 用 Cholesky 方法求解

$$\begin{cases} 4x_1 - x_2 + x_3 = 6 \\ -x_1 + 4.25x_2 + 2.75x_3 = -0.5 \\ x_1 + 2.75x_2 + 3.5x_3 = 1.25 \end{cases}$$

解 不难验证系数矩阵是对称正定的，按照(2.18)和(2.19)，依次按列计算出 $l_{11}, l_{21}, l_{31}; l_{22}, l_{23}; l_{33}$. 结果写成

$$\boldsymbol{L} = \begin{pmatrix} 2 & & \\ -0.5 & 2 & \\ 0.5 & 1.5 & 1 \end{pmatrix}$$

解 $\boldsymbol{Ly}=(6,-0.5,1.25)^{\mathrm{T}}$，得 $\boldsymbol{y}=(3,0.5,-1)^{\mathrm{T}}$. 再解 $\boldsymbol{L}^{\mathrm{T}}\boldsymbol{x}=\boldsymbol{y}$，得 $\boldsymbol{x}=(2,-1,-1)^{\mathrm{T}}$.

3 矩阵的条件数与病态方程组

3-1 矩阵的条件数与扰动方程组的误差界

关于方程组 $\boldsymbol{Ax}=\boldsymbol{b}$ 的解对 $\boldsymbol{A}$ 或 $\boldsymbol{b}$ 扰动的敏感性问题，先看两个例子.

例 3.1 方程组

$$\begin{pmatrix} 3 & 1 \\ 3.0001 & 1 \end{pmatrix}\begin{pmatrix} x_1 \\ x_2 \end{pmatrix} = \begin{pmatrix} 4 \\ 4.0001 \end{pmatrix}$$

的准确解是 $(1,1)^{\mathrm{T}}$. 若 $\boldsymbol{A}$ 及 $\boldsymbol{b}$ 作微小的变化，考虑扰动后的方程组

$$\begin{pmatrix} 3 & 1 \\ 2.9999 & 1 \end{pmatrix}\begin{pmatrix} x_1 \\ x_2 \end{pmatrix} = \begin{pmatrix} 4 \\ 4.0002 \end{pmatrix}$$

其准确解是$(-2,10)^T$. 可见本例中$\boldsymbol{A}$和$\boldsymbol{b}$的微小变化引起$\boldsymbol{x}$很大的变化，$\boldsymbol{x}$对$\boldsymbol{A}$及$\boldsymbol{b}$的扰动是敏感的. 这个例子有$\det\boldsymbol{A}=-10^{-4}$，方程组的解可以几何解释为平面上两条接近于平行的直线的交点，当其中一条直线稍有变化时，新的交点可与原交点相差甚远.

例 3.2 方程组

$$\begin{pmatrix} 10 & 7 & 8 & 7 \\ 7 & 5 & 6 & 5 \\ 8 & 6 & 10 & 9 \\ 7 & 5 & 9 & 10 \end{pmatrix}\begin{pmatrix} x_1 \\ x_2 \\ x_3 \\ x_4 \end{pmatrix}=\begin{pmatrix} 32 \\ 23 \\ 33 \\ 31 \end{pmatrix}$$

的准确解是$(1,1,1,1)^T$. 这里$\boldsymbol{A}$是对称的，且$\det\boldsymbol{A}=1$，似乎有"比较好"的性质. 但是对右端向量作微小的修改，例如，方程组

$$\begin{pmatrix} 10 & 7 & 8 & 7 \\ 7 & 5 & 6 & 5 \\ 8 & 6 & 10 & 9 \\ 7 & 5 & 9 & 10 \end{pmatrix}\begin{pmatrix} x_1+\delta x_1 \\ x_2+\delta x_2 \\ x_3+\delta x_3 \\ x_4+\delta x_4 \end{pmatrix}=\begin{pmatrix} 32.1 \\ 22.9 \\ 33.1 \\ 30.9 \end{pmatrix}$$

其准确解为$\boldsymbol{x}+\delta\boldsymbol{x}=(9.2,-12.6,4.5,-1.1)^T$. 粗略地看，$\boldsymbol{b}$的分量大约只有$\dfrac{1}{200}$的相对误差，而引起解的相对误差很大. 再考虑系数矩阵$\boldsymbol{A}$有微小的修改，例如，

$$\begin{pmatrix} 10 & 7 & 8.1 & 7.2 \\ 7.08 & 5.04 & 6 & 5 \\ 8 & 5.98 & 9.89 & 9 \\ 6.99 & 4.99 & 9 & 9.98 \end{pmatrix}\begin{pmatrix} x_1+\Delta x_1 \\ x_2+\Delta x_2 \\ x_3+\Delta x_3 \\ x_4+\Delta x_4 \end{pmatrix}=\begin{pmatrix} 32 \\ 23 \\ 33 \\ 31 \end{pmatrix}$$

其准确解$\boldsymbol{x}+\Delta\boldsymbol{x}=(-81,137,-34,22)^T$，也有巨大的误差.

以下我们详细分析向量$\boldsymbol{b}$和矩阵$\boldsymbol{A}$的扰动对方程组解的影响. 设$\|\cdot\|$为任何一种向量范数，对应的矩阵范数是从属的矩阵范数.

定义 3.1 设$\boldsymbol{A}\in\mathbf{R}^{n\times n}$为可逆阵，$\|\cdot\|$为一种从属矩阵范

数，则

$$\text{cond}(\boldsymbol{A}) = \|\boldsymbol{A}\| \|\boldsymbol{A}^{-1}\|$$

称为 $\boldsymbol{A}$ 的**条件数**.

如果矩阵范数取为 2-范数，则记 $\text{cond}_2(\boldsymbol{A}) = \|\boldsymbol{A}\|_2 \|\boldsymbol{A}^{-1}\|_2$，同理有 $\text{cond}_\infty(\boldsymbol{A})$ 和 $\text{cond}_1(\boldsymbol{A})$.

定理 3.1 设 $\boldsymbol{A}\in\mathbf{R}^{n\times n}$，$\det\boldsymbol{A}\neq 0$，$\boldsymbol{x}$ 和 $\boldsymbol{x}+\delta\boldsymbol{x}$ 分别满足方程组

$$\boldsymbol{A}\boldsymbol{x} = \boldsymbol{b} \tag{3.1}$$

$$(\boldsymbol{A}+\delta\boldsymbol{A})(\boldsymbol{x}+\delta\boldsymbol{x}) = \boldsymbol{b}+\delta\boldsymbol{b} \tag{3.2}$$

其中 $\boldsymbol{b}\neq\boldsymbol{0}$，而且 $\|\delta\boldsymbol{A}\|$ 适当小，使

$$\frac{\|\delta\boldsymbol{A}\|}{\|\boldsymbol{A}\|} < \frac{1}{\text{cond}(\boldsymbol{A})} \tag{3.3}$$

则有

$$\frac{\|\delta\boldsymbol{x}\|}{\|\boldsymbol{x}\|} \leqslant \frac{\text{cond}(\boldsymbol{A})}{1-\|\boldsymbol{A}^{-1}\|\|\delta\boldsymbol{A}\|}\left(\frac{\|\delta\boldsymbol{A}\|}{\|\boldsymbol{A}\|}+\frac{\|\delta\boldsymbol{b}\|}{\|\boldsymbol{b}\|}\right) \tag{3.4}$$

这里用到的是任一种向量范数及从属于它的矩阵范数.

证明 事实上，定理条件未假设方程组(3.2)有唯一解. 设 $\|\boldsymbol{A}^{-1}\|=\alpha$，$\|\delta\boldsymbol{A}\|=\|\boldsymbol{A}-(\boldsymbol{A}+\delta\boldsymbol{A})\|=\beta$，由条件(3.3)可得

$$\alpha\beta = \|\boldsymbol{A}^{-1}\|\|\delta\boldsymbol{A}\| < 1$$

由定理 1.12 的推论，$\boldsymbol{A}+\delta\boldsymbol{A}$ 可逆，而且

$$\|(\boldsymbol{A}+\delta\boldsymbol{A})^{-1}\| \leqslant \frac{\|\boldsymbol{A}^{-1}\|}{1-\|\boldsymbol{A}^{-1}\|\|\delta\boldsymbol{A}\|}$$

所以方程组(3.2)有唯一解

$$\boldsymbol{x}+\delta\boldsymbol{x} = (\boldsymbol{A}+\delta\boldsymbol{A})^{-1}(\boldsymbol{b}+\delta\boldsymbol{b})$$

由此可得

$$\begin{aligned}\delta\boldsymbol{x} &= (\boldsymbol{A}+\delta\boldsymbol{A})^{-1}[\boldsymbol{b}+\delta\boldsymbol{b}-(\boldsymbol{A}+\delta\boldsymbol{A})\boldsymbol{x}]\\ &= (\boldsymbol{A}+\delta\boldsymbol{A})^{-1}[-(\delta\boldsymbol{A})\boldsymbol{x}+\delta\boldsymbol{b}]\end{aligned}$$

$$\begin{aligned}\|\delta\boldsymbol{x}\| &\leqslant \|(\boldsymbol{A}+\delta\boldsymbol{A})^{-1}\|(\|\delta\boldsymbol{A}\|\|\boldsymbol{x}\|+\|\delta\boldsymbol{b}\|)\\ &\leqslant \frac{\|\boldsymbol{A}^{-1}\|}{1-\|\boldsymbol{A}^{-1}\|\|\delta\boldsymbol{A}\|}\left(\frac{\|\delta\boldsymbol{A}\|}{\|\boldsymbol{A}\|}\|\boldsymbol{A}\|\|\boldsymbol{x}\|+\right.\end{aligned}$$

$$\left.\frac{\|\delta \boldsymbol{b}\|}{\|\boldsymbol{b}\|}\|\boldsymbol{A}\|\ \|\boldsymbol{x}\|\right)$$

即可得到估计式(3.4). 定理证毕.

推论 1 在定理 3.1 条件下，若 $\delta\boldsymbol{A}=\boldsymbol{0}$，$\delta\boldsymbol{b}\neq\boldsymbol{0}$，则有

$$\frac{\|\delta \boldsymbol{x}\|}{\|\boldsymbol{x}\|}\leqslant \mathrm{cond}(\boldsymbol{A})\frac{\|\delta \boldsymbol{b}\|}{\|\boldsymbol{b}\|} \tag{3.5}$$

推论 2 在定理 3.1 条件下，若 $\delta\boldsymbol{b}=\boldsymbol{0}$，$\delta\boldsymbol{A}\neq\boldsymbol{0}$，则

$$\frac{\|\delta \boldsymbol{x}\|}{\|\boldsymbol{x}\|}\leqslant \mathrm{cond}(\boldsymbol{A})\frac{\|\delta \boldsymbol{A}\|}{\|\boldsymbol{A}\|}(1+O(\|\delta\boldsymbol{A}\|)) \tag{3.6}$$

如果方程组(3.1)的 $\boldsymbol{b}$ 有扰动 $\delta\boldsymbol{b}$，由 $\delta\boldsymbol{b}$ 引起解的扰动 $\delta\boldsymbol{x}$. 从推论 1 我们看到 $\mathrm{cond}(\boldsymbol{A})$ 可以作为解的相对误差放大倍数的估计. 同理，由 $\boldsymbol{A}$ 的扰动 $\delta\boldsymbol{A}$ 引起的 $\delta\boldsymbol{x}$，若略去 $O(\|\delta\boldsymbol{A}\|)$，从推论 2 也可作类似的解释. 同时，也可证明，若 $\delta\boldsymbol{b}=\boldsymbol{0}$，有

$$\frac{\|\delta \boldsymbol{x}\|}{\|\boldsymbol{x}+\delta\boldsymbol{x}\|}\leqslant \mathrm{cond}(\boldsymbol{A})\frac{\|\delta \boldsymbol{A}\|}{\|\boldsymbol{A}\|} \tag{3.7}$$

这样，我们看到若 $\mathrm{cond}(\boldsymbol{A})$ 是个大数时，$\boldsymbol{b}$ 或 $\boldsymbol{A}$ 的扰动可能会引起解有大的误差. 我们说 $\mathrm{cond}(\boldsymbol{A})$ 刻画了方程组(3.1)的性态. 如果 $\mathrm{cond}(\boldsymbol{A})$ 越大，就称 $\boldsymbol{A}$ 越**病态**(或称 $\boldsymbol{A}$ 条件越坏). 反之，称 $\boldsymbol{A}$ 越**良态**.

下面列出有关条件数的一些性质，留给读者证明. 以下提到 $\boldsymbol{A}$ 的条件数，均假设 $\boldsymbol{A}$ 是可逆的.

定理 3.2 设 $\boldsymbol{A}\in\mathbf{R}^{n\times n}$，$\boldsymbol{A}$ 非奇异，则有

(1) $\mathrm{cond}(\boldsymbol{A})\geqslant 1$， $\mathrm{cond}(\boldsymbol{A})=\mathrm{cond}(\boldsymbol{A}^{-1})$

$$\mathrm{cond}(\alpha\boldsymbol{A})=\mathrm{cond}(\boldsymbol{A}),\ \forall\alpha\in\mathbf{R},\alpha\neq 0$$

(2) 若 $\boldsymbol{A}$ 为正交阵，则

$$\mathrm{cond}_2(\boldsymbol{A})=1$$

(3) 若 $\boldsymbol{U}$ 为正交阵，则

$$\mathrm{cond}_2(\boldsymbol{A})=\mathrm{cond}_2(\boldsymbol{AU})=\mathrm{cond}_2(\boldsymbol{UA})$$

(4) 设 λ_1 与 λ_n 为 $\boldsymbol{A}$ 按模最大和最小的特征值，则

$$\operatorname{cond}(\boldsymbol{A}) \geqslant \frac{|\lambda_1|}{|\lambda_n|}$$

若 $\boldsymbol{A}$ 对称，则 $\operatorname{cond}_2(\boldsymbol{A})=\frac{|\lambda_1|}{|\lambda_n|}$.

定理 3.3 设 $\boldsymbol{A}\in\mathbf{R}^{n\times n}$，$\boldsymbol{b}\in\mathbf{R}^n$，且 $\boldsymbol{A}$ 非奇异，$\boldsymbol{b}\neq\boldsymbol{0}$，$\boldsymbol{x}$ 是方程组 $\boldsymbol{Ax}=\boldsymbol{b}$ 的精确解，$\tilde{\boldsymbol{x}}$ 是近似解，$\boldsymbol{r}=\boldsymbol{b}-\boldsymbol{A}\tilde{\boldsymbol{x}}$（称对应 $\tilde{\boldsymbol{x}}$ 的剩余向量），则有

$$\frac{1}{\operatorname{cond}(\boldsymbol{A})}\frac{\|\boldsymbol{r}\|}{\|\boldsymbol{b}\|} \leqslant \frac{\|\tilde{\boldsymbol{x}}-\boldsymbol{x}\|}{\|\boldsymbol{x}\|} \leqslant \operatorname{cond}(\boldsymbol{A})\frac{\|\boldsymbol{r}\|}{\|\boldsymbol{b}\|} \tag{3.8}$$

例 3.3 我们再讨论例 3.2 的数值例子，可计算出 $\boldsymbol{A}$ 的特征值为 $\lambda_1\approx30.2887$，$\lambda_2\approx3.858$，$\lambda_3\approx0.8431$，$\lambda_4\approx0.01015$. 故有

$$\operatorname{cond}_2(\boldsymbol{A}) = \frac{\lambda_1}{\lambda_4} \approx 2\ 984$$

例子中 $\boldsymbol{b}=(32,23,33,31)^{\mathrm{T}}$，$\delta\boldsymbol{b}=(0.1,-0.1,0.1,-0.1)^{\mathrm{T}}$，$\delta\boldsymbol{x}=(8.2,-13.6,3.5,-2.1)^{\mathrm{T}}$，所以实际的相对误差是

$$\frac{\|\delta\boldsymbol{x}\|_2}{\|\boldsymbol{x}\|_2} \approx 8.198$$

而用定理 3.1 的推论估计的相对误差界为

$$\frac{\|\delta\boldsymbol{x}\|_2}{\|\boldsymbol{x}\|_2} \leqslant 2\ 984\frac{\|\delta\boldsymbol{b}\|_2}{\|\boldsymbol{b}\|_2} = 9.943$$

这个界和实际相差不远，相对误差放大了两千多倍.

例 3.4 **Hilbert 矩阵**是一个著名的病态矩阵，记为

$$\boldsymbol{H}_n = \begin{pmatrix} 1 & \frac{1}{2} & \cdots & \frac{1}{n} \\ \frac{1}{2} & \frac{1}{3} & \cdots & \frac{1}{n+1} \\ \vdots & \vdots & & \vdots \\ \frac{1}{n} & \frac{1}{n+1} & \cdots & \frac{1}{2n-1} \end{pmatrix}$$

它是一个 $n\times n$ 的对称阵，可以证明它是正定的. 当 n 分别取不同

值时，条件数如下表所列，可见 $\boldsymbol{H}_n$ 是严重病态的.

n	3	5	6	8	10
$\text{cond}_2(\boldsymbol{H}_n)$	5×10^2	5×10^5	1.5×10^7	1.5×10^{10}	1.6×10^{12}

例 3.1 和例 3.2 给出两个病态矩阵的例子，例 3.1 中 $\det\boldsymbol{A}$ 是个小数，而例 3.2 则不然. 这说明 $\boldsymbol{A}$ 是否病态由条件数来衡量，与 $\det\boldsymbol{A}$ 的大小没有直接的联系. 再例如，对角阵

$$\boldsymbol{D}_n = \text{diag}(10^{-1},10^{-1},\cdots,10^{-1}) \in \mathbf{R}^{n\times n}$$

其条件数 $\text{cond}_p(\boldsymbol{D}_n)=1, p=1,2,\infty$. 所以 $\boldsymbol{D}_n$ 是一个条件非常好的矩阵，却有 $\det\boldsymbol{D}_n=10^{-n}$.

3-2　病态方程组的解法

对于病态的线性方程组，数值求解必须小心进行，否则得不到所要求的准确度. 有时可以用高精度(两倍或多倍字长)的运算，使由于误差的放大损失若干有效数位之后，还能保留一些有效位.

例 3.5　方程组

$$\boldsymbol{H}_4\boldsymbol{x} = \left(\frac{25}{12},\frac{77}{60},\frac{57}{60},\frac{319}{420}\right)^{\mathrm{T}}$$

的准确解是 $\boldsymbol{x}=(1,1,1,1)^{\mathrm{T}}$. 如果我们用 3 位和 5 位十进制舍入运算的消去法求解，得到的解分别是

$$(0.988,1.42,-0.428,2.10)^{\mathrm{T}}$$

和

$$(1.0000,0.99950,1.0017,0.99900)^{\mathrm{T}}.$$

粗略地说，如果用主元素(列主元和完全主元)消去法或平方根法($\boldsymbol{A}$ 对称正定情形)解方程组 $\boldsymbol{A}\boldsymbol{x}=\boldsymbol{b}$，设 $\boldsymbol{A}$ 和 $\boldsymbol{b}$ 的元素准确到 s 位数字，且 $\text{cond}(\boldsymbol{A})\approx10^t$，其中 $t<s$，则计算解向量的分量大约有 $s-t$ 位数字的准确度. 这个分析见文献[33].

对原方程作某些**预处理**，可望降低系数矩阵的条件数. 因为 $\text{cond}(\alpha\boldsymbol{A})=\text{cond}(\boldsymbol{A})$，所以显然不能用每个方程都同乘一个常数 α 的

方法来处理. 但是可以采用将 $\boldsymbol{A}$ 的每一行(或每一列)分别乘上适当常数的方法. 即找可逆的对角阵 $\boldsymbol{D}_1$ 和 $\boldsymbol{D}_2$,使方程组 $\boldsymbol{Ax}=\boldsymbol{b}$ 化为

$$\boldsymbol{D}_1\boldsymbol{A}\boldsymbol{D}_2\boldsymbol{y}=\boldsymbol{D}_1\boldsymbol{b},\quad \boldsymbol{x}=\boldsymbol{D}_2^{-1}\boldsymbol{y} \tag{3.9}$$

这称为**矩阵的平衡**问题. 理论上最好选择对角阵 $\bar{\boldsymbol{D}}_1,\bar{\boldsymbol{D}}_2$ 满足

$$\mathrm{cond}(\bar{\boldsymbol{D}}_1\boldsymbol{A}\bar{\boldsymbol{D}}_2)=\min\ \mathrm{cond}(\boldsymbol{D}_1\boldsymbol{A}\boldsymbol{D}_2)$$

其中的 min 是对所有 $\boldsymbol{D}_1,\boldsymbol{D}_2$ 属于可逆对角阵集合取的. 但事实上这很难实现. 一般矩阵的平衡问题要针对具体的问题进行处理,而不是寻求一般适用的策略.

(3.9)中的 $\boldsymbol{D}_1$ 是平衡每个方程,而 $\boldsymbol{D}_2$ 是平衡未知数的. 一种简单的办法是令 $\boldsymbol{D}_2=\boldsymbol{I}$,这称为行平衡. $\boldsymbol{D}_1$ 的选择可使 $\boldsymbol{D}_1^{-1}\boldsymbol{A}$ 每一行的∞-范数大体相等,这可避免消元过程中小数与大数的相加.

例 3.6 方程组

$$\begin{pmatrix}10 & 100000\\ 1 & 1\end{pmatrix}\begin{pmatrix}x_1\\ x_2\end{pmatrix}=\begin{pmatrix}100000\\ 2\end{pmatrix}$$

的准确解为 $x_1=1.00010001\cdots$, $x_2=0.99989998\cdots$. 引入 $\boldsymbol{D}_1=\mathrm{diag}(10^{-5},1)$,平衡后方程为

$$\begin{pmatrix}0.0001 & 1\\ 1 & 1\end{pmatrix}\begin{pmatrix}x_1\\ x_2\end{pmatrix}=\begin{pmatrix}1\\ 2\end{pmatrix}$$

如果都用 3 位十进制的列主元消去法求解,原方程组解得 $\boldsymbol{x}=(0.00,1.00)^{\mathrm{T}}$,而后一方程组解得 $\boldsymbol{x}=(1.00,1.00)^{\mathrm{T}}$. 读者可以自行检验前后两个系数矩阵的条件数的变化.

关于矩阵的预处理,后面的几节还要进一步介绍.

4 大型稀疏方程组的直接方法

4-1 稀疏矩阵及其存储

实际计算工作中,常遇到大量的系数矩阵是**稀疏矩阵**的线性

方程组，它的非零元只占矩阵元素的一小部分. 设 $\mathbf{A}\in\mathbf{R}^{n\times n}$，对充分大的 n，若非零元的数目为 $O(n)$，则 $\mathbf{A}$ 是稀疏的，这种概念常用于理论上的分析. 对于给定的矩阵，n 是固定的，若非零元的数目小于 $0.05n^2$，一般就认为 $\mathbf{A}$ 是稀疏的. 不同场合下还有人用不同的定义.

稀疏矩阵大致可分为两种，一种是**随机稀疏矩阵**，在其上每个 (i,j) 位置都可能出现非零元. 另一种是**带状矩阵**，其非零元集中分布在主对角线两侧一个不宽的带状区域上. 精确地说，设 $\mathbf{A}=(a_{ij})$，若存在非负整数 $m_{\rm l}$ 和 $m_{\rm u}$，使得只有 $i-m_{\rm l}\leqslant j\leqslant i+m_{\rm u}$ 时才有 $a_{ij}\neq 0$. 称 $\mathbf{A}$ 的**带宽**为 $m_{\rm l}+m_{\rm u}+1$. 也就是说，$\mathbf{A}$ 的非零元只能在对角线和下（上）三角部分开头的 $m_{\rm l}(m_{\rm u})$ 条次对角线上. 当然，这里我们认为对角线以下（以上）的第 $m_{\rm l}$（第 $m_{\rm u}$）条次对角线上一定有非零元，如果该次对角线上元素都非零，可称 $\mathbf{A}$ 为等带宽的，否则称为变带宽的.

$m_{\rm l}$ 与 $m_{\rm u}$ 也称 $\mathbf{A}$ 的下半带宽和上半带宽，当 $m_{\rm l}=m_{\rm u}=0$ 时，$\mathbf{A}$ 就是对角阵，带宽为 1.

例 4.1（模型问题） 考虑 Poisson 方程边值问题

$$\begin{cases} -\left(\dfrac{\partial^2 u}{\partial x^2}+\dfrac{\partial^2 u}{\partial y^2}\right)=f(x,y), & (x,y)\in\Omega \qquad (4.1)\\ u(x,y)=0, & (x,y)\in\partial\Omega \qquad (4.2)\end{cases}$$

其中 $\Omega=\{(x,y)\mid 0<x,y<1\}$，$\partial\Omega$ 为 Ω 的边界，我们用差分方法近似求解问题(4.1)，(4.2).

如图 3-1，用直线 $x=x_i, y=y_j$ 在 Ω 上打上网格，其中

$$x_i=ih,\quad y_j=jh,\quad h=\frac{1}{N+1}, i,j=1,2,\cdots,N+1$$

分别记网格内点和边界点的集合为

$$\Omega_h=\{(x_i,y_j)\mid i,j=1,2,\cdots,N\}$$

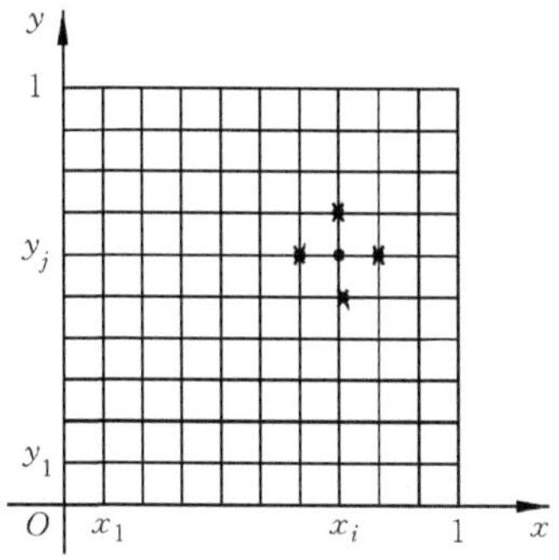

图 3-1

$$\partial \Omega_h = \{(x_i,0),(x_i,1),(0,y_j),(1,y_j) \mid i,j = 0,1,\cdots,N+1\}$$

利用泰勒公式,可以用网格点上的差商表示 2 阶偏导数

$$\left.\frac{\partial^2 u}{\partial x^2}\right|_{(x_i,y_j)} = \frac{1}{h^2}[u(x_{i+1},y_j) - 2u(x_i,y_j) + u(x_{i-1},y_j)] + O(h^2)$$

$$\left.\frac{\partial^2 u}{\partial y^2}\right|_{(x_i,y_j)} = \frac{1}{h^2}[u(x_i,y_{j+1}) - 2u(x_i,y_j) + u(x_i,y_{j-1})] + O(h^2)$$

略去 $O(h^2)$项,用 u_{ij} 表示 $u(x_i,y_j)$的近似值,由微分方程(4.1)就可以得到差分方程

$$-\left(\frac{u_{i+1,j} - 2u_{ij} + u_{i-1,j}}{h^2} + \frac{u_{i,j+1} - 2u_{ij} + u_{i,j-1}}{h^2}\right) = f_{ij}$$

其中 $f_{ij} = f(x_i,y_j)$,再整理成

$$4u_{ij} - u_{i+1,j} - u_{i-1,j} - u_{i,j+1} - u_{i,j-1} = h^2 f_{i,j} \tag{4.3}$$

其中(i,j)对应的$(x_i,y_j) \in \Omega_h$,这称为 Poisson 方程的 5 点差分格式.(4.3)左端若有某项对应$(x_k,y_l) \in \partial\Omega_h$,则该项 $u_{kl} = 0$.为了将差分方程写成矩阵形式,我们把网格点按逐行自左至右和自下至上的自然次序,记

$$\boldsymbol{u} = (u_{11},u_{21},\cdots,u_{N1},u_{12},\cdots,u_{N2},\cdots,u_{1N},\cdots,u_{NN})^{\mathrm{T}}$$

$$\boldsymbol{b} = h^2(f_{11},\cdots,f_{N1},f_{12},\cdots,f_{N2},\cdots,f_{1N},\cdots,f_{NN})^{\mathrm{T}}$$

则(4.3)可写成

$$\boldsymbol{A}\boldsymbol{u}=\boldsymbol{b} \tag{4.4}$$

其中 $\boldsymbol{A}$ 按分块形式写成

$$\boldsymbol{A}=\begin{pmatrix} \boldsymbol{A}_{11} & -\boldsymbol{I} & & & \\ -\boldsymbol{I} & \boldsymbol{A}_{22} & -\boldsymbol{I} & & \\ & \ddots & \ddots & \ddots & \\ & & -\boldsymbol{I} & \boldsymbol{A}_{N-1\,N-1} & -\boldsymbol{I} \\ & & & -\boldsymbol{I} & \boldsymbol{A}_{NN} \end{pmatrix}\in\mathbf{R}^{N^2\times N^2} \tag{4.5}$$

$$\boldsymbol{A}_{ii}=\begin{pmatrix} 4 & -1 & & & \\ -1 & 4 & -1 & & \\ & \ddots & \ddots & \ddots & \\ & & -1 & 4 & -1 \\ & & & -1 & 4 \end{pmatrix}\in\mathbf{R}^{N\times N},\ i=1,\cdots,N \tag{4.6}$$

$\boldsymbol{I}$ 为 $N\times N$ 单位阵. 这样 $\boldsymbol{A}$ 的每行最多只有 5 个非零元,一般 N 是个大数,所以 $\boldsymbol{A}$ 是一个稀疏矩阵. $\boldsymbol{A}$ 也可以看成带状矩阵,其半带宽为 N,带宽为 $2N+1$. 在带的内部还有很多零元素.

解线性方程组的稀疏矩阵技术,主要考虑的问题是尽量减少存储空间以及尽量减少没有实际意义的运算,如与零作+、-、×等运算. 下面讨论的一些问题和方法,都是与所解的方程组和所采用的解法有关的,而不去追求一种普遍适用的最佳方案.

在计算机存储稀疏矩阵,最好能做到尽量少占用内存空间,即最好不存或尽量少存 $\boldsymbol{A}$ 的零元素,同时尽可能方便地找到所要用的非零元的确切位置. 而且,当运算过程产生新的非零元时,可以方便地将它们填入.

以下介绍一些存储方式的例子,其中数值例子中 a_{ij} 取为整数,但应用中要注意区别有关数组是整型还是实型的.

(1) 带状对称矩阵的存储

用两个一维数组存放对称矩阵 $\boldsymbol{A}$. 其一 $\boldsymbol{AN}$ 逐行存放每行第 1 个非零元至对角元的所有元素,包括其中的零元素在内. 另一个数组 $\boldsymbol{IA}$, $\boldsymbol{IA}(i)$ 为 $\boldsymbol{A}$ 的第 i 行对角元在 $\boldsymbol{AN}$ 中的位置.

例 4.2

$$\boldsymbol{A}=\begin{pmatrix} 1 & & & & & \\ & 2 & 8 & 9 & & \\ & 8 & 3 & 0 & & \\ & 9 & 0 & 4 & 10 & \\ & & & 10 & 5 & 11 \\ & & & & 11 & 6 \end{pmatrix}$$

$\boldsymbol{AN}=(1,2,8,3,9,0,4,10,5,11,6)$, $\boldsymbol{IA}=(1,2,4,7,9,11)$.

这种格式称为包络存储(envelope storage),由于零元素也存于其中,所以不是很节约的(特别对一般的随机稀疏矩阵),但判断矩阵结构较为方便,可用于变带宽的带状矩阵.

(2) 等带宽对称带状矩阵的存储

设 $\boldsymbol{A}$ 为对称带状矩阵,其半带宽为 β. 用一个 $n\times(\beta+1)$ 的二维数组 $\boldsymbol{AN}$,将主对角线放在 $\boldsymbol{AN}$ 最后一列,次对角线和其余对角线依次放在其他列,并使它们在下方对齐. 这称为对角存储的格式.

例 4.3 对于例 4.2 的 $\boldsymbol{A}$ 有

$$\boldsymbol{AN}=\begin{pmatrix} & & 1 \\ & 0 & 2 \\ 0 & 8 & 3 \\ 9 & 0 & 4 \\ 0 & 10 & 5 \\ 0 & 11 & 6 \end{pmatrix}$$

这种格式适合 $\beta \ll n$ 的情形. 其原理也可用到非对称的等带宽带状矩阵,这时 $\boldsymbol{AN}$ 是 $n\times(2\beta+1)$的二维数组.

(3) 随机非对称稀疏矩阵的存储

Gustavson 格式用 3 个一维数组,其中 $\boldsymbol{AH}$ 按行存放 $\boldsymbol{A}$ 的非零元,而零元素不必存放. $\boldsymbol{IH}$ 的作用是: $\boldsymbol{IH}(i)$存放 $\boldsymbol{AH}(i)$的列号. 数组 $\boldsymbol{IA}$ 使得 $\boldsymbol{IA}(i)$给出 $\boldsymbol{A}$ 第 i 行第 1 个非零元在 $\boldsymbol{AH}$ 和 $\boldsymbol{IH}$ 中的位置. 此外, $\boldsymbol{IA}$ 最后附加的元素为 $\boldsymbol{AH}$ 全部元素的数目加 1.

例 4.4

$$\boldsymbol{A}=\begin{pmatrix} 3 & 0 & -4 & 1 & 0 \\ 0 & -2 & 3 & 0 & 0 \\ 0 & -1 & 4 & 0 & -1 \\ -2 & 0 & 0 & -3 & 0 \\ 0 & -5 & 6 & 0 & 2 \end{pmatrix}$$

$\boldsymbol{AH}=(3,-4,1,-2,3,-1,4,-1,-2,-3,-5,6,2)$

$\boldsymbol{IH}=(1,3,4,2,3,2,3,5,1,4,2,3,5)$

$\boldsymbol{IA}=(1,4,6,9,11,14)$

(4) 随机稀疏矩阵的杂凑存储方式

用两个一维数组,数组 $\boldsymbol{VE}$ 存放 $\boldsymbol{A}$ 的非零元,次序不限. 对每个非零元 a_{ij},令

$$\lambda(i,j)=i+(j-1)n$$

这样一对下标(i,j)就对应一个整数 λ,将其存放在数组 $\boldsymbol{LD}$,存放次序和 $\boldsymbol{VE}$ 中非零元存放次序一致.

例 4.5

$$\boldsymbol{A}=\begin{pmatrix} 0 & 0 & 4 & 0 & 0 \\ 1 & 0 & 0 & 6 & 0 \\ 0 & 0 & 5 & 0 & 0 \\ 2 & 0 & 0 & 0 & 7 \\ 0 & 3 & 0 & 0 & 0 \end{pmatrix}$$

可以取

$$\boldsymbol{VE} = (1,2,3,4,5,6,7)$$

$$\boldsymbol{LD} = (2,4,10,11,13,17,24)$$

这种方式最大限度地节省了内存,若要找出某元素的位置,例如找 a_{33},则要计算 $\lambda(3,3)=13$,再在 $\boldsymbol{LD}$ 中搜索出 $\boldsymbol{LD}(5)=13$,然后找出对应的 $\boldsymbol{VE}(5)=5=a_{33}$,比较费时间.

实际使用的存储方式还有很多种,要结合所用的解法来选择,如需进一步了解可参看文献[32]等.

4-2 稀疏方程组的直接方法介绍

消去法或直接三角分解方法仍然是解大型稀疏方程组的有力工具.消去过程的每一步都可能产生一些新的非零元,称为**填入**(fill-in).常常希望总的填入量最小(有时还要考虑计算时间、舍入误差等问题).一步消去过程填入的总数目,称为局部填入量.

在某些情况下,对矩阵先作预处理,即作行和列的交换(这相当于调整了消去的次序),以便减少或限制填入量,下面举几个例子.

如果

$$\boldsymbol{A}=\begin{pmatrix} * & * & * & * & * \\ * & * & & & \\ * & & * & & \\ * & & & * & \\ * & & & & * \end{pmatrix},\ \boldsymbol{B}=\begin{pmatrix} * & & & & * \\ & * & & & * \\ & & * & & * \\ & & & * & * \\ * & * & * & * & * \end{pmatrix}$$

其中 $*$ 代表非零元.若分别对系数矩阵为 $\boldsymbol{A}$ 及 $\boldsymbol{B}$ 的方程组用 Gauss 法消去一步,则对应系数矩阵形式为

$$
\boldsymbol{A}^{(2)}=\begin{pmatrix}
* & * & * & * & * \\
 & * & * & * & * \\
 & * & * & * & * \\
 & * & * & * & * \\
 & * & * & * & *
\end{pmatrix},\ \boldsymbol{B}^{(2)}=\begin{pmatrix}
* & & & & * \\
 & * & & & * \\
 & & * & & * \\
 & & & * & * \\
 & * & * & * & *
\end{pmatrix}
$$

可见 $\boldsymbol{A}^{(2)}$ 的一个 $n-1$ 阶子阵可能是满矩阵，这样填入量较大. 若事先对 $\boldsymbol{A}$ 进行行与列的变换，即找排列矩阵 $\boldsymbol{P}$，使 $\boldsymbol{PAP}^{\mathrm{T}}$ 有 $\boldsymbol{B}$ 的形式，则在消去过程中，不发生填入.

如果用例 4.1 的 5 点差分格式解 Poisson 方程模型问题，设 $N=4$，即 $h=\frac{1}{5}$. 用图 3-2 表示的两种节点排列顺序列出方程组，很容易分别指出两个方程组的系数矩阵在每步 Gauss 消去中发生填入的元素位置，可以看到总填入量有一定差别. 如果是大型的问题(N 大)，可以看出这种差别是十分可观的. 也就是网格点的排列次序对填入量会发生影响.

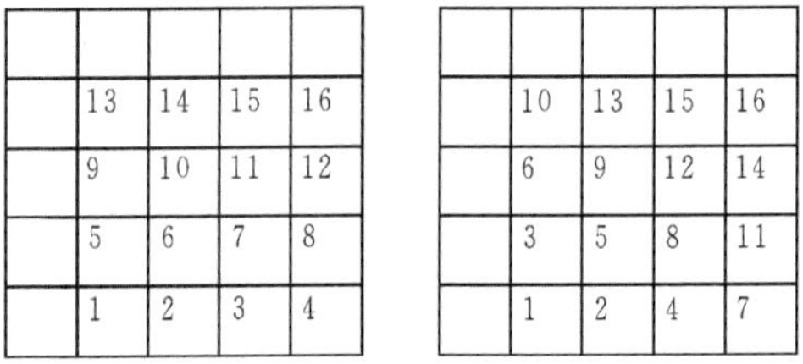

图 3-2

若 $\boldsymbol{A}$ 是下三角矩阵，解方程组实际上是向前代入，Gauss 消去过程避免了填入. 如果把 $\boldsymbol{A}$ 排成块下三角的形式，即方程组为

$$
\begin{pmatrix}
\boldsymbol{A}_{11} & & & \\
\boldsymbol{A}_{21} & \boldsymbol{A}_{22} & & \\
\vdots & \vdots & \ddots & \\
\boldsymbol{A}_{N1} & \boldsymbol{A}_{N2} & \cdots & \boldsymbol{A}_{NN}
\end{pmatrix}
\begin{pmatrix}
\boldsymbol{x}_1 \\ \boldsymbol{x}_2 \\ \vdots \\ \boldsymbol{x}_N
\end{pmatrix}
=
\begin{pmatrix}
\boldsymbol{b}_1 \\ \boldsymbol{b}_2 \\ \vdots \\ \boldsymbol{b}_N
\end{pmatrix}
\tag{4.7}
$$

其中对角块 $\boldsymbol{A}_{ii}$ 是 n_i 阶的非奇异方阵($i=1,\cdots,N$),则问题可以化为解一组较小型的问题

$$\boldsymbol{A}_{kk}\boldsymbol{x}_k=\boldsymbol{b}_k-\sum_{j=1}^{k-1}\boldsymbol{A}_{kj}\boldsymbol{x}_j,\quad k=1,2,\cdots,N \tag{4.8}$$

这样 $\boldsymbol{A}$ 的非对角块只出现在(4.8)右端作乘法运算,运算过程不发生填入.填入只出现在对角块 $\boldsymbol{A}_{ii}$ 的消去过程,所以说填入得到了限制.至于如何把系数矩阵块三角化,即找它的块下三角形式的问题,不同情况有一些具体约化的方法,见文献[32].

以上讨论的是消去前作预处理以图减少填入量的例子.下面再简介动态的排序问题,这是一种主元策略,即在消去过程的每一步中,如何选择主元使局部填入量(或其他目标)最小化的问题.一种最基本和应用广泛的方法是 Markowitz 在 1957 年提出的主元策略.

设消去过程已进行 $k-1$ 步,系数矩阵约化为

$$\boldsymbol{A}^{(k)}=\begin{pmatrix} a_{11}^{(1)} & a_{12}^{(1)} & \cdots & a_{1k}^{(1)} & a_{1,k+1}^{(1)} & \cdots & a_{1n}^{(1)} \\ & a_{22}^{(2)} & \cdots & a_{2k}^{(2)} & a_{2,k+1}^{(2)} & \cdots & a_{2n}^{(2)} \\ & & \ddots & \vdots & \vdots & & \vdots \\ & & & a_{kk}^{(k)} & a_{k,k+1}^{(k)} & \cdots & a_{kn}^{(k)} \\ & & & a_{k+1,k}^{(k)} & a_{k+1,k+1}^{(k)} & \cdots & a_{k+1,n}^{(k)} \\ & & & \vdots & \vdots & & \vdots \\ & & & a_{nk}^{(k)} & a_{n,k+1}^{(k)} & \cdots & a_{nn}^{(k)} \end{pmatrix} \tag{4.9}$$

如果选 $a_{kk}^{(k)}$ 为主元,第 k 步消去的公式是

$$a_{ij}^{(k+1)}=a_{ij}^{(k)}-\frac{a_{ik}^{(k)}a_{kj}^{(k)}}{a_{kk}^{(k)}},\quad i,j=k+1,\cdots,n \tag{4.10}$$

我们称 $\boldsymbol{A}^{(k)}$ 第 k 至 n 行,第 k 至 n 列元素组成的子阵为第 k 步消去的运作子阵(active submatrix),记为 $\boldsymbol{A}_k$.并记 $n-k$ 维向量

$$\boldsymbol{c}=(a_{k+1,k}^{(k)},\cdots,a_{nk}^{(k)})^{\mathrm{T}},\quad \boldsymbol{r}^{\mathrm{T}}=(a_{k,k+1}^{(k)},\cdots,a_{kn}^{(k)})$$

不难看出,(4.10)的消去运算是 $\boldsymbol{A}^{(k)}$ 中第 $k+1$ 至 n 行,第 $k+1$ 至

n 列的子矩阵减去矩阵$\frac{\boldsymbol{c}\boldsymbol{r}^{\mathrm{T}}}{a_{kk}^{(k)}}$. 如果用 $n(\boldsymbol{c})$ 和 $n(\boldsymbol{r})$ 分别代表 $\boldsymbol{c}$ 和 $\boldsymbol{r}^{\mathrm{T}}$ 中非零元的数目，则 $n(\boldsymbol{c})n(\boldsymbol{r})$ 就是 $\boldsymbol{c}\boldsymbol{r}^{\mathrm{T}}$ 中非零元的总数. 而 $\boldsymbol{c}\boldsymbol{r}^{\mathrm{T}}$ 的非零元的位置，就是可能发生填入的位置. 这样，在子阵 $\boldsymbol{A}_k$ 中，选择对应 $n(\boldsymbol{c})n(\boldsymbol{r})$ 最小的非零元作为主元，就可以实现局部填入量最小化. 为了描述清楚，记

$$r(i,k)=|\{a_{ij}^{(k)}\mid k\leqslant j\leqslant n,a_{ij}^{(k)}\neq 0\}|,\quad i=k,\cdots,n$$

$$c(j,k)=|\{a_{ij}^{(k)}\mid k\leqslant i\leqslant n,a_{ij}^{(k)}\neq 0\}|,\quad j=k,\cdots,n$$

其中 $|\cdot|$ 代表该集合元素的数目. 这样 $r(i,k)$ 就是子阵 $\boldsymbol{A}_k$ 中第 i 行非零元的总数，$c(j,k)$ 是 $\boldsymbol{A}_k$ 第 j 列非零元的总数.

Markowitz 主元策略是选择运作子阵 $\boldsymbol{A}_k$ 的非零元 $a_{ij}^{(k)}$ 中，使

$$[r(i,k)-1][c(j,k)-1] \tag{4.11}$$

最小者作为第 k 步消去的主元. 这里(4.11)表示了第 k 步填入量的上界，所以这种策略旨在减少局部填入量. 有时也可选择 $\boldsymbol{A}_k$ 的非零元中，使

$$r(i,k)[c(j,k)-1]+1 \tag{4.12}$$

最小者作为第 k 步消去的主元，这可以局部地减少算术运算的次数，(4.12)表示了第 k 步消去过程中所需乘除法的次数.

然而上述 Markowitz 策略并不保证消去法的数值稳定性，因为如上选出的主元也许是绝对值很小的. 所以此方法有各种改进，每步选主元时加上一些稳定的判别. Zlatev 的广义 Markowitz 算法是其中的一种. 它依赖于两个参数，一个是称为稳定性因子的 U，$U>1$，另一个是为了选消去过程第 k 步的主元而探查的行的数目 $p(k)$，事实上选较小的 $p(k)$ 比原来的 Markowitz 算法更为有利.

现设行标号的一个集合为

$$I_k=\{i_1,i_2,\cdots,i_{p(k)}\}$$

其中 $k\leqslant i_m\leqslant n$，$m=1,2,\cdots,p(k)$，且

$$r(i_1,k) \leqslant r(i_2,k) \leqslant \cdots \leqslant r(i_{p(k)},k)$$

而若 $i \notin I_k$ 及 $k \leqslant i \leqslant n$，则有 $r(i_{p(k)},k) \leqslant r(i,k)$. 第 k 步消去的子阵 $\boldsymbol{A}_k$ 的一个非零元的集合为

$$B_k = \left\{ a_{ij}^{(k)} \mid a_{ij}^{(k)} \in \boldsymbol{A}_k, \mid a_{ij}^{(k)} \mid > \max_{k \leqslant p \leqslant n} \frac{\mid a_{ip}^{(k)} \mid}{U}, i \in I_k \right\}$$

B_k 的元称为满足稳定性条件. 若 $\boldsymbol{A}$ 是非奇异的，则 B_k 非空.

广义 Markowitz 算法中，集合 B_k 中的元素使(4.11)最小者取为第 k 步的主元. 当 $U=\infty$ 及 $p(k)=n-k+1$，这个算法就等价于原来的 Markowitz 策略. 对于两个参数的选取，不同的稀疏程序有不同的取法，例如取 $4 \leqslant U \leqslant 10$，$p(k)=n-k+1$. Zlatev 则取为 $4 \leqslant U \leqslant 16$，$p(k)=\min(s,n-k+1)$，其中 s 可以是 $1,2,\cdots,n$. 关于这种方法的详细讨论可参阅文献[32].

以上主元策略是对一般稀疏方程组的，不考虑某些系数矩阵所具有的特性(如对称性)，有针对性的方法和程序还有很多，也请参阅文献[32].

4-3 带状方程组的三角分解方法

对于带状的对称正定系数矩阵的方程组，主要方法仍是 Cholesky 分解方法. 若 $\boldsymbol{A}$ 对称正定，在第 2 节已有结论：$\boldsymbol{A}=\boldsymbol{L}\boldsymbol{L}^{\mathrm{T}}$，其中 $\boldsymbol{L}$ 是对角元为正的下三角阵. 下面要证明，若 $\boldsymbol{A}$ 是带状矩阵，则 $\boldsymbol{L}$ 是下三角的带状阵，且其半带宽与 $\boldsymbol{A}$ 相同. 这样，作分解计算时，带外的零元素不必参加计算，而且 $\boldsymbol{A}$ 只需存放其下三角部分，$\boldsymbol{L}$ 的元素计算出来后，只要放在 $\boldsymbol{A}$ 对应的位置上，计算时间和存储空间都大大地节约了.

带状对称阵一般用例 4.2 的包络存储方式或类似的格式，其特点是逐行存放带内的元素. 而本章 2-4 节描述的 Cholesky 分解的计算公式是逐列计算 $\boldsymbol{L}$ 的元素，这与存储方式不能很好地配合. 所以我们先将 Cholesky 分解换成便于按行计算的公式.

设 $\boldsymbol{A}$ 的 Cholesky 分解式是

$$\boldsymbol{A} = \boldsymbol{L}\boldsymbol{L}^{\mathrm{T}} \tag{4.13}$$

其中 $\boldsymbol{L}$ 是对角元为正的下三角阵. 记 $\boldsymbol{A}=(a_{ij})$, $\boldsymbol{L}=(l_{ij})$, 并设 $\boldsymbol{A}_i$ 和 $\boldsymbol{L}_i$ 分别是 $\boldsymbol{A}$ 和 $\boldsymbol{L}$ 的第 1 至 i 行, 1 至 i 列的元素组成的主子阵. 因 $\boldsymbol{A}$ 正定, 所以 $\boldsymbol{A}_i$ 也正定, $\boldsymbol{L}_i$ 是对角元为正的下三角阵, 所以有

$$\boldsymbol{A}_i = \boldsymbol{L}_i\boldsymbol{L}_i^{\mathrm{T}}, \quad i = 1,2,\cdots,n \tag{4.14}$$

这是 $\boldsymbol{A}_i$ 的 Cholesky 分解, 分解是唯一的. 当 $i=1$ 时有

$$\boldsymbol{A}_1 = (a_{11}),\ a_{11} = l_{11}^2,\ \boldsymbol{L}_1 = (l_{11})$$

现设已算出 $\boldsymbol{L}_{i-1}$, 在此基础上计算 $\boldsymbol{L}_i$. 将(4.14)写成

$$\begin{pmatrix} \boldsymbol{A}_{i-1} & \boldsymbol{c} \\ \boldsymbol{c}^{\mathrm{T}} & a_{ii} \end{pmatrix} = \begin{pmatrix} \boldsymbol{L}_{i-1} & \boldsymbol{0} \\ \boldsymbol{h}^{\mathrm{T}} & l_{ii} \end{pmatrix} \begin{pmatrix} \boldsymbol{L}_{i-1}^{\mathrm{T}} & \boldsymbol{h} \\ \boldsymbol{0} & l_{ii} \end{pmatrix} \tag{4.15}$$

即可推出

$$\boldsymbol{A}_{i-1} = \boldsymbol{L}_{i-1}\boldsymbol{L}_{i-1}^{\mathrm{T}}$$

$$\boldsymbol{c} = \boldsymbol{L}_{i-1}\boldsymbol{h}, \quad a_{ii} = \boldsymbol{h}^{\mathrm{T}}\boldsymbol{h} + l_{ii}^2$$

其中 $\boldsymbol{c}^{\mathrm{T}}=(a_{i1}, a_{i2}, \cdots, a_{i,i-1})$, $\boldsymbol{h}=(l_{i1}, l_{i2}, \cdots, l_{i,i-1})^{\mathrm{T}}$, $\boldsymbol{h}$ 和 l_{ii} 是待求的. 所以 Cholesky 分解的第 i 步算法为

(1) 解方程 $\boldsymbol{L}_{i-1}\boldsymbol{h}=\boldsymbol{c}$, 求出 $\boldsymbol{h}$,

(2) 计算 $l_{ii}=(a_{ii}-\boldsymbol{h}^{\mathrm{T}}\boldsymbol{h})^{\frac{1}{2}}$.

其中(1)的下三角方程组用向前代入的方法很容易求解, 求出了 $\boldsymbol{h}$ 和 l_{ii} 便得到了 $\boldsymbol{L}_i$. 因为 $\boldsymbol{L}_i$ 是在 $\boldsymbol{L}_{i-1}$ 下面加上由 $\boldsymbol{h}^{\mathrm{T}}$ 和 l_{ii} 组成的一行, 所以这种算法称为**加边形式的 Cholesky 分解方法**, 只要从 $\boldsymbol{L}_1$ 开始, 逐次加边得到 $\boldsymbol{L}_2, \boldsymbol{L}_3, \cdots$, 这样逐行计算得到 $\boldsymbol{L}$.

为了证明 $\boldsymbol{A}$ 和 $\boldsymbol{L}$ 有相同的带状形式, 我们引入更一般的概念, 这也使算法的描述和分析简明些和更一般. 为了表示下三角部分元素的位置, 我们把一个有序对 (i,j) 的集合(其中 $i>j$)称为一个对称阵或下三角阵的**包**, 它的定义是: 若存在某个 k, $k\leqslant j$, 使 $a_{ik}\neq 0$, 则 (i,j) 为 $\boldsymbol{A}$ 的包的成员. 换包话说, 若第 i 行第一个非

零元是 a_{im}，且 $i>m$，则 $(i,m),(i,m+1),\cdots,(i,i-1)$ 都是第 i 行属于 $\boldsymbol{A}$ 的包的成员，这里没有把对角线包括在内. 图 3-3 矩阵的框内部分表示了该下三角阵包对应的位置.

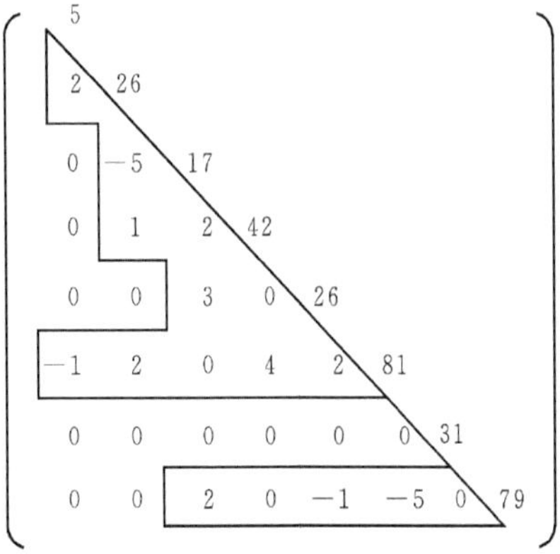

图 3-3

定理 4.1 若 $\boldsymbol{A}$ 对称正定，其 Cholesky 分解式为 $\boldsymbol{A}=\boldsymbol{L}\boldsymbol{L}^{\mathrm{T}}$，则 $\boldsymbol{L}$ 的包与 $\boldsymbol{A}$ 的包是相同的.

证明 考察加边形式 Cholesky 分解的第 i 步，要解方程 $\boldsymbol{L}_{i-1}\boldsymbol{h}=\boldsymbol{c}$，其中 $\boldsymbol{c}\in\mathbf{R}^{i-1}$，$\boldsymbol{c}^{\mathrm{T}}=(a_{i1},a_{i2},\cdots,a_{i,i-1})$，$\boldsymbol{h}^{\mathrm{T}}=(l_{i1},l_{i2},\cdots,l_{i,i-1})$. 令 $\hat{\boldsymbol{c}}\in\mathbf{R}^{s_i}$ 为对应 $\boldsymbol{c}^{\mathrm{T}}$ 中位于 $\boldsymbol{A}$ 的包内部分的列向量，则有

$$\boldsymbol{c}=\begin{pmatrix}\boldsymbol{0}\\ \hat{\boldsymbol{c}}\end{pmatrix} \tag{4.16}$$

这里我们把 $\boldsymbol{c}$ 写成为开头 $i-s_i-1$ 个分量为零. 从方程 $\boldsymbol{L}_{i-1}\boldsymbol{h}=\boldsymbol{c}$ 注意到下三角阵 $\boldsymbol{L}_{i-1}$ 每个顺序主子式都非奇异，可以看出 $\boldsymbol{h}$ 的开头 $i-s_i-1$ 个分量都为零，即

$$\boldsymbol{h}=\begin{pmatrix}\boldsymbol{0}\\ \hat{\boldsymbol{h}}\end{pmatrix} \tag{4.17}$$

其中 $\hat{\boldsymbol{h}} \in \mathbf{R}^{s_i}$. 这就推出 $\boldsymbol{L}$ 的包必含在 $\boldsymbol{A}$ 的包内. 再证明 $\hat{\boldsymbol{h}}$ 的第一个元素非零,设它为 l_{ij},则 $\hat{\boldsymbol{c}}$ 的第一个元素为 a_{ij},且 $a_{ij} \neq 0$. 从(4.15)可得 $l_{ij}=\dfrac{a_{ij}}{l_{jj}}$,所以有 $l_{ij} \neq 0$. 这就证明了 $\boldsymbol{L}$ 的包与 $\boldsymbol{A}$ 的包完全相同.

推论 1 设 $\boldsymbol{A}$ 为带状对称正定矩阵,半带宽为 β,其 Cholesky 分解为 $\boldsymbol{A}=\boldsymbol{L}\boldsymbol{L}^{\mathrm{T}}$,则 $\boldsymbol{L}$ 亦为带状阵,其下三角部分宽度亦为 β.

求带状正定对称阵的 Cholesky 分解就可以用上述的加边形式. 其关键步骤是解 $\boldsymbol{L}_{i-1}\boldsymbol{h}=\boldsymbol{c}$,而 $\boldsymbol{c}$ 和 $\boldsymbol{h}$ 的开头 $i-s_i-1$ 个分量为零,所以可将 $\boldsymbol{L}_{i-1}$ 进一步写成分块形式

$$\boldsymbol{L}_{i-1}=\begin{pmatrix}\boldsymbol{H}_{11} & \boldsymbol{0} \\ \boldsymbol{H}_{21} & \boldsymbol{H}_{22}\end{pmatrix}$$

其中 $\boldsymbol{H}_{22}$ 为 $\boldsymbol{L}$ 的第 $i-s_i$ 行到 $i-1$ 行,第 $i-s_i$ 列至 $i-1$ 列元素组成的下三角阵. 解 $\boldsymbol{L}_{i-1}\boldsymbol{h}=\boldsymbol{c}$ 就化为解 $\boldsymbol{H}_{22}\hat{\boldsymbol{h}}=\hat{\boldsymbol{c}}$. 所以只要建立一个解 $\hat{\boldsymbol{L}}\hat{\boldsymbol{h}}=\hat{\boldsymbol{c}}$ 的子程序,其中 $\hat{\boldsymbol{L}}$ 是一个包含 $\boldsymbol{L}$ 的第 k 列至第 m 列,第 k 行至第 m 行元素的子阵,它也是下三角矩阵,解方程组只要用向前代入的方法即可. 这里有 $1 \leqslant k \leqslant m \leqslant n$,整个计算过程只要反复运用这个子程序,它适合按行计算的形式.

最后观察以上加边形式的 Cholesky 分解的运算量. 如果我们利用矩阵包的结构,在定理 4.1 的证明中可见,若 $\hat{\boldsymbol{c}} \in \mathbf{R}^{s_i}$,则第 i 步的分解的运算次数本质上是解 $s_i \times s_i$ 下三角方程组的运算量,约为 $s_i^2/2$ 次乘除运算. 但若不考虑包的结构,第 i 步应有 $i^2/2$ 次乘除运算. 例如,若 $\boldsymbol{A}$ 是半带宽为 β 的带状矩阵,则 $\boldsymbol{A}$ 的包中位于第 i 行的元素至多有 β 个,所以第 i 步分解中有大约不超过 $\beta^2/2$ 次运算,而分解共有 n 步,所以全部乘除运算约为 $n\beta^2/2$ 次. 举例来说,若 $\boldsymbol{A}$ 的阶 $n=100$,而 $\beta=10$,则一般的分解(不用带状结构)约为 $n^3/6 \approx 1.6\times 10^5$ 次乘除法运算,若利用带状结构,则运算次

数$n\beta^2/2=5\times10^3$，只是上述数字的 3.1%. 最后解三角方程组 $\boldsymbol{L}\boldsymbol{y}=\boldsymbol{b}$和$\boldsymbol{L}^{\mathrm{T}}\boldsymbol{x}=\boldsymbol{y}$，分别用向前和向后代入的方法，一般情形约为 $2\times\frac{n^2}{2}=n^2$ 次运算，而用带状结构，只有 $2\beta n$ 次运算.

以上我们讨论了带状矩阵三角分解的一些性质，并引入了加边算法. 这种算法适合某些情况的向量计算机和并行计算机的计算. 当然带状(或非带状)矩阵的 LU 分解的向量算法和并行算法还有很多适合不同情况的方法或不同的形式，可以参考文献[6]或[33]等.

4-4 三对角和块三对角方程组的追赶法和循环约化方法

设 $\boldsymbol{A}\boldsymbol{x}=\boldsymbol{d}$ 是三对角方程组

$$a_i x_{i-1} + b_i x_i + c_i x_{i+1} = d_i, \quad i = 1,\cdots,n \tag{4.18}$$

其中 $a_1=0$，$c_n=0$. 系数矩阵是三对角阵，记成

$$\boldsymbol{A} = \begin{pmatrix} b_1 & c_1 & & & \\ a_2 & b_2 & c_2 & & \\ & \ddots & \ddots & \ddots & \\ & & a_{n-1} & b_{n-1} & c_{n-1} \\ & & & a_n & b_n \end{pmatrix}$$

如果 $\boldsymbol{A}$ 的顺序主子式皆非零，易见有如下形式的 LU 分解

$$\boldsymbol{A} = \boldsymbol{L}\boldsymbol{U} = \begin{pmatrix} 1 & & & \\ l_2 & 1 & & \\ & \ddots & \ddots & \\ & & l_n & 1 \end{pmatrix} \begin{pmatrix} u_1 & c_1 & & \\ & u_2 & \ddots & \\ & & \ddots & c_{n-1} \\ & & & u_n \end{pmatrix}$$

根据矩阵的乘法规则可求出 $\boldsymbol{L}$ 和 $\boldsymbol{U}$ 的元素

$$\begin{cases} u_1 = b_1 \\ l_i = a_i/u_{i-1}, u_i = b_i - l_i c_{i-1}, \quad i = 2,3,\cdots,n \end{cases} \tag{4.19}$$

再求解 $\boldsymbol{L}\boldsymbol{y}=\boldsymbol{d}$ 和 $\boldsymbol{U}\boldsymbol{x}=\boldsymbol{y}$，得到

$$\begin{cases} y_1 = d_1 \\ y_i = d_i - l_i y_{i-1}, \quad i = 2,3,\cdots,n \end{cases} \tag{4.20}$$

$$\begin{cases} x_n = y_n/u_n \\ x_i = (y_i - c_i x_{i+1})/u_i, \quad i = n-1, n-2, \cdots, 1 \end{cases} \tag{4.21}$$

这就是解三对角方程组的**追赶法**,或称 Thomas 算法,可以证明(见文献[1,3]等)如下定理.

定理 4.2 设三对角方程组(4.18)的系数满足

$$|b_1| > |c_1| > 0, \quad |b_n| > |a_n| > 0$$

$$|b_i| \geqslant |a_i| + |c_i|, \quad a_i c_i \neq 0, \quad i = 2,3,\cdots,n-1$$

则 $\boldsymbol{A}$ 非奇异,且有

$$u_i \neq 0, \quad i = 1,2,\cdots,n$$

$$0 < \frac{|c_i|}{|u_i|} < 1, \quad i = 1,2,\cdots,n-1$$

$$|b_i| - |a_i| < |u_i| < |b_i| + |a_i|, \quad i = 2,3,\cdots,n-1$$

定理条件保证了追赶法能进行计算.

三对角方程组的**循环约化方法**是适合并行计算的方法. 为了方便,设方程组(4.18)中方程的数目 $n=2^p-1$,p 为一个正整数. (4.18)相邻的三个方程写成

$$\begin{aligned} a_{i-1}x_{i-2} + b_{i-1}x_{i-1} + c_{i-1}x_i &= d_{i-1} \\ a_i x_{i-1} + b_i x_i + c_i x_{i+1} &= d_i \\ a_{i+1}x_i + b_{i+1}x_{i+1} + c_{i+1}x_{i+2} &= d_{i+1} \end{aligned}$$

将其中第 1 个方程乘以 $-a_i/b_{i-1}$,第 3 个方程乘以 $-c_i/b_{i+1}$,并加到第 2 个方程,得到

$$a_i' x_{i-2} + b_i' x_i + c_i' x_{i+2} = d_i'$$

其中

$$a_i' = -a_{i-1}\frac{a_i}{b_{i-1}}$$

$$b_i' = b_i - c_{i-1}\frac{a_i}{b_{i-1}} - a_{i+1}\frac{c_i}{b_{i+1}}$$

$$c_i' = -c_{i+1}\frac{c_i}{b_{i+1}}$$

$$d_i' = -\frac{a_i}{b_{i-1}}d_{i-1} + d_i - \frac{c_i}{b_{i+1}}d_{i+1}$$

因此，若 i 为偶数，我们按 i 的奇偶将各方程分成两组. 要解的新方程组的未知数只含 $x_2, x_4, \cdots, x_{n-1}$. 新方程组为

$$\begin{pmatrix} b_2' & c_2' & & & \\ a_4' & b_4' & c_4' & & \\ & \ddots & \ddots & \ddots & \\ & & a_{n-3}' & b_{n-3}' & c_{n-3}' \\ & & & a_{n-1}' & b_{n-1}' \end{pmatrix} \begin{pmatrix} x_2 \\ x_4 \\ \vdots \\ x_{n-3} \\ x_{n-1} \end{pmatrix} = \begin{pmatrix} d_2' \\ d_4' \\ \vdots \\ d_{n-3}' \\ d_{n-1}' \end{pmatrix} \tag{4.22}$$

而 $x_1, x_3, \cdots, x_n$ 满足

$$\begin{pmatrix} b_1 & & & & \\ & b_3 & & & \\ & & \ddots & & \\ & & & b_{n-2} & \\ & & & & b_n \end{pmatrix} \begin{pmatrix} x_1 \\ x_3 \\ \vdots \\ x_{n-2} \\ x_n \end{pmatrix}$$

$$= \begin{pmatrix} d_1 \\ d_3 \\ \vdots \\ d_{n-2} \\ d_n \end{pmatrix} - \begin{pmatrix} c_1 & & & \\ a_3 & c_3 & & \\ & \ddots & \ddots & \\ & & a_{n-2} & c_{n-2} \\ & & & a_n \end{pmatrix} \begin{pmatrix} x_2 \\ x_4 \\ \vdots \\ x_{n-3} \\ x_{n-1} \end{pmatrix} \tag{4.23}$$

所以，若从(4.22)解出 $x_2, x_4, \cdots, x_{n-1}$，则可从(4.23)计算 $x_1, x_3, \cdots, x_n$. 只含偶数指标分量的新方程组(4.22)也是三对角的，其阶数是 $2^{p-1}-1$. 可以用类似的方法继续约化(4.22)，直到得到只含一个方程. 将未知数求出后，再利用各步形为(4.23)的公式计算各个分量.

上面设 $n=2^p-1$ 不是本质的，若 $n\neq 2^p-1$，过程的最后一步(事实上也可选择停在某一步)得到含有不多的待求分量的方程组，解出后就可向后回代. 或者在原方程的后面加上附加的方程 $x_i=1$，使方程的总数成为 2^p-1.

例 4.6 方程组

$$\begin{pmatrix} 4 & -1 & & & & & \\ -1 & 4 & -1 & & & & \\ & -1 & 4 & -1 & & & \\ & & -1 & 4 & -1 & & \\ & & & -1 & 4 & -1 & \\ & & & & -1 & 4 & -1 \\ & & & & & -1 & 4 \end{pmatrix} \begin{pmatrix} x_1 \\ x_2 \\ x_3 \\ x_4 \\ x_5 \\ x_6 \\ x_7 \end{pmatrix} = \begin{pmatrix} 2 \\ 4 \\ 6 \\ 8 \\ 10 \\ 12 \\ 22 \end{pmatrix}$$

的阶数 $n=7$. 约化一次得到的(4.22)是

$$\begin{pmatrix} -14 & 1 & 0 \\ 1 & -14 & 1 \\ 0 & 1 & -14 \end{pmatrix} \begin{pmatrix} x_2 \\ x_4 \\ x_6 \end{pmatrix} = \begin{pmatrix} -24 \\ -48 \\ -80 \end{pmatrix}$$

再约化一次得到

$$-194\,x_4 = -776$$

解出 x_4, 并通过(4.23)得

$$x_4 = 4$$
$$x_2 = 2, x_6 = 6$$
$$x_1 = 1, x_3 = 3, x_5 = 5, x_7 = 7$$

带状矩阵常常可以划分子块而成为块三对角的形式, 所以以上的方法可以发展为解块三对角方程组的方法. 现设带状矩阵 $\boldsymbol{A}$ 的半带宽 $m_l = m_u = \alpha$, 将 $\boldsymbol{Ax} = \boldsymbol{d}$ 写成分块形式

$$\begin{pmatrix} \boldsymbol{B}_1 & \boldsymbol{C}_1 & & & \\ \boldsymbol{A}_2 & \boldsymbol{B}_2 & \boldsymbol{C}_2 & & \\ & \ddots & \ddots & \ddots & \\ & & \boldsymbol{A}_{p-1} & \boldsymbol{B}_{p-1} & \boldsymbol{C}_{p-1} \\ & & & \boldsymbol{A}_p & \boldsymbol{B}_p \end{pmatrix} \begin{pmatrix} \boldsymbol{x}_1 \\ \boldsymbol{x}_2 \\ \vdots \\ \boldsymbol{x}_{p-1} \\ \boldsymbol{x}_p \end{pmatrix} = \begin{pmatrix} \boldsymbol{d}_1 \\ \boldsymbol{d}_2 \\ \vdots \\ \boldsymbol{d}_{p-1} \\ \boldsymbol{d}_p \end{pmatrix} \tag{4.24}$$

为了简单，设 $q=n/p$ 是整数，所有的 $\boldsymbol{B}_i$ 都是 $q\times q$ 的块，而且常常 $\boldsymbol{A}_i$ 是上三角阵，$\boldsymbol{C}_i$ 是下三角阵. 例 4.1 的模型问题就可以划分为这种形式.

如果(4.24)的系数矩阵可作分块的分解

$$\boldsymbol{A}=\begin{pmatrix}\boldsymbol{I} & & & \\ \boldsymbol{L}_2 & \boldsymbol{I} & & \\ & \ddots & \ddots & \\ & & \boldsymbol{L}_p & \boldsymbol{I}\end{pmatrix}\begin{pmatrix}\boldsymbol{U}_1 & \boldsymbol{C}_1 & & \\ & \boldsymbol{U}_2 & \ddots & \\ & & \ddots & \boldsymbol{C}_{p-1} \\ & & & \boldsymbol{U}_p\end{pmatrix} \tag{4.25}$$

这里 $\boldsymbol{L}_i,\boldsymbol{U}_i$ 都是 $q\times q$ 方阵，我们可由分块矩阵的乘法公式得到计算 $\boldsymbol{L}_i$ 和 $\boldsymbol{U}_i$ 的公式，以及方程组解的公式，这留给读者练习. 这种方法可以称为**块三对角方程组的追赶法**.

下面介绍的 **Johnsson 算法**是块三对角阵的一种约化方法，我们将(4.24)中对角块划分为

$$\boldsymbol{B}_i=\begin{pmatrix}\boldsymbol{B}_{i1} & \boldsymbol{B}_{i2} \\ \boldsymbol{B}_{i3} & \boldsymbol{B}_{i4}\end{pmatrix}$$

其中 $\boldsymbol{B}_{i4}$ 是 $\alpha\times\alpha$ 阵，$\boldsymbol{B}_{i1}$ 是 $(q-\alpha)\times(q-\alpha)$ 阵. 其他子块和向量也相应划分为

$$\boldsymbol{C}_i=\begin{pmatrix}\boldsymbol{0} & \boldsymbol{0} \\ \boldsymbol{C}_{i1} & \boldsymbol{C}_{i2}\end{pmatrix},\quad \boldsymbol{A}_i=\begin{pmatrix}\boldsymbol{0} & \boldsymbol{A}_{i1} \\ \boldsymbol{0} & \boldsymbol{A}_{i2}\end{pmatrix},\quad \boldsymbol{x}_i=\begin{pmatrix}\boldsymbol{x}_{i1} \\ \boldsymbol{x}_{i2}\end{pmatrix},\quad \boldsymbol{d}_i=\begin{pmatrix}\boldsymbol{d}_{i1} \\ \boldsymbol{d}_{i2}\end{pmatrix}$$

如果 $2\alpha<q$，则 $\boldsymbol{C}_{i2}$ 与 $\boldsymbol{A}_{i2}$ 为零阵.

(4.24)两边左乘块对角阵

$$\mathrm{diag}(\boldsymbol{B}_{11}^{-1},\boldsymbol{I},\boldsymbol{B}_{21}^{-1},\boldsymbol{I},\cdots,\boldsymbol{B}_{p1}^{-1},\boldsymbol{I})$$

得到新的方程组，这实际上可以用 $\boldsymbol{B}_{i1}$ 的 LU 分解来完成计算. 即分别解方程组

$$\boldsymbol{B}_{i1}\boldsymbol{B}_{i2}^{1}=\boldsymbol{B}_{i2},\quad \boldsymbol{B}_{i1}\boldsymbol{A}_{i1}^{1}=\boldsymbol{A}_{i1},\quad \boldsymbol{B}_{i1}\,\boldsymbol{d}_{i1}^{1}=\boldsymbol{d}_{i1} \tag{4.26}$$

我们以 $p=3$ 为例，得到的方程组是

$$\begin{pmatrix} \boldsymbol{I} & \boldsymbol{B}_{12}^1 & & & & \\ \boldsymbol{B}_{13} & \boldsymbol{B}_{14} & \boldsymbol{C}_{11} & \boldsymbol{C}_{12} & & \\ & \boldsymbol{A}_{21}^1 & \boldsymbol{I} & \boldsymbol{B}_{22}^1 & & \\ & \boldsymbol{A}_{22} & \boldsymbol{B}_{23} & \boldsymbol{B}_{24} & \boldsymbol{C}_{21} & \boldsymbol{C}_{22} \\ & & & \boldsymbol{A}_{31}^1 & \boldsymbol{I} & \boldsymbol{B}_{32}^1 \\ & & & \boldsymbol{A}_{32} & \boldsymbol{B}_{33} & \boldsymbol{B}_{34} \end{pmatrix} \begin{pmatrix} \boldsymbol{x}_{11} \\ \boldsymbol{x}_{12} \\ \boldsymbol{x}_{21} \\ \boldsymbol{x}_{22} \\ \boldsymbol{x}_{31} \\ \boldsymbol{x}_{32} \end{pmatrix} = \begin{pmatrix} \boldsymbol{d}_{11}^1 \\ \boldsymbol{d}_{12} \\ \boldsymbol{d}_{21}^1 \\ \boldsymbol{d}_{22} \\ \boldsymbol{d}_{31}^1 \\ \boldsymbol{d}_{32} \end{pmatrix}$$

在上式中，用$-\boldsymbol{B}_{13}$左乘第 1 个块方程，$-\boldsymbol{C}_{11}$左乘第 3 个块方程，都加到第 2 个块方程上去，又得到一个新的块方程

$$\boldsymbol{B}_{14}^1 \boldsymbol{x}_{12} + \boldsymbol{C}_{12}^1 \boldsymbol{x}_{22} = \boldsymbol{d}_{12}^1$$

再用$-\boldsymbol{B}_{23}$左乘第 3 个块方程，$-\boldsymbol{C}_{21}$左乘第 5 个块方程，都加到第 4 个块方程上去. 最后用$-\boldsymbol{B}_{33}$左乘第 5 个块方程加到第 6 个块方程上去，最后得到

$$\begin{pmatrix} \boldsymbol{I} & \boldsymbol{B}_{12}^1 & & & & \\ & \boldsymbol{B}_{14}^1 & \boldsymbol{0} & \boldsymbol{C}_{12}^1 & & \\ & \boldsymbol{A}_{21}^1 & \boldsymbol{I} & \boldsymbol{B}_{22}^1 & & \\ & \boldsymbol{A}_{22}^1 & \boldsymbol{0} & \boldsymbol{B}_{24}^1 & \boldsymbol{0} & \boldsymbol{C}_{22}^1 \\ & & & \boldsymbol{A}_{31}^1 & \boldsymbol{I} & \boldsymbol{B}_{32}^1 \\ & & & \boldsymbol{A}_{32}^1 & \boldsymbol{0} & \boldsymbol{B}_{34}^1 \end{pmatrix} \begin{pmatrix} \boldsymbol{x}_{11} \\ \boldsymbol{x}_{12} \\ \boldsymbol{x}_{21} \\ \boldsymbol{x}_{22} \\ \boldsymbol{x}_{31} \\ \boldsymbol{x}_{32} \end{pmatrix} = \begin{pmatrix} \boldsymbol{d}_{11}^1 \\ \boldsymbol{d}_{12}^1 \\ \boldsymbol{d}_{21}^1 \\ \boldsymbol{d}_{22}^1 \\ \boldsymbol{d}_{31}^1 \\ \boldsymbol{d}_{32}^1 \end{pmatrix} \tag{4.27}$$

其中的第 2,4,6 个块方程即为约简方程

$$\begin{pmatrix} \boldsymbol{B}_{14}^1 & \boldsymbol{C}_{12}^1 & \\ \boldsymbol{A}_{22}^1 & \boldsymbol{B}_{24}^1 & \boldsymbol{C}_{22}^1 \\ & \boldsymbol{A}_{32}^1 & \boldsymbol{B}_{34}^1 \end{pmatrix} \begin{pmatrix} \boldsymbol{x}_{12} \\ \boldsymbol{x}_{22} \\ \boldsymbol{x}_{32} \end{pmatrix} = \begin{pmatrix} \boldsymbol{d}_{12}^1 \\ \boldsymbol{d}_{22}^1 \\ \boldsymbol{d}_{32}^1 \end{pmatrix} \tag{4.28}$$

从(4.28)解出各$\boldsymbol{x}_{i2}$，便可从(4.27)的奇数序号块方程求出

$$\boldsymbol{x}_{i1} = \boldsymbol{d}_{i1}^1 - \boldsymbol{B}_{i2}^1 \boldsymbol{x}_{i2} - \boldsymbol{A}_{i1}^1 \boldsymbol{x}_{i-1,2} \tag{4.29}$$

其中$i=1$时，$\boldsymbol{A}_{11}^1=\boldsymbol{0}$.

显然，方程组不限于$p=3$的情形. 一般地(4.28)是$p\times p$的块三对角的方程组，块的规模是$\alpha\times\alpha$. Johnsson 方法可总结为 3

个步骤，即(1)作 $\boldsymbol{B}_{i1}$ 的 LU 分解，解方程组(4.26)，(2)解方程组(4.28)，(3)从(4.29)求 $\boldsymbol{x}_{i1}$. 这种方法，特别是(1)和(3)两步很容易实行并行计算.

5 迭代法的一般概念

5-1 向量序列和矩阵序列的极限

为了讨论迭代法的一些概念和性质，我们引入向量和矩阵序列极限的概念，其实它就是实数数列极限概念的推广. $\mathbf{R}^n$ 中向量序列记为 $\{\boldsymbol{x}^{(k)}\}_{k=0}^{\infty}$，在不引起混乱时就简记 $\{\boldsymbol{x}^{(k)}\}$. 同理，$\mathbf{R}^{n\times n}$ 中矩阵序列记为 $\{\boldsymbol{A}^{(k)}\}_{k=0}^{\infty}$ 或 $\{\boldsymbol{A}^{(k)}\}$.

定义 5.1 定义了范数 $\|\cdot\|$ 的向量空间 $\mathbf{R}^n$ 中，若存在 $\boldsymbol{x}\in\mathbf{R}^n$ 满足

$$\lim_{k\to\infty}\|\boldsymbol{x}^{(k)}-\boldsymbol{x}\|=0$$

则称 $\{\boldsymbol{x}^{(k)}\}$ 收敛于 $\boldsymbol{x}$，记为 $\lim\limits_{k\to\infty}\boldsymbol{x}^{(k)}=\boldsymbol{x}$.

以上向量序列极限的定义形式上依赖于所选择的范数，但由向量范数的等价性，若 $\{\boldsymbol{x}^{(k)}\}$ 对一种范数而言收敛于 $\boldsymbol{x}$，则对其他范数而言也收敛于 $\boldsymbol{x}$，这说明 $\{\boldsymbol{x}^{(k)}\}$ 的收敛性与所选择的范数无关.

如果 $\{\boldsymbol{x}^{(k)}\}$ 收敛于 $\boldsymbol{x}$，设 $\boldsymbol{x}^{(k)}=(x_1^{(k)},x_2^{(k)},\cdots,x_n^{(k)})^{\mathrm{T}}$，$\boldsymbol{x}=(x_1,x_2,\cdots,x_n)^{\mathrm{T}}$，若选用 ∞-范数，则有

$$\lim_{k\to\infty}\max_{1\leqslant i\leqslant n}|x_i^{(k)}-x_i|=0$$

所以有

$$\lim_{k\to\infty}|x_i^{(k)}-x_i|=0,\quad i=1,2,\cdots,n$$

即 $\lim\limits_{k\to\infty}\boldsymbol{x}^{(k)}=\boldsymbol{x}$ 等价于 $\lim\limits_{k\to\infty}x_i^{(k)}=x_i$，$i=1,2,\cdots,n$. 向量序列的收敛性等价于由向量分量构成的 n 个数列的收敛性，我们也称为 $\{\boldsymbol{x}^{(k)}\}$ 按

分量收敛.

定义 5.2 定义了范数 $\|\cdot\|$ 的空间 $\mathbf{R}^{n\times n}$ 中,若存在 $\mathbf{A}\in\mathbf{R}^{n\times n}$,使

$$\lim_{k\to\infty}\|\mathbf{A}^{(k)}-\mathbf{A}\|=0$$

则称 $\{\mathbf{A}^{(k)}\}$ 收敛于 $\mathbf{A}$,记为 $\lim\limits_{k\to\infty}\mathbf{A}^{(k)}=\mathbf{A}$.

同理,$\{\mathbf{A}^{(k)}\}$ 的收敛性与所选择的范数无关. 而且若 $\mathbf{A}^{(k)}=(a_{ij}^{(k)})$,$\mathbf{A}=(a_{ij})$,则

$$\lim_{k\to\infty}\mathbf{A}^{(k)}=\mathbf{A}\Leftrightarrow\lim_{k\to\infty}a_{ij}^{(k)}=a_{ij},\quad i,j=1,2,\cdots,n$$

定理 5.1 $\lim\limits_{k\to\infty}\boldsymbol{A}^{(k)}=\mathbf{0}$ 的充分必要条件是

$$\lim_{k\to\infty}\boldsymbol{A}^{(k)}\boldsymbol{x}=\mathbf{0},\quad\forall\,\boldsymbol{x}\in\mathbf{R}^n\tag{5.1}$$

其中两个极限式的右端分别指零矩阵和零向量.

证明 对任一种矩阵从属范数有

$$\|\boldsymbol{A}^{(k)}\boldsymbol{x}\|\leqslant\|\boldsymbol{A}^{(k)}\|\,\|\boldsymbol{x}\|$$

从而可证必要性. 若取 $\boldsymbol{x}$ 为第 j 个单位向量 $\boldsymbol{e}_j$,则 $\lim\limits_{k\to\infty}\boldsymbol{A}^{(k)}\boldsymbol{e}_j=\mathbf{0}$ 意味着 $\boldsymbol{A}^{(k)}$ 第 j 列各元素极限为零,取 $j=1,2,\cdots,n$,充分性得证.

下面讨论一种与迭代法有关的矩阵序列的收敛性,这种序列由矩阵的幂构成,即序列 $\{\boldsymbol{B}^k\}$,其中 $\boldsymbol{B}\in\mathbf{R}^{n\times n}$.

定理 5.2 设 $\boldsymbol{B}\in\mathbf{R}^{n\times n}$,则下面 3 个命题等价:

(1) $\lim\limits_{k\to\infty}\boldsymbol{B}^k=\mathbf{0}$.

(2) $\rho(\boldsymbol{B})<1$.

(3) 至少存在一种从属的矩阵范数 $\|\cdot\|$,使 $\|\boldsymbol{B}\|<1$.

证明 (1)⇒(2):用反证法,假设 $\boldsymbol{B}$ 有一个特征值 λ,满足 $|\lambda|\geqslant1$,则有特征向量 $\boldsymbol{x}\neq\mathbf{0}$,满足 $\boldsymbol{B}\boldsymbol{x}=\lambda\boldsymbol{x}$. 由此可得 $\|\boldsymbol{B}^k\boldsymbol{x}\|=|\lambda|^k\,\|\boldsymbol{x}\|$. 所以当 $k\to\infty$ 时向量序列 $\{\boldsymbol{B}^k\boldsymbol{x}\}$ 不收敛于零向量,据定理 5.1,有 $\{\boldsymbol{B}^k\}$ 不收敛于零矩阵,与命题(1)矛盾.

(2)⇒(3):根据本章定理 1.10,对任意实数 $\varepsilon>0$,存在一种从

属的矩阵范数 $\|\cdot\|$，使 $\|\boldsymbol{B}\| \leqslant \rho(\boldsymbol{B})+\varepsilon$. 由命题(2)有 $\rho(\boldsymbol{B})<1$，适当选择 ε，便可使 $\|\boldsymbol{B}\|<1$，即命题(3)成立.

(3)⇒(1)：对命题(3)给出的矩阵范数，有 $\|\boldsymbol{B}\|<1$. 由 $\|\boldsymbol{B}^k\| \leqslant \|\boldsymbol{B}\|^k$，可得 $\lim\limits_{k\to\infty}\|\boldsymbol{B}^k\|=0$，从而有 $\lim\limits_{k\to\infty}\boldsymbol{B}^k=\mathbf{0}$.

定理 5.3 设 $\boldsymbol{B}\in\mathbf{R}^{n\times n}$，$\|\cdot\|$ 为任一种矩阵范数，则

$$\lim_{k\to\infty}\|\boldsymbol{B}^k\|^{\frac{1}{k}}=\rho(\boldsymbol{B}) \tag{5.2}$$

证明 由定理 1.10，对一切 k 有

$$\rho(\boldsymbol{B})=[\rho(\boldsymbol{B}^k)]^{\frac{1}{k}} \leqslant \|\boldsymbol{B}^k\|^{\frac{1}{k}}.$$

另一方面，对任意的 $\varepsilon>0$，记

$$\boldsymbol{B}_\varepsilon=[\rho(\boldsymbol{B})+\varepsilon]^{-1}\boldsymbol{B}$$

显然有 $\rho(\boldsymbol{B}_\varepsilon)<1$. 由定理 5.2 有 $\lim\limits_{k\to\infty}\boldsymbol{B}_\varepsilon^k=\mathbf{0}$，所以存在整数 $N=N(\varepsilon)$，使得当 $k>N$ 时，

$$\|\boldsymbol{B}_\varepsilon^k\|=\frac{\|\boldsymbol{B}^k\|}{[\rho(\boldsymbol{B})+\varepsilon]^k}<1$$

即 $k>N$ 时有

$$\rho(\boldsymbol{B}) \leqslant \|\boldsymbol{B}^k\|^{\frac{1}{k}} \leqslant \rho(\boldsymbol{B})+\varepsilon$$

而 ε 是任意的，即得定理结论.

5-2 迭代法的构造

迭代法与直接法不同，不是通过预先规定好的有限步算术运算求得方程组的解，而是从某些初始向量出发，用设计好的步骤逐次算出近似解向量 $\boldsymbol{x}^{(k)}$，从而得到向量序列 $\{\boldsymbol{x}^{(0)},\boldsymbol{x}^{(1)},\boldsymbol{x}^{(2)},\cdots\}$. 一般 $\boldsymbol{x}^{(k+1)}$ 的计算公式是

$$\boldsymbol{x}^{(k+1)}=\boldsymbol{F}_k(\boldsymbol{x}^{(k)},\boldsymbol{x}^{(k-1)},\cdots,\boldsymbol{x}^{(k-m)}),\quad k=0,1,\cdots$$

式中 $\boldsymbol{x}^{(k+1)}$ 与 $\boldsymbol{x}^{(k)},\boldsymbol{x}^{(k-1)},\cdots,\boldsymbol{x}^{(k-m)}$ 有关，称为**多步迭代法**. 若 $\boldsymbol{x}^{(k+1)}$ 只与 $\boldsymbol{x}^{(k)}$ 有关，即

$$\boldsymbol{x}^{(k+1)}=\boldsymbol{F}_k(\boldsymbol{x}^{(k)}),\quad k=0,1,\cdots$$

这称为**单步迭代法**. 再设 $\boldsymbol{F}_k$ 是线性的,即

$$\boldsymbol{x}^{(k+1)} = \boldsymbol{B}_k\boldsymbol{x}^{(k)} + \boldsymbol{f}_k, \quad k = 0,1,\cdots$$

其中 $\boldsymbol{B}_k \in \mathbf{R}^{n\times n}$,称为**单步线性迭代法**,$\boldsymbol{B}_k$ 称为**迭代矩阵**. 若 $\boldsymbol{B}_k$ 和 $\boldsymbol{f}_k$ 与 k 无关,即

$$\boldsymbol{x}^{(k+1)} = \boldsymbol{B}\boldsymbol{x}^{(k)} + \boldsymbol{f}, \quad k = 0,1,\cdots$$

称为**单步定常线性迭代法**. 本章主要讨论具有这种形式的各种迭代方法.

设 $\boldsymbol{A}\in \mathbf{R}^{n\times n}$,$\boldsymbol{b}\in \mathbf{R}^n$,$\boldsymbol{A}$ 非奇异,$\boldsymbol{x}\in \mathbf{R}^n$ 满足方程组

$$\boldsymbol{A}\boldsymbol{x} = \boldsymbol{b} \tag{5.3}$$

如果能够找到矩阵 $\boldsymbol{B}\in \mathbf{R}^{n\times n}$,向量 $\boldsymbol{f}\in \mathbf{R}^n$,使 $\boldsymbol{I}-\boldsymbol{B}$ 可逆,而且方程组

$$\boldsymbol{x} = \boldsymbol{B}\boldsymbol{x} + \boldsymbol{f} \tag{5.4}$$

的唯一解就是(5.3)的解,则可以从(5.4)构造一个定常的线性迭代公式

$$\boldsymbol{x}^{(k+1)} = \boldsymbol{B}\boldsymbol{x}^{(k)} + \boldsymbol{f} \tag{5.5}$$

给出 $\boldsymbol{x}^{(0)}\in \mathbf{R}^n$,由(5.5)可以产生$\{\boldsymbol{x}^{(k)}\}$,若它有极限 $\boldsymbol{x}^*$,显然 $\boldsymbol{x}^*$ 就是(5.4)和(5.3)的解.

定义 5.3 若迭代公式(5.5)产生的序列$\{\boldsymbol{x}^{(k)}\}$满足

$$\lim_{k\to\infty}\boldsymbol{x}^{(k)} = \boldsymbol{x}^*, \quad \forall\, \boldsymbol{x}^{(0)} \in \mathbf{R}^n$$

则称迭代法(5.5)是收敛的.

从(5.3)出发可以由不同的途径得到各种不同的等价方程组(5.4),从而得到不同的迭代法(5.5). 例如,设 $\boldsymbol{A}$ 可以分裂为

$$\boldsymbol{A} = \boldsymbol{M} - \boldsymbol{N} \tag{5.6}$$

其中 $\boldsymbol{M}$ 非奇异. 则由(5.3)可得

$$\boldsymbol{x} = \boldsymbol{M}^{-1}\boldsymbol{N}\boldsymbol{x} + \boldsymbol{M}^{-1}\boldsymbol{b} \tag{5.7}$$

令

$$\boldsymbol{B} = \boldsymbol{M}^{-1}\boldsymbol{N} = \boldsymbol{I} - \boldsymbol{M}^{-1}\boldsymbol{A} \tag{5.8}$$

$$f = M^{-1}b \tag{5.9}$$

就可以得到(5.4)的形式,这里不同的 $\boldsymbol{B}$ 和 $\boldsymbol{f}$ 依赖不同的分裂方法(5.6). $\boldsymbol{B}$ 称为迭代法的**迭代矩阵.**

设(5.3)中 $\boldsymbol{A}=(a_{ij})$,可以把 $\boldsymbol{A}$ 分裂为

$$\boldsymbol{A} = \boldsymbol{D} - \boldsymbol{L} - \boldsymbol{U} \tag{5.10}$$

其中 $\boldsymbol{D}=\mathrm{diag}(a_{11},a_{22},\cdots,a_{nn})$,

$$\boldsymbol{L}=-\begin{pmatrix} 0 & & & \\ a_{21} & 0 & & \\ \vdots & \ddots & \ddots & \\ a_{n1} & \cdots & a_{n,n-1} & 0 \end{pmatrix},\quad \boldsymbol{U}=-\begin{pmatrix} 0 & a_{12} & \cdots & a_{1n} \\ & \ddots & \ddots & \vdots \\ & & 0 & a_{n-1,n} \\ & & & 0 \end{pmatrix} \tag{5.11}$$

$-\boldsymbol{L}$ 和 $-\boldsymbol{U}$ 分别为 $\boldsymbol{A}$ 的严格下、上三角部分(不包括对角线). 现设 $\boldsymbol{D}$ 非奇异,即 $a_{ii}\neq 0, i=1,\cdots,n$. 对应于(5.6)形式的一般分裂式,令 $\boldsymbol{M}=\boldsymbol{D},\boldsymbol{N}=\boldsymbol{L}+\boldsymbol{U}$,(5.7)等价于

$$\boldsymbol{x} = \boldsymbol{D}^{-1}(\boldsymbol{L}+\boldsymbol{U})\boldsymbol{x} + \boldsymbol{D}^{-1}\boldsymbol{b}$$

由此构造迭代法

$$\boldsymbol{x}^{(k+1)} = \boldsymbol{B}_{\mathrm{J}}\boldsymbol{x}^{(k)} + \boldsymbol{f}, \quad k = 0,1,\cdots \tag{5.12}$$

其中向量 $\boldsymbol{f}$ 和迭代矩阵 $\boldsymbol{B}_{\mathrm{J}}$ 为

$$\boldsymbol{f} = \boldsymbol{D}^{-1}\boldsymbol{b} \tag{5.13}$$

$$\boldsymbol{B}_{\mathrm{J}} = \boldsymbol{D}^{-1}(\boldsymbol{L}+\boldsymbol{U}) = \boldsymbol{I} - \boldsymbol{D}^{-1}\boldsymbol{A} \tag{5.14}$$

(5.12)称为 **Jacobi 迭代法.** 简称 J 法. 它的分量形式为

$$x_i^{(k+1)} = \frac{1}{a_{ii}}\left(b_i - \sum_{j=1}^{i-1} a_{ij}x_j^{(k)} - \sum_{j=i+1}^{n} a_{ij}x_j^{(k)}\right), \quad i=1,2,\cdots,n \tag{5.15}$$

用 J 法计算 $\{\boldsymbol{x}^{(k)}\}$,要用两组单元存放向量 $\{\boldsymbol{x}^{(k)}\}$ 和 $\{\boldsymbol{x}^{(k+1)}\}$.

如果令 $\boldsymbol{M}=\boldsymbol{D}-\boldsymbol{L},\boldsymbol{N}=\boldsymbol{U}$,对应(5.6)的分裂有

$$\boldsymbol{B}_{\mathrm{G}} = (\boldsymbol{D}-\boldsymbol{L})^{-1}\boldsymbol{U} = \boldsymbol{I} - (\boldsymbol{D}-\boldsymbol{L})^{-1}\boldsymbol{A} \tag{5.16}$$

这样我们便可得到 **Gauss-Seidel 迭代法**(简称 GS 法)

$$\boldsymbol{x}^{(k+1)} = \boldsymbol{B}_G \boldsymbol{x}^{(k)} + \boldsymbol{f} \tag{5.17}$$

其中 $\boldsymbol{f}=(\boldsymbol{D}-\boldsymbol{L})^{-1}\boldsymbol{b}$. GS 迭代法的分量形式为

$$x_i^{(k+1)}=\frac{1}{a_{ii}}\left(b_i-\sum_{j=1}^{i-1}a_{ij}x_j^{(k+1)}-\sum_{j=i+1}^{n}a_{ij}x_j^{(k)}\right),\quad i=1,2,\cdots,n \tag{5.18}$$

例 5.1 方程组

$$\begin{bmatrix}10 & 3 & 1\\ 2 & -10 & 3\\ 1 & 3 & 10\end{bmatrix}\begin{bmatrix}x_1\\ x_2\\ x_3\end{bmatrix}=\begin{bmatrix}14\\ -5\\ 14\end{bmatrix}$$

其准确解为 $\boldsymbol{x}^*=(1,1,1)^{\mathrm{T}}$. 用 J 法计算，按(5.15)的公式是

$$\begin{cases}x_1^{(k+1)}=(\qquad -3x_2^{(k)}-x_3^{(k)}+14)/10\\ x_2^{(k+1)}=(-2x_1^{(k)}\qquad -3x_3^{(k)}-5)/(-10)\\ x_3^{(k+1)}=(-x_1^{(k)}-3x_2^{(k)}\qquad +14)/10\end{cases}$$

用 GS 法计算，按(5.18)的公式是

$$\begin{cases}x_1^{(k+1)}=(\qquad -3x_2^{(k)}-x_3^{(k)}+14)/10\\ x_2^{(k+1)}=(-2x_1^{(k+1)}\qquad -3x_3^{(k)}-5)/(-10)\\ x_3^{(k+1)}=(-x_1^{(k+1)}-3x_2^{(k+1)}\qquad +14)/10\end{cases}$$

取 $\boldsymbol{x}^{(0)}=(0,0,0)^{\mathrm{T}}$，J 法的数值结果是

k	$\boldsymbol{x}^{(k)}$	$\Vert\boldsymbol{x}^{(k)}-\boldsymbol{x}^*\Vert_\infty$
1	$(1.4,0.5,1.4)^{\mathrm{T}}$	0.5
2	$(1.11,1.20,1.11)^{\mathrm{T}}$	0.2
3	$(0.929,1.055,0.929)^{\mathrm{T}}$	0.071
4	$(0.9906,0.9645,0.9906)^{\mathrm{T}}$	0.0355
5	$(1.01159,0.9953,1.01159)^{\mathrm{T}}$	0.01159
6	$(1.000251,1.005795,1.000251)^{\mathrm{T}}$	0.005795

取同样的 $\boldsymbol{x}^{(0)}$，GS 法的数值结果是

k	$\boldsymbol{x}^{(k)}$	$\lVert \boldsymbol{x}^{(k)}-\boldsymbol{x}^* \rVert_\infty$
1	$(1.4,0.78,1.026)^T$	0.4
2	$(0.9234,0.99248,1.1092)^T$	0.1092
3	$(0.99134,1.0310,0.99159)^T$	0.031
4	$(0.99154,0.99578,1.0021)^T$	0.0085

从计算结果看，本例用 GS 法显然要比用 J 法收敛快.

上面我们从 $\boldsymbol{A}$ 的不同分裂式 $\boldsymbol{A}=\boldsymbol{M}-\boldsymbol{N}$ 得到两种不同的迭代法. 一般地，迭代法(5.5)可以看成是解方程组 $(\boldsymbol{I}-\boldsymbol{B})\boldsymbol{x}=\boldsymbol{f}$ 的一种自然的安排. 因为 $\boldsymbol{B}=\boldsymbol{I}-\boldsymbol{M}^{-1}\boldsymbol{A}$，这个方程组就是

$$\boldsymbol{M}^{-1}\boldsymbol{A}\boldsymbol{x}=\boldsymbol{M}^{-1}\boldsymbol{b}$$

它和原方程组 $\boldsymbol{A}\boldsymbol{x}=\boldsymbol{b}$ 是同解的方程组. 我们称它是原方程组经预处理的方程组，$\boldsymbol{M}$ 称为**预处理矩阵**. 迭代法(5.5)看成预处理后方程组的线性不动点迭代格式. 下面我们还要通过不同的 $\boldsymbol{M}$ 引入不同的迭代方法. 而 J 法和 GS 法的预处理矩阵分别是

$$\boldsymbol{M}_J=\boldsymbol{D},\quad \boldsymbol{M}_G=\boldsymbol{D}-\boldsymbol{L}$$

5-3 迭代法的收敛性和收敛速度

实际使用的迭代法应该是收敛的迭代法，这里我们要给出判别收敛的条件. 设 $\boldsymbol{x}^*$ 是 (5.4)的解，即

$$\boldsymbol{x}^*=\boldsymbol{B}\boldsymbol{x}^*+\boldsymbol{f}$$

以(5.5)式减去上式，并记误差向量为

$$\boldsymbol{e}^{(k)}=\boldsymbol{x}^{(k)}-\boldsymbol{x}^*$$

则有

$$\boldsymbol{e}^{(k+1)}=\boldsymbol{B}\boldsymbol{e}^{(k)},\quad k=0,1,\cdots$$

由此可递推得

$$\boldsymbol{e}^{(k)}=\boldsymbol{B}^k\boldsymbol{e}^{(0)} \tag{5.19}$$

其中 $\boldsymbol{e}^{(0)}=\boldsymbol{x}^{(0)}-\boldsymbol{x}^*$ 与 k 无关，所以迭代法(5.5)收敛就意味着

$$\lim_{k\to\infty}\boldsymbol{e}^{(k)}=\lim_{k\to\infty}\boldsymbol{B}^k\boldsymbol{e}^{(0)}=0,\quad \forall\,\boldsymbol{e}^{(0)}\in\mathbf{R}^n$$

下面给出迭代法收敛的充分必要条件.

定理 5.4 下面 3 个命题是等价的：

(1) 迭代法 $\boldsymbol{x}^{(k+1)}=\boldsymbol{B}\boldsymbol{x}^{(k)}+\boldsymbol{f}$ 收敛.

(2) $\rho(\boldsymbol{B})<1$.

(3) 至少存在一种从属的矩阵范数 $\|\cdot\|$，使 $\|\boldsymbol{B}\|<1$.

证明 从以上分析，命题(1)中迭代法收敛等价于

$$\lim_{k\to\infty}\boldsymbol{B}^k\boldsymbol{e}^{(0)}=\mathbf{0},\quad \forall\,\boldsymbol{e}^{(0)}\in\mathbf{R}^n \tag{5.20}$$

由定理 5.1，(5.20)成立的充要条件是 $\lim\limits_{k\to\infty}\boldsymbol{B}^k=\mathbf{0}$. 再由定理 5.2，本定理得证.

有时实际判别一个迭代法是否收敛，条件 $\rho(\boldsymbol{B})<1$ 是较难检验的. 但 $\|\boldsymbol{B}\|_1$，$\|\boldsymbol{B}\|_\infty$，$\|\boldsymbol{B}\|_{\mathrm{F}}$ 等可以用 $\boldsymbol{B}$ 的元素表示，所以用 $\|\boldsymbol{B}\|_1<1$ 或 $\|\boldsymbol{B}\|_\infty<1$，或 $\|\boldsymbol{B}\|_{\mathrm{F}}<1$ 作为收敛的充分条件较为方便.

定理 5.5 设 $\boldsymbol{x}^*$ 是方程 $\boldsymbol{x}=\boldsymbol{B}\boldsymbol{x}+\boldsymbol{f}$ 的唯一解，$\|\cdot\|_\nu$ 是一种向量范数，对应的从属矩阵范数 $\|\boldsymbol{B}\|_\nu<1$，则由(5.5)产生的向量序列 $\{\boldsymbol{x}^{(k)}\}$ 满足

$$\|\boldsymbol{x}^{(k)}-\boldsymbol{x}^*\|_\nu\leqslant\frac{\|\boldsymbol{B}\|_\nu}{1-\|\boldsymbol{B}\|_\nu}\|\boldsymbol{x}^{(k)}-\boldsymbol{x}^{(k-1)}\|_\nu \tag{5.21}$$

$$\|\boldsymbol{x}^{(k)}-\boldsymbol{x}^*\|_\nu\leqslant\frac{\|\boldsymbol{B}\|_\nu^k}{1-\|\boldsymbol{B}\|_\nu}\|\boldsymbol{x}^{(1)}-\boldsymbol{x}^{(0)}\|_\nu \tag{5.22}$$

证明 不难验证

$$\begin{aligned}\boldsymbol{x}^{(k)}-\boldsymbol{x}^*&=\boldsymbol{B}(\boldsymbol{x}^{(k-1)}-\boldsymbol{x}^*)\\&=\boldsymbol{B}(\boldsymbol{x}^{(k-1)}-\boldsymbol{x}^{(k)})+\boldsymbol{B}(\boldsymbol{x}^{(k)}-\boldsymbol{x}^*)\end{aligned}$$

所以有

$$(\boldsymbol{I}-\boldsymbol{B})(\boldsymbol{x}^{(k)}-\boldsymbol{x}^*)=\boldsymbol{B}(\boldsymbol{x}^{(k-1)}-\boldsymbol{x}^{(k)})$$

因为 $\|\boldsymbol{B}\|_\nu<1$,由定理 5.4 知迭代法是收敛的,$\lim\limits_{k\to\infty}\boldsymbol{x}^{(k)}=\boldsymbol{x}^*$. 又由本章定理 1.12 知 $\boldsymbol{I}-\boldsymbol{B}$ 是非奇异的,且

$$\begin{aligned}\|\boldsymbol{x}^{(k)}-\boldsymbol{x}^*\|_\nu &= \|(\boldsymbol{I}-\boldsymbol{B})^{-1}\boldsymbol{B}(\boldsymbol{x}^{(k-1)}-\boldsymbol{x}^{(k)})\|_\nu \\ &\leqslant \frac{\|\boldsymbol{B}\|_\nu}{1-\|\boldsymbol{B}\|_\nu}\|\boldsymbol{x}^{(k-1)}-\boldsymbol{x}^{(k)}\|_\nu\end{aligned}$$

即得(5.21). 再反复运用

$$\begin{aligned}\|\boldsymbol{x}^{(k)}-\boldsymbol{x}^{(k-1)}\|_\nu &= \|\boldsymbol{B}(\boldsymbol{x}^{(k-1)}-\boldsymbol{x}^{(k-2)})\|_\nu \\ &\leqslant \|\boldsymbol{B}\|_\nu\|\boldsymbol{x}^{(k-1)}-\boldsymbol{x}^{(k-2)}\|_\nu\end{aligned}$$

即可得(5.22). 定理证毕.

利用定理 5.5 作误差估计,一般可取 $\nu=1,2$ 或∞. 从(5.21)可见,只要 $\|\boldsymbol{B}\|_\nu$ 不是很接近 1,若相邻两次迭代向量 $\boldsymbol{x}^{(k-1)}$ 与 $\boldsymbol{x}^{(k)}$ 已经很接近,则 $\boldsymbol{x}^{(k)}$ 与 $\boldsymbol{x}^*$ 已经相当接近,所以可用 $\|\boldsymbol{x}^{(k)}-\boldsymbol{x}^{(k-1)}\|_\nu<\varepsilon$ 来控制迭代终止. 例如,若 $\|\boldsymbol{B}\|_\nu=0.8$, $\|\boldsymbol{x}^{(k)}-\boldsymbol{x}^{(k-1)}\|_\nu=10^{-7}$,则有 $\|\boldsymbol{x}^{(k)}-\boldsymbol{x}^*\|_\nu\leqslant4\times10^{-7}$. 但是若 $\|\boldsymbol{B}\|_\nu\approx1$,即使 $\|\boldsymbol{x}^{(k)}-\boldsymbol{x}^{(k-1)}\|_\nu$ 很小,也不能判定 $\|\boldsymbol{x}^{(k)}-\boldsymbol{x}^*\|_\nu$ 很小. 例如,若 $\|\boldsymbol{B}\|_\nu=1-10^{-6}$, $\|\boldsymbol{x}^{(k)}-\boldsymbol{x}^{(k-1)}\|_\nu=10^{-7}$,则只能估计到 $\|\boldsymbol{x}^{(k)}-\boldsymbol{x}^*\|_\nu\leqslant10^{-1}-10^{-7}$.

现在设迭代法(5.5)收敛,即 $\rho(\boldsymbol{B})<1$,我们讨论迭代的收敛速度问题. 从(5.19)有 $\|\boldsymbol{e}^{(k)}\|\leqslant\|\boldsymbol{B}^k\|\,\|\boldsymbol{e}^{(0)}\|$. 现设 $\boldsymbol{e}^{(0)}\neq\boldsymbol{0}$,则有

$$\frac{\|\boldsymbol{e}^{(k)}\|}{\|\boldsymbol{e}^{(0)}\|}\leqslant\|\boldsymbol{B}^k\|$$

这里取的矩阵范数均从属于向量范数. 根据范数的性质有

$$\|\boldsymbol{B}^k\| = \max_{\boldsymbol{e}^{(0)}\neq\boldsymbol{0}}\frac{\|\boldsymbol{B}^k\boldsymbol{e}^{(0)}\|}{\|\boldsymbol{e}^{(0)}\|} = \max_{\boldsymbol{e}^{(0)}\neq\boldsymbol{0}}\frac{\|\boldsymbol{e}^{(k)}\|}{\|\boldsymbol{e}^{(0)}\|}$$

所以 $\|\boldsymbol{B}^k\|$ 给出了迭代 k 次后误差向量范数与初始误差向量范数

之比的最大值.这样,迭代 k 次后,平均每次迭代误差范数的压缩率就可看成是 $\| \boldsymbol{B}^k \|^{1/k}$.

如果要求迭代 k 次后有

$$\| \boldsymbol{e}^{(k)} \| \leqslant \sigma \| \boldsymbol{e}^{(0)} \| \tag{5.23}$$

其中因子 σ 是个小数,例如 $\sigma=10^{-s}$. 因为 $\rho(\boldsymbol{B})<1$,所以 $\| \boldsymbol{B}^k \| \to 0$,我们可选择足够大的 k 使

$$\| \boldsymbol{B}^k \| \leqslant \sigma$$

这样便可使(5.23)成立. 对于所有使 $\| \boldsymbol{B}^k \| <1$ 的 k,上式等价于

$$k \geqslant - \frac{\ln\sigma}{-\frac{1}{k}\ln \| \boldsymbol{B}^k \|} \tag{5.24}$$

所以达到(5.23)要求的最小迭代次数反比于 $-\ln \| \boldsymbol{B}^k \|^{\frac{1}{k}}$. 我们给出下面的定义

定义 5.4

$$R_k(\boldsymbol{B}) = -\ln \| \boldsymbol{B}^k \|^{\frac{1}{k}}$$

称为迭代法(5.5)的**平均收敛率**.

以上定义的 $R_k(\boldsymbol{B})$ 是平均压缩率的对数值(再取负号). 它是依赖于所选择的范数和迭代次数的,这样给一些理论分析带来了不便. 从定理 5.3 有 $\lim\limits_{k\to\infty} \| \boldsymbol{B}^k \|^{\frac{1}{k}}=\rho(\boldsymbol{B})$. 我们再给出下面的定义.

定义 5.5

$$R(\boldsymbol{B}) = -\ln\rho(\boldsymbol{B})$$

称为迭代法(5.5)的**渐近收敛率**,或称**渐近收敛速度**.

显然 $R(\boldsymbol{B})=\lim\limits_{k\to\infty}R_k(\boldsymbol{B})$,且 $R(\boldsymbol{B})$ 与 $\boldsymbol{B}$ 取何种范数及迭代次数无关. 它反映的是迭代次数趋于无穷时迭代法(5.5)的渐近性质. 为了达到(5.23)的要求,可以用

$$k \approx -\ln\sigma / R(\boldsymbol{B}) \tag{5.25}$$

代替(5.24)作为所需迭代次数的估计.

从以上的讨论我们还可以看到，对于不同的迭代法，其迭代矩阵谱半径较小者收敛要快些，下面还有对模型问题不同迭代法比较的例子.

5-4 J 法和 GS 法的收敛性

从定理 5.4 我们可以得到结论：J 法和 GS 法收敛的充分必要条件分别是 $\rho(\boldsymbol{B}_J)<1$ 和 $\rho(\boldsymbol{B}_G)<1$. 此外，还可以分别得到它们的一个收敛的充分条件，$\|\boldsymbol{B}_J\|<1$ 和 $\|\boldsymbol{B}_G\|<1$，这里是指任何一种矩阵范数. 为了再给出一些可能较容易验证的充分条件，我们下面讨论对角占优矩阵的性质.

定义 5.6 若 $\mathbf{A}=(a_{ij})\in\mathbf{R}^{n\times n}$，满足

$$|a_{ii}|>\sum_{\substack{j=1\\j\neq i}}^{n}|a_{ij}|,\quad i=1,2,\cdots,n$$

称 $\mathbf{A}$ 为**严格对角占优矩阵**. 若 $\mathbf{A}$ 满足

$$|a_{ii}|\geqslant\sum_{\substack{j=1\\j\neq i}}^{n}|a_{ij}|,\quad i=1,2,\cdots,n$$

且其中至少有一个严格不等式成立，称 $\mathbf{A}$ 为**弱对角占优矩阵**.

定义 5.7 若 $\mathbf{A}\in\mathbf{R}^{n\times n}$，不能找到排列矩阵 $\boldsymbol{P}$，使得

$$\boldsymbol{P}^{\mathrm{T}}\boldsymbol{AP}=\begin{pmatrix}\bar{\mathbf{A}}_{11} & \bar{\mathbf{A}}_{12}\\ \mathbf{0} & \bar{\mathbf{A}}_{22}\end{pmatrix}\tag{5.26}$$

其中 $\bar{\mathbf{A}}_{11}$ 与 $\bar{\mathbf{A}}_{22}$ 均为方阵，称 $\mathbf{A}$ 为**不可约矩阵**.

显然，若 $\mathbf{A}$ 是可约的，则可通过行与列的置换成(5.26)的形式，方程组 $\mathbf{A}\boldsymbol{x}=\boldsymbol{b}$ 就可以化为低阶的方程组. 对 $\mathbf{A}\in\mathbf{C}^{n\times n}$，上述定义及以下讨论均类似.

定理 5.6 若 $\mathbf{A}=(a_{ij})$ 严格对角占优，则 $a_{ii}\neq0$，$i=1,2,\cdots,n$，且 $\mathbf{A}$ 非奇异.

定理 5.7 若 $\mathbf{A}$ 不可约且弱对角占优，则 $a_{ii}\neq0$，$i=1,2,\cdots,$

n，且 $\boldsymbol{A}$ 非奇异.

以上两个定理的证明可见文献[3].

定理说明，若 $\boldsymbol{A}$ 为严格对角占优或不可约且弱对角占优矩阵，$\boldsymbol{A}$ 都非奇异，且总有 $a_{ii}\neq 0, i=1,2,\cdots,n$，J 法和 GS 法都可以计算，这两种情形下迭代法的收敛性有如下定理.

定理 5.8 设 $\boldsymbol{A}$ 为严格对角占优矩阵，或为不可约的弱对角占优矩阵，则方程组 $\boldsymbol{Ax}=\boldsymbol{b}$ 的 J 法和 GS 法均收敛.

证明 这里只给出 $\boldsymbol{A}$ 为不可约弱对角占优矩阵，GS 迭代法收敛的证明. 只要证明 $\rho(\boldsymbol{B}_{\mathrm{G}})<1$.

用反证法，设 $\boldsymbol{B}_{\mathrm{G}}$ 有一个特征值 λ，满足 $|\lambda|\geqslant 1$，则有

$$\det(\lambda\boldsymbol{I}-(\boldsymbol{D}-\boldsymbol{L})^{-1}\boldsymbol{U})=0$$

由此推出

$$\det(\boldsymbol{D}-\boldsymbol{L})^{-1}\cdot\det(\boldsymbol{D}-\boldsymbol{L}-\lambda^{-1}\boldsymbol{U})=0 \qquad (5.27)$$

$\boldsymbol{A}$ 为不可约弱对角占优矩阵，由定理 5.7，有 $a_{ii}\neq 0$，所以 $\det(\boldsymbol{D}-\boldsymbol{L})^{-1}\neq 0$. 而 $\boldsymbol{A}=\boldsymbol{D}-\boldsymbol{L}-\boldsymbol{U}$ 与 $\boldsymbol{D}-\boldsymbol{L}-\lambda^{-1}\boldsymbol{U}$ 的零元素与非零元素位置完全一样，所以 $\boldsymbol{D}-\boldsymbol{L}-\lambda^{-1}\boldsymbol{U}$ 也是不可约的. 又因 $|\lambda|\geqslant 1$，$\boldsymbol{D}-\boldsymbol{L}-\lambda^{-1}\boldsymbol{U}$ 也是弱对角占优矩阵. 据定理 5.7 有 $\det(\boldsymbol{D}-\boldsymbol{L}-\lambda^{-1}\boldsymbol{U})\neq 0$，这与(5.27)矛盾，这就证明了 $\rho(\boldsymbol{B}_{\mathrm{G}})<1$. 证毕.

定理 5.8 的其他情形可以类似地证明.

若 $\boldsymbol{A}$ 对称正定，解方程组 $\boldsymbol{Ax}=\boldsymbol{b}$ 的 J 法和 GS 法的收敛性有如下定理.

定理 5.9 设 $\boldsymbol{A}$ 对称，且有正的对角元，即 $a_{ii}>0, i=1,2,\cdots,n$. 方程组 $\boldsymbol{Ax}=\boldsymbol{b}$ 的 J 法迭代收敛的充分必要条件为 $\boldsymbol{A}$ 及 $2\boldsymbol{D}-\boldsymbol{A}$ 均正定，其中 $\boldsymbol{D}=\mathrm{diag}(a_{11},a_{22},\cdots,a_{nn})$.

证明 根据定理的条件，$\boldsymbol{D}$ 是对称正定阵. 记 $\boldsymbol{D}^{\frac{1}{2}}$ 满足 $\boldsymbol{D}^{\frac{1}{2}}\boldsymbol{D}^{\frac{1}{2}}=\boldsymbol{D}$. 我们有

$$\boldsymbol{B}_{\mathrm{J}}=\boldsymbol{I}-\boldsymbol{D}^{-1}\boldsymbol{A}=\boldsymbol{D}^{-\frac{1}{2}}(\boldsymbol{I}-\boldsymbol{D}^{-\frac{1}{2}}\boldsymbol{A}\boldsymbol{D}^{-\frac{1}{2}})\boldsymbol{D}^{\frac{1}{2}}$$

因 $\boldsymbol{A}$ 对称，故 $\boldsymbol{D}^{-\frac{1}{2}}\boldsymbol{A}\boldsymbol{D}^{-\frac{1}{2}}$，$\boldsymbol{I}-\boldsymbol{D}^{-\frac{1}{2}}\boldsymbol{A}\boldsymbol{D}^{-\frac{1}{2}}$，$2\boldsymbol{I}-\boldsymbol{D}^{-\frac{1}{2}}\boldsymbol{A}\boldsymbol{D}^{-\frac{1}{2}}$ 皆对称，它们的特征值均为实数. $\boldsymbol{B}_{\mathrm{J}}$ 与 $\boldsymbol{I}-\boldsymbol{D}^{-\frac{1}{2}}\boldsymbol{A}\boldsymbol{D}^{-\frac{1}{2}}$ 相似，其特征值也全为实数.

证必要性. 若 J 法收敛，则 $\rho(\boldsymbol{B}_{\mathrm{J}})<1$，设 $\boldsymbol{D}^{-\frac{1}{2}}\boldsymbol{A}\boldsymbol{D}^{-\frac{1}{2}}$ 的特征值为 μ，则 $\boldsymbol{B}_{\mathrm{J}}$ 的特征值为 $1-\mu$，有 $|1-\mu|<1$，即 $\mu\in(0,2)$. 所以 $\boldsymbol{D}^{-\frac{1}{2}}\boldsymbol{A}\boldsymbol{D}^{-\frac{1}{2}}$ 正定. 而对一切 $\boldsymbol{x}\in\mathbf{R}^{n}$ 有

$$(\boldsymbol{D}^{-\frac{1}{2}}\boldsymbol{A}\boldsymbol{D}^{-\frac{1}{2}}\boldsymbol{x},\boldsymbol{x}) = (\boldsymbol{A}\boldsymbol{D}^{-\frac{1}{2}}\boldsymbol{x},\boldsymbol{D}^{-\frac{1}{2}}\boldsymbol{x})$$

所以 $\boldsymbol{A}$ 也是正定阵. 再看 $2\boldsymbol{I}-\boldsymbol{D}^{-\frac{1}{2}}\boldsymbol{A}\boldsymbol{D}^{-\frac{1}{2}}$ 的特征值 $2-\mu$ 也在区间 $(0,2)$ 上，它也是正定阵，从

$$2\boldsymbol{D}-\boldsymbol{A} = \boldsymbol{D}^{\frac{1}{2}}(2\boldsymbol{I}-\boldsymbol{D}^{-\frac{1}{2}}\boldsymbol{A}\boldsymbol{D}^{-\frac{1}{2}})\boldsymbol{D}^{\frac{1}{2}}$$

可知 $2\boldsymbol{D}-\boldsymbol{A}$ 亦为正定阵.

再证充分性，由 $\boldsymbol{A}$ 的正定性可导出 $\boldsymbol{D}^{-\frac{1}{2}}\boldsymbol{A}\boldsymbol{D}^{-\frac{1}{2}}$ 是正定的，其特征值大于零. 所以 $\boldsymbol{I}-\boldsymbol{D}^{-\frac{1}{2}}\boldsymbol{A}\boldsymbol{D}^{-\frac{1}{2}}$ 的特征值（即 $\boldsymbol{B}_{\mathrm{J}}$ 的特征值）皆小于 1. 另一方面，因 $2\boldsymbol{D}-\boldsymbol{A}$ 正定，可导出

$$\begin{aligned}-\boldsymbol{B}_{\mathrm{J}} &= -\boldsymbol{D}^{-\frac{1}{2}}(\boldsymbol{I}-\boldsymbol{D}^{-\frac{1}{2}}\boldsymbol{A}\boldsymbol{D}^{-\frac{1}{2}})\boldsymbol{D}^{\frac{1}{2}} \\ &= \boldsymbol{D}^{-\frac{1}{2}}(\boldsymbol{I}-\boldsymbol{D}^{-\frac{1}{2}}(2\boldsymbol{D}-\boldsymbol{A})\boldsymbol{D}^{-\frac{1}{2}})\boldsymbol{D}^{\frac{1}{2}}\end{aligned}$$

其特征值也全小于 1，所以有 $\rho(\boldsymbol{B}_{\mathrm{J}})<1$，故 J 法收敛. 证毕.

定理 5.10　设 $\boldsymbol{A}$ 对称正定，则 $\boldsymbol{A}\boldsymbol{x}=\boldsymbol{b}$ 的 GS 迭代法收敛.

这个定理是下面定理 6.2 的一部分.

由定理 5.9 和定理 5.10，若 $\boldsymbol{A}$ 对称正定，GS 法一定收敛，而 J 法却不一定，看下面的例子.

例 5.2　考虑三阶矩阵

$$\boldsymbol{A} = \begin{pmatrix} 1 & a & a \\ a & 1 & a \\ a & a & 1 \end{pmatrix}$$

不难验证,$\boldsymbol{A}$ 正定的充要条件是实数 a 满足 $-0.5<a<1$. 若 a 满足此条件,GS 法一定收敛. 而对 J 法来说,只对 $-0.5<a<0.5$ 是收敛的. 例如若 $a=0.8$,GS 法收敛,而 $\rho(\boldsymbol{B}_{\mathrm{J}})=1.6>1$,J 法不收敛,此时 $2\boldsymbol{D}-\boldsymbol{A}$ 不是正定的.

对于一般的矩阵 $\boldsymbol{A}$,解方程组 $\boldsymbol{Ax}=\boldsymbol{b}$,有可能 J 法和 GS 法都收敛,或是一者收敛另一者不收敛. 对于一种特殊情形,设 $\boldsymbol{A}$ 的对角元均为正数,而非对角元 $a_{ij}\leqslant 0$(此时 $\boldsymbol{B}=\boldsymbol{D}^{-1}(\boldsymbol{L}+\boldsymbol{U})$ 的元素皆非负),Stein 和 Rosenberg 证明了下述 4 命题有一个且只有一个成立.

(1) $\rho(\boldsymbol{B}_{\mathrm{G}})=\rho(\boldsymbol{B}_{\mathrm{J}})=0$,

(2) $0<\rho(\boldsymbol{B}_{\mathrm{G}})<\rho(\boldsymbol{B}_{\mathrm{J}})<1$,

(3) $\rho(\boldsymbol{B}_{\mathrm{G}})=\rho(\boldsymbol{B}_{\mathrm{J}})=1$,

(4) $1<\rho(\boldsymbol{B}_{\mathrm{J}})<\rho(\boldsymbol{B}_{\mathrm{G}})$.

这说明在所假设的情形下,J 法和 GS 法若有一者收敛,则另一者也收敛. 而且在情形(2),GS 法收敛速度比 J 法要快.

6 超松弛迭代法

6-1 超松弛迭代法和对称超松弛迭代法

我们仍按(5.10)那样设 $\boldsymbol{A}=\boldsymbol{D}-\boldsymbol{L}-\boldsymbol{U}$,对于实数 ω,有

$$\omega\boldsymbol{A}=(\boldsymbol{D}-\omega\boldsymbol{L})-[(1-\omega)\boldsymbol{D}+\omega\boldsymbol{U}]$$

如果取

$$\boldsymbol{M}=\frac{1}{\omega}(\boldsymbol{D}-\omega\boldsymbol{L}),\quad \boldsymbol{N}=\frac{1}{\omega}[(1-\omega)\boldsymbol{D}+\omega\boldsymbol{U}]$$

就得到如下的**超松弛迭代法**,简记为 SOR 迭代法.

$$(\boldsymbol{D}-\omega\boldsymbol{L})\boldsymbol{x}^{(k+1)}=[(1-\omega)\boldsymbol{D}+\omega\boldsymbol{U}]\boldsymbol{x}^{(k)}+\omega\boldsymbol{b} \tag{6.1}$$

也可写成

$$\boldsymbol{x}^{(k+1)}=\mathscr{L}_{\omega}\boldsymbol{x}^{(k)}+\omega(\boldsymbol{D}-\omega\boldsymbol{L})^{-1}\boldsymbol{b} \tag{6.2}$$

其中迭代矩阵

$$\mathscr{L}_{\omega} = (\boldsymbol{D} - \omega \boldsymbol{L})^{-1}[(1-\omega)\boldsymbol{D} + \omega \boldsymbol{U}] \tag{6.3}$$

(6.1)的分量按 $i=1,2,\cdots,n$ 的次序计算

$$x_i^{(k+1)} = (1-\omega)x_i^{(k)} + \frac{\omega}{a_{ii}}\Big(b_i - \sum_{j=1}^{i-1} a_{ij}x_j^{(k+1)} - \sum_{j=i+1}^{n} a_{ij}x_j^{(k)}\Big),\quad i = 1,2,\cdots,n \tag{6.4}$$

ω 称 SOR 法的**松弛因子**. 显然,当 $\omega=1$ 时,SOR 法就是 GS 法. 从(6.4)也可以将 SOR 法的计算首先按 GS 法公式(5.18)右边得 $\overline{x}_i^{(k+1)}$,再将 $x_i^{(k)}$ 与 $\overline{x}_i^{(k+1)}$ 用参数 ω 作加权平均

$$x_i^{(k+1)} = (1-\omega)x_i^{(k)} + \omega\overline{x}_i^{(k+1)}$$

例 6.1 方程组

$$\begin{pmatrix} 4 & 3 & 0 \\ 3 & 4 & -1 \\ 0 & -1 & 4 \end{pmatrix}\begin{pmatrix} x_1 \\ x_2 \\ x_3 \end{pmatrix} = \begin{pmatrix} 24 \\ 30 \\ -24 \end{pmatrix}$$

准确解为$(3,4,-5)^{\mathrm{T}}$. 如果用 $\omega=1$ 的 SOR 迭代法(即 GS 法),计算公式是

$$\begin{cases} x_1^{(k+1)} = -0.75x_2^{(k)} + 6 \\ x_2^{(k+1)} = -0.75x_1^{(k+1)} + 0.25x_3^{(k)} + 7.5 \\ x_3^{(k+1)} = 0.25x_2^{(k+1)} - 6 \end{cases}$$

用 $\omega=1.25$ 的 SOR 方法,计算公式是

$$\begin{cases} x_1^{(k+1)} = -0.25x_1^{(k)} - 0.937\,5x_2^{(k)} + 7.5 \\ x_2^{(k+1)} = -0.937\,5x_1^{(k+1)} - 0.25x_2^{(k)} + 0.312\,5x_3^{(k)} + 9.375 \\ x_3^{(k+1)} = 0.312\,5x_2^{(k+1)} - 0.25x_3^{(k)} - 7.5 \end{cases}$$

如果都取 $\boldsymbol{x}^{(0)}=(1,1,1)^{\mathrm{T}}$,$\omega=1$ 时迭代 7 次得

$$\boldsymbol{x}^{(7)} = (3.013\,411\,0, 3.988\,824\,1, -5.002\,794\,0)^{\mathrm{T}}$$

而用 $\omega=1.25$,有

$$\boldsymbol{x}^{(7)} = (3.000\,049\,8, 4.000\,258\,6, -5.000\,348\,6)^{\mathrm{T}}$$

继续算下去,要达到 7 位数字的精确度,$\omega=1$ 的方法要迭代34次,

而 $\omega=1.25$ 情形只需 14 次迭代. 显然选 $\omega=1.25$ 收敛要快些.

容易验证,SOR 方法的预处理矩阵是 $\boldsymbol{M}_{\mathrm{SOR}}=\frac{1}{\omega}(\boldsymbol{D}-\omega\boldsymbol{L})$,而 $\mathscr{L}_{\omega}=\boldsymbol{I}-\boldsymbol{M}_{\mathrm{SOR}}^{-1}\boldsymbol{A}$. 对应于 SOR 迭代法,可以构造一种向后的 SOR 迭代格式

$$(\boldsymbol{D}-\omega\boldsymbol{U})\boldsymbol{x}^{(k+1)}=[(1-\omega)\boldsymbol{D}+\omega\boldsymbol{L}]\boldsymbol{x}^{(k)}+\omega\boldsymbol{b}$$

它的分量计算次序应为 $n,n-1,\cdots,1$. 当 $\omega=1$ 时这就是向后的 GS 迭代法.

对称超松弛迭代法(SSOR 法)的一步由 SOR 法的一步再跟着向后的 SOR 法一步所组成. 即

$$\begin{cases}(\boldsymbol{D}-\omega\boldsymbol{L})\boldsymbol{x}^{(k+\frac{1}{2})}=[(1-\omega)\boldsymbol{D}+\omega\boldsymbol{U}]\boldsymbol{x}^{(k)}+\omega\boldsymbol{b}\\(\boldsymbol{D}-\omega\boldsymbol{U})\boldsymbol{x}^{(k+1)}=[(1-\omega)\boldsymbol{D}+\omega\boldsymbol{L}]\boldsymbol{x}^{(k+\frac{1}{2})}+\omega\boldsymbol{b}\end{cases}\tag{6.5}$$

可把(6.5)写成

$$\boldsymbol{x}^{(k+1)}=\boldsymbol{B}_{\omega}\boldsymbol{x}^{(k)}+\boldsymbol{f}_{\omega}\tag{6.6}$$

其中

$$\begin{aligned}\boldsymbol{B}_{\omega}&=(\boldsymbol{D}-\omega\boldsymbol{U})^{-1}[(1-\omega)\boldsymbol{D}+\\&\quad\omega\boldsymbol{L}](\boldsymbol{D}-\omega\boldsymbol{L})^{-1}[(1-\omega)\boldsymbol{D}+\omega\boldsymbol{U}]\end{aligned}\tag{6.7}$$

$$\boldsymbol{f}_{\omega}=\omega(\boldsymbol{D}-\omega\boldsymbol{U})^{-1}[\boldsymbol{I}+((1-\omega)\boldsymbol{D}+\omega\boldsymbol{L})(\boldsymbol{D}-\omega\boldsymbol{L})^{-1}]\boldsymbol{b}$$

由于

$$\begin{aligned}&((1-\omega)\boldsymbol{D}+\omega\boldsymbol{L})(\boldsymbol{D}-\omega\boldsymbol{L})^{-1}\\&=[-(\boldsymbol{D}-\omega\boldsymbol{L})+(2-\omega)\boldsymbol{D}](\boldsymbol{D}-\omega\boldsymbol{L})^{-1}\\&=-\boldsymbol{I}+(2-\omega)\boldsymbol{D}(\boldsymbol{D}-\omega\boldsymbol{L})^{-1}\\&=\boldsymbol{D}(\boldsymbol{D}-\omega\boldsymbol{L})^{-1}[(2-\omega)\boldsymbol{I}-(\boldsymbol{D}-\omega\boldsymbol{L})\boldsymbol{D}^{-1}]\\&=\boldsymbol{D}(\boldsymbol{D}-\omega\boldsymbol{L})^{-1}[(1-\omega)\boldsymbol{D}+\omega\boldsymbol{L}]\boldsymbol{D}^{-1}\end{aligned}$$

所以有

$$\boldsymbol{f}_{\omega}=\omega(2-\omega)(\boldsymbol{D}-\omega\boldsymbol{U})^{-1}\boldsymbol{D}(\boldsymbol{D}-\omega\boldsymbol{L})^{-1}\boldsymbol{b}\tag{6.8}$$

而 $\boldsymbol{B}_{\omega}$ 可以改写为

$$\boldsymbol{B}_{\omega} = (\boldsymbol{D} - \omega\boldsymbol{U})^{-1}\boldsymbol{D}(\boldsymbol{D} - \omega\boldsymbol{L})^{-1}[(1-\omega)\boldsymbol{D} + \omega\boldsymbol{L}]\boldsymbol{D}^{-1}[(1-\omega)\boldsymbol{D} + \omega\boldsymbol{U}] \tag{6.7$'$}$$

容易验证

$$\begin{aligned}&(\boldsymbol{D} - \omega\boldsymbol{L})\boldsymbol{D}^{-1}(\boldsymbol{D} - \omega\boldsymbol{U}) - [(1-\omega)\boldsymbol{D} + \omega\boldsymbol{L}]\boldsymbol{D}^{-1}[(1-\omega)\boldsymbol{D} + \omega\boldsymbol{U}] \\ =&(\boldsymbol{D} - \omega\boldsymbol{L})(\boldsymbol{I} - \omega\boldsymbol{D}^{-1}\boldsymbol{U}) - [(1-\omega)\boldsymbol{D} + \omega\boldsymbol{L}][(1-\omega)\boldsymbol{I} + \omega\boldsymbol{D}^{-1}\boldsymbol{U}] \\ =&\omega(2-\omega)(\boldsymbol{D} - \boldsymbol{L} - \boldsymbol{U}) = \omega(2-\omega)\boldsymbol{A}\end{aligned}$$

所以

$$\boldsymbol{I} - \boldsymbol{B}_{\omega} = \left[\frac{1}{\omega(2-\omega)}(\boldsymbol{D} - \omega\boldsymbol{L})\boldsymbol{D}^{-1}(\boldsymbol{D} - \omega\boldsymbol{U})\right]^{-1}\boldsymbol{A}$$

这样得到 SSOR 的预处理矩阵是

$$\boldsymbol{M}_{\mathrm{SSOR}} = \frac{1}{\omega(2-\omega)}(\boldsymbol{D} - \omega\boldsymbol{L})\boldsymbol{D}^{-1}(\boldsymbol{D} - \omega\boldsymbol{U}) \tag{6.9}$$

而且 $$\boldsymbol{B}_{\omega} = \boldsymbol{I} - \boldsymbol{M}_{\mathrm{SSOR}}^{-1}\boldsymbol{A}$$

6-2 超松弛迭代法的收敛性

SOR 迭代法的收敛充分必要条件是 $\rho(\mathscr{L}_{\omega})<1$，而 $\rho(\mathscr{L}_{\omega})$ 与松弛因子有关.

定理 6.1 对任意的 $\boldsymbol{A}\in\mathbf{R}^{n\times n}$，设其对角元皆非零，则对所有实数 ω，有

$$\rho(\mathscr{L}_{\omega}) \geqslant |\omega - 1|$$

证明 设 $\lambda_1,\lambda_2,\cdots,\lambda_n$ 为 $\mathscr{L}_{\omega}$ 的 n 个特征值，则

$$\begin{aligned}\lambda_1\lambda_2\cdots\lambda_n &= \det\mathscr{L}_{\omega} = \det(\boldsymbol{D} - \omega\boldsymbol{L})^{-1}\det[(1-\omega)\boldsymbol{D} + \omega\boldsymbol{U}] \\ &= \det\boldsymbol{D}^{-1}\det[(1-\omega)\boldsymbol{D}] = (1-\omega)^n\end{aligned}$$

所以有

$$\rho(\mathscr{L}_{\omega}) = \max_i|\lambda_i| \geqslant |1-\omega|$$

推论 1 如果解 $\boldsymbol{Ax}=\boldsymbol{b}$ 的 SOR 方法收敛，则有 $|1-\omega|<1$，即

$0<\omega<2$.

定理 6.2 设 $\boldsymbol{A}\in\mathbf{R}^{n\times n}$,$\boldsymbol{A}$ 对称正定,且 $0<\omega<2$,则解 $\boldsymbol{Ax}=\boldsymbol{b}$ 的 SOR 方法收敛.

证明 设 λ 是 $\mathscr{L}_\omega$ 的任一个特征值(可能是复数),对应于特征向量 $\boldsymbol{x}$. 由(6.3)得

$$[(1-\omega)\boldsymbol{D}+\omega\boldsymbol{U}]\boldsymbol{x}=\lambda(\boldsymbol{D}-\omega\boldsymbol{L})\boldsymbol{x}$$

这里 $\boldsymbol{A}=\boldsymbol{D}-\boldsymbol{L}-\boldsymbol{U}$ 是对称的实矩阵,所以有 $\boldsymbol{L}^{\mathrm{T}}=\boldsymbol{U}$,上式两边与 $\boldsymbol{x}$ 作内积,有

$$(1-\omega)(\boldsymbol{Dx},\boldsymbol{x})+\omega(\boldsymbol{Ux},\boldsymbol{x})=\lambda[(\boldsymbol{Dx},\boldsymbol{x})-\omega(\boldsymbol{Lx},\boldsymbol{x})] \tag{6.10}$$

因为 $\boldsymbol{A}$ 正定,故 $\boldsymbol{D}$ 亦正定,记 $p=(\boldsymbol{Dx},\boldsymbol{x})$,有 $p>0$. 又记 $(\boldsymbol{Lx},\boldsymbol{x})=\alpha+\mathrm{i}\beta$,则 $(\boldsymbol{Ux},\boldsymbol{x})=\alpha-\mathrm{i}\beta$. 由(6.10)有

$$\lambda=\frac{(1-\omega)p+\omega\alpha-\mathrm{i}\omega\beta}{p-\omega\alpha-\mathrm{i}\omega\beta}$$

$$|\lambda|^2=\frac{[p-\omega(p-\alpha)]^2+\omega^2\beta^2}{(p-\omega\alpha)^2+\omega^2\beta^2}$$

而 $[p-\omega(p-\alpha)]^2-(p-\omega\alpha)^2=p\omega(2-\omega)(2\alpha-p)$. 因为 $0<\omega<2$,又因 $\boldsymbol{A}$ 正定,$(\boldsymbol{Ax},\boldsymbol{x})=p-2\alpha>0$,可见 $|\lambda|^2$ 的分子小于分母,即 $|\lambda|^2<1$,从而有 $\rho(\mathscr{L}_\omega)<1$,SOR 方法收敛,定理证毕.

当 $\omega=1$ 时,上述定理就是定理 5.10.

对于 SOR 方法,松弛因子 ω 会对收敛速度产生影响,所以要研究**最优松弛因子** ω_{opt} 的问题,有关的理论较为复杂,下面给出一种较简单情形的结论,一般情况可参考文献[17],[23]和[24]等.

定理 6.3 设 $\boldsymbol{A}$ 是对称正定的三对角阵,则 $\rho(\boldsymbol{B}_{\mathrm{G}})=[\rho(\boldsymbol{B}_{\mathrm{J}})]^2<1$,且 SOR 迭代法的最优松弛因子为

$$\omega_{\mathrm{opt}}=\frac{2}{1+\sqrt{1-[\rho(\boldsymbol{B}_{\mathrm{J}})]^2}} \tag{6.11}$$

且 $\rho(\mathscr{L}_{\omega_{\mathrm{opt}}})=\omega_{\mathrm{opt}}-1$.

上面的 $\rho(\mathscr{L}_{\omega_{\mathrm{opt}}})$ 达到了 $\rho(\mathscr{L}_\omega)$ 的最小值. $\rho(\mathscr{L}_\omega)$ 与 ω 的函数关

系如图 3-4 所示.

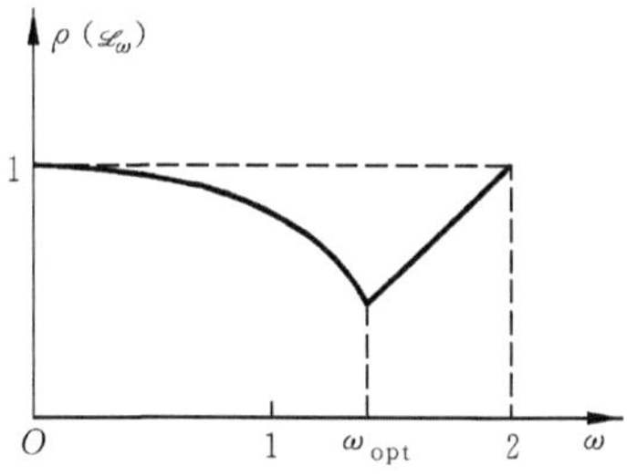

图 3-4

例 6.2 我们仍看例 6.1 的方程,其中

$$\boldsymbol{A}=\begin{pmatrix}4 & 3 & 0\\ 3 & 4 & -1\\ 0 & -1 & 4\end{pmatrix},\quad \boldsymbol{B}_{\mathrm{J}}=\begin{pmatrix}0 & -0.75 & 0\\ -0.75 & 0 & 0.25\\ 0 & 0.25 & 0\end{pmatrix}$$

不难看出 $\boldsymbol{A}$ 是对称正定的三对角阵,所以可用定理 6.3 的结论. 可计算出 $\rho(\boldsymbol{B}_{\mathrm{J}})=\sqrt{0.625}\approx 0.790$, $\rho(\boldsymbol{B}_{\mathrm{G}})=0.625$,而 SOR 方法的最优松弛因子

$$\omega_{\mathrm{opt}}=\frac{2}{1+\sqrt{1-0.625}}\approx 1.24$$

$\rho(\mathscr{L}_{\omega_{\mathrm{opt}}})\approx 0.24$,与 $\rho(\boldsymbol{B}_{\mathrm{J}})$ 及 $\rho(\boldsymbol{B}_{\mathrm{G}})$ 比较,可知采用最优松弛因子的 SOR 方法要比 GS 法和 J 法收敛快得多. 在例 6.1 已看到 $\omega=1$ 与 $\omega=1.25$ 的比较,后者的 ω 接近最优.

例 6.3 我们看例 4.1 的模型问题,离散化后的线性方程组系数矩阵由(4.5)和(4.6)表示. 对于 $h=1/(N+1)$. 可以算出 $\boldsymbol{B}_{\mathrm{J}}=\boldsymbol{D}^{-1}(\boldsymbol{L}+\boldsymbol{U})$ 的特征值为

$$\mu_{ij}=\frac{1}{2}(\cos i\pi h+\cos j\pi h),\quad i,j=1,\cdots,N$$

当 $i=j=1$ 时得到 $\boldsymbol{B}_{\mathrm{J}}$ 的谱半径

$$\mu = \rho(\boldsymbol{B}_{\mathrm{J}}) = \cos\pi h = 1 - \frac{1}{2}\pi^2 h^2 + O(h^4)$$

$$\rho(\mathscr{L}_1) = \rho(\boldsymbol{B}_{\mathrm{G}}) = \cos^2\pi h = 1 - \pi^2 h^2 + O(h^4)$$

$$\omega_{\mathrm{opt}} = \frac{2}{1 + \sin\pi h}$$

$$\rho(\mathscr{L}_{\omega_{\mathrm{opt}}}) = \omega_{\mathrm{opt}} - 1 = \frac{\cos^2\pi h}{(1 + \sin\pi h)^2}$$

这样,J 法,GS 法和最优松弛因子的 SOR 方法收敛速度分别是

$$R(\boldsymbol{B}_{\mathrm{J}}) = -\ln\rho(\boldsymbol{B}_{\mathrm{J}}) = \frac{1}{2}\pi^2 h^2 + O(h^4)$$

$$R(\boldsymbol{B}_{\mathrm{G}}) = -\ln\rho(\boldsymbol{B}_{\mathrm{G}}) = \pi^2 h^2 + O(h^4)$$

$$\begin{aligned} R(\mathscr{L}_{\omega_{\mathrm{opt}}}) &= -\ln(\omega_{\mathrm{opt}} - 1) \\ &= -2[\ln\cos\pi h - \ln(1 + \sin\pi h)] = 2\pi h + O(h^3) \end{aligned}$$

可见 $R(\mathscr{L}_{\omega_{\mathrm{opt}}})$与 $R(\boldsymbol{B}_{\mathrm{J}})$及 $R(\boldsymbol{B}_{\mathrm{G}})$相比,差了一个 h 的量级. 为了使 $\dfrac{\|\boldsymbol{e}^{(k)}\|}{\|\boldsymbol{e}^{(0)}\|} < \sigma = 10^{-s}$,按(5.25)的估计,对最优松弛因子的 SOR 方法和对 GS 法分别有

$$k \approx \frac{s\ \ln 10}{2\pi h} \quad \text{和} \quad k \approx \frac{s\ \ln 10}{\pi^2 h^2}$$

若取 $h = 0.05$,这两种迭代法迭代次数的比值是 12.7. 在实际计算中,若例中取 $f(x, y) = 0$,取初值 $\boldsymbol{x}^{(0)} = (1, 1, \cdots, 1)^{\mathrm{T}}$,在 $\|\boldsymbol{x}^{(k)} - \boldsymbol{x}^*\|_\infty < 10^{-6}$ 时停止迭代,J 法迭代了 1154 次,GS 法迭代了 578 次,而用 $\omega = 1.73$ 的 SOR 法只迭代了 59 次,在 $h = 0.05$ 的情况下,有 $\omega_{\mathrm{opt}} = 1.72\ 945$.

关于 SSOR 方法的收敛性有下面的定理.

定理 6.4 设 $\boldsymbol{A} \in \mathbf{R}^{n \times n}$,$\boldsymbol{A}$ 对称正定,且 $0 < \omega < 2$,则解 $\boldsymbol{A}\boldsymbol{x} = \boldsymbol{b}$ 的 SSOR 方法收敛.

证明 $\boldsymbol{A}$ 对称正定,所以 $\boldsymbol{L}^{\mathrm{T}} = \boldsymbol{U}$,且 $\boldsymbol{D}$ 也正定. 令 $\boldsymbol{D}^{-1} = \boldsymbol{D}^{-1/2}\boldsymbol{D}^{-1/2}$,记

$$\boldsymbol{W} = \boldsymbol{D}^{-1/2}(\boldsymbol{D} - \omega \boldsymbol{U}) \tag{6.12}$$

则由(6.9)有 $\boldsymbol{M}_{\mathrm{SSOR}}=[\omega(2-\omega)]^{-1}\boldsymbol{W}^{\mathrm{T}}\boldsymbol{W}$. 不难验证

$$\boldsymbol{W}\boldsymbol{B}_{\omega}\boldsymbol{W}^{-1} = \boldsymbol{P}\boldsymbol{P}^{\mathrm{T}}$$

其中 $\boldsymbol{P}=\boldsymbol{D}^{1/2}(\boldsymbol{D}-\omega\boldsymbol{L})^{-1}[(1-\omega)\boldsymbol{D}+\omega\boldsymbol{L}]\boldsymbol{D}^{-1/2}$. 所以 $\boldsymbol{B}_{\omega}$ 与 $\boldsymbol{P}\boldsymbol{P}^{\mathrm{T}}$ 相似,其特征值都是非负实数. 又

$$\begin{aligned}\boldsymbol{I} - \boldsymbol{W}\boldsymbol{B}_{\omega}\boldsymbol{W}^{-1} &= \boldsymbol{W}(\boldsymbol{I} - \boldsymbol{B}_{\omega})\boldsymbol{W}^{-1} \\ &= \boldsymbol{W}\boldsymbol{M}_{\mathrm{SSOR}}^{-1}\boldsymbol{A}\boldsymbol{W}^{-1} = \omega(2-\omega)\boldsymbol{W}^{-\mathrm{T}}\boldsymbol{A}\boldsymbol{W}^{-1}\end{aligned}$$

所以 $\boldsymbol{I}-\boldsymbol{W}\boldsymbol{B}_{\omega}\boldsymbol{W}^{-1}$ 为对称正定阵,其特征值

$$1 - \lambda(\boldsymbol{W}\boldsymbol{B}_{\omega}\boldsymbol{W}^{-1}) > 0$$

由此,$\boldsymbol{B}_{\omega}$ 的特征值 $\lambda(\boldsymbol{B}_{\omega})$ 满足 $0\leqslant\lambda(\boldsymbol{B}_{\omega})<1$,所以 SSOR 方法收敛,定理证毕.

6-3 块迭代方法

设 $\boldsymbol{A}\in \mathbf{R}^{n\times n}$ 可以划分为分块形式,向量 $\boldsymbol{b}$ 和 $\boldsymbol{x}$ 也相应划分如下

$$\boldsymbol{A}=\begin{pmatrix}\boldsymbol{A}_{11} & \boldsymbol{A}_{12} & \cdots & \boldsymbol{A}_{1p}\\ \boldsymbol{A}_{21} & \boldsymbol{A}_{22} & \cdots & \boldsymbol{A}_{2p}\\ \vdots & \vdots & & \vdots\\ \boldsymbol{A}_{p1} & \boldsymbol{A}_{p2} & \cdots & \boldsymbol{A}_{pp}\end{pmatrix},\ \boldsymbol{b}=\begin{pmatrix}\boldsymbol{b}_1\\ \boldsymbol{b}_2\\ \vdots\\ \boldsymbol{b}_p\end{pmatrix},\ \boldsymbol{x}=\begin{pmatrix}\boldsymbol{x}_1\\ \boldsymbol{x}_2\\ \vdots\\ \boldsymbol{x}_p\end{pmatrix} \tag{6.13}$$

其中 $\boldsymbol{A}$ 的对角块 $\boldsymbol{A}_{ii}$ 为 $n_i\times n_i$ 的非奇异方阵,$\boldsymbol{x}_i$ 和 $\boldsymbol{b}_i$ 为 n_i 维向量,$n_1+n_2+\cdots+n_p=n$. 我们引入解 $\boldsymbol{A}\boldsymbol{x}=\boldsymbol{b}$ 的块松弛迭代格式(以上介绍的也可称为"点迭代"格式). 设 $\boldsymbol{A}=\boldsymbol{D}-\boldsymbol{L}-\boldsymbol{U}$,现在 $\boldsymbol{D}$ 是块对角阵 $\boldsymbol{D}=\mathrm{diag}(\boldsymbol{A}_{11},\boldsymbol{A}_{22},\cdots,\boldsymbol{A}_{pp})$,

$$\boldsymbol{L}=-\begin{pmatrix}\boldsymbol{0} & & & \\ \boldsymbol{A}_{21} & \boldsymbol{0} & & \\ \vdots & \vdots & \ddots & \\ \boldsymbol{A}_{p1} & \boldsymbol{A}_{p2} & \cdots & \boldsymbol{0}\end{pmatrix},\ \boldsymbol{U}=-\begin{pmatrix}\boldsymbol{0} & \boldsymbol{A}_{12} & \cdots & \boldsymbol{A}_{1p}\\ & \boldsymbol{0} & \cdots & \boldsymbol{A}_{2p}\\ & & \ddots & \vdots\\ & & & \boldsymbol{0}\end{pmatrix}$$

块超松弛(BSOR)方法为

$$A_{ii}x_i^{(k+1)}=(1-\omega)A_{ii}x_i^{(k)}+\omega\Big(b_i-\sum_{j=1}^{i-1}A_{ij}x_j^{(k+1)}-$$

$$\sum_{j=i+1}^{p}A_{ij}x_j^{(k)}\Big),\quad i=1,2,\cdots,p \tag{6.14}$$

一般，n 是大数，而 n_i 相对是较小的.(6.14)中每个方程是 n_i 个未知数的方程组，可以用直接方法求解，按 $i=1,2,\cdots,p$ 的次序，可以逐个求出 $x_i^{(k+1)}$.

当 $\omega=1$ 时，(6.14)就是块 GS 迭代法，也不难写出块 Jacobi 迭代法的公式. 对某些情形，特别是稀疏的情形，块迭代法适合于并行计算.

例 4.1 的 Poisson 方程模型问题，(4.5)与(4.6)所示的就是一种分块形式. 和(6.13)相比，有 $p=n_i=N$. 例中(4.5)的分块对应于图 3-1 的一条条网格线，按照这样分块形式写出的迭代公式也称线迭代法.

关于块松弛方法的收敛性，有类似定理 6.2 的结果，即若 A 对称正定，且 $0<\omega<2$，则 $Ax=b$ 的 BSOR 方法收敛.

在松弛法收敛性和最优松弛因子的理论分析中，一类特殊的矩阵扮演重要的角色. 所谓 T-矩阵是形为

$$A=\begin{pmatrix} D_1 & F_1 & & & \\ E_2 & D_2 & F_2 & & \\ & \ddots & \ddots & \ddots & \\ & & E_{p-1} & D_{p-1} & F_{p-1} \\ & & & E_p & D_p \end{pmatrix}$$

的块三对角阵，其中的对角块 D_i 是对角阵.

记 $D=\mathrm{diag}(D_1,D_2,\cdots,D_p)$. 块 Jacobi 法的迭代矩阵就是 $B_J=I-D^{-1}A$. 设块 SOR 方法的迭代矩阵是 $\mathscr{L}_\omega$（块 GS 方法迭代矩阵是 $\mathscr{L}_1$）. 可以证明，若 A 是非奇异的 T-矩阵，且 D 也非奇异，则有

$$\rho(\mathscr{L}_1) = [\rho(\boldsymbol{B}_J)]^2$$

即块 GS 方法的渐近收敛速度是块 Jacobi 方法的两倍. 同时，若 $\boldsymbol{B}_J$ 的特征值 μ 都满足 $|\mathrm{Re}\mu|<1$ 时，则存在 ω_0，使 $0<\omega\leqslant\omega_0<2$ 时，块 SOR 方法收敛. 如果 μ 全为实数时，则对 $0<\omega<2$，$\rho(\mathscr{L}_\omega)<1\Leftrightarrow\rho(\boldsymbol{B}_J)<1$，且最优松弛因子为

$$\omega_{\mathrm{opt}} = \frac{2}{1+\sqrt{1-[\rho(\boldsymbol{B}_J)]^2}},\ \rho(\mathscr{L}_{\omega_{\mathrm{opt}}}) = \omega_{\mathrm{opt}} - 1$$

有类似图 3-4 的图像. 这些分析及进一步的讨论可见文献[17,21,24]等.

6-4 模型问题的红黑排序

我们注意到，用 GS 或 SOR 迭代法求解 $\boldsymbol{Ax}=\boldsymbol{b}$，公式(5.18)和(6.4)依赖于各个方程的次序(Jacobi 迭代法则不然). 事实上也可以不一定依照 $i=1,2,\cdots,n$ 的顺序. 这相当于把原方程组化为等价方程组$(\boldsymbol{PAP}^{\mathrm{T}})(\boldsymbol{Px})=\boldsymbol{Pb}$，其中 $\boldsymbol{P}$ 是一个排列阵.

以例 4.1 模型问题为例，那里网格点(i,j)对应的分量 u_{ij} 是依照图 3-1 网格点自左至右，自下至上的自然顺序排序. 由方程组(4.3)得到的 GS 迭代公式是

$$u_{ij}^{(k+1)} = \frac{1}{4}(u_{i-1,j}^{(k+1)} + u_{i,j-1}^{(k+1)} + u_{i+1,j}^{(k)} + u_{i,j+1}^{(k)} + h^2 f_{ij}),$$

$$i,j = 1,2,\cdots,N, \quad k = 0,1,2,\cdots$$

在第 $k+1$ 次迭代，计算网格点(i,j)对应的分量要用到上、下、左、右四个点对应的分量，其中$(i-1,j)$和$(i,j-1)$(左和下)用本次(第 $k+1$ 次)的“新值”，而$(i+1,j)$和$(i,j+1)$(右和上)是用上次(第 k 次)的“旧值”.

如果改变网格点的排序，会得到不同形式的方程组. 图 3-5 以模型问题中 $N=6$ 的情形表示了所谓的**红-黑排序**. 这里没有包括区域的边界点. 按图的安排，红点的上下左右都连接黑点，反之亦

然. 解向量对应红点部分和黑点部分分别记为 $\boldsymbol{u}_{\mathrm{R}}$ 和 $\boldsymbol{u}_{\mathrm{B}}$，在图中的情形就是

$$\boldsymbol{u}_{\mathrm{R}}=(u_1,\cdots,u_{18}),\quad \boldsymbol{u}_{\mathrm{B}}=(u_{19},\cdots,u_{36})$$

由(4.3)我们得到方程组

$$\begin{pmatrix} \boldsymbol{D}_{\mathrm{R}} & \boldsymbol{C} \\ \boldsymbol{C}^{\mathrm{T}} & \boldsymbol{D}_{\mathrm{B}} \end{pmatrix}\begin{pmatrix} \boldsymbol{u}_{\mathrm{R}} \\ \boldsymbol{u}_{\mathrm{B}} \end{pmatrix}=\begin{pmatrix} \boldsymbol{b}_{\mathrm{R}} \\ \boldsymbol{b}_{\mathrm{B}} \end{pmatrix} \tag{6.15}$$

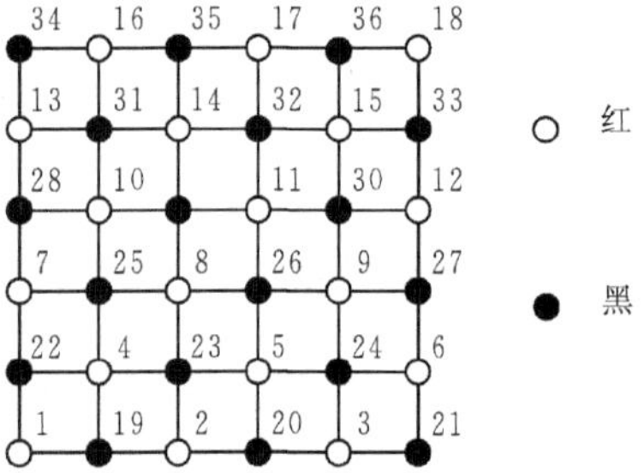

图 3-5

其中 $\boldsymbol{D}_{\mathrm{R}}=4\boldsymbol{I}_{\mathrm{R}}$，$\boldsymbol{D}_{\mathrm{B}}=4\boldsymbol{I}_{\mathrm{B}}$，$\boldsymbol{I}_{\mathrm{R}}$ 和 $\boldsymbol{I}_{\mathrm{B}}$ 分别是阶数等于红点数目和黑点数目的单位阵，按图 3-5 的情形都是 18 阶. $\boldsymbol{C}$ 则表示红与黑待求值的交互关系，这里是 18 阶的带状阵，带宽为 7.

如果用 GS 迭代法解(6.15)，可写成

$$\begin{pmatrix} \boldsymbol{D}_{\mathrm{R}} & \boldsymbol{0} \\ \boldsymbol{C}^{\mathrm{T}} & \boldsymbol{D}_{\mathrm{B}} \end{pmatrix}\begin{pmatrix} \boldsymbol{u}_{\mathrm{R}}^{(k+1)} \\ \boldsymbol{u}_{\mathrm{B}}^{(k+1)} \end{pmatrix}=\begin{pmatrix} \boldsymbol{b}_{\mathrm{R}} \\ \boldsymbol{b}_{\mathrm{B}} \end{pmatrix}-\begin{pmatrix} \boldsymbol{0} & \boldsymbol{C} \\ \boldsymbol{0} & \boldsymbol{0} \end{pmatrix}\begin{pmatrix} \boldsymbol{u}_{\mathrm{R}}^{(k)} \\ \boldsymbol{u}_{\mathrm{B}}^{(k)} \end{pmatrix}$$

由此可得

$$\begin{cases} \boldsymbol{u}_{\mathrm{R}}^{(k+1)}=\boldsymbol{D}_{\mathrm{R}}^{-1}(\boldsymbol{b}_{\mathrm{R}}-\boldsymbol{C}\boldsymbol{u}_{\mathrm{B}}^{(k)}) \\ \boldsymbol{u}_{\mathrm{B}}^{(k+1)}=\boldsymbol{D}_{\mathrm{B}}^{-1}(\boldsymbol{b}_{\mathrm{B}}-\boldsymbol{C}^{\mathrm{T}}\boldsymbol{u}_{\mathrm{R}}^{(k+1)}) \end{cases} \tag{6.16}$$

其中 $\boldsymbol{D}_{\mathrm{R}}$ 和 $\boldsymbol{D}_{\mathrm{B}}$ 是对角阵，事实上主要运算是矩阵与向量的乘法运算.

SOR 法用于解(6.15)，可写成

$$\begin{pmatrix} \boldsymbol{D}_{\mathrm{R}} & \boldsymbol{0} \\ \omega\boldsymbol{C}^{\mathrm{T}} & \boldsymbol{D}_{\mathrm{B}} \end{pmatrix} \begin{pmatrix} \boldsymbol{u}_{\mathrm{R}}^{(k+1)} \\ \boldsymbol{u}_{\mathrm{B}}^{(k+1)} \end{pmatrix} = \begin{pmatrix} \omega\boldsymbol{b}_{\mathrm{R}} \\ \omega\boldsymbol{b}_{\mathrm{B}} \end{pmatrix} +$$

$$\begin{pmatrix} (1-\omega)\boldsymbol{D}_{\mathrm{R}} & -\omega\boldsymbol{C} \\ \boldsymbol{0} & (1-\omega)\boldsymbol{D}_{\mathrm{B}} \end{pmatrix} \begin{pmatrix} \boldsymbol{u}_{\mathrm{R}}^{(k)} \\ \boldsymbol{u}_{\mathrm{B}}^{(k)} \end{pmatrix}$$

实际计算可用

$$\begin{cases} \bar{\boldsymbol{u}}_{\mathrm{R}}^{(k+1)} = \boldsymbol{D}_{\mathrm{R}}^{-1}(\boldsymbol{b}_{\mathrm{R}} - \boldsymbol{C}\boldsymbol{u}_{\mathrm{B}}^{(k)}) \\ \boldsymbol{u}_{\mathrm{R}}^{(k+1)} = \boldsymbol{u}_{\mathrm{R}}^{(k)} + \omega(\bar{\boldsymbol{u}}_{\mathrm{R}}^{(k+1)} - \boldsymbol{u}_{\mathrm{R}}^{(k)}) \end{cases} \tag{6.17}$$

$$\begin{cases} \bar{\boldsymbol{u}}_{\mathrm{B}}^{(k+1)} = \boldsymbol{D}_{\mathrm{B}}^{-1}(\boldsymbol{b}_{\mathrm{B}} - \boldsymbol{C}^{\mathrm{T}}\boldsymbol{u}_{\mathrm{R}}^{(k+1)}) \\ \boldsymbol{u}_{\mathrm{B}}^{(k+1)} = \boldsymbol{u}_{\mathrm{B}}^{(k)} + \omega(\bar{\boldsymbol{u}}_{\mathrm{B}}^{(k+1)} - \boldsymbol{u}_{\mathrm{B}}^{(k)}) \end{cases} \tag{6.18}$$

由于(6.15)的系数矩阵是一个 T-矩阵，所以可以用 T-矩阵的性质分析松弛法的收敛性和 ω_{opt} 的选择.

SSOR 方法也可类似处理，总之，方程组

$$\begin{pmatrix} \boldsymbol{D}_{\mathrm{R}} & \boldsymbol{0} \\ \boldsymbol{E} & \boldsymbol{D}_{\mathrm{B}} \end{pmatrix} \begin{pmatrix} \boldsymbol{x}_1 \\ \boldsymbol{x}_2 \end{pmatrix} = \begin{pmatrix} \boldsymbol{b}_1 \\ \boldsymbol{b}_2 \end{pmatrix}$$

大致可分 3 步计算：(1) 解 $\boldsymbol{D}_{\mathrm{R}}\boldsymbol{x}_1 = \boldsymbol{b}_1$，(2) 计算 $\hat{\boldsymbol{b}}_2 = \boldsymbol{b}_2 - \boldsymbol{E}\boldsymbol{x}_1$，(3) 解 $\boldsymbol{D}_{\mathrm{B}}\boldsymbol{x}_2 = \hat{\boldsymbol{b}}_2$. 其中(1)，(3)都是对角方程组求解，而(2)则是稀疏的矩阵与向量的乘积. 这种安排十分有利于并行计算. 同时也要指出，如果用一种迭代法(例如 SOR 法)，用红黑次序和自然次序的排序所需的迭代次数是不同的，前者会更多.

很多应用问题出现的线性方程组会比模型问题复杂一些，在排序技巧会出现更一般的“多色排序”，可参阅文献[6,21].

7　极小化方法

本节主要介绍共轭梯度方法，它是一种变分方法，对应于求一个 2 次函数的极值. 所以也说它是一种极小化方法. 它出现在 20 世纪50 年代，特别是 80～90 年代预处理共轭梯度方法的发展，

使这类方法成为解大型稀疏方程组的有效方法.

7-1 与方程组等价的变分问题

设 $\mathbf{A}$ 对称正定,求解的方程组为

$$\mathbf{A}\boldsymbol{x} = \boldsymbol{b} \tag{7.1}$$

其中 $\mathbf{A}=(a_{ij})\in\mathbf{R}^{n\times n}$,$\boldsymbol{x}=(x_1,\cdots,x_n)^{\mathrm{T}}$,$\boldsymbol{b}=(b_1,\cdots,b_n)^{\mathrm{T}}$. 考虑 2 次函数 $\varphi:\mathbf{R}^n\rightarrow\mathbf{R}$,定义为

$$\begin{aligned}\varphi(\boldsymbol{x}) &= \frac{1}{2}(\mathbf{A}\boldsymbol{x},\boldsymbol{x})-(\boldsymbol{b},\boldsymbol{x}) \\ &= \frac{1}{2}\sum_{i=1}^{n}\sum_{j=1}^{n}a_{ij}x_i x_j-\sum_{j=1}^{n}b_j x_j\end{aligned} \tag{7.2}$$

φ 有如下性质

(1) 对一切 $\boldsymbol{x}\in\mathbf{R}^n$,

$$\nabla\varphi(\boldsymbol{x}) = \mathbf{A}\boldsymbol{x}-\boldsymbol{b} \tag{7.3}$$

(2) 对一切 $\boldsymbol{x},\boldsymbol{y}\in\mathbf{R}^n$,$\alpha\in\mathbf{R}$,

$$\begin{aligned}\varphi(\boldsymbol{x}+\alpha\boldsymbol{y}) &= \frac{1}{2}(\mathbf{A}(\boldsymbol{x}+\alpha\boldsymbol{y}),\boldsymbol{x}+\alpha\boldsymbol{y})-(\boldsymbol{b},\boldsymbol{x}+\alpha\boldsymbol{y}) \\ &= \varphi(\boldsymbol{x})+\alpha(\mathbf{A}\boldsymbol{x}-\boldsymbol{b},\boldsymbol{y})+\frac{\alpha^2}{2}(\mathbf{A}\boldsymbol{y},\boldsymbol{y})\end{aligned} \tag{7.4}$$

(3) 设 $\boldsymbol{x}^*=\mathbf{A}^{-1}\boldsymbol{b}$ 为(7.1)的解,则

$$\varphi(\boldsymbol{x}^*) = -\frac{1}{2}(\boldsymbol{b},\mathbf{A}^{-1}\boldsymbol{b}) = -\frac{1}{2}(\mathbf{A}\boldsymbol{x}^*,\boldsymbol{x}^*)$$

而且对一切 $\boldsymbol{x}\in\mathbf{R}^n$,有

$$\begin{aligned}\varphi(\boldsymbol{x})-\varphi(\boldsymbol{x}^*) &= \frac{1}{2}(\mathbf{A}\boldsymbol{x},\boldsymbol{x})-(\mathbf{A}\boldsymbol{x}^*,\boldsymbol{x})+\frac{1}{2}(\mathbf{A}\boldsymbol{x}^*,\boldsymbol{x}^*) \\ &= \frac{1}{2}(\mathbf{A}(\boldsymbol{x}-\boldsymbol{x}^*),\boldsymbol{x}-\boldsymbol{x}^*)\end{aligned} \tag{7.5}$$

以上性质可以直接运算验证,其中用到 $\mathbf{A}$ 的对称性.

定理 7.1 设 $\mathbf{A}$ 对称正定,则 $\boldsymbol{x}^*$ 为(7.1)解的充分必要条件

是 $\boldsymbol{x}^*$ 满足

$$\varphi(\boldsymbol{x}^*) = \min_{\boldsymbol{x}\in \mathbf{R}^n}\varphi(\boldsymbol{x})$$

证明 设 $\boldsymbol{x}^* = \boldsymbol{A}^{-1}\boldsymbol{b}$，由(7.5)及 $\boldsymbol{A}$ 的正定性，

$$\varphi(\boldsymbol{x}) - \varphi(\boldsymbol{x}^*) \geqslant 0$$

所以有 $\varphi(\boldsymbol{x}^*) \leqslant \varphi(\boldsymbol{x})$，$\forall \boldsymbol{x}\in \mathbf{R}^n$. 即 $\boldsymbol{x}^*$ 使 $\varphi(\boldsymbol{x})$ 达到最小.

反之，若有 $\bar{\boldsymbol{x}}$ 使 $\varphi(\boldsymbol{x})$ 达到最小，则 $\varphi(\bar{\boldsymbol{x}}) \leqslant \varphi(\boldsymbol{x})$，$\forall \boldsymbol{x}\in \mathbf{R}^n$. 由上面的证明，有 $\varphi(\bar{\boldsymbol{x}}) - \varphi(\boldsymbol{x}^*) = 0$，即

$$\frac{1}{2}(\boldsymbol{A}(\bar{\boldsymbol{x}} - \boldsymbol{x}^*), \bar{\boldsymbol{x}} - \boldsymbol{x}^*) = 0$$

因 $\boldsymbol{A}$ 的正定性，这只在 $\bar{\boldsymbol{x}} = \boldsymbol{x}^*$ 才能成立. 证毕.

求 $\boldsymbol{x}\in \mathbf{R}^n$，使 $\varphi(\boldsymbol{x})$ 取最小，这就是求解等价于方程组(7.1)的变分问题. 求解的方法一般是构造一个向量序列 $\{\boldsymbol{x}^{(k)}\}$，使 $\varphi(\boldsymbol{x}^{(k)}) \to \min\varphi(\boldsymbol{x})$.

7-2 最速下降法

最速下降法是求 $\varphi(\boldsymbol{x})$ 最小问题一种简单而直观的方法. 它从 $\boldsymbol{x}^{(0)}$ 出发寻找 $\varphi(\boldsymbol{x})$ 的极小点. $\varphi(\boldsymbol{x}) = \varphi(\boldsymbol{x}^{(0)})$ 是 $\varphi(\boldsymbol{x})$ 的等值面. 因为 $\boldsymbol{A}$ 正定，它是 n 维空间的一个椭球面，从 $\boldsymbol{x}^{(0)}$ 出发，先找一个使 $\varphi(\boldsymbol{x})$ 减小最快的方向，这就是正交于椭球面的 $\varphi(\boldsymbol{x})$ 负梯度方向 $-\nabla\varphi(\boldsymbol{x}^{(0)})$，由(7.3)有

$$-\nabla\varphi(\boldsymbol{x}^{(0)}) = \boldsymbol{r}^{(0)}$$

其中 $\boldsymbol{r}^{(0)} = \boldsymbol{b} - \boldsymbol{A}\boldsymbol{x}^{(0)}$ 是方程组(7.1)对应于 $\boldsymbol{x}^{(0)}$ 的剩余向量. 如果 $\boldsymbol{r}^{(0)} = \mathbf{0}$，则 $\boldsymbol{x}^{(0)}$ 是方程组的解. 设 $\boldsymbol{r}^{(0)} \neq \mathbf{0}$，我们在 $\boldsymbol{x}^{(0)} + \alpha\boldsymbol{r}^{(0)}$ 中选择 $\alpha\in \mathbf{R}$，使 $\varphi(\boldsymbol{x}^{(0)} + \alpha\boldsymbol{r}^{(0)})$ 极小，这称为沿 $\boldsymbol{r}^{(0)}$ 方向的一维极小搜索. 由(7.4)，令

$$\frac{\mathrm{d}}{\mathrm{d}\alpha}\varphi(\boldsymbol{x}^{(0)} + \alpha\boldsymbol{r}^{(0)}) = \frac{\mathrm{d}}{\mathrm{d}\alpha}\Big[\varphi(\boldsymbol{x}^{(0)}) + \alpha(\boldsymbol{A}\boldsymbol{x}^{(0)} - \boldsymbol{b}, \boldsymbol{r}^{(0)}) + \frac{\alpha^2}{2}(\boldsymbol{A}\boldsymbol{r}^{(0)}, \boldsymbol{r}^{(0)})\Big] = 0$$

解出 $\alpha=\alpha_0\equiv\dfrac{(\boldsymbol{r}^{(0)},\boldsymbol{r}^{(0)})}{(\boldsymbol{A}\boldsymbol{r}^{(0)},\boldsymbol{r}^{(0)})}$. 再由 $\boldsymbol{A}$ 的正定性验证

$$\frac{\mathrm{d}^2}{\mathrm{d}\alpha^2}\varphi(\boldsymbol{x}^{(0)}+\alpha\boldsymbol{r}^{(0)})=(\boldsymbol{A}\boldsymbol{r}^{(0)},\boldsymbol{r}^{(0)})>0$$

所以有

$$\min_{\alpha}\varphi(\boldsymbol{x}^{(0)}+\alpha\boldsymbol{r}^{(0)})=\varphi(\boldsymbol{x}^{(0)}+\alpha_0\boldsymbol{r}^{(0)})$$

令 $\boldsymbol{x}^{(1)}=\boldsymbol{x}^{(0)}+\alpha_0\boldsymbol{r}^{(0)}$，这就完成了1次迭代. 其他各步类似，**最速下降法算法**就是

选取 $\boldsymbol{x}^{(0)}\in\mathbf{R}^n$

对 $k=0,1,\cdots$

$$\boldsymbol{r}^{(k)}=\boldsymbol{b}-\boldsymbol{A}\boldsymbol{x}^{(k)}$$

$$\alpha_k=\frac{(\boldsymbol{r}^{(k)},\boldsymbol{r}^{(k)})}{(\boldsymbol{A}\boldsymbol{r}^{(k)},\boldsymbol{r}^{(k)})}$$

$$\boldsymbol{x}^{(k+1)}=\boldsymbol{x}^{(k)}+\alpha_k\boldsymbol{r}^{(k)}$$

不难验证，相邻两次的搜索方向是正交的，即

$$(\boldsymbol{r}^{(k+1)},\boldsymbol{r}^{(k)})=0 \tag{7.6}$$

容易看到$\{\varphi(\boldsymbol{x}^{(k)})\}$是单调下降有下界的序列，它存在极限. 进一步可证明

$$\lim_{k\to\infty}\boldsymbol{x}^{(k)}=\boldsymbol{x}^*=\boldsymbol{A}^{-1}\boldsymbol{b}$$

而且

$$\|\boldsymbol{x}^{(k)}-\boldsymbol{x}^*\|_{\boldsymbol{A}}\leqslant\left(\frac{\lambda_1-\lambda_n}{\lambda_1+\lambda_n}\right)^k\|\boldsymbol{x}^{(0)}-\boldsymbol{x}^*\|_{\boldsymbol{A}}$$

其中 λ_1,λ_n 分别是对称正定阵的最大、最小特征值，$\|\boldsymbol{u}\|_{\boldsymbol{A}}=(\boldsymbol{A}\boldsymbol{u},\boldsymbol{u})^{1/2}$. 当 $\lambda_1\gg\lambda_n$ 时，收敛是很慢的. 而且当 $\|\boldsymbol{r}^{(k)}\|$ 很小时，因舍入误差的影响，计算将出现不稳定现象. 所以很少在实际中直接应用. 我们把它作为下面方法的启示.

7-3 共轭梯度法

共轭梯度法又称**共轭斜量法**，下面简称 CG (conjugate

gradient)法. 仍设 $\mathbf{A}$ 对称正定. 我们还是采用一维极小搜索的概念,但是不再沿有正交性的 $\boldsymbol{r}^{(0)},\boldsymbol{r}^{(1)},\cdots$ 方向进行搜索,而要另找一组方向 $\boldsymbol{p}^{(0)},\boldsymbol{p}^{(1)},\cdots$. 如果按方向 $\boldsymbol{p}^{(0)},\boldsymbol{p}^{(1)},\cdots,\boldsymbol{p}^{(k-1)}$ 已进行 k 次一维搜索,求得 $\boldsymbol{x}^{(k)}$. 下一步就是确定 $\boldsymbol{p}^{(k)}$,再求解一维极小问题 $\min\limits_{\alpha}\varphi(\boldsymbol{x}^{(k)}+\alpha\boldsymbol{p}^{(k)})$. 据(7.4),可令

$$\frac{\mathrm{d}}{\mathrm{d}\alpha}\varphi(\boldsymbol{x}^{(k)}+\alpha\boldsymbol{p}^{(k)})=0$$

解得

$$\alpha=\alpha_k\equiv\frac{(\boldsymbol{r}^{(k)},\boldsymbol{p}^{(k)})}{(\mathbf{A}\boldsymbol{p}^{(k)},\boldsymbol{p}^{(k)})}\tag{7.7}$$

下一个近似解和对应的剩余向量就是

$$\boldsymbol{x}^{(k+1)}=\boldsymbol{x}^{(k)}+\alpha_k\boldsymbol{p}^{(k)}\tag{7.8}$$

$$\boldsymbol{r}^{(k+1)}=\boldsymbol{b}-\mathbf{A}\boldsymbol{x}^{(k+1)}=\boldsymbol{r}^{(k)}-\alpha_k\mathbf{A}\boldsymbol{p}^{(k)}\tag{7.9}$$

为了讨论方便,可以不失一般性地设 $\boldsymbol{x}^{(0)}=\mathbf{0}$,反复利用(7.8)有

$$\boldsymbol{x}^{(k+1)}=\alpha_0\boldsymbol{p}^{(0)}+\alpha_1\boldsymbol{p}^{(1)}+\cdots+\alpha_k\boldsymbol{p}^{(k)}$$

现在考虑 $\boldsymbol{p}^{(0)},\boldsymbol{p}^{(1)},\cdots$ 取什么方向. 开始时可设 $\boldsymbol{p}^{(0)}=\boldsymbol{r}^{(0)}$,一般 $k\geqslant1$ 时 $\boldsymbol{p}^{(k)}$ 的确定,我们不但希望使

$$\varphi(\boldsymbol{x}^{(k+1)})=\min_{\alpha}\varphi(\boldsymbol{x}^{(k)}+\alpha\boldsymbol{p}^{(k)})\tag{7.10}$$

(其解由(7.8)及(7.7)给出),而且希望 $\{\boldsymbol{p}^{(k)}\}$ 的选择使

$$\varphi(\boldsymbol{x}^{(k+1)})=\min_{\boldsymbol{x}\in\operatorname{span}\{\boldsymbol{p}^{(0)},\cdots,\boldsymbol{p}^{(k)}\}}\varphi(\boldsymbol{x})\tag{7.11}$$

若 $\boldsymbol{x}\in\operatorname{span}\{\boldsymbol{p}^{(0)},\cdots,\boldsymbol{p}^{(k)}\}$,可记成

$$\boldsymbol{x}=\boldsymbol{y}+\alpha\boldsymbol{p}^{(k)},\ \boldsymbol{y}\in\operatorname{span}\{\boldsymbol{p}^{(0)},\cdots,\boldsymbol{p}^{(k-1)}\},\ \alpha\in\mathbf{R}$$

所以有

$$\begin{aligned}\varphi(\boldsymbol{x})&=\varphi(\boldsymbol{y}+\alpha\boldsymbol{p}^{(k)})\\&=\varphi(\boldsymbol{y})+\alpha(\mathbf{A}\boldsymbol{y},\boldsymbol{p}^{(k)})-\alpha(\boldsymbol{b},\boldsymbol{p}^{(k)})+\frac{\alpha^2}{2}(\mathbf{A}\boldsymbol{p}^{(k)},\boldsymbol{p}^{(k)})\end{aligned}\tag{7.12}$$

(7.12)出现"交叉项"$(\mathbf{A}\boldsymbol{y},\boldsymbol{p}^{(k)})$,使求 $\varphi(\boldsymbol{x})$ 极小复杂化了. 为了把

极小问题(7.11)分离为对 $\boldsymbol{y}$ 和对 α 分别求极小,我们令

$$(\boldsymbol{A}\boldsymbol{y},\boldsymbol{p}^{(k)})=0,\quad \forall\, \boldsymbol{y}\in \operatorname{span}\{\boldsymbol{p}^{(0)},\cdots,\boldsymbol{p}^{(k-1)}\}$$

也就是

$$(\boldsymbol{A}\boldsymbol{p}^{(j)},\boldsymbol{p}^{(k)})=0,\quad j=0,1,\cdots,k-1$$

如果 $k=1,2,\cdots$,每步都如此选择 $\boldsymbol{p}^{(k)}$,则它们符合下面定义.

定义 7.1 $\boldsymbol{A}$ 对称正定. 若 $\mathbf{R}^n$ 中向量组 $\{\boldsymbol{p}^{(0)},\boldsymbol{p}^{(1)},\cdots,\boldsymbol{p}^{(l)}\}$ 满足

$$(\boldsymbol{A}\boldsymbol{p}^{(i)},\boldsymbol{p}^{(j)})=0,\quad i\neq j$$

则称它为 $\mathbf{R}^n$ 中的一个 **$\boldsymbol{A}$-共轭向量组**,或称 **$\boldsymbol{A}$-正交向量组**.

显然,当 $l<n$ 时,不含零向量的 $\boldsymbol{A}$-共轭向量组线性无关. 当 $\boldsymbol{A}$-$\boldsymbol{A}=\boldsymbol{I}$时,$\boldsymbol{A}$-共轭性质就是一般的正交性. 给了一组线性无关的向量,可以按 Gram-Schmidt 正交化的方法得到对应的 $\boldsymbol{A}$-共轭向量组.

若取 $\{\boldsymbol{p}^{(0)},\boldsymbol{p}^{(1)},\cdots\}$ 是 $\boldsymbol{A}$-共轭的,现在看极小问题(7.11)的解. 设 $\boldsymbol{x}^{(k)}$ 已是前一步极小问题的解,即

$$\varphi(\boldsymbol{x}^{(k)})=\min_{\boldsymbol{y}\in \operatorname{span}\{\boldsymbol{p}^{(0)},\cdots,\boldsymbol{p}^{(k-1)}\}}\varphi(\boldsymbol{y})$$

而 $\boldsymbol{p}^{(k)}$ 使(7.12)式中的$(\boldsymbol{A}\boldsymbol{y},\boldsymbol{p}^{(k)})=0$. 所以问题(7.11)可以分离为两个极小问题

$$\begin{aligned}\min_{\boldsymbol{x}\in \operatorname{span}\{\boldsymbol{p}^{(0)},\cdots,\boldsymbol{p}^{(k)}\}}\varphi(\boldsymbol{x})&=\min_{\boldsymbol{y},\alpha}\varphi(\boldsymbol{y}+\alpha\boldsymbol{p}^{(k)})\\&=\min_{\boldsymbol{y}}\varphi(\boldsymbol{y})+\min_{\alpha}\left[\frac{\alpha^2}{2}(\boldsymbol{A}\boldsymbol{p}^{(k)},\boldsymbol{p}^{(k)})-\alpha(\boldsymbol{b},\boldsymbol{p}^{(k)})\right]\end{aligned}$$

第 1 个问题 $\boldsymbol{y}\in \operatorname{span}\{\boldsymbol{p}^{(0)},\cdots,\boldsymbol{p}^{(k-1)}\}$,其解为 $\boldsymbol{y}=\boldsymbol{x}^{(k)}$. 第 2 个问题 $\alpha\in\mathbf{R}$,其解为

$$\alpha=\alpha_k\equiv\frac{(\boldsymbol{b},\boldsymbol{p}^{(k)})}{(\boldsymbol{A}\boldsymbol{p}^{(k)},\boldsymbol{p}^{(k)})}$$

还可进一步化简,因为 $\boldsymbol{x}^{(k)}\in \operatorname{span}\{\boldsymbol{p}^{(0)},\cdots,\boldsymbol{p}^{(k-1)}\}$,故$(\boldsymbol{A}\boldsymbol{x}^{(k)},\boldsymbol{p}^{(k)})=0$. 这样有

$$(\boldsymbol{b},\boldsymbol{p}^{(k)})=(\boldsymbol{b}^{(k)}-\boldsymbol{A}\boldsymbol{x}^{(k)},\boldsymbol{p}^{(k)})=(\boldsymbol{r}^{(k)},\boldsymbol{p}^{(k)})$$

所以问题(7.11)这样定出的 α_k 与给出 $\boldsymbol{p}^{(k)}$ 后的一维搜索问题(7.10)得到的 α_k((7.7)式)结果刚好完全一样.

综上所述,取 $\boldsymbol{p}^{(0)}=\boldsymbol{r}^{(0)}$,$\boldsymbol{p}^{(k)}$ 就取为与 $\boldsymbol{p}^{(0)},\cdots,\boldsymbol{p}^{(k-1)}$ $\boldsymbol{A}$-共轭的向量. 当然,这样的向量不是唯一的. CG 法中取 $\boldsymbol{p}^{(k)}$ 为 $\boldsymbol{r}^{(k)}$ 与 $\boldsymbol{p}^{(k-1)}$ 的线性组合,这里我们主要关心 $\boldsymbol{p}^{(k)}$ 的方向,所以不妨设

$$\boldsymbol{p}^{(k)}=\boldsymbol{r}^{(k)}+\beta_{k-1}\boldsymbol{p}^{(k-1)} \tag{7.13}$$

利用$(\boldsymbol{p}^{(k)},\boldsymbol{A}\boldsymbol{p}^{(k-1)})=0$,可以定出

$$\beta_{k-1}=-\frac{(\boldsymbol{r}^{(k)},\boldsymbol{A}\boldsymbol{p}^{(k-1)})}{(\boldsymbol{p}^{(k-1)},\boldsymbol{A}\boldsymbol{p}^{(k-1)})} \tag{7.14}$$

这样由(7.13)得到的 $\boldsymbol{p}^{(k)}$ 与 $\boldsymbol{p}^{(k-1)}$ 是 $\boldsymbol{A}$-共轭的,下面定理 7.2 再证明这样得出的向量序列$\{\boldsymbol{p}^{(k)}\}$是一个 $\boldsymbol{A}$-共轭向量组.

按上面方法,取 $\boldsymbol{x}^{(0)}\in\mathbf{R}^n$,$\boldsymbol{r}^{(0)}=\boldsymbol{b}-\boldsymbol{A}\boldsymbol{x}^{(0)}$,$\boldsymbol{p}^{(0)}=\boldsymbol{r}^{(0)}$,便可按照(7.7),(7.8),(7.9),(7.13),(7.14)得到 $\boldsymbol{x}^{(0)}$;$\boldsymbol{r}^{(0)},\boldsymbol{p}^{(0)},\alpha_0,\boldsymbol{x}^{(1)}$;$\boldsymbol{r}^{(1)},\beta_0,\boldsymbol{p}^{(1)},\alpha_1,\boldsymbol{x}^{(2)}$;$\cdots$,从而得到$\{\boldsymbol{x}^{(k)}\}$.

下面进行一些化简,由(7.9)和(7.7)有

$$(\boldsymbol{r}^{(k+1)},\boldsymbol{p}^{(k)})=(\boldsymbol{r}^{(k)},\boldsymbol{p}^{(k)})-\alpha_k(\boldsymbol{A}\boldsymbol{p}^{(k)},\boldsymbol{p}^{(k)})=0$$

$$(\boldsymbol{r}^{(k)},\boldsymbol{p}^{(k)})=(\boldsymbol{r}^{(k)},\boldsymbol{r}^{(k)}+\beta_{k-1}\boldsymbol{p}^{(k-1)})=(\boldsymbol{r}^{(k)},\boldsymbol{r}^{(k)}) \tag{7.15}$$

再代回(7.7)式,有

$$\alpha_k=\frac{(\boldsymbol{r}^{(k)},\boldsymbol{r}^{(k)})}{(\boldsymbol{p}^{(k)},\boldsymbol{A}\boldsymbol{p}^{(k)})} \tag{7.16}$$

由此看出,当 $\boldsymbol{r}^{(k)}\neq\mathbf{0}$ 时,$\alpha_k>0$.

定理 7.2 由(7.7)~(7.16)定义的算法有如下性质:

(1) $(\boldsymbol{r}^{(i)},\boldsymbol{r}^{(j)})=0,i\neq j$. 即剩余向量构成一个正交向量组.

(2) $(\boldsymbol{A}\boldsymbol{p}^{(i)},\boldsymbol{p}^{(j)})=(\boldsymbol{p}^{(i)},\boldsymbol{A}\boldsymbol{p}^{(j)})=0(i\neq j)$. 即$\{\boldsymbol{p}^{(k)}\}$为一个 $\boldsymbol{A}$-共轭向量组.

证明 用归纳法. 由(7.9)及 α_0,β_0 的表达式有

$$(\boldsymbol{r}^{(0)},\boldsymbol{r}^{(1)})=(\boldsymbol{r}^{(0)},\boldsymbol{r}^{(0)})-\alpha_0(\boldsymbol{r}^{(0)},\boldsymbol{A}\boldsymbol{r}^{(0)})=0$$

$$(\boldsymbol{p}^{(1)},\boldsymbol{A}\boldsymbol{p}^{(0)})=(\boldsymbol{r}^{(1)},\boldsymbol{A}\boldsymbol{r}^{(0)})+\beta_0(\boldsymbol{r}^{(0)},\boldsymbol{A}\boldsymbol{r}^{(0)})=0$$

现设 $\boldsymbol{r}^{(0)},\boldsymbol{r}^{(1)},\cdots,\boldsymbol{r}^{(k)}$ 相互正交，$\boldsymbol{p}^{(0)},\boldsymbol{p}^{(1)},\cdots,\boldsymbol{p}^{(k)}$ 相互 $\boldsymbol{A}$-共轭. 则对 $k+1$，由(7.9)有

$$(\boldsymbol{r}^{(k+1)},\boldsymbol{r}^{(j)})=(\boldsymbol{r}^{(k)},\boldsymbol{r}^{(j)})-\alpha_k(\boldsymbol{A}\boldsymbol{p}^{(k)},\boldsymbol{r}^{(j)})$$

若 $j=k$，由 α_k 表达式(7.16)，得到$(\boldsymbol{r}^{(k+1)},\boldsymbol{r}^{(k)})=0$. 若 $j=0,1,\cdots,k-1$，由归纳法假设，有$(\boldsymbol{r}^{(k)},\boldsymbol{r}^{(j)})=0$，再由(7.13)有 $\boldsymbol{r}^{(j)}=\boldsymbol{p}^{(j)}-\beta_{j-1}\boldsymbol{p}^{(j-1)}$，得

$$(\boldsymbol{r}^{(k+1)},\boldsymbol{r}^{(j)})=-\alpha_k(\boldsymbol{A}\boldsymbol{p}^{(k)},\boldsymbol{p}^{(j)}-\beta_{j-1}\boldsymbol{p}^{(j-1)})$$

从归纳法假设就有$(\boldsymbol{r}^{(k+1)},\boldsymbol{r}^{(j)})=0$.

再看 $\boldsymbol{p}^{(k+1)}$，由计算公式(7.13)，(7.14)，显然有$(\boldsymbol{p}^{(k+1)},\boldsymbol{A}\boldsymbol{p}^{(k)})=0$. 对 $j=0,1,\cdots,k-1$，

$$(\boldsymbol{p}^{(k+1)},\boldsymbol{A}\boldsymbol{p}^{(j)})=(\boldsymbol{r}^{(k+1)},\boldsymbol{A}\boldsymbol{p}^{(j)})+\beta_k(\boldsymbol{p}^{(k)},\boldsymbol{A}\boldsymbol{p}^{(j)})$$

上式右端后一项由归纳法假设为零. 现看前一项，由(7.9)有 $\boldsymbol{A}\boldsymbol{p}^{(j)}=\alpha_j^{-1}(\boldsymbol{r}^{(j)}-\boldsymbol{r}^{(j+1)})$，再由 $\boldsymbol{r}^{(k+1)}$ 与 $\boldsymbol{r}^{(j)}$ 的正交性得$(\boldsymbol{p}^{(k+1)},\boldsymbol{A}\boldsymbol{p}^{(j)})=0$. 定理证毕.

由上面的推导，还可以简化 β_k 的计算：

$$\begin{aligned}\beta_k&=-\frac{(\boldsymbol{r}^{(k+1)},\boldsymbol{A}\boldsymbol{p}^{(k)})}{(\boldsymbol{p}^{(k)},\boldsymbol{A}\boldsymbol{p}^{(k)})}\\&=-\frac{(\boldsymbol{r}^{(k+1)},\alpha_k^{-1}(\boldsymbol{r}^{(k)}-\boldsymbol{r}^{(k+1)}))}{(\boldsymbol{p}^{(k)},\boldsymbol{A}\boldsymbol{p}^{(k)})}\\&=\frac{\alpha_k^{-1}(\boldsymbol{r}^{(k+1)},\boldsymbol{r}^{(k+1)})}{(\boldsymbol{p}^{(k)},\boldsymbol{A}\boldsymbol{p}^{(k)})}\end{aligned}$$

所以由(7.16)式得

$$\beta_k=\frac{(\boldsymbol{r}^{(k+1)},\boldsymbol{r}^{(k+1)})}{(\boldsymbol{r}^{(k)},\boldsymbol{r}^{(k)})} \tag{7.17}$$

由此可见，若 $\boldsymbol{r}^{(k+1)}\neq\boldsymbol{0}$，则 $\beta_k>0$.

最后把以上计算公式归纳为下面的算法：

CG 算法

(1) 任取 $\boldsymbol{x}^{(0)}\in\mathbf{R}^n$，

(2) $\boldsymbol{r}^{(0)}=\boldsymbol{b}-\boldsymbol{A}\boldsymbol{x}^{(0)}$，$\boldsymbol{p}^{(0)}=\boldsymbol{r}^{(0)}$，

(3) 对 $k=0,1,\cdots$,

$$\alpha_k=\frac{(\boldsymbol{r}^{(k)},\boldsymbol{r}^{(k)})}{(\boldsymbol{p}^{(k)},\boldsymbol{A}\boldsymbol{p}^{(k)})}$$

$$\boldsymbol{x}^{(k+1)}=\boldsymbol{x}^{(k)}+\alpha_k\boldsymbol{p}^{(k)}$$

$$\boldsymbol{r}^{(k+1)}=\boldsymbol{r}^{(k)}-\alpha_k\boldsymbol{A}\boldsymbol{p}^{(k)}$$

$$\beta_k=\frac{(\boldsymbol{r}^{(k+1)},\boldsymbol{r}^{(k+1)})}{(\boldsymbol{r}^{(k)},\boldsymbol{r}^{(k)})}$$

$$\boldsymbol{p}^{(k+1)}=\boldsymbol{r}^{(k+1)}+\beta_k\boldsymbol{p}^{(k)}$$

在计算过程中,若遇 $\boldsymbol{r}^{(k)}=\boldsymbol{0}$,或$(\boldsymbol{p}^{(k)},\boldsymbol{A}\boldsymbol{p}^{(k)})=\boldsymbol{0}$ 时,计算中止,如果剩余向量 $\boldsymbol{r}^{(k)}=\boldsymbol{0}$,即有 $\boldsymbol{x}^{(k)}=\boldsymbol{x}^*$. 如果$(\boldsymbol{p}^{(k)},\boldsymbol{A}\boldsymbol{p}^{(k)})=0$,因为 $\boldsymbol{A}$ 正定,所以有 $\boldsymbol{p}^{(k)}=\boldsymbol{0}$,由(7.15),有$(\boldsymbol{r}^{(k)},\boldsymbol{r}^{(k)})=(\boldsymbol{r}^{(k)},\boldsymbol{p}^{(k)})=0$,亦有 $\boldsymbol{r}^{(k)}=\boldsymbol{0}$.

由定理 7.2,剩余向量相互正交,而 $\mathbf{R}^n$ 中至多有 n 个相互正交的非零向量,所以 $\boldsymbol{r}^{(0)},\boldsymbol{r}^{(1)},\cdots,\boldsymbol{r}^{(n)}$ 中至少有一个向量为零. 若 $\boldsymbol{r}^{(k)}=\boldsymbol{0}$,则 $\boldsymbol{x}^{(k)}=\boldsymbol{x}^*$. 所以用 CG 法求解 n 阶方程组,理论上最多 n 步便可得到精确解. 从这个意义来说,它实质上是一种直接方法.

例 7.1 用 CG 法解方程组

$$\begin{pmatrix}3 & 1\\1 & 2\end{pmatrix}\begin{pmatrix}x_1\\x_2\end{pmatrix}=\begin{pmatrix}5\\5\end{pmatrix}$$

解 不难验证系数矩阵对称正定. 取 $\boldsymbol{x}^{(0)}=(0,0)^{\mathrm{T}}$,有

$$\boldsymbol{r}^{(0)}=\boldsymbol{p}^{(0)}=\boldsymbol{b}-\boldsymbol{A}\boldsymbol{x}^{(0)}=(5,5)^{\mathrm{T}}$$

$$\alpha_0=\frac{(\boldsymbol{r}^{(0)},\boldsymbol{r}^{(0)})}{(\boldsymbol{p}^{(0)},\boldsymbol{A}\boldsymbol{p}^{(0)})}=\frac{2}{7}$$

$$\boldsymbol{x}^{(1)}=\boldsymbol{x}^{(0)}+\alpha_0\boldsymbol{p}^{(0)}=\left(\frac{10}{7},\frac{10}{7}\right)^{\mathrm{T}}$$

$$\boldsymbol{r}^{(1)}=\boldsymbol{r}^{(0)}-\alpha_0\boldsymbol{A}\boldsymbol{p}^{(0)}=\left(-\frac{5}{7},\frac{5}{7}\right)^{\mathrm{T}}$$

类似计算得 $\beta_0=\frac{1}{49}$,$\boldsymbol{p}^{(1)}=\left(-\frac{30}{49},\frac{40}{49}\right)^{\mathrm{T}}$. $\alpha_1=\frac{7}{10}$,$\boldsymbol{x}^{(2)}=(1,2)^{\mathrm{T}}$. 得

到了方程组的准确解.

这个简单的例子只是说明了 CG 法的运算步骤和性质，它用分数精确计算. 在实际问题（特别是大型方程组）的计算中，由于舍入误差的存在，$\{\boldsymbol{r}^{(k)}\}$ 的正交性是很难精确实现的，所以很难在有限步得到准确解. 这样，CG 法在实际计算中便作为迭代法使用，即算法中第(3)步对 k 继续迭代计算下去. 关于收敛性，可证明

$$\|\boldsymbol{x}^{(k)}-\boldsymbol{x}^{*}\|_{A} \leqslant 2\left[\frac{\sqrt{K}-1}{\sqrt{K}+1}\right]^{k}\|\boldsymbol{x}^{(0)}-\boldsymbol{x}^{*}\|_{A} \tag{7.18}$$

其中 $\|\boldsymbol{x}\|_{A}=(\boldsymbol{A}\boldsymbol{x},\boldsymbol{x})^{\frac{1}{2}}$，$K=\mathrm{cond}_2(\boldsymbol{A})$. 关于(7.18)的证明和 CG 法的其他一些讨论，例如所选择 $\boldsymbol{p}^{(k)}$ 的几何意义等问题，可参看文献[16,18]等.

7-4　预处理共轭梯度方法

从(7.18)可以看到，当 $\boldsymbol{A}$ 病态时有 $K\gg 1$，CG 法收敛将很慢. 为了改善收敛性，可以设法先降低矩阵的条件数，这就是**预处理方法**.

当 $\boldsymbol{A}$ 对称正定时，希望预处理后的方程组仍保持对称正定，为此，设 $\boldsymbol{S}$ 可逆，

$$\boldsymbol{M}=\boldsymbol{S}\boldsymbol{S}^{\mathrm{T}} \tag{7.19}$$

$\boldsymbol{M}$ 是对称正定阵. 把 $\boldsymbol{A}\boldsymbol{x}=\boldsymbol{b}$ 改写为等价的方程组

$$\boldsymbol{S}^{-1}\boldsymbol{A}\boldsymbol{S}^{-\mathrm{T}}\boldsymbol{u}=\boldsymbol{S}^{-1}\boldsymbol{b},\quad \boldsymbol{x}=\boldsymbol{S}^{-\mathrm{T}}\boldsymbol{u}$$

新方程的系数矩阵保持了对称正定. 令 $\boldsymbol{F}=\boldsymbol{S}^{-1}\boldsymbol{A}\boldsymbol{S}^{-\mathrm{T}}$，$\boldsymbol{g}=\boldsymbol{S}^{-1}\boldsymbol{b}$，新方程写成

$$\boldsymbol{F}\boldsymbol{u}=\boldsymbol{g} \tag{7.20}$$

对(7.20)用 CG 方法计算，即任取初值 $\boldsymbol{u}^{(0)}$，令 $\tilde{\boldsymbol{r}}^{(0)}=\boldsymbol{g}-\boldsymbol{F}\boldsymbol{u}^{(0)}$，$\tilde{\boldsymbol{p}}^{(0)}=\tilde{\boldsymbol{r}}^{(0)}$，对 $k=0,1,2,\cdots$

$$\tilde{\alpha}_k = \frac{(\tilde{\boldsymbol{r}}^{(k)}, \tilde{\boldsymbol{r}}^{(k)})}{(\tilde{\boldsymbol{p}}^{(k)}, \boldsymbol{S}^{-1}\boldsymbol{A}\boldsymbol{S}^{-\mathrm{T}}\tilde{\boldsymbol{p}}^{(k)})}$$

$$\boldsymbol{u}^{(k+1)} = \boldsymbol{u}^{(k)} + \tilde{\alpha}_k \tilde{\boldsymbol{p}}^{(k)}$$

$$\tilde{\boldsymbol{r}}^{(k+1)} = \tilde{\boldsymbol{r}}^{(k)} - \tilde{\alpha}_k \boldsymbol{S}^{-1}\boldsymbol{A}\boldsymbol{S}^{-\mathrm{T}}\tilde{\boldsymbol{p}}^{(k)}$$

$$\tilde{\beta}_k = \frac{(\tilde{\boldsymbol{r}}^{(k+1)}, \tilde{\boldsymbol{r}}^{(k+1)})}{(\tilde{\boldsymbol{r}}^{(k)}, \tilde{\boldsymbol{r}}^{(k)})}$$

$$\tilde{\boldsymbol{p}}^{(k+1)} = \tilde{\boldsymbol{r}}^{(k+1)} + \tilde{\beta}_k \tilde{\boldsymbol{p}}^{(k)}$$

把这组公式换回原来的变量，令 $\boldsymbol{x}^{(k)} = \boldsymbol{S}^{-\mathrm{T}}\boldsymbol{u}^{(k)}$，有

$$\tilde{\boldsymbol{r}}^{(k)} = \boldsymbol{g} - \boldsymbol{F}\boldsymbol{u}^{(k)} = \boldsymbol{S}^{-1}(\boldsymbol{b} - \boldsymbol{A}\boldsymbol{S}^{-\mathrm{T}}\boldsymbol{S}^{\mathrm{T}}\boldsymbol{x}^{(k)}) = \boldsymbol{S}^{-1}\boldsymbol{r}^{(k)}$$

再令 $\boldsymbol{p}^{(k)} = \boldsymbol{S}^{-\mathrm{T}}\tilde{\boldsymbol{p}}^{(k)}$，$\boldsymbol{p}^{(0)} = \boldsymbol{S}^{-\mathrm{T}}\boldsymbol{S}^{-1}\boldsymbol{r}^{(0)}$，再引入 $\boldsymbol{z}^{(k)} = \boldsymbol{S}^{-\mathrm{T}}\boldsymbol{S}^{-1}\boldsymbol{r}^{(k)} = \boldsymbol{M}^{-1}\boldsymbol{r}^{(k)}$，得到预处理共轭梯度方法(PCG 方法)为

(1) 任取 $\boldsymbol{x}^{(0)} \in \mathbf{R}^n$，

(2) $\boldsymbol{r}^{(0)} = \boldsymbol{b} - \boldsymbol{A}\boldsymbol{x}^{(0)}$，$\boldsymbol{z}^{(0)} = \boldsymbol{M}^{-1}\boldsymbol{r}^{(0)}$，$\boldsymbol{p}^{(0)} = \boldsymbol{z}^{(0)}$，

(3) 对 $k=0,1,2,\cdots$

$$\alpha_k = \frac{(\boldsymbol{z}^{(k)}, \boldsymbol{r}^{(k)})}{(\boldsymbol{p}^{(k)}, \boldsymbol{A}\boldsymbol{p}^{(k)})}$$

$$\boldsymbol{x}^{(k+1)} = \boldsymbol{x}^{(k)} + \alpha_k \boldsymbol{p}^{(k)}$$

$$\boldsymbol{r}^{(k+1)} = \boldsymbol{r}^{(k)} - \alpha_k \boldsymbol{A}\boldsymbol{p}^{(k)}$$

$$\boldsymbol{z}^{(k+1)} = \boldsymbol{M}^{-1}\boldsymbol{r}^{(k+1)}$$

$$\beta_k = \frac{(\boldsymbol{z}^{(k+1)}, \boldsymbol{r}^{(k+1)})}{(\boldsymbol{z}^{(k)}, \boldsymbol{r}^{(k)})}$$

$$\boldsymbol{p}^{(k+1)} = \boldsymbol{z}^{(k+1)} + \beta_k \boldsymbol{p}^{(k)}$$

以上公式包含很多向量加法、内积以及矩阵与向量乘法，适合并行计算. 一般 $\boldsymbol{z}^{(k+1)} = \boldsymbol{M}^{-1}\boldsymbol{r}^{(k+1)}$ 的步骤用解方程组 $\boldsymbol{M}\boldsymbol{z}^{(k+1)} = \boldsymbol{r}^{(k+1)}$ 来实现.

下面讨论 $\boldsymbol{M}$ 和 $\boldsymbol{S}$ 的选择. 首先我们可以考虑 $\boldsymbol{M}$ 的 Cholesky 分解 $\boldsymbol{M} = \boldsymbol{L}\boldsymbol{L}^{\mathrm{T}}$，即 $\boldsymbol{S} = \boldsymbol{L}$. 而且，当 $\boldsymbol{L}\boldsymbol{L}^{\mathrm{T}} \approx \boldsymbol{A}$ 时，有 $\boldsymbol{F} \approx \boldsymbol{L}^{-1}(\boldsymbol{L}\boldsymbol{L}^{\mathrm{T}})\boldsymbol{L}^{-\mathrm{T}}$

$=\boldsymbol{I}$，有 cond($\boldsymbol{F}$)≈ 1，这就改善了条件数. 一般可以考虑 $\boldsymbol{A}$ 的一种分裂 $\boldsymbol{A}=\boldsymbol{M}-\boldsymbol{N}$，其中 $\boldsymbol{M}$ 对称正定，$\boldsymbol{M}=\boldsymbol{L}\boldsymbol{L}^{\mathrm{T}}$，而 $\boldsymbol{N}$"尽可能小". 这称为 $\boldsymbol{A}$ 的不完全 Cholesky 分解.

$\boldsymbol{M}$ 的一种最简单的选择是取为对角阵. 这里仍设 $\boldsymbol{A}=\boldsymbol{D}-\boldsymbol{L}-\boldsymbol{U}$，严格下三角阵 $\boldsymbol{L}=\boldsymbol{U}^{\mathrm{T}}$. 设 $\boldsymbol{M}=\boldsymbol{D}$，即 Jacobi 迭代法的预处理阵，就有

$$\boldsymbol{S}=\boldsymbol{S}^{\mathrm{T}}=\operatorname{diag}(\sqrt{a_{11}},\cdots,\sqrt{a_{nn}})$$

这种方法虽然简单，但往往不能有效地降低条件数.

另外一种方法是取 $\boldsymbol{M}$ 为 SSOR 迭代法的预处理阵，即(6.9)式表示的 $\boldsymbol{M}_{\mathrm{SSOR}}$，它是一个对称正定阵. 令 $\boldsymbol{M}=\boldsymbol{S}\boldsymbol{S}^{\mathrm{T}}$，其中

$$\boldsymbol{S}=[\omega(2-\omega)]^{-1/2}(\boldsymbol{D}-\omega\boldsymbol{L})\boldsymbol{D}^{-1/2}$$
$$\boldsymbol{S}^{\mathrm{T}}=[\omega(2-\omega)]^{-1/2}\boldsymbol{D}^{-1/2}(\boldsymbol{D}-\omega\boldsymbol{L}^{\mathrm{T}}) \tag{7.21}$$

可以证明，经过这样的预处理，$\boldsymbol{F}=\boldsymbol{S}^{-1}\boldsymbol{A}\boldsymbol{S}^{-\mathrm{T}}$ 的条件数大约是 $\boldsymbol{A}$ 条件数的平方根，见文献[18]. 特别是 $\omega=1$ 情形，即对称的 GS 迭代预处理会有好的效果.

由于 GS 和 SOR 方法的预处理阵 $\boldsymbol{M}_{\mathrm{G}}$ 和 $\boldsymbol{M}_{\mathrm{SOR}}$ 不具有对称性，故不用于对称正定方程组 CG 法的预处理. 当然，还有其他基于分裂 $\boldsymbol{A}=\boldsymbol{M}-\boldsymbol{N}$ 的预处理方法，会取得降低条件数的效果.

7-5 多项式预处理

这里对迭代法的预处理再进一步讨论. 所谓**多项式预处理**是指取 $\boldsymbol{M}$ 满足

$$\boldsymbol{M}^{-1}=s(\boldsymbol{A})$$

其中 $s(x)$ 是一个多项式(一般是低次的). 原方程组经预处理后成为

$$s(\boldsymbol{A})\boldsymbol{A}\boldsymbol{x}=s(\boldsymbol{A})\boldsymbol{b} \tag{7.22}$$

然后用 CG 方法求解. 注意 $s(\boldsymbol{A})\boldsymbol{A}=\boldsymbol{A}s(\boldsymbol{A})$，如 $\boldsymbol{A}$ 对称，$s(\boldsymbol{A})$ 也对称，实际上也不必把 $s(\boldsymbol{A})$ 或 $\boldsymbol{A}s(\boldsymbol{A})$ 计算出来，因为 $\boldsymbol{A}s(\boldsymbol{A})\boldsymbol{u}$ 可以由

系列的矩阵与向量乘积得到.

我们讨论某种意义下为最优的多项式 $s(x)$ 的选择,就是希望 $s(\mathbf{A})\mathbf{A}$ 在某种意义下尽可能接近单位阵. 例如,使 $s(\mathbf{A})\mathbf{A}$ 的谱尽可能接近单位阵的谱. 记 $\mathbf{A}$ 的谱为 $\sigma(\mathbf{A})$,次数不超过 k 的多项式空间为 H_k. 我们可以想象在 H_k 中求多项式 $s(x)$,使得 $\max\limits_{\lambda\in\sigma(\mathbf{A})}|1-\lambda s(\lambda)|$ 最小. 但这要知道 $\mathbf{A}$ 的所有特征值,所以是不现实的. 通常我们提这样的问题

$$\text{求 } s(x)\in H_k,\text{ 使 } \max_{\lambda\in E}|1-\lambda s(\lambda)| \text{ 最小}. \tag{7.23}$$

其中 E 是一个包含 $\sigma(\mathbf{A})$ 的连续的集合. 这需要对 $\mathbf{A}$ 的谱有一个粗略的估计. 对于对称正定的 $\mathbf{A}$,E 可以取为一个包含 $\mathbf{A}$ 特征值的区间 $[\alpha,\beta]$,且有 $0<\alpha<\beta$.

由切比雪夫多项式的性质,可以证明:对于满足 $\gamma<\alpha$ 的实数 γ,最小值问题

$$\min_{p(t)\in H_k,\,p(\gamma)=1}\ \max_{t\in[\alpha,\beta]}|p(t)|$$

的解由多项式

$$\frac{T_k\left(1+2\dfrac{\alpha-t}{\beta-\alpha}\right)}{T_k\left(1+2\dfrac{\alpha-\gamma}{\beta-\alpha}\right)}$$

给出,其中 $T_k(t)=\cos(k\arccos t)$ 是 k 次切比雪夫多项式. 我们感兴趣的是多项式 $1-ts(t)$,所以我们取 $\gamma=0$,即在条件 $p(0)=1$ 下在 H_k 中求使 $\max\limits_{t\in[\alpha,\beta]}|p(t)|$ 极小的多项式,这给出

$$C_k(t)=\frac{1}{\sigma_k}T_k\left(\frac{\beta+\alpha-2t}{\beta-\alpha}\right)$$

其中 $\sigma_k=T_k\left(\dfrac{\beta+\alpha}{\beta-\alpha}\right)$. 分别记 $[\alpha,\beta]$ 的中心和半宽度为

$$\theta=\frac{\beta+\alpha}{2},\quad \delta=\frac{\beta-\alpha}{2}$$

$C_k(t)$可以改写为

$$C_k(t)=\frac{1}{\sigma_k}T_k\left(\frac{\theta-t}{\delta}\right)$$

其中$\sigma_k=T_k\left(\frac{\theta}{\delta}\right)$. 如果给定 k,直接求 $C_k(t)$还是不方便的. 由切比雪夫多项式的 3 项递推公式可得

$$\sigma_{k+1}=2\frac{\theta}{\delta}\sigma_k-\sigma_{k-1},\quad k=1,2,\cdots$$

$$\sigma_0=1,\quad \sigma_1=\frac{\theta}{\delta}$$

以及

$$C_{k+1}(t)=\frac{\sigma_k}{\sigma_{k+1}}\left[2\frac{\theta-t}{\delta}C_k(t)-\frac{\sigma_{k-1}}{\sigma_k}C_{k-1}(t)\right],\quad k\geqslant 1$$

$$C_1(t)=1-\frac{t}{\theta},\quad C_0(t)=1$$

定义

$$\rho_k=\frac{\sigma_k}{\sigma_{k+1}},\quad k=1,2,\cdots$$

可以把上述递推公式写在一起为

$$\rho_k=(2\sigma_1-\rho_{k-1})^{-1} \tag{7.24}$$

$$C_{k+1}(t)=\rho_k\left[2\left(\sigma_1-\frac{t}{\delta}\right)C_k(t)-\rho_{k-1}C_{k-1}(t)\right],\quad k\geqslant 1 \tag{7.25}$$

如果令 $C_{-1}=0$,$\rho_{-1}=0$,$\rho_0=1/(2\sigma_1)$,则上述递推公式可以从 $k=0$ 开始.

如果选择 k 次矩阵多项式 $s_k(\boldsymbol{A})$,使 $\boldsymbol{I}-\boldsymbol{A}s_k(\boldsymbol{A})=C_{k+1}(\boldsymbol{A})$,可以得到预处理后的方程组

$$s_k(\boldsymbol{A})\boldsymbol{A}\boldsymbol{x}=s_k(\boldsymbol{A})\boldsymbol{b}$$

或

$$(\boldsymbol{I}-C_{k+1}(\boldsymbol{A}))\boldsymbol{x}=s_k(\boldsymbol{A})\boldsymbol{b}$$

可望它比原方程组的条件数要小.

如果我们要构造一个迭代法,目标是使剩余向量形为 $\boldsymbol{r}^{(k+1)}=C_{k+1}(\boldsymbol{A})\boldsymbol{r}^{(0)}$,那么可以令

$$\boldsymbol{x}^{(k+1)}=\boldsymbol{x}^{(0)}+s_k(\boldsymbol{A})\boldsymbol{r}^{(0)}$$

这样有

$$\boldsymbol{r}^{(k+1)}=\boldsymbol{b}-\boldsymbol{A}\boldsymbol{x}^{(k+1)}=(\boldsymbol{I}-\boldsymbol{A}s_k(\boldsymbol{A}))\boldsymbol{r}^{(0)}=C_{k+1}(\boldsymbol{A})\boldsymbol{r}^{(0)}$$

相邻的剩余向量之差为

$$\boldsymbol{r}^{(k+1)}-\boldsymbol{r}^{(k)}=(C_{k+1}(\boldsymbol{A})-C_k(\boldsymbol{A}))\boldsymbol{r}^{(0)}$$

由等式 $\rho_k(2\sigma_1-\rho_{k-1})=1$ 及(7.25)式,有

$$\begin{aligned}C_{k+1}(t)-C_k(t)&=C_{k+1}(t)-\rho_k(2\sigma_1-\rho_{k-1})C_k(t)\\&=\rho_k\left[-\frac{2t}{\delta}C_k(t)+\rho_{k-1}(C_k(t)-C_{k-1}(t))\right]\end{aligned}$$

由此得到

$$\frac{C_{k+1}(t)-C_k(t)}{t}=\rho_k\left[\rho_{k-1}\frac{C_k(t)-C_{k-1}(t)}{t}-\frac{2}{\delta}C_k(t)\right]\tag{7.26}$$

定义

$$\boldsymbol{d}^{(k)}=\boldsymbol{x}^{(k+1)}-\boldsymbol{x}^{(k)}$$

并注意到 $\boldsymbol{r}^{(k+1)}-\boldsymbol{r}^{(k)}=\boldsymbol{A}\boldsymbol{d}^{(k)}$,有

$$\begin{aligned}\boldsymbol{d}^{(k)}&=\boldsymbol{A}^{-1}(\boldsymbol{r}^{(k+1)}-\boldsymbol{r}^{(k)})\\&=\boldsymbol{A}^{-1}(C_{k+1}(\boldsymbol{A})-C_k(\boldsymbol{A}))\boldsymbol{r}^{(0)}\end{aligned}$$

所以(7.26)可以转化为矩阵的递推式,并得到

$$\boldsymbol{d}^{(k)}=\rho_k\left[\rho_{k-1}\boldsymbol{d}^{(k-1)}-\frac{2}{\delta}\boldsymbol{r}^{(k)}\right]$$

这样我们便可得如下的算法.

切比雪夫加速算法

(1) $\boldsymbol{r}^{(0)}=\boldsymbol{b}-\boldsymbol{A}\boldsymbol{x}^{(0)}$,$\sigma_1=\theta/\delta$,

(2) $\rho_0=(2\sigma_1)^{-1}$,$\boldsymbol{d}^{(0)}=\boldsymbol{r}^{(0)}/\theta$,

(3) 对 $k=0,1,\cdots$

$$\boldsymbol{x}^{(k+1)}=\boldsymbol{x}^{(k)}+\boldsymbol{d}^{(k)}$$

$$r^{(k+1)} = r^{(k)} - Ad^{(k)}$$

$$\rho_{k+1} = (2\sigma_1 - \rho_k)^{-1}$$

$$d^{(k+1)} = \rho_{k+1}\left(\rho_k d^{(k)} - \frac{2}{\delta} r^{(k+1)}\right)$$

算法中第(3)步的第 1、4 式可合并为一个修正迭代的形式

$$x^{(k+1)} = x^{(k)} + \rho_k\left[\rho_{k-1}(x^{(k)} - x^{(k-1)}) - \frac{2}{\delta}(b - Ax^{(k)})\right]$$

可以证明，在预处理后形为 $s(\boldsymbol{A})\boldsymbol{A}$ 的系数矩阵中，$s(x)$ 取遍所有次数不超过 k 的多项式，以 $\alpha=\lambda_1$，$\beta=\lambda_N$ 时所得矩阵的条件数为最小，其中 λ_1，λ_N 分别是 $\boldsymbol{A}$ 的最小和最大特征值. 但是，当预处理与 CG 方法联用时，如果选择$[\alpha,\beta]$是在$[\lambda_1,\lambda_N]$内收缩一点的区间，则迭代收敛得更快，实际上真正使多项式预处理 CG 方法迭代次数最小化的最优参数是难以确定的. 近似 $\boldsymbol{A}$ 最小和最大特征值的参数 α，β 通常不预先知道，而要用动态的方法求得.

评　　注

本章开始介绍了一些线性代数的基础知识，这是为本章及后面的几章服务的. 矩阵范数和向量范数的概念和性质，可以和第 2 章 $C[a,b]$上范数概念和性质联系起来.

直接方法(Gauss 消去法及其变形)是古典的方法，我国古代数学名著《九章算术》就有低阶情形的叙述. 目前，对于阶数不大或系数矩阵稀疏的方程组，消去法仍是一种有力的工具，一般情形下计算工作量为 $O(n^3)$.

当系数矩阵的某个顺序主子式为零或$|a_{kk}^{(k)}|$很小的情况下，采用选主元的消去法是必要的. 列主元方法在很多非病态情形下能有很好的结果，但是选主元方法的数值稳定性到近年还是研究的课题. 在对角占优或对称正定的情形，则不必选主元.

稀疏方程组的直接解法是一个重要的实际课题，有很多具体处理的技术.我们看到 Cholesky 分解方法可以有不同的形式.某些形式更适合稀疏的情形，这也和存储方式有关.更详尽的讨论可参阅文献[32,33]等.

直接方法舍入误差的分析本书并未讨论，它的结论和证明可参阅文献[17]和[34]等.文献[34]是 20 世纪 60 年代出版的有关这个问题的经典著作.

迭代方法有存储空间小，程序简单等特点，是解大型方程组（特别是稀疏情形）的有效方法.关于收敛性和收敛速度的基本概念和理论十分重要.实际使用的应该是收敛较快的方法.

J 法、GS 法和 SOR 法等基本的迭代法，它们的理论在 20 世纪 50 年代已经形成，我们介绍的只是其中最基本的部分. SSOR 方法结合预处理技术近年引起人们的注意.此外，在实际计算（特别是在微分方程数值求解）中一些具有特殊性质的矩阵的迭代性质有了很多研究，详细的分析可参阅文献[21]和[24]等.

CG 方法也是 20 世纪 50 年代的产物.它不像 SOR 法那样要选择参数 ω，计算公式中主要是向量内积和矩阵与向量乘积等，比较简单.但是由于对舍入误差的敏感性，CG 法在一段时间内得不到发展.近年与预处理技巧相结合，引起人们的注意和重视.关于预处理方法，目前是研究的热点之一，有关的原理和方法仍在发展，我们介绍的只是最基本的部分，稍为详细的介绍可参阅文献[21]，那里还介绍了并行计算的实现.

习　题

1. 证明　(1) $\|\boldsymbol{x}\|_\infty \leqslant \|\boldsymbol{x}\|_1 \leqslant n\|\boldsymbol{x}\|_\infty$，

(2) $\|\boldsymbol{x}\|_\infty \leqslant \|\boldsymbol{x}\|_2 \leqslant \sqrt{n}\|\boldsymbol{x}\|_\infty$.

2. 证明　(1) $\frac{1}{\sqrt{n}}\|\boldsymbol{A}\|_2\leqslant\|\boldsymbol{A}\|_\infty\leqslant\sqrt{n}\|\boldsymbol{A}\|_2$.

(2) $\|\boldsymbol{A}\|_2\leqslant\|\boldsymbol{A}\|_F\leqslant\sqrt{n}\|\boldsymbol{A}\|_2$,并说明 $\|\boldsymbol{A}\|_F$ 与 $\|\boldsymbol{x}\|_2$ 相容.

3. 设 $\boldsymbol{A}$ 对称正定,记 $\|\boldsymbol{x}\|_A=(\boldsymbol{Ax},\boldsymbol{x})^{1/2}$, $\forall\,\boldsymbol{x}\in\mathbf{R}^n$. 证明 $\|\cdot\|_A$ 为 $\mathbf{R}^n$ 上一种范数,若 $\boldsymbol{A}$ 非正定则如何?

4. 不等式 $\|\boldsymbol{I}\|\geqslant1$ 和 $\|\boldsymbol{A}^{-1}\|\geqslant\|\boldsymbol{A}\|^{-1}$ 是否一定成立? 证明你的结论.

5. 证明定理 1.9.

6. 证明在定理 1.12 的条件下有

$$\frac{1}{1+\|\boldsymbol{B}\|}\leqslant\|(\boldsymbol{I}\pm\boldsymbol{B})^{-1}\|\leqslant\frac{1}{1-\|\boldsymbol{B}\|}$$

7. 设 $\boldsymbol{A}\in\mathbf{R}^{n\times n}$,$\boldsymbol{x}\in\mathbf{R}^n$,定义为

$$\boldsymbol{A}=\begin{pmatrix}1 & -1 & -1 & \cdots & -1\\ & 1 & -1 & \cdots & -1\\ & & 1 & \cdots & -1\\ & & & \ddots & \vdots\\ & & & & 1\end{pmatrix},\quad \boldsymbol{x}=\begin{pmatrix}1\\ 1/2\\ 1/4\\ \vdots\\ 1/2^{n-1}\end{pmatrix}$$

计算 $\|\boldsymbol{x}\|_2$,$\boldsymbol{Ax}$ 和 $\|\boldsymbol{Ax}\|_2$,并证明 $\|\boldsymbol{A}\|_2\geqslant1$.

8. 设 $\boldsymbol{A}$ 为严格对角占优阵,试证

$$\|\boldsymbol{A}^{-1}\|_\infty\leqslant\left[\min_{1\leqslant i\leqslant n}\left(|a_{ii}|-\sum_{j\neq i}|a_{ij}|\right)\right]^{-1}$$

9. 证明

$$\|\boldsymbol{A}\|_2=\max_{\boldsymbol{x}\neq\boldsymbol{0},\boldsymbol{y}\neq\boldsymbol{0}}\frac{|\boldsymbol{y}^{\mathrm{T}}\boldsymbol{Ax}|}{\|\boldsymbol{x}\|_2\|\boldsymbol{y}\|_2}$$

10. 用 Gauss 消去法和 Doolittle 方法求解

$$\begin{pmatrix} 6 & 2 & 1 & -1 \\ 2 & 4 & 1 & 0 \\ 1 & 1 & 4 & -1 \\ -1 & 0 & -1 & 3 \end{pmatrix}\begin{pmatrix} x_1 \\ x_2 \\ x_3 \\ x_4 \end{pmatrix}=\begin{pmatrix} 6 \\ 1 \\ 5 \\ -5 \end{pmatrix}$$

11. 用列主元消去法求解

$$\begin{pmatrix} -0.002 & 2 & 2 \\ 1 & 0.78125 & 0 \\ 3.996 & 5.5625 & 4 \end{pmatrix}\begin{pmatrix} x_1 \\ x_2 \\ x_3 \end{pmatrix}=\begin{pmatrix} 0.4 \\ 1.3816 \\ 7.4178 \end{pmatrix}$$

12. 设 $\boldsymbol{A}=(a_{ij})$，$a_{11}\neq 0$，经过一步 Gauss 消去得到

$$\boldsymbol{A}^{(2)}=\begin{pmatrix} a_{11} & \boldsymbol{\alpha}_1^{\mathrm{T}} \\ \boldsymbol{0} & \boldsymbol{A}_2 \end{pmatrix}，其中 \boldsymbol{A}_2=\begin{pmatrix} a_{22}^{(2)} & \cdots & a_{2n}^{(2)} \\ \vdots & & \vdots \\ a_{n2}^{(2)} & \cdots & a_{nn}^{(2)} \end{pmatrix}$$

试证明：(1) 若 $\boldsymbol{A}$ 对称正定，则 $\boldsymbol{A}_2$ 也对称正定.

(2) 若 $\boldsymbol{A}$ 严格对角占优，则 $\boldsymbol{A}_2$ 也严格对角占优.

13. 用平方根法解

$$\begin{pmatrix} 16 & 4 & 8 \\ 4 & 5 & -4 \\ 8 & -4 & 22 \end{pmatrix}\begin{pmatrix} x_1 \\ x_2 \\ x_3 \end{pmatrix}=\begin{pmatrix} -4 \\ 3 \\ 10 \end{pmatrix}$$

14. 设 $\boldsymbol{A}$ 是对称正定的三对角阵

$$\boldsymbol{A}=\begin{pmatrix} b_1 & c_1 & & & \\ a_2 & b_2 & c_2 & & \\ & \ddots & \ddots & \ddots & \\ & & a_{n-1} & b_{n-1} & c_{n-1} \\ & & & a_n & b_n \end{pmatrix}$$

试给出用 Cholesky 方法解 $\boldsymbol{Ax}=\boldsymbol{d}$ 的计算公式.

15. 设 $\boldsymbol{A}$ 是可逆的满矩阵，若用两种方法求解 $\boldsymbol{A}^2\boldsymbol{x}=\boldsymbol{b}$：(1) 先计算 $\boldsymbol{A}^2$，再用 LU 分解方法解方程组；(2) 用 LU 分解方法求解

$\boldsymbol{A}\boldsymbol{y}=\boldsymbol{b},\boldsymbol{A}\boldsymbol{x}=\boldsymbol{y}$. 试比较这两种方法乘、除法的计算量.

16. 求下面两个方程组的解,并利用条件数估计 $\|\delta \boldsymbol{x}\|_\infty$,与实际的 $\|\delta \boldsymbol{x}\|_\infty$ 比较.

$$\begin{pmatrix} 240 & -319.5 \\ -179.5 & 240 \end{pmatrix}\begin{pmatrix} x_1 \\ x_2 \end{pmatrix}=\begin{pmatrix} 3 \\ 4 \end{pmatrix},$$

$$\begin{pmatrix} 240 & -319 \\ -179 & 240 \end{pmatrix}\begin{pmatrix} x_1+\delta x_1 \\ x_2+\delta x_2 \end{pmatrix}=\begin{pmatrix} 3 \\ 4 \end{pmatrix}$$

17. 设 $\boldsymbol{A}$ 非奇异,且 $\|\boldsymbol{A}^{-1}\|\ \|\delta \boldsymbol{A}\|<1$,试证 $(\boldsymbol{A}+\delta \boldsymbol{A})^{-1}$ 存在,且有

$$\frac{\|\boldsymbol{A}^{-1}-(\boldsymbol{A}+\delta \boldsymbol{A})^{-1}\|}{\|\boldsymbol{A}^{-1}\|}\leqslant \frac{\operatorname{cond}(\boldsymbol{A})\dfrac{\|\delta \boldsymbol{A}\|}{\|\boldsymbol{A}\|}}{1-\operatorname{cond}(\boldsymbol{A})\dfrac{\|\delta \boldsymbol{A}\|}{\|\boldsymbol{A}\|}}$$

18. 给出定理 3.2 和定理 3.3 的证明.

19. 对例 4.1 的模型问题,设 $h=0.2$,按图 3-2 所示的两种网格点编号方法,分别写出方程组的系数矩阵,它们的带宽各是多少? 若用 Gauss 顺序消去法求解,分别指出可能发生填入的位置和总填入量.

20.

$$\boldsymbol{A}=\begin{pmatrix} * & & & \\ & & * & * \\ & * & & * \\ & & * & \end{pmatrix}$$

其中 * 代表非零元,若按 Markowitz 主元策略,每步使(4.11)最小者为主元,那么对于解 $\boldsymbol{A}\boldsymbol{x}=\boldsymbol{b}$,每步主元应如何选取?(消去过程可能发生的非零元位置上变为零元的情况不考虑).

21. 用加边形式的 Cholesky 分解方法求 $\boldsymbol{A}$ 的分解式,并解 $\boldsymbol{A}\boldsymbol{x}=\boldsymbol{b}$,其中

$$
\boldsymbol{A}=\begin{pmatrix} 4 & 0 & 6 & 0 & 2 \\ 0 & 1 & 3 & 0 & 2 \\ 6 & 3 & 19 & 2 & 6 \\ 0 & 0 & 2 & 5 & -5 \\ 2 & 2 & 6 & -5 & 16 \end{pmatrix},\ \boldsymbol{b}=\begin{pmatrix} 12 \\ 6 \\ 36 \\ 2 \\ 21 \end{pmatrix}
$$

22. 试推导 $\boldsymbol{A}$ 的 LU 分解的加边形式算法.

23. 用追赶法解方程组 $\boldsymbol{Ax}=\boldsymbol{b}$,其中

$$
\boldsymbol{A}=\begin{pmatrix} 2 & -1 & & & & & \\ -1 & 2 & -1 & & & & \\ & -1 & 2 & -1 & & & \\ & & -1 & 2 & -1 & & \\ & & & -1 & 2 & -1 & \\ & & & & -1 & 2 & -1 \\ & & & & & -1 & 2 \end{pmatrix},\ \boldsymbol{b}=\begin{pmatrix} 1 \\ 0 \\ 0 \\ 0 \\ 0 \\ 0 \\ 0 \end{pmatrix}
$$

24. 今有块三对角方程组

$$
\boldsymbol{A}_i\boldsymbol{x}_{i-1}+\boldsymbol{B}_i\boldsymbol{x}_i+\boldsymbol{C}_i\boldsymbol{x}_{i+1}=\boldsymbol{d}_i,\quad i=1,\cdots,p
$$

其中 $\boldsymbol{A}_i,\boldsymbol{B}_i,\boldsymbol{C}_i$ 都是 $q\times q$ 矩阵,$\boldsymbol{A}_1=\boldsymbol{C}_p=\boldsymbol{0}$,$\boldsymbol{x}_i$ 和 $\boldsymbol{d}_i$ 都是 q 维向量($i=1,\cdots,p$). $\boldsymbol{x}=(\boldsymbol{x}_1^{\mathrm{T}},\cdots,\boldsymbol{x}_p^{\mathrm{T}})^{\mathrm{T}}$. 试参照(4.19)—(4.21)给出块追赶法的计算公式,并说明什么条件下可以用这组公式求解方程组.

25. 用循环约化方法解第 23 题中的线性方程组 $\boldsymbol{Ax}=\boldsymbol{b}$.

26. 设分别用 J 法和 GS 法求解 $\boldsymbol{Ax}=\boldsymbol{b}$,试分析是否收敛,其中

(1) $\boldsymbol{A}=\begin{pmatrix} 1 & 2 & -2 \\ 1 & 1 & 1 \\ 2 & 2 & 1 \end{pmatrix}$,

(2) $\boldsymbol{A}=\begin{pmatrix} 2 & -1 & 1 \\ 2 & 2 & 2 \\ -1 & -1 & 2 \end{pmatrix}$.

27. 方程组

$$\begin{cases}10x_1-\ \ x_2 \qquad\quad = 9\\ -x_1+10x_2-2x_3=7\\ \qquad -2x_2+10x_3=6\end{cases}$$

(1) 设 $\boldsymbol{x}^{(0)}=\mathbf{0}$,用 J 法和 GS 求解,计算至 $\boldsymbol{x}^{(5)}$.

(2) 求 SOR 方法的最优松弛因子及对应的渐近收敛率. 设 $\boldsymbol{x}^{(0)}=\mathbf{0}$,用最优 ω 的 SOR 计算到 $\boldsymbol{x}^{(5)}$.

以上计算至少取 6 位数字.

28. 系数矩阵对称正定的 2 阶线性方程组,J 法和 GS 法是否一定收敛? 为什么?

29. 设 $\boldsymbol{A}$ 有"列严格对角占优"性质,即

$$|a_{jj}|>\sum_{i\neq j}|a_{ij}|,\quad j=1,2,\cdots,n$$

试证 J 法收敛.

30. 若 $\rho(\boldsymbol{B})=0$,试证对任意的 $\boldsymbol{x}^{(0)}$,迭代公式 $\boldsymbol{x}^{(k+1)}=\boldsymbol{B}\boldsymbol{x}^{(k)}+\boldsymbol{f}$最多 n 次迭代就可以得到精确解.[提示:考虑 $\boldsymbol{B}$ 及 $\boldsymbol{B}^k$ 的 Jordan 标准形].

31. 用迭代公式 $\boldsymbol{x}^{(k+1)}=\boldsymbol{x}^{(k)}-\alpha(\boldsymbol{A}\boldsymbol{x}^{(k)}-\boldsymbol{b})$求解 $\boldsymbol{A}\boldsymbol{x}=\boldsymbol{b}$.

(1) 若 $\boldsymbol{A}=\begin{pmatrix}3 & 2\\ 1 & 2\end{pmatrix}$,问取什么范围的 α 可使迭代收敛,什么 α 使迭代收敛最快?

(2) 若 $\boldsymbol{A}\in\mathbf{R}^{n\times n}$,且 $\boldsymbol{A}$ 对称正定,最大和最小特征值是 λ_1 和 λ_n. 求迭代矩阵 $\boldsymbol{I}-\alpha\boldsymbol{A}$ 的谱半径,证明迭代收敛的充要条件是 $0<\alpha<2\lambda_1^{-1}$. 并问什么参数 α 使 $\rho(\boldsymbol{I}-\alpha\boldsymbol{A})$最小?

32. 设 $\boldsymbol{A}$ 为严格对角占优阵(或为不可约弱对角占优阵),且 $0<\omega\leqslant 1$,试证解 $\boldsymbol{A}\boldsymbol{x}=\boldsymbol{b}$ 的 SOR 方法收敛.

33. 设 $\boldsymbol{A}$ 对称正定,$\boldsymbol{A}=\boldsymbol{D}-\boldsymbol{L}-\boldsymbol{U}$,$\boldsymbol{L}^{\mathrm{T}}=\boldsymbol{U}$. 对于两步的迭代方法

$$\begin{cases}(\boldsymbol{D}-\boldsymbol{L})\boldsymbol{x}^{(k+\frac{1}{2})}=\boldsymbol{U}\boldsymbol{x}^{(k)}+\boldsymbol{b}\\(\boldsymbol{D}-\boldsymbol{U})\boldsymbol{x}^{(k+1)}=\boldsymbol{L}\boldsymbol{x}^{(k+\frac{1}{2})}+\boldsymbol{b}\end{cases}$$

试将迭代法写成 $\boldsymbol{x}^{(k+1)}=\boldsymbol{C}\boldsymbol{x}^{(k)}+\boldsymbol{g}$ 的形式，求出 $\boldsymbol{C}$ 和 $\boldsymbol{g}$. 分析这个迭代法的收敛性.

34. 设 $\boldsymbol{A}\boldsymbol{x}=\boldsymbol{b}$ 的系数矩阵 $\boldsymbol{A}$ 及 $\boldsymbol{x},\boldsymbol{b}$ 有(6.13)的分块形式. 试写出其块 GS 法的迭代公式. 并证明：若 $\boldsymbol{A}$ 对称正定，块 GS 法总是收敛的.

35. 设 $\boldsymbol{A},\boldsymbol{B}$ 均为 n 阶方阵，$\boldsymbol{A}$ 非奇异，对方程

$$\begin{pmatrix}\boldsymbol{A} & \boldsymbol{B}\\ \boldsymbol{B} & \boldsymbol{A}\end{pmatrix}\begin{pmatrix}\boldsymbol{x}_1\\ \boldsymbol{x}_2\end{pmatrix}=\begin{pmatrix}\boldsymbol{b}_1\\ \boldsymbol{b}_2\end{pmatrix}$$

列出块 J 法和块 GS 法的计算公式，用与 $\boldsymbol{A},\boldsymbol{B}$ 有关的量表示这两种迭代法收敛的充要条件，并求两种方法渐近收敛速度之比.

36. 对于例 4.1 的模型问题，设 $N=3$，试写出按红黑排序的方程组.

37. 证明性质(7.3)，(7.4)和(7.5).

38. 取 $\boldsymbol{x}^{(0)}=\boldsymbol{0}$，用 CG 方法求解

(1) $\begin{pmatrix}6 & 3\\ 3 & 2\end{pmatrix}\begin{pmatrix}x_1\\ x_2\end{pmatrix}=\begin{pmatrix}0\\ -1\end{pmatrix}$.

(2) $$\begin{pmatrix}1 & -0.30009 & 0 & -0.30898\\ -0.30009 & 1 & -0.46691 & 0\\ 0 & -0.46691 & 0 & -0.27471\\ -0.30898 & 0 & -0.27471 & 1\end{pmatrix}\times$$

$$\begin{pmatrix}x_1\\ x_2\\ x_3\\ x_4\end{pmatrix}=\begin{pmatrix}5.32088\\ 6.07624\\ -8.80455\\ 2.67600\end{pmatrix}.$$

39. 证明 CG 法中有 $\varphi(\boldsymbol{x}^{(k+1)})\leqslant\varphi(\boldsymbol{x}^{(k)})$，若 $\boldsymbol{r}^{(k)}\neq\boldsymbol{0}$，则严格不

等式成立.

40. 设 $\boldsymbol{A}\in\mathbf{R}^{3\times 3}$，$\boldsymbol{A}$ 对称正定，$\varphi(\boldsymbol{x})$ 如(7.2)所示，非零向量 $\boldsymbol{p}\in\mathbf{R}^3$，$\alpha\in\mathbf{R}$，$\boldsymbol{x}=\boldsymbol{x}^{(0)}+\alpha\boldsymbol{p}$ 表示直线 l. 现设 $\varphi(\boldsymbol{x})$ 在 l 上最小点为 $\boldsymbol{x}^{(1)}$，即 $\varphi(\boldsymbol{x}^{(1)})=\min\limits_{\alpha}\varphi(\boldsymbol{x}^{(0)}+\alpha\boldsymbol{p})$. 试证：$l$ 与椭球面 $\varphi(\boldsymbol{x})=\varphi(\boldsymbol{x}^{(0)})$ 交于两点，而 $\boldsymbol{x}^{(1)}$ 是这两交点连线的中点.

数值实验题

实验 3.1 （主元的选取与算法的稳定性）

问题提出：Gauss 消去法是我们在线性代数中已经熟悉的. 但由于计算机的数值运算是在一个有限的浮点数集合上进行的，如何才能确保 Gauss 消去法作为数值算法的稳定性呢？Gauss 消去法从理论算法到数值算法，其关键是主元的选择. 主元的选择从数学理论上看起来平凡，它却是数值分析中十分典型的问题.

实验内容：考虑线性方程组

$$\boldsymbol{A}\boldsymbol{x}=\boldsymbol{b},\quad \boldsymbol{A}\in\mathbf{R}^{n\times n},\boldsymbol{b}\in\mathbf{R}^n$$

编制一个能自动选取主元，又能手动选取主元的求解线性代数方程组的 Gauss 消去过程.

实验要求：

(1) 取矩阵 $\boldsymbol{A}=\begin{pmatrix}6 & 1 & & & \\ 8 & 6 & 1 & & \\ & \ddots & \ddots & \ddots & \\ & & 8 & 6 & 1\\ & & & 8 & 6\end{pmatrix}$，$\boldsymbol{b}=\begin{pmatrix}7\\15\\ \vdots\\15\\14\end{pmatrix}$，则方程有解 $\boldsymbol{x}^*=(1,1,\cdots,1)^{\mathrm{T}}$. 取 $n=10$ 计算矩阵的条件数. 让程序自动选取主元，结果如何？

(2) 现选择程序中手动选取主元的功能. 每步消去过程总选取按模最小或按模尽可能小的元素作为主元，观察并记录计算结果. 若每步消去过程总选取按模最大的元素作为主元，结果又如何？分析实验的结果.

(3) 取矩阵阶数 $n=20$ 或者更大，重复上述实验过程，观察记录并分析不同的问题及消去过程中选择不同的主元时计算结果的差异，说明主元素的选取在消去过程中的作用.

(4) 选取其他你感兴趣的问题或者随机生成矩阵，计算其条件数. 重复上述实验，观察记录并分析实验的结果.

实验 3.2 （线性代数方程组的性态与条件数的估计）

问题提出： 理论上，线性代数方程组 $\boldsymbol{Ax}=\boldsymbol{b}$ 的摄动满足

$$\frac{\|\Delta \boldsymbol{x}\|}{\|\boldsymbol{x}\|} \leqslant \frac{\operatorname{cond}(\boldsymbol{A})}{1-\|\boldsymbol{A}^{-1}\|\,\|\Delta \boldsymbol{A}\|}\left(\frac{\|\Delta \boldsymbol{A}\|}{\|\boldsymbol{A}\|}+\frac{\|\Delta \boldsymbol{b}\|}{\|\boldsymbol{b}\|}\right)$$

矩阵的条件数确实是对矩阵病态性的刻画，但在实际应用中直接计算它显然不现实，因为计算 $\|\boldsymbol{A}^{-1}\|$ 通常要比求解方程 $\boldsymbol{Ax}=\boldsymbol{b}$ 还困难.

实验内容： Matlab 中提供有函数“condest”可以用来估计矩阵的条件数，它给出的是按 1-范数的条件数. 首先构造非奇异矩阵 $\boldsymbol{A}$ 和右端，使得方程是可以精确求解的. 再人为地引进系数矩阵和右端的摄动 $\Delta\boldsymbol{A}$ 和 $\Delta\boldsymbol{b}$，使得 $\|\Delta\boldsymbol{A}\|$ 和 $\|\Delta\boldsymbol{b}\|$ 充分小.

实验要求：

(1) 假设方程 $\boldsymbol{Ax}=\boldsymbol{b}$ 的解为 $\boldsymbol{x}$，求解方程 $(\boldsymbol{A}+\Delta\boldsymbol{A})\hat{\boldsymbol{x}}=\boldsymbol{b}+\Delta\boldsymbol{b}$，以 1-范数，给出 $\dfrac{\|\Delta\boldsymbol{x}\|}{\|\boldsymbol{x}\|}=\dfrac{\|\hat{\boldsymbol{x}}-\boldsymbol{x}\|}{\|\boldsymbol{x}\|}$ 的计算结果.

(2) 选择一系列维数递增的矩阵（可以是随机生成的），比较函数“condest”所需机器时间的差别. 考虑若干逆是已知矩阵，借助函数“eig”很容易给出 $\operatorname{cond}_2(\boldsymbol{A})$ 的数值. 将它与函数“cond(A,2)”所得到的结果比较.

(3) 利用“condest”给出矩阵 $\boldsymbol{A}$ 条件数的估计，针对(1)中的结果给出 $\dfrac{\|\Delta\boldsymbol{x}\|}{\|\boldsymbol{x}\|}$ 的理论估计，并将它与(1)给出的计算结果进行

比较，分析所得结果. 注意，如果给出了 $\text{cond}(\boldsymbol{A})$ 和 $\|\boldsymbol{A}\|$ 的估计，马上就可以给出 $\|\boldsymbol{A}^{-1}\|$ 的估计.

(4) 估计著名的 Hilbert 矩阵的条件数.

$$\boldsymbol{H} = (h_{i,j})_{n\times n}, \quad h_{i,j} = \frac{1}{i+j-1}, \quad i,j = 1,2,\cdots,n$$

实验 3.3 (病态的线性方程组的求解)

问题提出：理论的分析表明，求解病态的线性方程组是困难的. 实际情况是否如此，会出现怎样的现象呢?

实验内容：考虑方程组 $\boldsymbol{Hx}=\boldsymbol{b}$ 的求解，其中系数矩阵 $\boldsymbol{H}$ 为Hilbert 矩阵，

$$\boldsymbol{H} = (h_{i,j})_{n\times n}, \quad h_{i,j} = \frac{1}{i+j-1}, \quad i,j = 1,2,\cdots,n$$

这是一个著名的病态问题. 通过首先给定解(例如取为各个分量均为 1)再计算出右端的办法给出确定的问题.

实验要求：

(1) 选择问题的维数为 6，分别用 Gauss 消去法(即 LU 分解)、J 迭代方法、GS 迭代和 SOR 迭代求解方程组，其各自的结果如何? 将计算结果与问题的解比较，结论如何.

(2) 逐步增大问题的维数，仍然用上述的方法来解它们，计算的结果如何? 计算的结果说明了什么?

(3) 讨论病态问题求解的算法.

实验 3.4 (CG 方法求解)

问题提出：预处理 CG 方法是解线性方程组的有效方法. 不同预处理方法效果不同，哪种预处理方法效果好可通过数值实验检验，为此可采用不同预处理方法求解，考察其计算效果.

实验内容：用本章例 4.1 的模型问题，方程为

$$\frac{\partial^2 u}{\partial x^2} + \frac{\partial^2 u}{\partial y^2} = (x^2 + y^2)\mathrm{e}^{xy}, (x,y) \in D = (0,1)\times(0,1)$$

$$u(0,y) = 1, \quad u(1,y) = \mathrm{e}^y, \quad 0 \leqslant y \leqslant 1$$

$$u(x,0)=1,\quad u(x,1)=\mathrm{e}^x,\quad 0\leqslant x\leqslant 1$$

用正方形网格离散化，若取 $N=10$，得到 $n=100$ 的线性方程组，并用下列方法求方程组的解

(1) 用 SSOR 预处理的 CG 法，

(2) 用多项式预处理的 CG 法，

(3) 不用预处理的 CG 法.

实验要求：比较上 3 种方法的实际计算效果，若迭代初值取 $u_{ij}^0=1$ $(i,j=1,\cdots,N)$，计算到 $\|\boldsymbol{u}^k-\boldsymbol{u}\|_2\leqslant 10^{-3}$ 停止. 本题有精确解 $u(x,y)=\mathrm{e}^{xy}$，这里 $\boldsymbol{u}^k$ 表示以 u_{ij}^k 为分量的向量，$\boldsymbol{u}$ 表示在相应点 (i,j) 上取值作为分量的向量. 给出 3 种方法的迭代次数及计算的 CPU 时间. 由此得出你的结论.

第4章　非线性方程组数值解法

1　引　言

1-1　非线性方程组求解问题

在科学与工程计算中，经常遇到求解多变量非线性方程组的问题，它涉及到自然科学，工程，经济学等各个领域. 非线性科学是当今科学发展的一个重要的研究方向，而非线性方程组的数值求解是其中不可缺少的内容. 通常非线性方程组是指 n 个变量 n 个方程的方程组

$$\begin{cases} f_1(x_1, x_2, \cdots, x_n) = 0 \\ \cdots\cdots\cdots\cdots\cdots\cdots\cdots\cdots \\ f_n(x_1, x_2, \cdots, x_n) = 0 \end{cases} \tag{1.1}$$

其中 $f_i(x_1, x_2, \cdots, x_n)(i=1,2,\cdots,n)$ 是定义在域 $D\subset\mathbf{R}^n$ 上的 n 个自变量 $x_1,\cdots,x_n$ 的实值函数. $f_i(x_1,x_2,\cdots,x_n)$ 中至少有一个是非线性的. 若 $f_i(x_1,x_2,\cdots,x_n)$ 全为线性的则为线性方程组. 对 $n=1$ 就是读者已熟知的单个方程求根问题. 这里假设 $n\geqslant 2$. 为讨论方便可引进向量表示，令

$$\boldsymbol{x} = \begin{pmatrix} x_1 \\ x_2 \\ \vdots \\ x_n \end{pmatrix}, \qquad \boldsymbol{F}(\boldsymbol{x}) = \begin{pmatrix} f_1(\boldsymbol{x}) \\ \vdots \\ f_n(\boldsymbol{x}) \end{pmatrix}$$

则方程(1.1)可改写为

$$\boldsymbol{F}(\boldsymbol{x}) = \boldsymbol{0} \tag{1.2}$$

并记 $\boldsymbol{F}: D\subset\mathbf{R}^n\to\mathbf{R}^n$，表示 $\boldsymbol{F}$ 定义在 $D\subset\mathbf{R}^n$ 上且取值于 $\mathbf{R}^n$ 的向量值函数，$\boldsymbol{F}$ 称为域 $D\subset\mathbf{R}^n$ 到 $\mathbf{R}^n$ 的映射. 若存在 $\boldsymbol{x}^*\in D$ 使方程组(1.2)精确成立，则称 $\boldsymbol{x}^*$ 为方程组(1.2)的解. 如何求方程组的解 $\boldsymbol{x}^*$ 是本章讨论的主要问题之一.

研究非线性方程组(1.2)解的存在性及有效解法虽然已有很多成果，但由于 $\boldsymbol{F}$ 的非线性性质，给研究工作带来一定困难. 从已有理论和解法的实用性看，它们远不如线性方程组成熟和有效. 首先在理论上线性方程组 $\mathbf{A}\boldsymbol{x}=\boldsymbol{b}$，只要 $\mathbf{A}^{-1}$ 存在，则解存在唯一，而非线性方程组解的存在唯一性没有完全解决，情况要复杂得多，它可能有解也可能无解，可能有唯一解也可能有多个解.

例 1.1

$$\begin{cases} f_1(x_1,x_2)=x_1^2-x_2+\alpha=0 \\ f_2(x_1,x_2)=-x_1+x_2^2+\alpha=0 \end{cases}$$

是 $\mathbf{R}^2$ 平面上的两条抛物线，其交点即为方程组的解，当参数 α 在 1 和 -1 之间变化就有以下情形(见图 4-1)：

(a) $\alpha=1$，无解.

(b) $\alpha=\frac{1}{4}$，一个解，$x_1=x_2=\frac{1}{2}$.

(c) $\alpha=0$，两个解，$x_1=x_2=0$；$x_1=x_2=1$.

(d) $\alpha=-1$，四个解，$x_1=-1, x_2=0$；$x_1=0, x_2=-1$；$x_1=x_2=\frac{1}{2}(1\pm\sqrt{5})$.

还有无穷多解的方程组，例如

$$\begin{cases} f_1(x_1,x_2)=\sin\frac{\pi}{2}x_1-x_2=0 \\ f_2(x_1,x_2)=x_2-1/2=0 \end{cases}$$

所以，对非线性方程组只能给出解在域 D 中存在唯一的充分条件，并在此前提下讨论求解的方法. 通常都用迭代法求解，因为

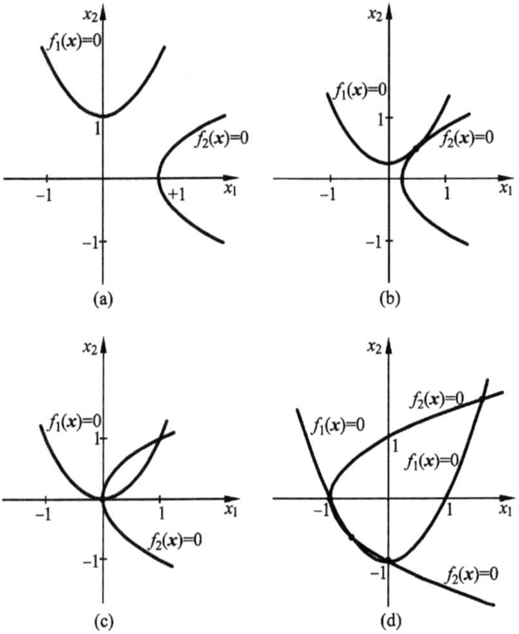

图 4-1

用直接法消元即使能消成一个变量的单个方程，还会出现大量增根及数值不稳定性，所以只有 n 很小的特殊方程才可能用直接法求解. 因此本章只讨论迭代方法，对迭代法要讨论以下三个问题：

(1) 迭代序列的适定性. 即要求迭代法得到的序列 $\{\boldsymbol{x}^n\}_0^\infty$ 在 D 中是有定义的.

(2) 迭代序列的收敛性. 设 $\boldsymbol{x}^* \in D \subset \mathbf{R}^n$ 为方程组(1.2)的一个解，若迭代序列 $\{\boldsymbol{x}^n\}_0^\infty$ 的极限 $\lim\limits_{n\to\infty}\boldsymbol{x}^n = \boldsymbol{x}^*$，则称迭代序列 $\{\boldsymbol{x}^n\}_0^\infty$ 收敛于 $\boldsymbol{x}^*$.

(3) 迭代序列的收敛速度与效率. 迭代序列收敛的快慢以及计算时间长短，是衡量迭代法好坏的主要标准.

1-2　几类典型非线性问题

许多科学与工程计算都归结为非线性问题，下面给出几个典型问题的例子.

1-2-1　非线性两点边值问题

很多领域会遇到非线性两点边值问题，如弹道计算或振动系统. 下面考察如下类型的问题：

$$\begin{cases} y''(t) = f(t, y), & 0 \leqslant t \leqslant 1 \\ y(0) = \alpha, \quad y(1) = \beta \end{cases} \tag{1.3}$$

为了计算(1.3)的解 $y(t)$的一个数值近似，设点 $t_i = ih$，$h = \dfrac{1}{n+1}$，$i = 0, 1, \cdots, n+1$，是区间$[0,1]$上一个均匀划分，并在内点 $t_i(i = 1, \cdots, n)$用差商逼近 $y''(t_i)$，得

$$y''(t_i) = \frac{y(t_{i-1}) - 2y(t_i) + y(t_{i+1})}{h^2} + O(h^2)$$

忽略 $O(h^2)$，并令 $y_i \approx y(t_i)$，则(1.3)可转化为

$$\begin{cases} y_{i-1} - 2y_i + y_{i+1} = h^2 f(t_i, y_i), & i = 1, 2, \cdots, n \\ y_0 = \alpha, \quad y_{n+1} = \beta \end{cases} \tag{1.4}$$

它可写成矩阵向量形式

$$\mathbf{A}\mathbf{y} + \boldsymbol{\Phi}(\mathbf{y}) = \mathbf{0} \tag{1.5}$$

其中

$$\mathbf{A} = \begin{pmatrix} 2 & -1 & & & \\ -1 & 2 & -1 & & \\ & \ddots & \ddots & \ddots & \\ & & -1 & 2 & -1 \\ & & & -1 & 2 \end{pmatrix}, \quad \boldsymbol{\Phi}(\mathbf{y}) = h^2 \begin{pmatrix} f(t_1, y_1) - \dfrac{\alpha}{h^2} \\ f(t_2, y_2) \\ \vdots \\ f(t_{n-1}, y_{n-1}) \\ f(t_n, y_n) - \dfrac{\beta}{h^2} \end{pmatrix}$$

当 $f(t,y)$关于 y 为非线性时,则 $\boldsymbol{\Phi}(\boldsymbol{y})$为非线性的,故(1.5)为非线性方程组.

1-2-2 半线性椭圆型边值问题

将一个变量的边值问题推广到二维问题,考察以下半线性椭圆型边值问题

$$
\begin{cases}\Delta u \equiv u_{xx}+u_{yy}=f(x,y,u), & (x,y)\in\Omega \\ u(x,y)\mid_{\Gamma}=\varphi(x,y), & \Gamma \text{ 为 } \Omega \text{ 边界}\end{cases} \tag{1.6}
$$

为简单起见假定 $\Omega=[0,1]\times[0,1]$为单位正方形,将 Ω 均匀划分,网格点为 $x_i=ih,y_j=jh,h=\dfrac{1}{N+1},i,j=0,1,\cdots,N+1$,与上章 Poisson 方程五点差分格式相似,可得到差分方程

$$
\begin{cases}4u_{ij}-u_{i-1,j}-u_{i+1,j}-u_{i,j-1}-u_{i,j+1}+h^2 f(ih,jh,u_{ij})=0 \\ u_{i0}=\varphi(ih,0),u_{i,N+1}=\varphi(ih,1) \\ u_{0j}=\varphi(0,jh),u_{N+1,j}=\varphi(1,jh) \qquad i,j=1,2,\cdots,N\end{cases} \tag{1.7}
$$

若记 $\boldsymbol{x}=(u_{11},u_{21},\cdots,u_{N1},u_{12},\cdots,u_{N2},\cdots,u_{1N},\cdots,u_{NN})^{\mathrm{T}}$,则(1.7)可改写成

$$
\boldsymbol{A}\boldsymbol{x}+\boldsymbol{\Phi}(\boldsymbol{x})=\boldsymbol{0} \tag{1.8}
$$

其中

$$
\boldsymbol{A}=\begin{bmatrix}\boldsymbol{T} & -\boldsymbol{I} & & & \\ -\boldsymbol{I} & \boldsymbol{T} & -\boldsymbol{I} & & \\ & \ddots & \ddots & \ddots & \\ & & -\boldsymbol{I} & \boldsymbol{T} & -\boldsymbol{I} \\ & & & -\boldsymbol{I} & \boldsymbol{T}\end{bmatrix},\quad \boldsymbol{T}=\begin{bmatrix}4 & -1 & & & \\ -1 & 4 & -1 & & \\ & \ddots & \ddots & \ddots & \\ & & -1 & 4 & -1 \\ & & & -1 & 4\end{bmatrix}
$$

$\boldsymbol{A}\in\mathbf{R}^{N^2\times N^2},\boldsymbol{T}\in\mathbf{R}^{N\times N},\boldsymbol{\Phi}(\boldsymbol{x})=(\boldsymbol{\Phi}_1(\boldsymbol{x}),\cdots,\boldsymbol{\Phi}_N(\boldsymbol{x}))^{\mathrm{T}},\boldsymbol{\Phi}_i(\boldsymbol{x})\in\mathbf{R}^N$ 为非线性函数,含右端项 $h^2 f(ih,jh,u_{ij})$及相应边界点,$\varphi_{ij}=\varphi(ih,jh)$,(1.8)为非线性方程组.

1-2-3 积分方程

只考察形如

$$u(s)=\Psi(s)+\int_0^1 K(s,t,u(s),u(t))\mathrm{d}t \tag{1.9}$$

的非线性积分方程，这里 $\Psi(s)$ 和 $K(s,t,x,y)$ 是已知函数，$K(s,t,x,y)$ 关于 x,y 非线性，为了将(1.9)离散化，我们选择一个数值求积公式

$$\int_0^1 f(t)\mathrm{d}t=\sum_{i=1}^{n}A_i f(t_i)+R_n \tag{1.10}$$

其中 $0\leqslant t_1<t_2<\cdots<t_n\leqslant 1$ 为求积节点，A_i 为求积系数，R_n 为余项，如果忽略余项，令 $u_i=u(t_i)$，$i=1,\cdots,n$，可导出离散方程组

$$u_i=\Psi(t_i)+\sum_{j=1}^{n}A_jK(t_i,t_j,u_i,u_j),i=1,\cdots,n \tag{1.11}$$

这是关于 $u_1,\cdots,u_n$ 的 n 个未知量的 n 个非线性方程组.

1-2-4 最优化问题

很多工程，经济领域常常需要求函数 $g:\mathbf{R}^n\to\mathbf{R}$ 的极小值问题，即求 $\boldsymbol{x}^*\in D\subset\mathbf{R}^n$ 使

$$g(\boldsymbol{x}^*)=\min\{g(\boldsymbol{x})\mid \boldsymbol{x}\in D\}$$

这就是无约束最优化问题，若 g 在 D 中可微，根据多元函数存在极值的必要条件，$\boldsymbol{x}^*\in D$ 为方程

$$f_i(x_1,\cdots,x_n)=\frac{\partial}{\partial x_i}g(x_1,\cdots,x_n)=0,i=1,\cdots,n \tag{1.12}$$

的解，当 g 关于自变量 $x_1,\cdots,x_n$ 为二次泛函时，$f_i(x_1,\cdots,x_n)$ 为线性；当 g 为一般非线性泛函时，$f_i(x_1,\cdots,x_n)$ 关于 $x_1,\cdots,x_n$ 为非线性，方程(1.12)就是非线性方程组.

在这类问题中最常见的是非线性最小二乘问题. 设给定实验数据 (t_i,y_i)，$i=1,\cdots,m$，要求拟合函数 $y(t)=f(t;\boldsymbol{x})$，其中 t 为 $f(t;\boldsymbol{x})$ 的自变量，$\boldsymbol{x}=(x_1,\cdots,x_n)^{\mathrm{T}}\in\mathbf{R}^n$ 为参量，$f(t;\boldsymbol{x})$ 关于 $\boldsymbol{x}$ 为非线性，要求在给定点处误差平方和最小，即确定参数 $x_1,\cdots,x_n$ 使

$$g(x_1,\cdots,x_n)=\sum_{j=1}^{m}[f(t_j;x_1,\cdots,x_n)-y_j]^2,\quad m>n \tag{1.13}$$

取极小.由(1.12)可得

$$\sum_{j=1}^{m}[f(t_j;x_1,\cdots,x_n)-y_j]\frac{\partial f(t_j;\boldsymbol{x})}{\partial x_i}=0,i=1,\cdots,n \tag{1.14}$$

这就是关于参数 $x_1,\cdots,x_n$ 的 n 维非线性方程组.

2 向量值函数的导数及其性质

2-1 连续与可导

映射 $\boldsymbol{F}:D\subset\mathbf{R}^n\to\mathbf{R}^m$,即

$$\boldsymbol{F}(\boldsymbol{x})=\begin{pmatrix}f_1(x_1,\cdots,x_n)\\ \vdots\\ f_m(x_1,\cdots,x_n)\end{pmatrix}=\begin{pmatrix}f_1(\boldsymbol{x})\\ \vdots\\ f_m(\boldsymbol{x})\end{pmatrix}$$

当 $m=1$,$\boldsymbol{F}(\boldsymbol{x})=f(x_1,\cdots,x_n)$就是多元函数,因此,$\boldsymbol{F}(\boldsymbol{x})$连续与可导的概念是多元函数 $f(x_1,\cdots,x_n)$连续和导数概念的推广.

定义 2.1 假定 $\boldsymbol{F}:D\subset\mathbf{R}^n\to\mathbf{R}^m$,若对任给 $\varepsilon>0$,$\exists\delta>0$,使得对 $\boldsymbol{x}\in s(\boldsymbol{x}^0,\delta)=\{\|\boldsymbol{x}-\boldsymbol{x}^0\|<\delta\}\subset D$ 都有

$$\|\boldsymbol{F}(\boldsymbol{x})-\boldsymbol{F}(\boldsymbol{x}^0)\|<\varepsilon$$

则称 $\boldsymbol{F}(\boldsymbol{x})$在点 $\boldsymbol{x}^0\in\operatorname{int}(D)$连续,若 $\boldsymbol{F}(\boldsymbol{x})$在 D 内每一点连续,则称 $\boldsymbol{F}(\boldsymbol{x})$在域 D 内连续.

如果对 $\forall\varepsilon>0$,$\exists\delta=\delta(\varepsilon)>0$,使对 $\forall\boldsymbol{x},\boldsymbol{y}\in\Omega\subset D$ 只要 $\|\boldsymbol{x}-\boldsymbol{y}\|<\delta$,都有

$$\|\boldsymbol{F}(\boldsymbol{x})-\boldsymbol{F}(\boldsymbol{y})\|<\varepsilon$$

则称 $\boldsymbol{F}(\boldsymbol{x})$在 Ω 上**一致连续**.

显然，$\boldsymbol{F}(\boldsymbol{x})$在 Ω 一致连续则一定连续，反之不一定成立，但若$\boldsymbol{F}(\boldsymbol{x})$在闭域$\overline{D}$上连续则它也一致连续.

定义 2.2 设 $\boldsymbol{F}: D\subset \mathbf{R}^n \to \mathbf{R}^m$ 是闭域 $D_0\subset D$ 的映射，若对 $\forall \boldsymbol{x},\boldsymbol{y}\in D_0$ 都有常数 $L>0$，使

$$\| \boldsymbol{F}(\boldsymbol{x}) - \boldsymbol{F}(\boldsymbol{y}) \| \leqslant L \| \boldsymbol{x} - \boldsymbol{y} \|^p \tag{2.1}$$

成立，其中 $0<p<1$，则称 $\boldsymbol{F}(\boldsymbol{x})$在 D_0 上是**赫尔德(Hölder)连续**. 如果 $p=1$ 则称 $\boldsymbol{F}(\boldsymbol{x})$在 D_0 上**利普希茨(Lipschitz)连续**. 简称 Lips. 连续.

显然有 Lips. 连续⇒赫尔德连续⇒一致连续.

定义 2.3 设 $\boldsymbol{F}: D\subset \mathbf{R}^n \to \mathbf{R}^m$，对 $x\in \mathrm{int}(D)$及$\forall \boldsymbol{h}\in \mathbf{R}^n$，若存在 $\mathbf{A}(\boldsymbol{x})\in \mathbf{R}^{m\times n}$，有

$$\lim_{\boldsymbol{h}\to 0} \frac{\| \boldsymbol{F}(\boldsymbol{x}+\boldsymbol{h}) - \boldsymbol{F}(\boldsymbol{x}) - \mathbf{A}(\boldsymbol{x})\boldsymbol{h} \|}{\| \boldsymbol{h} \|} = 0 \tag{2.2}$$

则称 $\boldsymbol{F}(\boldsymbol{x})$在 $\boldsymbol{x}$ 处可导，称 $\mathbf{A}(\boldsymbol{x})$为 $\boldsymbol{F}(\boldsymbol{x})$在 $\boldsymbol{x}$ 点的导数. 记为 $\boldsymbol{F}'(\boldsymbol{x})=\mathbf{A}(\boldsymbol{x})$.

以上定义的导数称为**弗雷歇(Frechet)导数**，并称 F-可导. 如果 $\boldsymbol{F}(\boldsymbol{x})$在 D 内每点都可导，则称 $\boldsymbol{F}(\boldsymbol{x})$在 D 内可导. 由于向量范数的等价性，(2.2)式中范数可取任一种向量范数.

对于 $m=1$ 的情形，即 $\boldsymbol{F}(\boldsymbol{x})=f(x_1,\cdots,x_n)=f(\boldsymbol{x})$，有

定理 2.1 设 $f: D\subset \mathbf{R}^n \to \mathbf{R}$，在点 $\boldsymbol{x}\in \mathrm{int}(D)$可导，则 f 在点 $\boldsymbol{x}$ 的偏导数$\dfrac{\partial f(\boldsymbol{x})}{\partial x_j}(j=1,\cdots,n)$存在，且 $\mathbf{A}(\boldsymbol{x})\in \mathbf{R}^{1\times n}$，

$$\mathbf{A}(\boldsymbol{x}) = \left(\frac{\partial f(\boldsymbol{x})}{\partial x_1},\cdots,\frac{\partial f(\boldsymbol{x})}{\partial x_n}\right) \equiv \nabla f(\boldsymbol{x}) \tag{2.3}$$

证明 记 $\mathbf{A}(\boldsymbol{x})=\boldsymbol{\alpha}^{\mathrm{T}}=(\alpha_1,\cdots,\alpha_n)$，由于 F-可导，按定义

$$\lim_{\boldsymbol{h}\to 0} \frac{| f(\boldsymbol{x}+\boldsymbol{h}) - f(\boldsymbol{x}) - \boldsymbol{\alpha}^{\mathrm{T}}\boldsymbol{h} |}{\| \boldsymbol{h} \|} = 0$$

若取 $\boldsymbol{h}=h_j\boldsymbol{e}_j$，由上式可得

$$\alpha_j = \lim_{h_j \to 0} \frac{f(\boldsymbol{x} + h_j \boldsymbol{e}_j) - f(\boldsymbol{x})}{h_j} = \frac{\partial f(\boldsymbol{x})}{\partial x_j}, \qquad j = 1, \cdots, n$$

于是得

$$\boldsymbol{\alpha}^{\mathrm{T}} = \left(\frac{\partial f(\boldsymbol{x})}{\partial x_1}, \cdots, \frac{\partial f(\boldsymbol{x})}{\partial x_n}\right) \equiv \nabla f(\boldsymbol{x}) \tag{2.4}$$

即 $f(\boldsymbol{x})$的导数就是 $f(\boldsymbol{x})$的梯度$\nabla f(\boldsymbol{x})$，也可记为 $\mathrm{grad} f(\boldsymbol{x})$. 证毕.

现在回到 $\boldsymbol{F}: D \subset \mathbf{R}^n \to \mathbf{R}^m$ 的一般情形，如果 $\boldsymbol{F}(\boldsymbol{x})$在点 $\boldsymbol{x}$ 可导，对每个分量 $f_i(\boldsymbol{x})$应用定理 2.1 的结论，记 $\boldsymbol{A}(\boldsymbol{x})$的第 i 行为 $\boldsymbol{\alpha}_i^{\mathrm{T}}$，可得

$$\boldsymbol{\alpha}_i^{\mathrm{T}} = \nabla f_i(\boldsymbol{x}), \quad i = 1, \cdots, m$$

于是 $\boldsymbol{F}(\boldsymbol{x})$在点 $\boldsymbol{x}$ 的导数 $\boldsymbol{A}(\boldsymbol{x}) = \boldsymbol{F}'(\boldsymbol{x})$就是 $\boldsymbol{F}(\boldsymbol{x})$的**雅可比(Jacobi)矩阵**.

$$\boldsymbol{F}'(\boldsymbol{x}) = \begin{pmatrix} \frac{\partial f_1(\boldsymbol{x})}{\partial x_1} & \frac{\partial f_1(\boldsymbol{x})}{\partial x_2} & \cdots & \frac{\partial f_1(\boldsymbol{x})}{\partial x_n} \\ \vdots & \vdots & & \vdots \\ \frac{\partial f_m(\boldsymbol{x})}{\partial x_1} & \frac{\partial f_m(\boldsymbol{x})}{\partial x_2} & \cdots & \frac{\partial f_m(\boldsymbol{x})}{\partial x_n} \end{pmatrix} \tag{2.5}$$

注意 F-可导是比偏导数存在更强的条件，考察 $m=1$ 情形，若$f(\boldsymbol{x})$在点 $\boldsymbol{x}$ 所有偏导数$\frac{\partial f(\boldsymbol{x})}{\partial x_j}$($j=1,\cdots,n$)都存在，$f(\boldsymbol{x})$在点 $\boldsymbol{x}$ 也不一定可导.

例 2.1

$$\begin{cases} f(x_1, x_2) = \dfrac{x_1 x_2^2}{x_1^2 + x_2^4}, & \text{当}(x_1, x_2) \neq \mathbf{0}, \\ f(0,0) = 0 \end{cases}$$

$$\frac{\partial f(\mathbf{0})}{\partial x_1} = \lim_{h_1 \to 0} \frac{f(h_1, 0) - f(\mathbf{0})}{h_1} = 0$$

$$\frac{\partial f(\mathbf{0})}{\partial x_2} = \lim_{h_2 \to 0} \frac{f(0, h_2) - f(\mathbf{0})}{h_2} = 0$$

若取 $\boldsymbol{h}=(h_1,h_2)$，且 $h_2=h_1\neq 0$，由于

$$\lim_{\boldsymbol{h}\to\boldsymbol{0}}\frac{|f(\boldsymbol{h})-f(\boldsymbol{0})|}{\|\boldsymbol{h}\|_\infty}=\lim_{h_1\to 0}\frac{h_1^3}{h_1(h_1^2+h_1^4)}$$

$$=\lim_{h_1\to 0}\frac{1}{1+h_1^2}=1\neq 0$$

这表明取不同的 $\boldsymbol{h}$，极限不相等，故(2.2)不成立，即 $f(\boldsymbol{x})$ 在 $\boldsymbol{x}=\boldsymbol{0}$ 点导数不存在. $\boldsymbol{F}(\boldsymbol{x})$ 在 $\boldsymbol{x}$ 点可导是指(2.2)对 $\forall\,\boldsymbol{h}\in\mathbf{R}^n$ 当 $\boldsymbol{h}\to\boldsymbol{0}$ 时都成立，实际上，在此例中若取 $h_1=h_2^2$，则得

$$\lim_{\boldsymbol{h}\to\boldsymbol{0}}\frac{|f(\boldsymbol{h})-f(\boldsymbol{0})|}{\|\boldsymbol{h}\|_\infty}=\lim_{\boldsymbol{h}\to\boldsymbol{0}}\frac{h_2^4}{\|\boldsymbol{h}\|_\infty(h_2^4+h_2^4)}=\infty \quad (\text{不存在})$$

2-2 导数性质与中值定理

定理 2.2 假定 $\boldsymbol{F}:D\subset\mathbf{R}^n\to\mathbf{R}^m$， $x\in D$，

(1) 若 $\boldsymbol{F}(\boldsymbol{x})$在 $\boldsymbol{x}$ 点可导，则 $\boldsymbol{F}(\boldsymbol{x})$在 $\boldsymbol{x}$ 点连续；

(2) 若 $\boldsymbol{F}(\boldsymbol{x})$在 D 内可导，D 为凸域.

则存在 $\xi_i\in(0,1)$，$i=1,2,\cdots,m$，使

$$\boldsymbol{F}(\boldsymbol{x}+\boldsymbol{h})-\boldsymbol{F}(\boldsymbol{x})=\begin{pmatrix}\nabla f_1(\boldsymbol{x}+\xi_1\boldsymbol{h})\\ \vdots\\ \nabla f_m(\boldsymbol{x}+\xi_m\boldsymbol{h})\end{pmatrix}\boldsymbol{h} \tag{2.6}$$

对 $\forall\,\boldsymbol{x},\boldsymbol{y},\boldsymbol{z}\in D$ 有

$$\|\boldsymbol{F}(\boldsymbol{y})-\boldsymbol{F}(\boldsymbol{x})\|\leqslant\sup_{0\leqslant t\leqslant 1}\|\boldsymbol{F}'(\boldsymbol{x}+t(\boldsymbol{y}-\boldsymbol{x}))\|\,\|\boldsymbol{y}-\boldsymbol{x}\| \tag{2.7}$$

$$\|\boldsymbol{F}(\boldsymbol{y})-\boldsymbol{F}(\boldsymbol{z})-\boldsymbol{F}'(\boldsymbol{x})(\boldsymbol{y}-\boldsymbol{z})\|$$
$$\leqslant\sup_{0\leqslant t\leqslant 1}\|\boldsymbol{F}'(\boldsymbol{z}+t(\boldsymbol{y}-\boldsymbol{z}))-\boldsymbol{F}'(\boldsymbol{x})\|\,\|\boldsymbol{y}-\boldsymbol{z}\| \tag{2.8}$$

此定理是数值函数中值定理的推广，(2.7)和(2.8)为中值定理的不同表达形式，定理证明可见文献[25].

定理 2.3 设 $\boldsymbol{F}:D\subset\mathbf{R}^n\to\mathbf{R}^m$，$D$ 为开凸集，$\boldsymbol{F}(\boldsymbol{x})$在 D 内可导，若对 $\forall\,\boldsymbol{x},\boldsymbol{y}\in D$，存在常数 $\alpha>0$，使

$$\|\boldsymbol{F}'(\boldsymbol{y})-\boldsymbol{F}'(\boldsymbol{x})\|\leqslant\alpha\|\boldsymbol{y}-\boldsymbol{x}\| \tag{2.9}$$

则有

$$\|\boldsymbol{F}(\boldsymbol{y})-\boldsymbol{F}(\boldsymbol{x})-\boldsymbol{F}'(\boldsymbol{x})(\boldsymbol{y}-\boldsymbol{x})\|\leqslant\frac{\alpha}{2}\|\boldsymbol{y}-\boldsymbol{x}\|^2,\forall\boldsymbol{x},\boldsymbol{y}\in D \tag{2.10}$$

证明 定义 $g:[0,1]\subset\mathbf{R}\to\mathbf{R}^m$ 为

$$g(t)=\boldsymbol{F}(\boldsymbol{x}+t(\boldsymbol{y}-\boldsymbol{x})),\quad t\in[0,1]$$

令 $\boldsymbol{h}=(t'-t)(\boldsymbol{y}-\boldsymbol{x})$，其中 $\boldsymbol{x},\boldsymbol{y}$ 固定，当 $t'\to t$ 时，由 $\boldsymbol{F}(\boldsymbol{x})$ 可导可得

$$g'(t)=\boldsymbol{F}'(\boldsymbol{x}+t(\boldsymbol{y}-\boldsymbol{x}))(\boldsymbol{y}-\boldsymbol{x}),\quad t\in[0,1]$$

于是对 $0\leqslant t\leqslant1$ 由(2.9)有

$$\begin{aligned}\|g'(t)-g'(0)\|&\leqslant\|\boldsymbol{F}'(\boldsymbol{x}+t(\boldsymbol{y}-\boldsymbol{x}))-\boldsymbol{F}'(\boldsymbol{x})\|\|\boldsymbol{y}-\boldsymbol{x}\|\\&\leqslant\alpha t\|\boldsymbol{y}-\boldsymbol{x}\|^2\end{aligned}$$

从而得

$$\begin{aligned}&\|\boldsymbol{F}(\boldsymbol{y})-\boldsymbol{F}(\boldsymbol{x})-\boldsymbol{F}'(\boldsymbol{x})(\boldsymbol{y}-\boldsymbol{x})\|\\=&\|g(1)-g(0)-g'(0)\|\\=&\left\|\int_0^1[g'(t)-g'(0)]\mathrm{d}t\right\|\leqslant\int_0^1\|g'(t)-g'(0)\|\mathrm{d}t\\\leqslant&\alpha\|\boldsymbol{y}-\boldsymbol{x}\|^2\int_0^1t\mathrm{d}t=\frac{\alpha}{2}\|\boldsymbol{y}-\boldsymbol{x}\|^2.\end{aligned}$$

证毕.

3 压缩映射与不动点迭代法

3-1 压缩映射与不动点定理

方程组(1.2)可改写为便于迭代的形式

$$\boldsymbol{x}=\boldsymbol{G}(\boldsymbol{x}) \tag{3.1}$$

其中 $\boldsymbol{G}:D\subset\mathbf{R}^n\to\mathbf{R}^n$，若 $\boldsymbol{x}^*\in D$ 满足 $\boldsymbol{x}^*=\boldsymbol{G}(\boldsymbol{x}^*)$，则称 $\boldsymbol{x}^*$ 为映射 $\boldsymbol{G}(\boldsymbol{x})$ 的**不动点**. 于是求方程(1.2)的解就转化为求 $\boldsymbol{G}(\boldsymbol{x})$ 的不动点，研究非线性方程组解的存在唯一性问题可转化为研究不动点

的存在唯一性. 本节将给出有关的结论.

定义 3.1 假定 $\boldsymbol{G}: D\subset \mathbf{R}^n \to \mathbf{R}^n$，若存在常数 $\alpha\in(0,1)$，使对 $\forall \boldsymbol{x},\boldsymbol{y}\in D_0\subset D$ 成立

$$\|\boldsymbol{G}(\boldsymbol{x})-\boldsymbol{G}(\boldsymbol{y})\| \leqslant \alpha\|\boldsymbol{x}-\boldsymbol{y}\| \tag{3.2}$$

则称 $\boldsymbol{G}(\boldsymbol{x})$ 在 D_0 上为**压缩映射**，α 称为压缩系数.

从定义容易看到，若 $\boldsymbol{G}(\boldsymbol{x})$ 在 D_0 上为压缩映射，则 $\boldsymbol{G}(\boldsymbol{x})$ 在 D_0 上必连续，这里定义的压缩性与所取范数有关. 即 $\boldsymbol{G}(\boldsymbol{x})$ 对一种范数是压缩的而对另一种范数可能不是压缩的. 例如 $\boldsymbol{G}(\boldsymbol{x})=\boldsymbol{A}\boldsymbol{x}$，若取

$$\boldsymbol{A}=\begin{pmatrix}0.1 & 0.9\\ 0 & 0.1\end{pmatrix}$$

由 $\boldsymbol{A}^{\mathrm{T}}\boldsymbol{A}=\begin{pmatrix}0.01 & 0.09\\ 0.09 & 0.82\end{pmatrix}$，$\|\boldsymbol{A}\|_2=\sqrt{\rho(\boldsymbol{A}^{\mathrm{T}}\boldsymbol{A})}\leqslant 0.83$，于是

$$\|\boldsymbol{G}(\boldsymbol{x})-\boldsymbol{G}(\boldsymbol{y})\|_2 \leqslant \|\boldsymbol{A}\|_2\|\boldsymbol{x}-\boldsymbol{y}\|_2 \leqslant 0.83\|\boldsymbol{x}-\boldsymbol{y}\|_2$$

即 $\alpha=0.83<1$，这表明 $\boldsymbol{G}(\boldsymbol{x})$ 对 $\|\cdot\|_2$ 是压缩的. 但因 $\|\boldsymbol{A}\|_\infty=1$，于是

$$\|\boldsymbol{G}(\boldsymbol{x})-\boldsymbol{G}(\boldsymbol{y})\|_\infty \leqslant \|\boldsymbol{A}\|_\infty\|\boldsymbol{x}-\boldsymbol{y}\|_\infty = \|\boldsymbol{x}-\boldsymbol{y}\|_\infty$$

这说明 $\boldsymbol{G}(\boldsymbol{x})$ 对 $\|\cdot\|_\infty$ 并非是压缩的.

定理 3.1（压缩映射原理） 假定 $\boldsymbol{G}: D\subset \mathbf{R}^n \to \mathbf{R}^n$ 在闭集 $D_0\subset D$ 上是压缩映射，且 $\boldsymbol{G}$ 把 D_0 映入自身，即 $\boldsymbol{G}D_0\subset D_0$，则 $\boldsymbol{G}(\boldsymbol{x})$ 在 D_0 中存在唯一的不动点.

证明 对 $\forall \boldsymbol{x}^0\in D_0$，令 $\boldsymbol{x}^{k+1}=\boldsymbol{G}(\boldsymbol{x}^k)$，$k=0,1,\cdots$，由于 $\boldsymbol{G}D_0\subset D_0$，故序列 $\{\boldsymbol{x}^k\}_0^\infty$ 有定义且都在 D_0 中，并有

$$\begin{aligned}\|\boldsymbol{x}^{k+1}-\boldsymbol{x}^k\| &= \|\boldsymbol{G}(\boldsymbol{x}^k)-\boldsymbol{G}(\boldsymbol{x}^{k-1})\| \leqslant \alpha\|\boldsymbol{x}^k-\boldsymbol{x}^{k-1}\|\\ &\leqslant \cdots \leqslant \alpha^k\|\boldsymbol{x}^1-\boldsymbol{x}^0\|\end{aligned}$$

于是

$$\|\boldsymbol{x}^{k+p}-\boldsymbol{x}^k\| \leqslant \sum_{j=1}^{p}\|\boldsymbol{x}^{k+j}-\boldsymbol{x}^{k+j-1}\|$$

$$\leqslant (\alpha^{p-1}+\cdots+\alpha+1)\|\boldsymbol{x}^{k+1}-\boldsymbol{x}^k\|$$
$$\leqslant \frac{1}{1-\alpha}\|\boldsymbol{x}^{k+1}-\boldsymbol{x}^k\|$$
$$\leqslant \frac{\alpha^k}{1-\alpha}\|\boldsymbol{x}^1-\boldsymbol{x}^0\| \tag{3.3}$$

因 $0<\alpha<1$,故$\{\boldsymbol{x}^k\}_0^\infty$ 是柯西序列,又因 D_0 为闭集,故有 $\boldsymbol{x}^*\in D_0$ 使$\lim\limits_{k\to\infty}\boldsymbol{x}^k=\boldsymbol{x}^*$,又因 $\boldsymbol{G}(\boldsymbol{x})$连续,故有

$$\boldsymbol{x}^*=\lim_{k\to\infty}\boldsymbol{x}^{k+1}=\lim_{k\to\infty}\boldsymbol{G}(\boldsymbol{x}^k)=\boldsymbol{G}(\boldsymbol{x}^*)$$

即 $\boldsymbol{x}^*$ 为 $\boldsymbol{G}(\boldsymbol{x})$的不动点.

下面证唯一性.设 $x^*,\boldsymbol{y}^*\in D_0$ 为 $\boldsymbol{G}(\boldsymbol{x})$在 D_0 中的两个不动点,由于 $\boldsymbol{G}(\boldsymbol{x})$在 D_0 为压缩映射,于是有

$$\|\boldsymbol{x}^*-\boldsymbol{y}^*\|=\|\boldsymbol{G}(\boldsymbol{x}^*)-\boldsymbol{G}(\boldsymbol{y}^*)\|\leqslant\alpha\|\boldsymbol{x}^*-\boldsymbol{y}^*\|$$
$$<\|\boldsymbol{x}^*-\boldsymbol{y}^*\|$$

矛盾,这说明 $\boldsymbol{x}^*,\boldsymbol{y}^*$ 不能同时为 $\boldsymbol{G}(\boldsymbol{x})$在 D_0 中的不动点.证毕.

推论 1 证明中令 $p\to\infty$,由(3.3)则得误差估计

$$\|\boldsymbol{x}^*-\boldsymbol{x}^k\|\leqslant\frac{\alpha}{1-\alpha}\|\boldsymbol{x}^k-\boldsymbol{x}^{k-1}\|\leqslant\frac{\alpha^k}{1-\alpha}\|\boldsymbol{x}^1-\boldsymbol{x}^0\| \tag{3.4}$$

此式表明可利用迭代过程前后两值的差来估计近似解 $\boldsymbol{x}^k$ 的误差.

注 1 由于压缩性质与范数有关,定理表明只要 $\boldsymbol{G}(\boldsymbol{x})$对任一种范数是压缩的,且将 D_0 映入自身,则 $\boldsymbol{G}(\boldsymbol{x})$存在不动点 $\boldsymbol{x}^*$,且迭代过程 $\boldsymbol{x}^{k+1}=\boldsymbol{G}(\boldsymbol{x}^k)(k=0,1,\cdots)$收敛到 $\boldsymbol{x}^*$.但定理给出的只是充分条件,并非必要的.

注 2 定理中条件 $\boldsymbol{G}D_0\subset D_0$,计算时不易检验,使用时可改为在 $\boldsymbol{x}^0$ 的邻域 $S(\boldsymbol{x}^0,r)=\{\|\boldsymbol{x}-\boldsymbol{x}^0\|\leqslant r\}$上 $\boldsymbol{G}(\boldsymbol{x})$压缩,且$\|\boldsymbol{x}^0-\boldsymbol{G}(\boldsymbol{x}^0)\|<(1-\alpha)r$,其中 $0<\alpha<1$ 为压缩系数,此时

$$\|\boldsymbol{G}(\boldsymbol{x})-\boldsymbol{x}^0\|\leqslant\|\boldsymbol{G}(\boldsymbol{x})-\boldsymbol{G}(\boldsymbol{x}^0)\|+\|\boldsymbol{G}(\boldsymbol{x}^0)-\boldsymbol{x}^0\|$$
$$\leqslant\alpha\|\boldsymbol{x}-\boldsymbol{x}^0\|+(1-\alpha)r<r,$$

它表明对 $\forall \boldsymbol{x}\in S(\boldsymbol{x}^0,r)=D_0$，有 $\boldsymbol{G}(\boldsymbol{x})\in S(\boldsymbol{x}^0,r)$，即 $\boldsymbol{G}D_0\subset D_0$.

定理 3.2(Brouwer 不动点定理) 假定 $\boldsymbol{G}:D\subset\mathbf{R}^n\to\mathbf{R}^n$ 在有界闭凸集 $D_0\subset D$ 上连续且 $\boldsymbol{G}D_0\subset D_0$，则 $\boldsymbol{G}(\boldsymbol{x})$ 在 D_0 内存在不动点.

这是一个著名的不动点存在定理，它是由 L. Brouwer 于 1912 年首先提出的. 该定理只要求 $\boldsymbol{G}(\boldsymbol{x})$ 在有界闭凸集 D_0 上连续，不要求压缩，因此没有唯一性结论. 定理证明用到较多预备知识，此处不证. 但为了加深理解下面针对 $n=1$ 给出证明. 此时 $D_0=[a,b]$ 为有界闭集，$x=G(x)$ 在 $[a,b]$ 上连续，由于 $GD_0\subset[a,b]$，故 $a\leqslant G(a)$，$b\geqslant G(b)$，令 $f(x)=x-G(x)$，有 $f(a)f(b)\leqslant 0$，于是由连续函数性质，可知 $\exists x^*\in[a,b]$，使 $x^*-G(x^*)=0$，故 x^* 为 $G(x)$ 的不动点.

注意定理中 D_0 有界、闭集及凸性的要求都是必不可少的，读者可自己举例说明少了某一条都可能不存在不动点.

3-2 不动点迭代法及其收敛性

求解非线性方程组(1.2)可利用它的不动点形式(3.1)直接构造**不动点迭代**序列

$$\boldsymbol{x}^{k+1}=\boldsymbol{G}(\boldsymbol{x}^k),k=0,1,\cdots \tag{3.5}$$

这里 $\boldsymbol{G}(\boldsymbol{x})$ 依赖 $\boldsymbol{F}(\boldsymbol{x})$ 及 $\boldsymbol{F}'(\boldsymbol{x})$，称为单步迭代法. 更一般的迭代序列是用到前面 m 个点 $\boldsymbol{x}^k,\cdots,\boldsymbol{x}^{k-m+1}$ 的值进行迭代，它表示为

$$\boldsymbol{x}^{k+1}=\boldsymbol{G}(\boldsymbol{x}^k,\cdots,\boldsymbol{x}^{k-m+1}),k=0,1,\cdots \tag{3.6}$$

称为 m 步迭代法. 这里 $\boldsymbol{G}(\boldsymbol{x})$ 称为迭代函数，为了研究迭代法收敛性，先给出有关的定义和定理.

定义 3.2 设 $\boldsymbol{x}^*\in D\subset\mathbf{R}^n$ 是方程组(1.2)的解，若存在 $\boldsymbol{x}^*$ 的一个邻域 $S\subset D$，使对任何 $\boldsymbol{x}^0\in S$，迭代序列 $\{\boldsymbol{x}^k\}_0^\infty$ 是适定的，且收敛于 $\boldsymbol{x}^*$，则称 $\boldsymbol{x}^*$ 是序列 $\{\boldsymbol{x}^k\}_0^\infty$ 的一个**吸引点**. 一个迭代序列有吸引点 $\boldsymbol{x}^*$，则称此迭代序列具有**局部收敛性**.

定理 3.3 假定 $\boldsymbol{G}:D\subset\mathbf{R}^n\to\mathbf{R}^n$，$\boldsymbol{x}^*$ 是 $\boldsymbol{G}(\boldsymbol{x})$ 的不动点，若存在

开球 $S=S(\boldsymbol{x}^*,\delta)\subset D$ 和常数 $\alpha\in(0,1)$，使

$$\|\boldsymbol{G}(\boldsymbol{x})-\boldsymbol{G}(\boldsymbol{x}^*)\|\leqslant\alpha\|\boldsymbol{x}-\boldsymbol{x}^*\|,\forall\boldsymbol{x}\in S \tag{3.7}$$

则对 $\forall\boldsymbol{x}^0\in S$，$\boldsymbol{x}^*$ 是迭代序列(3.5)的吸引点.

证明 根据定理 3.1 的证明方法即知 $\{\boldsymbol{x}^k\}_0^\infty\subset S$ 且 $\lim\limits_{k\to\infty}\boldsymbol{x}^k=\boldsymbol{x}^*$，由定义3.2 则得 $\boldsymbol{x}^*$ 是(3.5)迭代序列 $\{\boldsymbol{x}^k\}$ 的吸引点，故 $\{\boldsymbol{x}^k\}$ 局部收敛于 $\boldsymbol{x}^*$.

注 定理 3.1 是在整个域 $D_0\subset D$ 上满足压缩条件，它的收敛性是大范围收敛，且定理本身包含了不动点 $\boldsymbol{x}^*$ 的存在唯一性，而定理3.3是在假定 $\boldsymbol{G}(\boldsymbol{x})$ 的不动点 $\boldsymbol{x}^*$ 已知的前提下，要求在 $\boldsymbol{x}^*$ 的邻域 $S(\boldsymbol{x}^*,\delta)$ 上满足压缩条件，因此它只是一个局部收敛性. 实际应用时用 $\boldsymbol{G}(\boldsymbol{x})$ 在 $\boldsymbol{x}^*$ 点导数 $\boldsymbol{G}'(\boldsymbol{x}^*)$ 的条件比用压缩条件(3.7)更方便，有如下定理.

定理 3.4 假定 $\boldsymbol{G}:D\subset\mathbf{R}^n\to\mathbf{R}^n$ 在 $\boldsymbol{x}^*\in\operatorname{int}(D)$ 处可导，$\boldsymbol{x}^*$ 为 $\boldsymbol{G}(\boldsymbol{x})$ 的不动点，若 $\rho(\boldsymbol{G}'(\boldsymbol{x}^*))=\sigma<1$（$\rho(\cdot)$ 为谱半径），则存在开球 $S=S(\boldsymbol{x}^*,\delta)\subset D$，使对 $\forall\boldsymbol{x}^0\in S$，由(3.5)所产生的迭代序列收敛到 $\boldsymbol{G}(\boldsymbol{x})$ 的不动点 $\boldsymbol{x}^*$.

证明 因 $\sigma<1$，故存在 $\varepsilon>0$，使 $\sigma+2\varepsilon=\alpha<1$，根据第 3 章定理 1.10，存在一种范数 $\|\cdot\|_\varepsilon$，使 $\|\boldsymbol{G}'(\boldsymbol{x}^*)\|_\varepsilon\leqslant\sigma+\varepsilon$.

此外因 $\boldsymbol{G}(\boldsymbol{x})$ 在 $\boldsymbol{x}^*$ 可导，由导数定义可知，对于 $\varepsilon>0$，$\exists\,\delta>0$，使对 $S=S(\boldsymbol{x}^*,\delta)\subset D$ 和 $\forall\boldsymbol{x}\in S$ 有

$$\|\boldsymbol{G}(\boldsymbol{x})-\boldsymbol{G}(\boldsymbol{x}^*)-\boldsymbol{G}'(\boldsymbol{x}^*)(\boldsymbol{x}-\boldsymbol{x}^*)\|_\varepsilon\leqslant\varepsilon\|\boldsymbol{x}-\boldsymbol{x}^*\|_\varepsilon$$

于是有

$$\begin{aligned}\|\boldsymbol{G}(\boldsymbol{x})-\boldsymbol{x}^*\|_\varepsilon&\leqslant\|\boldsymbol{G}(\boldsymbol{x})-\boldsymbol{G}(\boldsymbol{x}^*)-\boldsymbol{G}'(\boldsymbol{x}^*)(\boldsymbol{x}-\boldsymbol{x}^*)\|_\varepsilon+\\&\quad\|\boldsymbol{G}'(\boldsymbol{x}^*)(\boldsymbol{x}-\boldsymbol{x}^*)\|_\varepsilon\leqslant(\sigma+2\varepsilon)\|\boldsymbol{x}-\boldsymbol{x}^*\|_\varepsilon\\&=\alpha\|\boldsymbol{x}-\boldsymbol{x}^*\|_\varepsilon\end{aligned}$$

由定理 3.3 可知由(3.5)产生的迭代序列 $\{\boldsymbol{x}^k\}$ 收敛到 $\boldsymbol{x}^*$. 证毕

此定理相当于解线性方程组 $\boldsymbol{x}=\boldsymbol{B}\boldsymbol{x}+\boldsymbol{f}$ 时迭代法收敛的充分必要条件 $\rho(\boldsymbol{B})<1$，此时 $\boldsymbol{G}(\boldsymbol{x})=\boldsymbol{B}\boldsymbol{x}+\boldsymbol{f}$，$\boldsymbol{G}'(\boldsymbol{x})=\boldsymbol{B}$ 为常矩阵. 而对非线性问题，$\boldsymbol{G}'(\boldsymbol{x})$ 依赖于 $\boldsymbol{x}$，因此，条件 $\rho(\boldsymbol{G}'(\boldsymbol{x}^*))<1$ 只是迭代

局部收敛的充分条件不是必要条件. 因为当$\{\boldsymbol{x}^k\}_0^\infty \to \boldsymbol{x}^*$，不一定有$\rho(\boldsymbol{G}'(\boldsymbol{x}^*))<1$，也可能出现$\rho(\boldsymbol{G}'(\boldsymbol{x}^*))=1$. 例如$G(x)=x-x^3$，$G'(x)=1-3x^2$，$x^*=0$，$G'(x^*)=1$，而迭代

$$x^{k+1}=x^k-(x^k)^3,\ k=0,1,\cdots,\ \lim_{k\to\infty}x^k=x^*=0$$

这表明此定理与线性情形的区别.

例 3.1 用不动点迭代法求解方程组

$$\begin{cases} x_1^2-10x_1+x_2^2+8=0 \\ x_1x_2^2+x_1-10x_2+8=0 \end{cases}$$

解 将方程组改为不动点形式$\boldsymbol{x}=\boldsymbol{G}(\boldsymbol{x})$，其中

$$\boldsymbol{x}=\begin{pmatrix} x_1 \\ x_2 \end{pmatrix},\quad \boldsymbol{G}(\boldsymbol{x})=\begin{pmatrix} g_1(\boldsymbol{x}) \\ g_2(\boldsymbol{x}) \end{pmatrix}=\begin{pmatrix} \dfrac{x_1^2+x_2^2+8}{10} \\ \dfrac{x_1x_2^2+x_1+8}{10} \end{pmatrix},$$

设$D=\{(x_1,x_2)\mid 0\leqslant x_1,x_2\leqslant 1.5\}$，不难验证

$$0.8\leqslant g_1(\boldsymbol{x})\leqslant 1.25,\quad 0.8\leqslant g_2(\boldsymbol{x})\leqslant 1.2875.$$

故有$\boldsymbol{G}D\subset D$，又对$\forall\,\boldsymbol{x},\boldsymbol{y}\in D$，有

$$\begin{aligned} |g_1(\boldsymbol{y})-g_1(\boldsymbol{x})| &= \frac{|y_1^2-x_1^2+y_2^2-x_2^2|}{10} \\ &\leqslant \frac{3}{10}(|y_1-x_1|+|y_2-x_2|) \\ |g_2(\boldsymbol{y})-g_2(\boldsymbol{x})| &= \frac{|y_1y_2^2-x_1x_2^2+y_1-x_1|}{10} \\ &\leqslant \frac{4.5}{10}(|y_1-x_1|+|y_2-x_2|) \end{aligned}$$

于是有

$$\|\boldsymbol{G}(\boldsymbol{y})-\boldsymbol{G}(\boldsymbol{x})\|_1\leqslant 0.75\|\boldsymbol{y}-\boldsymbol{x}\|_1\quad \forall\,\boldsymbol{x},\boldsymbol{y}\in D\text{ 成立}.$$

即$\boldsymbol{G}(\boldsymbol{x})$满足压缩条件，根据压缩映射原理，$\boldsymbol{G}(\boldsymbol{x})$在$D$内存在唯一不动点$\boldsymbol{x}^*$. 取$\boldsymbol{x}^0=(0,0)^{\mathrm{T}}$，由$\boldsymbol{x}^{k+1}=\boldsymbol{G}(\boldsymbol{x}^k)$，$k=0,1,\cdots$迭代，有$\boldsymbol{x}^1=(0.8,0.8)^{\mathrm{T}}$，$\boldsymbol{x}^2=(0.928,0.9312)^{\mathrm{T}}$，$\cdots$，$\boldsymbol{x}^6=(0.999328,$

0.999329)^{T}, …, $\boldsymbol{x}^* = (1,1)^{\mathrm{T}}$.

由于

$$\boldsymbol{G}'(\boldsymbol{x}) = \begin{pmatrix} \dfrac{\partial g_1}{\partial x_1} & \dfrac{\partial g_1}{\partial x_2} \\ \dfrac{\partial g_2}{\partial x_1} & \dfrac{\partial g_2}{\partial x_2} \end{pmatrix} = \begin{pmatrix} \dfrac{1}{5}x_1 & \dfrac{1}{5}x_2 \\ \dfrac{x_2^2+1}{10} & \dfrac{x_1 x_2}{5} \end{pmatrix}$$

故 $\boldsymbol{G}'(\boldsymbol{x}^*) = \begin{pmatrix} 0.2 & 0.2 \\ 0.2 & 0.2 \end{pmatrix}$, $\|\boldsymbol{G}'(\boldsymbol{x}^*)\|_1 = 0.4 < 1$, $\rho(\boldsymbol{G}(\boldsymbol{x}^*)) \leqslant 0.4$ 它表明定理 3.4 的条件成立.

下面研究迭代序列的收敛速度,先给出定义.

定义 3.3 假定序列$\{\boldsymbol{x}^k\}_0^\infty$ 收敛于 $\boldsymbol{x}^*$,若存在 $p \geqslant 1$ 及常数 $\alpha > 0$,使成立

$$\lim_{k\to\infty} \frac{\|\boldsymbol{x}^{k+1} - \boldsymbol{x}^*\|}{\|\boldsymbol{x}^k - \boldsymbol{x}^*\|^p} = \alpha \tag{3.8}$$

则称序列是 p 阶收敛的. $p=1$ 称为**线性收敛**(此时 $0<\alpha<1$);$p>1$ 称为**超线性收敛**;$p=2$ 为**平方收敛**,等等. α 称为**收敛因子**.

此定义表明迭代序列$\{\boldsymbol{x}^k\}_0^\infty$ 的收敛阶 p 越大收敛越快. 当 $p=1$时则 α 越小收敛越快. 因此,构造迭代序列不但要使(3.5)收敛,还要使它的收敛阶尽可能大些. 当迭代序列$\{\boldsymbol{x}^k\}_0^\infty$ 超线性收敛时,它有下述性质:

定理 3.5 若序列$\{\boldsymbol{x}^k\}_0^\infty$ 超线性收敛于 $\boldsymbol{x}^*$,当 $k \geqslant k_0$ 时 $\boldsymbol{x}^k \neq \boldsymbol{x}^*$,则

$$\lim_{k\to\infty} \frac{\|\boldsymbol{x}^{k+1} - \boldsymbol{x}^k\|}{\|\boldsymbol{x}^k - \boldsymbol{x}^*\|} = 1 \tag{3.9}$$

证明 由于 $k \geqslant k_0$ 时 $\boldsymbol{x}^k \neq \boldsymbol{x}^*$,故有

$$\left| \frac{\|\boldsymbol{x}^{k+1} - \boldsymbol{x}^k\|}{\|\boldsymbol{x}^k - \boldsymbol{x}^*\|} - 1 \right| = \left| \frac{\|\boldsymbol{x}^{k+1} - \boldsymbol{x}^k\| - \|\boldsymbol{x}^k - \boldsymbol{x}^*\|}{\|\boldsymbol{x}^k - \boldsymbol{x}^*\|} \right|$$

$$\leqslant \frac{\|\boldsymbol{x}^{k+1} - \boldsymbol{x}^*\|}{\|\boldsymbol{x}^k - \boldsymbol{x}^*\|}$$

由$\{\boldsymbol{x}^k\}_0^\infty$的超线性收敛性，令$k\to\infty$，则得

$$\lim_{k\to\infty}\left[\frac{\|\boldsymbol{x}^{k+1}-\boldsymbol{x}^k\|}{\|\boldsymbol{x}^k-\boldsymbol{x}^*\|}-1\right]=0$$

故(3.9)成立.

注意，(3.9)只是序列超线性收敛的必要条件，不是充分条件. 它表明在序列超线性收敛时，$\|\boldsymbol{x}^k-\boldsymbol{x}^*\|$与$\|\boldsymbol{x}^{k+1}-\boldsymbol{x}^k\|$为等价无穷小. 因此可用$\|\boldsymbol{x}^{k+1}-\boldsymbol{x}^k\|$代替$\|\boldsymbol{x}^k-\boldsymbol{x}^*\|$，故可用$\|\boldsymbol{x}^{k+1}-\boldsymbol{x}^k\|\leqslant\varepsilon$或$\|\boldsymbol{x}^{k+1}-\boldsymbol{x}^k\|\leqslant\varepsilon\|\boldsymbol{x}^k\|$作为迭代序列计算停止的条件. 而当$\{\boldsymbol{x}^k\}$只是线性收敛时，由$\|\boldsymbol{x}^{k+1}-\boldsymbol{x}^k\|\leqslant\varepsilon$并不能保证$\|\boldsymbol{x}^k-\boldsymbol{x}^*\|\leqslant\varepsilon$，这时可由(3.4)得出$\|\boldsymbol{x}^k-\boldsymbol{x}^*\|\leqslant\frac{\varepsilon}{1-\alpha}$.

4　牛顿法与牛顿型迭代法

4-1　牛顿法及其收敛性

仍考虑非线性方程组

$$\boldsymbol{F}(\boldsymbol{x})=\boldsymbol{0} \tag{4.1}$$

其中$\boldsymbol{F}:D\subset\mathbf{R}^n\to\mathbf{R}^n$，$\boldsymbol{x}=(x_1,\cdots,x_n)^{\mathrm{T}}$，$\boldsymbol{F}(\boldsymbol{x})=(f_1(x),\cdots,f_n(x))^{\mathrm{T}}$，解(4.1)的牛顿法是最常用的有效方法，它可看成$n=1$时的单个方程牛顿法的推广.

设$\boldsymbol{x}^k=(x_1^k,\cdots,x_n^k)^{\mathrm{T}}\in D$为方程(4.1)的一个近似解，将$\boldsymbol{F}(\boldsymbol{x})=(f_1(\boldsymbol{x}),\cdots,f_n(\boldsymbol{x}))^{\mathrm{T}}$在$\boldsymbol{x}^k$处线性展开可得

$$f_i(\boldsymbol{x})\approx f_i(\boldsymbol{x}^k)+\frac{\partial f_i(\boldsymbol{x}^k)}{\partial x_1}(x_1-x_1^k)+\cdots+\frac{\partial f_i(\boldsymbol{x}^k)}{\partial x_n}(x_n-x_n^k)=0,\quad i=1,2,\cdots,n$$

它可表示为向量形式

$$\boldsymbol{F}(\boldsymbol{x})\approx\boldsymbol{F}(\boldsymbol{x}^k)+\boldsymbol{F}'(\boldsymbol{x}^k)(\boldsymbol{x}-\boldsymbol{x}^k)=\boldsymbol{0} \tag{4.2}$$

这里 $\boldsymbol{F}'(\boldsymbol{x}^k)$就是 $\boldsymbol{F}(\boldsymbol{x})$在 $\boldsymbol{x}^k$ 处的雅可比矩阵(2.5),求此线性方程组的解,并记作 $\boldsymbol{x}^{k+1}$,当 $\boldsymbol{F}'(\boldsymbol{x}^k)$非奇异时,则得

$$\boldsymbol{x}^{k+1} = \boldsymbol{x}^k - \boldsymbol{F}'(\boldsymbol{x}^k)^{-1}\boldsymbol{F}(\boldsymbol{x}^k), \quad k = 0,1,\cdots \tag{4.3}$$

称为解方程组(4.1)的**牛顿迭代法**,简称**牛顿法**.

由 $\boldsymbol{x}^k$ 计算 $\boldsymbol{x}^{k+1}$的过程是:

步骤 1 求解线性方程组 $\boldsymbol{F}'(\boldsymbol{x}^k)\Delta\boldsymbol{x}^k = -\boldsymbol{F}(\boldsymbol{x}^k)$,(此方程也称牛顿方程)得解 $\Delta\boldsymbol{x}^k$.

步骤 2 求 $\boldsymbol{x}^{k+1}=\boldsymbol{x}^k+\Delta\boldsymbol{x}^k$.

由此看到牛顿法每步迭代要计算一次 $\boldsymbol{F}(\boldsymbol{x}^k)$值和一次 $\boldsymbol{F}'(\boldsymbol{x}^k)$的值,计算 $\boldsymbol{F}'(\boldsymbol{x}^k)$相当于计算 n 个 $\boldsymbol{F}(\boldsymbol{x}^k)$值,工作量较大.关于牛顿法收敛性这里先给出局部收敛性定理.

定理 4.1 设 $\boldsymbol{F}:D\subset\mathbf{R}^n\to\mathbf{R}^n$,$\boldsymbol{x}^*$ 满足 $\boldsymbol{F}(\boldsymbol{x}^*)=\boldsymbol{0}$,$\boldsymbol{F}(\boldsymbol{x})$在 $\boldsymbol{x}^*$ 的开邻域 $S_0\subset D$ 上可导,且 $\boldsymbol{F}'(\boldsymbol{x})$连续,$\boldsymbol{F}'(\boldsymbol{x}^*)$非奇异,则存在闭球 $S=S(\boldsymbol{x}^*,\delta)\subset S_0(\delta>0)$,使映射 $\boldsymbol{G}(\boldsymbol{x})=\boldsymbol{x}-\boldsymbol{F}'(\boldsymbol{x})^{-1}\boldsymbol{F}(\boldsymbol{x})$对所有 $\boldsymbol{x}\in S$ 有意义,且牛顿法(4.3)生成的序列超线性收敛于 $\boldsymbol{x}^*$.若还存在常数 $L>0$,使

$$\| \boldsymbol{F}'(\boldsymbol{x}) - \boldsymbol{F}'(\boldsymbol{x}^*) \| \leqslant L \| \boldsymbol{x} - \boldsymbol{x}^* \|, \forall \boldsymbol{x} \in S \tag{4.4}$$

则迭代序列$\{\boldsymbol{x}^k\}_0^\infty$ 至少平方收敛.

证明 因 $\boldsymbol{F}'(\boldsymbol{x}^*)$非奇异,令 $\beta=\|\boldsymbol{F}'(\boldsymbol{x}^*)^{-1}\|>0$,又因 $\boldsymbol{F}'(\boldsymbol{x})$连续,故对满足 $0<\varepsilon<\dfrac{1}{2\beta}$的 ε,$\exists\,\delta>0$,使当 $\boldsymbol{x}\in S=S(\boldsymbol{x}^*,\delta)\subset S_0$ 时,有

$$\| \boldsymbol{F}'(\boldsymbol{x}) - \boldsymbol{F}'(\boldsymbol{x}^*) \| < \varepsilon \tag{4.5}$$

于是根据摄动引理,$\boldsymbol{F}'(\boldsymbol{x})^{-1}$存在,且

$$\| \boldsymbol{F}'(\boldsymbol{x})^{-1} \| \leqslant \frac{\beta}{1-\varepsilon\beta} < 2\beta, \quad \forall \boldsymbol{x} \in S \tag{4.6}$$

因此,映射 $\boldsymbol{G}(\boldsymbol{x})=\boldsymbol{x}-\boldsymbol{F}'(\boldsymbol{x})^{-1}\boldsymbol{F}(\boldsymbol{x})$在 $\boldsymbol{x}\in S$ 上有定义,而且 $\boldsymbol{x}^*=\boldsymbol{G}(\boldsymbol{x}^*)$.再由(4.6)可得

$$\begin{aligned}
&\| \boldsymbol{G}(\boldsymbol{x}) - \boldsymbol{G}(\boldsymbol{x}^*) \| = \| \boldsymbol{x} - \boldsymbol{F}'(\boldsymbol{x})^{-1}\boldsymbol{F}(\boldsymbol{x}) - \boldsymbol{x}^* \| \\
&= \| -\boldsymbol{F}'(\boldsymbol{x})^{-1}[\boldsymbol{F}(\boldsymbol{x}) - \boldsymbol{F}'(\boldsymbol{x}^*)(\boldsymbol{x}-\boldsymbol{x}^*) + \\
&\quad (\boldsymbol{F}'(\boldsymbol{x}^*) - \boldsymbol{F}'(\boldsymbol{x}))(\boldsymbol{x}-\boldsymbol{x}^*)] \| \\
&\leqslant 2\beta[\| \boldsymbol{F}(\boldsymbol{x}) - \boldsymbol{F}(\boldsymbol{x}^*) - \boldsymbol{F}'(\boldsymbol{x}^*)(\boldsymbol{x}-\boldsymbol{x}^*) \| + \\
&\quad \| \boldsymbol{F}'(\boldsymbol{x}) - \boldsymbol{F}'(\boldsymbol{x}^*) \| \, \| \boldsymbol{x}-\boldsymbol{x}^* \|] \qquad (4.7)
\end{aligned}$$

由于 $\boldsymbol{F}'(\boldsymbol{x}^*)$ 存在,由导数定义,对充分小的 $\delta>0$,有

$$\| \boldsymbol{F}(\boldsymbol{x}) - \boldsymbol{F}(\boldsymbol{x}^*) - \boldsymbol{F}'(\boldsymbol{x}^*)(\boldsymbol{x}-\boldsymbol{x}^*) \| \leqslant \varepsilon \| \boldsymbol{x}-\boldsymbol{x}^* \|$$

对一切 $\boldsymbol{x}\in S(\boldsymbol{x}^*,\delta)$ 成立. 再由(4.5),上式可变成

$$\| \boldsymbol{G}(\boldsymbol{x}) - \boldsymbol{G}(\boldsymbol{x}^*) \| \leqslant 2\beta(\varepsilon+\varepsilon) \| \boldsymbol{x}-\boldsymbol{x}^* \| = 4\beta\varepsilon \| \boldsymbol{x}-\boldsymbol{x}^* \|$$

或

$$\frac{\| \boldsymbol{G}(\boldsymbol{x}) - \boldsymbol{G}(\boldsymbol{x}^*) - \boldsymbol{0}(\boldsymbol{x}-\boldsymbol{x}^*) \|}{\| \boldsymbol{x}-\boldsymbol{x}^* \|} \leqslant 4\beta\varepsilon$$

这里 $\boldsymbol{0}$ 为零矩阵. 根据导数定义,显然有 $\boldsymbol{G}'(\boldsymbol{x}^*)=\boldsymbol{0}$,所以 $\rho(\boldsymbol{G}'(\boldsymbol{x}^*))=0<1$,根据定理 3.4 可得 $\{\boldsymbol{x}^k\}_0^\infty$ 收敛,$\lim\limits_{k\to\infty}\boldsymbol{x}^k=\boldsymbol{x}^*$ 并且 $\lim\limits_{k\to\infty}\dfrac{\| \boldsymbol{x}^{k+1}-\boldsymbol{x}^* \|}{\| \boldsymbol{x}^k-\boldsymbol{x}^* \|}=0$,它表明 $\{\boldsymbol{x}^k\}_0^\infty$ 是超线性收敛的.

如果条件(4.4)成立,则此时可应用(2.9)于(4.7),得

$$\begin{aligned}
&\| \boldsymbol{x}^{k+1}-\boldsymbol{x}^* \| = \| \boldsymbol{G}(\boldsymbol{x}^k) - \boldsymbol{G}(\boldsymbol{x}^*) \| \\
&\leqslant 2\beta(\| \boldsymbol{F}(\boldsymbol{x}^k) - \boldsymbol{F}(\boldsymbol{x}^*) - \boldsymbol{F}'(\boldsymbol{x}^*)(\boldsymbol{x}^k-\boldsymbol{x}^*) \| + \\
&\quad \| \boldsymbol{F}'(\boldsymbol{x}^k) - \boldsymbol{F}'(\boldsymbol{x}^*) \| \, \| \boldsymbol{x}^k-\boldsymbol{x}^* \|) \\
&\leqslant 2\beta\left(\frac{L}{2} \| \boldsymbol{x}^k-\boldsymbol{x}^* \|^2 + L \| \boldsymbol{x}^k-\boldsymbol{x}^* \|^2\right) = 3\beta L \| \boldsymbol{x}^k-\boldsymbol{x}^* \|^2
\end{aligned}$$

上式表明迭代序列 $\{\boldsymbol{x}^k\}_0^\infty$ 至少二阶收敛.

从定理看到,只要初始向量 $\boldsymbol{x}^0$ 选择靠近 $\boldsymbol{x}^*$,牛顿法收敛很快.

例 4.1 用牛顿法解例 3.1 的方程组.

解

$$\boldsymbol{F}(\boldsymbol{x}) = \begin{pmatrix} x_1^2 - 10x_1 + x_2^2 + 8 \\ x_1 x_2^2 + x_1 - 10x_2 + 8 \end{pmatrix}$$

$$\boldsymbol{F}'(\boldsymbol{x}) = \begin{pmatrix} 2x_1 - 10 & 2x_2 \\ x_2^2 + 1 & 2x_1 x_2 - 10 \end{pmatrix}$$

选 $\boldsymbol{x}^0 = (0,0)^{\mathrm{T}}$，解方程 $\boldsymbol{F}'(\boldsymbol{x}^0)\Delta\boldsymbol{x}^0 = -\boldsymbol{F}(\boldsymbol{x}^0)$，即解

$$\begin{pmatrix} -10 & 0 \\ 1 & -10 \end{pmatrix} \Delta\boldsymbol{x}^0 = -\begin{pmatrix} 8 \\ 8 \end{pmatrix}$$

求出 $\Delta\boldsymbol{x}^0 = (0.8, 0.88)^{\mathrm{T}}$. 按牛顿法(4.3)迭代结果如下表 4-1.

表 4-1

k	0	1	2	3	4
x_1^k	0	0.80	0.9917872	0.9999752	1.0000000
x_2^k	0	0.88	0.9917117	0.9999685	1.0000000

可见它比例 3.1 中不动点迭代法收敛快得多.

牛顿法的优点是收敛快，但每步要计算 $\boldsymbol{F}(\boldsymbol{x})$ 及 $\boldsymbol{F}'(\boldsymbol{x})$ 的值，并解线性方程组，计算量较大，这是它的一个缺点；另一缺点是它的局部收敛性，即初始近似 $\boldsymbol{x}^0$ 靠近解 $\boldsymbol{x}^*$ 时才能保证收敛于 $\boldsymbol{x}^*$. 局部收敛性定理是假定了解 $\boldsymbol{x}^*$ 存在而证明的，如果不假定解 $\boldsymbol{x}^*$ 存在，而只在初始近似 $\boldsymbol{x}^0$ 的邻域内证明方程组(4.1)解存在唯一，并且迭代序列 $\{\boldsymbol{x}^k\}$ 收敛于解 $\boldsymbol{x}^*$，这就是半局部收敛定理. 下面不加证明地给出著名的半局部收敛定理，即 **Newton-Kantorovich 定理**.

定理 4.2 假定 $\boldsymbol{F}: D \subset \mathbf{R}^n \to \mathbf{R}^n$，若 $\exists\, x^0 \in S(\boldsymbol{x}^0, \delta) \subset D, \delta > 0$，使对 $\forall\, \boldsymbol{x}, \boldsymbol{y} \in S(\boldsymbol{x}^0, \delta)$，存在常数 $\gamma > 0$ 有

$$\| \boldsymbol{F}'(\boldsymbol{x}) - \boldsymbol{F}'(\boldsymbol{y}) \| \leqslant \gamma \| \boldsymbol{x} - \boldsymbol{y} \|$$

并且 $\| \boldsymbol{F}'(\boldsymbol{x}^0)^{-1} \| \leqslant \beta$. $\| \boldsymbol{F}'(\boldsymbol{x}^0)^{-1} \boldsymbol{F}(\boldsymbol{x}^0) \| \leqslant \eta$ 及 $h = \beta\eta\gamma < \frac{1}{2}$，则牛顿法所产生的迭代序列 $\{\boldsymbol{x}^k\}$ 均在球 $S = S(\boldsymbol{x}^0, t^*) \subset S(\boldsymbol{x}^0, \delta)$

内，其中 $t^* = \frac{1-\sqrt{1-2h}}{h}\eta$，且 $\{\boldsymbol{x}^k\}$ 收敛到(4.1)在 $S(t^0, t^{**}) \cap S(x^0, \delta)$ 内的唯一解 $\boldsymbol{x}^*$，其中 $t^{**} = \frac{1+\sqrt{1-2h}}{h}\eta$，并有误差估计

$$\| \boldsymbol{x}^* - \boldsymbol{x}^k \| \leqslant \frac{\eta}{2^{k-1}}(2h)^{2^k-1} \tag{4.8}$$

此定理的证明可见文献[26]. 此定理与定理 4.1 的区别是它给出了方程组(4.1)解存在唯一的结论. 从定理条件中看到对 $\boldsymbol{x}^0$ 的限制，实际上 $\boldsymbol{x}^0$ 仍需在解 $\boldsymbol{x}^*$ 的邻域中才可能使定理条件成立，故称之为半局部收敛定理. 当然，如果 $\boldsymbol{F}(\boldsymbol{x})$ 在域 D 内满足更强的条件，还可得到在域 D 整体收敛性定理.

4-2 牛顿法的变形与离散牛顿法

针对牛顿法计算量大的缺点，可将牛顿法(4.3)简化为

$$\boldsymbol{x}^{k+1} = \boldsymbol{x}^k - \boldsymbol{F}'(\boldsymbol{x}^0)^{-1}\boldsymbol{F}(\boldsymbol{x}^k), \quad k = 0,1,\cdots \tag{4.9}$$

称为**简化牛顿法**，除第 1 步外，它每步只算一个 $\boldsymbol{F}(\boldsymbol{x})$ 值，但它只是线性收敛，若综合牛顿法收敛快和简化牛顿法计算量少的优点，将 m 步简化牛顿法组成一步牛顿迭代，则得

$$\begin{cases} \boldsymbol{x}^{k,i+1} = \boldsymbol{x}^{k,i} - \boldsymbol{F}'(\boldsymbol{x}^k)^{-1}\boldsymbol{F}(\boldsymbol{x}^{k,i}), \quad i = 0,1,\cdots,m-1 \\ \boldsymbol{x}^k = \boldsymbol{x}^{k,0}, \boldsymbol{x}^{k+1} = \boldsymbol{x}^{k,m}, \quad k = 0,1,\cdots \end{cases} \tag{4.10}$$

称为**修正牛顿法**，它是由萨马斯基(Щамаский)于 1967 年给出的，故也称萨马斯基技巧. 迭代法(4.10)具有 $m+1$ 阶收敛阶，当 $m=1$ 即为牛顿法，为了衡量迭代法的优劣还需研究迭代序列 $\{\boldsymbol{x}^k\}_0^\infty$ 的效率指数.

定义 4.1 设迭代序列 $\{\boldsymbol{x}^k\}_0^\infty$ 的收敛阶为 $p\geqslant 1$，每步迭代计算量为 w，则称量

$$e = \frac{\ln p}{w} \quad (\text{或 } e = p^{\frac{1}{w}}) \tag{4.11}$$

为迭代序列的**效率指数**.

效率指数 e 是衡量迭代序列优劣的主要标志.从(4.11)看到,收敛阶 p 越大,工作量 w 越小,则 e 越大.只有在工作量相同的前提下,收敛阶 p 越大,效率 e 才越大,而每步迭代工作量 w,包含计算 $\boldsymbol{F}(\boldsymbol{x})$ 及 $\boldsymbol{F}'(\boldsymbol{x})$ 的次数和解线性方程组(即求 $\boldsymbol{F}'(\boldsymbol{x})$ 的逆)的工作量.为统计方便,通常把一次求逆的工作量都省略,则牛顿法(4.3)每次迭代要计算一次 $\boldsymbol{F}(\boldsymbol{x})$ 及一次 $\boldsymbol{F}'(\boldsymbol{x})$(折合为 n 次 $\boldsymbol{F}(\boldsymbol{x})$),故 $w=n+1$,而 $p=2$,若牛顿法效率指数用 e_{N_1} 表示,由(4.11)得

$$e_{N_1}=\frac{\ln 2}{n+1}$$

对修正牛顿法(4.10)每步迭代工作量为计算 m 次 $\boldsymbol{F}(\boldsymbol{x})$ 及一次 $\boldsymbol{F}'(\boldsymbol{x})$ 并求一次逆,故 $w=n+m$,而收敛阶 $p=m+1$.用 e_{N_m} 表示修正牛顿法的效率指数,则

$$e_{N_m}=\frac{\ln(m+1)}{n+m}$$

由此可得

$$\frac{e_{N_m}}{e_{N_1}}=\frac{n+1}{n+m}\frac{\ln(m+1)}{\ln 2} \tag{4.12}$$

当 $m\geqslant 2$ 时都有 $\dfrac{e_{N_m}}{e_{N_1}}>1$,这表明修正牛顿法($m\geqslant 2$)比牛顿法($m=1$)的效率高.从(4.12)还可得到当 n 固定时的最佳 m 值.下表 4-2 列出若干结果.

表 4-2

n	2	5	10	50	100
m	3	5	7	22	37
e_{N_m}/e_{N_1}	1.2	1.55	1.94	3.20	3.87

实际计算不必求最佳的 m 值,只要取定适当的 m 值即可,迭代法(4.10)既包含了牛顿迭代(4.3),又节省计算量,提高了效率,

因此是一个常用方法.

针对牛顿法对初始近似 $\boldsymbol{x}^0$ 的限制,在牛顿法(4.3)中若引入松弛参数 $\omega_k>0$,得到

$$\boldsymbol{x}^{k+1}=\boldsymbol{x}^k-\omega_k\boldsymbol{F}'(\boldsymbol{x}^k)^{-1}\boldsymbol{F}(\boldsymbol{x}^k),\quad k=0,1,\cdots \tag{4.13}$$

通常取 $0<\omega_k\leqslant 1$,使它满足

$$\|\boldsymbol{F}(\boldsymbol{x}^{k+1})\|<\|\boldsymbol{F}(\boldsymbol{x}^k)\| \tag{4.14}$$

方法(4.13)称为**牛顿下山法**. 当 $\omega_k\equiv 1$ 时为牛顿法. 一般牛顿法并不保证(4.14)成立,因此,它只当 $\boldsymbol{x}^0$ 在解 $\boldsymbol{x}^*$ 邻域内时,迭代序列 $\{\boldsymbol{x}^k\}_0^\infty$ 才收敛. 而对(4.13),由于可选择适当 ω_k 使(4.14)永远成立,因而对 $\boldsymbol{x}^0$ 没有本质限制,因此,该方法得到的迭代序列 $\{\boldsymbol{x}^k\}_0^\infty$ 具有大范围的收敛性. 用(4.13)求方程根时,每步分别取 $\omega_k=1, 1/2, 1/4,\cdots$,直到(4.14)满足为止,这样计算工作量增加,并且只有线性收敛,此方法优点就是克服了牛顿法选初始近似的困难.

使用牛顿法(4.3)还要求 $\boldsymbol{F}'(\boldsymbol{x}^k)$ 非奇异,故当 $\boldsymbol{F}'(\boldsymbol{x}^k)$ 奇异或严重病态时都不能使迭代进行下去,为解决这一问题,可在(4.3)中引入参数 λ_k,使迭代序列改为

$$\boldsymbol{x}^{k+1}=\boldsymbol{x}^k-[\boldsymbol{F}'(\boldsymbol{x}^k)+\lambda_k\boldsymbol{I}]^{-1}\boldsymbol{F}(\boldsymbol{x}^k),k=0,1,\cdots \tag{4.15}$$

λ_k 称为阻尼参数,方法(4.15)称为**阻尼牛顿法**. 适当选取 λ_k 可使 $\boldsymbol{F}'(\boldsymbol{x}^k)+\lambda_k\boldsymbol{I}$ 非奇异,非病态,从而使迭代序列 $\{\boldsymbol{x}^k\}_0^\infty$ 有意义,这时,如果 $\{\boldsymbol{x}^k\}_0^\infty$ 收敛于 $\boldsymbol{x}^*$,只有线性收敛速度.

另外,有时 $\boldsymbol{F}(\boldsymbol{x})$ 的导数 $\boldsymbol{F}'(\boldsymbol{x})$ 不易计算,可采用均差近似导数,将(4.3)改为

$$\boldsymbol{x}^{k+1}=\boldsymbol{x}^k-\boldsymbol{J}(\boldsymbol{x}^k,\boldsymbol{h}^k)^{-1}\boldsymbol{F}(\boldsymbol{x}^k),\quad k=0,1,\cdots \tag{4.16}$$

其中

$$\boldsymbol{J}(\boldsymbol{x}^k,\boldsymbol{h}^k)=\Big(\frac{1}{h_1^k}[\boldsymbol{F}(\boldsymbol{x}^k+h_1^k\boldsymbol{e}_1)-\boldsymbol{F}(\boldsymbol{x}^k)],\cdots,$$
$$\frac{1}{h_n^k}[\boldsymbol{F}(\boldsymbol{x}^k+h_n^k\boldsymbol{e}_n)-\boldsymbol{F}(\boldsymbol{x}^k)]\Big)$$

为 $\boldsymbol{x}^k$ 处 $\boldsymbol{F}(\boldsymbol{x})$ 的雅可比矩阵 $\boldsymbol{F}'(\boldsymbol{x}^k)$ 的近似，$\boldsymbol{h}^k=(h_1^k,\cdots,h_n^k)^{\mathrm{T}}$ 是一个给定向量.(4.16)称为**离散牛顿法**.计算时步长向量 $\boldsymbol{h}^k=\boldsymbol{h}$(不依赖 k)，方法仍是超线性收敛，若取 $\boldsymbol{h}^k=\boldsymbol{F}(\boldsymbol{x}^k)$，则(4.16)称为 **Newton-Steffensen 方法**，它与牛顿法同样是平方收敛的.

例 4.2 用牛顿法求解方程

$$\boldsymbol{F}(\boldsymbol{x})=\begin{pmatrix} x_1^2-x_2-1 \\ (x_1-2)^2+(x_2-0.5)^2-1 \end{pmatrix}=\boldsymbol{0}$$

并与简化牛顿法(4.9)与修正牛顿法(4.10)比较(只算一个解).

解 该方程的解是抛物线 $x_1^2-x_2-1=0$ 与圆 $(x_1-2)^2+(x_2-0.5)^2=1$ 的两个交点.

计算 $$\boldsymbol{F}'(\boldsymbol{x})=\begin{pmatrix} 2x_1 & -1 \\ 2x_1-4 & 2x_2-1 \end{pmatrix}$$

若分别取 $\boldsymbol{x}^0=(0,0)^{\mathrm{T}}$ 和 $\boldsymbol{x}^0=(2,2)^{\mathrm{T}}$ 用牛顿法(4.3)求得以下结果(见表 4-3)，它们分别收敛到两个不同的解.

表 4-3

k	0	1	…	5	6	7
$x_1^{(k)}$	0	1.06250	…	…	1.067346086	1.067346086
$x_2^{(k)}$	0	−1.00000	…	…	0.139227667	0.139227667
$x_1^{(k)}$	2.0	1.645833	…	1.546342883	1.546342883	—
$x_2^{(k)}$	2.0	1.583333	…	1.391176313	1.391176313	—

对第 2 个解 $\boldsymbol{x}^*=(1.546342883,1.391176313)$ 用牛顿法迭代 5 次即可，而用简化牛顿法(4.9)则需迭代 31 次才能达到同样精度，$\boldsymbol{x}^{31}=(1.546342884,1.391176313)^{\mathrm{T}}$.若用修正牛顿法(4.10)，取 $m=3$，$\boldsymbol{x}^0=\boldsymbol{x}^{0,0}=(2.0,2.0)^{\mathrm{T}}$ 计算结果见表 4-4.

表 4-4 （其中 $x^{1,0}=x^{0,3}$， $x^{2,0}=x^{1,3}$）

		0	1	2
0	$x_1^{k,i}$	2.0	1.645833333	1.589554399
	$x_2^{k,i}$	2.0	1.583333333	1.483651618
1	$x_1^{k,i}$	1.56762411	1.547076881	1.54639382
	$x_2^{k,i}$	1.438962027	1.392962261	1.39130531
2	$x_1^{k,i}$	1.546346575	1.546342883	1.546342883
	$x_2^{k,i}$	1.391185723	1.391176313	1.391176313

从表中看到只需计算到 $k=2$，即 $\boldsymbol{x}^{2,1}$ 已达到与牛顿法 $\boldsymbol{x}^5$ 同样精度.

4-3 牛顿松弛型迭代法

用牛顿法求非线性方程组(4.1)，每迭代步都要求解线性方程组

$$\boldsymbol{F}'(\boldsymbol{x}^k)\Delta\boldsymbol{x}^k = -\boldsymbol{F}(\boldsymbol{x}^k), \quad k=0,1,\cdots \tag{4.17}$$

前面介绍牛顿法时都假定用直接法求解，在其他牛顿型方法中求解相应线性方程组也是用直接法，方法的收敛阶也是在此前提下得到的. 如果解(4.17)用迭代法，则每一牛顿迭代步都要得到解(4.17)的一个迭代序列$\{\boldsymbol{x}^{k,m},m=0,1,\cdots\}$，这就形成了一个双层迭代. 外层对牛顿法的迭代 k，内层对线性方程组(4.17)的迭代 m，即$\{\boldsymbol{x}^{k,m},m=0,1,\cdots\}_{k=0}^{\infty}$. 若解线性方程组(4.17)分别用雅可比迭代、高斯-塞德尔迭代和 SOR 迭代，则得到的双层迭代法分别称为牛顿-雅可比迭代、牛顿-高斯-塞德尔迭代及牛顿-SOR 迭代(此法简记为 N-SOR 迭代). 下面只讨论 N-SOR 迭代法，将方程组(4.17)改写为

$$\boldsymbol{A}_k\boldsymbol{x}^{k+1} = \boldsymbol{b}_k \tag{4.18}$$

其中 $\boldsymbol{A}_k=\boldsymbol{F}'(\boldsymbol{x}^k),\boldsymbol{b}_k=\boldsymbol{F}'(\boldsymbol{x}^k)\boldsymbol{x}^k-\boldsymbol{F}(\boldsymbol{x}^k)$

将 $\boldsymbol{A}_k$ 分解为 $\boldsymbol{A}_k=\boldsymbol{D}_k-\boldsymbol{L}_k-\boldsymbol{U}_k$，其中 $\boldsymbol{D}_k,-\boldsymbol{L}_k,-\boldsymbol{U}_k$ 分别为 $\boldsymbol{A}_k$ 的

对角、严格下三角与严格上三角阵. 记

$$\boldsymbol{B}_k = \frac{1}{\omega_k}(\boldsymbol{D}_k - \omega_k \boldsymbol{L}_k), \quad \boldsymbol{C}_k = \frac{1}{\omega_k}[(1-\omega_k)\boldsymbol{D}_k + \omega_k \boldsymbol{U}_k] \tag{4.19}$$

显然有 $\boldsymbol{A}_k = \boldsymbol{B}_k - \boldsymbol{C}_k$，这里 $\omega_k > 0$ 为松弛参数，于是，可得 N-SOR 迭代法

$$\begin{cases} \boldsymbol{x}^{k,0} = \boldsymbol{x}^k \\ \boldsymbol{x}^{k,i+1} = \boldsymbol{B}_k^{-1}\boldsymbol{C}_k \boldsymbol{x}^{k,i} + \boldsymbol{B}_k^{-1}\boldsymbol{b}_k, \quad i = 0,1,\cdots,m_k - 1 \\ \boldsymbol{x}^{k+1} = \boldsymbol{x}^{k,m_k}, \qquad k = 0,1,\cdots \end{cases} \tag{4.20}$$

这样得到的迭代序列 $\{\boldsymbol{x}^k\}_0^\infty$ 是收敛的，并有结论：

定理 4.3 假定 $\boldsymbol{F}: D \subset \mathbf{R}^n \to \mathbf{R}^n$，$\boldsymbol{x}^* \in D$ 是(4.1)的解，$\boldsymbol{F}(\boldsymbol{x})$ 在 $\boldsymbol{x}^*$ 的邻域 $S_0 \subset D$ 内有连续导数；$\boldsymbol{F}'(\boldsymbol{x}^*)$ 的对角阵 $\boldsymbol{D}(\boldsymbol{x}^*)$ 非奇异，$-\boldsymbol{L}(\boldsymbol{x}^*)$，$-\boldsymbol{U}(\boldsymbol{x}^*)$ 为 $\boldsymbol{F}'(\boldsymbol{x}^*)$ 的严格下三角阵与严格上三角阵；若在迭代法(4.20)中取 $\omega_k \equiv \omega > 0$，$m_k = m(k = 0,1,\cdots)$，令 $\boldsymbol{H}(\omega) = \boldsymbol{B}^{-1}(\boldsymbol{x}^*)\boldsymbol{C}(\boldsymbol{x}^*)$，$\boldsymbol{H}_k(\omega) = \boldsymbol{B}_k^{-1}\boldsymbol{C}_k$ (此时记 $\boldsymbol{B}(\boldsymbol{x}^*) = \frac{1}{\omega}[\boldsymbol{D}(\boldsymbol{x}^*) - \omega \boldsymbol{L}(\boldsymbol{x}^*)]$，$\boldsymbol{C}(\boldsymbol{x}^*) = \frac{1}{\omega}[(1-\omega)\boldsymbol{D}(\boldsymbol{x}^*) + \omega \boldsymbol{U}(\boldsymbol{x}^*)]$)，若 $\rho(\boldsymbol{H}(\omega)) < 1$，则 m 步 N-SOR 迭代法(4.20)生成的序列 $\{\boldsymbol{x}^k\}_0^\infty$ 收敛于 $\boldsymbol{x}^*$，且收敛因子 $\alpha = \rho(\boldsymbol{H}^m(\omega))$.

此定理证明见文献[26].

迭代法(4.20)的特点是不用求逆，计算简单，适合用于解大型稀疏的非线性方程组. 但它通常只有线性收敛速度，只当 $m_k = 2^k$ 或 $m_k = k$ 时，迭代序列 $\{\boldsymbol{x}^k\}_0^\infty$ 才具有超线性收敛性.

将求解线性方程组迭代法的思想直接用于解非线性方程组(4.1)，则可构造一种线性-非线性的双层迭代. 设已知 k 次近似 $\boldsymbol{x}^k = (x_1^k, \cdots, x_n^k)^{\mathrm{T}}$，若将雅可比迭代用于解(4.1)，引进松弛因子 $\omega > 0$，则得**非线性雅可比迭代**

$$\begin{cases}\text{由 } f_i(x_1^k,\cdots,x_{i-1}^k,x_i,x_{i+1}^k,\cdots,x_n^k)=0, \quad i=1,\cdots,n \\ \text{解出 } x_i\text{,取} \\ x_i^{k+1}=x_i^k+\omega(x_i-x_i^k), \quad k=0,1,\cdots \end{cases} \tag{4.21}$$

类似地,若将高斯-塞德尔迭代用于解(4.1),并引进松弛因子 $\omega>0$,则得**非线性 SOR 迭代**

$$\begin{cases}\text{由 } f_i(x_1^{k+1},\cdots,x_{i-1}^{k+1},x_i,x_{i+1}^k,\cdots,x_n^k)=0, \quad i=1,2,\cdots,n \\ \text{解出 } x_i\text{,取} \\ x_i^{k+1}=x_i^k+\omega(x_i-x_i^k), \quad k=0,1,\cdots \end{cases} \tag{4.22}$$

迭代法(4.21)与(4.22)的每一步均要求解 n 个一元非线性方程. 如用牛顿法解这些一元非线性方程,而且牛顿法只迭代一步,则由(4.21)得到

$$x_i^{k+1}=x_i^k-\omega\frac{f_i(x_1^k,\cdots,x_n^k)}{\dfrac{\partial}{\partial x_i}f_i(x_1^k,\cdots,x_n^k)} \tag{4.23}$$

$$i=1,\cdots,n, \quad k=0,1,\cdots$$

称为一步雅可比-牛顿迭代.

类似地,由(4.22)得一步 SOR-牛顿法

$$x_i^{k+1}=x_i^k-\omega\frac{f_i(x_1^{k+1},\cdots,x_{i-1}^{k+1},x_i^k,\cdots,x_n^k)}{\dfrac{\partial}{\partial x_i}f_i(x_1^{k+1},\cdots,x_{i-1}^{k+1},x_i^k,\cdots,x_n^k)} \tag{4.24}$$

$$i=1,\cdots,n, \quad k=0,1,2,\cdots$$

当 $\omega=1$ 时,(4.24)称为赛德尔-牛顿法. 迭代(4.23)与(4.24)每一步计算 n 个分量函数值和 n 个偏导数值,不用求逆,计算简单,存储量少,特别是(4.23)计算 $f_i(\boldsymbol{x})$ 及 $\dfrac{\partial f_i(\boldsymbol{x})}{\partial x_i}$ 用的都是前一步的信息,适合并行计算,若有 p 台处理机,且 $p=n/l$,则每台处理机可分别计算 l 个分量.

迭代法(4.23)及(4.24)在 $\omega\in(0,1]$ 及 $\boldsymbol{F}(\boldsymbol{x})$ 满足一定条件下已证明迭代序列 $\{\boldsymbol{x}^k\}$ 是线性收敛的.

5 拟牛顿法与 Broyden 方法

5-1 拟牛顿法基本思想

求解方程组 $\boldsymbol{F}(\boldsymbol{x})=\boldsymbol{0}$ 的牛顿法收敛很快,但每步都要计算 $\boldsymbol{F}'(\boldsymbol{x}^k)$,很不方便,有时计算很困难且计算量大. 如何使每步不必计算 $\boldsymbol{F}'(\boldsymbol{x}^k)$而又保持超线性收敛? 拟牛顿法就是为解决这一问题而产生的,自 20 世纪 60 年代提出以来有很大发展.

首先考虑用较简单的矩阵 $\boldsymbol{A}_k$ 近似 $\boldsymbol{F}'(\boldsymbol{x}^k)$,将迭代公式写成

$$\boldsymbol{x}^{k+1} = \boldsymbol{x}^k - \boldsymbol{A}_k^{-1}\boldsymbol{F}(\boldsymbol{x}^k), \quad k = 0,1,\cdots \tag{5.1}$$

这里 $\boldsymbol{A}_k \in \mathbf{R}^{n\times n}$依赖于 $\boldsymbol{F}(\boldsymbol{x}^k)$及 $\boldsymbol{F}'(\boldsymbol{x}^k)$,为了避免每步都重新计算 $\boldsymbol{A}_k$,考虑下一步 $\boldsymbol{A}_{k+1}$只对 $\boldsymbol{A}_k$ 进行修正,它要求 $\boldsymbol{A}_{k+1}$满足方程

$$\boldsymbol{A}_{k+1}(\boldsymbol{x}^{k+1} - \boldsymbol{x}^k) = \boldsymbol{F}(\boldsymbol{x}^{k+1}) - \boldsymbol{F}(\boldsymbol{x}^k), k = 0,1,\cdots \tag{5.2}$$

称为拟牛顿方程. 它表明矩阵 $\boldsymbol{A}_{k+1}$关于点 $\boldsymbol{x}^k$ 及 $\boldsymbol{x}^{k+1}$具有“差商”性质,即当 $n=1$ 时 $\boldsymbol{A}_{k+1}$即为 $\boldsymbol{F}(\boldsymbol{x})$关于 $\boldsymbol{x}^k$ 及 $\boldsymbol{x}^{k+1}$的差商;但当 $n>1$ 时 $\boldsymbol{A}_{k+1}$并不确定,为此我们限制 $\boldsymbol{A}_{k+1}$是由 $\boldsymbol{A}_k$ 的一个低秩修正矩阵得到的,即

$$\boldsymbol{A}_{k+1} = \boldsymbol{A}_k + \Delta\boldsymbol{A}_k, \mathrm{rank}(\Delta\boldsymbol{A}_k) = m \geqslant 1 \tag{5.3}$$

其中 $\Delta\boldsymbol{A}_k$ 是秩为 m 的修正矩阵,由(5.1),(5.2),(5.3)组成的迭代法就称为**拟牛顿法**. 它通过给出的初始近似 $\boldsymbol{x}^0$ 及矩阵 $\boldsymbol{A}_0$,由这 3 式可逐次计算得到$\{\boldsymbol{x}^k\}_0^\infty$ 及$\{\boldsymbol{A}_k\}_0^\infty$,从而避免了每步计算 $\boldsymbol{F}(\boldsymbol{x})$的雅可比矩阵,使计算量减少,这种算法由于(5.3)中 $\Delta\boldsymbol{A}_k$ 有不同的取法,因此可得到许多不同的拟牛顿算法,常用的拟牛顿算法是 $\Delta\boldsymbol{A}_k$ 为秩 1 或秩 2 的方法.

怎样使拟牛顿法得到的序列$\{\boldsymbol{x}^k\}$具有超线性收敛? 理论上已经给出了以下定理.

定理 5.1 设 $\boldsymbol{F}:D\subset\mathbf{R}^n\to\mathbf{R}^n$,$\boldsymbol{x}^* \in D$ 使 $\boldsymbol{F}(\boldsymbol{x}^*)=\boldsymbol{0}$,且 $\boldsymbol{F}'(\boldsymbol{x}^*)$

非奇异，$\boldsymbol{F}(\boldsymbol{x})$在 $S=S(\boldsymbol{x}^*,\delta)\subset D$ 上有连续的 F-导数，且$\{\boldsymbol{A}_k\}$为非奇异的矩阵序列，则对任何 $\boldsymbol{x}^0\in S$，由(5.1)，(5.2)，(5.3)组成的序列$\{\boldsymbol{x}^k\}$超线性收敛的充分必要条件是

$$\lim_{k\to\infty}\frac{\|[\boldsymbol{A}_k-\boldsymbol{F}'(\boldsymbol{x}^*)](\boldsymbol{x}^{k+1}-\boldsymbol{x}^k)\|}{\|\boldsymbol{x}^{k+1}-\boldsymbol{x}^k\|}=0 \tag{5.4}$$

定理证明可见文献[26].

从此定理看到拟牛顿法方向 $\boldsymbol{s}^k=\boldsymbol{x}^{k+1}-\boldsymbol{x}^k=-\boldsymbol{A}_k^{-1}\boldsymbol{F}(\boldsymbol{x}^k)$与牛顿法方向 $\boldsymbol{s}_{\mathrm{N}}^k=-\boldsymbol{F}'(\boldsymbol{x}^k)^{-1}\boldsymbol{F}(\boldsymbol{x}^k)$有以下关系：

$$\boldsymbol{s}^k-\boldsymbol{s}_{\mathrm{N}}^k=\boldsymbol{s}^k+\boldsymbol{F}'(\boldsymbol{x}^k)^{-1}\boldsymbol{F}(\boldsymbol{x}^k)=\boldsymbol{F}'(\boldsymbol{x}^k)^{-1}[\boldsymbol{F}'(\boldsymbol{x}^k)-\boldsymbol{A}_k]\boldsymbol{s}^k$$

于是等式(5.4)等价于

$$\lim_{k\to\infty}\frac{\|\boldsymbol{s}^k-\boldsymbol{s}_{\mathrm{N}}^k\|}{\|\boldsymbol{s}^k\|}=0,$$

它表明拟牛顿法的迭代序列$\{\boldsymbol{x}^k\}$具有超线性收敛的条件是其修正方向 $\boldsymbol{s}^k$ 在大小和方向都与牛顿法修正方向 $\boldsymbol{s}_{\mathrm{N}}^k$ 一致.

5-2 秩 1 拟牛顿法与 Broyden 方法

秩 1 算法是指(5.3)中修正矩阵 $\Delta\boldsymbol{A}_k$ 的秩 $m=1$ 时的拟牛顿法，因为对任何 $n\times n$ 阶的秩 1 矩阵 $\Delta\boldsymbol{A}$ 均可表示为 $\Delta\boldsymbol{A}=\boldsymbol{u}\boldsymbol{v}^{\mathrm{T}}$，其中 $\boldsymbol{u},\boldsymbol{v}\in\mathbf{R}^n$，于是

$$\Delta\boldsymbol{A}_k=\boldsymbol{u}_k\boldsymbol{v}_k^{\mathrm{T}},\quad \boldsymbol{u}_k,\boldsymbol{v}_k\in\mathbf{R}^n \tag{5.5}$$

下面主要是选择合适的 $\boldsymbol{u}_k,\boldsymbol{v}_k$ 使它满足拟牛顿方程(5.2)，若记 $\boldsymbol{s}^k=\boldsymbol{x}^{k+1}-\boldsymbol{x}^k$，$\boldsymbol{y}^k=\boldsymbol{F}(\boldsymbol{x}^{k+1})-\boldsymbol{F}(\boldsymbol{x}^k)$，则(5.2)为

$$\boldsymbol{A}_{k+1}\boldsymbol{s}^k=\boldsymbol{y}^k \tag{5.6}$$

将(5.5)代入(5.3)，则得

$$\boldsymbol{A}_{k+1}=\boldsymbol{A}_k+\boldsymbol{u}_k\boldsymbol{v}_k^{\mathrm{T}}$$

代入(5.6)，得

$$(\boldsymbol{A}_k+\boldsymbol{u}_k\boldsymbol{v}_k^{\mathrm{T}})\boldsymbol{s}^k=\boldsymbol{y}^k$$

或

$$\boldsymbol{u}_k\boldsymbol{v}_k^{\mathrm{T}}\boldsymbol{s}^k=\boldsymbol{y}^k-\boldsymbol{A}_k\boldsymbol{s}^k$$

若 $\boldsymbol{v}_k^{\mathrm{T}}\boldsymbol{s}^k \neq 0$，则有

$$\boldsymbol{u}_k = \frac{1}{\boldsymbol{v}_k^{\mathrm{T}}\boldsymbol{s}^k}(\boldsymbol{y}^k - \boldsymbol{A}_k\boldsymbol{s}^k)$$

将它代入(5.5)，即得

$$\Delta\boldsymbol{A}_k = \frac{1}{\boldsymbol{v}_k^{\mathrm{T}}\boldsymbol{s}^k}(\boldsymbol{y}^k - \boldsymbol{A}_k\boldsymbol{s}^k)\boldsymbol{v}_k^{\mathrm{T}}, \quad \boldsymbol{v}_k^{\mathrm{T}}\boldsymbol{s}^k \neq 0 \tag{5.7}$$

若取 $\boldsymbol{v}_k=\boldsymbol{s}^k$，只要 $\boldsymbol{s}^k\neq\boldsymbol{0}$，就有$(\boldsymbol{s}^k)^{\mathrm{T}}\boldsymbol{s}^k>0$，由(5.7)得

$$\Delta\boldsymbol{A}_k = (\boldsymbol{y}^k - \boldsymbol{A}_k\boldsymbol{s}^k)\frac{(\boldsymbol{s}^k)^{\mathrm{T}}}{(\boldsymbol{s}^k)^{\mathrm{T}}\boldsymbol{s}^k} \tag{5.8}$$

此时可得到秩 1 拟牛顿法

$$\begin{cases} \boldsymbol{x}^{k+1} = \boldsymbol{x}^k - \boldsymbol{A}_k^{-1}\boldsymbol{F}(\boldsymbol{x}^k), \\ \boldsymbol{A}_{k+1} = \boldsymbol{A}_k + (\boldsymbol{y}^k - \boldsymbol{A}_k\boldsymbol{s}^k)\dfrac{(\boldsymbol{s}^k)^{\mathrm{T}}}{(\boldsymbol{s}^k)^{\mathrm{T}}\boldsymbol{s}^k}, \end{cases} \quad k=0,1,\cdots \tag{5.9}$$

此算法称为**布罗伊登(Broyden)秩 1 方法**. 按(5.8)确定的 $\Delta\boldsymbol{A}_k$ 满足拟牛顿方程(5.2)，实际上(5.8)两端右乘 $\boldsymbol{s}^k$，即得

$$(\boldsymbol{A}_{k+1} - \boldsymbol{A}_k)\boldsymbol{s}^k = \boldsymbol{y}^k - \boldsymbol{A}_k\boldsymbol{s}^k$$

于是有 $\boldsymbol{A}_{k+1}\boldsymbol{s}^k=\boldsymbol{y}^k$，故(5.9)是拟牛顿法的一种具体算法.

在(5.7)中若取 $\boldsymbol{v}_k=\boldsymbol{F}(\boldsymbol{x}^{k+1})$，由(5.1)又有

$$\boldsymbol{y}^k - \boldsymbol{A}_k\boldsymbol{s}^k = \boldsymbol{F}(\boldsymbol{x}^{k+1}) - \boldsymbol{F}(\boldsymbol{x}^k) - \boldsymbol{A}_k\boldsymbol{s}^k = \boldsymbol{F}(\boldsymbol{x}^{k+1})$$

于是由(5.7)可得秩 1 修正矩阵

$$\Delta\boldsymbol{A}_k = (\boldsymbol{y}^k - \boldsymbol{A}_k\boldsymbol{s}^k)\frac{(\boldsymbol{y}^k - \boldsymbol{A}_k\boldsymbol{s}^k)^{\mathrm{T}}}{(\boldsymbol{y}^k - \boldsymbol{A}_k\boldsymbol{s}^k)^{\mathrm{T}}\boldsymbol{s}^k}$$

显然 $\boldsymbol{A}_{k+1}$ 满足拟牛顿方程(5.2)，并且 $\Delta\boldsymbol{A}_k$ 对称，故当 $\boldsymbol{A}_0$ 对称，则所有 $\boldsymbol{A}_{k+1}(k=0,1,\cdots)$也对称，于是可得到对称秩 1 算法

$$\begin{cases} \boldsymbol{x}^{k+1} = \boldsymbol{x}^k - \boldsymbol{A}_k^{-1}\boldsymbol{F}(\boldsymbol{x}^k), \\ \boldsymbol{A}_{k+1} = \boldsymbol{A}_k + (\boldsymbol{y}^k - \boldsymbol{A}_k\boldsymbol{s}^k)\dfrac{(\boldsymbol{y}^k - \boldsymbol{A}_k\boldsymbol{s}^k)^{\mathrm{T}}}{(\boldsymbol{y}^k - \boldsymbol{A}_k\boldsymbol{s}^k)^{\mathrm{T}}\boldsymbol{s}^k}, \end{cases} \tag{5.10}$$

$$k = 0,1,\cdots$$

称为 **Broyden 对称秩 1 算法**，它适合于 $\boldsymbol{F}'(\boldsymbol{x})$为对称的方程组求解.(5.9)与(5.10)是最常用的秩 1 拟牛顿法，可以证明这两个算

法得到的迭代序列$\{\boldsymbol{x}^k\}$均为超线性收敛.

另外,在所有秩 1 的公式中,若取 $\boldsymbol{v}_k=\boldsymbol{s}^k$ 的修正(5.8)在$\|\cdot\|_F$范数意义下具有极小性质,为了使下面定理书写简便,把(5.8)中的所有 k 标号取消,改写为

$$\overline{\boldsymbol{A}}-\boldsymbol{A}=\Delta\boldsymbol{A}=\frac{(\boldsymbol{y}-\boldsymbol{A}\boldsymbol{s})\boldsymbol{s}^{\mathrm{T}}}{\boldsymbol{s}^{\mathrm{T}}\boldsymbol{s}} \tag{5.11}$$

定理 5.2 设$\boldsymbol{A}\in\mathbf{R}^{n\times n}$,$\boldsymbol{s},\boldsymbol{y}\in\mathbf{R}^n$ 且$\boldsymbol{s}\neq\boldsymbol{0}$,由(5.11)确定的$\overline{\boldsymbol{A}}$是极小问题

$$\min\{\|\hat{\boldsymbol{A}}-\boldsymbol{A}\|_F \mid \hat{\boldsymbol{A}}\boldsymbol{s}=\boldsymbol{y}\}$$

的解. 即$\|\overline{\boldsymbol{A}}-\boldsymbol{A}\|_F\leqslant\|\hat{\boldsymbol{A}}-\boldsymbol{A}\|_F$ 对 $\hat{\boldsymbol{A}}\boldsymbol{s}=\boldsymbol{y}$ 的所有$\hat{\boldsymbol{A}}$ 成立.

证明 对所有满足 $\hat{\boldsymbol{A}}\boldsymbol{s}=\boldsymbol{y}$ 的 $\hat{\boldsymbol{A}}$,由(5.11)可得

$$\begin{aligned}\|\overline{\boldsymbol{A}}-\boldsymbol{A}\|_F&=\left\|\frac{(\boldsymbol{y}-\boldsymbol{A}\boldsymbol{s})\boldsymbol{s}^{\mathrm{T}}}{\boldsymbol{s}^{\mathrm{T}}\boldsymbol{s}}\right\|_F=\left\|\frac{(\hat{\boldsymbol{A}}-\boldsymbol{A})\boldsymbol{s}\boldsymbol{s}^{\mathrm{T}}}{\boldsymbol{s}^{\mathrm{T}}\boldsymbol{s}}\right\|_F\\&\leqslant\|\hat{\boldsymbol{A}}-\boldsymbol{A}\|_F\left\|\frac{\boldsymbol{s}\boldsymbol{s}^{\mathrm{T}}}{\boldsymbol{s}^{\mathrm{T}}\boldsymbol{s}}\right\|_F=\|\hat{\boldsymbol{A}}-\boldsymbol{A}\|_F\end{aligned}$$

(注意$\|\boldsymbol{s}\boldsymbol{s}^{\mathrm{T}}\|_F=\sum_{i=1}^n s_i^2=\boldsymbol{s}^{\mathrm{T}}\boldsymbol{s}$) 证毕

定理表明 Broyden 方法(5.9)是所有秩 1 拟牛顿法中在$\|\cdot\|_F$意义下$\|\Delta\boldsymbol{A}_k\|_F$是最小的.

在 Broyden 方法中每步都要求 $\boldsymbol{A}_k^{-1}$,其计算量一般为 $O(n^3)$. 为了避免求逆可利用以下引理.

引理(Sherman-Morrison 公式) 设$\boldsymbol{A}\in\mathbf{R}^{n\times n}$,且 $\boldsymbol{A}$ 非奇异,$\boldsymbol{u}$,$\boldsymbol{v}\in\mathbf{R}^n$,当且仅当$1+\boldsymbol{v}^{\mathrm{T}}\boldsymbol{A}^{-1}\boldsymbol{u}\neq 0$ 时,$\boldsymbol{A}+\boldsymbol{u}\boldsymbol{v}^{\mathrm{T}}$ 可逆,且有

$$(\boldsymbol{A}+\boldsymbol{u}\boldsymbol{v}^{\mathrm{T}})^{-1}=\boldsymbol{A}^{-1}-\frac{\boldsymbol{A}^{-1}\boldsymbol{u}\boldsymbol{v}^{\mathrm{T}}\boldsymbol{A}^{-1}}{1+\boldsymbol{v}^{\mathrm{T}}\boldsymbol{A}^{-1}\boldsymbol{u}} \tag{5.12}$$

引理结论只要直接做矩阵运算即可证明.

在(5.9)中,令 $\boldsymbol{H}_k=\boldsymbol{A}_k^{-1}$,并在引理中取 $\boldsymbol{A}=\boldsymbol{A}_k$,$\boldsymbol{v}=\boldsymbol{s}^k$,$\boldsymbol{u}=\dfrac{\boldsymbol{y}^k-\boldsymbol{A}_k\boldsymbol{s}^k}{\|\boldsymbol{s}^k\|_2^2}$,可将(5.9)改写为**逆 Broyden 秩 1 方法**

$$\begin{cases} \boldsymbol{x}^{k+1} = \boldsymbol{x}^k - \boldsymbol{H}_k\boldsymbol{F}(\boldsymbol{x}^k), \\ \boldsymbol{H}_{k+1} = \boldsymbol{H}_k + (\boldsymbol{s}^k - \boldsymbol{H}_k\boldsymbol{y}^k)\dfrac{(\boldsymbol{s}^k)^{\mathrm{T}}\boldsymbol{H}_k}{(\boldsymbol{s}^k)^{\mathrm{T}}\boldsymbol{H}_k\boldsymbol{y}^k}, \end{cases} \tag{5.13}$$

$$k = 0,1,\cdots$$

这里$(\boldsymbol{s}^k)^{\mathrm{T}}\boldsymbol{H}_k\boldsymbol{y}^k \neq 0$.

实际应用(5.9)或(5.13)求方程组(4.1)的数值解时,只要选择较好的初始近似 $\boldsymbol{x}^0$ 和初始矩阵 $\boldsymbol{A}_0$ 或 $\boldsymbol{H}_0$,一般可得到足够精确的数值解. 对于方法(5.10),与它互逆的秩 1 算法公式为

$$\begin{cases} \boldsymbol{x}^{k+1} = \boldsymbol{x}^k - \boldsymbol{H}_k\boldsymbol{F}(\boldsymbol{x}^k), \\ \boldsymbol{H}_{k+1} = \boldsymbol{H}_k + (\boldsymbol{s}^k - \boldsymbol{H}_k\boldsymbol{y}^k)\dfrac{(\boldsymbol{s}^k - \boldsymbol{H}_k\boldsymbol{y}^k)^{\mathrm{T}}}{(\boldsymbol{s}^k - \boldsymbol{H}_k\boldsymbol{y}^k)^{\mathrm{T}}\boldsymbol{y}^k}, \end{cases} \tag{5.14}$$

$$k = 0,1,\cdots$$

逆 Broyden 方法(5.13)及(5.14)不求逆,由 $\boldsymbol{H}_k$ 计算 $\boldsymbol{H}_{k+1}$ 的运算量为 $O(n^2)$,比直接求 $\boldsymbol{A}_k^{-1}$ 计算量 $O(n^3)$ 节省,但这种方法计算 $\boldsymbol{H}_{k+1}$时稳定性较差,有时效果不理想.

例 5.1 用逆 Broyden 秩 1 方法求方程组

$$\boldsymbol{F}(\boldsymbol{x}) = \begin{pmatrix} 3x_1 - \cos(x_2x_3) - 1/2 \\ x_1^2 - 81(x_2 + 0.1)^2 + \sin x_3 + 1.06 \\ \mathrm{e}^{-x_1x_2} + 20x_3 + \dfrac{1}{3}(10\pi - 3) \end{pmatrix} = \boldsymbol{0}$$

的解,并与牛顿法比较. 取初始近似 $\boldsymbol{x}^0 = (0.1, 0.1, -0.1)^{\mathrm{T}}$.

解 先计算

$$\boldsymbol{F}'(\boldsymbol{x}) = \begin{pmatrix} 3 & x_3\sin(x_2x_3) & x_2\sin(x_2x_3) \\ 2x_1 & -162(x_2 + 0.1) & \cos x_3 \\ -x_2\mathrm{e}^{-x_1x_2} & -x_1\mathrm{e}^{-x_1x_2} & 20 \end{pmatrix}$$

$$\boldsymbol{F}(\boldsymbol{x}^0) = \begin{pmatrix} -1.199949 \\ -2.269833 \\ 8.462025 \end{pmatrix},$$

$$F'(x^0)=\begin{pmatrix}3 & 9.999834\times10^{-4} & -9.999834\times10^{-4}\\ 0.2 & -32.4000 & 0.99500417\\ -0.09900498 & -0.09900498 & 20\end{pmatrix}$$

$$H_0=F'(x^0)^{-1}=\begin{pmatrix}0.33333318 & 1.0238505\times10^{-5} & 1.6157254\times10^{-5}\\ 2.1086066\times10^{-3} & -3.0868825\times10^{-2} & 1.5358586\times10^{-3}\\ 1.6605434\times10^{-3} & -1.5275995\times10^{-4} & 5.0008425\times10^{-2}\end{pmatrix}$$

$$x^1=x^0-H_0F(x^0)=(0.49987833,1.9466669\times10^{-2},-0.52019904)^{\mathrm{T}}$$

$$F(x^1)=(-0.00031383,-0.34322961,0.058310763)^{\mathrm{T}}$$

$$y^0=(1.19963517,1.92660339,-8.40371424)^{\mathrm{T}}$$

$$s^0=x^1-x^0=(0.39987833,-0.08053333,-0.42019904)^{\mathrm{T}}$$

$$(s^0)^{\mathrm{T}}H_0y^0=0.341358295$$

$$H_1=\begin{pmatrix}0.33337825 & 1.1107836\times10^{-5} & 8.9654938\times10^{-6}\\ -2.0360969\times10^{-3} & -3.0948769\times10^{-2} & 2.1972176\times10^{-3}\\ 1.0242253\times10^{-3} & -1.6503343\times10^{-4} & 5.0109961\times10^{-2}\end{pmatrix}$$

重复以上步骤,共迭代 7 次可得解

$$x^7=(0.500000000,\quad 0.000000000,\quad -0.523598776)^{\mathrm{T}}$$

若用牛顿法迭代 5 次可得到同样结果,但用逆 Broyden 秩 1 方法每步计算量比牛顿法少得多,这里我们取 $H_0=F'(x^0)^{-1}$,效果较好.如直接取 $H_0=I$(单位矩阵),虽然也能收敛,但它要迭代 27 次方能达到同一精度.

6 延 拓 法

6-1 延拓法基本思想

前面讨论的求解非线性方程组(1.2)的各种迭代法,基本上是局部收敛的,它只在初始近似 x^0 与方程组解 x^* 足够近时迭代序列$\{x^k\}$才收敛到 x^*,本节讨论的延拓法可作为扩大收敛域的有效方法,可以从任意 x^0 出发,通过延拓求得方程(1.2)的解 x^*.其基本思想是引入参数 t,构造一簇**同伦映射** $H:D\times[0,1]\subset\mathbf{R}^{n+1}\to\mathbf{R}^n$

代替单映射$\boldsymbol{F}(\boldsymbol{x})$，使 $\boldsymbol{H}$ 满足条件

$$\boldsymbol{H}(\boldsymbol{x}^0,0)=\boldsymbol{0},\quad \boldsymbol{H}(\boldsymbol{x},1)=\boldsymbol{F}(\boldsymbol{x}) \tag{6.1}$$

它表明当 $t=0$ 时，$\boldsymbol{H}(\boldsymbol{x},0)=\boldsymbol{0}$ 的解 $\boldsymbol{x}^0$ 已知，而当 $t=1$ 时，$\boldsymbol{H}(\boldsymbol{x},1)=\boldsymbol{F}(\boldsymbol{x})=\boldsymbol{0}$ 的解 $\boldsymbol{x}^*$，即为方程(1.2)的解.

现在考虑同伦方程

$$\boldsymbol{H}(\boldsymbol{x},t)=\boldsymbol{0}\qquad t\in[0,1],\boldsymbol{x}\in D\subset\mathbf{R}^n \tag{6.2}$$

若对每个 $t\in[0,1]$，方程(6.2)有解 $\boldsymbol{x}=\boldsymbol{x}(t)$，$\boldsymbol{x}:[0,1]\to D$ 连续，它是关于参数 $t\in[0,1]$在 $\mathbf{R}^{n+1}$ 中的一条曲线，它的一端为已知点$(\boldsymbol{x}^0,0)$，另一端是点$(\boldsymbol{x}^*,1)$，$\boldsymbol{x}^*$ 即为方程(1.2)的解，这就是**延拓法**，也称同伦法.(见图 4-2).

满足条件(6.1)的同伦可以有各种不同的取法，但较常用的有以下两种：

$$\boldsymbol{H}(\boldsymbol{x},t)=\boldsymbol{F}(\boldsymbol{x})+(t-1)\boldsymbol{F}(\boldsymbol{x}^0) \tag{6.3}$$

及

$$\boldsymbol{H}(\boldsymbol{x},t)=t\boldsymbol{F}(\boldsymbol{x})+(1-t)\boldsymbol{A}(\boldsymbol{x}-\boldsymbol{x}^0) \tag{6.4}$$

这里 $\boldsymbol{A}\in\mathbf{R}^{n\times n}$ 是非奇的，$\boldsymbol{x}^0$ 是已知的，显然(6.3)及(6.4)的映射 $\boldsymbol{H}(\boldsymbol{x},t)$均满足条件(6.1).(6.3)称为**牛顿同伦**，(6.4)称为**凸同伦**.

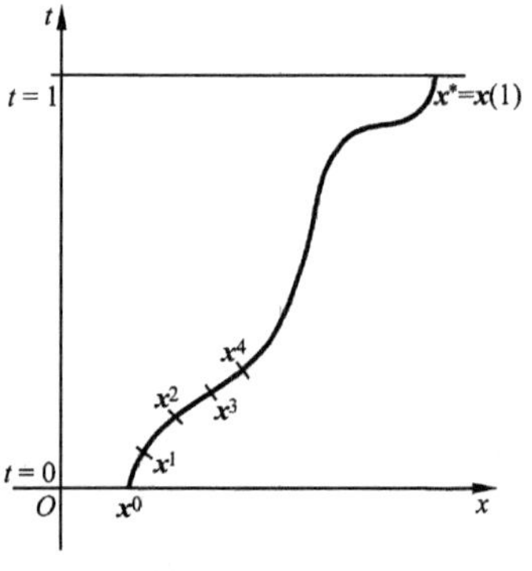

图 4-2

关于同伦方程(6.2)解曲线 $\boldsymbol{x}=\boldsymbol{x}(t)$ 的存在性已有不少研究，下面就同伦(6.3)给出一个结果.

定理 6.1 设 $\boldsymbol{F}:\mathbf{R}^n\to\mathbf{R}^n$ 在 $\mathbf{R}^n$ 上连续可导，且 $\boldsymbol{F}'(\boldsymbol{x})$非奇异，对所有 $\boldsymbol{x}\in\mathbf{R}^n$ 有 $\|\boldsymbol{F}'(\boldsymbol{x})^{-1}\|\leqslant\beta$，则对任意 $\boldsymbol{x}^0\in\mathbf{R}^n$，存在唯一的映射 $\boldsymbol{x}:[0,1]\to\mathbf{R}^n$，使得(6.2)成立，其中 $\boldsymbol{H}(\boldsymbol{x},t)$是由(6.3)定义的，又 $\boldsymbol{x}$ 是连续可微

的，并且

$$\boldsymbol{x}'(t) = -\boldsymbol{F}'(\boldsymbol{x})^{-1}\boldsymbol{F}(\boldsymbol{x}^0),\ \forall t \in [0,1], \boldsymbol{x}(0) = \boldsymbol{x}^0 \tag{6.5}$$

定理证明见文献[25]. 它表明在一定条件下同伦曲线解存在唯一. 这个定理条件很强，实际上，对一般同伦方程(6.2)，其解存在唯一，且 $\boldsymbol{x}:[0,1]\to\mathbf{R}^n$，对应的条件可以降低到同伦 $\boldsymbol{H}(\boldsymbol{x},t)$ 的雅可比矩阵 $\boldsymbol{J}=\left(\frac{\partial \boldsymbol{H}}{\partial \boldsymbol{x}},\frac{\partial \boldsymbol{H}}{\partial t}\right)\in\mathbf{R}^{n\times(n+1)}$ 的秩为 n 即可. 有关同伦方程解的存在唯一性等理论问题这里就不讨论了. 下面只讨论如何数值求解同伦方程，通常假定 $\boldsymbol{H}(\boldsymbol{x},t)$ 是一个给定的已知同伦，如(6.3)或(6.4)，存在连续的解 $\boldsymbol{x}:[0,1]\to\mathbf{R}^n$ 使(6.2)成立. 具体数值方法有以下两种.

6-2 数值延拓法

首先将区间[0,1]划分，分点为

$$0 = t_0 < t_1 < \cdots < t_N = 1 \tag{6.6}$$

用某种迭代法求解方程组

$$\boldsymbol{H}(\boldsymbol{x},t_k) = \boldsymbol{0}, \quad k = 1,2,\cdots,N \tag{6.7}$$

由于 $k=0$ 时方程组的解 $\boldsymbol{x}^0$ 已知，故 $\boldsymbol{x}^0$ 可作为 $k=1$ 时方程组的解 $\boldsymbol{x}^1$ 的近似. 一般地，可用第 $k-1$ 个方程组的解 $\boldsymbol{x}^{k-1}$ 作为第 k 个方程组的解 $\boldsymbol{x}^k$ 的初始近似，如果 t_k-t_{k-1} 足够小，则可望 $\boldsymbol{x}^{k-1}$ 与 $\boldsymbol{x}^k$ 很近似，从而使迭代法收敛. 若用牛顿法解(6.7)则得迭代程序

$$\boldsymbol{x}^{k,j+1} = \boldsymbol{x}^{k,j} - \boldsymbol{H}'_x(\boldsymbol{x}^{k,j},t_k)^{-1}\boldsymbol{H}(\boldsymbol{x}^{k,j},t_k), \quad j = 0,1,\cdots,j_k-1 \tag{6.8}$$

其中 $\boldsymbol{x}^{k,0}=\boldsymbol{x}^{k-1}$，$\boldsymbol{x}^{k,j_k}=\boldsymbol{x}^k$，$k=1,2,\cdots,N$. 求得 $\boldsymbol{x}^N$ 后，再继续用牛顿法

$$\boldsymbol{x}^{k+1} = \boldsymbol{x}^k - \boldsymbol{H}'_x(\boldsymbol{x}^k,1)^{-1}\boldsymbol{H}(\boldsymbol{x}^k,1), \quad k = N,N+1,\cdots \tag{6.9}$$

直到 $\{\boldsymbol{x}^k\}_0^\infty$ 收敛于 $\boldsymbol{x}^*$. 迭代(6.8)和(6.9)称为**数值延拓法**.

只要 t_k-t_{k-1} 足够小，用牛顿法解(6.7)是收敛的，因此迭代(6.8)，(6.9)都是收敛的，从而可求得 $\boldsymbol{x}^*=\boldsymbol{x}(1)$，实际计算时不必每个子方程组(6.7)都迭代到收敛，因为我们的目标是求 $\boldsymbol{x}(1)$ 的近似 $\boldsymbol{x}^N$，使从 $\boldsymbol{x}^N$ 出发的牛顿迭代收敛于方程(1.2)的解 $\boldsymbol{x}^*$，并不需要求同伦方程的整个解曲线 $\boldsymbol{x}=\boldsymbol{x}(t)$ 在各点的精确值，因此，在(6.8)中只要取 $j_k=1$，而不必迭代到收敛，即(6.5)每个子方程组只迭代一步得到 $\boldsymbol{x}^N$，再用(6.9)迭代到收敛. 如果同伦采用(6.3)，区间[0,1]的分点 $t_k=\dfrac{k}{N}(k=0,1,\cdots,N)$，且 $j_k\equiv 1$，则由(6.8)，(6.9)可得

$$\begin{cases}\boldsymbol{x}^{k+1}=\boldsymbol{x}^k-\boldsymbol{F}'(\boldsymbol{x}^k)^{-1}\left[\boldsymbol{F}(\boldsymbol{x}^k)+\left(\dfrac{k}{N}-1\right)\boldsymbol{F}(\boldsymbol{x}^0)\right], \\ \qquad\qquad k=1,2,\cdots,N-1 \\ \boldsymbol{x}^{k+1}=\boldsymbol{x}^k-\boldsymbol{F}'(\boldsymbol{x}^k)^{-1}\boldsymbol{F}(\boldsymbol{x}^k), \quad k=N,N+1,\cdots\end{cases} \tag{6.10}$$

称为延拓牛顿法，它本质上就是牛顿法，前面 N 步只是为了求得解 $\boldsymbol{x}^*$ 的一个足够好的初始近似 $\boldsymbol{x}^N$，关于迭代序列(6.10)有如下大范围收敛定理.

定理 6.2 假定 $\boldsymbol{F}: D\subset\mathbf{R}^n\to\mathbf{R}^n$ 于 $\boldsymbol{x}^0$ 的邻域 $S=\{\boldsymbol{x}\mid\|\boldsymbol{x}-\boldsymbol{x}^0\|\leqslant\beta\|\boldsymbol{F}(\boldsymbol{x}^0)\|\}\subset\mathrm{int}(D)$ 内存在连续的 $\boldsymbol{F}'(\boldsymbol{x})$，并且有逆存在，还满足

$$\|\boldsymbol{F}'(\boldsymbol{x})^{-1}\|\leqslant\beta<+\infty, \qquad \forall\boldsymbol{x}\in S$$

若对任何 $\boldsymbol{x},\boldsymbol{y}\in S$，存在 $\gamma>0$，使

$$\|\boldsymbol{F}'(\boldsymbol{x})-\boldsymbol{F}'(\boldsymbol{y})\|\leqslant\gamma\|\boldsymbol{x}-\boldsymbol{y}\|$$

则以 $\boldsymbol{x}^0$ 为初值，存在正整数 $N_0\geqslant 2\beta^2\gamma\|\boldsymbol{F}(\boldsymbol{x}^0)\|$，使当 $N\geqslant N_0$ 时，延拓牛顿法(6.10)收敛于方程(1.2)在 S 中的唯一解 $\boldsymbol{x}^*$，且具有平方敛速.

定理证明可见文献[26]，数值延拓法(6.8)，(6.9)可用于不同的同伦 $\boldsymbol{H}(\boldsymbol{x},t)$，对任意给定的初始近似 $\boldsymbol{x}^0$，通过数值延拓克

服用迭代法求解非线性方程组时的局部收敛的缺陷，实际计算时很难检验收敛性条件是否满足，但只要遇到 $\boldsymbol{F}'(\boldsymbol{x})$ 奇异，就无法再算下去，但这时自动改变同伦 $\boldsymbol{H}(\boldsymbol{x},t)$ 或初值仍可能算出方程的解 $\boldsymbol{x}^*$. 具体算法见 6-3. 关于 $\boldsymbol{H}(\boldsymbol{x},t)$ 取其他给定映射和不用牛顿法的其他数值延拓法迭代公式，此处不再给出，如有需要可自己给出.

6-3 参数微分法

这是延拓法的第二种数值方法，将求解同伦方程(6.2)等价变形为解常微分方程初值问题，只要将方程(6.2)对 t 求导则得

$$\boldsymbol{H}'_x(\boldsymbol{x},t)\frac{\mathrm{d}\boldsymbol{x}}{\mathrm{d}t}+\boldsymbol{H}'_t(\boldsymbol{x},t)=\boldsymbol{0}$$

若 $\boldsymbol{H}'_x(\boldsymbol{x},t)^{-1}$ 存在，可得初值问题

$$\begin{cases}\dfrac{\mathrm{d}\boldsymbol{x}}{\mathrm{d}t}=-[\boldsymbol{H}'_x(\boldsymbol{x},t)]^{-1}\boldsymbol{H}'_t(\boldsymbol{x},t)\\ \boldsymbol{x}(0)=\boldsymbol{x}^0\end{cases}\tag{6.11}$$

若(6.11)存在唯一解 $\boldsymbol{x}=\boldsymbol{x}(t)$，则它也是(6.2)的解. 于是可用数值方法求(6.11)的解，从而得到 $\boldsymbol{x}=\boldsymbol{x}(t)$ 在 $0=t_0<t_1<\cdots<t_N=1$ 上的数值逼近 $\boldsymbol{x}^0,\boldsymbol{x}^1,\cdots,\boldsymbol{x}^N$，例如当同伦取为(6.3)，相应于(6.11)的初值问题是

$$\begin{cases}\dfrac{\mathrm{d}\boldsymbol{x}}{\mathrm{d}t}=-\boldsymbol{F}'(\boldsymbol{x})^{-1}\boldsymbol{F}(\boldsymbol{x}^0)\\ \boldsymbol{x}(0)=\boldsymbol{x}^0\end{cases}\tag{6.12}$$

若用同伦(6.4)，则得等价的初值问题为

$$\begin{cases}\dfrac{\mathrm{d}\boldsymbol{x}}{\mathrm{d}t}=-[t\boldsymbol{F}'(\boldsymbol{x})+(1-t)\boldsymbol{A}]^{-1}[\boldsymbol{F}(\boldsymbol{x})-\boldsymbol{A}(\boldsymbol{x}-\boldsymbol{x}^0)]\\ \boldsymbol{x}(0)=\boldsymbol{x}^0\end{cases}\tag{6.13}$$

求(6.12)或(6.13)的数值解，原则上任何初值问题数值方法均可

使用，但选择方法应考虑计算量与精度，因为算一次右端函数值都要计算一次 $\boldsymbol{F}'(\boldsymbol{x})$ 并求一次矩阵的逆，工作量较大，因此要尽量减少每步计算右端函数的次数，又要使方法的阶数尽量高，若用显式龙格-库塔法，用 p 阶公式则至少要算 p 个右端函数值，计算量太大，若用线性 k 步法则前面 $k-1$ 个值要用其他方法，甚不方便，这里我们针对初值问题(6.12)(对(6.13)也类似)给出具有 2 阶精度的中点求积公式，若取步长 $h=\dfrac{1}{N}$，则得

$$\begin{cases}\boldsymbol{x}^1 = \boldsymbol{x}^0 - \dfrac{1}{N}[\boldsymbol{F}'(\boldsymbol{x}^0)]^{-1}\boldsymbol{F}(\boldsymbol{x}^0)\\ \boldsymbol{x}^{k+1/2} = \boldsymbol{x}^k + \dfrac{1}{2}(\boldsymbol{x}^k - \boldsymbol{x}^{k-1})\\ \boldsymbol{x}^{k+1} = \boldsymbol{x}^k - \dfrac{1}{N}[\boldsymbol{F}'(\boldsymbol{x}^{k+1/2})]^{-1}\boldsymbol{F}(\boldsymbol{x}^0),k = 1,2,\cdots,N-1\end{cases} \tag{6.14}$$

只要 $\boldsymbol{F}'(\boldsymbol{x})^{-1}$ 存在，且 N 足够大，可证明 $\| \boldsymbol{x}^N - \boldsymbol{x}(1) \| \leqslant Ch^2$，因此由(6.14)求得的 $\boldsymbol{x}^N$ 可作为方程(1.2)解 $\boldsymbol{x}^*$ 一个好的近似，再用牛顿法可求得 $\boldsymbol{x}^* = \boldsymbol{x}(1)$ 的更精确的近似.

例 6.1 $\boldsymbol{F}(\boldsymbol{x}) = \begin{pmatrix} x_1^2 - x_2 + 1 \\ x_1 - \cos\dfrac{\pi}{2}x_2 \end{pmatrix} = \boldsymbol{0}$

给定初始近似 $\boldsymbol{x}^0 = \begin{pmatrix}1\\0\end{pmatrix}$，求方程解 $\boldsymbol{x}^*$.

这时用牛顿法计算不收敛，若用牛顿下山法(4.13)要迭代 107 次，才收敛到 $\boldsymbol{x}^* = (0,1)^{\mathrm{T}}$，若用(6.14)取 $N=8$ 计算得 $\boldsymbol{x}^8 = (0.095552027, 0.97843313)^{\mathrm{T}}$，并以此为新的初值再做牛顿迭代，则只做 3 次迭代可得到具有 $\dfrac{1}{2}\times 10^{-7}$ 精度的解 $\boldsymbol{x}^* \approx (0.000000049, 0.999999963)^{\mathrm{T}}$.

此例表明用参数微分法得到的数值解 $\boldsymbol{x}^N$，可做为牛顿迭代法的初值，再用牛顿迭代可求得方程(1.2)的解 $\boldsymbol{x}^*$. 理论上只要 N 足够大即可，但实际计算时 N 太大则计算量大，而 N 太小又不一定能使 $\boldsymbol{x}^N$ 进入牛顿迭代的收敛域，实际计算通常取适中的 N，如本例取 $N=8$. 用参数微分法公式，如(6.14)(也可用其他数值方法)求得 $\boldsymbol{x}^N$，然后用牛顿法计算得 $\boldsymbol{x}^{N+1}$，若 $\|\boldsymbol{x}^N-\boldsymbol{x}^{N+1}\|$ 足够小或用牛顿迭代继续计算，满足 $\|\boldsymbol{x}^{k+1}-\boldsymbol{x}^k\|<\|\boldsymbol{x}^k-\boldsymbol{x}^{k-1}\|$，则可认为 $\boldsymbol{x}^N$ 是合适的，否则可以 $\boldsymbol{x}^N$ 作为新的初值 $\boldsymbol{x}^0$，用(6.14)重新计算，这过程可延续 m 次(通常 $m\leqslant 4$)，称此算法为循环中点求积牛顿法.

计算中另一个问题是，如果出现 $\boldsymbol{F}'(\boldsymbol{x})$ 奇异，计算就不能进行下去，这就是奇异问题，如何处理此类问题已有不少讨论，下面介绍一种较有效的**自动变同伦算法**. 设给定含参数同伦

$$\boldsymbol{H}(\boldsymbol{x},t,\boldsymbol{A},\boldsymbol{x}^0)=t\boldsymbol{F}(\boldsymbol{x})+(1-t^3)\boldsymbol{A}(\boldsymbol{x}-\boldsymbol{x}^0) \qquad (6.15)$$

其中 $\boldsymbol{A}\in\mathbf{R}^{n\times n}$ 为参数矩阵，可取为 $\boldsymbol{A}=\operatorname{diag}(a_1,\cdots,a_n)$，$a_i\neq 0(i=1,\cdots,n)$. 计算开始可令 $\boldsymbol{A}=\boldsymbol{I}$(单位阵)，$\boldsymbol{x}^0$ 也可根据需要改变，显然，对任何 $\boldsymbol{x}^0\in\mathbf{R}^n$ 及取定的 $\boldsymbol{A}$，同伦(6.15)满足条件(6.1)，于是解同伦方程

$$\boldsymbol{H}(\boldsymbol{x},t,\boldsymbol{A},\boldsymbol{x}^0)=t\boldsymbol{F}(\boldsymbol{x})+(1-t^3)\boldsymbol{A}(\boldsymbol{x}-\boldsymbol{x}^0)=\boldsymbol{0} \qquad (6.16)$$

等价于初值问题

$$\begin{cases}\dfrac{\mathrm{d}\boldsymbol{x}}{\mathrm{d}t}=[t\boldsymbol{F}'(\boldsymbol{x})+(1-t^3)\boldsymbol{A}]^{-1}(3t^2\boldsymbol{A}-\boldsymbol{F}(\boldsymbol{x}))\\ \boldsymbol{x}(0)=\boldsymbol{x}^0\end{cases} \qquad (6.17)$$

仍可用中点求积解此初值问题，得到 $\boldsymbol{x}^N$ 后再用牛顿迭代法求得解 $\boldsymbol{x}^*$. 当 $\boldsymbol{F}'(\boldsymbol{x})$ 出现奇异时可调节 $\boldsymbol{A}$ 及 $\boldsymbol{x}^0$ 使 $[t\boldsymbol{F}'(\boldsymbol{x})+(1-t^3)\boldsymbol{A}]$ 非奇异，方法细则可见文献[27]. 已经证明只要 N 足够大则可求得(1.2)的解 $\boldsymbol{x}^*$，大量计算表明此法对各种不同初值，求解非线性方程组成功率是非常高的.

7　并行多分裂方法

7-1　线性多分裂方法

多分裂方法是为多处理机设计的适合并行计算的有效算法，回顾线性方程组

$$\boldsymbol{A}\boldsymbol{x} = \boldsymbol{b} \tag{7.1}$$

$\boldsymbol{A} \in \mathbf{R}^{n\times n}$ 的迭代法，它是将 $\boldsymbol{A}$ 分裂为

$$\boldsymbol{A} = \boldsymbol{M} - \boldsymbol{N} \tag{7.2}$$

其中 $\boldsymbol{M}, \boldsymbol{N} \in \mathbf{R}^{n\times n}$，$\boldsymbol{M}$ 非奇异且容易求逆，构造迭代法

$$\boldsymbol{x}^{k+1} = \boldsymbol{M}^{-1}\boldsymbol{N}\boldsymbol{x}^{k} + \boldsymbol{M}^{-1}\boldsymbol{b}, \qquad k = 0,1,\cdots \tag{7.3}$$

不同的分裂就可构造不同的迭代法. 线性多分裂就是上述思想的推广，对 $\boldsymbol{A}$ 作多种形如(7.2)的分裂，而且分别确定形如(7.3)的相应迭代进程，总体迭代定义为各迭代进程的某种线性组合. 下面先给出 $\boldsymbol{A}$ 的多分裂定义.

定义 7.1　设矩阵 $\boldsymbol{A} \in \mathbf{R}^{n\times n}$，若存在矩阵 $\boldsymbol{M}_l, \boldsymbol{N}_l, \boldsymbol{E}_l \in \mathbf{R}^{n\times n}$，$l=1,\cdots,L$，满足

(1) $\boldsymbol{A} = \boldsymbol{M}_l - \boldsymbol{N}_l$，$l=1,\cdots,L$

(2) $\boldsymbol{M}_l$ 非奇异，$l=1,\cdots,L$

(3) $\boldsymbol{E}_l$ 为对角元素非负的对角矩阵，$l=1,\cdots,L$，且

$$\sum_{l=1}^{L} \boldsymbol{E}_l = \boldsymbol{I} \quad (n \text{ 阶单位矩阵})$$

则称三重集合 $\{(\boldsymbol{M}_l, \boldsymbol{N}_l, \boldsymbol{E}_l) \mid l=1,\cdots,L\}$ 是 $\boldsymbol{A}$ 的一个多分裂；对应的迭代法

$$\boldsymbol{x}^{k+1} = \sum_{l=1}^{L} \boldsymbol{E}_l \boldsymbol{M}_l^{-1}(\boldsymbol{N}_l \boldsymbol{x}^{k} + \boldsymbol{b}), k = 0,1,\cdots \tag{7.4}$$

称为解线性方程组(7.1)的**线性多分裂方法**.

显然(7.4)可写成

$$x^{k+1} = Gx^k + f \tag{7.5}$$

其中

$$G = \sum_{l=1}^{L} E_l M_l^{-1} N_l, \quad f = \sum_{l=1}^{L} E_l M_l^{-1} b \tag{7.6}$$

迭代法(7.4)具有内在的并行性,因为对每个不同的 l, $E_l M_l^{-1}(N_l x^k + b)$的计算是独立的,可以并行执行,当 E_l 的第 i 个对角元素为零时,$M_l^{-1}(N_l x^k + b)$的第 i 个分量无需计算,因此,只要多分裂 $M_l - N_l$ 取得适当,就可利用无需计算的若干分量来节省计算时间. 自然迭代法(7.5)对任何的初始向量 $x^0 \in \mathbf{R}^n$ 收敛的充分必要条件是迭代矩阵 G 的谱半径 $\rho(G)<1$,为给出多分裂迭代(7.4)收敛的几种充分条件,需要以下定义.

定义 7.2 设矩阵 $A \in \mathbf{R}^{n\times n}$ 分裂为 $A = M - N$. 若 $M^{-1} \geqslant 0$, $N^{-1} \geqslant 0$,则称(M,N)是 A 的一个**正则分裂**;若 $N \geqslant 0$ 换成 $M^{-1}N \geqslant 0$,则称为**弱正则分裂**.

如果 M 非奇且 $M+N$ 的对称部分是正定的,则称(M,N)是 A 的一个 **P-正则分裂**.

这里 $A \geqslant 0$ 是指 $A=(a_{ij})$的每个元素 $a_{ij} \geqslant 0$,称为非负矩阵,A 的对称部分是指$\frac{1}{2}(A+A^{\mathrm{T}})$.

定义 7.3 设 $A=(a_{ij}) \in \mathbf{R}^{n\times n}$的所有非对角元素 $a_{ij} \leqslant 0(i,j=1,\cdots,n,i\neq j)$,且 A 可逆,$A^{-1} \geqslant 0$,则称 A 为 **M-矩阵**.

若记$\langle A\rangle=(\alpha_{ij})$,其中 $\alpha_{ij} = \begin{cases} |a_{ij}|, & \text{当 } i=j \\ -|a_{ij}|, & \text{当 } i\neq j \end{cases}$

如果$\langle A\rangle$为 M-矩阵,则称 A 为 **H-矩阵**.

如果 $A=(a_{ij})$,则记$|A|=(|a_{ij}|)$.

由定义可证明如果 A 为 M-矩阵,则 A 一定是 H-矩阵. 反之不对.

下面给出多分裂迭代(7.4)收敛的几种充分条件(不证明).

定理 7.1 若下列三条件之一成立,则线性多分裂方法(7.4)

收敛.

(1) $\boldsymbol{A}^{-1}\geqslant\boldsymbol{0}$,且$(\boldsymbol{M}_l,\boldsymbol{N}_l)$,$l=1,\cdots,L$ 是 $\boldsymbol{A}$ 的弱正则分裂.

(2) $\boldsymbol{A}$ 对称正定,$(\boldsymbol{M}_l,\boldsymbol{N}_l)$,$l=1,\cdots,L$ 是 $\boldsymbol{A}$ 的 P-正则分裂,且 $\boldsymbol{E}_l=a_l\boldsymbol{I}$($a_l$ 为常数),$l=1,\cdots,L$.

(3) $\|\boldsymbol{M}_l^{-1}\boldsymbol{N}_l\|_\infty<1$,$l=1,\cdots,L$.

定理证明可见文献[28].

定理 7.2 设 $\boldsymbol{A}=(a_{ij})\in\mathbf{R}^{n\times n}$ 为 M-矩阵,$\boldsymbol{D}=\mathrm{diag}(a_{11},\cdots,a_{nn})$,$\boldsymbol{A}=\boldsymbol{D}-\boldsymbol{C}$,且 $\boldsymbol{A}$ 的一个多分裂$\{(\boldsymbol{M}_l,\boldsymbol{N}_l,\boldsymbol{E}_l)\mid l=1,\cdots,L\}$满足 $\boldsymbol{A}\leqslant\boldsymbol{M}_l\leqslant\boldsymbol{D}$,$l=1,\cdots,L$ 则有

$$\rho(\boldsymbol{G})=\rho\Big(\sum_{l=1}^{L}\boldsymbol{E}_l\boldsymbol{M}_l^{-1}\boldsymbol{N}_l\Big)\leqslant\rho(\boldsymbol{D}^{-1}\boldsymbol{C})<1 \tag{7.7}$$

定理证明见文献[29],定理表明在所设条件下,迭代法(7.4)收敛,注意(7.7)对矩阵 $\boldsymbol{E}_l$ 的所有可能选取均成立.

在迭代(7.4)的基础上若引入松弛因子 $\omega>0$,可构造松弛多分裂方法

$$\boldsymbol{x}^{k+1}=\omega\sum_{l=1}^{L}\boldsymbol{E}_l\boldsymbol{M}_l^{-1}(\boldsymbol{N}_l\boldsymbol{x}^k+\boldsymbol{b})+(1-\omega)\boldsymbol{x}^k,\quad k=0,1,\cdots \tag{7.8}$$

当 $\omega=1$ 即为(7.4),它也可写成 $\boldsymbol{x}^{k+1}=\boldsymbol{G}_\omega\boldsymbol{x}^k+\boldsymbol{f}_\omega$,迭代矩阵 $\boldsymbol{G}_\omega$ 为

$$\begin{aligned}\boldsymbol{G}_\omega&=\omega\sum_{l=1}^{L}\boldsymbol{E}_l\boldsymbol{M}_l^{-1}\boldsymbol{N}_l+(1-\omega)\boldsymbol{I}\\&=\sum_{l=1}^{L}\boldsymbol{E}_l\boldsymbol{M}_l^{-1}[(1-\omega)\boldsymbol{M}_l+\omega\boldsymbol{N}_l]\end{aligned} \tag{7.9}$$

对迭代法(7.8)有如下收敛性定理:

定理 7.3 设 $\boldsymbol{A}\in\mathbf{R}^{n\times n}$ 是一个 H-矩阵,$\boldsymbol{D}=\mathrm{diag}\boldsymbol{A}$. 记 $\boldsymbol{J}=|\boldsymbol{D}|^{-1}\boldsymbol{C}$,$\{(\boldsymbol{M}_l,\boldsymbol{N}_l,\boldsymbol{E}_l)\mid l=1,\cdots,L\}$是 $\boldsymbol{A}$ 的一个多分裂且 $\mathrm{diag}(\boldsymbol{M}_l)=\boldsymbol{D}$,$\langle\boldsymbol{A}\rangle=\langle\boldsymbol{M}_l\rangle-|\boldsymbol{N}_l|$,$l=1,\cdots,L$,则松弛多分裂迭代法(7.8)对任意初值 $\boldsymbol{x}^0\in\mathbf{R}^n$ 及 $\omega\in\left(0,\dfrac{2}{1+\rho(\boldsymbol{J})}\right)$都是收敛的.

证明可见文献[30]. 由于 $\boldsymbol{A}$ 为 H-矩阵，故 $\boldsymbol{D}$ 非奇且 $\rho(\boldsymbol{J})<1$，可知 $1<\dfrac{2}{1+\rho(\boldsymbol{J})}<2$，故 $\omega=1$ 时迭代收敛，这就证明了多分裂迭代(7.4)收敛，故定理 7.3 包含了定理 7.2 的结论，但条件减弱为 $\boldsymbol{A}$ 是 H-矩阵.

对不同的多分裂 $\{(\boldsymbol{M}_l,\boldsymbol{N}_l,\boldsymbol{E}_l)\mid l=1,\cdots,L\}$ 可构造出各种不同的多分裂迭代法，这里不再讨论.

7-2　非线性多分裂方法

考虑非线性方程组

$$\boldsymbol{F}(\boldsymbol{x})=\boldsymbol{0} \tag{7.10}$$

其中 $\boldsymbol{F}:D\subset\mathbf{R}^n\to\mathbf{R}^n$，$\boldsymbol{F}(\boldsymbol{x})=(f_1(\boldsymbol{x}),\cdots,f_n(\boldsymbol{x}))^{\mathrm{T}}$. 下面给出非线性多分裂的定义.

定义 7.4　设 $\boldsymbol{F}:D\subset\mathbf{R}^n\to\mathbf{R}^n$，令 $\boldsymbol{F}_l:D\times D\subset\mathbf{R}^n\times\mathbf{R}^n\to\mathbf{R}^n$，使

$$\boldsymbol{F}_l(\boldsymbol{x};\boldsymbol{x})=\boldsymbol{F}(\boldsymbol{x}),\qquad \forall\,\boldsymbol{x}\in D,l=1,\cdots,L \tag{7.11}$$

且 $\boldsymbol{E}_l\in\mathbf{R}^{n\times n}$ 为非负对角矩阵，$l=1,\cdots,L$，满足

$$\sum_{l=1}^{L}\boldsymbol{E}_l=\boldsymbol{I}$$

则称二元组集合 $\{(\boldsymbol{F}_l,\boldsymbol{E}_l)\mid l=1,2,\cdots,L\}$ 为 $\boldsymbol{F}(\boldsymbol{x})$ 的一个多分裂，对应的迭代法

$$\begin{cases}\boldsymbol{F}_l(\boldsymbol{x}^k;\boldsymbol{y}_l^k)=\boldsymbol{0}, & l=1,\cdots,L\\ \boldsymbol{x}^{k+1}=\displaystyle\sum_{l=1}^{L}\boldsymbol{E}_l\boldsymbol{y}_l^k\end{cases} \tag{7.12}$$

称为解方程组(7.10)的**非线性多分裂方法**，简称 NM 方法.

这定义是前面定义 7.1 的推广，因为当 $\boldsymbol{F}(\boldsymbol{x})=\boldsymbol{A}\boldsymbol{x}-\boldsymbol{b}$ 时，只需取 $\boldsymbol{F}_l(\boldsymbol{x};\boldsymbol{y})=\boldsymbol{M}_l\boldsymbol{y}-\boldsymbol{N}_l\boldsymbol{x}-\boldsymbol{b}$，$l=1,\cdots,L$ 迭代法(7.12)便是迭代法(7.4).

在形式上，与线性情形一样，NM 方法具有内在并行性，因为

对每个不同的 l，$\boldsymbol{y}_l^k$ 的计算是彼此独立的，也可以并行计算，而且 $\boldsymbol{E}_l$ 的第 i 个对角元素为零时 $\boldsymbol{y}_l^k$ 的第 i 个分量也无需计算. 问题在于实际应用 NM 法时怎样选取 $\boldsymbol{F}_1,\cdots,\boldsymbol{F}_l$ 对 $\boldsymbol{F}(\boldsymbol{x})$ 进行分裂，如何求解 $\boldsymbol{F}_l(\boldsymbol{x}^k;\boldsymbol{y}_l^k)=\boldsymbol{0}$ 以及收敛性分析.

非线性多分裂有各种不同类型，下面只介绍一种最常用的类型，令整数集 $N=\{1,2,\cdots,n\}$ 的非空子集 $S_l\subset N$，$l=1,\cdots,L$，且 $\bigcup\limits_{l=1}^{L}S_l=N$，其中各 S_l 可以相交，对 $l=1,\cdots,L$ 定义 $\boldsymbol{E}_l=\mathrm{diag}(e_{l1},\cdots,e_{ln})$ 是定义 7.4 中的非负对角矩阵，而且 $e_{li}=0$ 当 $i\notin S_l$，对 $l=1,\cdots,L$ 定义映射 $\boldsymbol{P}_l:\mathbf{R}^n\to\mathbf{R}^n$，$\boldsymbol{P}_l=(P_{l1},\cdots,P_{ln})^{\mathrm{T}}$ 及 $\boldsymbol{F}_l:\mathbf{R}^n\times\mathbf{R}^n\to\mathbf{R}^n$，$\boldsymbol{F}_l(\boldsymbol{x};\boldsymbol{y})=(f_{l1}(\boldsymbol{x};\boldsymbol{y}),\cdots,f_{ln}(\boldsymbol{x};\boldsymbol{y}))^{\mathrm{T}}$，其中

$$P_{li}(\boldsymbol{x})=\begin{cases}x_i, & i\in S_l\\ 0, & i\notin S_l\end{cases}$$

$$f_{li}(\boldsymbol{x};\boldsymbol{y})=\begin{cases}f_i((\boldsymbol{I}-\boldsymbol{P}_l)\boldsymbol{x}+\boldsymbol{P}_l\boldsymbol{y}), & i\in S_l\\ f_i(x_1,\cdots,x_{i-1},y_i,x_{i+1},\cdots,x_n), & i\notin S_l\end{cases}\tag{7.13}$$

显然这样定义的 $\boldsymbol{F}_l(\boldsymbol{x};\boldsymbol{y})$ 满足 $\boldsymbol{F}_l(\boldsymbol{x};\boldsymbol{x})=\boldsymbol{F}(\boldsymbol{x})$，于是 $\{(\boldsymbol{F}_l,\boldsymbol{E}_l)\mid l=1,\cdots,L\}$ 是 $\boldsymbol{F}(\boldsymbol{x})$ 的一个多分裂，称为基于块 S_l 的非线性块多分裂，显然对于 $i\notin S_l$ 的 f_{li} 的选取对于相应 NM 法的结果是无关紧要的，具体说，计算 $\boldsymbol{y}_l^k$ 时注意的只是 $i\in S_l$ 的那些分量 y_{li}^k，因此，实际上需要求解的是关于 y_{li}^k，$i\in S_l$ 的子方程组 $f_{li}(\boldsymbol{x}^k;\boldsymbol{y}_l^k)=0$，$i\in S_l$. (7.13)中关于 $i\notin S_l$ 的 $f_{li}(\boldsymbol{x};\boldsymbol{y})$ 的选取只是使得 $\boldsymbol{F}_l(\boldsymbol{x};\boldsymbol{y})$ 与定义7.4一致的方案之一. 注意，基于 n 块 $S_l=\{l\}$，$l=1,\cdots,n$ 的非线性多分裂方法就是(4.21)中当 $\omega=1$ 时的非线性雅可比方法.

任何一种 NM 法(7.12)都要求解决 S_l 上的子方程组

$$\boldsymbol{F}_l(\boldsymbol{x}^k;\boldsymbol{y}_l^k)=\boldsymbol{0},\qquad l=1,\cdots,L\tag{7.14}$$

的解 $\boldsymbol{y}_l^k$，这些子方程精确解一般不能得到，通常仍需用数值方法求近似解，但子方程(7.14)实际上只是 n_l 维的方程组，而 n_l 是子集 S_l 的元素个数，通常 $n_l\ll n$，若使 $n_1=\cdots=n_L=m$，这样 L 个子

方程可分别在L台处理机上并行求解，并且因为m较小，因此计算量及计算时间均可大大节省，至于求解子方程(7.14)的方法可以用前面已介绍的非线性方程组的任何一种方法.下面给出牛顿法，Newton-SOR 法，非线性 SOR 法和 SOR-Newton 法等四种方法解(7.14)得到的 NM 法公式.

用$\boldsymbol{F}'_{ly}(\boldsymbol{x};\boldsymbol{y})$表示$\boldsymbol{F}_l(\boldsymbol{x};\boldsymbol{y})$在点$(\boldsymbol{x},\boldsymbol{y})$的雅可比矩阵

$$\boldsymbol{F}'_{ly}(\boldsymbol{x};\boldsymbol{y}) = \begin{pmatrix} \dfrac{\partial f_{l1}(\boldsymbol{x};\boldsymbol{y})}{\partial y_1} & \cdots & \dfrac{\partial f_{l1}(\boldsymbol{x};\boldsymbol{y})}{\partial y_n} \\ \vdots & & \vdots \\ \dfrac{\partial f_{ln}(\boldsymbol{x};\boldsymbol{y})}{\partial y_1} & \cdots & \dfrac{\partial f_{ln}(\boldsymbol{x};\boldsymbol{y})}{\partial y_n} \end{pmatrix} \tag{7.15}$$

并用$\boldsymbol{D}_l^k,-\boldsymbol{L}_l^k,-\boldsymbol{U}_l^k$分别表示$\boldsymbol{F}'_{ly}(\boldsymbol{x}^k;\boldsymbol{y}^k)$的对角、严格下三角、严格上三角部分，由于$\boldsymbol{F}_l(\boldsymbol{x}^k;\boldsymbol{x}^k)=\boldsymbol{F}(\boldsymbol{x}^k)$，因此，如果以$\boldsymbol{x}^k$为初始近似用一步牛顿法求解方程组(7.14)产生的向量为$\boldsymbol{y}_l^k$，则有 NM 法

$$\begin{cases} \boldsymbol{y}_l^k = \boldsymbol{x}^k - [\boldsymbol{F}'_{ly}(\boldsymbol{x}^k;\boldsymbol{x}^k)]^{-1}\boldsymbol{F}(\boldsymbol{x}^k), & l = 1,\cdots,L \\ \boldsymbol{x}^{k+1} = \sum\limits_{l=1}^{L} \boldsymbol{E}_l \boldsymbol{y}_l^k, & k = 0,1,\cdots \end{cases} \tag{7.16}$$

称为一步 NM-Newton 法.类似地应用(4.20)中$m_k=1$的一步 Newton-SOR 方法于(7.14)产生一步 NM-Newton-SOR 法

$$\begin{cases} \boldsymbol{y}_l^k = \boldsymbol{x}^k - \omega_l[\boldsymbol{D}_l^k - \omega_l \boldsymbol{L}_l^k]^{-1}\boldsymbol{F}(\boldsymbol{x}^k), & l = 1,\cdots,L \\ \boldsymbol{x}^{k+1} = \sum\limits_{l=1}^{L} \boldsymbol{E}_l \boldsymbol{y}_l^k, & k = 0,1,\cdots \end{cases} \tag{7.17}$$

若用(4.22)的非线性 SOR 法求解(7.14)则得 NM-SOR 法

$$\begin{cases} f_{li}(x^k;y_{l1}^k,\cdots,y_{li-1}^k,y_{li},x_{i+1}^k,\cdots,x_n^k) = 0, l = 1,\cdots,L, \quad i \in S_l \\ y_{li}^k = x_i^k + \omega_l(y_{li} - x_i^k), \omega_l > 0 \\ \boldsymbol{x}^{k+1} = \sum\limits_{l=1}^{L} \boldsymbol{E}_l \boldsymbol{y}_l^k, \quad k = 0,1,\cdots \end{cases} \tag{7.18}$$

若用一步 SOR-Newton 法(4.24)解(7.14),则得一步 NM-SOR-Newton 法

$$\begin{cases}\text{对 } l=1,\cdots,L \text{ 计算} \\ y_{li}^k = x_i^k - \omega_l \dfrac{f_{li}(\boldsymbol{x}^k;y_{l1}^k,\cdots,y_{l\,i-1}^k,x_i^k,\cdots,x_n^k)}{\dfrac{\partial}{\partial y_i}f_{li}(\boldsymbol{x}^k;y_{l1}^k,\cdots,y_{l\,i-1}^k,x_i^k,\cdots,x_n^k)}, \\ \qquad\qquad \omega_l>0, i\in S_l \\ \boldsymbol{x}^{k+1} = \sum_{l=1}^{L}\boldsymbol{E}_l\boldsymbol{y}_l^k, \qquad k=0,1,\cdots \end{cases} \tag{7.19}$$

关于 NM 法的局部收敛性有以下定理.

定理 7.4 设 $\boldsymbol{F}:D\subset\mathbf{R}^n\to\mathbf{R}^n$ 的多分裂$\{(\boldsymbol{F}_l,\boldsymbol{E}_l)\mid l=1,\cdots,L\}$,$\boldsymbol{x}^*$ 为 $\boldsymbol{F}(\boldsymbol{x})=\boldsymbol{0}$ 的零点,假定映射 $\boldsymbol{F}_l(\boldsymbol{x};\boldsymbol{y})(l=1,\cdots,L)$在点$(\boldsymbol{x}^*,\boldsymbol{x}^*)$的邻域是连续可微的,记 $\boldsymbol{M}_l=\boldsymbol{F}'_{ly}(\boldsymbol{x};\boldsymbol{y})$,$\boldsymbol{N}_l=-\boldsymbol{F}'_{lx}(\boldsymbol{x};\boldsymbol{y})$且 $\boldsymbol{M}_l$ 非奇异,则$\{(\boldsymbol{M}_l,\boldsymbol{N}_l,\boldsymbol{E}_l)\mid l=1,\cdots,L\}$是 $\boldsymbol{F}(\boldsymbol{x}^*)$的一个线性多分裂,如果

$$\rho_1=\rho\Big(\sum_{l=1}^{L}\boldsymbol{E}_l\boldsymbol{M}_l^{-1}\boldsymbol{N}_l\Big)<1$$

则 $\boldsymbol{x}^*$ 是 NM 法(7.12)和一步 NM-Newton 法(7.16)的一个吸引点,且在 $\boldsymbol{x}^*$ 的一个邻域中取初始近似 $\boldsymbol{x}^0$ 时,上述两种 NM 法均收敛到 $\boldsymbol{x}^*$.

定理 7.5 在定理 7.4 的条件下,若令 $\boldsymbol{F}'_{ly}(\boldsymbol{x}^*;\boldsymbol{x}^*)=\boldsymbol{M}_l=\boldsymbol{D}_l-\boldsymbol{L}_l-\boldsymbol{U}_l$,其中 $\boldsymbol{D}_l,-\boldsymbol{L}_l,-\boldsymbol{U}_l$ 分别记矩阵 $\boldsymbol{M}_l$ 的对角、严格下三角、严格上三角部分,且 $\boldsymbol{D}_l(l=1,2,\cdots,L)$都非奇异,记

$$\boldsymbol{A}_l=\frac{1}{\omega_l}(\boldsymbol{D}_l-\omega_l\boldsymbol{L}_l),\boldsymbol{B}_l=\frac{1}{\omega_l}[(1-\omega_l)\boldsymbol{D}_l+\omega_l\boldsymbol{U}_l],\omega_l>0,$$
$$l=1,\cdots,L$$

则$\{(\boldsymbol{A}_l,\boldsymbol{B}_l+\boldsymbol{N}_l,\boldsymbol{E}_l)\mid l=1,\cdots,L\}$是 $\boldsymbol{F}'(\boldsymbol{x}^*)$的线性多分裂,如果

$$\rho_2=\rho\Big(\sum_{l=1}^{L}\boldsymbol{E}_l\boldsymbol{A}_l^{-1}(\boldsymbol{B}_l+\boldsymbol{N}_l)\Big)<1$$

则 $\boldsymbol{x}^*$ 是 NM 法(7.17),(7.18),(7.19)的吸引点,且只要初始近似 $\boldsymbol{x}^0$ 在 $\boldsymbol{x}^*$ 的一个足够好的邻域中,则上述 3 个 NM 迭代法均收敛到 $\boldsymbol{x}^*$.

以上两个定理证明可见文献[31].

例 7.1 给出拟线性椭圆型偏微分方程边值问题

$$\begin{cases}-(\alpha(x,y)u_x)_x-(\beta(x,y)u_y)_y=-g(x,y)\mathrm{e}^u, & (x,y)\in D\\ u(x,y)=x^2+y^2, \quad (x,y)\in\partial D\end{cases} \tag{7.20}$$

其中域 D 为(0,1)×(0,1)的单位正方域,∂D 为 D 的边界,而

$$\alpha(x,y)=1+x^2+y^2,\quad \beta(x,y)=1+\mathrm{e}^x+\mathrm{e}^y$$

$$g(x,y)=2[2+3x^2+y^2+\mathrm{e}^x+(1+y)\mathrm{e}^y]\mathrm{e}^{x^2-y^2}$$

问题(7.20)有唯一解 $u(x,y)=x^2+y^2$,在正方形网格的 N^2 个等距节点上利用有限差分法,类似本章 1-2-2 的模型,可以导出逼近(7.20)中微分方程的如下差分方程

$$a_{ij}u_{i-1\,j}+b_{ij}u_{i+1\,j}+c_{ij}u_{i\,j-1}+d_{ij}u_{i\,j+1}+f_{ij}u_{ij}+h^2g_{ij}\mathrm{e}^{u_{ij}}=0,$$
$$i,j=1,\cdots,N \tag{7.21}$$

其中 $h=1/(N+1)$ 为步长,

$$a_{ij}=-\alpha\left(\left(i-\frac{1}{2}\right)h,jh\right),\qquad b_{ij}=-\alpha\left(\left(i+\frac{1}{2}\right)h,jh\right)$$

$$c_{ij}=-\beta\left(ih,\left(j-\frac{1}{2}\right)h\right),\qquad d_{ij}=-\beta\left(ih,\left(j+\frac{1}{2}\right)h\right)$$

$$f_{ij}=-a_{ij}-b_{ij}-c_{ij}-d_{ij},\qquad g_{ij}=g(ih,jh)$$

u_{ij} 是精确解 $u(ih,jh)$ 的近似值,方程组(7.21)具有 $n=N^2$ 个待求值 $u_{ij}(i,j=1,\cdots,N)$ 和 N^2 个方程的非线性方程组.(7.20)的边界条件离散形式是

$$u_{ij}=(ih)^2+(jh)^2,\quad i=0,N+1,j=0,1,\cdots,N+1$$
$$\text{或 } i=0,1,\cdots,N+1,j=0,N+1$$

方程组(7.21)中的未知量 u_{ij} 和各方程通过双重指标 $(i,j)\in$

$\{1,\cdots,N\}\times\{1,\cdots,N\}$按一种自然方式编号，具体计算取 $N=10$，故(7.21)是 $n=100$ 的非线性方程组，各种迭代初始近似均取为 $u_{ij}^0=1(i,j=1,\cdots,N)$，下面列出 4 种非线性分裂$\{(\boldsymbol{F}_l,\boldsymbol{E}_l)\mid l=1,\cdots,L\}$，其中"单独问题的规模"是指必须计算的单迭代 $\boldsymbol{y}_l^k$ 中的分量个数，从给出信息中可以看出各单迭代的计算复杂性.

(1) $L=4$，$\{(\boldsymbol{F}_l,\boldsymbol{E}_l)\mid l=1,2,3,4\}$是块多分裂，4 个块为

$$S_1=\{(i,j)\mid 1\leqslant i\leqslant 10,1\leqslant j\leqslant 5\}$$
$$S_2=\{(i,j)\mid 1\leqslant i\leqslant 10,6\leqslant j\leqslant 10\}$$
$$S_3=\{(i,j)\mid 1\leqslant i\leqslant 5,1\leqslant j\leqslant 10\}$$
$$S_4=\{(i,j)\mid 6\leqslant i\leqslant 10,1\leqslant j\leqslant 10\}$$

这里 S_l 中有重叠，$\boldsymbol{E}_l$ 的对角元素当其相应指标在 S_l 中取为 0.5，否则为 0. 单独问题规模为 50. 各矩阵 $\boldsymbol{F}'_{ly}(\boldsymbol{x};\boldsymbol{y})$具有 5 条非零元素，且带宽为 25.

(2) $\boldsymbol{L}=10$，$\{(\boldsymbol{F}_l,\boldsymbol{E}_l)\mid l=1,\cdots,10\}$是块多分裂，10 个块为

$$S_l=\{(l,j)\mid j=1,\cdots,10\},\quad l=1,\cdots,10$$

这里 S_l 没有重叠，$\boldsymbol{E}_l$ 的对角元素当其相应指标在 S_l 中取为 1，否则为 0. 各单独问题规模为 10，矩阵 $\boldsymbol{F}'_{ly}(\boldsymbol{x};\boldsymbol{y})$全是三对角矩阵.

(3) $L=20$，$\{(\boldsymbol{F}_l,\boldsymbol{E}_l)\mid l=1,\cdots,20\}$是块多分裂，20 个块为

$$S_l=\{(l,j)\mid j=1,\cdots,10\},\quad l=1,\cdots,10$$
$$S_l=\{(i,l-10)\mid i=1,\cdots,10\},\quad l=11,\cdots,20$$

这里 S_l 有重叠，$\boldsymbol{E}_l$ 的对角元素当其相应指标在 S_l 中时为 0.5，否则为 0. 各单独问题规模为 10，矩阵 $\boldsymbol{F}'_{ly}(\boldsymbol{x};\boldsymbol{y})$全是三对角阵.

(4) $L=100$，$\{(\boldsymbol{F}_l,\boldsymbol{E}_l)\mid l=1,\cdots,100\}$是块多分裂，100 个块为

$$S_l=\{(l,l)\},l=1,\cdots,100,$$

这时 $\boldsymbol{E}_l$ 的对角元素第 l 个为 1，其余为 0，如此块多分裂产生通常的非线性雅可比法，即 $\omega=1$ 的(4.21).

对以上 4 种非线性多分裂，计算终止标准采用 $\|u^k-v\|_2\leqslant h^2$，u^k 表示第 k 次迭代结果，v 是(7.20)的精确解，即其分量 $v_{ij}=$

$(ih)^2+(jh)^2, i, j=1,\cdots,N$. 若用 NM-Newton 法(7.16)计算,4 种多分裂的迭代次数见表 4-5.

表 4-5

(1)	(2)	(3)	(4)
12	88	48	119

利用 NM-SOR-Newton 方法(7.19)计算其迭代次数见表 4-6.

方法(7.19)中松弛因子 ω_l 都取为 ω,不依赖 l,故表 4-6 第 1 列写为 ω,记号∞表示不收敛. 从表中看到松弛因子 ω 对方法的性能有很大影响,并随块 S_l 重叠部分增加而增大. 注意(2),(4)中 S_l 均无重叠.

表 4-6

ω	(1)	(2)	(3)	(4)
1	62	101	85	119
1.2	42	∞	65	∞
1.3	47	∞	57	∞
1.4	27	∞	∞	∞
1.6	17	∞	∞	∞
1.7	25	∞	∞	∞

由于问题(7.20)是拟线性的,对所给 4 种非线性多分裂(1)~(4)而言,NM-Newton-SOR 法(7.17)在数学上等价于 NM-SOR-Newton 法(7.19).

8 非线性最小二乘问题数值方法

用最小二乘处理实验数据的曲线拟合问题时,若关于参量的数学模型为非线性就是**非线性最小二乘问题**. 例如,拟合函数为

$$y = f(t;x_1,\cdots,x_n) \tag{8.1}$$

其中 t 为自变量，$x_1, x_2, \cdots, x_n$ 为参数，$f(t; x_1, \cdots, x_n)$ 关于参数为非线性. 若用 $f(t; x_1, \cdots, x_n)$ 拟合实验数据 (t_i, y_i)，$i=1,2,\cdots,m$，用最小二乘法确定参数时就得到关于

$$\varphi(x_1, x_2, \cdots, x_n) = \sum_{i=1}^{m} [f(t_i; x_1, \cdots, x_n) - y_i]^2, \quad m > n \tag{8.2}$$

的极小问题.

在科学计算中经常要求解超定方程

$$\begin{cases} f_1(x_1, \cdots, x_n) = 0 \\ \cdots\cdots\cdots\cdots\cdots\cdots \\ f_m(x_1, \cdots, x_n) = 0 \end{cases} \tag{8.3}$$

当 $m>n$ 就是超定方程，可将它转化为求

$$\varphi(x_1, \cdots, x_n) = \sum_{i=1}^{m} f_i^2(x_1, \cdots, x_n) \tag{8.4}$$

的极小，它与(8.2)的问题是一致的.

上述两例均可写成统一的形式. 设 $\boldsymbol{f}: D \subset \mathbf{R}^n \to \mathbf{R}^m$，$\boldsymbol{f} = (f_1, \cdots, f_m)^{\mathrm{T}}$，定义函数

$$\varphi(\boldsymbol{x}) = \frac{1}{2} \boldsymbol{f}(\boldsymbol{x})^{\mathrm{T}} \boldsymbol{f}(\boldsymbol{x}) \tag{8.5}$$

显然 $\varphi: D \subset \mathbf{R}^n \to \mathbf{R}$，于是非线性最小二乘问题就是求

$$\min_{\boldsymbol{x} \in D} \varphi(\boldsymbol{x}) = \min_{\boldsymbol{x} \in D} \frac{1}{2} \boldsymbol{f}(\boldsymbol{x})^{\mathrm{T}} \boldsymbol{f}(\boldsymbol{x}) \tag{8.6}$$

这是求多元函数 $\varphi(\boldsymbol{x})$ 极小的问题，由极值存在的必要条件，若 $\boldsymbol{f}$ 在 D 上可微，$\varphi(\boldsymbol{x})$ 对 $\boldsymbol{x}$ 求导可得 $\varphi(\boldsymbol{x})$ 的极小点满足方程

$$\boldsymbol{g}(\boldsymbol{x}) = \nabla \varphi(\boldsymbol{x}) = \boldsymbol{D}\boldsymbol{f}(\boldsymbol{x})^{\mathrm{T}} \boldsymbol{f}(\boldsymbol{x}) = \boldsymbol{0} \tag{8.7}$$

称为法方程. 其中

$$\boldsymbol{D f}(\boldsymbol{x})^{\mathrm{T}}=\begin{pmatrix}\frac{\partial f_1}{\partial x_1} & \frac{\partial f_2}{\partial x_1} & \cdots & \frac{\partial f_m}{\partial x_1} \\ \vdots & \vdots & & \vdots \\ \frac{\partial f_1}{\partial x_n} & \frac{\partial f_2}{\partial x_n} & \cdots & \frac{\partial f_m}{\partial x_n}\end{pmatrix}$$

为了构造求解方程(8.7)的迭代法，可将 $\boldsymbol{f}(\boldsymbol{x})$在 $\boldsymbol{x}^k$ 点线性展开

$$\boldsymbol{f}(\boldsymbol{x}) \approx \boldsymbol{D f}(\boldsymbol{x}^k)(\boldsymbol{x}-\boldsymbol{x}^k)+\boldsymbol{f}(\boldsymbol{x}^k)=\boldsymbol{l}_k(\boldsymbol{x})$$

在(8.7)中用 $\boldsymbol{l}_k(\boldsymbol{x})$代替 $\boldsymbol{f}(\boldsymbol{x})$，$\boldsymbol{D f}(\boldsymbol{x}^k)$代替 $\boldsymbol{D f}(\boldsymbol{x})$，得

$$\boldsymbol{D f}(\boldsymbol{x}^k)^{\mathrm{T}} \boldsymbol{l}_k(\boldsymbol{x})=\mathbf{0}$$

并将它的解记作 $\boldsymbol{x}^{k+1}$，于是有

$$\boldsymbol{x}^{k+1}=\boldsymbol{x}^k-[\boldsymbol{D f}(\boldsymbol{x}^k)^{\mathrm{T}} \boldsymbol{D f}(\boldsymbol{x}^k)]^{-1} \boldsymbol{D f}(\boldsymbol{x}^k)^{\mathrm{T}} \boldsymbol{f}(\boldsymbol{x}^k) \qquad (8.8)$$

称此公式为**高斯-牛顿法**，采用(8.7)的记号，并令

$$\boldsymbol{G}(\boldsymbol{x})=\boldsymbol{D f}(\boldsymbol{x})^{\mathrm{T}} \boldsymbol{D f}(\boldsymbol{x}) \qquad (8.9)$$

则(8.8)可改写成

$$\boldsymbol{x}^{k+1}=\boldsymbol{x}^k-\boldsymbol{G}(\boldsymbol{x}^k)^{-1} \boldsymbol{g}(\boldsymbol{x}^k), \quad k=0,1,\cdots \qquad (8.10)$$

它形式上与解方程(8.7)的牛顿法相似，但它不是牛顿法，因为解(8.7)的牛顿法要计算 $\boldsymbol{f}(\boldsymbol{x})$的 2 阶导数，比较复杂，而这里只计算 $\boldsymbol{D f}(\boldsymbol{x}^k)$，较为简单，且仍具有较好的性质. 事实上，若 $\boldsymbol{f}(\boldsymbol{x})=\boldsymbol{A}\boldsymbol{x}-\boldsymbol{b}$，其中 $\boldsymbol{A} \in \mathbf{R}^{m \times n}$，$n<m$，$\operatorname{rank}(\boldsymbol{A})=n$，则(8.5)的 $\varphi(\boldsymbol{x})$是二次函数. 这时有

$$\boldsymbol{g}(\boldsymbol{x})=\nabla \varphi(\boldsymbol{x})=\boldsymbol{A}^{\mathrm{T}}(\boldsymbol{A} \boldsymbol{x}-\boldsymbol{b}), \quad \boldsymbol{G}(\boldsymbol{x})=\boldsymbol{A}^{\mathrm{T}} \boldsymbol{A}$$

$\boldsymbol{A}^{\mathrm{T}} \boldsymbol{A}$ 为对称正定矩阵. 对于任意初始近似 $\boldsymbol{x}^0 \in \mathbf{R}^n$，用高斯-牛顿法(8.10)经一步迭代则可得问题(8.6)的解 $\boldsymbol{x}^1=\boldsymbol{x}^*=(\boldsymbol{A}^{\mathrm{T}} \boldsymbol{A})^{-1} \boldsymbol{A}^{\mathrm{T}} \boldsymbol{b}$，称此性质为二次终止性. 对于一般非线性函数 $\boldsymbol{f}(\boldsymbol{x})$，由(8.9)定义的 $\boldsymbol{G}(\boldsymbol{x})$是对称非负定矩阵. 如果 $\boldsymbol{G}(\boldsymbol{x}^k)$正定，在(8.10)中记

$$\boldsymbol{p}_k=-\boldsymbol{G}(\boldsymbol{x}^k)^{-1} \boldsymbol{g}(\boldsymbol{x}^k)=-\boldsymbol{G}(\boldsymbol{x}^k)^{-1} \nabla \varphi(\boldsymbol{x}^k)$$

于是

$$\boldsymbol{p}_k^{\mathrm{T}}\nabla\varphi(\boldsymbol{x}^k) = -\boldsymbol{p}_k^{\mathrm{T}}\boldsymbol{G}(\boldsymbol{x}^k)\boldsymbol{p}_k < 0$$

它表明向量 $\boldsymbol{p}_k$ 与 $-\nabla\varphi(\boldsymbol{x}^k)$ 的方向一致，是 $\varphi(\boldsymbol{x})$ 在点 $\boldsymbol{x}^k$ 处的下降方向. 为了防止 $\boldsymbol{G}(\boldsymbol{x}^k)$ 奇异或病态，可加一个阻尼项，即令

$$\hat{\boldsymbol{G}}(\boldsymbol{x}^k) = \boldsymbol{G}(\boldsymbol{x}^k) + \mu_k\boldsymbol{I} \tag{8.11}$$

当阻尼因子 $\mu_k>0$ 时，显然 $\hat{\boldsymbol{G}}(\boldsymbol{x}^k)$ 是对称正定矩阵，从而

$$\boldsymbol{p}_k(\mu_k) = -\hat{\boldsymbol{G}}(\boldsymbol{x}^k)^{-1}\nabla\varphi(\boldsymbol{x}^k) \tag{8.12}$$

是 $\varphi(\boldsymbol{x})$ 在点 $\boldsymbol{x}^k$ 处的下降方向. 于是可构造迭代法

$$\boldsymbol{x}^{k+1} = \boldsymbol{x}^k - \hat{\boldsymbol{G}}(\boldsymbol{x}^k)^{-1}\nabla\varphi(\boldsymbol{x}^k) \quad k = 0,1,\cdots \tag{8.13}$$

称为阻尼最小二乘法，或称为 **Levenbery-Marquardt 法**，它是高斯-牛顿法的改进，当 $\mu_k>0$ 时总可保证 $\varphi(\boldsymbol{x}^{k+1})<\varphi(\boldsymbol{x}^k)$，因而 $\{\boldsymbol{x}^k\}$ 总是收敛的，但当 $\mu_k>0$ 太大时序列 $\{\boldsymbol{x}^k\}$ 收敛速度下降，而若 μ_k 太小则收敛域过小，初始近似 $\boldsymbol{x}^0$ 受限制，当然要选得合适的 μ_k 较为困难，但原则上 μ_k 应取小的正数，例如 $\mu_k=10^{-4}\sim10^{-2}$. 通常可取 $\mu_0=10^{-2}$，然后通过计算加以调节，具体计算方案可以有不同设计，由于此方法是常用的重要方法，下面给出一种具体算法步骤.

算法（阻尼最小二乘法）

步骤 1 置初始近似 $\boldsymbol{x}^0\in\mathbf{R}^n$，误差限 $\varepsilon>0$，阻尼因子 μ_0（可取 $\mu_0=10^{-2}$），缩放常数 $\nu>1$（取 $\nu=2,5$ 或 10），$0\to k$；

步骤 2 计算 $\boldsymbol{f}(\boldsymbol{x}^k)$，$\boldsymbol{Df}(\boldsymbol{x}^k)$，$\nabla\varphi(\boldsymbol{x}^k)$ 及 $\boldsymbol{G}(\boldsymbol{x}^k)$，$\varphi(\boldsymbol{x}^k)$，$0\to j$；

步骤 3 解方程组 $[\boldsymbol{G}(\boldsymbol{x}^k)+\mu_k\boldsymbol{I}]\boldsymbol{p}_k=-\nabla\varphi(\boldsymbol{x}^k)$，求得 $\boldsymbol{p}_k(\mu_k)=\boldsymbol{p}_k$；

步骤 4 计算 $\boldsymbol{x}^{k+1}=\boldsymbol{x}^k+\boldsymbol{p}_k(\mu_k)$ 及 $\varphi(\boldsymbol{x}^{k+1})$；

步骤 5 若 $\varphi(\boldsymbol{x}^{k+1})<\varphi(\boldsymbol{x}^k)$ 且 $j=0$，则取 $\mu_k=\dfrac{\mu_k}{\nu}$，$1\to j$，转步 3，否则 $j\neq0$ 转步 7；

步骤 6 若 $\varphi(\boldsymbol{x}^{k+1})\geqslant\varphi(\boldsymbol{x}^k)$，则取 $\mu_k=\nu\mu_k$，$1\to j$ 转步 3；

步骤 7 若满足 $\|\boldsymbol{p}_k\|\leqslant\varepsilon$ 或其他收敛准则，则 $\boldsymbol{x}^{k+1}$ 为极小点 $\boldsymbol{x}^*$ 的近似，停止；否则将 $\boldsymbol{x}^{k+1}\to\boldsymbol{x}^k$，$k+1\to k$，转步 2.

例 8.1 设非线性最小二乘的数学模型为

$$y(t) = x_1 e^{x_2/t} + x_3$$

用它拟合表 4-7 的实验数据,试用阻尼最小二乘法确定参数 x_1, x_2, x_3.

表 4-7

i	1	2	3	4	5	6	7	8
t_i	0.2	1	2	3	5	7	11	16
y_i	5.05	8.88	11.63	12.93	14.15	14.73	15.30	15.60

解 这里 $m=8, n=3$,

$$\varphi(x_1, x_2, x_3) = \frac{1}{2}\sum_{i=1}^{8}[y(t_i) - y_i]^2 = \frac{1}{2}\sum_{i=1}^{8}[(x_1 e^{x_2/t_i} + x_3) - y_i]^2$$

$\boldsymbol{f}=(f_1,\cdots,f_8)^{\mathrm{T}}$,其中 $f_i(x_1,x_2,x_3)=x_1 e^{x_2/t_i}+x_3-y_i$, $i=1,\cdots,8$, (t_i,y_i)由表 4-7 给出. 若取 $\boldsymbol{x}^0=(10,-1,4)$,采用阻尼最小二乘法计算,迭代 4 次可得 $\boldsymbol{x}^*=(11.3457,-1.0730,4.9974)^{\mathrm{T}}$,从而得到拟合曲线为

$$y(t) = 11.3457 e^{-1.0730/t} + 4.9974$$

$$\varphi(\boldsymbol{x}^*) = \frac{1}{2}\boldsymbol{f}(\boldsymbol{x}^*)^{\mathrm{T}}\boldsymbol{f}(\boldsymbol{x}^*) = 9.9385 \times 10^{-5}$$

评　　注

求非线性方程组的解是科学计算中常遇到的问题,有很多实际背景. 将问题转化为求不动点并构造不动点迭代法是研究解存在唯一的有效方法,但一般情况迭代序列只是线性收敛,并不实用. 最经典的求解方法是牛顿法,它可由单变量方程的牛顿法推广而得到,由于此方法收敛快,至今仍是一个常用算法,并且很多新算法也是针对牛顿法存在缺点而加以改进的. 对牛顿法研究已有

百年历史，早在 1899 年 Runge 就在 $\mathbf{R}^n$ 条件下给出收敛性定理，1916 年 Fine 第 1 次在不假定方程组解存在的条件下证明了牛顿法收敛，以后有不少类似定理，但最著名的半局部收敛定理是 Kantorovich 于 1948 年给出的（即本章定理 10），以后在误差估计及收敛性证明方面又有新的改进[25]．除本章介绍的各种牛顿法变形外，较重要的还有割线法及 Brown 法及 Brent 方法[26]．拟牛顿法是 20 世纪 60 年代以后发展起来的一类重要方法，有关文献达一千多篇，这里我们只介绍了 Broyden 秩 1 算法．由于常用的迭代法都只具有局部收敛性，因此扩大收敛域成为实际求解必须解决的重要问题，延拓法是解决这一问题的有效途径，最早是由 Lahaye 于 1948 年将它用于求解方程组，把延拓法与 Cauchy 问题联系起来研究参数微分法是 Davidenko 于 1953 年给出的，但从理论上研究同伦方程解曲线的存在唯一性、同伦曲线跟踪算法及求转向点和分歧点等问题，都是在近二三十年的事情，有关自动变同伦算法是作为求解非线性方程组算法提出的[27]，我们所做的大量计算表明求解成功率在 90%以上，缺点是计算量较大．

多分裂方法是适合并行计算的方法，是由 O. Leary 及 White 于 1985 年首先针对线性方程提出的[28]，以后 10 年中有关线性、非线性多分裂方法有大量文献，本章第 7 节的内容主要取自文献[31]，我们也做了一些工作．值得一提的是，由于多分裂方法把大规模问题转化成若干小规模问题，就是不作并行计算，其计算复杂性也更好．

习　题

1．定义 $f:\mathbf{R}^2\to\mathbf{R}$ 如下：$f(x_1,x_2)=\begin{cases}x_1, & \text{当 } x_2=0\\ x_2, & \text{当 } x_1=0\\ 1, & \text{其余}(x_1,x_2)\end{cases}$ 证明

$\dfrac{\partial f(\mathbf{0})}{\partial x_1}$及$\dfrac{\partial f(\mathbf{0})}{\partial x_2}$均存在，但 f 在点$(0,0)$处不可导.

2. 给出一个线性映射 $\boldsymbol{B}:\mathbf{R}^2\to\mathbf{R}^2$ 和 $\mathbf{R}^2$ 上两种范数的例子，使得 $\boldsymbol{B}$ 对一种范数是压缩的，对另一种范数不是压缩的.

3. 若 $G(x)=\dfrac{1}{2}x+2$，证明 $G(x)$在$[0,1]$上是压缩的，但没有不动点.

4. 证明由 $G(x)=\ln(1+\mathrm{e}^x)$定义的函数 $G:\mathbf{R}\to\mathbf{R}$，在任何闭区间$[a,b]$上是压缩的，但没有不动点.

5. $G:\mathbf{R}\to\mathbf{R}$ 定义为 $G(x)=x-x^3$，证明 $x^*=0$ 是 $x^{k+1}=G(x^k)(k=0,1,\cdots)$的一个吸引点；另一方面，若 $G(x)=x+x^3$，证明 $x=0$ 不是吸引点.

6. 设 $\boldsymbol{G}:\mathbf{R}^2\to\mathbf{R}^2$ 定义为 $\boldsymbol{G}(\boldsymbol{x})=\begin{pmatrix}x_1^2-x_2\\ x_2^2\end{pmatrix}$，证明 $\boldsymbol{x}^*=\mathbf{0}$ 是 $\boldsymbol{x}^{k+1}=\boldsymbol{G}(\boldsymbol{x}^k)(k=0,1,\cdots)$的一个吸引点.

7. 设 $\boldsymbol{G}:D\subset\mathbf{R}^n\to\mathbf{R}^n$，$\boldsymbol{x}^*\in\mathrm{int}(D)$是 $\boldsymbol{G}(\boldsymbol{x})$的一个不动点，假定在某一球 $S=S(\boldsymbol{x}^*,r)\subset D$ 上，$\boldsymbol{G}(\boldsymbol{x})$是可导的，$\boldsymbol{G}'(\boldsymbol{x}^*)=\mathbf{0}$，且

$$\|\boldsymbol{G}'(\boldsymbol{x})\|\leqslant\alpha\|\boldsymbol{x}-\boldsymbol{x}^*\|^{\sigma},\quad \sigma>0,\forall\,\boldsymbol{x}\in S$$

证明 $\boldsymbol{x}^*$ 是 $\boldsymbol{x}^{k+1}=\boldsymbol{G}(\boldsymbol{x}^k)$的一个吸引点，且$\{\boldsymbol{x}^k\}$的收敛阶不小于$1+\sigma$.

8. 序列$\{x^k\}$定义为 $x^{2i-1}=\dfrac{1}{i!}$，$x^{2i}=2x^{2i-1}$，$i=1,2,\cdots$，证明 $\lim\limits_{k\to\infty}x^k=0$ 且$\lim\limits_{k\to\infty}\dfrac{\|x^{k+1}-x^k\|}{\|x^k-x^*\|}=1$，但$\{x^k\}$不是超线性收敛的.

9. 给定非线性方程组$\begin{cases}x_1=0.7\sin x_1+0.2\cos x_2=g_1(x_1,x_2)\\ x_2=0.7\cos x_1-0.2\sin x_2=g_2(x_1,x_2)\end{cases}$

(1) 应用压缩映射定理证明 $\boldsymbol{G}=(g_1,g_2)$在 $D=\{(x_1,x_2)\mid 0\leqslant x_1,x_2\leqslant 1.0\}$中有唯一不动点.

(2) 用不动点迭代法求方程组的解，使$\|\boldsymbol{x}^k-\boldsymbol{x}^{k-1}\|\leqslant\dfrac{1}{2}\times$

10^{-3}时停止迭代.

10. 用牛顿法求下列非线性方程组的解,迭代到 $\|\boldsymbol{x}^k-\boldsymbol{x}^{k-1}\|\leqslant\frac{1}{2}\times10^{-5}$ 为止.

(1) $\begin{cases}x_1^2+x_2^2-4=0,\\x_1^2-x_2^2-1=0.\end{cases}$ 取 $\boldsymbol{x}^0=(1.6,1.2)^{\mathrm{T}}$

(2) $\begin{cases}3x_1^2-x_2^2=0,\\3x_1x_2^2-x_1^3-1=0.\end{cases}$ 取 $\boldsymbol{x}^0=(0.8,0.4)^{\mathrm{T}}$

11. 用简化牛顿法(4.9)及修正牛顿法(4.10)(取 $m=3$)求上题各方程组的解.

12. 用牛顿下山法求如下方程组的解.

$$\begin{cases}x_1^2+10x_1x_2+4x_2^2+0.741006=0,\\x_1^2-3x_1x_2+2x_2^2-1.0201228=0.\end{cases}\quad 取\ \boldsymbol{x}^0=(0.1,-0.1)^{\mathrm{T}}$$

$\|\boldsymbol{x}^k-\boldsymbol{x}^{k-1}\|\leqslant\frac{1}{2}\times10^{-5}$,打印 $\boldsymbol{x}^k$、$\|\boldsymbol{F}(\boldsymbol{x}^k)\|_\infty$及迭代次数 k.

13. 写出一步 Newton-SOR 迭代法与一步 SOR-Newton 迭代法,说明它们是不同的.

14. 设 $\mathbf{A}\in\mathbf{R}^{n\times n}$,$\mathbf{A}^{-1}$存在,$\boldsymbol{u},\boldsymbol{v}\in\mathbf{R}^n$,若 $1+\boldsymbol{v}^{\mathrm{T}}\mathbf{A}^{-1}\boldsymbol{u}\neq0$,试证 $(\mathbf{A}+\boldsymbol{u}\boldsymbol{v}^{\mathrm{T}})^{-1}=\mathbf{A}^{-1}-\frac{1}{\sigma}(\mathbf{A}^{-1}\boldsymbol{u}\boldsymbol{v}^{\mathrm{T}}\mathbf{A}^{-1})$,其中 $\sigma=1+\boldsymbol{v}^{\mathrm{T}}\mathbf{A}^{-1}\boldsymbol{u}$.

15. 用逆 Broyden 方法(5.13)求下列方程组的数值解

(1) $\begin{cases}x_1+\cos(x_1x_2x_3)-1=0,\\(1-x_1)^{1/4}+x_2+0.05x_3^2-0.15x_3-1=0,\\-x_1^2-0.1x_2^2+0.01x_2+x_3-1=0.\end{cases}$

$$\boldsymbol{x}^0=(0.01,0.1,0.7)^{\mathrm{T}}$$

(2) $\begin{cases}4x_1^2+x_2^2+2x_1x_2-x_2-2=0,\\2x_1^2+3x_1x_2+x_2^2-3=0.\end{cases}$ $\boldsymbol{x}^0=(0.4,0.9)^{\mathrm{T}}$

迭代到 $\|\boldsymbol{x}^k-\boldsymbol{x}^{k-1}\|\leqslant\frac{1}{2}\times10^{-5}$ 为止.

16. 设 $f:\mathbf{R}\to\mathbf{R}$ 定义为 $f(x)=x^2+x+1$. 若同伦取为 $H(x,$

$t)=tf(x)+(1-t)(x-x^0)$，当 $x^0=1$ 时，求方程 $H(x,t)=0$ 的解曲线 $x=x(t)$.

17. 用同伦(6.4)及解方程组的牛顿法，给出数值延拓法的计算公式.

18. 若同伦采用(6.4)，解常微分方程用 2 阶龙格-库塔法 $y_{n+1}=y_n+\frac{h}{2}[f(x_n,y_n)+f(x_n+h,y_n+hf(x_n,y_n))]$，试写出参数微分法解 $F(x)=0$ 的计算公式.

19. 用参数微分法(6.14)求解下面的方程组

$$\begin{cases} 12x_1-x_2^2-4x_3-7=0, \\ x_1^2+10x_2-x_3-11=0, \\ x_2^3+10x_3-8=0. \end{cases} \quad 取\ \boldsymbol{x}^0=(1,1,1)^{\mathrm{T}}$$

20. 根据非线性多分裂定义及非线性雅可比迭代(4.21)给出解方程组 $\boldsymbol{F}(\boldsymbol{x})=\boldsymbol{0}$ 的 NM-Jacobi 方法.

21. 根据非线性多分裂定义及一步雅可比-牛顿法(4.23)，给出解方程组 $\boldsymbol{F}(\boldsymbol{x})=\boldsymbol{0}$ 的一步 NM-Jacobi-Newton 法公式.

22. 设非线性最小二乘问题的数学模型为

$$f(t;\boldsymbol{x})=\frac{x_1x_3t_1}{1+x_1t_1+x_2t_2}$$

用它拟合下列实验数据

t_1	1.0	2.0	1.0	2.0	0.1
t_2	1.0	1.0	2.0	2.0	0.0
f	0.126	0.219	0.076	0.126	0.186

试列出对应最小二乘问题的法方程，并用阻尼最小二乘法求问题的解，精度要求 $\varepsilon=10^{-3}$.

数值实验题

实验 4.1 （算法设计与比较）

问题提出：非线性方程组的数值求解方法很多，基本的思想是线性化. 不同的方法效果如何，要靠计算的实践来分析、比较.

实验内容：考虑算法

(1) 牛顿法；

(2) 简化牛顿法；

(3) 牛顿下山法；

(4) 拟牛顿法.

分别编写它们的 Matlab 程序. 如果你有良好的网络环境，可以从下面的网址直接下载已有的 Matlab 程序.

http://www.siam.org/books/kelley/kellcode.htm

实验要求：

(1) 用上述各种方法，分别计算下面的两个例子. 在达到精度相同的前提下，比较其迭代次数、浮点运算次数和 CPU 时间等.

$$① \begin{cases} 12x_1 - x_2^2 - 4x_3 - 7 = 0 \\ x_1^2 + 10x_2 - x_3 - 11 = 0 \\ x_2^3 + 10x_3 - 8 = 0 \end{cases} \quad 取\ \boldsymbol{x}^{(0)} = (1,1,1)^{\mathrm{T}} \tag{E.4.1}$$

$$② \begin{cases} 3x_1 - \cos(x_2x_3) - \dfrac{1}{2} = 0 \\ x_1^2 - 81(x_2 + 0.1)^2 + \sin x_3 \\ \quad + 1.06 = 0 \\ \mathrm{e}^{-x_1x_2} + 20x_3 + \dfrac{1}{3}(10\pi - 3) = 0 \end{cases} \quad 取\ \boldsymbol{x}^{(0)} = (0,0,0)^{\mathrm{T}} \tag{E.4.2}$$

(2) 取其他初值 $\boldsymbol{x}^{(0)}$，结果又如何？反复选取不同的初值，比较其结果.

(3) 在第 2 章的实验 2.4 中，我们离散线性的积分方程，得到线性代数方程组. 如果积分方程是非线性的，离散它就会得到非线

性问题.考虑 H-方程

$$H(\mu)-\left(1-\frac{c}{2}\int_0^1\frac{\mu H(v)}{\mu+\nu}d\nu\right)^{-1}=0 \qquad (E.4.3)$$

选择适当的积分方法,给出上述方程的离散.

(4) 取参数 $c=0.9999$,离散点个数 $N=100$,用本实验中的各种方法计算 H-方程的解.在计算精度相同的前提下,比较迭代次数、浮点运算次数等指标.

(5) 总结归纳你的实验结果,试说明各种方法适用的问题.

实验 4.2 (同伦算法)

问题提出: 实验 4.1 中尝试的各种方法其收敛都依赖于"充分好"的初值.

实验内容: 基于实验 4.1 中已有的算法程序,编写同伦算法的 Matlab 程序.

实验要求:

(1) 针对实验 4.1 中的两个小规模的问题(E.4.1)、(E.4.2),选择各局部迭代方法不收敛的初值 $\boldsymbol{x}^{(0)}$,用同伦算法求其解.

(2) 统计同伦算法每次计算的浮点运算次数和 CPU 时间.

(3) 根据你的实验结果,从初值选取和运算时间等方面,分析比较同伦算法和牛顿法.

(4) 尝试计算(E.4.3).

实验 4.3 (多分裂算法)

问题提出: 对大型线性与非线性方程组求解,用多分裂方法比不分裂而按原方程求解节省时间.可通过数值实验实际了解不同多分裂的计算复杂性及并行计算加速比.

实验内容: 考虑拟线性椭圆型方程

$$\begin{cases}\dfrac{\partial^2 u}{\partial x^2}+\dfrac{\partial^2 u}{\partial y^2}=u^2, & (x,y)\in D=[0,2]\times[0,2]\\ u\,|_{\partial D}=12, & \partial D \text{ 为 } D \text{ 的边界}\end{cases}$$

用类似于例 7.1 的正方形网格导出离散化的差分方程组，若取 $N=20$，得到 $n=400$ 的非线性方程组，分别用以下 4 种不同的多分裂求解不同规模的方程组：

算法 1 $L=1$（即不分裂），此时方程规模为 $n=400$.

算法 2 $L=4$，块多分裂 $\{(\boldsymbol{F}_l,\boldsymbol{E}_l)\mid l=1,2,3,4\}$，4 个块为

$$S_1=\{(i,j)\mid 1\leqslant i\leqslant 20,1\leqslant j\leqslant 10\}$$
$$S_2=\{(i,j)\mid 1\leqslant i\leqslant 20,11\leqslant j\leqslant 20\}$$
$$S_3=\{(i,j)\mid 1\leqslant i\leqslant 10,1\leqslant j\leqslant 20\}$$
$$S_4=\{(i,j)\mid 11\leqslant i\leqslant 20,1\leqslant j\leqslant 20\}$$

这里 $\boldsymbol{E}_l$ 的对角元素的取法为：当其相应指标在 S_l 中时取为 0.5，否则为 0. 单独问题规模为 200.

算法 3 $L=20$，块多分裂 $\{(\boldsymbol{F}_l,\boldsymbol{E}_l)\mid l=1,\cdots,20\}$，20 个块分别为

$$S_l=\{(l,j)\mid j=1,\cdots,20\},l=1,\cdots,20$$

这里 $\boldsymbol{E}_l$ 的对角元素的取法为：当其相应指标在 S_l 中时取为 1，否则取 0. 单独问题规模为 20.

算法 4 $L=400$，块多分裂 $\{(\boldsymbol{F}_l,\boldsymbol{E}_l)\mid l=1,\cdots,400\}$，400 个块为 $S_l=\{(l,l)\},l=1,\cdots,400$.

对以上 4 种不同的多分裂，分别用 NM-Newton 法(7.16)及 NM-SOR-Newton 法(7.19)($\omega_l=\omega=1,1.2,1.6$)求解.

实验要求：

(1) 取初始近似 $u_{ij}^0=10(i,j=1,\cdots,20)$ 迭代计算到 $\|\boldsymbol{u}^k-\boldsymbol{u}^{k+1}\|_2\leqslant 10^{-4}$ 为止，记下不同分裂的迭代次数及计算的 CPU 时间.

(2) 对算法 2，3，4 的分裂方法，分别求其加速比及其并行效率.

第5章　矩阵特征值问题的计算方法

设 $\mathbf{A}\in\mathbf{R}^{n\times n}$，或 $\mathbf{A}\in\mathbf{C}^{n\times n}$，特征值问题是求 $\lambda\in\mathbf{C}$ 及非零向量 $\boldsymbol{x}\in\mathbf{C}^n$，使

$$\mathbf{A}\boldsymbol{x}=\lambda\boldsymbol{x}$$

在很多科学与工程问题中会遇到特征值和特征向量的计算. 例如弹性薄膜的固有振动问题可描述为：求 λ 和非零函数 $u(x,y)$，满足

$$\begin{cases}-\left(\dfrac{\partial^2 u}{\partial x^2}+\dfrac{\partial^2 u}{\partial y^2}\right)=\lambda u, & x\in\Omega\\ u=0, & x\in\partial\Omega\end{cases}$$

为了简单，其中 $\Omega=\{(x,y)\mid -1<x,y<1\}$，$\partial\Omega$ 为 Ω 的边界. 用第3章模型问题的5点差分格式可以将这个微分算子的特征值问题转化为矩阵的特征值问题. 在电磁学、机械和结构振动等问题也会遇到类似的(或更复杂的)固有值、临界值等问题，所以特征值问题的计算有重要的意义.

$\mathbf{A}$ 的特征多项式 $p(\lambda)=\det(\lambda\boldsymbol{I}-\mathbf{A})$，当 $n\geqslant 5$ 时不能通过有限次四则和根式等运算准确求出 $p(\lambda)=0$ 的根，所以特征值问题主要的数值方法是迭代方法.

1　特征值问题的性质和估计

1-1　特征值问题的性质

除了一般线性代数课程讲述的性质外，这里再介绍一些基本的性质.

定理 1.1 设 $\boldsymbol{A}\in\mathbf{R}^{n\times n}$,且 $\boldsymbol{A}$ 为对称阵,则 $\boldsymbol{A}$ 的特征值都是实数,可排列为

$$\lambda_1 \geqslant \lambda_2 \geqslant \cdots \geqslant \lambda_n$$

对应的特征向量构成一个正交向量组 $\{\boldsymbol{x}_1,\boldsymbol{x}_2,\cdots,\boldsymbol{x}_n\}$. 且存在正交阵 $\boldsymbol{U}$,使 $\boldsymbol{U}^{\mathrm{T}}\boldsymbol{A}\boldsymbol{U}$ 为对角阵,并有

$$\lambda_i = \max_{\dim(W)=i} \min_{\substack{\boldsymbol{x}\in W\\ \boldsymbol{x}\neq\boldsymbol{0}}} \frac{(\boldsymbol{A}\boldsymbol{x},\boldsymbol{x})}{(\boldsymbol{x},\boldsymbol{x})} = \min_{\substack{\boldsymbol{x}\in \operatorname{span}(\boldsymbol{x}_1,\cdots,\boldsymbol{x}_i)\\ \boldsymbol{x}\neq\boldsymbol{0}}} \frac{(\boldsymbol{A}\boldsymbol{x},\boldsymbol{x})}{(\boldsymbol{x},\boldsymbol{x})} \tag{1.1}$$

$$\lambda_i = \min_{\dim(W)=n-i+1} \max_{\substack{\boldsymbol{x}\in W\\ \boldsymbol{x}\neq\boldsymbol{0}}} \frac{(\boldsymbol{A}\boldsymbol{x},\boldsymbol{x})}{(\boldsymbol{x},\boldsymbol{x})} = \max_{\substack{\boldsymbol{x}\in \operatorname{span}(\boldsymbol{x}_i,\cdots,\boldsymbol{x}_n)\\ \boldsymbol{x}\neq\boldsymbol{0}}} \frac{(\boldsymbol{A}\boldsymbol{x},\boldsymbol{x})}{(\boldsymbol{x},\boldsymbol{x})} \tag{1.2}$$

$$\lambda_n \leqslant \frac{(\boldsymbol{A}\boldsymbol{x},\boldsymbol{x})}{(\boldsymbol{x},\boldsymbol{x})} \leqslant \lambda_1,\ \forall\, \boldsymbol{x}\in\mathbf{R}^n,\boldsymbol{x}\neq\boldsymbol{0} \tag{1.3}$$

定理后半部(1.1)～(1.3)式的证明,可参阅文献[17],这也称为 **Courant-Fisher** 定理. 其中(1.2)式当 $i=1$ 时有

$$\lambda_1 = \max_{\substack{\boldsymbol{x}\in\mathbf{R}^n\\ \boldsymbol{x}\neq\boldsymbol{0}}} \frac{(\boldsymbol{A}\boldsymbol{x},\boldsymbol{x})}{(\boldsymbol{x},\boldsymbol{x})} = \frac{(\boldsymbol{A}\boldsymbol{x}_1,\boldsymbol{x}_1)}{(\boldsymbol{x}_1,\boldsymbol{x}_1)} \tag{1.4}$$

其中 $\boldsymbol{x}_1$ 为对应于 λ_1 的特征向量. 类似地有

$$\lambda_n = \min_{\substack{\boldsymbol{x}\in\mathbf{R}^n\\ \boldsymbol{x}\neq\boldsymbol{0}}} \frac{(\boldsymbol{A}\boldsymbol{x},\boldsymbol{x})}{(\boldsymbol{x},\boldsymbol{x})} = \frac{(\boldsymbol{A}\boldsymbol{x}_n,\boldsymbol{x}_n)}{(\boldsymbol{x}_n,\boldsymbol{x}_n)} \tag{1.5}$$

上面的比 $(\boldsymbol{A}\boldsymbol{x},\boldsymbol{x})/(\boldsymbol{x},\boldsymbol{x})$ 称为 **Rayleigh 商**.

对于复矩阵的情形,对称阵的条件应改为"$\boldsymbol{A}$ 是 Hermite 阵",即 $\boldsymbol{A}^{\mathrm{H}}=\boldsymbol{A}$. 定理中的正交阵 $\boldsymbol{U}$ 改为"酉矩阵 $\boldsymbol{U}$",则定理结论仍成立.

由定理 1.1 可以得到下面对称阵的特征值隔离定理.

定理 1.2 设 $\boldsymbol{A}\in\mathbf{R}^{n\times n}$,且 $\boldsymbol{A}$ 为对称阵,其特征值排列成

$$\lambda_1 \geqslant \lambda_2 \geqslant \cdots \geqslant \lambda_n$$

设 $\boldsymbol{S}_m\in\mathbf{R}^{n\times m}$,$\boldsymbol{S}_m$ 的各列是规范正交的,对称阵 $\boldsymbol{A}_m=\boldsymbol{S}_m^{\mathrm{T}}\boldsymbol{A}\boldsymbol{S}_m\in\mathbf{R}^{m\times m}$的特征值可排列成

$$\mu_1 \geqslant \mu_2 \geqslant \cdots \geqslant \mu_m$$

则有

$$\lambda_j \geqslant \mu_j, \qquad \lambda_{n-j+1} \leqslant \mu_{m-j+1}, j = 1,\cdots,m$$

1-2　特征值的估计

定理 1.3(Gershgorin 圆盘定理)　设 $\boldsymbol{A}\in\mathbf{C}^{n\times n}$，$\boldsymbol{A}=(a_{ij})$，则 $\boldsymbol{A}$ 的特征值

$$\lambda \in \bigcup_{i=1}^{n} D_i$$

其中 D_i 为复平面上以 a_{ii} 为中心，$r_i=\sum_{\substack{j=1\\j\neq i}}^{n}|a_{ij}|$ 为半径的圆盘，即

$$D_i = \{z \in \mathbf{C} \mid |z - a_{ii}| \leqslant r_i\}, \quad i = 1,\cdots,n \tag{1.6}$$

证明　设 $\boldsymbol{Ax}=\lambda\boldsymbol{x}$，$\boldsymbol{x}\neq\mathbf{0}$，记 $\boldsymbol{D}=\mathrm{diag}(a_{11},\cdots,a_{nn})$，则有

$$(\boldsymbol{A}-\boldsymbol{D})\boldsymbol{x} = (\lambda\boldsymbol{I}-\boldsymbol{D})\boldsymbol{x}$$

若 $\lambda=a_{ii}$，定理显然成立. 现设 $\lambda\neq a_{ii}$，$i=1,\cdots,n$. 从

$$(\lambda\boldsymbol{I}-\boldsymbol{D})^{-1}(\boldsymbol{A}-\boldsymbol{D})\boldsymbol{x} = \boldsymbol{x}$$

两边取范数得到

$$\max_{1\leqslant i\leqslant n}|\lambda - a_{ii}|^{-1} r_i = \|(\lambda\boldsymbol{I}-\boldsymbol{D})^{-1}(\boldsymbol{A}-\boldsymbol{D})\|_\infty \geqslant 1$$

所以对某个 i，有 $|\lambda-a_{ii}|\leqslant r_i$，即得结论.

有了定理 1.3，我们可以从 $\boldsymbol{A}$ 的元素估得特征值所在范围. $\boldsymbol{A}$ 的 n 个特征值均落在 n 个圆盘上，但不一定每个圆盘都有一个特征值.

定理 1.4(第 2 圆盘定理)　设定理 1.3 所述的 n 个圆盘中，有 m 个圆盘构成一个连通域 S，且 S 与其余 $n-m$ 个圆盘严格分离，则 S 中恰有 $\boldsymbol{A}$ 的 m 个特征值，其中重特征根按其重数重复计算.

定理 1.4 的证明可参阅文献[5,17].

定理 1.3 和定理 1.4 中，若用 $\boldsymbol{A}^{\mathrm{T}}$ 代替 $\boldsymbol{A}$，可得到相应的结果，对于定理 1.4，特别令人感兴趣的是 $m=1$ 的情形，它说明每个孤立的圆盘恰有 $\boldsymbol{A}$ 的一个特征值.

设 $\boldsymbol{A}=(a_{ij})$，$\boldsymbol{B}=\mathrm{diag}(\alpha_1,\cdots,\alpha_n)$，其中 $\alpha_i\neq 0, i=1,\cdots,n$. 我们知道 $\boldsymbol{A}$ 与 $\boldsymbol{B}^{-1}\boldsymbol{A}\boldsymbol{B}=\left(\dfrac{a_{ij}\alpha_j}{\alpha_i}\right)$ 有相同的特征值，其对应的圆盘半径为 $\sum\limits_{\substack{i=1\\ i\neq j}}^{n}\left|\dfrac{a_{ij}\alpha_j}{\alpha_i}\right|$. 所以适当地选取 $\boldsymbol{B}$，可使某个圆盘半径相对地减小，更便于估计. 当然这样也同时会使其他某些圆盘半径变大.

例 1.1

$$\boldsymbol{A}=\begin{pmatrix}0.9 & 0.01 & 0.12\\ 0.01 & 0.8 & 0.13\\ 0.01 & 0.02 & 0.4\end{pmatrix}$$

$\boldsymbol{A}$ 的3个圆盘为：$D_1=\{z\,|\,|z-0.9|\leqslant 0.13\}$，$D_2=\{z\,|\,|z-0.8|\leqslant 0.14\}$，$D_3=\{z\,|\,|z-0.4|\leqslant 0.03\}$. $\boldsymbol{A}$ 的特征值在 $D_1\cup D_2\cup D_3$ 中，而 D_3 与 $D_2\cup D_1$ 是严格分离的，$\boldsymbol{A}$ 有一特征值在其中. 而且 $\boldsymbol{A}$ 若有复特征值，必成对共轭出现，所以 D_3 中特征值是实的. 现在为了进一步估计另外两个特征值，设法缩小 D_1 和 D_2 的半径，令 $\boldsymbol{B}=\mathrm{diag}(1,1,0.1)$，则

$$\boldsymbol{B}^{-1}\boldsymbol{A}\boldsymbol{B}=\begin{pmatrix}0.9 & 0.01 & 0.012\\ 0.01 & 0.08 & 0.013\\ 0.1 & 0.2 & 0.4\end{pmatrix}$$

新的圆盘为：$\overline{D}_1=\left\{z\,\middle|\,|z-0.9|\leqslant 0.022\right\}$，$\overline{D}_2=\left\{z\,\middle|\,|z-0.8|\leqslant 0.023\right\}$，$\overline{D}_3=\left\{z\,\middle|\,|z-0.4|\leqslant 0.3\right\}$. 这 3 个圆盘都是孤立的，每个圆盘中有 1 个特征值. 最后我们得到估计：$|\lambda_1-0.9|\leqslant 0.022$，$|\lambda_2-0.8|\leqslant 0.023$，$|\lambda_3-0.4|\leqslant 0.03$.

1-3　特征值的扰动

设 $\boldsymbol{A}$ 有扰动，我们要估计由此产生的特征值的扰动. 下面主要讨论 $\boldsymbol{A}$ 的 Jordan 标准形式是对角形的情形.

定理 1.5（Bauer-Fike 定理）　设 μ 是 $\boldsymbol{A}+\boldsymbol{E}\in\mathbf{R}^{n\times n}$ 的一个特征值，且 $\boldsymbol{P}^{-1}\boldsymbol{A}\boldsymbol{P}=\boldsymbol{D}\equiv\mathrm{diag}(\lambda_1,\cdots,\lambda_n)$，则有

$$\min_{\lambda\in\sigma(\boldsymbol{A})}|\lambda-\mu|\leqslant\|\boldsymbol{P}^{-1}\|_p\|\boldsymbol{P}\|_p\|\boldsymbol{E}\|_p$$

其中 $\|\cdot\|_p$ 为矩阵的 p 范数，$p=1,2,\infty$.

证明　只要考虑 $\mu\notin\sigma(\boldsymbol{A})$，这时 $\boldsymbol{D}-\mu\boldsymbol{I}$ 非奇异. 设 $\boldsymbol{x}$ 是 $\boldsymbol{A}+\boldsymbol{E}$ 对应于 μ 的特征向量，由 $(\boldsymbol{A}+\boldsymbol{E}-\mu\boldsymbol{I})\boldsymbol{x}=\mathbf{0}$ 左乘 $\boldsymbol{P}^{-1}$ 可得

$$(\boldsymbol{D}-\mu\boldsymbol{I})(\boldsymbol{P}^{-1}\boldsymbol{x})=-(\boldsymbol{P}^{-1}\boldsymbol{E}\boldsymbol{P})(\boldsymbol{P}^{-1}\boldsymbol{x})$$

$$\boldsymbol{P}^{-1}\boldsymbol{x}=-(\boldsymbol{D}-\mu\boldsymbol{I})^{-1}(\boldsymbol{P}^{-1}\boldsymbol{E}\boldsymbol{P})(\boldsymbol{P}^{-1}\boldsymbol{x})$$

$\boldsymbol{P}^{-1}\boldsymbol{x}$ 是非零向量，上式两边取范数有

$$\|(\boldsymbol{D}-\mu\boldsymbol{I})^{-1}(\boldsymbol{P}^{-1}\boldsymbol{E}\boldsymbol{P})\|_p\geqslant 1$$

而对角阵 $(\boldsymbol{D}-\mu\boldsymbol{I})^{-1}$ 的范数为

$$\|(\boldsymbol{D}-\mu\boldsymbol{I})^{-1}\|_p=\frac{1}{m},\quad m=\min_{\lambda\in\sigma(\boldsymbol{A})}|\lambda-\mu|$$

所以有

$$\|\boldsymbol{P}^{-1}\|_p\|\boldsymbol{E}\|_p\|\boldsymbol{P}\|_p\geqslant m$$

即得定理结论，这时总有 $\sigma(\boldsymbol{A})$ 中的一个 λ 取到 m 值.

由定理 1.5 可知 $\|\boldsymbol{P}^{-1}\|\,\|\boldsymbol{P}\|=\mathrm{cond}(\boldsymbol{P})$ 是特征值扰动的放大系数. 但是将 $\boldsymbol{A}$ 化为对角阵的相似变换矩阵 $\boldsymbol{P}$ 不是唯一的，所以取 $\mathrm{cond}(\boldsymbol{P})$ 的下确界

$$\nu(\boldsymbol{A})=\inf\{\mathrm{cond}(\boldsymbol{P})\mid\boldsymbol{P}^{-1}\boldsymbol{A}\boldsymbol{P}=\mathrm{diag}(\lambda_1,\cdots,\lambda_n)\}\tag{1.7}$$

称为**特征值问题的条件数**. 这样有

$$\sigma(\boldsymbol{A}+\boldsymbol{E})\subset\bigcup_{i=1}^{n}\{z\in\mathbf{C}\mid|z-\lambda_i|\leqslant\nu(\boldsymbol{A})\|\boldsymbol{E}\|\}\tag{1.8}$$

只要 $\nu(\boldsymbol{A})$ 不很大，矩阵微小扰动只带来特征值的微小扰动. 但是

$\nu(\boldsymbol{A})$难以计算，有时对于一个 $\boldsymbol{P}$，用 cond($\boldsymbol{P}$)代替 $\nu(\boldsymbol{A})$来分析.

特征值问题的条件数和解方程组时讨论的矩阵条件数是两个不同的概念. 对于一个矩阵 $\boldsymbol{A}$，可能出现一者大而另一者小的情况. 例如看 2 阶对角阵 $\boldsymbol{A}=\mathrm{diag}(1,10^{-10})$，有 $\nu(\boldsymbol{A})=1$，但解方程的矩阵条件数为 10^{10}.

以上讨论对 $\boldsymbol{A}\in\mathbf{C}^{n\times n}$同样成立. 可以验证对于正规矩阵(满足 $\boldsymbol{A}^{\mathrm{H}}\boldsymbol{A}=\boldsymbol{A}\boldsymbol{A}^{\mathrm{H}}$)，取 2-范数的情形，$\boldsymbol{P}$ 可取为酉矩阵，有 $\nu(\boldsymbol{A})=1$，即正规阵具有最好的特征值问题的 2-条件数. 对于非正规矩阵的情形，事实上扰动可能对某些特征值是敏感的，而对另一些特征值并不敏感. 所以还可以进一步讨论关于某个特征值 λ 的条件数. 可参阅文献[20].

2　正交变换和矩阵分解

本节讨论的 Householder 变换和 Givens 变换是计算特征值问题及其他矩阵计算问题的有力工具，我们利用它们讨论矩阵的分解. 本节主要讨论实矩阵和实向量，这不难推广到复的情形，这时有关讨论中的正交阵应换成酉矩阵.

2-1　Householder 变换

定义 2.1　设 $w\in\mathbf{R}^n$，且 $\|w\|_2=1$，则

$$\boldsymbol{P}=\boldsymbol{I}-2ww^{\mathrm{T}} \tag{2.1}$$

称 **Householder 变换**，或 **House-holder 矩阵**.

Householder 矩阵有如下性质：

(1) $\boldsymbol{P}^{\mathrm{T}}=\boldsymbol{P}$，即 $\boldsymbol{P}$ 是对称阵.

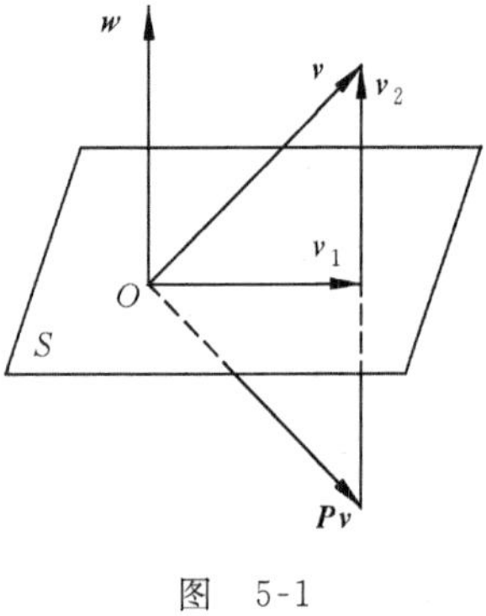

图　5-1

(2) $\boldsymbol{P}^{\mathrm{T}}\boldsymbol{P}=\boldsymbol{P}^2=\boldsymbol{I}-2\boldsymbol{w}\boldsymbol{w}^{\mathrm{T}}-2\boldsymbol{w}\boldsymbol{w}^{\mathrm{T}}+4\boldsymbol{w}(\boldsymbol{w}^{\mathrm{T}}\boldsymbol{w})\boldsymbol{w}^{\mathrm{T}}=\boldsymbol{I}$. 即 $\boldsymbol{P}$ 是正交阵.

推广到 $\boldsymbol{w}\in\mathbf{C}^n$,则 $\boldsymbol{P}$ 是 Hermite 阵和酉矩阵.

(3) $n=3$ 的情形见图 5-1. $\boldsymbol{w}$ 为 $\mathbf{R}^3$ 上一个单位向量,设 S 为过原点且与 $\boldsymbol{w}$ 垂直的平面. 对一切 $\boldsymbol{v}\in\mathbf{R}^3$,可分解为 $\boldsymbol{v}=\boldsymbol{v}_1+\boldsymbol{v}_2$,其中 $\boldsymbol{v}_1\in S,\boldsymbol{v}_2\perp S$. 不难验证 $\boldsymbol{P}\boldsymbol{v}_1=\boldsymbol{v}_1,\boldsymbol{P}\boldsymbol{v}_2=-\boldsymbol{v}_2$,所以

$$\boldsymbol{P}\boldsymbol{v}=\boldsymbol{v}_1-\boldsymbol{v}_2$$

这样 $\boldsymbol{v}$ 经变换后的像 $\boldsymbol{P}\boldsymbol{v}$ 是 $\boldsymbol{v}$ 关于 S 对称的向量. 所以 Householder 变换又称**镜面反射变换**,Householder 矩阵也称**初等反射矩阵**.

(4) 对 $\boldsymbol{x}\in\mathbf{R}^n$,记 $\boldsymbol{y}=\boldsymbol{P}\boldsymbol{x}$,有

$$\boldsymbol{y}=\boldsymbol{x}-2(\boldsymbol{w}\boldsymbol{w}^{\mathrm{T}})\boldsymbol{x}=\boldsymbol{x}-2(\boldsymbol{w}^{\mathrm{T}}\boldsymbol{x})\boldsymbol{w} \tag{2.2}$$

$$\boldsymbol{y}^{\mathrm{T}}\boldsymbol{y}=\boldsymbol{x}^{\mathrm{T}}\boldsymbol{P}^{\mathrm{T}}\boldsymbol{P}\boldsymbol{x}=\boldsymbol{x}^{\mathrm{T}}\boldsymbol{x} \tag{2.3}$$

(2.3)式表明 $\|\boldsymbol{P}\boldsymbol{x}\|_2=\|\boldsymbol{x}\|_2$,这可从图 5-1 得到几何解释.

如果我们给定了 $\boldsymbol{x}$ 和 $\boldsymbol{y}$,满足 $\|\boldsymbol{x}\|_2=\|\boldsymbol{y}\|_2$,则可以找到 $\boldsymbol{P}$,使 $\boldsymbol{P}\boldsymbol{x}=\boldsymbol{y}$. 要确定 $\boldsymbol{P}$,就要确定向量 $\boldsymbol{w}$,从图 5-1 看,$\boldsymbol{w}$ 显然应取在 $\boldsymbol{x}-\boldsymbol{y}$方向. 所以我们取 $\boldsymbol{w}=\dfrac{\boldsymbol{x}-\boldsymbol{y}}{\|\boldsymbol{x}-\boldsymbol{y}\|_2}$,令 $\boldsymbol{P}=\boldsymbol{I}-2\boldsymbol{w}\boldsymbol{w}^{\mathrm{T}}$,不难验证

$$\begin{aligned}\boldsymbol{P}\boldsymbol{x}&=\boldsymbol{x}-\frac{2(\boldsymbol{x}-\boldsymbol{y})(\boldsymbol{x}^{\mathrm{T}}\boldsymbol{x}-\boldsymbol{y}^{\mathrm{T}}\boldsymbol{x})}{\|\boldsymbol{x}-\boldsymbol{y}\|_2^2}\\&=\boldsymbol{x}-\frac{(\boldsymbol{x}-\boldsymbol{y})(\boldsymbol{x}^{\mathrm{T}}\boldsymbol{x}-\boldsymbol{y}^{\mathrm{T}}\boldsymbol{x}+\boldsymbol{y}^{\mathrm{T}}\boldsymbol{y}-\boldsymbol{x}^{\mathrm{T}}\boldsymbol{y})}{\|\boldsymbol{x}-\boldsymbol{y}\|_2^2}\\&=\boldsymbol{x}-(\boldsymbol{x}-\boldsymbol{y})=\boldsymbol{y}\end{aligned}$$

一种重要的应用是对 $\boldsymbol{x}\neq\mathbf{0}$,求 Householder 矩阵 $\boldsymbol{P}$,使得

$$\boldsymbol{P}\boldsymbol{x}=k\boldsymbol{e}_1$$

其中 $\boldsymbol{e}_1=(1,0,\cdots,0)^{\mathrm{T}}$. 由(2.3),应有 $\|k\boldsymbol{e}_1\|_2=\|\boldsymbol{x}\|_2$,即 $k=\pm\|\boldsymbol{x}\|_2$. 由上面所讨论的 $\boldsymbol{P}$ 的构造,有

$$u = x - ke_1, w = \frac{u}{\| u \|_2}$$

下面写出 $\boldsymbol{P}$ 的计算公式. 设 $\boldsymbol{x}=(x_1,\cdots,x_n)^{\mathrm{T}}$,为了使 $\boldsymbol{x}-k\boldsymbol{e}_1$ 计算时不损失有效数位,取

$$k = -\operatorname{sgn}(x_1) \| \boldsymbol{x} \|_2, \operatorname{sgn}(x_1) = \begin{cases} 1, & \text{当 } x_1 \geqslant 0 \\ -1, & \text{当 } x_1 < 0 \end{cases} \tag{2.4}$$

$$\boldsymbol{u} = (x_1 + \operatorname{sgn}(x_1) \| \boldsymbol{x} \|_2, x_2, \cdots, x_n)^{\mathrm{T}} \tag{2.5}$$

$$\| \boldsymbol{u} \|_2^2 = 2 \| \boldsymbol{x} \|_2 (\| \boldsymbol{x} \|_2 + | x_1 |)$$

$$\beta = [\| \boldsymbol{x} \|_2 (\| \boldsymbol{x} \|_2 + | x_1 |)]^{-1} \tag{2.6}$$

$$\boldsymbol{P} = \boldsymbol{I} - \frac{2\boldsymbol{u}\boldsymbol{u}^{\mathrm{T}}}{\| \boldsymbol{u} \|_2^2} = \boldsymbol{I} - \beta \boldsymbol{u}\boldsymbol{u}^{\mathrm{T}} \tag{2.7}$$

按(2.4)～(2.7)计算 $\boldsymbol{P}$,可使 $\boldsymbol{P}\boldsymbol{x}=k\boldsymbol{e}_1$ 对 $\boldsymbol{x}\neq\boldsymbol{0}$ 成立.

例 2.1 $\boldsymbol{x}=(3,5,1,1)^{\mathrm{T}}$. $\| \boldsymbol{x} \|_2=6$,取 $k=-6$,$\boldsymbol{u}=\boldsymbol{x}-k\boldsymbol{e}_1=(9,5,1,1)^{\mathrm{T}}$, $\| \boldsymbol{u} \|_2^2=108$,$\beta=\frac{1}{54}$.

$$\boldsymbol{P} = \boldsymbol{I} - \beta \boldsymbol{u}\boldsymbol{u}^{\mathrm{T}} = \frac{1}{54} \begin{pmatrix} -27 & -45 & -9 & -9 \\ -45 & 29 & -5 & -5 \\ -9 & -5 & 53 & -1 \\ -9 & -5 & -1 & 53 \end{pmatrix}$$

可以直接验证 $\boldsymbol{P}\boldsymbol{x}=(-6,0,0,0)^{\mathrm{T}}$.

以上是将 $\boldsymbol{x}$ 变换为 $k\boldsymbol{e}_1$,类似地也可以将 $\boldsymbol{x}$ 变换为接连几个分量为 0 的向量. 设 $1\leqslant j<k\leqslant n$,非零向量 $\boldsymbol{x}\in\mathbf{R}^n$,并记

$$\boldsymbol{x} = (x_1, \cdots, x_{j-1}, x_j, \cdots, x_k, x_{k+1}, \cdots, x_n)^{\mathrm{T}}$$

$$\alpha = (x_j^2 + \cdots + x_k^2)^{\frac{1}{2}} \tag{2.8}$$

$$\boldsymbol{u} = (0, \cdots, 0, x_j + \operatorname{sgn}(x_j)\alpha, x_{j+1}, \cdots, x_k, 0, \cdots, 0)^{\mathrm{T}} \tag{2.9}$$

$$\| \boldsymbol{u} \|_2^2 = 2\alpha(\alpha + | x_j |)$$

则由此确定的 Householder 矩阵 $\boldsymbol{P}$:

$$\boldsymbol{P} = \boldsymbol{I} - 2\frac{\boldsymbol{u}\boldsymbol{u}^{\mathrm{T}}}{\|\boldsymbol{u}\|_2^2} = \begin{pmatrix} \boldsymbol{I}_{j-1} & & \\ & \overline{\boldsymbol{P}} & \\ & & \boldsymbol{I}_{n-k} \end{pmatrix} \tag{2.10}$$

其中$\overline{\boldsymbol{P}}$为$k-j+1$阶 Householder 矩阵,容易验证

$$\begin{aligned} \boldsymbol{P}\boldsymbol{x} &= \boldsymbol{x} - \frac{2(\boldsymbol{u}^{\mathrm{T}}\boldsymbol{x})\boldsymbol{x}}{\|\boldsymbol{u}\|_2^2} = \boldsymbol{x} - \boldsymbol{u} \\ &= (x_1, \cdots, x_{j-1}, -\operatorname{sgn}(x_j)\alpha, 0, \cdots, 0, x_{k+1}, \cdots, x_n)^{\mathrm{T}} \end{aligned} \tag{2.11}$$

2-2 Givens 变换

对某个θ,记$s=\sin\theta, c=\cos\theta, \boldsymbol{J}=\begin{pmatrix} c & s \\ -s & c \end{pmatrix}$是一个正交阵.若$\boldsymbol{x}\in\mathbf{R}^2$,$\boldsymbol{J}\boldsymbol{x}$就表示将向量$\boldsymbol{x}$旋转$-\theta$角所得到的向量.我们推广到$n\times n$的情形.令

$$\boldsymbol{J}(i,k,\theta) = \begin{pmatrix} 1 & & & & & & & & & \\ & \ddots & & & & & & & & \\ & & 1 & & & & & & & \\ & & & c & \cdots & s & & & & \\ & & & & 1 & & & & & \\ & & & \vdots & \ddots & \vdots & & & & \\ & & & & & 1 & & & & \\ & & & -s & \cdots & c & & & & \\ & & & & & & 1 & & & \\ & & & & & & & \ddots & & \\ & & & & & & & & 1 \end{pmatrix} \begin{matrix} \\ \\ \\ i \\ \\ \\ \\ k \\ \\ \\ \\ \end{matrix} \tag{2.12}$$

称$\boldsymbol{J}(i,k,\theta)$为 **Givens 矩阵**或 **Givens 变换**,或称旋转矩阵(旋转变换).显然,$\boldsymbol{J}(i,k,\theta)$是个正交阵.

若$\boldsymbol{x}\in\mathbf{R}^n$,$\boldsymbol{y}=\boldsymbol{J}(i,k,\theta)\boldsymbol{x}$,则$\boldsymbol{y}$的分量为

$$y_i = cx_i + sx_k, \quad y_k = -sx_i + cx_k \tag{2.13}$$

$$y_j = x_j (j \neq i,k)$$

如果要使 $y_k=0$,只要选择 θ 满足

$$c = \cos\theta = \frac{x_i}{(x_i^2 + x_k^2)^{\frac{1}{2}}}$$

$$s = \sin\theta = \frac{x_k}{(x_i^2 + x_k^2)^{\frac{1}{2}}}$$

写成方便计算的形式为

$$\begin{cases} \text{若 } x_k = 0, \text{则 } c = 1, s = 0, \\ \text{若 } x_k \neq 0, |x_k| \geqslant |x_i| \text{ 时}, t = \dfrac{x_i}{x_k}, s = (1+t^2)^{-\frac{1}{2}}, c = st \\ \qquad\qquad |x_k| < |x_i| \text{ 时}, t = \dfrac{x_k}{x_i}, c = (1+t^2)^{-\frac{1}{2}}, s = ct \end{cases} \tag{2.14}$$

这样取的 s,t,可使 $\boldsymbol{J}(i,k,\theta)\boldsymbol{x}$ 的第 k 个分量为零.

设 $1\leqslant i<k\leqslant n$,则 $\boldsymbol{J}(i,k,\theta)\boldsymbol{x}$ 只改变 $\boldsymbol{x}$ 的第 i,k 分量,$\boldsymbol{J}(i,k,\theta)\boldsymbol{A}$ 只改变 $\boldsymbol{A}$ 的第 i,k 行,同理,$\boldsymbol{A}(\boldsymbol{J}(i,k,\theta))^{\mathrm{T}}$ 只改变 $\boldsymbol{A}$ 的第 i,k 列,$\boldsymbol{J}(i,k,\theta)\boldsymbol{A}(\boldsymbol{J}(i,k,\theta))^{\mathrm{T}}$ 只改变 $\boldsymbol{A}$ 的 i,k 行和 i,k 列,这是一个正交相似变换.

2-3　矩阵的 QR 分解

定理 2.1　设 $\boldsymbol{A}\in\mathbf{R}^{n\times n}$,则存在正交阵 $\boldsymbol{P}$,使 $\boldsymbol{PA}=\boldsymbol{R}$,其中 $\boldsymbol{R}$ 为上三角阵.

证明　我们给出构造 $\boldsymbol{P}$ 的方法. 首先,对 $\boldsymbol{A}$ 的第 1 列 $\boldsymbol{a}_1=(a_{11},a_{21},\cdots,a_{n1})^{\mathrm{T}}$,可选择 θ_{12},使得 $\boldsymbol{J}(1,2,\theta_{12})\boldsymbol{a}_1$ 的第 2 个元素为零,这只要按(2.14)公式计算,结果只改变了 $\boldsymbol{a}_1$ 的第 1,2 个元素. 同理选择 θ_{1k},$k=3,\cdots,n$,使 $\boldsymbol{J}(1,k,\theta_{1k})\boldsymbol{a}_1$ 的第 k 个元素为零. 记

$$\boldsymbol{P}_1 = \boldsymbol{J}(1,n,\theta_{1n})\boldsymbol{J}(1,n-1,\theta_{1,n-1})\cdots\boldsymbol{J}(1,2,\theta_{12})$$

则 $\boldsymbol{P}_1\boldsymbol{A}$ 的第 1 列除对角元外的元素一定为 0,同理可找到

$$P_2 = J(2,n,\theta_{2n})\cdots J(2,3,\theta_{23})$$

使 P_2P_1A 第 2 列对角元以下元素为 0，而第 1 列对角元以下元素与 P_1A 一样是 0，逐步计算，可得

$$P_{n-1}P_{n-2}\cdots P_2P_1A = R$$

其中 R 为上三角阵，$P=P_{n-1}\cdots P_1$ 为正交阵. 定理证毕.

我们也可以用 Householder 变换来构造正交阵 P. 记 $A^{(0)} = A$，它的第 1 列记为 $a_1^{(0)}$，按公式(2.4)～(2.7)，可找到 Householder 矩阵 $P_1 \in \mathbf{R}^{n\times n}$，使

$$P_1 a_1^{(0)} = ke_1$$

令 $A^{(1)}=P_1A^{(0)}$，其第 1 列除对角元外均为 0. 一般地设

$$A^{(j-1)} = \begin{pmatrix} D^{(j-1)} & B^{(j-1)} \\ 0 & \overline{A}^{(j-1)} \end{pmatrix}$$

其中 $D^{(j-1)}$ 为 $j-1$ 阶方阵，其对角线以下元素已是 0，$\overline{A}^{(j-1)}$ 为 $n-j+1$ 阶方阵，设其第 1 列为 $a_1^{(j-1)}$，我们可选择 $n-j+1$ 阶的 Householder 矩阵$\overline{P}_j$，使

$$\overline{P}_j a_1^{(j-1)} = k_j(1,0,\cdots,0)^{\mathrm{T}} \in \mathbf{R}^{n-j+1}$$

根据$\overline{P}_j$ 构造 $n\times n$ 的 Householder 矩阵 P_j：

$$P_j = \begin{pmatrix} I_{j-1} & 0 \\ 0 & \overline{P}_j \end{pmatrix}$$

就有

$$A^{(j)} = P_jA^{(j-1)} = \begin{pmatrix} D^{(j)} & B^{(j)} \\ 0 & \overline{A}^{(j)} \end{pmatrix}$$

它和 $A^{(j-1)}$ 有类似的形式，只是 $D^{(j)}$ 为 j 阶方阵，其对角线以下元素是 0，这样经 $n-1$ 步运算得到

$$P_{n-1}P_{n-2}\cdots P_1A = A^{(n-1)} = R$$

其中 $R=A^{(n-1)}$ 为上三角阵，$P=P_{n-1}\cdots P_1$ 为正交阵.

定理 2.2(QR 分解定理) $A\in \mathbf{R}^{n\times n}$，设 A 非奇异，则存在正交

阵 $\boldsymbol{Q}$ 与上三角阵 $\boldsymbol{R}$，使 $\boldsymbol{A}$ 有如下分解

$$\boldsymbol{A}=\boldsymbol{Q}\boldsymbol{R}$$

且当 $\boldsymbol{R}$ 的对角元均为正时，分解是唯一的.

证明 从定理 2.1，只要令正交阵 $\boldsymbol{Q}=\boldsymbol{P}^{\mathrm{T}}$，就有 $\boldsymbol{A}=\boldsymbol{Q}\boldsymbol{R}$. 下面证明分解的唯一性，设有两种分解

$$\boldsymbol{A}=\boldsymbol{Q}_1\boldsymbol{R}_1=\boldsymbol{Q}_2\boldsymbol{R}_2$$

而且 $\boldsymbol{R}_1,\boldsymbol{R}_2$ 对角元均为正数. 由此可得

$$\boldsymbol{Q}_2^{\mathrm{T}}\boldsymbol{Q}_1=\boldsymbol{R}_2\boldsymbol{R}_1^{-1} \tag{2.15}$$

上式左边为正交阵，所以右边为上三角的正交阵，有

$$(\boldsymbol{R}_2\boldsymbol{R}_1^{-1})^{\mathrm{T}}=(\boldsymbol{R}_2\boldsymbol{R}_1^{-1})^{-1}$$

这个式子左边是下三角阵，而右边是上三角阵，所以只能是对角阵，设

$$\boldsymbol{D}=\boldsymbol{R}_2\boldsymbol{R}_1^{-1}=\mathrm{diag}(d_1,\cdots,d_n) \tag{2.16}$$

则有 $\boldsymbol{D}\boldsymbol{D}^{\mathrm{T}}=\boldsymbol{D}^2=\boldsymbol{I}$，且 $d_i>0, i=1,\cdots,n$. 故有 $\boldsymbol{D}=\boldsymbol{I}$. 从而 $\boldsymbol{R}_2=\boldsymbol{R}_1$，代回(2.15)，有 $\boldsymbol{Q}_2=\boldsymbol{Q}_1$. 定理证毕.

定理 2.1 保证了 $\boldsymbol{A}$ 可分解为 $\boldsymbol{A}=\boldsymbol{Q}\boldsymbol{R}$，若 $\boldsymbol{A}$ 非奇异，则 $\boldsymbol{R}$ 也非奇异. 如果不规定 $\boldsymbol{R}$ 的对角元为正，则分解不是唯一的. 从定理 2.2的证明过程中可看到(2.16)式中的对角阵 $\boldsymbol{D}$ 的元素 d_i 应等于 1 或 −1，而且有

$$\boldsymbol{R}_2=\boldsymbol{D}\boldsymbol{R}_1,\ \boldsymbol{Q}_1=\boldsymbol{Q}_2\boldsymbol{D} \tag{2.17}$$

这说明 $\boldsymbol{A}$ 的所有 QR 分解中，$\boldsymbol{Q}$ 的每一列和 $\boldsymbol{R}$ 的每一行至多可以不同于一个负号. 一般按以上 Givens 变换或 Householder 变换方法作出的分解 $\boldsymbol{A}=\boldsymbol{Q}\boldsymbol{R}$，$\boldsymbol{R}$ 的对角元不一定是正的. 设 $\boldsymbol{R}=(r_{ij})$，只要令

$$\boldsymbol{D}=\mathrm{diag}\left(\frac{r_{11}}{|r_{11}|},\cdots,\frac{r_{nn}}{|r_{nn}|}\right)$$

类似(2.17)，令 $\overline{\boldsymbol{Q}}=\boldsymbol{Q}\boldsymbol{D}$ 为正交阵，$\overline{\boldsymbol{R}}=\boldsymbol{D}^{-1}\boldsymbol{R}$ 为对角元是 $|r_{ii}|$ 的上

三角阵，这样 $A=\bar{Q}\,\bar{R}$便是符合定理 2.2 的唯一 QR 分解.

例 2.2 用 Householder 变换作矩阵 A 的 QR 分解，

$$A=\begin{pmatrix}2 & -2 & 3\\ 1 & 1 & 1\\ 1 & 3 & -1\end{pmatrix}$$

解 按(2.4)～(2.7)，找 Householder 阵 $P_1\in\mathbf{R}^{3\times 3}$，使

$$P_1\begin{pmatrix}2\\1\\1\end{pmatrix}=\begin{pmatrix}*\\0\\0\end{pmatrix}$$

则有

$$P_1=\begin{pmatrix}-0.816\,497 & -0.408\,248 & -0.408\,248\\ -0.408\,248 & 0.908\,248 & -0.091\,751\,7\\ -0.408\,248 & -0.091\,751\,7 & 0.908\,248\end{pmatrix}$$

$$P_1A=\begin{pmatrix}-2.449\,49 & 0 & -2.449\,49\\ 0 & 1.449\,49 & -0.224\,745\\ 0 & 3.449\,49 & -2.224\,74\end{pmatrix}$$

再找$\bar{P}_2\in\mathbf{R}^{2\times 2}$，使$\bar{P}_2(1.449\,49,3.449\,49)^{\mathrm{T}}=(*,0)^{\mathrm{T}}$. 得

$$P_2=\begin{pmatrix}1 & 0\\ 0 & \bar{P}_2\end{pmatrix}=\begin{pmatrix}1 & 0 & 0\\ 0 & -0.387\,392 & -0.921\,915\\ 0 & -0.921\,915 & 0.387\,392\end{pmatrix}$$

$$P_2(P_1A)=\begin{pmatrix}-2.449\,49 & 0 & -2.449\,49\\ 0 & -3.741\,66 & 2.138\,09\\ 0 & 0 & -0.654\,654\end{pmatrix}$$

这是一个下三角阵，但对角元皆为负数，只要令 $D=-I$，则有 $R=-P_2P_1A$ 是对角元为正的上三角阵，使 $A=QR$，其中正交阵 Q 为

$$Q=-(P_2P_1)^{\mathrm{T}}=\begin{pmatrix}0.816\,497 & -0.534\,522 & -0.218\,218\\ 0.408\,248 & 0.267\,261 & 0.872\,872\\ 0.408\,248 & 0.801\,783 & -0.436\,436\end{pmatrix}$$

QR 分解是求特征值的有力工具,也可用于其他矩阵计算问题,包括解方程组 $\boldsymbol{Ax}=\boldsymbol{b}$,这只要令 $\boldsymbol{y}=\boldsymbol{Q}^{\mathrm{T}}\boldsymbol{b}$,再解上三角方程组 $\boldsymbol{Rx}=\boldsymbol{y}$. 这个计算过程是稳定的,也不必选主元,但是计算量比 Gauss 消去法将近大一倍.

2-4 矩阵的 Schur 分解

第 3 章的定理 1.4 是关于 Schur 标准形的定理. 对于 $\boldsymbol{A}\in\mathbf{C}^{n\times n}$,存在酉矩阵 $\boldsymbol{Q}$,使 $\boldsymbol{Q}^{\mathrm{H}}\boldsymbol{AQ}$ 为一上三角阵 $\boldsymbol{R}$,事实上可以选择 $\boldsymbol{Q}$ 使 $\boldsymbol{A}$ 的特征值 λ_i 在 $\boldsymbol{R}$ 的对角线上按任一给定的次序出现. 由上述定理所得的 $\boldsymbol{A}=\boldsymbol{QRQ}^{\mathrm{H}}$ 称为 $\boldsymbol{A}$ 的 Schur 分解. 对于 $\boldsymbol{A}\in\mathbf{R}^{n\times n}$,该定理当然也成立. 但是 $\boldsymbol{A}$ 的特征值可能是复数,上述的分解形式仍不利于实特征值问题的计算和分析,所以下面我们建立实矩阵的 Schur 分解定理.

引理 2.1 设整数 $p\leqslant n$,$\boldsymbol{A}\in\mathbf{R}^{n\times n}$,$\boldsymbol{B}\in\mathbf{R}^{p\times p}$,$\boldsymbol{X}\in\mathbf{R}^{n\times p}$,满足

$$\boldsymbol{AX}=\boldsymbol{XB},\ \mathrm{rank}(\boldsymbol{X})=p \tag{2.18}$$

则存在正交阵 $\boldsymbol{Q}\in\mathbf{R}^{n\times n}$,使

$$\boldsymbol{Q}^{\mathrm{T}}\boldsymbol{AQ}=\boldsymbol{T}\equiv\begin{pmatrix}\boldsymbol{T}_{11} & \boldsymbol{T}_{12}\\ \boldsymbol{0} & \boldsymbol{T}_{22}\end{pmatrix}\begin{matrix}p\\ n-p\end{matrix} \tag{2.19}$$

$$\qquad\qquad\quad p \qquad n-p$$

其中 $\sigma(\boldsymbol{T}_{11})=\sigma(\boldsymbol{A})\cap\sigma(\boldsymbol{B})$.

证明 首先类似方阵的 QR 分解,对 $\boldsymbol{X}\in\mathbf{R}^{n\times p}$,可找到 Householder 阵 $\boldsymbol{P}_j\in\mathbf{R}^{n\times n}$,$j=1,2,\cdots,p-1$,使

$$\boldsymbol{P}_{p-1}\boldsymbol{P}_{p-2}\cdots\boldsymbol{P}_1\boldsymbol{X}=\begin{pmatrix}\boldsymbol{R}\\ \boldsymbol{0}\end{pmatrix}$$

其中 $\boldsymbol{R}\in\mathbf{R}^{p\times p}$ 为上三角阵,且因 $\mathrm{rank}(\boldsymbol{X})=p$,故 $\boldsymbol{R}$ 非奇异,令 $\boldsymbol{Q}=$

$(\boldsymbol{P}_{p-1}\cdots\boldsymbol{P}_1)^{\mathrm{T}}$，它为正交阵，使得

$$\boldsymbol{X}=\boldsymbol{Q}\begin{pmatrix}\boldsymbol{R}\\ \boldsymbol{0}\end{pmatrix}$$

代入(2.18)，再乘 $\boldsymbol{Q}^{\mathrm{T}}$，得

$$\boldsymbol{Q}^{\mathrm{T}}\boldsymbol{A}\boldsymbol{Q}\begin{pmatrix}\boldsymbol{R}\\ \boldsymbol{0}\end{pmatrix}=\begin{pmatrix}\boldsymbol{R}\\ \boldsymbol{0}\end{pmatrix}\boldsymbol{B} \tag{2.20}$$

将 $\boldsymbol{Q}^{\mathrm{T}}\boldsymbol{A}\boldsymbol{Q}$ 分块表示为

$$\boldsymbol{Q}^{\mathrm{T}}\boldsymbol{A}\boldsymbol{Q}=\begin{pmatrix}\boldsymbol{T}_{11} & \boldsymbol{T}_{12}\\ \boldsymbol{T}_{21} & \boldsymbol{T}_{22}\end{pmatrix}\begin{matrix}p\\ n-p\end{matrix}$$
$$\qquad\quad p \qquad n-p$$

代回(2.20)，得到 $\boldsymbol{T}_{11}\boldsymbol{R}=\boldsymbol{R}\boldsymbol{B}$，$\boldsymbol{T}_{21}\boldsymbol{R}=\boldsymbol{0}\cdot\boldsymbol{B}$. 因为 $\boldsymbol{R}$ 是非奇异的上三角阵，可得 $\boldsymbol{T}_{21}=\boldsymbol{0}$，$\boldsymbol{B}=\boldsymbol{R}^{-1}\boldsymbol{T}_{11}\boldsymbol{R}$. 即有 $\sigma(\boldsymbol{B})=\sigma(\boldsymbol{T}_{11})$，$\sigma(\boldsymbol{A})=\sigma(\boldsymbol{T}_{11})\cup\sigma(\boldsymbol{T}_{22})$，由此可得引理结论.

定理 2.3(实 Schur 分解定理) 设 $\boldsymbol{A}\in\mathbf{R}^{n\times n}$，则存在正交阵 $\boldsymbol{Q}\in\mathbf{R}^{n\times n}$，使

$$\boldsymbol{Q}^{\mathrm{T}}\boldsymbol{A}\boldsymbol{Q}=\begin{pmatrix}\boldsymbol{R}_{11} & \boldsymbol{R}_{12} & \cdots & \boldsymbol{R}_{1m}\\ & \boldsymbol{R}_{22} & \cdots & \boldsymbol{R}_{2m}\\ & & \ddots & \vdots\\ & & & \boldsymbol{R}_{mm}\end{pmatrix}$$

其中每个 $\boldsymbol{R}_{ii}$ 是 1×1 或 2×2 的. 若是 1×1 的，其元素就是 $\boldsymbol{A}$ 的特征值. 若是 2×2 的，$\boldsymbol{R}_{ii}$ 的特征值是 $\boldsymbol{A}$ 的一对共轭的复特征值.

证明 $\boldsymbol{A}$ 的特征多项式的系数是实数，$\boldsymbol{A}$ 若有复特征值，必为成对出现的共轭复数. 现设 $\sigma(\boldsymbol{A})$ 中有 k 对共轭复特征值.

设 $k=0$，$\boldsymbol{A}$ 所有特征值都是实的，这时 $\boldsymbol{R}_{ii}$ 应该都是 1×1 的. 我们对 n 用归纳法证明命题成立. $n=1$ 时显然. 假设对阶数不超过 $n-1$ 的矩阵命题成立，再看 n 阶矩阵 $\boldsymbol{A}$，设

$$\boldsymbol{A}\boldsymbol{x}=\lambda\boldsymbol{x},\lambda\in\mathbf{R},\boldsymbol{x}\neq\boldsymbol{0}$$

由引理 2.1 中 $p=1$ 的情形，存在正交阵 $\boldsymbol{U}\in\mathbf{R}^{n\times n}$，使

$$U^{\mathrm{T}}AU = \begin{pmatrix} \lambda & W^{\mathrm{T}} \\ 0 & C \end{pmatrix}\begin{matrix} 1 \\ n-1 \end{matrix}$$
$$\qquad\qquad\quad 1 \quad\ n-1$$

由归纳法假设,存在$\overline{U}\in\mathbf{R}^{(n-1)\times(n-1)}$,使$\overline{U}^{\mathrm{T}}C\,\overline{U}$为上三角阵. 取 $Q=U\mathrm{diag}(1,\overline{U})\in\mathbf{R}^{n\times n}$,它为 U 与正交的块对角阵的乘积,所以是一个正交阵,并且 $Q^{\mathrm{T}}AQ$ 为上三角阵. 这就证明了 $k=0$ 的情形.

现在对 k 用归纳法证明本定理,$k=0$ 情形已证明,现设 $k\geqslant 1$. 设 A 的一个特征值为 $\lambda=\alpha+\mathrm{i}\beta$,其中 $\beta\neq 0$,则存在 $y,z\in\mathbf{R}^n$,$z\neq\mathbf{0}$,使

$$A(y+\mathrm{i}z) = (\alpha+\mathrm{i}\beta)(y+\mathrm{i}z)$$

即

$$A(y,z) = (y,z)\begin{pmatrix} \alpha & \beta \\ -\beta & \alpha \end{pmatrix}$$

因 $\beta\neq 0$,$y\pm\mathrm{i}z$ 是 A 的对应于两个不同特征值 $\alpha\pm\mathrm{i}\beta$ 的特征向量,它们线性无关,所以 y 与 z 也线性无关,即 (y,z) 的秩为 2,用引理 2.1 中 $p=2$ 的情形,存在正交阵 $U\in\mathbf{R}^{n\times n}$,使

$$U^{\mathrm{T}}AU = \begin{bmatrix} T_{11} & T_{12} \\ 0 & T_{22} \end{bmatrix}\begin{matrix} 2 \\ n-2 \end{matrix}$$
$$\qquad\qquad\quad 2 \quad\ n-2$$

且 $\sigma(T_{11})=\{\lambda,\bar{\lambda}\}$. 而 T_{22} 有不超过 $k-1$ 对复特征值. 由归纳法假设,存在正交阵 $\widetilde{U}\in\mathbf{R}^{(n-2)\times(n-2)}$,使 $\widetilde{U}^{\mathrm{T}}T_{22}\widetilde{U}$ 有定理所要求的结构. 令 $Q=U\mathrm{diag}(I_2,\widetilde{U})$,即得到定理结论. 证毕.

有了实 Schur 分解定理,我们可以考虑实运算的 Schur 型快速计算. 希望通过逐次正交相似变换使 A 趋于实 Schur 型的矩阵,以求 A 的特征值.

2-5 正交相似变换化矩阵为 Hessenberg 形

我们通过正交相似变换把一般的矩阵约化为一种特殊的形式,它更接近实 Schur 分解的形式. 对这种特殊形式矩阵求特征值

将会减少运算工作量.

定义 2.2 若 $\boldsymbol{B}=(b_{ij})\in\mathbf{R}^{n\times n}$,当 $i>j+1$ 时有 $b_{ij}=0$(即次对角线以下元素为零),称 $\boldsymbol{B}$ 为**上 Hessenberg 矩阵**. 而且若 $\boldsymbol{B}$ 的次对角线元素 $b_{i,i-1}\neq 0, i=2,\cdots,n$,则称 $\boldsymbol{B}$ 为**不可约的上 Hessenberg 矩阵**.

若 $\mathbf{A}\in\mathbf{R}^{n\times n}$,它的第 j 列元素为 $\boldsymbol{a}^{(j)}=(a_{1j},\cdots,a_{jj},a_{j+1,j},\cdots,a_{nj})^{\mathrm{T}}$. 前面讨论过,可以选择 $n-j$ 阶的 Householder 阵$\overline{\boldsymbol{P}}_j$,使

$$\overline{\boldsymbol{P}}_j\begin{pmatrix}a_{j+1,j}\\a_{j+2,j}\\\vdots\\a_{nj}\end{pmatrix}=\begin{pmatrix}*\\0\\\vdots\\0\end{pmatrix}$$

按(2.8)~(2.11),有 n 阶 Householder 阵 $\boldsymbol{P}_j$,

$$\boldsymbol{P}_j=\mathrm{diag}(\boldsymbol{I}_j,\overline{\boldsymbol{P}}_j)=\boldsymbol{I}-\frac{2\boldsymbol{u}_j\boldsymbol{u}_j^{\mathrm{T}}}{\|\boldsymbol{u}_j\|_2^2}\tag{2.21}$$

使得

$$\boldsymbol{P}_j\boldsymbol{a}^{(j)}=(a_{1j},\cdots,a_{jj},-\mathrm{sgn}(a_{j+1,j})\alpha,0,\cdots,0)^{\mathrm{T}}$$

其中

$$\alpha=(a_{j+1,j}^2+\cdots+a_{nj}^2)^{\frac{1}{2}}\tag{2.22}$$

$$\boldsymbol{u}_j=(0,\cdots,0,a_{j+1,j}+\mathrm{sgn}(a_{j+1,j})\alpha,a_{j+2,j},\cdots,a_{nj})^{\mathrm{T}}\tag{2.23}$$

如上对 $\mathbf{A}$ 逐次左乘 $\boldsymbol{P}_1,\boldsymbol{P}_2,\cdots$,可逐次把 $\mathbf{A}$ 次对角线以下元素化为零. 但是为了求 $\mathbf{A}$ 的特征值,我们应该作正交相似变换. 例如,第一次作 $\boldsymbol{P}_1\boldsymbol{A}\boldsymbol{P}_1^{-1}=\boldsymbol{P}_1\boldsymbol{A}\boldsymbol{P}_1$,其形式是

$$(\boldsymbol{P}_1\boldsymbol{A})\boldsymbol{P}_1=\begin{pmatrix}* & * & \cdots & *\\ * & * & \cdots & *\\ 0 & * & \cdots & *\\ \vdots & \vdots & & \vdots\\ 0 & * & \cdots & *\end{pmatrix}\begin{pmatrix}1 & 0 & \cdots & 0\\ 0 & * & \cdots & *\\ 0 & * & \cdots & *\\ \vdots & \vdots & & \vdots\\ 0 & * & \cdots & *\end{pmatrix}$$

$$
= \left(\begin{array}{cc|cccc} * & * & * & \cdots & * \\ * & * & * & \cdots & * \\ \hline 0 & * & * & \cdots & * \\ \vdots & \vdots & \vdots & & \vdots \\ 0 & * & * & \cdots & * \end{array}\right)
$$

其他各步类似.设经过 $k-1$ 步 Householder 正交相似变换后

$$
\boldsymbol{A}^{(k)} = (\boldsymbol{P}_1 \cdots \boldsymbol{P}_{k-1})^{\mathrm{T}} \boldsymbol{A} (\boldsymbol{P}_1 \cdots \boldsymbol{P}_{k-1}) = \left(\begin{array}{c|c|c} \multicolumn{2}{c|}{\boldsymbol{B}} & \boldsymbol{C} \\ \hline \underset{k-1}{\boldsymbol{0}} & \underset{1}{\boldsymbol{b}} & \underset{n-k}{\boldsymbol{D}} \end{array}\right)\begin{matrix} k \\ n-k \end{matrix}
$$

其中 $\boldsymbol{B}$ 是 $k \times k$ 的上 Hessenberg 阵.若$\overline{\boldsymbol{P}}_k$ 为 $n-k$ 阶 Householder 阵,使$\overline{\boldsymbol{P}}_k \boldsymbol{b}$ 为$(*,0,\cdots,0)^{\mathrm{T}} \in \mathbf{R}^{n-k}$,则 n 阶 Householder 阵 $\boldsymbol{P}_k = \mathrm{diag}(\boldsymbol{I}_k, \overline{\boldsymbol{P}}_k)$使 $\boldsymbol{A}^{(k+1)} = \boldsymbol{P}_k^{\mathrm{T}} \boldsymbol{A}^{(k)} \boldsymbol{P}_k$,形式为

$$
\begin{aligned}
\boldsymbol{A}^{(k+1)} &= (\boldsymbol{P}_1 \cdots \boldsymbol{P}_k)^{\mathrm{T}} \boldsymbol{A} (\boldsymbol{P}_1 \cdots \boldsymbol{P}_k) \\
&= \left(\begin{array}{c|c|c} \multicolumn{2}{c|}{\boldsymbol{B}'} & \boldsymbol{C}' \\ \hline \underset{k}{\boldsymbol{0}} & \underset{1}{\boldsymbol{b}'} & \underset{n-k-1}{\boldsymbol{D}'} \end{array}\right)\begin{matrix} k+1 \\ n-k-1 \end{matrix}
\end{aligned}
$$

$\boldsymbol{A}^{(k+1)}$ 的形式类似 $\boldsymbol{A}^{(k)}$,其中 $\boldsymbol{B}'$ 是$(k+1) \times (k+1)$的上 Hessenberg 阵.k 从 1 到 $n-2$,经过 $n-2$ 步便可将 $\boldsymbol{A}$ 通过正交相似变换化为上 Hessenberg 阵

$$
\boldsymbol{A}^{(n-1)} = \begin{pmatrix} a_{11}^{(n-1)} & a_{12}^{(n-1)} & \cdots & a_{1,n-1}^{(n-1)} & a_{1n}^{(n-1)} \\ a_{21}^{(n-1)} & a_{22}^{(n-1)} & \cdots & a_{2,n-1}^{(n-1)} & a_{2n}^{(n-1)} \\ & a_{32}^{(n-1)} & \cdots & a_{3,n-1}^{(n-1)} & a_{3n}^{(n-1)} \\ & & \ddots & \vdots & \vdots \\ & & & a_{n,n-1}^{(n-1)} & a_{nn}^{(n-1)} \end{pmatrix}
$$

特别地,如果 $\boldsymbol{A}$ 是一个对称阵,则 $\boldsymbol{A}^{(n-1)}$ 是一个对称的三对角阵,可以用二分法求其特征方程的根,这称为 **Givens 方法**,可参阅文献[17,19]等.

用 Householder 矩阵约化矩阵 $\boldsymbol{A} \in \mathbf{R}^{n \times n}$ 为上 Hessenberg 形式的算法可以写成:

对 $j=1,2,\cdots,n-2$,

确定 $n-j$ 阶 Householder 阵 $\overline{\boldsymbol{P}}_j$,使

$$\overline{\boldsymbol{P}}_j\begin{pmatrix}a_{j+1,j}\\a_{j+2,j}\\\vdots\\a_{nj}\end{pmatrix}=\begin{pmatrix}*\\0\\\vdots\\0\end{pmatrix}$$

$$\boldsymbol{P}_j=\operatorname{diag}(\boldsymbol{I}_j,\overline{\boldsymbol{P}}_j)$$

$$\boldsymbol{P}_j^{\mathrm{T}}\boldsymbol{A}\boldsymbol{P}_j\Rightarrow\boldsymbol{A}$$

这个算法把上 Hessenberg 阵 $\boldsymbol{H}=\boldsymbol{U}^{\mathrm{T}}\boldsymbol{A}\boldsymbol{U}$ 放在 $\boldsymbol{A}$ 的位置,其中正交阵 $\boldsymbol{U}=\boldsymbol{P}_1\cdots\boldsymbol{P}_{n-2}$. 算法约需 $\frac{5n^3}{3}$ 次运算,如果要把 $\boldsymbol{U}$ 也算出来,还要增加运算量.

例 2.3

$$\boldsymbol{A}=\begin{pmatrix}1&5&7\\3&0&6\\4&3&1\end{pmatrix}$$

选择 Householder 阵 $\boldsymbol{P}\in\mathbf{R}^{3\times3}$,目的是变换 $\boldsymbol{A}$ 的第 1 列

$$\boldsymbol{P}(1,3,4)^{\mathrm{T}}=(1,*,0)^{\mathrm{T}}$$

根据公式(2.21)～(2.23),有 $\alpha=(3^2+4^2)^{\frac{1}{2}}=5,\boldsymbol{u}=(0,8,4)^{\mathrm{T}}$, $\|\boldsymbol{u}\|_2^2=80$,

$$\boldsymbol{P}=\boldsymbol{I}-\frac{\boldsymbol{u}\boldsymbol{u}^{\mathrm{T}}}{40}=\begin{pmatrix}1&0&0\\0&-0.6&-0.8\\0&-0.8&0.6\end{pmatrix}$$

$$\boldsymbol{PAP}=\begin{pmatrix}1.00&-8.60&0.20\\-5.00&4.96&-0.72\\0&2.28&-3.96\end{pmatrix}$$

本例 $n=3$,只作一次变换就得到了上 Hessenberg 形式.

把矩阵 $\boldsymbol{A}$ 化为上 Hessenberg 形式不是唯一的. 可以证明以

下定理(证明见文献[5,20]等).

定理 2.4 设 $\boldsymbol{Q}=(\boldsymbol{q}_1,\cdots,\boldsymbol{q}_n)$ 及 $\boldsymbol{V}=(\boldsymbol{v}_1,\cdots,\boldsymbol{v}_n)$ 都是正交阵($\boldsymbol{q}_i$ 和 $\boldsymbol{v}_i$ 分别是 $\boldsymbol{Q}$ 和 $\boldsymbol{V}$ 的列向量),使 $\boldsymbol{Q}^{\mathrm{T}}\boldsymbol{A}\boldsymbol{Q}=\boldsymbol{H}$ 与 $\boldsymbol{V}^{\mathrm{T}}\boldsymbol{A}\boldsymbol{V}=\boldsymbol{G}$ 都是上 Hessenberg 阵. 记 k 为使 $h_{k+1,k}=0$ 的最小整数(若 $\boldsymbol{H}$ 不可约,则 $k=n$). 若 $\boldsymbol{v}_1=\boldsymbol{q}_1$,则有 $\boldsymbol{v}_i=\pm\boldsymbol{q}_i$,且 $|h_{i,i-1}|=|g_{i,i-1}|$,$i=2,\cdots,k$. 而且若 $k<n$,则 $g_{k+1,k}=0$.

此定理的意义在于:若 $\boldsymbol{Q}^{\mathrm{T}}\boldsymbol{A}\boldsymbol{Q}=\boldsymbol{H}$ 与 $\boldsymbol{V}^{\mathrm{T}}\boldsymbol{A}\boldsymbol{V}=\boldsymbol{G}$ 均为不可约上 Hessenberg 阵,且 $\boldsymbol{Q}$ 与 $\boldsymbol{V}$ 第 1 列相同,则 $\boldsymbol{G}$ 与 $\boldsymbol{H}$“本质上相同”,即 $\boldsymbol{G}=\boldsymbol{D}^{-1}\boldsymbol{H}\boldsymbol{D}$,其中 $\boldsymbol{D}=\mathrm{diag}(\pm 1,\pm 1,\cdots,\pm 1)$.

例 2.4 仍考虑例 2.3 的矩阵 $\boldsymbol{A}$,不同于该例的正交阵 $\boldsymbol{P}$,我们取正交阵

$$\boldsymbol{Q}=\begin{pmatrix}1 & 0 & 0\\ 0 & 0.6 & 0.8\\ 0 & 0.8 & -0.6\end{pmatrix}$$

它与例 2.3 正交阵 $\boldsymbol{P}$ 的第 1 列相同. 不难验证

$$\boldsymbol{Q}^{\mathrm{T}}\boldsymbol{A}\boldsymbol{Q}=\begin{pmatrix}1.00 & 8.60 & -0.20\\ 5.00 & 4.96 & -0.72\\ 0.00 & 2.28 & -3.96\end{pmatrix}$$

即 $\boldsymbol{Q}^{\mathrm{T}}\boldsymbol{A}\boldsymbol{Q}$ 也是上 Hessenberg 形式,而 $\boldsymbol{Q}$ 与 $\boldsymbol{P}$ 的第 2,3 列均差一负号,且 $\boldsymbol{Q}^{\mathrm{T}}\boldsymbol{A}\boldsymbol{Q}$ 与 $\boldsymbol{P}^{\mathrm{T}}\boldsymbol{A}\boldsymbol{P}$ 次对角元素绝对值相同,符合定理的描述.

3 幂迭代法和逆幂迭代法

3-1 幂迭代法

设 $\boldsymbol{A}\in\mathbf{R}^{n\times n}$ 是可对角化的,存在 n 个线性无关的特征向量 $\boldsymbol{x}_1,\boldsymbol{x}_2,\cdots,\boldsymbol{x}_n$,满足

$$\boldsymbol{A}\boldsymbol{x}_i=\lambda\boldsymbol{x}_i,i=1,2,\cdots,n \tag{3.1}$$

且满足

$$|\lambda_1|>|\lambda_2|\geqslant\cdots\geqslant|\lambda_n| \tag{3.2}$$

对于任意的初始向量 $\boldsymbol{v}^{(0)}\in\mathbf{R}^n$，有

$$\boldsymbol{v}^{(0)}=\alpha_1\boldsymbol{x}_1+\alpha_2\boldsymbol{x}_2+\cdots+\alpha_n\boldsymbol{x}_n$$

并设 $\alpha_1\neq 0$. 这样有

$$\boldsymbol{A}^k\boldsymbol{v}^{(0)}=\lambda_1^k\left[\alpha_1\boldsymbol{x}_1+\sum_{i=2}^{n}\alpha_i\left(\frac{\lambda_i}{\lambda_1}\right)^k\boldsymbol{x}_i\right]$$

当 k 足够大时，和号各项可略去，所以 $\boldsymbol{A}^k\boldsymbol{v}^{(0)}$ 除了一个因子外，趋向对应于 λ_1 的特征向量 $\boldsymbol{x}_1$. 但是当 $|\lambda_1|>1$(或 <1)时，$\boldsymbol{A}^k\boldsymbol{v}^{(0)}$ 的 $\boldsymbol{x}_1$ 分量趋于无穷(或零). 所以实际计算时加上规范化的步骤. 我们记 $\boldsymbol{z}\in\mathbf{R}^n$ 的最大分量为

$$\max(\boldsymbol{z})=z_i\text{，其中 }|z_i|=\|\boldsymbol{z}\|_\infty,1\leqslant i\leqslant n$$

幂迭代法(或简称**幂法**)的计算公式是

$$\begin{cases}\boldsymbol{z}^{(k)}=\boldsymbol{A}\boldsymbol{v}^{(k-1)}\\ m_k=\max(\boldsymbol{z}^{(k)})\\ \boldsymbol{v}^{(k)}=\dfrac{\boldsymbol{z}^{(k)}}{m_k},k=1,2,\cdots\end{cases} \tag{3.3}$$

(3.3)中 $\boldsymbol{v}^{(k)}$ 的最大分量总是 1. 将公式逐次回代得

$$\boldsymbol{v}^{(k)}=\frac{\boldsymbol{A}\boldsymbol{v}^{(k-1)}}{m_k}=\frac{\boldsymbol{A}^k\boldsymbol{v}^{(0)}}{\prod\limits_{i=1}^{k}m_i}$$

因为此式分母是常数，所以 $\boldsymbol{v}^{(k)}$ 与 $\boldsymbol{A}^k\boldsymbol{v}^{(0)}$ 差一常数因子. 而 $\boldsymbol{v}^{(k)}$ 最大分量为 1，所以有

$$\boldsymbol{v}^{(k)}=\frac{\boldsymbol{A}^k\boldsymbol{v}^{(0)}}{\max(\boldsymbol{A}^k\boldsymbol{v}^{(0)})} \tag{3.4}$$

在 $\alpha_1\neq 0$ 条件下，当 $k\to\infty$ 时，

$$\boldsymbol{v}^{(k)}\to\frac{\boldsymbol{x}_1}{\max(\boldsymbol{x}_1)} \tag{3.5}$$

$$
\begin{aligned}
\boldsymbol{z}^{(k)} &= \frac{\boldsymbol{A}\cdot\boldsymbol{A}^{k-1}\boldsymbol{v}^{(0)}}{\max(\boldsymbol{A}^{k-1}\boldsymbol{v}^{(0)})}\\
m_k &= \frac{\max(\boldsymbol{A}^{k}\boldsymbol{v}^{(0)})}{\max(\boldsymbol{A}^{k-1}\boldsymbol{v}^{(0)})}\\
&= \lambda_1\frac{\max\left(\alpha_1\boldsymbol{x}_1+\sum_{i=2}^{n}\alpha_i\left(\frac{\lambda_i}{\lambda_1}\right)^k\boldsymbol{x}_i\right)}{\max\left(\alpha_1\boldsymbol{x}_1+\sum_{i=2}^{n}\alpha_i\left(\frac{\lambda_i}{\lambda_1}\right)^{k-1}\boldsymbol{x}_i\right)}\\
&= \lambda_1\left[1+O\left(\left|\frac{\lambda_2}{\lambda_1}\right|^k\right)\right]\to\lambda_1
\end{aligned}\tag{3.6}
$$

这说明 m_k 收敛于 λ_1，$\boldsymbol{v}^{(k)}$ 收敛于规范化了的特征向量，而且 m_k 的收敛速度决定于 $\left|\frac{\lambda_2}{\lambda_1}\right|$. 当 k 大时有

$$
\begin{gathered}
|m_k-\lambda_1|\approx K\left|\frac{\lambda_2}{\lambda_1}\right|^k\\
\frac{|m_{k+1}-\lambda_1|}{|m_k-\lambda_1|}\approx\left|\frac{\lambda_2}{\lambda_1}\right|
\end{gathered}\tag{3.7}
$$

我们称 λ_1 为主特征值，对应的 $\boldsymbol{x}_1$ 称主特征向量. 当 $\boldsymbol{A}$ 是大型稀疏矩阵，且 $|\lambda_1|\gg|\lambda_2|$ 时，幂法效果较好. 上面的分析假设了 $\alpha_1\neq 0$，一般选取 $\boldsymbol{v}^{(0)}$，由于迭代过程舍入误差的影响，$\boldsymbol{v}^{(k)}$ 的 $\boldsymbol{x}_1$ 分量一般不为零. 在实际计算中，往往有对 $\boldsymbol{x}_1$ 的预先估计，可将此估计选为 $\boldsymbol{v}^{(0)}$.

若 $\boldsymbol{A}$ 的特征值不满足(3.2)，将有不同的情况. 如果 $\lambda_1=\lambda_2=\cdots=\lambda_r$，且 $|\lambda_r|>|\lambda_{r+1}|$，可以作类似的分析，有 $m_k\to\lambda_1$. 其他的情况较为复杂，可参阅文献[17,34]. 完整的幂法程序要加上各种情况的判断.

例 3.1

$$
\boldsymbol{A}=\begin{pmatrix}-4 & 14 & 0\\ -5 & 13 & 0\\ -1 & 0 & 2\end{pmatrix}
$$

有特征值 6,3,2. 选 $\boldsymbol{v}^{(0)}=(1,1,1)^{\mathrm{T}}$,按(3.3)计算,有 $\boldsymbol{z}^{(1)}=\boldsymbol{A}\boldsymbol{v}^{(0)}=(10,8,1)^{\mathrm{T}}$,$m_1=\max(\boldsymbol{z}^{(1)})=10$,$\boldsymbol{v}^{(1)}=\dfrac{\boldsymbol{z}^{(1)}}{10}=(1,0.8,0.1)^{\mathrm{T}}$. 计算结果列成表 3-1,中间略去部分数据.

表 3-1

k	$(\boldsymbol{v}^{(k)})^{\mathrm{T}}$	m_k	$\bar{\lambda}^{(k-2)}$
0	(1,1,1)	—	—
1	(1,0.8,0.1)	10	—
2	(1,0.75,−0.111)	7.2	—
3	(1,0.730 769,−0.188 034)	6.5	6.266 667
4	(1,0.722 200,−0.220 850)	6.230 769	6.062 473
…	…	…	…
10	(1,0.714 405,−0.249 579)	6.003 352	6.000 017
11	(1,0.714 346,−0.249 790)	6.001 675	6.000 003
12	(1,0.714 316,−0.249 895)	6.000 837	6.000 000

可见到迭代 12 次主特征值有 4 位有效数字的近似值.

3-2 加速技术(Aitken 方法)

从(3.7)看到幂法是线性收敛的方法,收敛快慢决定于 $\left|\dfrac{\lambda_2}{\lambda_1}\right|$. 经常要使用加速收敛的方法.

将 Aitken 加速收敛方法用于序列 $\{m_k\}$,令

$$\bar{\lambda}_1^{(k)}=\frac{m_k m_{k+2}-m_{k+1}^2}{m_{k+2}-2m_{k+1}+m_k} \tag{3.8}$$

则有 $\lambda_1\approx\bar{\lambda}_1^{(k)}$,而且 $\{\bar{\lambda}_1^{(k)}\}$ 收敛于 λ_1 要比 $\{m_k\}$ 收敛更快.

例 3.2 仍考虑例 3.1 的矩阵,对 $\{m_k\}$ 用(3.8)加速的结果列在表 3.1 最后一列,当 $k=12$ 时,得到主特征值有七位有效数字的近似值.

关于特征向量的加速计算,设 $\boldsymbol{z}^{(k)}$,$\boldsymbol{z}^{(k+1)}$,$\boldsymbol{z}^{(k+2)}$ 是由幂法得到

的 3 个相邻迭代向量. 并设 $\boldsymbol{z}^{(k)}$ 已基本满足

$$\boldsymbol{z}^{(k)}=\frac{(\boldsymbol{x}_1+\varepsilon\boldsymbol{x}_2)}{\max(\boldsymbol{x}_1+\varepsilon\boldsymbol{x}_2)} \tag{3.9}$$

其中 ε 是个小量. 设 $\max(\boldsymbol{x}_1)=\max(\boldsymbol{x}_2)=1$，而且 $\max(\boldsymbol{x}_1)=(\boldsymbol{x}_1)_k$，则 ε 充分小时有

$$\max(\boldsymbol{x}_1+\varepsilon\boldsymbol{x}_2)=(\boldsymbol{x}_1+\varepsilon\boldsymbol{x}_2)_k=1+\varepsilon\delta,\ |\delta|\leqslant 1$$

由此得到 $\boldsymbol{z}^{(k)}$，$\boldsymbol{z}^{(k+1)}$ 和 $\boldsymbol{z}^{(k+2)}$ 的表示式

$$\begin{cases}\boldsymbol{z}^{(k)}=\dfrac{\boldsymbol{x}_1+\varepsilon\boldsymbol{x}_2}{1+\varepsilon\delta}\\ \boldsymbol{z}^{(k+1)}=\dfrac{\lambda_1\boldsymbol{x}_1+\varepsilon\lambda_2\boldsymbol{x}_2}{\lambda_1+\varepsilon\lambda_2\delta}\\ \boldsymbol{z}^{(k+2)}=\dfrac{\lambda_1^2\boldsymbol{x}_1+\varepsilon\lambda_2^2\boldsymbol{x}_2}{\lambda_1^2+\varepsilon\lambda_2^2\delta}\end{cases}$$

或

$$\begin{cases}\boldsymbol{z}^{(k)}=\boldsymbol{x}_1+\dfrac{\varepsilon\boldsymbol{x}_2-\varepsilon\delta\boldsymbol{x}_1}{1+\varepsilon\delta}\\ \boldsymbol{z}^{(k+1)}=\boldsymbol{x}_1+\dfrac{\varepsilon\lambda_2\boldsymbol{x}_2-\varepsilon\lambda_2\delta\boldsymbol{x}_1}{\lambda_1+\varepsilon\lambda_2\delta}\\ \boldsymbol{z}^{(k+2)}=\boldsymbol{x}_1+\dfrac{\varepsilon\lambda_2^2\boldsymbol{x}_2-\varepsilon\lambda_2^2\delta\boldsymbol{x}_1}{\lambda_1^2+\varepsilon\lambda_2^2\delta}\end{cases} \tag{3.10}$$

仿照(3.8)，构造新的向量 $\boldsymbol{w}$，其分量为 w_i，有

$$w_i=\frac{z_i^{(k+2)}z_i^{(k)}-(z_i^{(k+1)})^2}{z_i^{(k+2)}-2z_i^{(k+1)}+z_i^{(k)}},\quad i=1,\cdots,n \tag{3.11}$$

将(3.10)代入(3.11)，并记 $r=\dfrac{\lambda_2}{\lambda_1}$，可得

$$w_i=\frac{(\boldsymbol{x}_1)_i-\varepsilon^2r^2\delta(\boldsymbol{x}_2)_i}{1-\varepsilon^2\delta^2r^2}=(\boldsymbol{x}_1)_i+O(\varepsilon^2),\quad i=1,\cdots,n$$

所以向量 $\boldsymbol{w}=(w_1,\cdots,w_n)^{\mathrm{T}}$ 要比 $\boldsymbol{z}^{(k+2)}$ 更接近 $\boldsymbol{x}_1$. 这里的假设是(3.9)式，在 $|\lambda_2|$ 和 $|\lambda_3|$ 很接近的情形，此假设要迭代多次才能达到.

3-3 收缩方法

用幂迭代法可求 $\boldsymbol{A}$ 的主特征值 λ_1，但不能求其他特征值. 现设 $|\lambda_1|>|\lambda_2|>|\lambda_3|\geqslant\cdots\geqslant|\lambda_n|$. 在求出 λ_1 之后，用收缩的方法来求 λ_2.

收缩的方法有多种，下面讨论一种以相似变换为基础的方法. 设 λ_1 和 $\boldsymbol{x}_1$ 已知，可找到一个 Householder 矩阵 $\boldsymbol{H}$，使 $\boldsymbol{H}\boldsymbol{x}_1=k_1\boldsymbol{e}_1$，且有 $k_1\neq0$. 由 $\boldsymbol{A}\boldsymbol{x}_1=\lambda_1\boldsymbol{x}_1$，有

$$\boldsymbol{HAH}^{-1}\boldsymbol{e}_1=\lambda_1\boldsymbol{e}_1$$

即 $\boldsymbol{HAH}^{-1}$ 的第 1 列为 $\lambda_1\boldsymbol{e}_1$，记

$$\boldsymbol{A}_2=\boldsymbol{HAH}^{-1}=\begin{pmatrix}\lambda_1 & \boldsymbol{b}_1^{\mathrm{T}}\\ \boldsymbol{0} & \boldsymbol{B}_2\end{pmatrix}\tag{3.12}$$

其中 $\boldsymbol{B}_2$ 为 $n-1$ 阶方阵，它显然有特征值 $\lambda_2,\cdots,\lambda_n$. 在 $|\lambda_2|>|\lambda_3|$ 条件下，可用幂法求 $\boldsymbol{B}_2$ 的主特征值 λ_2 和主特征向量 $\boldsymbol{y}_2$，其中 $\boldsymbol{B}_2\boldsymbol{y}_2=\lambda_2\boldsymbol{y}_2$. 设 $\boldsymbol{A}_2\boldsymbol{z}_2=\lambda_2\boldsymbol{z}_2$，为求出 $\boldsymbol{z}_2$，设 α 为待定常数，$\boldsymbol{y}$ 为 $n-1$ 维向量，则

$$\boldsymbol{z}_2=\begin{pmatrix}\alpha\\ \boldsymbol{y}\end{pmatrix},\quad \begin{cases}\lambda_1\alpha+\boldsymbol{b}_1^{\mathrm{T}}\boldsymbol{y}=\lambda_2\alpha\\ \boldsymbol{B}_2\boldsymbol{y}=\lambda_2\boldsymbol{y}\end{cases}$$

因为 $\lambda_1\neq\lambda_2$，可取 $\boldsymbol{y}=\boldsymbol{y}_2$，$\alpha=\dfrac{\boldsymbol{b}_1^{\mathrm{T}}\boldsymbol{y}}{\lambda_2-\lambda_1}$. 这样就可求出 $\boldsymbol{z}_2$. 而 $\boldsymbol{x}_2=\boldsymbol{H}^{-1}\boldsymbol{z}_2$ 就是 $\boldsymbol{A}$ 对应于 λ_2 的特征向量.

按以上计算方法和 Householder 矩阵的应用，应有

$$k_1=-\operatorname{sgn}(\boldsymbol{e}_1^{\mathrm{T}}\boldsymbol{x}_1)\|\boldsymbol{x}_1\|_2$$

$$\boldsymbol{u}=\boldsymbol{x}_1-k_1\boldsymbol{e}_1,\quad \beta=[\|\boldsymbol{x}_1\|_2(\|\boldsymbol{x}_1\|_2+|\boldsymbol{e}_1^{\mathrm{T}}\boldsymbol{x}_1|)]^{-1}$$

$$\boldsymbol{A}_2=\boldsymbol{HAH}^{-1}=(\boldsymbol{I}-\beta\boldsymbol{u}\boldsymbol{u}^{\mathrm{T}})\boldsymbol{A}(\boldsymbol{I}-\beta\boldsymbol{u}\boldsymbol{u}^{\mathrm{T}})$$

最后一个式子的 3 个矩阵乘法又等价于

$$\begin{cases}\boldsymbol{p}=\beta\boldsymbol{A}\boldsymbol{u},\ \boldsymbol{q}^{\mathrm{T}}=\beta\boldsymbol{u}^{\mathrm{T}}\boldsymbol{A},\ r=\beta\boldsymbol{u}^{\mathrm{T}}\boldsymbol{p}\\ \boldsymbol{A}_2=\boldsymbol{A}-\boldsymbol{p}\boldsymbol{u}^{\mathrm{T}}-\boldsymbol{u}\boldsymbol{q}^{\mathrm{T}}+r\boldsymbol{u}\boldsymbol{u}^{\mathrm{T}}\end{cases}\tag{3.13}$$

按(3.13)可以减少运算次数.

求出 λ_2 和 $\boldsymbol{x}_2$ 后,可对 $\boldsymbol{B}_2$ 继续收缩,计算其他特征值和特征向量.理论上只要 $\boldsymbol{A}$ 按模排列的前若干个特征值按模分离,便可求出它们.这种收缩方法的缺点是改变了原矩阵的元素,若 $\boldsymbol{A}$ 是稀疏的,收缩过程可能不再保持稀疏性.

3-4 逆幂迭代法

逆幂迭代法简称**逆幂法**.设 $\boldsymbol{A}\in\mathbf{R}^{n\times n}$,且 $\boldsymbol{A}$ 非奇异,其特征值 $\lambda_1,\cdots,\lambda_n$ 满足

$$|\lambda_1|\geqslant|\lambda_2|\geqslant\cdots\geqslant|\lambda_{n-1}|>|\lambda_n|>0$$

则 $\boldsymbol{A}^{-1}$ 的特征值 $\lambda_1^{-1},\cdots,\lambda_n^{-1}$ 满足

$$|\lambda_n^{-1}|>|\lambda_{n-1}^{-1}|\geqslant\cdots\geqslant|\lambda_1^{-1}|$$

即 λ_n^{-1} 为 $\boldsymbol{A}^{-1}$ 的主特征值.将幂法用于 $\boldsymbol{A}^{-1}$ 就是逆幂法.在计算时不必求逆矩阵,而用解方程组的办法,将逆幂法的计算过程写成

$$\begin{cases}\boldsymbol{A}\boldsymbol{z}^{(k)}=\boldsymbol{v}^{(k-1)}\text{(解方程组)}\\ m_k=\max(\boldsymbol{z}^{(k)})\\ \boldsymbol{v}^{(k)}=\dfrac{\boldsymbol{z}^{(k)}}{m_k},k=1,2,\cdots\end{cases}\tag{3.14}$$

类似于幂法的分析可得,当 $k\to\infty$ 时,

$$\boldsymbol{v}^{(k)}\to\frac{\boldsymbol{x}_n}{\max(\boldsymbol{x}_n)}$$

$$m_k=\lambda_n^{-1}\left[1+O\left(\left|\frac{\lambda_n}{\lambda_{n-1}}\right|^k\right)\right]\to\lambda_n^{-1}$$

其中 $\boldsymbol{x}_n$ 是对应 λ_n 的特征向量,迭代收敛速度决定于 $\left|\dfrac{\lambda_n}{\lambda_{n-1}}\right|$.实际计算可以先将 $\boldsymbol{A}$ 作一次 LU 分解(必要时作列主元分解),每步解 $\boldsymbol{L}\boldsymbol{U}\boldsymbol{z}^{(k)}=\boldsymbol{v}^{(k)}$ 只要解两次三角方程组.

进一步分析,若有参数 $q\neq\lambda_i,i=1,\cdots,n$.则 $(\boldsymbol{A}-q\boldsymbol{I})^{-1}$ 的特征值为 $(\lambda_i-q)^{-1},i=1,\cdots,n$.如果已知 q 接近某一特征值 λ_i,且有

$$0 < |\lambda_i - q| \ll |\lambda_i - \lambda_j|, j \neq i \tag{3.15}$$

对 $\boldsymbol{A}-q\boldsymbol{I}$ 进行逆幂迭代

$$\begin{cases} (\boldsymbol{A}-q\boldsymbol{I})\boldsymbol{z}^{(k)} = \boldsymbol{v}^{(k-1)} \\ m_k = \max(\boldsymbol{z}^{(k)}) \\ \boldsymbol{v}^{(k)} = \dfrac{\boldsymbol{z}^{(k)}}{m_k} \end{cases} \tag{3.16}$$

可得 $m_k \to (\lambda_i - q)^{-1}$, $\boldsymbol{v}^{(k)} \to \dfrac{\boldsymbol{x}_i}{\max(\boldsymbol{x}_i)}$. 这样就能算出 λ_i 和 $\boldsymbol{x}_i$，这称为**原点位移的逆幂迭代法**. 只要参数 q 很好地满足(3.15)，收敛将是较快的. 但是 q 越接近 λ_i 时，$\boldsymbol{A}-q\boldsymbol{I}$ 就会趋向奇异阵，自然会担心用 $\boldsymbol{A}-q\boldsymbol{I}$ 作逆幂迭代时舍入误差是否会影响结果. 可以证明(见文献[17,34])在此情况下，只要 $\boldsymbol{A}$ 关于特征值 λ_i 的条件数不是很大，而且初始向量选择得好，就能计算出较好的结果，所以原点位移的逆幂迭代是求单个特征值和特征向量的有效方法.

至于 q 的选择，可以利用 Gershgorin 定理或其他有关特征值的信息. 如果已知某特征向量较好的近似为 $\boldsymbol{x}$，也可令 $q = \dfrac{(\boldsymbol{Ax},\boldsymbol{x})}{(\boldsymbol{x},\boldsymbol{x})}$.

例 3.3 仍考虑例 3.1 的矩阵(用幂法及加速方法计算结果列在表 3-1)，仍取 $\boldsymbol{v}^{(0)} = (1,1,1)^{\mathrm{T}}$，令 $q = \dfrac{(\boldsymbol{Av}^{(0)},\boldsymbol{v}^{(0)})}{(\boldsymbol{v}^{(0)},\boldsymbol{v}^{(0)})} = 6.333\ 333$. 用逆幂迭代计算结果列在表 3-2.

表 3-2

k	$(\boldsymbol{v}^{(k)})^{\mathrm{T}}$	$m_k^{-1}+q$
0	(1,1,1)	—
1	(1,0.720 727,−0.194 042)	6.183 183
2	(1,0.715 518,−0.245 052)	6.017 244
3	(1,0.714 409,−0.249 522)	6.001 719
4	(1,0.714 298,−0.249 953)	6.000 175
5	(1,0.714 287,−0.250 000)	6.000 021
6	(1,0.714 286,−0.249 999)	6.000 005

4 QR 算 法

QR 方法是求矩阵全部特征值的一种有效方法.一般都先把 $\boldsymbol{A}$ 变换为 Hessenberg 形式,然后用基于 QR 分解的 QR 迭代运算.在某些条件下,迭代产生的矩阵序列趋于一种实 Schur 分解的形式.

4-1 QR 迭代的基本算法和性质

从第 2 节的 QR 分解定理可知实矩阵 $\boldsymbol{A}$ 可写成 $\boldsymbol{A}=\boldsymbol{QR}$,其中 $\boldsymbol{Q}$ 为正交阵,$\boldsymbol{R}$ 为上三角阵.若规定 $\boldsymbol{R}$ 的对角元为正数,则分解有唯一性.如果令 $\boldsymbol{B}=\boldsymbol{RQ}$,则有 $\boldsymbol{B}=\boldsymbol{Q}^{\mathrm{T}}\boldsymbol{AQ}$,说明 $\boldsymbol{B}$ 与 $\boldsymbol{A}$ 有相同的特征值.对 $\boldsymbol{B}$ 继续作 QR 分解,可得到如下的算法

$$\begin{cases}\text{令 } \boldsymbol{A}_1 = \boldsymbol{A} \\ \boldsymbol{A}_k = \boldsymbol{Q}_k\boldsymbol{R}_k(\boldsymbol{A}_k \text{ 的 QR 分解}) \\ \boldsymbol{A}_{k+1} = \boldsymbol{R}_k\boldsymbol{Q}_k, \quad k = 1,2,\cdots\end{cases} \tag{4.1}$$

由(4.1)得到$\{\boldsymbol{A}_k\}$的方法称 **QR 算法**,或**基本 QR 算法**.

定理 4.1 QR 算法产生的序列$\{\boldsymbol{A}_k\}$满足:

(1) $\boldsymbol{A}_{k+1}=\boldsymbol{Q}_k^{\mathrm{T}}\boldsymbol{A}_k\boldsymbol{Q}_k$. (4.2)

(2) $\boldsymbol{A}_{k+1}=\overline{\boldsymbol{Q}}_k^{\mathrm{T}}\boldsymbol{A}\,\overline{\boldsymbol{Q}}_k$,其中$\overline{\boldsymbol{Q}}_k=\boldsymbol{Q}_1\boldsymbol{Q}_2\cdots\boldsymbol{Q}_k$. (4.3)

(3) $\boldsymbol{A}^k=\overline{\boldsymbol{Q}}_k\,\overline{\boldsymbol{R}}_k$,其中$\overline{\boldsymbol{R}}_k=\boldsymbol{R}_k\cdots\boldsymbol{R}_2\boldsymbol{R}_1$. (4.4)

证明 容易证(1).从它递推得

$$\boldsymbol{A}_{k+1} = \boldsymbol{Q}_k^{\mathrm{T}}\boldsymbol{A}_k\boldsymbol{Q}_k = (\boldsymbol{Q}_1\cdots\boldsymbol{Q}_k)^{\mathrm{T}}\boldsymbol{A}(\boldsymbol{Q}_1\cdots\boldsymbol{Q}_k)$$

即得(2),并知 $\boldsymbol{A}_{k+1}$ 与 $\boldsymbol{A}$ 相似,再由

$$\overline{\boldsymbol{Q}}_k\,\overline{\boldsymbol{R}}_k = \boldsymbol{Q}_1\cdots\boldsymbol{Q}_k\boldsymbol{R}_k\cdots\boldsymbol{R}_1 = \overline{\boldsymbol{Q}}_{k-1}\boldsymbol{A}_k\,\overline{\boldsymbol{R}}_{k-1}$$

以及(4.3)式,可得到

$$\overline{\boldsymbol{Q}}_k\,\overline{\boldsymbol{R}}_k = \overline{\boldsymbol{Q}}_{k-1}\,\overline{\boldsymbol{Q}}_{k-1}^{\mathrm{T}}\boldsymbol{A}\,\overline{\boldsymbol{Q}}_{k-1}\,\overline{\boldsymbol{R}}_{k-1} = \boldsymbol{A}\,\overline{\boldsymbol{Q}}_{k-1}\,\overline{\boldsymbol{R}}_{k-1}$$

由此递推及$\overline{Q}_1\overline{R}_1=Q_1R_1=A_1=A$,即证(3).

关于 QR 算法的收敛性有各种情况,我们给出一种简单情况,虽然它与一般情形相距甚远,但证明却是初等的.见文献[3,17].

定义 4.1 矩阵序列$\{A_k\}$当 $k\to\infty$时,若其对角元均收敛,且严格下三角部分元素收敛到零,则称$\{A_k\}$基本收敛到上三角阵.

基本收敛的概念并未指出$\{A_k\}$严格上三角部分元素是否收敛.但对求 A 的特征值而言,基本收敛已足够了.

定理 4.2 $A\in\mathbf{R}^{n\times n}$,设其特征值满足

$$|\lambda_1|>|\lambda_2|>\cdots>|\lambda_n|>0 \tag{4.5}$$

λ_i 对应特征向量 x_i, $i=1,\cdots,n$. 以 x_i 为列的方阵记为 $X=(x_1,x_2,\cdots,x_n)$. 设 X^{-1} 可分解为 $X^{-1}=LU$,其中 L 为单位下三角阵,U 为上三角阵.则 QR 算法产生的序列$\{A_k\}$基本收敛到上三角阵.其对角元极限为

$$\lim_{k\to\infty}a_{ii}^{(k)}=\lambda_i,i=1,2,\cdots,n$$

例 4.1 $A=\begin{pmatrix}8&2\\2&5\end{pmatrix}$,$A$ 有特征值$\lambda_1=9$,$\lambda_2=4$,可验证满足定理4.2条件,而且 A 是对称阵,所以 QR 方法产生的序列应收敛到一个对角阵.用 Givens 变换的方法作 $A_1=A$ 的 QR 分解,得到

$$Q_1=\frac{1}{\sqrt{68}}\begin{pmatrix}8&-2\\2&8\end{pmatrix},\quad R_1=\frac{1}{\sqrt{68}}\begin{pmatrix}68&26\\0&36\end{pmatrix}$$

$$A_2=R_1Q_1=\frac{1}{68}\begin{pmatrix}596&72\\72&288\end{pmatrix}\approx\begin{pmatrix}8.7647&1.0588\\1.0588&4.2353\end{pmatrix}$$

这里我们看到 A_2 仍为对称阵,而且其非对角元绝对值比 A_1 对应数值要小,对角元则比 A_1 对应数值更接近特征值,即 A_2 比 A_1 更接近对角形.继续算下去,作 10 次 QR 迭代可以求出有 7 位数字的特征值.

例 4.2 $A=\begin{pmatrix}0 & 1\\ 1 & 0\end{pmatrix}$,有特征值 $\lambda=\pm 1$,不满足定理 4.2 条件. 作 $A=A_1$ 的分解 $A_1=Q_1R_1$,得到 $Q_1=A, R_1=I$,所以 $A_2=R_1Q_1=A$. 即 $A_k=A$. $\{A_k\}$不收敛到对角阵.

一般情形 QR 算法的收敛性较为复杂. 在有等模特征值(包括实的重特征值,单的或重的共轭复特征值及其他情形)时,如果 X^{-1}仍有 LU 分解,则$\{A_k\}$基本收敛于块上三角阵. 若同一模的特征值有 p 个,则在对角线上出现一个 p 阶子阵,其元素不一定收敛,但 p 阶子阵的特征值收敛于 A 的等模特征值. 对于一种重要的情况,即等模特征值中只有实的重特征值和多重复共轭特征值的情况,可以证明$\{A_k\}$基本收敛于分块上三角型矩阵,对角块是 1 阶或 2 阶的,其中 2 阶子阵给出一对复共轭特征值.

4-2 Hessenberg 矩阵的 QR 方法

一般实际使用 QR 方法之前,先将 A 通过正交相似变换化为上 Hessenberg 矩阵 H,然后对 H 作 QR 迭代,这样可以大大节省运算工作量.

因为上 Hessenberg 阵 H 的次对角线以下元素均为零,所以用 Givens 变换作 QR 分解较为方便. 例如,用 Givens 矩阵 $J(i,i+1,\theta_i)$左乘 H,有

$$J(i,i+1,\theta_i)H=\begin{pmatrix}1 & & & & & \\ & \ddots & & & & \\ & & c_i & s_i & & \\ & & -s_i & c_i & & \\ & & & & \ddots & \\ & & & & & 1\end{pmatrix}\begin{pmatrix}h_{11} & h_{12} & \cdots & h_{1i} & \cdots & h_{1,n-1} & h_{1n}\\ h_{21} & h_{22} & \cdots & h_{2i} & \cdots & h_{2,n-1} & h_{2n}\\ & \ddots & \ddots & \vdots & & \vdots & \vdots\\ & & \ddots & h_{ii} & \cdots & h_{i,n-1} & h_{in}\\ & & & h_{i+1,i} & \cdots & h_{i+1,n-1} & h_{i+1,n}\\ & & & & \ddots & \vdots & \vdots\\ & & & & & h_{n,n-1} & h_{nn}\end{pmatrix}$$

选择 θ_i,使 $J(i,i+1,\theta_i)H$ 的第 $i+1$ 行第 i 列元素为 0,而矩阵 H

的第 i 与 $i+1$ 行零元素位置上左乘 $\boldsymbol{J}(i,i+1,\theta_i)$ 后仍为 0，其他行则不变. 这样 $i=1,\cdots,n-1$，共 $n-1$ 次左乘正交矩阵后得到上三角阵 $\boldsymbol{R}$，即

$$\boldsymbol{U}^{\mathrm{T}}\boldsymbol{H} = \boldsymbol{R}, \boldsymbol{U}^{\mathrm{T}} = \boldsymbol{J}(n-1,n,\theta_{n-1})\cdots\boldsymbol{J}(1,2,\theta_1)$$

其中 $\boldsymbol{U}^{\mathrm{T}}$ 是一个正交阵，并可验证它是一个下 Hessenberg 阵，即 $\boldsymbol{U}$ 是一个上 Hessenberg 阵. 这样得到 $\boldsymbol{H}$ 的 QR 分解 $\boldsymbol{H}=\boldsymbol{U}\boldsymbol{R}$. 在作 QR 迭代时，下一步计算 $\boldsymbol{H}_2=\boldsymbol{R}\boldsymbol{U}$，容易验证 $\boldsymbol{R}\boldsymbol{U}$ 是一个上 Hessenberg 阵. 以上说明了 QR 算法保持了 $\boldsymbol{H}$ 的上 Hessenberg 结构形式.

Hessenberg 矩阵 QR 算法的一步可以描述如下，它对上 Hessenberg 阵 $\boldsymbol{H}\in\mathbf{R}^{n\times n}$ 作 QR 分解：$\boldsymbol{H}=\boldsymbol{U}\boldsymbol{R}$，再作乘法 $\overline{\boldsymbol{H}}=\boldsymbol{R}\boldsymbol{U}$，$\overline{\boldsymbol{H}}$ 仍放在 $\boldsymbol{H}$ 的位置：

对 $i=1,\cdots,n-1$，

确定 $c_i=\cos\theta_i$ 及 $s_i=\sin\theta_i$，使

$$\begin{pmatrix} c_i & s_i \\ -s_i & c_i \end{pmatrix}\begin{pmatrix} h_{ii} \\ h_{i+1,i} \end{pmatrix} = \begin{pmatrix} * \\ 0 \end{pmatrix}$$

对 $j=i,\cdots,n$，

$$\begin{pmatrix} c_i & s_i \\ -s_i & c_i \end{pmatrix}\begin{pmatrix} h_{ij} \\ h_{i+1,j} \end{pmatrix} \Rightarrow \begin{pmatrix} h_{ij} \\ h_{i+1,j} \end{pmatrix}$$

对 $i=1,\cdots,n-1$，

对 $k=1,\cdots,i+1$，

$$(h_{ki}, h_{k,i+1})\begin{pmatrix} c_i & s_i \\ -s_i & c_i \end{pmatrix} \Rightarrow (h_{ki}, h_{k,i+1})$$

例 4.3

$$\boldsymbol{H} = \begin{bmatrix} 3 & 1 & 2 \\ 4 & 2 & 3 \\ 0 & 0.01 & 1 \end{bmatrix}$$

用上述算法对 $\boldsymbol{H}$ 作一步 QR 迭代，得到

$$\boldsymbol{J}(1,2,\theta_1)=\begin{pmatrix}0.6 & 0.8 & 0\\ -0.8 & 0.6 & 0\\ 0 & 0 & 1\end{pmatrix}$$

$$\boldsymbol{J}(2,3,\theta_2)=\begin{pmatrix}1 & 0 & 0\\ 0 & 0.9996 & 0.0249\\ 0 & -0.0249 & 0.9996\end{pmatrix}$$

最后得到

$$\overline{\boldsymbol{H}}=\begin{pmatrix}4.7600 & -2.5442 & 5.4653\\ 0.3200 & 0.1856 & -2.1796\\ 0.0000 & 0.0263 & 1.0540\end{pmatrix}$$

4-3 带有原点位移的 QR 方法

以下我们针对上 Hessenberg 矩阵讨论 QR 方法的进一步发展. 一般我们假设每次 QR 迭代中产生的 $\boldsymbol{H}_k$ 都是不可约的. 否则,在某一步中有

$$\boldsymbol{H}_k=\begin{pmatrix}\boldsymbol{H}_{11} & \boldsymbol{H}_{12}\\ \boldsymbol{0} & \boldsymbol{H}_{22}\end{pmatrix}\begin{matrix}p\\ n-p\end{matrix}$$
$$\qquad\quad p \qquad n-p$$

这样就可以将问题分解为较小型的问题. 如果这种情况出现在 $p=n-1$或 $n-2$ 情形,原特征值问题就可以进行收缩. 在实际计算中要对次对角元进行判断,某个次对角元适当小时就进行分解或收缩.

在定理 4.2 的条件(4.5)下,对 $\boldsymbol{H}$ 的 QR 迭代中,收敛快慢决定于 $\max\left|\frac{\lambda_{j+1}}{\lambda_j}\right|$,这和幂法是类似的. 所以同样可以引入原点位移方法. 设 $\boldsymbol{H}_1=\boldsymbol{H}$,这种方法就是

$$\begin{cases}\boldsymbol{H}_k-\mu\boldsymbol{I}=\boldsymbol{U}_k\boldsymbol{R}_k,(\boldsymbol{H}_k-\mu\boldsymbol{I}\text{ 的 QR 分解})\\ \boldsymbol{H}_{k+1}=\boldsymbol{R}_k\boldsymbol{U}_k+\mu\boldsymbol{I},k=1,2,\cdots\end{cases}\tag{4.6}$$

因为 $\boldsymbol{R}_k\boldsymbol{U}_k+\mu\boldsymbol{I}=\boldsymbol{U}_k^{\mathrm{T}}(\boldsymbol{U}_k\boldsymbol{R}_k+\mu\boldsymbol{I})\boldsymbol{U}_k=\boldsymbol{U}_k^{\mathrm{T}}\boldsymbol{H}_k\boldsymbol{U}_k$,所以每个 $\boldsymbol{H}_k$ 都与

$\boldsymbol{H}$ 相似，从而与原矩阵 $\boldsymbol{A}$ 相似. 这里我们假设先把 $\boldsymbol{A}$ 变换为上 Hessenberg 阵 $\boldsymbol{H}$，再作算法(4.6).

把 $\boldsymbol{A}$ 的特征值$\{\lambda_i\}$按下面次序排列

$$|\lambda_1-\mu|\geqslant|\lambda_2-\mu|\geqslant\cdots\geqslant|\lambda_n-\mu| \tag{4.7}$$

则 $\boldsymbol{H}_k$ 的第 j 个次对角元收敛速度决定于 $\left|\dfrac{\lambda_{j+1}-\mu}{\lambda_j-\mu}\right|^k$. 如果 μ 十分接近 λ_n，收敛将会很快.

在极端的情况下，设 μ 为 $\boldsymbol{A}$ 的一个特征值，即(4.7)最右端为 0，则 $\boldsymbol{U}_k^{\mathrm{T}}(\boldsymbol{H}_k-\mu\boldsymbol{I})=\boldsymbol{R}_k$ 必为奇异阵，所以 $\boldsymbol{R}_k$ 的对角线必有零元素. 还可以证明 $|r_{ii}^{(k)}|\geqslant|h_{i+1,i}^{(k)}|$，$i=1,2,\cdots,n-1$. 这样在 $\boldsymbol{H}_k$ 不可约的情况下就有 $r_{nn}^{(k)}=0$，从而 $\boldsymbol{H}_{k+1}$ 的最后一行为$(0,\cdots,0,\mu)$. 这就可求出 $\boldsymbol{H}_{k+1}$ 的一个特征值为 μ.

例 4.4

$$\boldsymbol{H}=\begin{pmatrix}9 & -1 & -2\\ 2 & 6 & -2\\ 0 & 1 & 5\end{pmatrix}$$

有 $6\in\sigma(\boldsymbol{H})$. 设 $\boldsymbol{H}-6\boldsymbol{I}$ 的 QR 分解为 $\boldsymbol{H}-6\boldsymbol{I}=\boldsymbol{U}\boldsymbol{R}$，则

$$\overline{\boldsymbol{H}}=\boldsymbol{R}\boldsymbol{U}+6\boldsymbol{I}\approx\begin{pmatrix}8.5384 & -3.7313 & -1.0090\\ 0.6343 & 5.4615 & 1.3867\\ 0.0000 & 0.0000 & 6.0000\end{pmatrix}$$

算出了 $\boldsymbol{H}$ 的一个特征值. 当然，很多计算中由于舍入误差使 $\overline{h}_{n,n-1}$ 不能近似取为 0.

以上极端情况的讨论当然不能用于实际计算，因为 $\boldsymbol{A}$ 的特征值是待求的，不能把(4.6)中的 μ 取为 $\boldsymbol{A}$ 的特征值. 但是上面的分析提示了我们，在每步 QR 迭代中 μ 可以取为不同的 μ_k，而且就选为沿对角线找到的 $h_{nn}^{(k)}$. 这称为第 1 种原点位移的 QR 迭代

$$\begin{cases}\mu_k = h_{nn}^{(k)}, \\ \boldsymbol{H}_k - \mu_k \boldsymbol{I} = \boldsymbol{U}_k \boldsymbol{R}_k, (\boldsymbol{H}_k - \mu_k \boldsymbol{I} \text{ 的 QR 分解}) \\ \boldsymbol{H}_{k+1} = \boldsymbol{R}_k \boldsymbol{U}_k + \mu_k \boldsymbol{I}, \qquad k = 1,2,\cdots \end{cases} \tag{4.8}$$

(4.8)中的矩阵有下列性质

$$\boldsymbol{H}_{k+1} = \overline{\boldsymbol{U}}_k^{\mathrm{T}} \boldsymbol{H}_1 \overline{\boldsymbol{U}}_k \tag{4.9}$$

$$(\boldsymbol{H}_1 - \mu_{k+1}\boldsymbol{I})(\boldsymbol{H}_1 - \mu_k \boldsymbol{I})\cdots(\boldsymbol{H}_1 - \mu_1 \boldsymbol{I}) = \overline{\boldsymbol{U}}_{k+1}\overline{\boldsymbol{R}}_{k+1} \tag{4.10}$$

其中$\overline{\boldsymbol{U}}_k = \boldsymbol{U}_1\boldsymbol{U}_2\cdots\boldsymbol{U}_k$，$\overline{\boldsymbol{R}}_k = \boldsymbol{R}_k\boldsymbol{R}_{k-1}\cdots\boldsymbol{R}_1$. 算法(4.8)的收敛判别标准可以取下面两者之一：

$$|h_{n,n-1}^{(k)}| \leqslant \varepsilon \|\boldsymbol{H}_1\|_\infty$$

$$|h_{n,n-1}^{(k)}| \leqslant \varepsilon(|h_{n,n}^{(k)}| + |h_{n-1,n-1}^{(k)}|)$$

满足上述条件时，可认为 $h_{n,n-1}^{(k)} = 0$，$h_{n,n}^{(k)}$就作为$\boldsymbol{A}$ 的一个特征值.

第 2 种原点位移的 QR 迭代是选 μ_k 为

$$\begin{pmatrix} h_{n-1,n-1}^{(k)} & h_{n-1,n}^{(k)} \\ h_{n,n-1}^{(k)} & h_{n,n}^{(k)} \end{pmatrix}$$

的特征值中最接近 $h_{n,n}^{(k)}$的一个，用此 μ_k 代替(4.8)的第 1 个式子，得到 QR 迭代公式.

例 4.5 $\boldsymbol{A} = \begin{pmatrix} 8 & 2 \\ 2 & 5 \end{pmatrix}$，$\lambda_1 = 9$，$\lambda_2 = 4$. 在例 4.1 中，对 $\boldsymbol{A}$ 用基本 QR 算法. $a_{21}^{(k)}$ 收敛到 0，其收敛速度决定于因子$\left|\dfrac{\lambda_2}{\lambda_1}\right| = \dfrac{4}{9}$. 因为 $\boldsymbol{A}$ 是 2 阶矩阵，就不必再化为上 Hessenberg 形式了. 现在用第 1 种位移的 QR 迭代. 选 $\mu_1 = 5$，我们看到因子$\left|\dfrac{\lambda_2 - \mu_1}{\lambda_1 - \mu_1}\right| = \dfrac{1}{4}$，比$\dfrac{4}{9}$要小. 计算结果是 $\boldsymbol{A}_1 - \mu_1 \boldsymbol{I} = \boldsymbol{U}_1 \boldsymbol{R}_1$，其中

$$\boldsymbol{U}_1 = \frac{1}{\sqrt{13}}\begin{pmatrix} 3 & 2 \\ 2 & -3 \end{pmatrix}, \boldsymbol{R}_1 = \frac{1}{\sqrt{13}}\begin{pmatrix} 13 & 6 \\ 0 & 4 \end{pmatrix}$$

$$\boldsymbol{A}_2 = \boldsymbol{R}_1 \boldsymbol{U}_1 + \mu_1 \boldsymbol{I} = \frac{1}{13}\begin{pmatrix} 51 & 8 \\ 8 & -12 \end{pmatrix} + \begin{pmatrix} 5 & 0 \\ 0 & 5 \end{pmatrix}$$

$$\approx \begin{pmatrix} 8.9321 & 0.6154 \\ 0.6154 & 4.0769 \end{pmatrix}$$

这和例 4.1 的基本 QR 方法比较，一次迭代后，非对角元的绝对值更小，而对角元更接近特征值. 下一步选 $\mu_2 = 4.0769$，我们可看到因子 $\left|\dfrac{\lambda_2 - \mu_2}{\lambda_1 - \mu_2}\right| \approx 0.0156$. 算下去结果有

$$A_3 \approx \begin{pmatrix} 8.999981 & 0.009766 \\ 0.009766 & 4.000019 \end{pmatrix}$$

$$A_4 \approx \begin{pmatrix} 9.000000 & 3.7 \times 10^{-7} \\ 3.7 \times 10^{-7} & 4.000000 \end{pmatrix}$$

我们看到，基本 QR 方法收敛速度依赖于特征值的比，即若收敛的话，它是线性收敛的. 可以证明，一定条件下(4.8)产生的 $\{H_k\}$ 基本收敛到一个上三角阵，且最后一行元素(除对角元外)收敛最快. 如果收敛的话，且是 2 次收敛的. 对于对称阵特征值问题，适当选择位移量 μ_k，则可无条件收敛，且是 3 次收敛.

4-4 双重步 QR 方法

应当指出，如果 A 有复特征值，那么作第 1 种或第 2 种原点位移的 QR 迭代计算，是求不出复特征值的. 所以还要进一步处理，基本想法是把两步运算并成一步以避免复运算.

为了使符号简单，我们这里用 H 代替 H_k，H_1 和 H_2 分别代替 H_{k+1} 和 H_{k+2}. 设 $H = (h_{ij}) \in \mathbf{R}^{n \times n}$，其右下角 2×2 子阵为

$$G = \begin{pmatrix} h_{n-1,n-1} & h_{n-1,n} \\ h_{n,n-1} & h_{nn} \end{pmatrix}$$

设 G 有特征值 a_1 和 a_2，它们可能是复数. 这样在算法中将出现复矩阵. 所以考虑的 QR 分解应是复的分解. 即将矩阵分解为酉矩阵和上三角阵的乘积. 我们用 a_1 和 a_2 作为位移量连续作两次单步

位移 QR 迭代：

$$\begin{cases}\boldsymbol{H}-a_1\boldsymbol{I}=\boldsymbol{U}_1\boldsymbol{R}_1 (\boldsymbol{H}-a_1\boldsymbol{I} \text{ 的复 QR 分解}) \\ \boldsymbol{H}_1=\boldsymbol{R}_1\boldsymbol{U}_1+a_1\boldsymbol{I} \\ \boldsymbol{H}_1-a_2\boldsymbol{I}=\boldsymbol{U}_2\boldsymbol{R}_2 (\boldsymbol{H}_1-a_2\boldsymbol{I} \text{ 的复 QR 分解}) \\ \boldsymbol{H}_2=\boldsymbol{R}_2\boldsymbol{U}_2+a_2\boldsymbol{I}\end{cases} \tag{4.11}$$

为了进一步分析，记

$$s=a_1+a_2=h_{n-1,n-1}+h_{nn}=\operatorname{tr}(\boldsymbol{G})\in\mathbf{R} \tag{4.12}$$

$$t=a_1a_2=h_{n-1,n-1}h_{nn}-h_{n-1,n}h_{n,n-1}=\det\boldsymbol{G}\in\mathbf{R} \tag{4.13}$$

$$\boldsymbol{M}=(\boldsymbol{H}-a_2\boldsymbol{I})(\boldsymbol{H}-a_1\boldsymbol{I})=\boldsymbol{H}^2-s\boldsymbol{H}+t\boldsymbol{I} \tag{4.14}$$

我们看到 a_1, a_2 虽然可能是复数，但 $\boldsymbol{M}$ 却是实矩阵. 不难验证

$$\begin{aligned}\boldsymbol{M}&=(\boldsymbol{U}_1\boldsymbol{R}_1+(a_1-a_2)\boldsymbol{I})(\boldsymbol{H}-a_1\boldsymbol{I})\\&=\boldsymbol{U}_1(\boldsymbol{R}_1\boldsymbol{U}_1+(a_1-a_2)\boldsymbol{I})\boldsymbol{U}_1^{\mathrm{H}}(\boldsymbol{H}-a_1\boldsymbol{I})\\&=\boldsymbol{U}_1(\boldsymbol{R}_1\boldsymbol{U}_1+(a_1-a_2)\boldsymbol{I})\boldsymbol{R}_1\\&=\boldsymbol{U}_1(\boldsymbol{H}_1-a_2\boldsymbol{I})\boldsymbol{R}=(\boldsymbol{U}_1\boldsymbol{U}_2)(\boldsymbol{R}_2\boldsymbol{R}_1)\end{aligned}$$

这样，$(\boldsymbol{U}_1\boldsymbol{U}_2)(\boldsymbol{R}_2\boldsymbol{R}_1)$便是实矩阵 $\boldsymbol{M}$ 的 QR 分解，并且可以选取 $\boldsymbol{U}_1$ 和 $\boldsymbol{U}_2$，使 $\boldsymbol{Z}=\boldsymbol{U}_1\boldsymbol{U}_2$ 是实的正交阵，由此得出

$$\begin{aligned}\boldsymbol{H}_2&=\boldsymbol{U}_2^{\mathrm{H}}\boldsymbol{H}_1\boldsymbol{U}_2=\boldsymbol{U}_2^{\mathrm{H}}(\boldsymbol{U}_1^{\mathrm{H}}\boldsymbol{H}\boldsymbol{U}_1)\boldsymbol{U}_2\\&=(\boldsymbol{U}_1\boldsymbol{U}_2)^{\mathrm{H}}\boldsymbol{H}(\boldsymbol{U}_1\boldsymbol{U}_2)=\boldsymbol{Z}^{\mathrm{T}}\boldsymbol{H}\boldsymbol{Z}\end{aligned}$$

它是一个实矩阵. 但是这样复运算得到实阵在有舍入误差的情况下是很难实现的. 为了避免复运算，由 $\boldsymbol{H}$ 到 $\boldsymbol{H}_2$ 的计算可以用下面方法显式进行：

(1) 显式计算 $\boldsymbol{M}=\boldsymbol{H}^2-s\boldsymbol{H}+t\boldsymbol{I}$.

(2) 计算 $\boldsymbol{M}$ 的实 QR 分解 $\boldsymbol{M}=\boldsymbol{Z}\boldsymbol{R}$.

(3) 令 $\boldsymbol{H}_2=\boldsymbol{Z}^{\mathrm{T}}\boldsymbol{H}\boldsymbol{Z}$.

由(1)～(3)求出的 $\boldsymbol{H}_2$ 就是(4.11)的结果，但是(1)的运算量是很大的，基于定理 2.4，我们改用以下步骤：

(1)′ 计算 $\boldsymbol{M}$ 的第 1 列 $\boldsymbol{M}\boldsymbol{e}_1$.

(2)′ 确定 Householder 阵 $\boldsymbol{P}_0$，使得 $\boldsymbol{P}_0(\boldsymbol{M}\boldsymbol{e}_1)$是 $\boldsymbol{e}_1$ 的倍量.

(3)′ 计算 Householder 阵 $\boldsymbol{P}_1,\cdots,\boldsymbol{P}_{n-2}$，使得若 $\boldsymbol{Z}_1=\boldsymbol{P}_0\boldsymbol{P}_1\cdots\boldsymbol{P}_{n-2}$，则 $\boldsymbol{Z}_1^{\mathrm{T}}\boldsymbol{H}\boldsymbol{Z}_1$ 为上 Hessenberg 阵，并使 $\boldsymbol{Z}_1$ 和 $\boldsymbol{Z}$ 的第 1 列相同.

按照(1)′～(3)′的计算，根据定理 2.4，因为 $\boldsymbol{Z}$ 和 $\boldsymbol{Z}_1$ 第 1 列相同，所以在 $\boldsymbol{Z}^{\mathrm{T}}\boldsymbol{H}\boldsymbol{Z}$ 和 $\boldsymbol{Z}_1^{\mathrm{T}}\boldsymbol{H}\boldsymbol{Z}_1$ 均为不可约上 Hessenberg 阵的情况下，它们本质上相等. 当然，若它们并非不可约，则分解为较小型的子问题.

现在再详细考察如何实现(1)′～(3)′. 由 4.14 有

$$
\begin{aligned}
\boldsymbol{M}\boldsymbol{e}_1 &= (x,y,z,0,\cdots,0)^{\mathrm{T}}\\
x &= h_{11}^2+h_{12}h_{21}-sh_{11}+t\\
y &= h_{21}(h_{11}+h_{22}-s)\\
z &= h_{21}h_{32}
\end{aligned}
$$

这就是(1)′的计算公式. (2)′要使 $\boldsymbol{P}_0(\boldsymbol{M}\boldsymbol{e}_1)$为 $\boldsymbol{e}_1$ 的倍量，则 $\boldsymbol{P}_0=\boldsymbol{I}-\dfrac{2\boldsymbol{u}_0\boldsymbol{u}_0^{\mathrm{T}}}{\|\boldsymbol{u}_0\|_2^2}$，其中 $\boldsymbol{u}_0$ 按(2.4)～(2.5)计算，它除了开头 3 个分量外，其余分量为 0. 所以用 $\boldsymbol{P}_0$ 作相似变换 $\boldsymbol{P}_0\boldsymbol{H}\boldsymbol{P}_0$，只改变了 $\boldsymbol{H}$ 的前 3 行和前 3 列. $\boldsymbol{H}$ 为上 Hessenberg 形式，不难验证 $\boldsymbol{P}_0\boldsymbol{H}\boldsymbol{P}_0$ 有如下形式(以 $n=6$ 为例)

$$
\boldsymbol{P}_0\boldsymbol{H}\boldsymbol{P}_0=\begin{pmatrix}
* & * & * & * & * & *\\
* & * & * & * & * & *\\
\circledast & * & * & * & * & *\\
\circledast & \circledast & * & * & * & *\\
0 & 0 & 0 & * & * & *\\
0 & 0 & 0 & 0 & * & *
\end{pmatrix}
$$

其中⊛是对 $\boldsymbol{H}$ 来说新增加的非零元. (3)′就是要把 $\boldsymbol{P}_0\boldsymbol{H}\boldsymbol{P}_0$ 逐次恢复为上 Hessenberg 形式. 示意如下：

$$
P_0 HP_0 \xrightarrow{P_1} \begin{pmatrix} * & * & * & * & * & * \\ * & * & * & * & * & * \\ 0 & * & * & * & * & * \\ 0 & * & * & * & * & * \\ 0 & * & * & * & * & * \\ 0 & 0 & 0 & 0 & * & * \end{pmatrix} \xrightarrow{P_2} \begin{pmatrix} * & * & * & * & * & * \\ * & * & * & * & * & * \\ 0 & * & * & * & * & * \\ 0 & 0 & * & * & * & * \\ 0 & 0 & * & * & * & * \\ 0 & 0 & * & * & * & * \end{pmatrix}
$$

$$
\xrightarrow{P_3} \begin{pmatrix} * & * & * & * & * & * \\ * & * & * & * & * & * \\ 0 & * & * & * & * & * \\ 0 & 0 & * & * & * & * \\ 0 & 0 & 0 & * & * & * \\ 0 & 0 & 0 & * & * & * \end{pmatrix} \xrightarrow{P_4} \begin{pmatrix} * & * & * & * & * & * \\ * & * & * & * & * & * \\ 0 & * & * & * & * & * \\ 0 & 0 & * & * & * & * \\ 0 & 0 & 0 & * & * & * \\ 0 & 0 & 0 & 0 & * & * \end{pmatrix}
$$

其中的箭头是指用 $\boldsymbol{P}_k$ 做正交相似变换，$\boldsymbol{P}_k$ 有对角块的形式 $\boldsymbol{P}_k = \mathrm{diag}(\boldsymbol{I}_k, \overline{\boldsymbol{P}}_k, \boldsymbol{I}_{n-k+3})$，$\overline{\boldsymbol{P}}_k$ 为 3×3Householder 阵，只有 $\boldsymbol{P}_{n-2}$是例外，$\overline{\boldsymbol{P}}_{n-2}$是 2×2 阵，$\boldsymbol{P}_{n-2}=\mathrm{diag}(\boldsymbol{I}_{n-2}, \overline{\boldsymbol{P}}_{n-2})$.

记 $\boldsymbol{Z}_1 = \boldsymbol{P}_0\boldsymbol{P}_1\cdots\boldsymbol{P}_{n-2}$，以上运算使 $\boldsymbol{Z}_1^{\mathrm{T}}\boldsymbol{H}\boldsymbol{Z}_1$ 为上 Hessenberg 阵. 由 $\boldsymbol{P}_k$ 的表示，有

$$
\boldsymbol{P}_k\boldsymbol{e}_1 = \boldsymbol{e}_1, k = 1, \cdots, n-2
$$

所以有 $\boldsymbol{Z}_1\boldsymbol{e}_1 = \boldsymbol{P}_0\boldsymbol{e}_1$，即 $\boldsymbol{Z}_1$ 与 $\boldsymbol{P}_0$ 第 1 列相同. 而 $\boldsymbol{M}=\boldsymbol{Z}\boldsymbol{R}$ 为 $\boldsymbol{M}$ 的实 QR 分解，可逐次 Householder 变换来实现，所以 $\boldsymbol{Z}=\widetilde{\boldsymbol{P}}_0\widetilde{\boldsymbol{P}}_1\cdots\widetilde{\boldsymbol{P}}_{n-2}$. $\widetilde{\boldsymbol{P}}_0$ 正是将 $\boldsymbol{M}\boldsymbol{e}_1$ 化为 $\boldsymbol{e}_1$ 倍量的 Householder 变换，即 $\widetilde{\boldsymbol{P}}_0 = \boldsymbol{P}_0$，且 $\widetilde{\boldsymbol{P}}_k\boldsymbol{e}_1 = \boldsymbol{e}_1 (k=1,\cdots,n-2)$. 故有

$$
\boldsymbol{Z}\boldsymbol{e}_1 = \widetilde{\boldsymbol{P}}_0\boldsymbol{e}_1 = \boldsymbol{P}_0\boldsymbol{e}_1 = \boldsymbol{Z}_1\boldsymbol{e}_1
$$

因此，由定理 2.4，若上 Hessenberg 阵 $\boldsymbol{Z}^{\mathrm{T}}\boldsymbol{H}\boldsymbol{Z}$ 和 $\boldsymbol{Z}_1^{\mathrm{T}}\boldsymbol{H}\boldsymbol{Z}_1$ 都是不可约的，$\boldsymbol{Z}_1$ 本质上等于 $\boldsymbol{Z}$. 这样，步骤(3)中的 $\boldsymbol{Z}$ 便可由(3)′中的 $\boldsymbol{Z}_1$ 代替. $\boldsymbol{Z}_1^{\mathrm{T}}\boldsymbol{H}\boldsymbol{Z}_1 = \boldsymbol{H}_2$ 便是位移的 QR 迭代中接连两步的结果，它完全由实运算来完成.

我们把(1)′～(3)′归纳为以下的算法，对于给定的上

Hessenberg 阵$\boldsymbol{H}\in\mathbf{R}^{n\times n}$，利用其右下角主子阵的特征值，算法计算出$\boldsymbol{Z}^{\mathrm{T}}\boldsymbol{H}\boldsymbol{Z}$，并放回$\boldsymbol{H}$位置上.

Francis QR 算法

(1) 计算 $s=h_{n-1,n-1}+h_{nn}$

$t=h_{n-1,n-1}h_{nn}-h_{n-1,n}h_{n,n-1}$

$x=h_{11}^2+h_{12}h_{21}-sh_{11}+t$

$y=h_{21}(h_{11}+h_{22}-s)$

$z=h_{21}h_{32}$

(2) 对 $k=0,1,\cdots,n-2$，

若 $k<n-2$，

则确定 Householder 阵$\overline{\boldsymbol{P}}_k\in\mathbf{R}^{3\times 3}$，使

$$\overline{\boldsymbol{P}}_k\begin{pmatrix}x\\y\\z\end{pmatrix}=\begin{pmatrix}*\\0\\0\end{pmatrix}$$

$$\boldsymbol{H}:=\boldsymbol{P}_k\boldsymbol{H}\boldsymbol{P}_k^{\mathrm{T}},\boldsymbol{P}_k=\mathrm{diag}(\boldsymbol{I}_k,\overline{\boldsymbol{P}}_k,\boldsymbol{I}_{n-k-3})$$

否则确定 Householder 阵$\overline{\boldsymbol{P}}_{n-2}\in\mathbf{R}^{2\times 2}$，使

$$\overline{\boldsymbol{P}}_{n-2}\begin{pmatrix}x\\y\end{pmatrix}=\begin{pmatrix}*\\0\end{pmatrix}$$

$$\boldsymbol{H}:=\boldsymbol{P}_{n-2}\boldsymbol{H}\boldsymbol{P}_{n-2}^{\mathrm{T}},\boldsymbol{P}_{n-2}=\mathrm{diag}(\boldsymbol{I}_{n-2},\overline{\boldsymbol{P}}_{n-2})$$

$x:=h_{k+2,k+1}$

$y:=h_{k+3,k+1}$

若 $k<n-3$，则 $z:=h_{k+4,k+1}$.

完整的 QR 程序，应该先将 $\boldsymbol{A}$ 化为上 Hessenberg 形式，然后再反复运用 Francis 算法，其中还要检验次对角元，将适当小的次对角元位置置零，并将问题分解，所以标准的 QR 程序是比较复杂的. 对于非对称矩阵特征值问题，用这样的 QR 方法，希望迭代能产生实 Schur 形式的矩阵. 关于收敛性问题就不再讨论了. 对特征向量的计算，也可以通过逆幂迭代法求得，并要避免复运算.

5 对称矩阵特征值问题的计算

对称特征值问题可以用 QR 方法的原理求解. 充分利用对称性质可使计算过程大大简化. 此外本节还介绍一些不同途径的方法. 另外还有一些方法(如二分法, Jacobi 方法等)可参阅文献[5, 20]等.

5-1 对称 QR 方法

当 $\boldsymbol{A}$ 是对称阵时, QR 方法结合对称特征值问题的性质, 将得到十分紧凑的算法, 这里只简单介绍它的基本原理. 我们要注意到:(1)如果我们用第 2 节的正交相似变换将 $\boldsymbol{A}$ 化为 Hessenberg 形式, 得到的 $\boldsymbol{H}$ 将是一个对称的三对角阵;(2)进行每步带位移的 QR 方法迭代时, 结果仍保持三对角带状结构;(3)由于 $\boldsymbol{A}$ 的特征值均为实数, 所以不必考虑双重步方法.

首先讨论用 Householder 变换把对称阵 $\boldsymbol{A}$ 化为三对角形式. 设已找到 Householder 阵 $\boldsymbol{P}_1, \cdots, \boldsymbol{P}_{k-1}$ 使

$$\boldsymbol{A}_{k-1} = (\boldsymbol{P}_1 \cdots \boldsymbol{P}_{k-1})^{\mathrm{T}} \boldsymbol{A} (\boldsymbol{P}_1 \cdots \boldsymbol{P}_{k-1}) = \left(\begin{array}{cc|c} \multicolumn{2}{c|}{\multirow{2}{*}{\boldsymbol{B}}} & \boldsymbol{0} \\ & & \boldsymbol{b}^{\mathrm{T}} \\ \hline \boldsymbol{0} & \boldsymbol{b} & \boldsymbol{C} \end{array}\right) \begin{matrix} k-1 \\ 1 \\ n-k \end{matrix}$$

$$\qquad\qquad\qquad\qquad\qquad\qquad k-1 \quad 1 \quad n-k$$

其中子阵 $\boldsymbol{B}$ 是 $k \times k$ 的三对角阵. 如果找到 $n-k$ 阶的 Householder 阵 $\overline{\boldsymbol{P}_k}$, 使 $\overline{\boldsymbol{P}}_k \boldsymbol{b}$ 为 $\boldsymbol{e}_1 \in \mathbf{R}^{n-k}$ 的倍数, 则取 $\boldsymbol{P}_k = \mathrm{diag}(\boldsymbol{I}_k, \overline{\boldsymbol{P}}_k) \in \mathbf{R}^{n \times n}$, 有

$$\boldsymbol{A}_k = \boldsymbol{P}_k \boldsymbol{A}_{k-1} \boldsymbol{P}_k = \left(\begin{array}{cc|c} \multicolumn{2}{c|}{\boldsymbol{B}} & \begin{matrix} \boldsymbol{0} \\ \boldsymbol{b}^{\mathrm{T}} \overline{\boldsymbol{P}}_k \end{matrix} \\ \hline \boldsymbol{0} & \overline{\boldsymbol{P}}_k \boldsymbol{b} & \overline{\boldsymbol{P}}_k \boldsymbol{C} \overline{\boldsymbol{P}}_k \end{array}\right)$$

将 $\boldsymbol{A}_k$ 重新划分出左上角一个$(k+1)\times(k+1)$的子阵，它就是一个三对角子阵. 若这样进行了 $n-2$ 步，令 $\boldsymbol{Q}=\boldsymbol{P}_1\boldsymbol{P}_2\cdots\boldsymbol{P}_{n-2}$，则 $\boldsymbol{Q}^{\mathrm{T}}\boldsymbol{A}\boldsymbol{Q}$ 就是三对角阵.

在 $\boldsymbol{A}_k$ 的计算过程中，$\overline{\boldsymbol{P}}_k\boldsymbol{C}\,\overline{\boldsymbol{P}}_k$ 的计算可以充分利用对称性，如果

$$\overline{\boldsymbol{P}}_k=\boldsymbol{I}-\beta\boldsymbol{v}\boldsymbol{v}^{\mathrm{T}},\boldsymbol{v}\in\mathbf{R}^{n-k},\boldsymbol{v}\neq\mathbf{0},\beta=2\,\|\,\boldsymbol{v}\,\|_2^{-2}$$

令

$$\boldsymbol{P}=\beta\boldsymbol{C}\boldsymbol{v},\qquad\qquad \boldsymbol{w}=\boldsymbol{P}-\frac{\beta}{2}(\boldsymbol{P}^{\mathrm{T}}\boldsymbol{v})\boldsymbol{v}$$

可以得到

$$\overline{\boldsymbol{P}}_k\boldsymbol{C}\,\overline{\boldsymbol{P}}_k=\boldsymbol{C}-\boldsymbol{v}\boldsymbol{w}^{\mathrm{T}}-\boldsymbol{w}\boldsymbol{v}^{\mathrm{T}}$$

而且只要计算这个矩阵的上三角部分，这样从 $\boldsymbol{A}_{k-1}$ 到 $\boldsymbol{A}_k$ 的运算是相当节约的.

$\boldsymbol{A}$ 的三对角化完成之后，得到三对角阵 $\boldsymbol{T}_0=\boldsymbol{U}_0^{\mathrm{T}}\boldsymbol{A}\boldsymbol{U}_0$，其中 $\boldsymbol{U}_0$ 是正交阵. 下一步带位移的 QR 迭代是对 $k=0,1,\cdots$，作

$$\begin{cases}\boldsymbol{T}_k-\mu\boldsymbol{I}=\boldsymbol{U}\boldsymbol{R}, & (\boldsymbol{T}_k-\mu\boldsymbol{I}\text{ 的 QR 分解})\\ \boldsymbol{T}_{k+1}=\boldsymbol{R}\boldsymbol{U}+\mu\boldsymbol{I}\end{cases}\tag{5.1}$$

如果

$$\boldsymbol{T}_k=\begin{pmatrix}b_1 & a_2 & & \\ a_2 & b_2 & a_3 & \\ & \ddots & \ddots & \ddots \\ & & a_n & b_n\end{pmatrix}$$

位移量 μ 的选取，可用第 1 种方法取 $\mu=b_n$. 但更有效的是第 2 种方法，μ 选为矩阵

$$\begin{pmatrix}b_{n-1} & a_n\\ a_n & b_n\end{pmatrix}$$

靠近 b_n 的特征值，这可写成

$$d=(b_{n-1}-b_n)/2,\quad \mu=b_n+d-\operatorname{sgn}(d)\sqrt{d^2+a_n^2}$$

这两种方法都有较好的收敛性.

如同双重步方法中利用定理 2.4 所给的性质，还可以结合对称性用隐式的方法实现(5.1)中从 $\boldsymbol{T}_k$ 到 $\boldsymbol{T}_{k+1}$ 的计算，具体的计算公式可参阅文献[20]，这可比较准确地计算出 $\boldsymbol{A}$ 的特征值.

5-2 Rayleigh 商加速和 Rayleigh 商迭代

设对称阵 $\boldsymbol{A}$ 的特征值满足 $|\lambda_1|>|\lambda_2|\geqslant\cdots\geqslant|\lambda_n|$，则可用幂迭代法求 λ_1. 但由(3.6)所示

$$m_k=\lambda_1\left[1+O\left(\left|\frac{\lambda_2}{\lambda_1}\right|^k\right)\right]\to\lambda_1$$

一般来说$\{m_k\}$的收敛速度是不能令人满意的. 如果幂迭代法的初始向量为

$$\boldsymbol{v}^{(0)}=\alpha_1\boldsymbol{x}_1+\cdots+\alpha_n\boldsymbol{x}_n$$

其中 $\boldsymbol{x}_1,\cdots,\boldsymbol{x}_n$ 为规范正交的特征向量，不难验证，对应 $\boldsymbol{v}^{(k)}$ 的 Rayleigh 商为

$$R(\boldsymbol{v}^{(k)})=\frac{(\boldsymbol{A}\boldsymbol{v}^{(k)},\boldsymbol{v}^{(k)})}{(\boldsymbol{v}^{(k)},\boldsymbol{v}^{(k)})}=\frac{(\boldsymbol{A}^{k+1}\boldsymbol{v}^{(0)},\boldsymbol{A}^k\boldsymbol{v}^{(0)})}{(\boldsymbol{A}^k\boldsymbol{v}^{(0)},\boldsymbol{A}^k\boldsymbol{v}^{(0)})}$$

$$=\frac{\sum_{j=1}^n\alpha_j^2\lambda_j^{2k+1}}{\sum_{j=1}^n\alpha_j^2\lambda_j^{2k}}=\lambda_1\left[1+O\left(\left|\frac{\lambda_2}{\lambda_1}\right|^{2k}\right)\right]$$

所以$\{R(\boldsymbol{v}^{(k)})\}$收敛于 λ_1，而且它明显比$\{m_k\}$收敛更快. 这样，计算 $\boldsymbol{v}^{(k)}$ 后再计算 $R(\boldsymbol{v}^{(k)})$作为 λ_1 近似值的方法，称为对称阵幂迭代法的 **Rayleigh 商加速方法**.

若 $\boldsymbol{A}$ 是对称阵，$\boldsymbol{A}\in\mathbf{R}^{n\times n}$，非零向量 $\boldsymbol{x}\in\mathbf{R}^n$，对应有 Rayleigh 商 $R(\boldsymbol{x})=(\boldsymbol{A}\boldsymbol{x},\boldsymbol{x})/(\boldsymbol{x},\boldsymbol{x})$. 如果 $\boldsymbol{x}$ 是 $\boldsymbol{A}$ 的特征向量，则 $R(\boldsymbol{x})$为对应的特征值. 而且可以验证，对非零向量 $\boldsymbol{x}$(不一定是特征向量)，若取 $\lambda=R(\boldsymbol{x})$，可使 $\|(\boldsymbol{A}-\lambda\boldsymbol{I})\boldsymbol{x}\|_2$ 达到最小. 所以，如果知道 $\boldsymbol{v}$ 是

近似特征向量，就可以用 $R(\boldsymbol{v})$ 作为对应特征值的近似值. 另一方面，若 μ 为某一近似特征值，则可用带位移的幂迭代法的思想解 $(\boldsymbol{A}-\mu\boldsymbol{I})\boldsymbol{y}=\boldsymbol{v}$ 得到特征向量的近似. 把这两方面的思想结合起来得到一种迭代算法.

Rayleigh 商迭代算法

给定 $\boldsymbol{v}^{(0)}$，满足 $\|\boldsymbol{v}^{(0)}\|_2=1$.

对 $k=0,1,\cdots$

$$\mu_k = R(\boldsymbol{v}^{(k)})$$

求解 $(\boldsymbol{A}-\mu_k\boldsymbol{I})\boldsymbol{y}^{(k+1)}=\boldsymbol{v}^{(k)}$，解出 $\boldsymbol{y}^{(k+1)}$，

$$\boldsymbol{v}^{(k+1)} = \frac{\boldsymbol{y}^{(k+1)}}{\|\boldsymbol{y}^{(k+1)}\|_2}$$

可以证明，上面的 $\{\boldsymbol{v}^{(k)}\}$ 可以 3 次收敛于 $\boldsymbol{A}$ 的特征向量，这里我们看一个 $n=2$ 的例子. 设 $\boldsymbol{A}=\mathrm{diag}(\lambda_1,\lambda_2)$，且 $\lambda_1>\lambda_2$.

$$\boldsymbol{v}^{(k)}=(c_k,s_k)^{\mathrm{T}},c_k^2+s_k^2=1$$

则有

$$\mu_k = R(\boldsymbol{v}^{(k)}) = \lambda_1 c_k^2 + \lambda_2 s_k^2$$

$$\boldsymbol{y}^{(k+1)} = \left[\frac{c_k}{\lambda_1-\mu_k},\frac{s_k}{\lambda_2-\mu_k}\right]^{\mathrm{T}} = \frac{1}{\lambda_1-\lambda_2}\left[\frac{c_k}{s_k^2},-\frac{s_k}{c_k^2}\right]^{\mathrm{T}}$$

再计算 $\boldsymbol{v}^{(k+1)}$ 的分量为

$$c_{k+1} = \frac{c_k^3}{(c_k^6+s_k^6)^{1/2}},\quad s_{k+1} =-\frac{s_k^3}{(c_k^6+s_k^6)^{1/2}}$$

在 $|c_k|\neq|s_k|$ 的情况下，例如设 $|c_k|>|s_k|$，有

$$c_{k+1} = \frac{1}{\left[1+\left(\frac{s_k}{c_k}\right)^6\right]^{1/2}},s_{k+1} = \frac{-\left(\frac{s_k}{c_k}\right)^3}{\left[1+\left(\frac{s_k}{c_k}\right)^6\right]^{1/2}}$$

所以 $\boldsymbol{v}^{(k)}$ 3 次收敛于 $\mathrm{span}\{\boldsymbol{e}_1\}$（或 $\mathrm{span}\{\boldsymbol{e}_2\}$）中的向量，即特征向量.

5-3 Lanczos 方法

对称阵的 Lanczos 方法是将对称阵经相似变换化为对称的三对角阵的方法. 在第 2 节讨论过通过 Householder 变换将矩阵 $\boldsymbol{A}$ 化为相似的上 Hessenberg 形式. 如果 $\boldsymbol{A}$ 对称,因变换后保持对称性,就得到对称的三对角阵. 但是当 $\boldsymbol{A}$ 是大型稀疏矩阵时,Householder 变换会破坏稀疏性. 这里介绍的 Lanczos 方法主要是作矩阵与向量的乘积及向量的内积等,所以特别适用于稀疏矩阵的计算,而且往往在三角化过程远未完成之前,就可得到 $\boldsymbol{A}$ 的一些最大或最小特征值(称"极端特征值")的较好近似.

Lanczos 方法是所谓 Krylov 子空间迭代法的一种,所谓 Krylov子空间是指

$$\mathscr{K} = \mathrm{span}\{\boldsymbol{v}, \boldsymbol{A}\boldsymbol{v}, \boldsymbol{A}^2\boldsymbol{v}, \cdots, \boldsymbol{A}^{j-1}\boldsymbol{v}\} \tag{5.2}$$

或记为 $\mathscr{K}(\boldsymbol{A}, \boldsymbol{v}, j)$. 在逐步逼近的过程中,子空间的维数一般是逐步加 1 的.

设对称阵 $\boldsymbol{A} \in \mathbf{R}^{n\times n}$,一般是稀疏的. 我们要得到 $\boldsymbol{A}$ 一些极端特征值,总的想法是构造系列的三对角矩阵 $\boldsymbol{T}_j \in \mathbf{R}^{j\times j}$,满足

$$\boldsymbol{T}_j = \boldsymbol{Q}_j^{\mathrm{T}}\boldsymbol{A}\boldsymbol{Q}_j, \qquad j = 1, 2, \cdots \tag{5.3}$$

其中 $\boldsymbol{Q}_j \in \mathbf{R}^{n\times j}$,它的列是正交规范的. 希望这样构造的 $\boldsymbol{T}_j$,使得随着 j 的增加,$\boldsymbol{T}_j$ 的极端特征值逐步逼近 $\boldsymbol{A}$ 的极端特征值. 将 $\boldsymbol{Q}_j$ 按列写成

$$\boldsymbol{Q}_j = (\boldsymbol{q}_1, \boldsymbol{q}_2, \cdots, \boldsymbol{q}_j) \tag{5.4}$$

以下说明如何逐步产生 $\boldsymbol{q}_i$($i=1,2,\cdots,j$),使 $\boldsymbol{T}_j$ 有上述性质. 这里从 $\boldsymbol{Q}_j$ 到 $\boldsymbol{Q}_{j+1}$,只是在右端加上一个列向量 $\boldsymbol{q}_{j+1}$.

对于 $\boldsymbol{x}\neq\boldsymbol{0}$,$R(\boldsymbol{x})=(\boldsymbol{A}\boldsymbol{x},\boldsymbol{x})/(\boldsymbol{x},\boldsymbol{x})$是 $\boldsymbol{x}$ 的 Rayleigh 商. 由本章定理 1.1,$R(\boldsymbol{x})$的极大和极小值分别是 $\boldsymbol{A}$ 的最大特征值 λ_1 和最小特征值 λ_n. 而由定理 1.2,$\boldsymbol{T}_j$ 的最大和最小特征值 $\mu_1^{(j)}$ 和 $\mu_j^{(j)}$ 满足

$$\mu_1^{(j)} \leqslant \lambda_1, \qquad \mu_j^{(j)} \geqslant \lambda_n \tag{5.5}$$

所以我们希望找到的向量 $\boldsymbol{q}_{j+1}$，使 $\boldsymbol{T}_{j+1}$ 的最大特征值 $\mu_1^{(j+1)}$ 比起 $\mu_1^{(j)}$ 要增长，而其最小特征值 $\mu_{j+1}^{(j+1)}$ 比 $\mu_j^{(j)}$ 要减少，而且增或减越快越好.

不难验证，$R(\boldsymbol{x})$作为 $\boldsymbol{x}$ 的函数，其梯度向量是

$$\nabla R(\boldsymbol{x}) = \frac{2(\boldsymbol{Ax} - R(\boldsymbol{x})\boldsymbol{x})}{(\boldsymbol{x},\boldsymbol{x})} \tag{5.6}$$

沿着这个方向 $R(\boldsymbol{x})$上升最快，而沿着$-\nabla R(\boldsymbol{x})$则下降最快. 所以如果 $\boldsymbol{u}_j \in \mathrm{span}\{\boldsymbol{q}_1,\cdots,\boldsymbol{q}_j\}$，使得 $\mu_1^{(j)}=R(\boldsymbol{u}_j)$，下一步选 $\boldsymbol{q}_{j+1}$，应使

$$\nabla R(\boldsymbol{u}_j) \in \mathrm{span}\{\boldsymbol{q}_1,\cdots,\boldsymbol{q}_j,\boldsymbol{q}_{j+1}\} \tag{5.7}$$

类似地，若 $\boldsymbol{v}_j \in \mathrm{span}\{\boldsymbol{q}_1,\cdots,\boldsymbol{q}_j\}$，使 $\mu_j^{(j)}=R(\boldsymbol{v}_j)$，应选 $\boldsymbol{q}_{j+1}$，使

$$\nabla R(\boldsymbol{v}_j) \in \mathrm{span}\{\boldsymbol{q}_1,\cdots,\boldsymbol{q}_j,\boldsymbol{q}_{j+1}\} \tag{5.8}$$

由(5.6)知 $\nabla R(\boldsymbol{x}) \in \mathrm{span}\{\boldsymbol{x},\boldsymbol{Ax}\}$，所以选择 $\boldsymbol{q}_1,\cdots,\boldsymbol{q}_j$ 满足

$$\mathrm{span}\{\boldsymbol{q}_1,\cdots,\boldsymbol{q}_j\} = \mathrm{span}\{\boldsymbol{q}_1,\boldsymbol{Aq}_1,\cdots,\boldsymbol{A}^{j-1}\boldsymbol{q}_1\} \tag{5.9}$$

以及 $\boldsymbol{q}_{j+1}$满足

$$\mathrm{span}\{\boldsymbol{q}_1,\cdots,\boldsymbol{q}_j,\boldsymbol{q}_{j+1}\} = \mathrm{span}\{\boldsymbol{q}_1,\boldsymbol{Aq}_1,\cdots,\boldsymbol{A}^{j}\boldsymbol{q}_1\} \tag{5.10}$$

(5.9)就是一个 Krylov 子空间，它对应一个矩阵

$$\mathbf{K}(\boldsymbol{A},\boldsymbol{q}_1,j) = (\boldsymbol{q}_1,\boldsymbol{Aq}_1,\cdots,\boldsymbol{A}^{j-1}\boldsymbol{q}_1) \tag{5.11}$$

我们如果作 $\mathbf{K}(\boldsymbol{A},\boldsymbol{q}_1,n)$ 的 QR 分解，正交阵 $\boldsymbol{Q}_n$ 满足 $(\boldsymbol{q}_1,\boldsymbol{Aq}_1,\cdots,\boldsymbol{A}^{n-1}\boldsymbol{q}_1)=\boldsymbol{Q}_n\boldsymbol{R}$，$\boldsymbol{q}_1$ 是规范(按 2-范数)的向量，所以取 $\boldsymbol{q}_1=\boldsymbol{Q}_n\boldsymbol{e}_1$，即 $\boldsymbol{Q}_n$ 的第 1 列为 $\boldsymbol{q}_1$. 为了满足(5.3)，有 $\boldsymbol{Q}_n\boldsymbol{T}_n=\boldsymbol{AQ}_n$，由此 $\boldsymbol{Aq}_1=\boldsymbol{Q}_n(\boldsymbol{T}_n\boldsymbol{e}_1)$，$\boldsymbol{A}^2\boldsymbol{q}_1=\boldsymbol{Q}_n\boldsymbol{T}_n^2\boldsymbol{e}_1,\cdots$.

据定理 2.4，任何一个正交阵 $\boldsymbol{Q}$，使 $\boldsymbol{Q}^{\mathrm{T}}\boldsymbol{AQ}$ 变为对称的三对角阵，只要它第 1 列定为 $\boldsymbol{q}_1$，则其他列也就确定了. 为了避免算法破坏 $\boldsymbol{A}$ 的稀疏性，我们直接计算三对角阵 $\boldsymbol{T}_n$ 的元素. 令

$$Q = Q_n = (\boldsymbol{q}_1, \boldsymbol{q}_2, \cdots, \boldsymbol{q}_n)$$

$$T = T_n = \begin{pmatrix} \alpha_1 & \beta_1 & & & \\ \beta_1 & \alpha_2 & \beta_2 & & \\ & \ddots & \ddots & \ddots & \\ & & \beta_{n-2} & \alpha_{n-1} & \beta_{n-1} \\ & & & \beta_{n-1} & \alpha_n \end{pmatrix}$$

从 $\boldsymbol{AQ}=\boldsymbol{QT}$,我们写成

$$\boldsymbol{A}(\boldsymbol{q}_1, \boldsymbol{q}_2, \cdots, \boldsymbol{q}_n) = (\boldsymbol{q}_1, \boldsymbol{q}_2, \cdots, \boldsymbol{q}_n) \begin{pmatrix} \alpha_1 & \beta_1 & & & \\ \beta_1 & \alpha_2 & \beta_2 & & \\ & \ddots & \ddots & \ddots & \\ & & \beta_{n-2} & \alpha_{n-1} & \beta_{n-1} \\ & & & \beta_{n-1} & \alpha_n \end{pmatrix} \tag{5.12}$$

取 $\boldsymbol{q}_1$ 满足 $\|\boldsymbol{q}_1\|_2=1$,由(5.12)第1列有

$$\boldsymbol{A}\boldsymbol{q}_1 = \alpha_1 \boldsymbol{q}_1 + \beta_1 \boldsymbol{q}_2$$

因 $\boldsymbol{Q}$ 是列正交规范,要求 $\|\boldsymbol{q}_i\|_2=1$,且 $(\boldsymbol{q}_i, \boldsymbol{q}_j)=0(i\neq j)$,所以由上式得到

$$\alpha_1 = (\boldsymbol{A}\boldsymbol{q}_1, \boldsymbol{q}_1)$$

记 $\boldsymbol{w}_1 = \boldsymbol{A}\boldsymbol{q}_1 - \alpha_1 \boldsymbol{q}_1$,且设 $\boldsymbol{w}_1 \neq \boldsymbol{0}$,则可取 $\beta_1 = \|\boldsymbol{w}_1\|_2$,$\boldsymbol{q}_2 = \boldsymbol{w}_1 / \|\boldsymbol{w}_1\|_2$.这样有 $\|\boldsymbol{q}_2\|_2=1$,且 $\boldsymbol{q}_2 \in \mathrm{span}\{\boldsymbol{q}_1, \boldsymbol{A}\boldsymbol{q}_1\}$.类似可得

$$\boldsymbol{A}\boldsymbol{q}_j = \beta_{j-1}\boldsymbol{q}_{j-1} + \alpha_j \boldsymbol{q}_j + \beta_j \boldsymbol{q}_{j+1} \tag{5.13}$$

如果补充 $\beta_0=0$,$\boldsymbol{q}_0=\boldsymbol{0}$,(5.13)对 $j=1,2,\cdots,n-1$ 成立.设 $\{\boldsymbol{q}_1, \cdots, \boldsymbol{q}_j\}$ 是规范正交的,且 $\boldsymbol{q}_k \in \mathrm{span}\{\boldsymbol{q}_1, \boldsymbol{A}\boldsymbol{q}_1, \cdots, \boldsymbol{A}^{k-1}\boldsymbol{q}_1\}$,则可得

$$\alpha_j = (\boldsymbol{A}\boldsymbol{q}_j, \boldsymbol{q}_j) \tag{5.14}$$

设 $\boldsymbol{w}_j = (\boldsymbol{A} - \alpha_j \boldsymbol{I})\boldsymbol{q}_j - \beta_{j-1}\boldsymbol{q}_{j-1} \neq \boldsymbol{0}$,可得

$$\beta_j = \|\boldsymbol{w}_j\|_2, \quad \boldsymbol{q}_{j+1} = \boldsymbol{w}_j / \|\boldsymbol{w}_j\|_2 \tag{5.15}$$

如果上述过程进行到某步,就可得

$$
\boldsymbol{T}_j = \begin{pmatrix} \alpha_1 & \beta_1 & & & \\ \beta_1 & \alpha_2 & \beta_2 & & \\ & \ddots & \ddots & \ddots & \\ & & \beta_{j-2} & \alpha_{j-1} & \beta_{j-1} \\ & & & \beta_{j-1} & \alpha_j \end{pmatrix}
$$

$$
\boldsymbol{Q}_j = (\boldsymbol{q}_1, \boldsymbol{q}_2, \cdots, \boldsymbol{q}_j)
$$

且 $\boldsymbol{A}\boldsymbol{Q}_j=\boldsymbol{Q}_j\boldsymbol{T}_j+\boldsymbol{w}_j\boldsymbol{e}_j^{\mathrm{T}}$，其中 $\boldsymbol{e}_j=(0,\cdots,0,1)^{\mathrm{T}}\in\mathbf{R}^j$. 进行到最后，就全部完成了三对角化的过程. 而且$\{\boldsymbol{q}_1,\cdots,\boldsymbol{q}_n\}$是 $\mathrm{span}\{\boldsymbol{q}_1,\boldsymbol{A}\boldsymbol{q}_1,\cdots,\boldsymbol{A}^{n-1}\boldsymbol{q}_1\}$的一组规范的正交基.

给定了对称阵 $\mathbf{A}\in\mathbf{R}^{n\times n}$，求 $\boldsymbol{T}_j$ 和 $\boldsymbol{Q}_j$ 可以写成以下的 **Lanczos 算法**.

(1) 取初始向量 $\boldsymbol{q}_1$，$\|\boldsymbol{q}_1\|=1$.　$\boldsymbol{u}_1=\boldsymbol{A}\boldsymbol{q}_1$，

(2) 对$k=1,2,\cdots,j$

$$
\begin{aligned}
&\alpha_k=(\boldsymbol{u}_k,\boldsymbol{q}_k)\\
&\boldsymbol{w}_k=\boldsymbol{u}_k-\alpha_k\boldsymbol{q}_k\\
&\beta_k=\|\boldsymbol{w}_k\|_2，\text{若 } \beta_k=0 \text{ 则中断}\\
&\boldsymbol{q}_{k+1}=\boldsymbol{w}_k/\beta_k\\
&\boldsymbol{u}_{k+1}=\boldsymbol{A}\boldsymbol{q}_{k+1}-\beta_k\boldsymbol{q}_k，
\end{aligned}
$$

求出 $\boldsymbol{T}_j$ 后，可用对称的 QR 方法等求 $\boldsymbol{T}_j$ 的特征值. 当 n 很大时，就把算法作为迭代过程. 关于它的收敛性质，即 $\boldsymbol{T}_j$ 极端特征值与 $\boldsymbol{A}$ 极端特征值误差的估计，可参阅文献[17]. 至于求 $\boldsymbol{T}_j$ 的特征向量，也可以采用逆幂迭代法.

评　　注

在本章，正交相似变换(Householder 和 Givens 变换)是有力的工具，可以化简矩阵和作 QR 分解等，用于构造和分析数值方法.

圆盘定理给出了特征值的大致估计. 特征值扰动的分析是很

重要的问题.我们只给出最基本的概念和简单情形的估计,进一步的分析可参阅文献[17,20]和[34]等.

用幂法求最大模特征值特别适用于稀疏情形,它计算简单,但收敛速度往往不能令人满意.当然可以用逆幂法结合位移技巧以加速收敛.本章我们对幂法的分析只强调了$|\lambda_1|>|\lambda_2|$的情形,较完整的分析及其他的推广可参阅文献[20,34]等.

QR 方法是求全部特征值的方法,它是 20 世纪 60 年代发展起来的. 1976 年 G. Strang 在他的著作《Linear Algebra and its Applications》中称 QR 方法是“数值数学最值得注意的算法之一”,这观点得到广泛的认同.特别是对称的 QR 方法,可以写成十分漂亮的算法.在中小型稠密矩阵的特征值问题计算中,目前它还是十分有效的方法.对 QR 方法的详尽分析,可以参阅文献[20].

关于对称情形,本章着重介绍了 Lanczos 三角化的方法,它适合于求解大型稀疏的特征值问题.它可以结合对称的 QR 方法使用,也可以用基于二分法求特征多项式的根的 Givens 方法,后者可参阅文献[17,19].此外,一些古典的方法(如 Jacobi 方法),我们没有介绍.它和现代方法相比已经没有多大优越性.当然,如果是求解接近对角形的矩阵特征值问题时,它还会是有效的方法,可参阅文献[1,3].

习　　题

1. 利用 Gershgorin 定理估计下面矩阵特征值的界.

$$(1)\ \begin{bmatrix}-1 & 0 & 0\\ -1 & 0 & 1\\ -1 & -1 & 2\end{bmatrix},\quad (2)\ \begin{bmatrix}4 & -1 & & & \\ -1 & 4 & -1 & & \\ & \ddots & \ddots & \ddots & \\ & & -1 & 4 & -1\\ & & & -1 & 4\end{bmatrix}$$

2. 用 Gershgorin 定理估计 $\mathrm{cond}_2(\boldsymbol{A})$的上界.

$$\boldsymbol{A}=\begin{pmatrix}5.2 & 0.6 & 2.2\\ 0.6 & 6.4 & 0.5\\ 2.2 & 0.5 & 4.7\end{pmatrix}$$

3. 设 $\boldsymbol{b}=(1,1,1,1)^{\mathrm{T}}$,(1)求 Householder 阵 $\boldsymbol{H}$,使 $\boldsymbol{Hb}=(c,0,0,0)^{\mathrm{T}}$.(2)求 $\boldsymbol{J}$ 为若干个 Givens 矩阵之积,使 $\boldsymbol{Jb}=(c,0,0,0)^{\mathrm{T}}$.

4. 作 $\boldsymbol{A}$ 的 QR 分解.

$$\boldsymbol{A}=\begin{pmatrix}1 & 1 & 1\\ 2 & -1 & -1\\ 2 & -4 & 5\end{pmatrix}$$

5. 用正交相似变换化下列矩阵为上 Hessenberg 形式.

$$(1)\begin{pmatrix}2 & -1 & -1\\ -1 & 2 & -1\\ -1 & -1 & 2\end{pmatrix},\quad (2)\begin{pmatrix}0 & 1 & 2 & 3\\ 2 & 3 & 0 & 1\\ 3 & 0 & 1 & 2\\ 1 & 2 & 3 & 0\end{pmatrix}$$

6. 用 Householder 相似变换化矩阵 $\boldsymbol{A}$ 为三对角形,并求其全部特征值.

$$\boldsymbol{A}=\begin{pmatrix}17 & 3 & 4\\ 3 & 1 & 12\\ 4 & 12 & 8\end{pmatrix}$$

7. 设 $\boldsymbol{A}$ 非奇异,可作唯一的 LU 分解,其中 $\boldsymbol{L}$ 为单位下三角阵,$\boldsymbol{U}$ 为上三角阵. 试证,若 $\boldsymbol{A}$ 为上 Hessenberg 阵,则有

$$\boldsymbol{L}=\begin{pmatrix}1 & & & & \\ * & 1 & & & \\ & \ddots & \ddots & & \\ & & * & 1 & \\ & & & * & 1\end{pmatrix}$$

且 $\boldsymbol{UL}$ 为上 Hessenberg 阵. 又若 $\boldsymbol{A}$ 为三对角阵,则 $\boldsymbol{UL}$ 亦为三对角阵.

8. 用幂法求 $\boldsymbol{A}$ 的主特征值及特征向量，用四位数字计算，要求准确至 10^{-3}.

$$\boldsymbol{A}=\begin{pmatrix}6 & 2 & 1\\2 & 3 & 1\\1 & 1 & 1\end{pmatrix}$$

9. 设实对称矩阵 $\boldsymbol{A}$ 的特征值满足 $|\lambda_1|>|\lambda_2|\geqslant\cdots\geqslant|\lambda_n|$，试证幂法迭代向量 $\boldsymbol{v}^{(k)}$ 的 Rayleigh 商满足

$$\frac{(\boldsymbol{A}\boldsymbol{v}^{(k)},\boldsymbol{v}^{(k)})}{(\boldsymbol{v}^{(k)},\boldsymbol{v}^{(k)})}=\lambda_1\left[1+O\left(\left|\frac{\lambda_2}{\lambda_1}\right|^{2k}\right)\right]$$

10. 设 $\mathbf{A}\in\mathbf{R}^{n\times n}$，有 n 个线性无关特征向量 $\boldsymbol{x}_1,\cdots,\boldsymbol{x}_n$，其特征值 $\lambda_1=\lambda_2=\cdots=\lambda_r$，$|\lambda_r|>|\lambda_{r+1}|\geqslant\cdots\geqslant|\lambda_n|\geqslant0$，试证明对任意初始向量 $\boldsymbol{v}^{(0)}=\alpha_1\boldsymbol{x}_1+\cdots+\alpha_n\boldsymbol{x}_n$（其中 $\alpha_1,\cdots,\alpha_r$ 不全为 0），用幂法计算，m_k 收敛到 λ_1，$\boldsymbol{v}^{(k)}$ 收敛到对应 λ_1 的一个特征向量.

11. 设 $\boldsymbol{A}$ 有实特征值 $\lambda_1>\lambda_2\geqslant\lambda_3\geqslant\cdots\geqslant\lambda_{n-1}\geqslant\lambda_n$，求 λ_1 的原点位移方法是引入参数 α，对 $\boldsymbol{B}=\boldsymbol{A}-\alpha\boldsymbol{I}$ 作幂迭代法. 试证明这样的迭代当取 $\alpha=\dfrac{\lambda_2+\lambda_n}{2}$ 时收敛最快.

12. (1)设 $\boldsymbol{A}$ 对称，有一特征值为 λ，对应特征向量 $\boldsymbol{x}$，$\|\boldsymbol{x}\|_2=1$. $\boldsymbol{P}$ 为一正交阵，满足 $\boldsymbol{P}\boldsymbol{x}=(1,0,\cdots,0)^{\mathrm{T}}$. 试证 $\boldsymbol{B}=\boldsymbol{P}\boldsymbol{A}\boldsymbol{P}^{\mathrm{T}}$ 的第一行和第一列除 $b_{11}=\lambda$ 外，其余元素均为 0.

(2)
$$\begin{pmatrix}2 & 10 & 2\\10 & 5 & -8\\2 & -8 & 11\end{pmatrix}$$

的一个特征值 $\lambda=9$，对应特征向量 $(2,1,2)^{\mathrm{T}}$. 利用(1)作一种收缩方法求矩阵其余特征值.

13. 用逆幂迭代法求矩阵 $\boldsymbol{A}$ 最接近 11 的特征值和特征向量，要求准确到 10^{-3}.

$$A=\begin{pmatrix}6 & 3 & 1\\ 3 & 2 & 1\\ 1 & 1 & 1\end{pmatrix}$$

14. 设 $\boldsymbol{A}$ 非奇异，$\boldsymbol{A}=\boldsymbol{QR}$ 为其 QR 分解，记 $\boldsymbol{A}_1=\boldsymbol{RQ}$，试证：(1)若 $\boldsymbol{A}$ 对称，则 $\boldsymbol{A}_1$ 亦对称，(2)若 $\boldsymbol{A}$ 为上 Hessenberg 阵，则 $\boldsymbol{A}_1$ 亦是.

15. 设 $\boldsymbol{A}=\begin{pmatrix}2 & \varepsilon\\ \varepsilon & 1\end{pmatrix}$，试计算一步 QR 迭代.

(1)不带位移，(2)用第一种位移方法.

16. 用第一种位移的 QR 方法计算下列矩阵的全部特征值.

(1) $\begin{pmatrix}4 & 2 & 1\\ 0 & 1 & 0\\ 0 & 2 & 3\end{pmatrix}$，(2) $\begin{pmatrix}3 & 1 & 0\\ 1 & 2 & 1\\ 0 & 1 & 1\end{pmatrix}$，

(3) $\begin{pmatrix}5 & -1 & 0 & 0 & 0\\ 1 & 4.5 & 0.2 & 0 & 0\\ 0 & 0.2 & 1 & -0.4 & 0\\ 0 & 0 & -0.4 & 3 & 1\\ 0 & 0 & 0 & 1 & 3\end{pmatrix}$

17. 设不可约上 Hessenberg 阵 $\boldsymbol{H}$ 有零特征值，试证一步 QR 迭代即可将一个零特征值分离.

18. 设 $\boldsymbol{A}=\begin{pmatrix}\alpha_1 & \beta_1 & & & \\ \beta_1 & \alpha_2 & \beta_2 & & \\ & \ddots & \ddots & \ddots & \\ & & \beta_{n-2} & \alpha_{n-1} & \beta_{n-1}\\ & & & \beta_{n-1} & \alpha_n\end{pmatrix}$

其中 $\beta_i\neq 0, i=1,\cdots,n-1$. 对 $\boldsymbol{A}$ 作基本 QR 算法，证明迭代矩阵 $\boldsymbol{A}_k$ 仍为对称三对角阵. 且其 QR 分解式中的 $\boldsymbol{Q}_k$，$\boldsymbol{R}_k$ 有形式：

$$
\boldsymbol{Q}_k = \begin{pmatrix} * & * & \cdots & * & * \\ * & * & \cdots & * & * \\ & \ddots & \ddots & \vdots & \vdots \\ & & * & * & * \\ & & & * & * \end{pmatrix}
$$

$$
\boldsymbol{R}_k = \begin{pmatrix} * & * & * & & & \\ & * & * & * & & \\ & & \ddots & \ddots & \ddots & \\ & & & * & * & * \\ & & & & * & * \\ & & & & & * \end{pmatrix}
$$

其中 $\boldsymbol{Q}_k$ 的次对角元及 $\boldsymbol{R}_k$ 的对角元全不为 0.

19. 已知对称阵 $\mathbf{A} \in \mathbf{R}^{n\times n}$，$\boldsymbol{x} \in \mathbf{R}^n$，试证：对任意的 $\mu \in \mathbf{R}$，$\|(\mathbf{A}-\mu\boldsymbol{I})\boldsymbol{x}\|_2$ 当 μ 取 Rayleigh 商 $R(\boldsymbol{x})$ 时达到最小值.（提示：用 $\|(\mathbf{A}-\mu\boldsymbol{I})\boldsymbol{x}\|_2^2=(\mathbf{A}\boldsymbol{x}-\mu\boldsymbol{x},\mathbf{A}\boldsymbol{x}-\mu\boldsymbol{x})$）

20. 证明(5.6)式.

数值实验题

实验 5.1 （矩阵特征值问题条件数的估计）

问题提出：第 3 章讨论的矩阵条件数，反映的是作为线性代数方程组 $\boldsymbol{Ax}=\boldsymbol{b}$ 的求解，问题是否病态. 矩阵特征值问题是否病态，则是完全不同的问题. 从理论上严格讨论矩阵特征值问题的条件是困难的，简单的数值实验可以给出感性的认识.

实验内容：Matlab 中提供有函数“condeig”可以用来估计矩阵特征值问题的条件数，我们来尝试它.

实验要求：

(1) 选择一系列维数递增的矩阵（例如可以是随机生成的），用

"condeig"估计它们对矩阵特征值问题的条件数.

(2) Hilbert 矩阵

$$\boldsymbol{H}=(h_{i,j})_{n\times n},\qquad h_{i,j}=\frac{1}{i+j-1},\quad i,j=1,2,\cdots,n$$

对线性代数方程组问题是著名的病态问题.用"condeig"估计它作为矩阵特征值问题的条件数.

实验 5.2 (QR 算法的模拟及实现)

问题提出:QR 算法是矩阵特征值计算中实用而有效的方法.原理型的算法很容易实现,实用型的算法则需要程序技巧.

实验内容:Matlab 中提供有函数"eig"可以用来计算矩阵的特征值,其核心算法就是 QR 算法. Matlab 中还提供有函数"qr",可以实现矩阵的 QR 分解.我们来尝试它们.

实验要求:

(1) 利用函数"qr",通过矩阵分解实现原理型的 QR 算法.

(2) 分别利用原理型的 QR 算法和 Matlab 中提供的函数"eig"计算下面矩阵的特征值并比较其结果.

① $$\boldsymbol{H}=\begin{pmatrix}2&3&4&5&6\\4&4&5&6&7\\0&3&6&7&8\\0&0&2&8&9\\0&0&0&1&0\end{pmatrix},$$

② $$\boldsymbol{B}=\begin{pmatrix}6&2&1\\2&3&1\\1&1&1\end{pmatrix}.$$

第 6 章　常微分方程数值方法

1　初值问题数值方法

1-1　数值方法概述

考虑常微分方程初值问题

$$\begin{cases} y' = f(t,y), a \leqslant t \leqslant b \\ y(a) = y_0 \end{cases} \tag{1.1}$$

的求解问题，如果 $f(t,y)$满足一定的条件，则初值问题(1.1)存在唯一解 $y=y(t)$. 但只有对特殊的 $f(t,y)$，对应的方程能用解析方法求出精确解 $y=y(t)$，一般情况下最有效的方法是用数值方法求它的近似解. 假定 $f(t,y)$对 y 满足利普希茨条件，简称 Lips. 条件，即对任何 $t\in[a,b]$及 $y,z\in\mathbf{R}$，总存在常数 $L>0$，使

$$| f(t,y) - f(t,z) | \leqslant L | y - z | \tag{1.2}$$

成立，L 称为 Lips. 常数. 当 $f(t,y)$满足条件(1.2)时，则初值问题(1.1)存在唯一解 $y=y(t)$. 若取分点 $t_n=a+nh, n=0,1,\cdots,N$，$h=(b-a)/N$ 为步长，则在点 $t_n(n=0,1,\cdots,N)$上的近似解 $y_n\approx y(t_n)$就是问题(1.1)的数值解. 在数值分析中，我们已熟知的求解方法有 3 种：

(1) 显式单步法，它可表示为

$$y_{n+1} = y_n + h\Phi_f(t_n, y_n; h) \tag{1.3}$$

这里 Φ_f 是依赖 $f(t,y)$的函数，以**显式龙格-库塔(Runge-Kutta 简称 RK)法**为主，对 s 级的公式有

$$\Phi_f(t_n, y_n; h) = \sum_{i=1}^{s} c_i k_i$$

其中 $k_1 = f(t_n, y_n), k_i = f\left(t_n + a_i h, y_n + h\sum_{j=1}^{i-1} b_{ij} k_j\right), i = 2, \cdots, s$

例如，$s=2$ 的 2 级 2 阶显式 RK 方法公式为

$$y_{n+1} = y_n + \frac{h}{2}(k_1 + k_2) \tag{1.4}$$

其中 $k_1 = f(t_n, y_n), k_2 = f(t_n + h, y_n + hk_1)$，公式(1.4)也称**改进欧拉法**.

经典的**4 级 4 阶 RK 方法**为

$$y_{n+1} = y_n + \frac{h}{6}(k_1 + 2k_2 + 2k_3 + k_4) \tag{1.5}$$

其中

$$k_1 = f(t_n, y_n)$$

$$k_2 = f\left(t_n + \frac{1}{2}h, y_n + \frac{h}{2}k_1\right)$$

$$k_3 = f\left(t_n + \frac{1}{2}h, y_n + \frac{h}{2}k_2\right)$$

$$k_4 = f(t_n + h, y_n + hk_3)$$

显式单步法从 y_0 出发可逐步算出 $y_1, y_2, \cdots$

(2) 线性多步法，它的一般公式为

$$\sum_{i=0}^{k} \alpha_i y_{n+i} = h\sum_{i=0}^{k} \beta_i f(t_{n+i}, y_{n+i}), \alpha_k \neq 0 \tag{1.6}$$

若 $\alpha_0^2 + \beta_0^2 \neq 0$，则称为 k 步法，当 $\beta_k = 0$ 时为显式方法，当 $\beta_k \neq 0$ 时为隐式方法.

k 步法必须先算出 $y_0, y_1, \cdots, y_{k-1}$ 的 k 个值才能逐次算出 y_k, $y_{k+1}, \cdots$ 的值. 显式公式只要给 y_{n+k} 前面 k 个点的值就可直接算出 y_{n+k}. 例如阿当姆斯外插法，当 $k=4$ 时公式为

$$y_{n+4} = y_{n+3} + \frac{h}{24}(55f_{n+3} - 59f_{n+2} + 37f_{n+1} - 9f_n),$$

$$n = 0,1,\cdots \tag{1.7}$$

其中 $f_i = f(t_i, y_i)$. 这公式也称为**阿当姆斯显式公式或 Adams-Bashforth 方法**. 公式(1.7)是 4 阶公式. 而阿当姆斯隐式公式通常称为 **Adams-Moulton 方法**, 当 $k=1$ 时公式为

$$y_{n+1} = y_n + \frac{h}{2}(f_{n+1} + f_n), \quad n = 0,1,\cdots \tag{1.8}$$

此公式称为梯形公式, 当 $k=3$ 时的阿当姆斯隐式法为

$$y_{n+3} = y_{n+2} + \frac{h}{24}(9f_{n+3} + 19f_{n+2} - 5f_{n+1} + f_n),$$

$$n = 0,1,\cdots \tag{1.9}$$

(1.9)是 4 阶公式, 而梯形公式(1.8)则为 2 阶公式.

从隐式方法看到, 由于 $\beta_k \neq 0$, 公式右端包含 $f(t_{n+k}, y_{n+k})$项, 因此当 $f(t,y)$关于 y 非线性时不能直接算出 y_{n+k}, 而必须求解关于 y_{n+k}的方程. 例如, 在(1.8)中要求 y_{n+1} 就必须用迭代法, 求 y_{n+1}的简单迭代法为

$$y_{n+1}^{(s+1)} = y_n + \frac{h}{2}[f(t_{n+1}, y_{n+1}^{(s)}) + f_n], s=0,1,\cdots \tag{1.10}$$

只要 $hL/2<1$, 就有 $\lim\limits_{s\to\infty} y_{n+1}^{(s)} = y_{n+1}$.

当迭代法每步计算迭代次数较多时计算量太大, 为避免迭代, 对隐式方法进行简化, 用同阶的显式公式代替公式(1.6)右端 $f(t_{n+k}, y_{n+k})$中的 y_{n+k}, 于是就得到下面的第 3 种方法.

(3) 预测-校正法(PECE 法), 在公式(1.6)中, 若 $\beta_k \neq 0$, 则可将它改为

$$\sum_{i=0}^{k} \alpha_i y_{n+i} = h\beta_k f(t_{n+k}, \bar{y}_{n+k}) + h\sum_{i=0}^{k-1} \beta_i f_{n+i} \tag{1.11}$$

其中 $\bar{y}_{n+k} = \frac{1}{\alpha_k^*}\sum_{i=0}^{k-1}(\alpha_i^* y_{n+i} + h\beta_i^* f_{n+i})$. 例如, 用 4 阶的阿当姆斯隐式公式(1.9) 可构造 4 阶的预测 - 校正方法

$$
\begin{cases}
\text{P}: y_{n+4}^{(0)} = y_{n+3} + \dfrac{h}{24}[55f_{n+3} - 59f_{n+2} + 37f_{n+1} - 9f_n] \\
\text{E}: f_{n+4}^{(0)} = f(t_{n+4}, y_{n+4}^{(0)}) \\
\text{C}: y_{n+4} = y_{n+3} + \dfrac{h}{24}[9f_{n+4}^{(0)} + 19f_{n+3} - 5f_{n+2} + f_{n+1}] \\
\text{E}: f_{n+4} = f(t_{n+4}, y_{n+4})
\end{cases} \tag{1.12}
$$

另一个 4 阶 PECE 方法是**哈明(Hamming)公式**

$$
\begin{cases}
\text{P}: y_{n+4}^{(0)} = y_n + \dfrac{4}{3}h[2f_{n+3} - f_{n+2} + 2f_{n+1}] \\
\text{E}: f_{n+4}^{(0)} = f(t_{n+4}, y_{n+4}^{(0)}) \\
\text{C}: y_{n+4} = \dfrac{1}{8}(9y_{n+3} - y_{n+1}) + \dfrac{3}{8}h[f_{n+4}^{(0)} + 2f_{n+3} - f_{n+2}] \\
\text{E}: f_{n+4} = f(t_{n+4}, y_{n+4})
\end{cases} \tag{1.13}
$$

这类方法实际上仍为显式方法,它用一个显式公式算出一个预测(predictor)值,再用一个隐式公式校正(corrector)1 次,预测、校正过程中均有求函数值(evalution)的步骤。当然也可校正 2,3 次.

用上述 3 种方法求初值问题(1.1)的数值解,需要解决 3 个问题,第一是数值方法的局部截断误差与相容性,第二是在点 t_n 处数值解 y_n 是否收敛于精确解 $y(t_n)$ 以及估计整体误差 $|y(t_n)-y_n|$,第三是数值方法的稳定性.

1-2 局部截断误差与相容性

研究数值方法的局部截断误差就是研究数值方法逼近微分方程的相容性问题,先考虑用单步法(1.3)逼近微分方程(1.1)的解,设用(1.3)计算前 n 步时没有误差,即 $y_i=y(x_i), i=0,1,\cdots,n$,第 $n+1$ 步误差记为

$$
\begin{aligned}
T_{n+1} = y(t_{n+1}) - y_{n+1} &= y(t_{n+1}) - [y_n + h\Phi_f(t_n, y_n; h)] \\
&= y(t_{n+1}) - y(t_n) - h\Phi_f(t_n, y(t_n); h)
\end{aligned}
$$

由此可给出定义.

定义 1.1 $T_{n+1}=y(t_{n+1})-y(t_n)-h\Phi_f(t_n,y(t_n);h)$ (1.14)

称为显式单步法(1.3)在 t_{n+1} 的**局部截断误差**,其中 $y(t)$是初始问题(1.1)的精确解.对多步法(1.6)则类似地称

$$T_{n+k}=\sum_{i=0}^{k}[\alpha_i y(t_{n+i})-h\beta_i y'(t_{n+i})] \tag{1.15}$$

为多步法(1.6)在 t_{n+k}的局部截断误差.

为方便起见,对数值方法(1.3)和(1.6)用(1.1)的精确解代入并分别记为

$$L_1[y(t);h]=y(t+h)-y(t)-h\Phi_f(t,y(t);h)$$

$$L_k[y(t);h]=\sum_{i=0}^{k}[\alpha_i y(t+ih)-h\beta_i y'(t+ih)] \tag{1.16}$$

定义 1.2 设 $y(t)$是初值问题(1.1)的精确解,若对显式单步法(1.3)满足 $L_1[y(t);h]=O(h^{p+1})$,或对线性多步法(1.6)满足 $L_k[y(t);h]=O(h^{p+1})$,其中 p 为正整数,则称相应数值方法是 $\boldsymbol{p}$ **阶相容的**.

从定义 1.1 及 1.2 可知,如数值方法是 p 阶相容的,则它的局部截断误差是 $p+1$ 阶,因为此时

$$T_{n+1}=L_1[y(t_n);h]=O(h^{p+1})$$

$$T_{n+k}=L_k[y(t_n);h]=O(h^{p+1})$$

定义 1.2 表明$\lim\limits_{h\to 0}\dfrac{T_{n+k}}{h}=0$.若微分方程(1.1)用微分算子形式表示为 $L[y(t)]=y'-f(t,y(t))=0$.定义 1.2 也表明差分算子$\dfrac{1}{h}L_k[y(t);h]$逼近微分算子 $L[y(t)]$的阶为 $O(h^p)$.对单步法若增量函数 Φ_f 满足

$$\Phi_f(t,y(t);0)=f(t,y(t)) \tag{1.17}$$

则显然有

$$\lim_{h\to 0}\frac{T_{n+1}}{h}=\lim_{h\to 0}\frac{1}{h}[y(t_n+h)-y(t_n)-h\Phi_f(t_n,y(t_n);h)]$$

$$=y'(t_n)-\Phi_f(t_n,y(t_n);0)=y'(t_n)-f(t_n,y(t_n))=0$$

因此,单步法相容的条件是(1.17)成立.所谓相容就是指数值方法(1.3)与“微分方程(1.1)相容”.

对于多步法(1.6),可以根据局部截断误差 $L_k[y(t);h]$,由泰勒展开求得多步法的系数及相容性条件.

将 $L_k[y(t);h]$中 $y(t+ih)$及 $y'(t+ih)$在 t 处展成泰勒级数

$$y(t+ih)=y(t)+\frac{ih}{1!}y'(t)+\frac{(ih)^2}{2!}y''(t)+\frac{(ih)^3}{3!}y'''(t)+\cdots$$

$$y'(t+ih)=y'(t)+\frac{ih}{1!}y''(t)+\frac{(ih)^2}{2!}y'''(t)+\cdots$$

并代入(1.16),则得

$$L_k[y(t);h]=c_0y(t)+c_1hy'(t)+\cdots+c_qh^qy^{(q)}(t)+\cdots$$

其中

$$c_0=\alpha_0+\alpha_1+\cdots+\alpha_k$$

$$c_1=\alpha_1+2\alpha_2+\cdots+k\alpha_k-(\beta_0+\cdots+\beta_k)$$

$$c_q=\frac{1}{q!}(\alpha_1+2^q\alpha_2+\cdots+k^q\alpha_q)-\frac{1}{(q-1)!}(\beta_1+2^{q-1}\beta_2+\cdots+k^{q-1}\beta_k),q=2,3\cdots \tag{1.18}$$

如果多步法(1.6)是 p 阶的,则 $L_k[y(t);h]=O(h^{p+1})$,它等价于 $c_0=c_1=\cdots=c_p=0,c_{p+1}\neq 0$,于是

$$L_k[y(t);h]=c_{p+1}h^{p+1}y^{(p+1)}(t)+O(h^{p+2})$$

故(1.6)的局部截断误差为

$$T_{n+k}=c_{p+1}h^{p+1}y^{(p+1)}(t_n)+O(h^{p+2}) \tag{1.19}$$

我们称 $c_{p+1}h^{p+1}y^{(p+1)}(t_n)$为**局部截断误差主项**,$c_{p+1}$为误差常数.

例 1.1 考虑 3 步法公式

$$y_{n+3}=-\alpha_0y_n-\alpha_1y_{n+1}-\alpha_2y_{n+2}+h(\beta_0f_n+\beta_1f_{n+1}+\beta_2f_{n+2}+\beta_3f_{n+3})$$

若方法为显式公式，则 $\beta_3=0$，由(1.18)有

$$c_0 = \alpha_0 + \alpha_1 + \alpha_2 + \alpha_3$$

由于已取 $\alpha_3=1$，若再取 $\alpha_2=-1$ 及 $\alpha_0=\alpha_1=0$，则 $c_0=0$，此时可由 $c_1=c_2=c_3=0$ 确定 β_0,β_1,β_2，由(1.18)得

$$\begin{cases} \beta_0 + \beta_1 + \beta_2 = 1 \\ 2(\beta_1 + 2\beta_2) = 5 \\ 3(\beta_1 + 4\beta_2) = 19 \end{cases}$$

解出 $\beta_0=5/12$，$\beta_1=-4/3$，$\beta_2=23/12$，则得 $k=3$ 的显式阿当姆斯公式

$$y_{n+3} = y_{n+2} + \frac{h}{12}(23f_{n+2} - 16f_{n+1} + 5f_n) \qquad (1.20)$$

由(1.18)可算出此时 $c_4=\dfrac{3}{8}$，于是知(1.20)为 3 阶公式，且

$$T_{n+3} = \frac{3}{8}h^4y^{(4)}(t_n) + O(h^5)$$

若考虑隐式方法，仍取 $\alpha_2=-1$，$\alpha_0=\alpha_1=0$，则由(1.18)令 $c_1=c_2=c_3=c_4=0$，可确定 β_0,β_1,β_2 及 β_3，从而可得到

$$y_{n+3} = y_{n+2} + \frac{h}{24}(9f_{n+3} + 19f_{n+2} - 5f_{n+1} + f_n)$$

这就是(1.9)给出的 $k=3$ 的隐式阿当姆斯公式，由(1.18)可算出 $c_5=-\dfrac{19}{720}$. 于是(1.9)的局部截断误差为

$$T_{n+3} = -\frac{19}{720}h^5y^{(5)}(t_n) + O(h^6)$$

故此公式是 4 阶的.

利用这种方法可求出许多的多步法公式，在(1.6)中若记

$$\rho(\xi) = \sum_{i=0}^{k}\alpha_i\xi^i \qquad \sigma(\xi) = \sum_{i=0}^{k}\beta_i\xi^i$$

分别称 $\rho(\xi)$ 与 $\sigma(\xi)$ 为差分方程(1.6)的第一和第二**特征多项式**.

由线性多步法(1.6)完全确定了 $\rho(\xi)$ 与 $\sigma(\xi)$. 反之,若给定了 $\rho(\xi)$ 及 $\sigma(\xi)$ 也就确定了一个线性 k 步法. 利用 $\rho(\xi)$ 和 $\sigma(\xi)$ 可得线性多步法的相容性.

定理 1.1 线性多步法(1.6)相容的充分必要条件是

$$\rho(1) = 0, \rho'(1) = \sigma(1) \tag{1.21}$$

证明 若(1.6)相容,则由 $\lim\limits_{h\to 0}\frac{T_{n+k}}{h}=0$,可知 $c_0=c_1=0$,由(1.18)则得 $\rho(1)=0$,及 $\rho'(1)=\sigma(1)$. 反之此条件成立,则得 $\lim\limits_{h\to 0}\frac{T_{n+k}}{h}=0$. 故(1.6)相容.

1-3 收敛性与稳定性

对于初值问题(1.1)的任一种数值方法在 $t=t_n$ 处的数值解为 y_n,这里 $t_n=t_0+nh\in[a,b]$ 为固定点,设 $y(t)$ 为(1.1)的精确解,称 $e_n=y(t_n)-y_n$ 为整体误差,若 $\lim\limits_{\substack{h\to 0\\(n\to\infty)}} e_n=\lim\limits_{h\to 0}[y(t_n)-y_n]=0$,则称数值解 y_n 收敛于精确解 $y(t)$,即数值方法是收敛的,对单步法(1.3)有以下收敛性结论.

定理 1.2 设初值问题(1.1)的单步法(1.3)中,Φ_f 对 y 满足 Lips. 条件,则单步法(1.3)收敛的充分必要条件是方法为 p 阶($p\geqslant 1$)相容,且**整体误差** $e_n=y(t_n)-y_n=O(h^p)$.

证明见文献[3].

用线性多步法(1.6)解初值问题(1.1),需要附以适当的初始离散条件,即数值解由下列方法给出

$$\begin{cases} \sum\limits_{i=0}^{k}\alpha_i y_{n+i} = h\sum\limits_{i=0}^{k}\beta_i f_{n+i} \\ y_\mu = \eta_\mu(h), \mu = 0,1,\cdots,k-1 \end{cases} \tag{1.22}$$

定义 1.3 对初值问题(1.1),$f(t,y)$ 对 y 满足 Lips. 条件,如果满足条件

$$\lim_{h\to 0}\eta_\mu(h) = y_0, \mu = 0,1,\cdots,k-1$$

的差分方程(1.22)的解$\{y_n\}$在固定点 $t=t_0+nh$ 有

$$\lim_{h\to 0} y_n = y(t)$$

则称线性多步法(1.22)是收敛的.

定理 1.3 若线性多步法收敛则它必是相容的.

证明 设线性多步法(1.22)的解$\{y_n\}$收敛于初值问题(1.1)的一个非零解 $y(t)$,当 $t=t_0+nh$ 时有

$$\lim_{h\to 0} y_n = y(t), \qquad 对\ \forall t\in[t_0,b]$$

因 k 固定,所以有$\lim\limits_{h\to 0} y_{n+i}=y(t)$,$i=0,1,\cdots,k$. 由(1.22)取极限,得到

$$\sum_{i=0}^{k}\alpha_i y(t) = 0,$$

因 $y(t)\neq 0$,故有 $\sum\limits_{i=0}^{k}\alpha_i = 0$,即 $\rho(1) = 0$.

由定理 1.1,下面只要证 $\rho'(1)=\sigma(1)$. 由于 $y(t)$为(1.1)的解及$\{y_n\}$的收敛性,故有 $t=t_0+nh$,$\lim\limits_{h\to 0} y_n=y(t)$,于是

$$\lim_{h\to 0}\frac{y_{n+i}-y_n}{ih} = y'(t) = f(t,y(t)), \quad i = 1,2,\cdots,k$$

或写成

$$y_{n+i}-y_n = ihy'(t)+ih\Phi_{i,n}(h)$$

其中$\lim\limits_{h\to 0}\Phi_{i,n}(h) = 0$,因此有

$$\sum_{i=0}^{k}\alpha_i y_{n+i}-\sum_{i=0}^{k}\alpha_i y_n = h\sum_{i=0}^{k} i\alpha_i y'(t)+h\sum_{i=0}^{k} i\alpha_i\Phi_{i,n}(h)$$

由(1.22)得

$$h\sum_{i=0}^{k}\beta_i f_{n+i}-y_n\sum_{i=0}^{k}\alpha_i = hy'(t)\sum_{i=0}^{k} i\alpha_i+h\sum_{i=0}^{k} i\alpha_i\Phi_{i,n}(h)$$

因$\sum\limits_{i=0}^{k}\alpha_i = 0$,用 h 除上式得

$$\sum_{i=0}^{k}\beta_i f_{n+i} = y'(t)\sum_{i=0}^{k} i\alpha_i + \sum_{i=0}^{k} i\alpha_i \Phi_{i,n}(h)$$

当 $h \to 0$ 时，$f_{n+i} \to f(t.\,y(t)) = y'(t)$，故上式取极限得

$$\sum_{i=0}^{k}\beta_i y'(t) = y'(t)\sum_{i=0}^{k} i\alpha_i$$

所以有 $\sum_{i=0}^{k}\beta_i = \sum_{i=0}^{k} i\alpha_i$，即 $\sigma(1) = \rho'(1)$. 证毕

此定理的逆定理是不成立的，见下例.

例 1.2 用线性 2 步法

$$\begin{cases} y_{n+2} - 3y_{n+1} + 2y_n = h(f_{n+1} - 2f_n) \\ y_0 = s_0(h), y_1 = s_1(h) \end{cases} \tag{1.23}$$

解初值问题 $y' = 2t, y(0) = 0$.

解 此问题精确解为 $y(t) = t^2$，而由(1.23)有

$$\rho(\xi) = \xi^2 - 3\xi + 2, \quad \sigma(\xi) = \xi - 2$$

故 $\rho(1) = 0, \sigma(1) = \rho'(1) = -1$，故方法(1.23)是相容的.

但(1.23)解并不收敛，在(1.23)中若取初始条件

$$y_0 = 0, \quad y_1 = h \tag{1.24}$$

此时(1.23)为 2 阶差分方程，其特征方程

$$\rho(\xi) = \xi^2 - 3\xi + 2 = 0$$

的根为 $\xi_1 = 1$ 及 $\xi_2 = 2$，满足初始条件(1.24)的解为

$$y_n = (2^n - 1)h + n(n-1)h^2, t = t_0 + nh = nh$$

(有关差分方程知识可见文献[35, p37～39])显然有

$$\lim_{h\to 0} y_n = \lim_{n\to\infty}\left(\frac{2^n - 1}{n}t + \frac{n-1}{n}t^2\right) = \infty$$

故方法不收敛.

从上述例子看到多步法是否收敛与特征多项式 $\rho(\xi)$ 的根有关，为此引入下面概念.

定义 1.4 如果线性多步法(1.6)的特征多项式 $\rho(\xi)$ 的根都在单位圆内并且在单位圆上只有单根出现，则称多步法(1.6)满足

根条件.

定理 1.4 线性多步法(1.6)是 $p\geqslant 1$ 阶相容的,则(1.22)收敛的充分必要条件是多步法(1.6)满足根条件.

证明可见文献[3,p466].

下面讨论稳定性问题,主要涉及初始条件扰动与差分方程右端项扰动对数值解的影响.因单步法可看成多步法特例,故下面针对线性多步法(1.22)讨论.设(1.22)有扰动$\{\delta_n \mid n=0,1,\cdots,N\}$,则经扰动后的解为$\{z_n \mid n=0,1,\cdots,N\}$,$N=(b-a)/h$,它满足方程

$$\begin{cases} \sum_{i=0}^{k}\alpha_i z_{n+i} = h\left(\sum_{i=0}^{k}\beta_i f(t_{n+i},z_{n+i}) + \delta_{n+k}\right) \\ z_\mu = \eta_\mu(h) + \delta_\mu, \mu = 0,1,\cdots,k-1 \end{cases} \tag{1.25}$$

定义 1.5 对初值问题(1.1),由(1.22)得到的差分方程解$\{y_n\}_0^N$,由于有扰动$\{\delta_n\}_0^N$,使得到的解成为$\{z_n\}_0^N$,并满足(1.25),若存在常数 C 及 h_0,使对所有 $h\in(0,h_0)$,当$|\delta_n|\leqslant\varepsilon,0\leqslant n\leqslant N$时,有

$$|z_n - y_n| \leqslant C\varepsilon$$

则称线性多步法(1.6)是**稳定的**或称为**零稳定的**.

从定义看到研究零稳定性就是研究 $h\to 0$ 时差分方程解$\{y_n\}$的稳定性,它表明当初始扰动或右端项扰动不大时,解的误差不大.对多步法(1.6),当 $h\to 0$ 时对应于研究 $\rho(\xi)=0$ 的根,故有以下结论.

定理 1.5 线性多步法(1.6)是稳定的充分必要条件是它满足根条件.

证明略,可见文献[3,p470].

推论 1 线性多步法(1.6)收敛的充分必要条件是方法相容并稳定.

1-4 绝对稳定性与绝对稳定域

从上面讨论可知,求解初值问题(1.1)使用的数值方法必须是相容的和稳定的,但它是在步长 $h\to 0$ 时稳定,而实际计算时步长 h 是固定的. 计算表明当步长 h 不同时,舍入误差对结果影响差别很大,因此,研究在步长 h 固定时数值方法的误差传播即为另一种稳定性概念. 先看例子.

例 1.3 $y'=100(\sin t-y)$, $y(0)=0$.

其精确解为 $y(t)=\dfrac{1}{1.0001}(\sin t-0.01\cos t+0.01e^{-100t})$,含指数 e^{-100t} 的项当 $t=0.1$ 时小于 10^{-6},故当 $t\geqslant 0.1$ 时可忽略不计. 现对 $t=0$ 到 $t=3$ 用 4 阶龙格-库塔法(1.5)计算,当 h 取不同值时,结果差别很大,下表给出不同步长 h 的计算结果.

步长 h	0.015	0.020	0.025	0.030
步数 n	200	150	120	100
$y(3)\approx y_n$	0.151004	0.150966	0.150943	6.7×10^{11}

由精确解得 $y(3)=0.1510048$,从结果看,$h=0.015$ 时误差最小,而 $h=0.030$ 时结果完全不对. 实际上,$h=0.030$ 时方法是数值不稳定的.

研究数值方法是否数值稳定,不可能也不必对每个不同的右端函数 $f(t,y)$ 进行讨论,通常只对试验方程

$$y'=\lambda y,\quad \mathrm{Re}(\lambda)<0 \tag{1.26}$$

进行讨论,即研究将数值方法用于解方程(1.26)得到的差分方程是否数值稳定.

定义 1.6 一个数值方法用于解试验方程(1.26),若对给定步长 h 得到的线性差分方程解 y_n,当 $n\to\infty$ 时 $y_n\to 0$,就称该方法对步长 h 是**绝对稳定的**. 当 $n\to\infty$ 时 y_n 无界,则称该方法数值不

稳定.

例如,对最简单的欧拉法

$$y_{n+1} = y_n + hf_n, n = 0,1,\cdots \tag{1.27}$$

用它解试验方程(1.26)得到

$$y_{n+1} = y_n + h\lambda y_n = (1 + h\lambda) y_n, n = 0,1,\cdots$$

若记 $\mu = h\lambda$,上述差分方程解为 $y_n = (1+\mu)^n y_0$,若 $|1+\mu|<1$,则当 $n\to\infty$ 时 $|y_n|\to 0$,此时方法绝对稳定. 当 $\lambda<0$ 时,由 $|1+h\lambda|<1$ 可得 $-2<h\lambda<0$,即 $0<h<-2/\lambda$ 时欧拉法绝对稳定,若 λ 为复数,在 $\mu=h\lambda$ 的复平面上 $|1+\mu|<1$ 表示以$(-1,0)$为圆心,1 为半径的单位圆. 另一方面,当 $|1+\mu|>1$ 时,$\lim\limits_{n\to\infty}|y_n|=\infty$,故方法不稳定,这表明方法在复平面 μ 上有一个绝对稳定的区域. 故可定义:

定义 1.7 一个数值方法用于解试验方程(1.26),若在 $\mu=h\lambda$ 的复平面中的某个区域 R 中方法都是绝对稳定的,而在区域 R 外,方法是不稳定的,则称区域 R 是该数值方法的**绝对稳定域**.

根据定义,欧拉法的绝对稳定域就是 μ 平面的一个单位圆 $|1+\mu|<1$ 的内部. 对 2 阶龙格-库塔法(1.4),用它解试验方程(1.26)则得

$$y_{n+1} = y_n + \frac{h}{2}[\lambda y_n + \lambda(y_n + h\lambda y_n)] = \left[1 + h\lambda + \frac{(h\lambda)^2}{2}\right] y_n$$

这是一阶差分方程,若令 $\mu=h\lambda$,则得解

$$y_n = \left(1 + \mu + \frac{\mu^2}{2}\right)^n y_0$$

显然,当 $\left|1+\mu+\dfrac{\mu^2}{2}\right|<1$ 时,$\lim\limits_{n\to\infty} y_n=0$. 这时方法的绝对稳定域是由曲线

$$\left|1 + \mu + \frac{\mu^2}{2}\right| = 1$$

围成的区域内部.

同理对 4 阶龙格-库塔法(1.5),用它解试验方程得

$$y_{n+1} = \left(1+\mu+\frac{\mu^2}{2}+\frac{\mu^3}{3!}+\frac{\mu^4}{4!}\right)y_n$$

于是方法的绝对稳定域是

$$\left|1+\mu+\frac{\mu^2}{2}+\frac{\mu^3}{3!}+\frac{\mu^4}{4!}\right|<1$$

显式龙格-库塔法 $p=1\sim4$ 阶的公式绝对稳定域见图 6-1. 图中 $p=1$ 对应的区域即为欧拉法的绝对稳定域. 当 $\lambda<0$ 为实数时,则得各阶龙格-库塔法的绝对稳定区间为

$p=1, -2<h\lambda<0$

$p=2, -2<h\lambda<0$

$p=3, -2.51<h\lambda<0$

$p=4, -2.78<h\lambda<0$

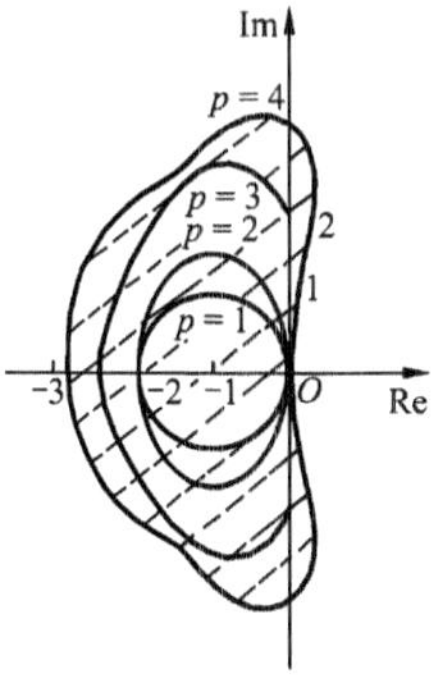

图 6-1 $p\leqslant4$ 阶的 RK 方法绝对稳定域

根据 4 阶龙格-库塔方法的绝对稳定区间,在例 1.3 中 $\lambda=-100$,故在 $h<\frac{2.78}{-\lambda}=0.0278$ 时方法绝对稳定,当取 $h=0.030$ 时计算不稳定,所以误差增长很快,结果是完全错误的.

现考察多步法(1.6),将它用于解(1.26)得到 k 阶的线性差分方程

$$\sum_{i=0}^{k}\alpha_i y_{n+i} = h\lambda\sum_{i=0}^{k}\beta_i y_{n+i} \tag{1.28}$$

若记 $\mu=h\lambda$,则得(1.28)的特征多项式

$$\prod(\xi;\mu) = \rho(\xi)-\mu\sigma(\xi) \tag{1.29}$$

称为**稳定性多项式**,它是关于 ξ 的 k 阶多项式. 若记特征方程 $\prod(\xi;\mu)=0$ 的 k 个根为 $\xi_r(\mu)$, $r=1,\cdots,k$,根据差分方程解的性质,若 $|\xi_r(\mu)|<1$, $r=1,\cdots,k$,则线性差分方程(1.28)的解 $y_n\to0$

(当 $n\to\infty$)，由此可得线性多步法(1.6)的绝对稳定域是复平面 μ 上的区域 $R=\{\mu \mid |\xi_r(\mu)|<1, r=1,2,\cdots,k\}$. 例如对显式阿当姆斯方法，$k=1$ 时就是欧拉法(1.27)，它的特征方程 $\prod(\xi;\mu)=\xi-(1+\mu)=0$，特征根 $\xi_1(\mu)=1+\mu$，故绝对稳定域为 $|1+\mu|<1$，对 $k=1\sim 4$ 的绝对稳定域(见图 6-2)，当 λ 为负实数，方法的绝对稳定区间为

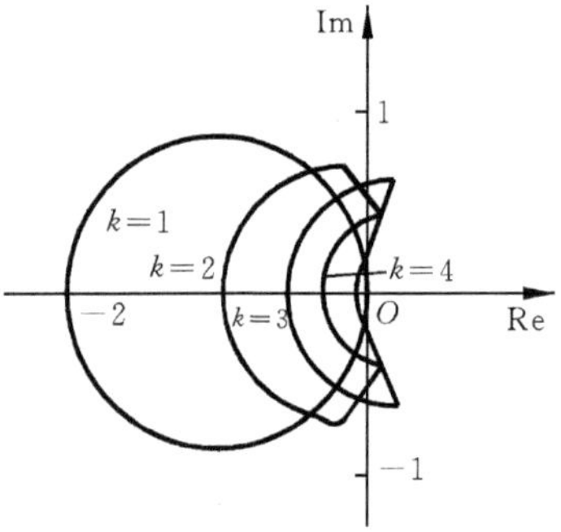

图 6-2　一些多步法的绝对稳定域

$$
\begin{aligned}
&k=1,\ -2<h\lambda<0,\\
&k=2,\ -1<h\lambda<0,\\
&k=3,\ -0.55<h\lambda<0,\\
&k=4,\ -0.30<h\lambda<0,
\end{aligned}
$$

由此看到，对显式阿当姆斯方法，阶数 $p=k$ 越大，绝对稳定区间越小.

求一个线性多步法的绝对稳定域较为复杂，通常采用**根轨迹法**，就是在特征方程 $\prod(\xi;\mu)=0$ 中令 $\xi=e^{i\varphi}$，由此得到

$$\prod(e^{i\varphi};\mu)=\rho(e^{i\varphi})-\mu\sigma(e^{i\varphi})=0, \varphi\in[0,2\pi]$$

从而在 μ 平面上得 $\mu=\dfrac{\rho(e^{i\varphi})}{\sigma(e^{i\varphi})}$，取点 $\varphi_j\ (j=0,1,\cdots)$ 算出 $\mu_j=\dfrac{\rho(e^{i\varphi_j})}{\sigma(e^{i\varphi_j})}, j=0,1,\cdots$，即可描绘出 μ 平面上的曲线，它就是绝对稳定

域 R 的边界线，从而可求得 R.

例 1.4 $k=2$ 的阿当姆斯显式公式为

$$y_{n+2}=y_{n+1}+\frac{h}{2}(3f_{n+1}-f_n)$$

$$\prod(\xi;\mu)=\xi^2-\xi-\frac{\mu}{2}(3\xi-1)=0$$

以 $\xi=\mathrm{e}^{\mathrm{i}\varphi}=\cos\varphi+\mathrm{i}\sin\varphi$ 代入上式解得

$$\mu(\varphi)=\frac{2(\mathrm{e}^{\mathrm{i}2\varphi}-\mathrm{e}^{\mathrm{i}\varphi})}{3\mathrm{e}^{\mathrm{i}\varphi}-1}=x(\varphi)+\mathrm{i}y(\varphi)$$

其中
$$x(\varphi)=\frac{-\cos2\varphi+4\cos\varphi-3}{5-3\cos\varphi}$$

$$y(\varphi)=\frac{4\sin\varphi-\sin2\varphi}{5-3\cos\varphi}$$

由此取 $\varphi_j(j=0,1,\cdots,N)$，算出 $(x(\varphi_j),y(\varphi_j))$ 并在计算机上描图，即可得到图 6-2 中 $k=2$ 的绝对稳定域 R 的边界线. 在曲线内取一点 $\left(-\frac{2}{3},0\right)$，即 $\mu=-\frac{2}{3}$ 由

$$\prod\left(\xi;-\frac{2}{3}\right)=\xi^2-\xi+\frac{1}{3}(3\xi-1)=\xi^2-\frac{1}{3}=0$$

显然有 $|\xi|=\sqrt{1/3}<1$，故该曲线围成的区域 R 确实为绝对稳定域.

图 6-2 中 $k=3,4$ 的绝对稳定域也是用这种方法求出的.

对隐式方法最简单的是**后退欧拉法**

$$y_{n+1}=y_n+hf(t_{n+1},y_{n+1}),n=0,1,\cdots \tag{1.30}$$

方法的特征方程为

$$\prod(\xi;\mu)=(1-\mu)\xi-1=0$$

得根 $\xi_1=\dfrac{1}{1-\mu}$，当 $|1-\mu|>1$ 时，$|\xi_1|<1$，故 $|1-\mu|>1$ 所确定的区域就是后退欧拉法的绝对稳定域. 它是 μ 平面上以 $(1,0)$ 为圆心的单位圆外侧. 对梯形法(1.8)，特征方程为

$$\prod(\xi;\mu)=\xi-1-\mu(\xi+1)/2$$
$$=(1-\mu/2)\xi-(1+\mu/2)=0$$

它的根 $\xi_1(\mu)=\dfrac{1+\mu/2}{1-\mu/2}$，当 $\mathrm{Re}\mu<0$ 时 $\left|\dfrac{1+\mu/2}{1-\mu/2}\right|<1$，故梯形法的绝对稳定域是 μ 平面的左半平面 $\mathrm{Re}\mu<0$.

$k=2\sim5$ 时的隐式阿当姆斯方法绝对稳定域见图 6-3. 当 λ 为负实数时，公式的绝对稳定区间为

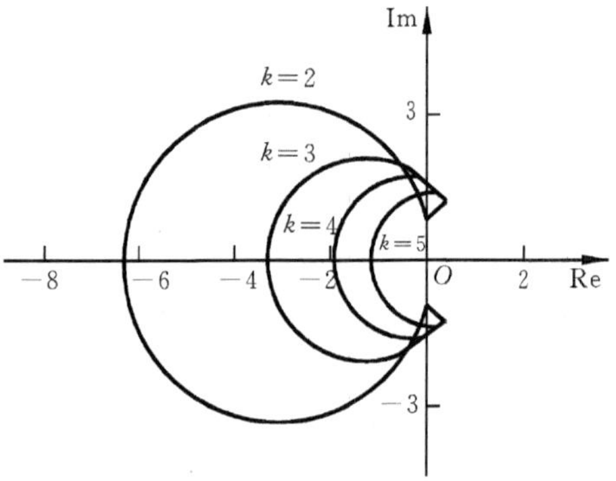

图 6-3　隐式阿当姆斯方法绝对稳定域

$$k=1,p=2,-\infty<h\lambda<0$$
$$k=2,p=3,-6.0<h\lambda<0$$
$$k=3,p=4,-3.0<h\lambda<0$$
$$k=4,p=5,-1.8<h\lambda<0$$

2　刚性微分方程及其数值方法的稳定性概念

2-1　刚性方程组

在科学与工程计算中，经常遇到解常微分方程组的问题，它表示为

$$\boldsymbol{y}'=\boldsymbol{f}(t,\boldsymbol{y}),\boldsymbol{y}(t_0)=\boldsymbol{y}^{(0)} \tag{2.1}$$

这里 $\boldsymbol{y},\boldsymbol{f}\in\mathbf{R}^m$，称为 m 阶方程组，它的解法及有关数值解的收敛性与稳定性理论与前面讨论的一阶方程完全一致，只是把公式中 y,f 改为 m 维向量表示即可. 问题是求解时常出现方程组的解的各分量数量级差别很大，给数值求解带来很大困难，这种问题称为刚性(stiff)问题，它在化学反应、电子网络和自动控制等领域中都是常见的.

例 2.1 某化学反应方程为

$$\begin{cases} \dfrac{\mathrm{d}u}{\mathrm{d}t} = -2000u + 999.75v + 1000.25 \\ \dfrac{\mathrm{d}v}{\mathrm{d}t} = u - v \\ u(0) = 0, v(0) = -2 \end{cases} \tag{2.2}$$

方程右端系数矩阵为

$$A = \begin{pmatrix} -2000 & 999.75 \\ 1 & -1 \end{pmatrix}$$

其特征值为 $\lambda_1 = -0.5$，$\lambda_2 = -2000.5$，从而此方程组的精确解为

$$u(t) = -1.499875\mathrm{e}^{-0.5t} + 0.499875\mathrm{e}^{-2000.5t} + 1,$$
$$v(t) = -2.99975\mathrm{e}^{-0.5t} - 0.00025\mathrm{e}^{-2000.5t} + 1$$

当 $t\to\infty$ 时，$u(t)\to 1$，$v(t)\to 1$，称它们为稳态解. 从解 $u(t)$，$v(t)$ 看到右端第 2 项含 $\mathrm{e}^{-2000.5t}$，为快变分量，大约计算到 $t=0.005$ 秒时近似为 0，称 $\tau_2 = -1/\lambda_2 = 1/2000.5 \approx 0.0005$ 为时间常数，而含 $\mathrm{e}^{-0.5t}$ 的项为慢变分量，它的时间常数为 $\tau_1 = -1/\lambda_1 = 1/0.5 = 2$，当 $t_1 = 10\tau_1 = 20$ 秒时才有 $\mathrm{e}^{-0.5t_1} \approx 0$，这表明方程(2.2)的解分量变化速度相差很大，是一个刚性方程，当 $t \geqslant 0.005$ 时解可近似为

$$u(t) \approx -1.499875\mathrm{e}^{-0.5t} + 1,$$
$$v(t) \approx -2.99975\mathrm{e}^{-0.5t} + 1.$$

若用 4 阶龙格-库塔法求解，根据绝对稳定区间要求 $h < -2.78/\lambda_2 = 2.78/2000.5 \leqslant 0.00138$，否则将出现爆炸性增长，而从慢变分

量知，必须计算到 $t=20$ 秒，才能使解近似稳态解. 这时要计算 $20/0.00138\approx14493$ 步才能停止，可见计算量很大. 这种用小步长计算长区间的现象是刚性方程数值求解中出现的困难，是问题本身病态性质引起的.

为了对刚性方程给出定义，先考虑线性系统

$$\frac{\mathrm{d}\boldsymbol{y}}{\mathrm{d}t}=\boldsymbol{A}\boldsymbol{y}(t)+\boldsymbol{\Phi}(t),t\in[a,b] \tag{2.3}$$

其中 $\boldsymbol{y}=(y_1,\cdots,y_m)^{\mathrm{T}}\in\mathbf{R}^m$，$\boldsymbol{\Phi}=(\varphi_1,\cdots,\varphi_m)^{\mathrm{T}}\in\mathbf{R}^m$ 和 $\boldsymbol{A}\in\mathbf{R}^{m\times m}$，若 $\boldsymbol{A}$ 的特征值为 $\lambda_j=\alpha_j+\mathrm{i}\beta_j$，$j=1,2,\cdots,m$，相应的特征向量为 $\boldsymbol{\xi}_j$，则方程(2.3)的解为

$$\boldsymbol{y}(t)=\sum_{j=1}^{m}c_j\mathrm{e}^{\lambda_j t}\boldsymbol{\xi}_j+\boldsymbol{\psi}(t) \tag{2.4}$$

其中 $c_j(j=1,2,\cdots,m)$ 为常数，可由初始条件 $\boldsymbol{y}(a)=\boldsymbol{y}^{(0)}$ 确定，假定 $\alpha_j=\mathrm{Re}(\lambda_j)<0$，则当 $t\to\infty$ 时 $\boldsymbol{y}(t)\to\boldsymbol{\psi}(t)$，$\boldsymbol{\psi}(t)$ 为稳态解.

定义 2.1 若线性系统(2.3)中 $\boldsymbol{A}$ 的特征值 λ_j 满足条件：

(1) $\mathrm{Re}(\lambda_j)<0,j=1,\cdots,m$

(2) $s=\max\limits_{1\leqslant j\leqslant m}|\mathrm{Re}(\lambda_j)|/\min\limits_{1\leqslant j\leqslant m}|\mathrm{Re}(\lambda_j)|\gg1$ (2.5)

则称系统(2.3)为**刚性方程**. 比值 s 称为**刚性比**.

若刚性比 $s\gg1$，则 $\boldsymbol{A}$ 病态，对应的刚性方程称为病态方程. 通常刚性比 $s=O(10^p)$，$p\geqslant1$ 就认为是刚性方程，且 s 越大刚性越严重. 在例 2.1 中的化学反应方程之刚性比 $s=\dfrac{2000.5}{0.5}=4001$.

对非线性方程组(2.1)，可将 $\boldsymbol{f}(t,\boldsymbol{y})$ 在点 $(t,\boldsymbol{y}(t))$ 处作线性展开，记 $\boldsymbol{J}(t)=\dfrac{\partial\boldsymbol{f}}{\partial\boldsymbol{y}}\in\mathbf{R}^{m\times m}$，则得线性逼近

$$\frac{\mathrm{d}\boldsymbol{z}}{\mathrm{d}t}=\boldsymbol{J}(t)[\boldsymbol{z}-\boldsymbol{y}(t)]+\boldsymbol{f}(t,\boldsymbol{y}(t))$$

或

$$\frac{\mathrm{d}\boldsymbol{z}}{\mathrm{d}t}=\boldsymbol{J}(t)\boldsymbol{z}+\boldsymbol{F}(t) \tag{2.6}$$

其中 $\boldsymbol{F}(t)=\boldsymbol{f}(t,\boldsymbol{y}(t))-\boldsymbol{J}(t)\boldsymbol{y}(t)$. 假定 $\boldsymbol{J}(t)$ 的特征值为 $\lambda_j(t)$，$j=1,\cdots,m$，于是仿照定义 2.1 可以定义：如果 $\lambda_j(t)$ 满足

(1) $\mathrm{Re}(\lambda_j)<0, j=1,\cdots,m$

(2) $s(t)=\max\limits_{1\leqslant j\leqslant m}|\mathrm{Re}(\lambda_j(t))|/\min\limits_{1\leqslant j\leqslant m}|\mathrm{Re}(\lambda_j(t))|\gg 1$

则称系统(2.1)是刚性的，$s(t)$ 称为方程(2.1)在 t 处的局部刚性比.

非线性系统性态比较复杂，但利用 $\boldsymbol{f}(t,\boldsymbol{y})$ 在 t 处的雅可比矩阵 $\boldsymbol{J}(t)$ 的特征值 $\lambda_j(t)$，仍可刻画方程组在 t 处的局部性质. 但这里仿照定义 2.1 给出的刚性性质往往是不全面的，它不包含单个方程的情形，也不包含特征值 $\lambda_j(t)$ 中出现实部为零或实部有小正数的情形，而这些情形在实际问题中也常遇见，为此，吉尔(Gear)等人于 1979 年给出了刚性的另一种定义.

定义 2.2 若线性系统(2.3)满足条件：

(1) 矩阵 $\boldsymbol{A}$ 的所有特征值的实部小于不大的正数；

(2) $\boldsymbol{A}$ 至少有一个特征值其实部是很大的负数；

(3) 对应于最大负实部的特征值的解分量变化是缓慢的；

则称系统(2.3)是**刚性方程**.

这个定义包含了定义 2.1 中缺少的情形，按这种定义对应于具有最大负实部的特征值解分量变化很快时(即处在边界层内)，系统不称为刚性，必须当解分量衰减成近似于零时才称为刚性. 在例 2.1 中，当 $t<0.005$ 时快变分量变分很快，求解时步长 h 必须取得很小才能保证解的精度，这时方程还不具刚性性质，仅当 $t\geqslant 0.005$，快变分量趋于零，变化缓慢时，刚性性质才变成计算中要克服的困难，才称为刚性的.

相仿地，可以将定义 2.2 推广到非线性方程组(2.1).

这两个定义都要计算雅可比矩阵的特征值，计算较困难，有的文献认为只要 $\boldsymbol{f}(t,\boldsymbol{y})$ 对 $\boldsymbol{y}$ 的 Lips. 常数 $L\gg 1$ 就认为方程是刚性

的. 例如,对单个方程的例 1.3,由于$\frac{\partial f}{\partial y}=-100$,这时 $\lambda=-100$,$L=100$,用 4 阶龙格-库塔法求解时要求 $h\leqslant 0.0278$,若 $h>0.0278$,则出现数值不稳定,误差增长很快. 下面再看一个非线性系统的例子.

例 2.2 某化学反应方程为

$$\begin{cases} y'_1=-k_1y_1+k_2y_2y_3, & y_1(0)=1 \\ y'_2=k_1y_1-k_2y_2y_3-k_3y_2^2, & y_2(0)=0 \\ y'_3=k_3y_2^2, & y_3(0)=0 \end{cases} \tag{2.7}$$

这里 y_1,y_2,y_3 为反应物浓度. $k_1=0.04,k_2=10^4,k_3=3\times10^7$,此方程的雅可比矩阵为

$$\boldsymbol{J}(t)=\begin{pmatrix} -0.04 & 10^4y_3 & 10^4y_2 \\ 0.04 & -10^4y_3-6\times10^7y_2 & -10^4y_2 \\ 0 & 6\times10^7y_2 & 0 \end{pmatrix}$$

矩阵 $\boldsymbol{J}(t)$的特征方程为

$$\lambda[\lambda^2+(0.04+10^4y_3+6\times10^7y_2)\lambda+0.24\times10^7y_2+6\times10^{11}y_2^2]=0$$

因此得 $\boldsymbol{J}(t)$的一个特征值 $\lambda_1(t)=0$,而 $\lambda_2(t)$及 $\lambda_3(t)$可在求出解 $y_2(t),y_3(t)$过程中算出. 当 $t=0$ 时,$\lambda_1=\lambda_2=0,\lambda_3=-0.04$,此时方程不是刚性的,$t>0$ 时 $\lambda_j(t)$变化如下:

时间 t	$\lambda_1(t)$	$\lambda_2(t)$	$\lambda_3(t)$	刚性性质
0	0	0	-0.04	非刚性
0.01	0	-0.4	-2190.3	刚性,$s=5476$
0.1	0	-0.391	-2186.3	刚性,$s=5502$
4.0	0	-0.155	-2288.8	刚性,$s=14766$
100	0	-0.00893	-4194.5	刚性,$s=469709$

2-2 稳定性概念的扩充

用绝对稳定域有限的数值方法求刚性方程数值解，由于对步长 h 的限制，导致计算步数很大，为减少计算步数，应选择对步长 h 无限制的方法，为此需要给出刚性方程数值方法的稳定性概念.

定义 2.3 如果一个数值方法的绝对稳定域包含 $\mu=h\lambda$ 平面的整个左半平面，即 $\mathrm{Re}(\mu)<0$，则称此数值方法是 **A-稳定的**.

根据定义可知后退欧拉法(1.30)和梯形法(1.8)的绝对稳定域都包含了 μ 平面的整个左半平面，故它们都是 A-稳定的方法. 用 A-稳定方法求解刚性方程时，因为步长 h 可任意取，故方法适用于求解刚性方程，但 A-稳定方法很少，已知下列结论：

定理 2.1 (1) 显式多步法和显式龙格-库塔法都不可能是 A-稳定的. (2) A-稳定的隐式线性多步法的阶不超过 2. (3)在2 阶隐式线性多步法中，误差常数最小的公式是梯形公式.

定理表明 A-稳定的方法太少，并且梯形公式的误差常数最小. 为找其他 A-稳定数值方法，一方面是考虑隐式的龙格-库塔法，另一方面就是降低对稳定性的要求，使方法的绝对稳定域为无限域，但又不包含整个左半平面. 下面先给出定义.

定义 2.4 如果一个数值方法的绝对稳定域包含了复平面 $\mu=h\lambda$ 的无限楔形区域 $W_\alpha=\{h\lambda \mid -\alpha<\pi-\arg(h\lambda)<\alpha\}$，$\alpha\in\left(0,\frac{\pi}{2}\right)$，则称此方法是 **$A(\boldsymbol{\alpha})$-稳定的**；如果对一个充分小的 $\alpha\in\left(0,\frac{\pi}{2}\right)$，方法是 $A(\alpha)$-稳定的，则称方法是 $A(0)$-稳定的；如果对所有 $\alpha\in\left(0,\frac{\pi}{2}\right)$，方法都是 $A(\alpha)$-稳定的，则称此方法为 $A\left(\frac{\pi}{2}\right)$-稳定(见图 6-4).

$A(\alpha)$-稳定的方法，其绝对稳定域较 A-稳定的方法的绝对稳定域小，因此若一个方法 A-稳定，则必然是 $A(\alpha)$-稳定.

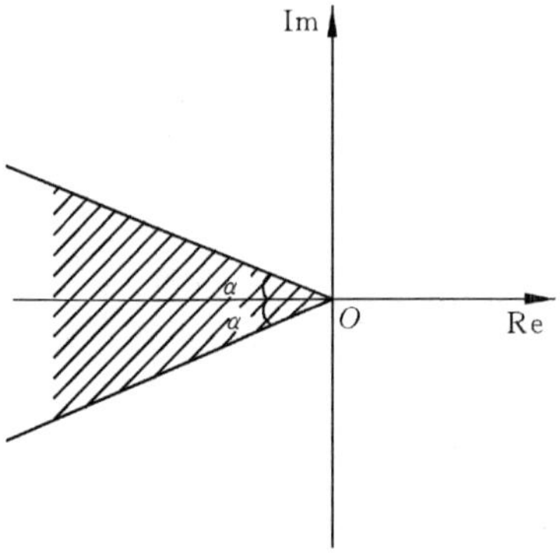

图 6-4　$A(\alpha)$-稳定域

显然，$A(\alpha)$-稳定的数值方法同样对步长 h 没有限制，可用于解刚性方程.

吉尔从刚性方程特点出发给出了以下定义.

定义 2.5　一个数值方法称为**刚性稳定的**，如果它是收敛的，且存在正常数 D,α,θ，使在区域 $R_1=\{h\lambda \mid \mathrm{Re}(h\lambda)\leqslant -D\}$ 上此方法是绝对稳定的，而在区域 $R_2=\{h\lambda \mid -D\leqslant \mathrm{Re}(h\lambda)\leqslant \alpha, |\mathrm{Im}(h\lambda)|\leqslant\theta\}$ 具有高精度并且是相对稳定的(见图 6-5).

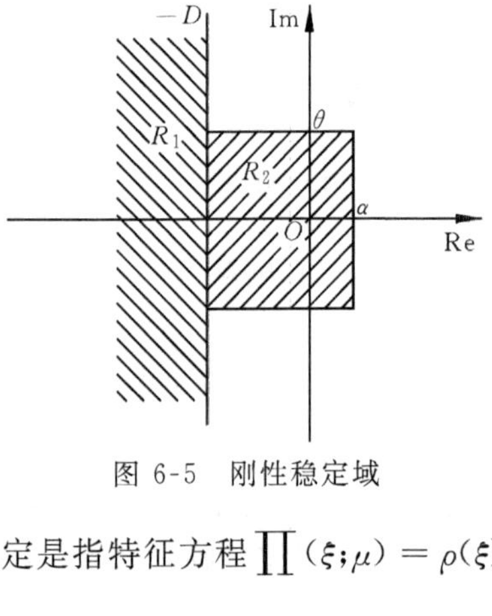

图 6-5　刚性稳定域

注：相对稳定是指特征方程 $\prod(\xi;\mu)=\rho(\xi)-\mu\sigma(\xi)=0$ 的

根 $\xi_r(\mu), r=1,\cdots,k$，满足$\{|\xi_r(\mu)|<|\xi_1(\mu)|, r=2,\cdots,k\}$.

定义表明刚性稳定比 A-稳定要求低.

这定义恰好适合于解刚性方程，因为当$|h\lambda|$很小时，为保证解的精度，步长 h 必须很小，而对域 R_1，由于是绝对稳定的，故步长 h 没有限制，计算时可任意取，因此具有刚性稳定的方法适合于求刚性方程的解.

3 解刚性方程的线性多步法

3-1 吉尔方法及其改进

吉尔研究了求解初值问题的后差方法

$$\sum_{j=1}^{k} \frac{1}{j} \nabla^j y_{n+k} = hf_{n+k} \tag{3.1}$$

这是一个隐式 k 步法，只有 k 阶精度，当 $k=1$ 时就是后退欧拉法，此方法只当 $k\leqslant 6$ 时才满足收敛性及稳定性条件. 它比隐式阿当姆斯方法精度低，因此过去很少使用. 1968 年吉尔证明了此方法具有刚性稳定，也有 $A(\alpha)$-稳定性，可用于求解刚性方程，并可将(3.1)改为一般形式

$$\sum_{j=0}^{k} \alpha_j y_{n+j} = h\beta_k f_{n+k}, \beta_k \neq 0, \alpha_k = 1 \tag{3.2}$$

利用泰勒展开，要求阶数 $p=k$，当 $k=1\sim6$ 时可求得公式的系数 $\alpha_j(j=0,1,\cdots,k-1)$ 及 β_k，下面只给出 $k=1\sim4$ 的**吉尔公式**：

$k=1, y_{n+1}=y_n+hf_{n+1}$（即后退欧拉法）

$k=2, y_{n+2}=\dfrac{1}{3}(4y_{n+1}-y_n+2hf_{n+2})$

$k=3, y_{n+3}=\dfrac{1}{11}(18y_{n+2}-9y_{n+1}+2y_n+6hf_{n+3})$

$k=4, y_{n+4}=\dfrac{1}{25}(48y_{n+3}-36y_{n+2}+16y_{n+1}-3y_n+12hf_{n+4})$

$k=1,2$ 的吉尔方法是 A-稳定的，$k=3\sim6$ 的吉尔方法是 $A(\alpha)$-稳定和刚性稳定的，其中 $A(\alpha)$-稳定的 α_{max} 及刚性稳定的参数 D_{min} 及 θ_{max} 如下表：

k	1,2	3	4	5	6
α_{max}	A-稳定，90°	86°54′	73°14′	51°50′	18°47′
D_{min}	0	0.1	0.7	2.4	6.1
θ_{max}		0.75	0.75	0.75	0.5

吉尔方法绝对稳定域见图 6-6.

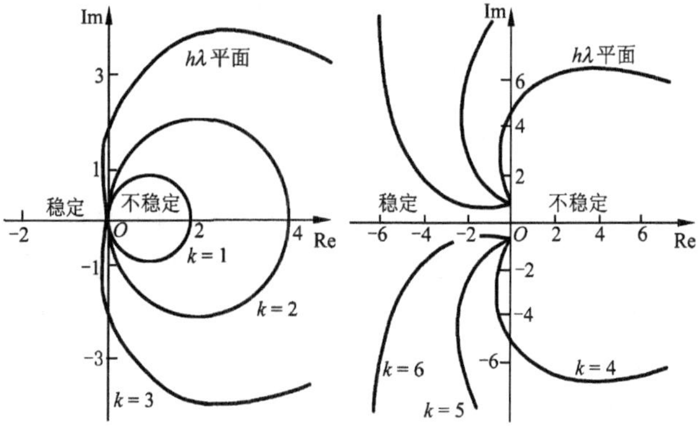

图 6-6　$k=1\sim6$ 的吉尔方法绝对稳定域

对吉尔方法目前有不少改进，下面介绍在文献[37]中给出的一种改进，设公式形如

$$\sum_{j=0}^{k}\alpha_j y_{n+j}=h(\beta_k f_{n+k}+\beta_{k-1}f_{n+k-1}),\alpha_k\neq 0 \tag{3.3}$$

的隐式 k 步法，假定 $\beta_k\neq0$，且 $\beta_k+\beta_{k-1}=1$，仍要求公式的阶 $p=k$，且记 $\beta_k=\beta$ 为自由参数，利用泰勒展开和 k 阶相容的条件，可求出 $\alpha_0,\alpha_1,\cdots,\alpha_k$ 及 β_{k-1} 分别用 β 表示的表达式.

例如 $k=2$，由(1.18)有

$$c_0=\alpha_0+\alpha_1+\alpha_2=0$$

$$c_1 = \alpha_1 + 2\alpha_2 - (\beta_1 + \beta_2) = 0$$

$$c_2 = \frac{1}{2!}(\alpha_1 + 2^2\alpha_2) - (\beta_1 + 2\beta_2) = 0$$

其中 $\beta_2=\beta,\beta_1=1-\beta$,从而可解出

$$\alpha_0 = \beta - 1/2,\ \alpha_1 = -2\beta,\ \alpha_2 = \beta + 1/2$$

若取 $\beta=1/2$,则得 $y_{n+2}=y_{n+1}+\frac{h}{2}(f_{n+2}+f_n)$,它实际上就是梯形法(1.8).代入(3.3)得 $k=2$ 公式

$$y_{n+2} = \frac{1}{\beta+1/2}[2\beta y_{n+1} - (\beta - 1/2)y_n] + \frac{h}{\beta+1/2}[\beta f_{n+2} + (1-\beta)f_{n+1}]$$

类似可以得到 $k=3\sim7$ 的**改进吉尔方法**公式.可证明在 $k=1\sim7$ 时只要 β 适当大,方法收敛并稳定,而且 β 越大绝对稳定域越大.若取 $\beta=20$,可得到如下公式:

$$k=2,\ y_{n+2}=\frac{1}{41}(80y_{n+1}-39y_n+40hf_{n+2}-38hf_{n+1})$$

$$k=3,\ y_{n+3}=\frac{1}{182}(417y_{n+2}-294y_{n+1}+59y_n+120hf_{n+3}-114hf_{n+2})$$

等等,这些公式比同阶吉尔法的绝对稳定域大,它们的 $\alpha_{\max}$ 分别为

k	2	3	4	5	6	7
改进吉尔法	A-稳定	89°55′	85°32′	73°2′	51°23′	18°32′
吉尔法	A-稳定	86°54′	73°13′	51°50′	18°47′	不稳定

3-2 含二阶导数的线性多步法

求解初值问题(1.1)的数值方法用二阶导数 y'' 是不方便的,但对自守系统

$$y' = f(y),\ y(a) = y_0 \tag{3.4}$$

由于 $y''=\frac{\partial f}{\partial y}y'$，而$\frac{\partial f}{\partial y}$是解刚性方程隐式方法迭代求解时需要计算的，因此数值方法中用 y''不会增加很多工作量，故可考虑用含有 y''的线性多步法，其一般公式可表示为

$$\sum_{j=0}^{k}\alpha_j y_{n+j} = h\sum_{j=0}^{k}\beta_j y'_{n+j} + h^2\sum_{j=0}^{k}\gamma_j y''_{n+j} \tag{3.5}$$

下面只考虑类似阿当姆斯隐式公式的简单情形

$$y_{n+k} = y_{n+k-1} + h\sum_{j=0}^{k}\beta_j y'_{n+j} + h^2\gamma_k y''_{n+k} \tag{3.6}$$

这里 $\beta_j(j=0,1,\cdots,k)$及 γ_k 可根据使公式(3.6)的阶 p 尽量高的原则，利用泰勒展开得到，这样做可得到 $p=k+2$ 阶($k\leqslant 7$)的隐式 k 步法公式，其中

$$k=1, y_{n+1}=y_n+\frac{h}{3}(2y'_{n+1}+y'_n)-\frac{1}{6}h^2y''_{n+1}$$

$$k=2, y_{n+2}=y_{n+1}+\frac{h}{48}(29y'_{n+2}+20y'_{n+1}-y'_n)-\frac{1}{8}h^2y''_{n+2}$$

这两个公式分别为 $p=3$ 及 $p=4$ 阶，一般精度已满足要求，而此两公式皆为 A-稳定的，对精度要求高的可用 $k=3\sim7$ 的公式[35]，这些公式都具有刚性稳定性和 $A(\alpha)$-稳定性，其绝对稳定域比同阶的吉尔方法大得多. 对 $k=1\sim7$ 的绝对稳定域边界在图 6-7 中给出.

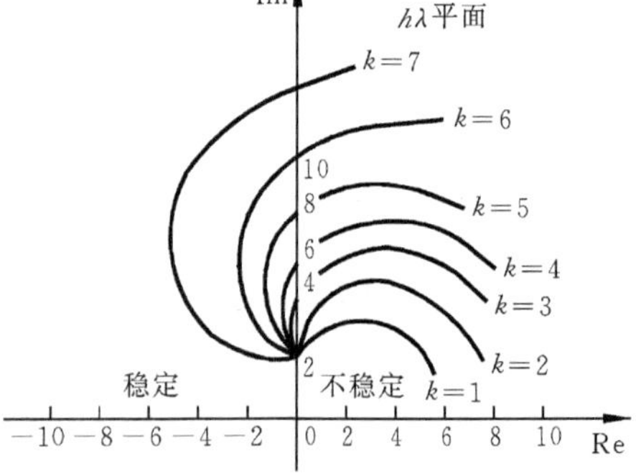

图 6-7 含二阶导数 k 步法的绝对稳定域

3-3 隐性问题与迭代法

由于适合求解刚性问题的数值方法都是隐式方法，当 $\boldsymbol{f}(t,\boldsymbol{y})$ 是 $\boldsymbol{y}$ 的非线性函数时，每步计算 $\boldsymbol{y}_{n+k}$ 都要解非线性方程组，由线性多步法(1.6)可归结为

$$\boldsymbol{y}_{n+k}=h\beta_k\boldsymbol{f}(t_{n+k},\boldsymbol{y}_{n+k})+\boldsymbol{g}(\boldsymbol{y}_{n+k-1},\cdots,\boldsymbol{y}_n) \tag{3.7}$$

其中 $\boldsymbol{y}_n,\cdots,\boldsymbol{y}_{n+k-1}$ 是前面已算出的值，$\boldsymbol{g}$ 为已知的，为求出 $\boldsymbol{y}_{n+k}$ 就必须用迭代法，若用简单迭代法

$$\boldsymbol{y}_{n+k}^{(s+1)}=h\beta_k\boldsymbol{f}(t_{n+k},\boldsymbol{y}_{n+k}^{(s)})+\boldsymbol{g},s=0,1,\cdots \tag{3.8}$$

其收敛条件为 $|h\beta_kL|<1$，即 $h<\dfrac{1}{|\beta_k|L}$ 才能收敛，其中 L 为 Lips. 常数. 对刚性方程，L 一般较大，因此步长 h 必须很小才能使(3.8)收敛，这正是求解刚性方程所要避免的. 因此在计算时不能用简单迭代(3.8)，解非线性方程组(3.7)必须改用其他类型迭代法. 通常可用对步长 h 没有限制的牛顿型迭代，若用牛顿迭代解(3.7)，则迭代序列为

$$\boldsymbol{y}_{n+k}^{(s+1)}=\boldsymbol{y}_{n+k}^{(s)}-(\boldsymbol{I}-h\beta_k\boldsymbol{J}^{(s)})^{-1}(\boldsymbol{y}_{n+k}^{(s)}-h\beta_k\boldsymbol{f}_{n+k}^{(s)}-\boldsymbol{g}),\quad s=0,1,\cdots \tag{3.9}$$

其中 $$\boldsymbol{J}^{(s)}=\frac{\partial\boldsymbol{f}(t_{n+k},\boldsymbol{y}_{n+k}^{(s)})}{\partial\boldsymbol{y}},\boldsymbol{f}_{n+k}^{(s)}=\boldsymbol{f}(t_{n+k},\boldsymbol{y}_{n+k}^{(s)})$$

初始近似 $\boldsymbol{y}_{n+k}^{(0)}$ 可用同阶显式公式算出的 $\boldsymbol{y}_{n+k}$，或用上一步的计算结果 $\boldsymbol{y}_{n+k-1}$. 牛顿迭代(3.9)每步计算雅可比矩阵 $\boldsymbol{J}^{(s)}$ 并求逆，工作量较大，为减少工作量常采用简化牛顿法. 此时迭代程序改为

$$\boldsymbol{y}_{n+k}^{(s+1)}=\boldsymbol{y}_{n+k}^{(s)}-(\boldsymbol{I}-h\beta_k\boldsymbol{J}^{(0)})^{-1}(\boldsymbol{y}_{n+k}^{(s)}-h\beta_k\boldsymbol{f}_{n+k}^{(s)}-\boldsymbol{g}),\quad s=0,1,\cdots \tag{3.10}$$

对含 2 阶导数的线性 k 步法(3.6)，也可类似地用简化牛顿法，只是推导中应略去 $\dfrac{\partial^2 f}{\partial y^2}$ 的项，得到一种平行弦迭代法，其迭代程序为

$$\boldsymbol{y}_{n+k}^{(s+1)}=\boldsymbol{y}_{n+k}^{(s)}+\Delta_{n+k}^{(s)},\quad s=0,1,\cdots \tag{3.11}$$

其中 $\boldsymbol{y}_{n+k}^{(0)}=\boldsymbol{y}_{n+k-1}$

$$\Delta_{n+k}^{(s)}=\boldsymbol{W}_{n+k}^{-1}\left[-\boldsymbol{y}_{n+k}^{(s)}+\boldsymbol{y}_{n+k-1}+h\sum_{j=0}^{k-1}\beta_j\boldsymbol{f}_{n+j}+h\beta_k\boldsymbol{f}(y_{n+k}^{(s)})+\right.$$

$$\left.h^2\gamma_k\left(\frac{\partial\boldsymbol{f}(\boldsymbol{y}_{n+k}^{(s)})}{\partial\boldsymbol{y}}\right)\boldsymbol{f}(\boldsymbol{y}_{n+k}^{(s)})\right]$$

$$\boldsymbol{W}_{n+k}=\left(\boldsymbol{I}-h\beta_k\left(\frac{\partial\boldsymbol{f}}{\partial\boldsymbol{y}}\right)_{n+k-1}-h^2\gamma_k\left(\frac{\partial\boldsymbol{f}}{\partial\boldsymbol{y}}\right)_{n+k-1}^2\right)$$

计算时要求 $\boldsymbol{W}_{n+k}$ 非奇异，若出现 $\boldsymbol{W}_{n+k}$ 奇异，或迭代次数超过 10 次仍不收敛，都应改变步长重新计算.

4 隐式龙格-库塔法

4-1 龙格-库塔法的一般结构

显式龙格-库塔方法的绝对稳定域是有限区域，它不适用于求解刚性方程，因此要研究隐式 RK 方法. 对于解初值问题

$$\boldsymbol{y}'=\boldsymbol{f}(t,\boldsymbol{y}),\boldsymbol{y}(t_0)=\boldsymbol{y}_0 \tag{4.1}$$

$\boldsymbol{y}\in\mathbf{R}^m,\boldsymbol{f}:\mathbf{R}\times\mathbf{R}^m\to\mathbf{R}^m$，**隐式 RK 方法**用公式可表示为

$$\boldsymbol{y}_{n+1}=\boldsymbol{y}_n+h\sum_{i=1}^{s}b_i\boldsymbol{k}_i \tag{4.2a}$$

$$\boldsymbol{k}_i=\boldsymbol{f}\left(t_n+c_ih,\boldsymbol{y}_n+h\sum_{j=1}^{s}a_{ij}\boldsymbol{k}_j\right),\quad i=1,2,\cdots,s \tag{4.2b}$$

$t_n=t_0+nh(n=0,1,\cdots)$，$h>0$ 称为积分步长，$\boldsymbol{y}_n$ 为(4.1)的精确解 $\boldsymbol{y}(t_n)$ 的数值解，公式(4.2a)和(4.2b)称为 s 级的 RK 方法，其中系数 b_i,c_i 及 $a_{ij}(i,j=1,2,\cdots,s)$都是实数，c_i 称为节点，b_i 为权系数，$\mathbf{A}=(a_{ij})_{s\times s}\in\mathbf{R}^{s\times s}$ 为系数矩阵，公式(4.2a)和(4.2b)通常用以下格式表示

$$
\begin{array}{c|c} \boldsymbol{c} & \boldsymbol{A} \\ \hline & \boldsymbol{b}^{\mathrm{T}} \end{array} \quad \text{或} \quad \begin{array}{c|cccc} c_1 & a_{11} & a_{12} & \cdots & a_{1s} \\ \vdots & \vdots & \vdots & & \vdots \\ c_s & a_{s1} & a_{s2} & \cdots & a_{ss} \\ \hline & b_1 & b_2 & \cdots & b_s \end{array} \tag{4.3}
$$

如果当 $j \geqslant i$ 时 $a_{ij}=0$，公式(4.2b)中 $\boldsymbol{k}_i$ 可由 $\boldsymbol{k}_1,\cdots,\boldsymbol{k}_{i-1}$ 得到，此时公式(4.2a)和(4.2b)为显式方法，若当 $j>i$ 时，$a_{ij}=0$ 而 $a_{ii}\neq 0$，公式称为半隐式 RK 方法，此时(4.2b)右端 $\boldsymbol{f}$ 含 $\boldsymbol{k}_i$，因此要求得 $\boldsymbol{k}_i$，需要解 m 阶非线性方程组(假定 $\boldsymbol{f}$ 关于 $\boldsymbol{y}$ 为非线性). 一般情形公式(4.2)为隐式 RK 方法，在(4.2b)中，$\boldsymbol{k}_1,\cdots,\boldsymbol{k}_s$ 要通过求解 $s\times m$ 阶的方程组才能得到，计算比较复杂.

公式(4.2)还可改写为更便于推导的形式

$$
\boldsymbol{y}_{n+1}=\boldsymbol{y}_n+h\sum_{i=1}^{s} b_i \boldsymbol{f}(t_n+c_i h,\boldsymbol{Y}_i) \tag{4.4a}
$$

$$
\boldsymbol{Y}_i=\boldsymbol{y}_n+h\sum_{j=1}^{s} a_{ij} \boldsymbol{f}(t_n+c_j h,\boldsymbol{Y}_j),\ i=1,2,\cdots,s \tag{4.4b}
$$

计算时，先由(4.4b)求出 $\boldsymbol{Y}_1,\cdots,\boldsymbol{Y}_s$，再由(4.4a)求出 $\boldsymbol{y}_{n+1}$. 若假定在 t_n 点(4.1)的解 $\boldsymbol{y}(t_n)$ 与数值解 $\boldsymbol{y}_n$ 相等，即 $\boldsymbol{y}_n=\boldsymbol{y}(t_n)$. 由(4.4)求出 $t_{n+1}=t_n+h$ 的数值解 $\boldsymbol{y}_{n+1}$ 与精确解 $\boldsymbol{y}(t_{n+1})$ 之差 $\boldsymbol{l}_{n+1}$，当 $h\to 0$ 时，如果有整数 $p>0$，使

$$
\|\boldsymbol{l}_{n+1}\| = \|\boldsymbol{y}(t_{n+1})-\boldsymbol{y}_{n+1}\| = O(h^{p+1}) \tag{4.5}
$$

则称方法(4.2)是 p 阶相容的，$\boldsymbol{l}_{n+1}$ 为公式(4.2)的局部截断误差，对 s 级的显式 RK 方法的阶 $p\leqslant s$，当 $s\leqslant 4$ 时有 $p=s$. 而对隐式 RK 方法的阶 p 最高可达到 $p=2s$. 对显式方法，只要确定公式的阶 p 就可利用泰勒展开比较系数得到公式的系数 $\boldsymbol{b},\boldsymbol{c}$ 及 $\boldsymbol{A}$. 对隐式公式，理论上讲也可类似求出公式系数，但由于泰勒展开及其计算的复杂，这样推导是不可取的. 因此一般不采用泰勒展开的方法.

4-2 基于数值求积公式的隐式 RK 方法

为了得到隐式 RK 方法(4.2)中的系数 $\boldsymbol{b},\boldsymbol{c},\boldsymbol{A}$,仍从 $m=1$ 的初值问题(4.1)出发,对(4.1)中方程从 t_n 到 t_{n+1} 积分可得

$$\boldsymbol{y}(t_{n+1})-\boldsymbol{y}(t_n)=\int_{t_n}^{t_{n+1}}\boldsymbol{f}(t,\boldsymbol{y}(t))\mathrm{d}t \tag{4.6}$$

若用 s 个节点的求积公式计算右端积分,即

$$\int_{t_n}^{t_{n+1}}\boldsymbol{f}(t,\boldsymbol{y}(t))\mathrm{d}t\approx h\sum_{i=1}^{s}b_i\boldsymbol{f}(t_n+c_ih,\boldsymbol{y}(t_n+c_ih))$$

这里 c_i 为求积节点,b_i 为求积系数,若令 $\boldsymbol{y}_n=\boldsymbol{y}(t_n)$,$\boldsymbol{Y}_i\approx\boldsymbol{y}(t_n+c_ih)$,$\boldsymbol{y}_{n+1}\approx\boldsymbol{y}(t_{n+1})$,则由(4.6)可得

$$\boldsymbol{y}_{n+1}-\boldsymbol{y}_n=h\sum_{i=1}^{s}b_i\boldsymbol{f}(t_n+c_ih,\boldsymbol{Y}_i)$$

若对(4.1)从 t_n 到 t_n+c_ih 积分,则得

$$\boldsymbol{y}(t_n+c_ih)-\boldsymbol{y}(t_n)=\int_{t_n}^{t_n+c_ih}\boldsymbol{f}(t,\boldsymbol{y}(t))\mathrm{d}t,i=1,\cdots,s$$

若右端积分用求积系数为 $a_{ij}(i,j=1,\cdots,s)$ 的求积公式,则得

$$\boldsymbol{Y}_i=\boldsymbol{y}_n+h\sum_{j=1}^{s}a_{ij}\boldsymbol{f}(t_n+c_jh,\boldsymbol{Y}_j),i=1,\cdots,s$$

为了建立求积系数 b_i 与节点系数 c_i 之间的关系,可通过对特殊初值问题积分得到,考虑

$$\boldsymbol{y}'=\boldsymbol{f}(t),\boldsymbol{y}(t_n)=\boldsymbol{0} \tag{4.7}$$

由 t_n 到 t_{n+1} 积分得

$$\boldsymbol{y}(t_{n+1})=\int_{t_n}^{t_{n+1}}\boldsymbol{f}(t)\mathrm{d}t$$

令 $t=t_n+hu$,并用 s 个节点的求积公式得到

$$\boldsymbol{y}(t_{n+1})=\int_{t_n}^{t_{n+1}}\boldsymbol{f}(t)\mathrm{d}t=h\int_0^1\boldsymbol{f}(t_n+hu)\mathrm{d}u$$

$$\approx h\sum_{i=0}^{s} b_i \boldsymbol{f}(t_n + c_i h) = \boldsymbol{y}_{n+1}$$

于是有

$$\boldsymbol{y}(t_{n+1}) - \boldsymbol{y}_{n+1} = \int_{t_n}^{t_{n+1}} \boldsymbol{f}(t)\mathrm{d}t - h\sum_{i=1}^{s} b_i \boldsymbol{f}(t_n + c_i h)$$

$$= h\left[\int_0^1 \boldsymbol{f}(t_n + hu)\mathrm{d}u - \sum_{i=1}^{s} b_i \boldsymbol{f}(t_n + c_i h)\right]$$

若求积公式

$$\int_0^1 f(t_n + hu)\mathrm{d}u \approx \sum_{i=1}^{s} b_i f(t_n + c_i h) \tag{4.8}$$

具有 $q-1$ 次代数精确度，即(4.8)对 $f(t_n+hu)=(hu)^{k-1}$，$k=1,2,\cdots,q$ 精确成立，由此得到

$$\sum_{i=1}^{s} b_i c_i^{k-1} = \frac{1}{k}, \quad k = 1,2,\cdots,q \tag{4.9}$$

当 $f(t_n+hu)=(hu)^q$ 时，求积公式(4.8)不精确成立，此时

$$\| \boldsymbol{y}(t_{n+1}) - \boldsymbol{y}_{n+1} \| = O(h^{q+1})$$

若求积节点 $c_i(i=1,2,\cdots,s)$已经给定，对(4.7)从 t_n 到 $t_{n,i}=t_n+c_i h$求积，则得

$$\boldsymbol{y}(t_n + c_i h) = \int_{t_n}^{t_n+c_i h} \boldsymbol{f}(t)\mathrm{d}t = h\int_0^{c_i} \boldsymbol{f}(t_n + hu)\mathrm{d}u$$

用 $c_1,c_2,\cdots,c_s$ 为节点的求积公式得到

$$\int_0^{c_i} \boldsymbol{f}(t_n + hu)\mathrm{d}u \approx \sum_{j=1}^{s} a_{ij} \boldsymbol{f}(t_n + c_j h), i = 1,2,\cdots,s \tag{4.10}$$

此公式至少具有 $s-1$ 次代数精确度，即对 $f(t_n+hu)=(hu)^{k-1}$，$k=1,2,\cdots,s$精确成立，由此得到

$$\sum_{j=1}^{s} a_{ij} c_j^{k-1} = \frac{1}{k} c_i^k, i = 1,2,\cdots,s \tag{4.11}$$

对 $k=1,2,\cdots,s$ 成立，它表明当求积节点 $c_i(i=1,\cdots,s)$确定后，由(4.11)可求出系数 $a_{ij}(i,j=1,2,\cdots,s)$. 上面讨论表明利用数值求

积公式建立(4.1)的隐式 RK 方法，其系数应满足关系(4.9)及(4.11)，因为 $s \geqslant 1$，故(4.9)(4.11)对 $k=1$ 总是成立的，于是有

$$\sum_{i=1}^{s} b_i = 1, \sum_{j=1}^{s} a_{ij} = c_i, i = 1,2,\cdots,s \tag{4.12}$$

这就是隐式 RK 方法的相容性条件.

根据以上讨论可利用高斯型求积公式建立隐式 RK 方法，下面给出 3 种隐式 RK 方法.

(Ⅰ) 基于高斯求积公式的隐式 RK 方法

若用 s 点的高斯求积公式. 其代数精确度为 $2s-1$，即 $q-1=2s-1$，故 $q=2s$，这样得到的隐式 RK 方法局部截断误差 $\| \boldsymbol{l}_{n+1} \| = \| \boldsymbol{y}(t_{n+1}) - \boldsymbol{y}_{n+1} \| = O(h^{2s+1})$，故方法的阶 $p=2s$，对 s 级 $2s$ 阶的隐式 RK 方法(4.2)其节点及系数 $\boldsymbol{c},\boldsymbol{b},\boldsymbol{A}$ 可由以下 3 步得到.

(1) 求节点 $c_1,\cdots,c_s$，由于$[0,1]$上的高斯求积公式节点为区间$[0,1]$的 s 阶勒让德多项式 $\mathrm{P}_s^*(t)$的 s 个零点，而$[-1,1]$上的 s 阶勒让德多项式为

$$\mathrm{P}_s(x) = \frac{1}{2^s s!} \frac{\mathrm{d}^s}{\mathrm{d}x^s}[(x^2-1)^s]$$

令 $x=2t-1$，则得 $\mathrm{P}_s^*(t)=\mathrm{P}_s(2t-1)$，当 $s=1,2,3$ 时有

$$\mathrm{P}_1^*(t) = 2t-1,$$
$$\mathrm{P}_2^*(t) = 6t^2-6t+1,$$
$$\mathrm{P}_3^*(t) = 20t^3-30t^2+12t-1,$$

$\mathrm{P}_s^*(t)=0$ 的 s 个实根 $c_1,\cdots,c_s$ 即为公式节点.

(2) 对 $k=1,2,\cdots,s$，由(4.9)得到关于 $b_1,\cdots,b_s$ 的线性方程组. 求此方程组的解则得 $b_1,\cdots,b_s$.

(3) 分别对 $i=1,2,\cdots,s$，求(4.11)的解得 $a_{ij}(j=1,2,\cdots,s)$.

由以上 3 步求得的 s 级 $2s$ 阶隐式 RK 方法如下：

$s=1,p=2$ 的隐式 RK 方法公式

$$\begin{array}{c|c} 1/2 & 1/2 \\ \hline & 1 \end{array} \quad \boldsymbol{y}_{n+1} = \boldsymbol{y}_n + h\boldsymbol{f}\left(t_n + \frac{1}{2}h, \frac{1}{2}(\boldsymbol{y}_n + \boldsymbol{y}_{n+1})\right) \tag{4.13}$$

$s=2, p=4$ 的隐式 RK 方法是

$$\begin{array}{c|cc} 1/2-\frac{\sqrt{3}}{6} & \frac{1}{4} & \frac{1}{4}-\frac{\sqrt{3}}{6} \\ 1/2+\frac{\sqrt{3}}{6} & \frac{1}{4}+\frac{\sqrt{3}}{6} & \frac{1}{4} \\ \hline & 1/2 & 1/2 \end{array} \tag{4.14}$$

$s=3, p=6$ 的隐式 RK 方法为

$$\begin{array}{c|ccc} \frac{5-\sqrt{15}}{10} & \frac{5}{36} & \frac{10-3\sqrt{15}}{45} & \frac{25-6\sqrt{15}}{180} \\ \frac{1}{2} & \frac{10+3\sqrt{15}}{72} & \frac{2}{9} & \frac{10-3\sqrt{15}}{72} \\ \frac{5+\sqrt{15}}{10} & \frac{25+6\sqrt{15}}{180} & \frac{10+3\sqrt{15}}{45} & 5/36 \\ \hline & 5/18 & 1/9 & 5/18 \end{array} \tag{4.15}$$

(Ⅱ) 基于拉道求积公式的隐式 RK 方法

若求积公式节点中包含求积区间[0,1]的一个端点 $c_1=0$ 或 $c_s=1$,这种高斯型求积公式就是拉道求积公式,它具有 $2s-2$ 次代数精确度. 故 $q=2s-1$, $\|\boldsymbol{l}_{n+1}\| = \|\boldsymbol{y}(t_{n+1})-\boldsymbol{y}_{n+1}\| = O(h^{2s})$, $p=2s-1$,可得 s 级 $2s-1$ 阶的隐式 RK 方法,其节点 $c_1,\cdots,c_s$ 就是拉道求积节点,它分别为 $\mathrm{P}_s^*(t)+\mathrm{P}_{s-1}^*(t)$ 的零点或 $\mathrm{P}_s^*(t)-\mathrm{P}_{s-1}^*(t)$ 的零点. 这类方法计算节点及系数 $\boldsymbol{c},\boldsymbol{b},\boldsymbol{A}$ 的步骤是:

(1) 求 $\mathrm{P}_s^*(t)+\mathrm{P}_{s-1}^*(t)=0$ 或 $\mathrm{P}_s^*(t)-\mathrm{P}_{s-1}^*(t)=0$ 的实根,得到 $c_1,\cdots,c_s$,前者含 $c_1=0$,后者含 $c_s=1$.

(2) 由(4.9)求解得 $b_1,\cdots,b_s$.

(3) 由(4.11)求解得 $a_{ij}(i,j=1,2,\cdots,s)$.

还可由下式(4.16)对 $l=1,2,\cdots,s$ 求得另一组 $a_{ij}(i,j=1,2,\cdots,s)$.

$$\sum_{i=1}^{s} b_i c_i^{l-1} a_{ij} = \frac{1}{l} b_j (1 - c_j^l), j = 1,2,\cdots,s \qquad (4.16)$$

对 $l=1,2,\cdots,s$ 成立.

这样得到的公式很多,下面只给出 $s=2,p=3$ 的两个公式.

当 $s=2$ 时,由 $P_2^*(t)+P_1^*(t)=6t^2-4t=0$ 求得 $c_1=0,c_2=\frac{2}{3}$,再由(4.9)求得 $b_1=\frac{1}{4},b_2=\frac{3}{4}$,最后由(4.11)求得 $a_{11}=a_{12}=0$ 及 $a_{21}=a_{22}=1/3$,于是得公式

$$\begin{array}{c|cc} 0 & 0 & 0 \\ 2/3 & 1/3 & 1/3 \\ \hline & 1/4 & 3/4 \end{array} \qquad (4.17a)$$

这公式称为 Radau ⅠA 公式,它不是 A-稳定的,一般不用.另一个 A-稳定的 **Radau ⅠA 公式**,其 a_{ij} 是由(4.16)求出的,公式为

$$\begin{array}{c|cc} 0 & 1/4 & -1/4 \\ 2/3 & 1/4 & 5/12 \\ \hline & 1/4 & 3/4 \end{array} \qquad (4.17b)$$

如果公式节点由 $P_2^*-P_1^*(t)=6t^2-8t+2=2(3t-1)(t-1)=0$ 求得 $c_1=\frac{1}{3},c_2=1$,再由(4.9)及(4.11)求得以下公式

$$\begin{array}{c|cc} 1/3 & 5/12 & -1/12 \\ 1 & 3/4 & 1/4 \\ \hline & 3/4 & 1/4 \end{array} \qquad (4.18)$$

称为 **Radau ⅡA 公式**.

$s=3,p=5$ 的 Radau 公式,读者可作为习题自己推导.

(Ⅲ) 基于洛巴托求积公式的隐式 RK 方法

当区间为[0,1],其两端均为求积节点,对 $s\geqslant 2$ 的洛巴托求积公式,代数精确度为 $q-1=2s-3$ 次,即 $q=2s-2$, $\| \boldsymbol{l}_{n+1} \| = O(h^{2s-1})$. 这时可得到 s 级 $2s-2$ 阶的隐式 RK 方法,求积节点包含 $c_1=0$ 及 $c_s=1$,其余 $s-2$ 个节点 $c_2,\cdots,c_{s-1}$ 是 $\dfrac{\mathrm{d}}{\mathrm{d}t}\mathrm{P}_{s-1}^{*}(t)$ 的零点,然后由(4.9)求得 $b_1,\cdots,b_s$,再由(4.11)或(4.16)对 $k=1,2,\cdots,s$ 或 $l=1,2,\cdots,s$ 求得 $a_{ij}(i,j=1,2,\cdots,s)$. 下面给出 $s=3,p=4$ 的一个公式

$$\begin{array}{c|ccc} 0 & 0 & 0 & 0 \\ 1/2 & 5/24 & 1/3 & -1/24 \\ 1 & 1/6 & 2/3 & 1/6 \\ \hline & 1/6 & 2/3 & 1/6 \end{array} \tag{4.19}$$

关于隐式 RK 方法的其他公式均可利用上面介绍的步骤求得,也可在有关文献[35,38]中找到.

4-3 稳定性函数与隐式 RK 方法的 A-稳定性

将稳式 RK 方法(4,4a)和(4,4b)用于解试验方程(1.26)得

$$y_{n+1} = y_n + h\lambda \boldsymbol{b}^{\mathrm{T}} \boldsymbol{y} \tag{4.20a}$$

$$y_i = y_n + h\lambda \sum_{j=1}^{s} a_{ij} y_j, i = 1,2,\cdots,s \tag{4.20b}$$

这里 $\boldsymbol{b}^{\mathrm{T}}=(b_1,\cdots,b_s)$, $\boldsymbol{y}=(y_1,\cdots,y_s)^{\mathrm{T}}$,若记 $\boldsymbol{e}=(1,1,\cdots,1)^{\mathrm{T}}\in\mathbf{R}^s$,则(4.20b),可改写为

$$\boldsymbol{y} = \boldsymbol{e} y_n + h\lambda \mathbf{A} \boldsymbol{y}$$

或

$$(\boldsymbol{I} - h\lambda \mathbf{A})\boldsymbol{y} = \boldsymbol{e} y_n$$

若矩阵 $(\boldsymbol{I}-h\lambda\mathbf{A})\in\mathbf{R}^{s\times s}$ 非奇异,则得

$$\boldsymbol{y} = (\boldsymbol{I} - h\lambda \mathbf{A})^{-1} \boldsymbol{e} y_n$$

代入(4.20a),则得

$$y_{n+1} = [1 + h\lambda \boldsymbol{b}^{\mathrm{T}} (\boldsymbol{I} - h\lambda \mathbf{A})^{-1} \boldsymbol{e}] y_n$$

若记 $h\lambda = z$,则得

$$R(z)=1+z\boldsymbol{b}^{\mathrm{T}}(\boldsymbol{I}-z\boldsymbol{A})^{-1}\boldsymbol{e} \tag{4.21}$$

称 $R(z)$ 为隐式 RK 方法的**稳定性函数**或特征函数，根据 A-稳定的定义，对 $h>0$，若 $\operatorname{Re}(\lambda)<0$ 时 $|R(z)|<1$，则方法为 A-稳定，如果 $\lim\limits_{z\to\infty}|R(z)|\to 0$，则称方法 L-稳定. 由于(4.21)的表达式需求矩阵的逆，计算不方便，为得到便于计算的表达式可将(4.20)写成

$$\begin{pmatrix} 1-za_{11} & -za_{12} & \cdots & -za_{1s} & 0 \\ -za_{21} & 1-za_{22} & \cdots & -za_{2s} & 0 \\ \vdots & \vdots & & \vdots & \vdots \\ -za_{s1} & -za_{s2} & \cdots & 1-za_{ss} & 0 \\ -zb_1 & -zb_2 & \cdots & -zb_s & 1 \end{pmatrix}\begin{pmatrix} y_1 \\ y_2 \\ \vdots \\ y_s \\ y_{n+1} \end{pmatrix}=\begin{pmatrix} y_n \\ y_n \\ \vdots \\ y_n \\ y_n \end{pmatrix}$$

对这方程组应用克莱姆(Cramer)法则求 y_{n+1} 的解得

$$y_{n+1}=\frac{\det(\boldsymbol{I}-z\boldsymbol{A}+z\boldsymbol{e}\boldsymbol{b}^{\mathrm{T}})}{\det(\boldsymbol{I}-z\boldsymbol{A})}y_n$$

于是得到稳定性函数

$$R(z)=\frac{\det(\boldsymbol{I}-z\boldsymbol{A}+z\boldsymbol{e}\boldsymbol{b}^{\mathrm{T}})}{\det(\boldsymbol{I}-z\boldsymbol{A})},z=h\lambda \tag{4.22}$$

它是 z 的有理函数.

例 4.1 求 $s=2,p=4$ 的隐式 RK 方法(4.14)的稳定性函数，并讨论方法的 A-稳定性.

由公式(4.22)可求得

$$R(z)=\frac{\det\begin{vmatrix} 1+\frac{1}{4}z & \left(\frac{1}{4}+\frac{\sqrt{3}}{6}\right)z \\ \left(\frac{1}{4}-\frac{\sqrt{3}}{6}\right)z & 1+\frac{1}{4}z \end{vmatrix}}{\det\begin{vmatrix} 1-\frac{1}{4}z & -\left(\frac{1}{4}-\frac{\sqrt{3}}{6}\right)z \\ -\left(\frac{1}{4}+\frac{\sqrt{3}}{6}\right)z & 1-\frac{1}{4}z \end{vmatrix}}$$

$$= \frac{1 + \frac{1}{2}z + \frac{1}{12}z^2}{1 - \frac{1}{2}z + \frac{1}{12}z^2} \tag{4.23}$$

当 $\mathrm{Re}(z)<0$ 时，$|R(z)|<1$，故它是 A-稳定的.

其他隐式 RK 方法都可利用(4.22)求出稳定性函数 $R(z)$ 并讨论其是否 A-稳定. 但我们看到(4.23)得到的 $R(z)$ 是 e^z 的第(2,2)阶帕德逼近，实际上前面给出的隐式 RK 方法都有类似结论，由模型方程 $y'=\lambda y, y(0)=1$ 的解为 $y(t)=\mathrm{e}^{\lambda t}$

$$y(t_{n+1}) = y(t_n + h) = \mathrm{e}^{\lambda(t_n+h)} = \mathrm{e}^{\lambda h}\mathrm{e}^{\lambda t_n} = \mathrm{e}^{\lambda h} y(t_n),$$

令 $z=\lambda h$，而隐式 RK 方法的稳定性函数 $R(z)$ 就是 e^z 的帕德逼近，已经证明 s 级 $2s$ 阶的隐式 RK 方法的稳定性函数 $R(z)$ 恰好是 e^z 的(s,s)阶帕德逼近，s 级 $2s-1$ 阶的 $R(z)$ 是 e^z 的$(s-1,s)$或$(s,s-1)$阶帕德逼近，而 s 级 $2s-2$ 阶的 $R(z)$ 是 e^z 的$(s-1,s-1)$或$(s-2,s)$阶帕德逼近. 它们中除$(s,s-1)$阶的帕德逼近外，所有 $R(z)$ 都满足 $\mathrm{Re}(z)<0$ 时，$|R(z)|<1$，故都是 A-稳定的. 只有(4.17)的 Radau Ⅰ A 公式不是 A-稳定.

4-4 对角隐式 RK 方法

一般隐式 RK 方法计算较复杂，为了简化计算，可考虑一种**对角隐式 RK 方法**. 在(4.2)中系数矩阵 $\boldsymbol{A}$ 是下三角阵，且对角元素相等，这时(4.2)可写成

$$\begin{cases} \boldsymbol{y}_{n+1} = \boldsymbol{y}_n + h\sum_{i=1}^{s} b_i \boldsymbol{k}_i \\ \boldsymbol{k}_i = \boldsymbol{f}\left(t_n + c_i h, \boldsymbol{y}_n + h\sum_{j=1}^{i} a_{ij}\boldsymbol{k}_j\right), i = 1,2,\cdots,s \end{cases} \tag{4.24}$$

它的格式是

$$
\begin{array}{c|cccc}
c_1 & a_{11} & & & \\
c_2 & a_{21} & a_{22} & & \\
\vdots & \vdots & & \ddots & \\
c_s & a_{s1} & \cdots & & a_{ss} \\
\hline
 & b_1 & \cdots & & b_s
\end{array}
$$

由于 a_{ii} 都相等，这种方法称为 DIRK 方法，它每步计算 k_i 只需求一次 m 阶矩阵的逆 $\left(\boldsymbol{I}-ha_{ii}\frac{\partial \boldsymbol{f}}{\partial \mathbf{y}}\right)^{-1}$，有实用价值的 DIRK 方法是 $s=2,p=3$ 及 $s=3,p=4$ 的两种方法.

$s=2$ 的公式是

$$
\begin{array}{c|cc}
r & r & 0 \\
1-r & 1-2r & r \\
\hline
 & 1/2 & 1/2
\end{array}
\tag{4.25}
$$

其中当 $r=\frac{1}{2}\pm\frac{1}{6}\sqrt{3}$ 时公式是 3 阶的，其余 r 值为 2 阶的，该方法的稳定性函数为

$$
R(z)=\frac{1+(1-2r)z+\left(\frac{1}{2}-2r+r^2\right)z^2}{(1-rz)^2}
$$

当公式为 3 阶时，方法是 A-稳定的.

$s=3$ 的公式是

$$
\begin{array}{c|ccc}
r & r & & \\
1/2 & \frac{1}{2}-r & r & \\
1-r & 2r & 1-4r & r \\
\hline
 & \frac{1}{24\left(\frac{1}{2}-r\right)^2} & 1-\frac{1}{12\left(\frac{1}{2}-r\right)^2} & \frac{1}{24\left(\frac{1}{2}-r\right)^2}
\end{array}
\tag{4.26}
$$

当 r 为 $24x^3-36x^2+12x-1=0$ 的根 $r_i(i=1,2,3)$ 时公式是 4 阶的，此时

$$r_1=\frac{1}{2}\pm\frac{\sqrt{3}}{3}\cos\frac{\pi}{18}\approx 1.06858,$$

$$r_{2,3}=\frac{1}{2}-\frac{\sqrt{3}}{6}\cos\frac{\pi}{18}\pm\frac{1}{2}\sin\frac{\pi}{18},r_2\approx 0.30254,r_3\approx 0.12889$$

此方法的稳定性函数

$$R(z)=\frac{1+(1-3r)z+(1/2-3r+3r^2)z^2+(1/6-3/2r+3r^2-r^3)z^3}{(1-rz)^3}$$

当 $z\to 0$ 时，$R(z)-e^z=O(z^5)$，方法是 A-稳定的.

5 非线性方法

前面介绍的求解刚性方程的数值方法都是隐式的，应用这些方法每步计算都要解非线性方程组，计算量较大，Lambert 提出建立在有理插值基础上的非线性方法，它是显式的，计算量较少，并且具有 A-稳定性，因此可用于解刚性方程.

考虑方程

$$y'=f(t,y),y(t_0)=y_0 \tag{5.1}$$

设它的精确解为 $y(t)$，若在区间上用有理函数

$$I(t)=\frac{a}{t+b} \tag{5.2}$$

逼近 $y(t)$，使它满足条件

$$I(t_n)=y_n,I'(t_n)=f_n=f(t_n,y_n)$$

由(5.2)求得 a,b，令 $y_{n+1}=I(t_n+h)$，如果 $y_n-hf_n\neq 0$，则可求得

$$y_{n+1}=y_n+\frac{hy_nf_n}{y_n-hf_n},\quad n=0,1,\cdots \tag{5.3}$$

此公式称为**逆欧拉法**，计算时为避免出现 $y_{n+1}=y_n$，还应假定

$$|y(t)|+|y'(t)|\neq 0,\quad t\geqslant t_0 \tag{5.4}$$

为得到公式(5.3)的局部截断误差,考虑算子

$$N[y(t);h]=y(t+h)-y(t)-\frac{hy(t)y'(t)}{y(t)-hy'(t)} \tag{5.5}$$

若 $N[y(t);h]=O(h^{p+1})$,则称方法为 p 阶. 若假定 $y(t_n)=y_n$,则由方法(5.3)可得

$$y(t_{n+1})-y_{n+1}=T_{n+1}=N[y(t_n);h]$$

利用泰勒展开可得到

$$T_{n+1}=\frac{[y_ny_n''-2(y_n')^2]\frac{h^2}{2}+[y_ny_n'''-3y_n'y_n'']\frac{h^3}{6}+O(h^4)}{y_n-hy_n'}$$

若 $y_n\neq0$ 则 $T_{n+1}=O(h^{p+1})$, $p\geqslant1$,故方法至少是一阶的. 将方法用于解试验方程 $y'=\lambda y$, $\mathrm{Re}(\lambda)<0$,则得

$$y_{n+1}=\frac{1}{1-h\lambda}y_n$$

它的绝对稳定域是 $|1-h\lambda|>1$,即在 $\mu=h\lambda$ 平面上以(1,0)为中心以 1 为半径的圆外区域,故方法是 A-稳定的,将方法(5.3)用于解方程组(2.1)时,公式可改写成以下分量形式

$$y_{n+1}^i=y_n^i+\frac{hy_n^if_n^i}{y_n^i-hf_n^i},\quad i=1,2,\cdots,m,n=0,1\cdots \tag{5.6}$$

为得到阶数更高的公式,可用更一般的有理函数 $I(t)=\frac{P_M(t)}{Q_N(t)}$ 作为 $y(t)$ 的插值函数,这里 $P_M(x)$、$Q_N(x)$ 分别为 M 次和 N 次多项式,利用插值条件定出其系数则可得到各种不同的非线性多步法. 例如,当 $M=N=1$ 时,可求得**二步非线性方法**

$$y_{n+2}=y_{n+1}+\frac{h(y_{n+1}-y_n)y'_{n+1}}{2(y'_{n+1}-y_n)-hy'_{n+1}},\quad n=0,1\cdots, \tag{5.7}$$

当 $y'_n\neq0$ 时,公式的局部截断误差 $T_{n+2}=O(h^3)$,故公式(5.7)是 2 阶方法,这方法同样具有 A-稳定性.

此外还有**龙格-库塔型的非线性方法**,Lambert 在文献[40]中给出

$$y_{n+1}=y_n+hf\left(t_n+\frac{1}{2}h,y_n+\frac{1}{2}\frac{hy_nf_n}{y_n-\frac{1}{2}hf_n}\right) \tag{5.8}$$

仍然要求满足条件(5.4). 当 $y_n\neq 0$ 时,方法也是 2 阶的,且是 A-稳定的.

更一般的 2 阶公式为

$$y_{n+1}=y_n+\frac{hy_n(c_1k_1+c_2k_2)}{y_n-h(d_1k_1+d_2k_2)} \tag{5.9}$$

其中

$$k_1=f(t_n,y_n)$$

$$k_2=f\left(t_n+ah,y_n+\frac{ahy_nk_1}{y_n-ahk_1}\right)$$

$$|y(t)|+|y'(t)|\neq 0$$

若 $c_1=1-\frac{1}{2a},c_2=\frac{1}{2a},d_1=-d_2=-c_1$,则当 $y_n\neq 0$ 时公式 $p\geqslant 2$,对 $a>\frac{1}{2}$ 方法是 L-稳定的.

我们在文献[41]中给出一类 3 阶的非线性 RK 方法,其中一个较简单公式为

$$y_{n+1}=y_n+\frac{h}{4}(k_1+3k_4) \tag{5.10}$$

其中

$$k_1=f(t_n,y_n)$$

$$k_2=f(t_n-\frac{1}{2}h,y_n-\frac{h}{2}k_1)$$

$$k_3=f\left(t_n+\frac{1}{3}h,y_n+\frac{\frac{1}{3}hy_nk_2}{y_n-\frac{1}{3}h(k_1+k_2)}\right)$$

$$k_4=f\left(t_n+\frac{2}{3}h,y_n+\frac{2}{3}hk_3\right)$$

当 $y_n\neq 0$ 时方法是 3 阶的,且它是 L-稳定的.

若用(5.10)求解例 2.1 中的方程组(2.2),初始步长取 $h=$

10^{-8}，允许误差 $\varepsilon=10^{-8}$，用自动变步长，计算步数为 1204 步，计算时间 9 秒；若用 3 阶的显式线性 RK 方法求解则需计算 27295 步，计算时间为 173 秒. 这是因为后者并非 A-稳定，步长 h 受限制，一般不适合于解刚性方程，而非线性方法是 A-稳定的，它适合于解刚性方程，而它又是显式的，避免了每步解非线性方程组，节省了计算量，特别是方程组(2,1)阶数 m 较大时更显出它的优越性.

6 边值问题数值方法

本节只介绍二阶微分方程**两点边值问题**的打靶法与差分法. 二阶常微分方程为

$$y''=f(x,y,y'),\quad a\leqslant x\leqslant b \tag{6.1}$$

当 $f(x,y,y')$ 关于 y,y' 为线性时，即 $f(x,y,y')=p(x)y'+q(x)y+r(x)$，此时(6.1)变成线性微分方程

$$y''-p(x)y'-q(x)y=r(x),\quad a\leqslant x\leqslant b \tag{6.2}$$

对方程(6.1)或 6.2)的两点边值问题，其**边界条件**有以下 3 类：

第 1 类边界条件为

$$y(a)=\alpha,\quad y(b)=\beta \tag{6.3}$$

当 $\alpha=0$ 或 $\beta=0$ 称为齐次的，否则为非齐次.

第 2 类边界条件为

$$y'(a)=\alpha,\quad y'(b)=\beta \tag{6.4}$$

当 $\alpha=0$ 或 $\beta=0$ 时，称为齐次的，否则为非齐次.

第 3 类边界条件为

$$y(a)-\alpha_0 y'(a)=\alpha_1,\quad y(b)+\beta_0 y'(b)=\beta_1 \tag{6.5}$$

其中 $\alpha_0\geqslant 0,\beta_0\geqslant 0,\alpha_0+\beta_0>0$，当 $\alpha_1=0$ 或 $\beta_1=0$ 称为齐次的，否则为非齐次. 微分方程(6.1)或(6.2)附加上第 1，第 2，第 3 类边界条件，分别称为第 1，第 2，第 3 类边值问题.

6-1 打 靶 法

下面以非线性方程的第 1 类边值问题(6.1),(6.3)为例讨论打靶法,其基本原理是将边值问题转化为相应初值问题求解.假定 $y'(a)$的值为 t,这里 t 为解 $y(x)$在 $x=a$ 处的斜率,于是初值问题为

$$\begin{cases} y'' = f(x,y,y') \\ y(a) = \alpha, \\ y'(a) = t \end{cases} \tag{6.6}$$

令 $z=y'$,上述 2 阶方程转化为 1 阶方程组

$$\begin{cases} y' = z \\ z' = f(x,y,z) \\ y(a) = \alpha \\ z(a) = t \end{cases} \tag{6.7}$$

问题转化为求合适的 t,使上述初值问题的解 $y(x,t)$在 $x=b$ 的值满足右端边界条件

$$y(b,t) = \beta \tag{6.8}$$

这样初值问题(6.7)的解 $y(b,t)$就是边值问题(6.1),(6.3)的解,而求(6.7)的初值问题可以用第 1 节已介绍的任何数值方法求解,而解 $y(x,t)$是隐含 t 的连续函数,要使(6.8)成立,即求非线性方程(6.8)的零点,可用任何方程求根的方法,例如牛顿法或其他迭代法.下面我们采用线性插值法,先设 $t=t_0$,即(6.6)中 $y'(a)=t_0$,求解初值问题(6.6)得 $y(b,t_0)=\beta_0$,若$|\beta-\beta_0|\leqslant\varepsilon$(这是 ε 为允许误差),则 $y(x_j,t_0)(j=0,1,\cdots,n)$是初值问题(6.6)离散解,也就是边值问题(6.1),(6.3)的解.当$|\beta-\beta_0|>\varepsilon$ 时可调整初始条件为 $y'(a)=t_1$,重新解初值问题(6.6)得 $y(b,t_1)=\beta_1$,若$|\beta_1-\beta|\leqslant\varepsilon$ 则 $y(x_j,t_1)(j=0,1,\cdots,m)$即为所求,否则修改 t_1 为 t_2,由线性插

值可得到一般计算公式

$$t_{k+1} = t_k - \frac{y(b,t_k) - \beta}{y(b,t_k) - y(b,t_{k-1})}(t_k - t_{k-1}), \quad k = 1,2,\cdots \tag{6.9}$$

计算到 $|y(b,t_k)-\beta| \leqslant \varepsilon$ 为止，则得到边值问题(6.1)，(6.3)的解 $y(x_j,t_k)(j=0,1,\cdots,m)$.

上述过程好比打靶，t_k 为子弹发射斜率，$y(b)=\beta$ 为靶心，当 $|y(b,t_k)-\beta| \leqslant \varepsilon$ 时则得到解，故称**打靶法**. 如图 6-8 所示.

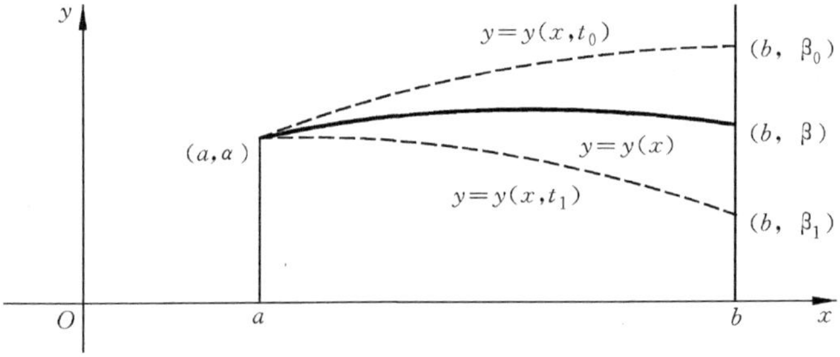

图 6-8

例 6.1 用打靶法求解非线性两点边值问题

$$\begin{cases} 4y'' + yy' = 2x^3 + 16 \quad 2 \leqslant x \leqslant 3 \\ y(2) = 8 \\ y(3) = 35/3 \end{cases}$$

要求误差 $\varepsilon \leqslant \frac{1}{2} \times 10^{-6}$. 精确解为 $y(x) = x^2 + \frac{8}{x}$.

解 相应初值问题为

$$\begin{cases} y' = z \\ z' = -yz/4 + x^3/2 + 4 \\ y(2) = 8 \\ z(2) = t_k \end{cases}$$

对每个 t_k，用 4 阶 RK 方法，即公式(1.5)计算，取步长 $h=0.02$，选 $t_0=1.5$ 求得 $y(3,t_0)=11.4889$，$|y(3,t_0)-35/3|=0.1777>\varepsilon$，再选 $t_1=2.5$ 求得 $y(3,t_1)=11.8421$，$|y(3,t_1)-35/3|=0.0755>\varepsilon$，由(6.9)求 t_2，得

$$t_2=t_1-\frac{y(3,t_1)-35/3}{y(3,t_1)-y(3,t_0)}(t_1-t_0)=2.0032251$$

求得 $y(3,t_2)=11.6678$，仍达不到要求. 重复以上过程，可求得 $t_3=1.999979$，$t_4=2.000000$，求解初值问题得解 $y(3,t_3)=11.66659$，$y(3,t_4)=11.66666667$ 满足要求，此时解 $y(x_j,t_4)(j=0,1,\cdots,m)$ 即为所求，结果见表 6-1.

表 6-1　非线性边值问题例 6.1 的解

x_j	y_j	$y(x_j)$	$\lvert y(x_j)-y_j\rvert$
2	8	8	0
2.2	8.4763636378	8.4763636363	0.15×10^{-8}
2.4	9.0933333352	9.0933333333	0.18×10^{-8}
2.6	9.8369230785	9.8369230769	0.16×10^{-8}
2.8	10.6971426562	10.6971428571	0.10×10^{-8}
3	11.6666666669	11.6666666667	0.02×10^{-8}

对第 2，第 3 边值问题也可类似处理. 例如对第 2 边值问题(6.1)，(6.4)，它可转化为以下初值问题

$$\begin{cases} y'=z \\ z'=f(x,y,z) \\ y(a)=t_k \\ z(a)=y'(a)=\alpha \end{cases} \tag{6.10}$$

解此初值问题得 $y(b,t_k)$ 及 $z(b,t_k)=y'(b,t_k)$，若

$$|z(b,t_k)-\beta|\leqslant\varepsilon$$

则 $y(b,t_k)$ 为边值问题(6.1)，(6.4)的解.

6-2 差 分 法

差分方法是解边值问题的一种基本方法，它利用差商代替导数，将微分方程离散化为非线性或线性方程组（即差分方程）求解．下面先考虑如下的第1边值问题

$$\begin{cases} y'' = f(x,y), & a \leqslant x \leqslant b \\ y(a) = \alpha \\ y(b) = \beta \end{cases} \tag{6.11}$$

将$[a,b]$做$N+1$等分，分点为$x_i = a + ih, i = 0,1,\cdots,N+1, h = \dfrac{b-a}{N+1}$，若在$[a,b]$内点$x_i(i=1,\cdots,N)$用差商近似导数，由

$$y''(x_i) = \frac{y(x_{i+1}) - 2y(x_i) + y(x_{i-1})}{h^2} - \frac{h^2}{12} y^{(4)}(z_i)$$

忽略余项，并令$y_i \approx y(x_i)$，则(6.11)离散化得差分方程

$$\begin{cases} \dfrac{y_{i+1} - 2y_i + y_{i-1}}{h^2} = f(x_i, y_i), & i = 1,\cdots,N \\ y_0 = \alpha \\ y_{N+1} = \beta \end{cases} \tag{6.12}$$

用差分方程(6.12)逼近边值问题(6.11)，其截断误差阶为$O(h^2)$，为得到更精确的逼近可利用泰勒展开．设(6.11)中的微分方程改用以下差分格式逼近，即

$$y_{i+1} - 2y_i + y_{i-1} = h^2[\beta_1 f(x_{i+1}, y_{i+1}) + \beta_0 f(x_i, y_i) + \beta_{-1} f(x_{i-1}, y_{i-1})] \tag{6.13}$$

其中$\beta_1, \beta_0, \beta_{-1}$为待定参数，记

$$L[y(x);h] = y(x+h) - 2y(x) + y(x-h) - h^2[\beta_1 y''(x+h) + \beta_0 y''(x) + \beta_{-1} y''(x-h)]$$

在x处按泰勒公式展开到h^6，按h幂次整理得

$$L[y(x);h] = [1 - (\beta_1 + \beta_0 + \beta_{-1})]h^2 y''(x) +$$

$$(\beta_{-1}-\beta_1)h^3y'''(x)+$$

$$\left[\frac{2}{4!}-\frac{1}{2}(\beta_1+\beta_{-1})\right]h^4y^{(4)}(x)+$$

$$\frac{1}{3!}(\beta_{-1}-\beta_1)h^5y^{(5)}(x)+$$

$$\left[\frac{2}{6!}-\frac{1}{4!}(\beta_1+\beta_{-1})\right]h^6y^{(6)}(x)+O(h^7)$$

若令　$1-(\beta_1+\beta_0+\beta_{-1})=0,\beta_{-1}-\beta_1=0,\dfrac{2}{4!}-\dfrac{1}{2}(\beta_1+\beta_{-1})=0$,

解得　$\beta_0=\dfrac{10}{12},\beta_{-1}=\beta_1=\dfrac{1}{12}$,且

$$L[y(x);h]=-\frac{1}{240}h^6y^{(6)}(x)+O(h^7) \tag{6.14}$$

将以上结果代入(6.13),则得(6.11)的差分方程

$$\begin{cases} y_{i+1}-2y_i+y_{i-1}=\dfrac{h^2}{12}(f_{i+1}+10f_i+f_{i-1}), \quad i=1,\cdots,N \\ y_0=\alpha \\ y_{N+1}=\beta \end{cases} \tag{6.15}$$

它的截断误差由(6.14)得到,逼近阶为 $L[y(x);h]/h^2=O(h^4)$.

建立差分方程以后还要讨论差分方程的可解性及解法,并且证明差分方程解 y_i 当 $h\to0$ 时 $\lim\limits_{h\to0}y_i=y(x_i)$. 下面以差分方程(6.12)为例讨论它的可解性及解法. 将(6.12)改写成

$$\boldsymbol{Ay}+\boldsymbol{\Phi}(\boldsymbol{y})=\boldsymbol{0} \tag{6.16}$$

其中

$$\boldsymbol{A}=\begin{pmatrix} 2 & -1 & & & \\ -1 & 2 & -1 & & \\ & \ddots & \ddots & \ddots & \\ & & -1 & 2 & -1 \\ & & & -1 & 2 \end{pmatrix} \quad \boldsymbol{y}=\begin{pmatrix} y_1 \\ y_2 \\ \vdots \\ y_{N-1} \\ y_N \end{pmatrix}$$

$$\boldsymbol{\Phi}(\mathbf{y}) = h^2 \begin{pmatrix} f(x_1, y_1) - \alpha/h^2 \\ f(x_2, y_2) \\ \vdots \\ f(x_{N-1}, y_{N-1}) \\ f(x_N, y_N) - \beta/h^2 \end{pmatrix}$$

当 $f(x,y)$ 关于 y 非线性，则 $\boldsymbol{\Phi}(\mathbf{y})$ 非线性，故(6.16)是一个非线性方程组，(6.16)实际上就是第 4 章的(1.5)式. 它可用第 4 章介绍的牛顿法或其他迭代法求解，并有如下结论：

定理 6.1 对边值问题(6.11)，设 $f, \dfrac{\partial f}{\partial y}$ 在域 $D=\{a\leqslant x\leqslant b, |y|<\infty\}$ 中连续，且在 D 中 $\dfrac{\partial f(x,y)}{\partial y}\geqslant 0$，则非线性方程组(6.16)存在唯一解 $\mathbf{y}^*$，可用牛顿迭代法

$$\mathbf{y}^{(k+1)} = \mathbf{y}^{(k)} - (\mathbf{A} + \boldsymbol{\Phi}'(\mathbf{y}^{(k)}))^{-1}(\mathbf{A}\mathbf{y}^{(k)} + \boldsymbol{\Phi}(\mathbf{y}^{(k)})), k = 0,1,\cdots \tag{6.17}$$

求解，并有 $\lim\limits_{k\to\infty}\mathbf{y}^{(k)} = \mathbf{y}^*$.

定理证明可见文献[25]. 在定理 6.1 条件下还可得到差分方程(6.16)解的收敛性，即 $\lim\limits_{h\to 0}|y_i - y(x_i)|=0, i=1,\cdots,N$.

对边值问题(6.1)，(6.3)，可类似地得到相应的差分方程

$$\begin{cases} y_{i+1} - 2y_i + y_{i-1} = h^2 f\left(x_i, y_i, \dfrac{y_{i+1} - y_{i-1}}{2h}\right) \\ y_0 = \alpha \\ y_{N+1} = \beta \end{cases} \tag{6.18}$$

并有如下结论：

定理 6.2 设边值问题(6.1)，(6.3)中，函数 $f, \dfrac{\partial f}{\partial y}, \dfrac{\partial f}{\partial y'}$ 在域 $D=\{(x,y,y')\,|\,a\leqslant x\leqslant b, |y|<\infty, |y'|<\infty\}$ 中连续且在 D 中 $\dfrac{\partial f}{\partial y}(x,y,y')\geqslant 0, M\geqslant\left|\dfrac{\partial f}{\partial y'}(x,y,y')\right|$，则边值问题(6.1)，(6.3)有唯一解，再要求 $h\leqslant\dfrac{2}{M}$，则(6.18)有唯一解.

解非线性方程组(6.18)仍可用牛顿法.

下面再考察线性边值问题(6.2),(6.3),类似可得到线性差分方程

$$
\begin{cases}
\dfrac{y_{i+1}-2y_i+y_{i-1}}{h^2}-p_i\dfrac{y_{i+1}-y_{i-1}}{2h}-q_iy_i=r_i,\ i=1,\cdots,N \\
y_0=\alpha, \\
y_{N+1}=\beta
\end{cases}
\tag{6.19}
$$

其中 $p_i=p(x_i),q_i=q(x_i),r_i=r(x_i)$,重新改写得

$$
\begin{cases}
-(1+\dfrac{h}{2}p_i)y_{i-1}+(2+h^2q_i)y_i-\left(1-\dfrac{h}{2}p_i\right)y_{i+1} \\
=-h^2r_i\quad i=1,\cdots,N \\
y_0=\alpha,\ y_{N+1}=\beta
\end{cases}
$$

将第 2 式代入第 1 式并写成矩阵形式,得线性方程组

$$
\boldsymbol{Ay}=\boldsymbol{b}
\tag{6.20}
$$

其中

$$
\boldsymbol{A}=\begin{pmatrix}
2+h^2q_1 & \dfrac{h}{2}p_1-1 & & & \\
-1-\dfrac{h}{2}p_2 & 2+h^2q_2 & \dfrac{h}{2}p_2-1 & & \\
& \ddots & \ddots & \ddots & \\
& & -1-\dfrac{h}{2}p_{N-1} & 2+h^2q_{N-1} & \dfrac{h}{2}p_{N-1}-1 \\
& & & -1-\dfrac{h}{2}p_N & 2+h^2q_N
\end{pmatrix}
$$

$$
\boldsymbol{y}=\begin{pmatrix} y_1 \\ y_2 \\ \vdots \\ y_{N-1} \\ y_N \end{pmatrix},\qquad
\boldsymbol{b}=\begin{pmatrix}
-h^2r_1+\left(1+\dfrac{h}{2}p_1\right)\alpha \\
-h^2r_2 \\
\vdots \\
-h^2r_{N-1} \\
-h^2r_N+\left(1-\dfrac{h}{2}p_N\right)\beta
\end{pmatrix}
$$

对第 2,3 类边值问题,可类似地将相应边界条件(6.4)及

(6.5)离散化，分别得到(6.4)的差分近似

$$\frac{-y_2+4y_1-3y_0}{2h}=\alpha,\frac{3y_{N+1}-4y_N+y_{N-1}}{2h}=\beta \tag{6.21}$$

及

$$\frac{-y_2+4y_1-3y_0}{2h}-\alpha_0 y_0=\alpha_1,\frac{3y_{N+1}-4y_N+y_{N-1}}{2h}+\beta_0 y_N=\beta \tag{6.22}$$

将它们分别代替(6.19)中的边界条件，则可得相应的关于 $y_0,y_1,\cdots,y_{N+1}$ 的 $N+2$ 个方程的线性方程组.

定理 6.3 设在 $[a,b]$ 上 $q(x)\geqslant 0$，$L=\max\limits_{a\leqslant x\leqslant b}|p(x)|$，则当 $h<\frac{2}{L}$ 时，方程组(6.20)存在唯一解.

定理 6.4 设在 $[a,b]$ 上 $q(x)\geqslant 0$，$p(x)\equiv 0$，边值问题(6.2)，(6.3)的解为 $y(x)$，$y(x)\in C^4[a,b]$，$M_4=\max\limits_{a\leqslant x\leqslant b}|y^{(4)}(x)|$. (6.20)的解为 $y_i(i=1,\cdots,N)$，则 $|y(x_i)-y_i|\leqslant\frac{M_4(b-a)^2}{96}h^2$.

定理说明若 $x=x_i$ 固定，当 $h\to 0$ 时差分方程的解 y_i 收敛到微分方程边值问题的解 $y(x)$.

差分方程(6.20)是一个三对角的线性方程组，可用追赶法求解.

例 6.2 用差分法解线性边值问题

$$\begin{cases} y''=-\frac{2}{x}y'+\frac{2}{x^2}y+\frac{\sin(\ln x)}{x^2}, 1\leqslant x\leqslant 2 \\ y(1)=1 \\ y(2)=2 \end{cases}$$

解 若取 $h=0.1$，$N=9$，这里 $p(x)=-\frac{2}{x}$，$q(x)=\frac{2}{x^2}$，$r(x)=\frac{\sin(\ln x)}{x^2}$，可按(6.20)列出三对角的线性差分方程，然后用追

赶法求解,并与精确解 $y(x)$ 比较,结果见表 6-2,本题精确解为

$$y(x)=c_1x+\frac{c_2}{x^2}-\frac{1}{10}[3\sin(\ln x)+\cos(\ln x)]$$

其中 $c_1=1.178414026, c_2=-0.078414026$

表 6-2

i	x_i	y_i	$y(x_i)$	$\|y_i-y(x_i)\|$
0	1.0	1.00000000	1.00000000	—
1	1.1	1.09260052	1.09262930	2.88×10^{-5}
2	1.2	1.18704313	1.18708484	4.17×10^{-5}
3	1.3	1.28333687	1.28338236	4.55×10^{-5}
4	1.4	1.38140205	1.38144595	4.39×10^{-5}
5	1.5	1.48112026	1.48115942	3.92×10^{-5}
6	1.6	1.58235990	1.58239246	3.26×10^{-5}
7	1.7	1.68498902	1.68501396	2.49×10^{-5}
8	1.8	1.78888175	1.78889853	1.68×10^{-5}
9	1.9	1.89392110	1.89392951	8.41×10^{-6}
10	2.0	2.00000000	2.00000000	—

评　　注

常微分方程初值问题的数值方法在"数值分析"中已有详细论述,本章只就方法的相容性,收敛性与稳定性等基本概念进行讨论,详细证明不作为要求,这些概念有助于加深数值方法的理解,也是解刚性方程的理论基础,特别是关于绝对稳定性和绝对稳定域与刚性方程数值方法关系更为密切.本章重点是介绍刚性方程数值解法,对多步法只介绍吉尔方法及 2 阶导数方法,关于线性多步法的 $A(\alpha)$-稳定性及刚性稳定性及其他数值方法可见文献[35,36].有关计算及软件实现可见文献[43].隐式龙格-库塔法是解刚

性方程另一类重要方法，本章只介绍方法建立及 A-稳定性的结论，详细论证及其他稳定性概念和理论可见文献[38]. 非线性方法是一类具有 A-稳定的显式方法，由于不用解非线性方程组，计算量少，尤其对高维方程组效果更明显，文献[41]给出的算法是在实践中表明很有效的算法. 其他适合于解刚性方程的数值方法还有很多，可见文献[36].

边值问题是另一类常微分方程定解问题，有很多实际应用背景，这类问题比初值问题复杂得多，通常要满足一定条件才存在唯一解. 本章只介绍 2 阶方程两点边值问题的打靶法及差分方法，其他数值方法及一般 m 阶方程组边值问题数值方法，可见文献[35, 42,44,45].

习　　题

1. 用改进欧拉法求下列初值问题近似解

(1) $y'=\left(\frac{y}{t}\right)^2+\left(\frac{y}{t}\right)$, $1\leqslant t\leqslant 1.2$, $y(1)=1$，取 $h=0.1$

(2) $y'=\sin t+e^{-t}$, $0\leqslant t\leqslant 1$, $y(0)=0$，取 $h=0.5$

2. 用 4 阶 RK 方法求上题的数值解.

3. 用 4 阶阿当姆斯显式方法与隐式方法求下列初值问题的数值解：

(1) $y'=-y+t+1$, $0\leqslant t\leqslant 2$, $y(0)=2$，取 $h=0.2$

(2) $y'=\frac{2}{t}y+t^2e^t$, $1\leqslant t\leqslant 2$, $y(1)=0$，取 $h=0.05$

4. 确定常数 α 和 β，使线性多步法

$$y_{n+3}-y_n+\alpha(y_{n+2}-y_{n+1})=h\beta(f_{n+2}+f_{n+1})$$

是 4 阶的，并求局部截断误差.

5. 证明线性多步法

$$y_{n+2}+(b-1)y_{n+1}-by_n=\frac{1}{4}h[(b+3)f_{n+2}+(3b+1)f_n]$$

当 $b\neq-1$ 时为 2 阶；$b=-1$ 时为 3 阶；但当 $b=-1$ 时不满足根条件.

6. 找出 α 的范围，使线性多步法

$$y_{n+3}+\alpha(y_{n+2}-y_{n+1})-y_n=\frac{1}{2}h(\alpha+3)(f_{n+2}+f_{n+1})$$

满足根条件，并证明存在一个 α 值使方法为 4 阶.

7. 用 4 阶 RK 方法计算 $y'=-20y, y(0)=1$，当步长 h 分别取 0.1 及 0.2 时，它们计算稳定吗？试分别按这两种步长计算 $0\leqslant t\leqslant 1$，并给出 0(0.2)1 各点的数值解与精确解.

8. 对两步法

$$y_{n+2}-(1+a)y_{n+1}+ay_n=\frac{1}{2}h[(3-a)f_{n+1}-(1+a)f_n]$$

其中 $-1\leqslant a\leqslant 1$，证明绝对稳定区间是 $(-(1+a),0)$，当 $a=-0.9$，且试验方程(1.26)中 $\lambda=-20$，试问求解时步长 h 应取多大？

9. 求下列方程的刚性比，如用 4 阶 RK 方法求解，试问步长 h 允许取多大才能保证计算稳定？

(1) $\begin{cases}u'=-10u+9v\\ v'=10u-11v\end{cases}$　　(2) $\begin{cases}u'=998u+1998v\\ v'=-999u-1999v\end{cases}$

10. 若用欧拉法求解初值问题

$$y'=10(\mathrm{e}^t-y)+\mathrm{e}^t, y(0)=1$$

步长 h 应如何取才不出现病态性质(即不稳定).

11. 证明梯形法是 A-稳定的，若用梯形法由 t_n 到 t_n+h 积分一步得 $\tilde{y}_{n+1}$，然后用 $\frac{h}{2}$ 为步长积分两步得到 $\bar{y}_{n+1}$，可证明 $y_{n+1}=\frac{4\bar{y}_{n+1}-\tilde{y}_{n+1}}{3}$ 的局部截断误差为 $O(h^5)$，问这个方法 A-稳定吗？

12. 判断下列方程是否为刚性方程组：

（1） $\boldsymbol{y}'=\boldsymbol{A}\boldsymbol{y},\boldsymbol{y}\in\mathbf{R}^3,\boldsymbol{A}\in\mathbf{R}^{3\times 3}$，其中

$$\boldsymbol{A}=\begin{bmatrix}-21 & 19 & 20\\ 19 & -21 & 20\\ 40 & -40 & 40\end{bmatrix}$$

（2） $\boldsymbol{y}'=\boldsymbol{A}\boldsymbol{y},\boldsymbol{y}\in\mathbf{R}^2,\boldsymbol{A}\in\mathbf{R}^{2\times 2}$，其中

$$\boldsymbol{A}=\begin{pmatrix}-8 & 7\\ 42 & -43\end{pmatrix}$$

13. 证明含 2 阶导数公式

$$y_{n+1}=y_n+\frac{h}{3}(2y'_{n+1}+y_n{}')-\frac{h^2}{6}y''_{n+1}$$

是 3 阶公式，并且是 A-稳定的.

14. 用 $k=3$ 的吉尔方法求下列方程的解，取 $t\in[0,5]$

$$\begin{cases}y_1{}'=0.01-[1+(y_1+1000)(y_1+1)](0.01+y_1+y_2)\\ y_2{}'=0.01-(1+y_2^2)(0.01+y_1+y_2)\\ y_1(0)=0,y_2(0)=0\end{cases}$$

15. 试推导公式(4.14)及(4.18).

16. 利用(4.9)及(4.16)推导 $s=2,p=3$ 的 RK 公式：

$$\begin{array}{c|cc}1/3 & 1/3 & 0\\ 1 & 1 & 0\\ \hline & 3/4 & 1/4\end{array}\qquad\qquad\begin{array}{c|cc}0 & 1/4 & -1/4\\ 2/3 & 1/4 & 5/12\\ \hline & 1/4 & 3/4\end{array}$$

17. 试建立 $s=3,p=5$ 的隐式 RK 方法(基于拉道求积)

$$\begin{array}{c|ccc}(4-\sqrt{6})/10 & (24-\sqrt{6})/120 & (24-11\sqrt{6})/120 & 0\\ (4+\sqrt{6})/10 & (24+11\sqrt{6})/120 & (24+\sqrt{6})/120 & 0\\ 1 & (6-\sqrt{6})/12 & (6+\sqrt{6})/12 & 0\\ \hline & (16-\sqrt{6})/36 & (16+\sqrt{6})/36 & 1/9\end{array}$$

18. 求 $s=2,p=3$ 的隐式 RK 方法的稳定性函数.

19. 求 17 题给出的隐式 RK 方法的稳定性函数.

20. 证明两点边值问题

$$y'' = 2\left(y - \frac{1}{2}x + 1\right)^3, y(0) = y(1) = 0$$

有解析解 $y(x)=\frac{1}{x+1}+\frac{1}{2}x-1$. 并用打靶法求其数值解,初值问题求解用 4 阶 RK 方法.

21. 用差分法解边值问题(取 $h=0.5$).

$$\begin{cases} y'' = (1 + x^2)y, -1 < x < 1 \\ y(-1) = y(1) = 1 \end{cases}$$

数值实验题

实验 6.1 (Lorenz 问题与混沌)

问题提出:考虑著名的 Lorenz 方程

$$\begin{cases} \frac{\mathrm{d}x}{\mathrm{d}t} = s(y - x) \\ \frac{\mathrm{d}y}{\mathrm{d}t} = rx - y - xz \\ \frac{\mathrm{d}z}{\mathrm{d}t} = xy - bz \end{cases} \tag{E.6.1}$$

其中 s,r,b 为变化区域有一定限制的实参数. 该方程形式简单,表面上看并无惊人之处,但由该方程揭示出的许多现象,促使"混沌"成为数学研究的崭新领域,在实际应用中也产生了巨大的影响.

实验内容:计算可以直接使用下面的 Matlab 程序,其中方程的形式与(E.6.1)略有差异.

```
%BLZ Plot the orbit around the Lorenz chaotic attractor.
clf
```

```
clc
% Solve the ordinary differential equation describing the
% Lorenz chaotic attractor. The equations are defined in
% an M-file,blzeq. m.
% The values of the global parameters are
global SIGMA RHO BETA
SIGMA=10. ;
RHO=28. ;
BETA=8. /3. ;
% The graphics axis limits are set to values known to
% contain the solution.
axis([10 40 -20 20 -20 20])
view (3)
hold on
title('Lorenz Attractor')
y0=[0 0 eps];
tfinal=100;
y=ode23('blzeq',0,tfinal,y0)
```

其中的函数 blzeq. m 定义为

```
%BLZEQ Equation of the Lorenz chaotic attractor.
% ydot=lorenzeq(t,y).
% The differential equation is written in almost linear form.
global SIGMA RHO BETA
A=[-BETA   0        y(2)
       0   -SIGMA   SIGMA
    -y(2)   RHO       -1];
ydot = A * y;
```

实验要求：

(1) 请读者自己找出(E.6.1)与上述程序中使用的方程间的关系.

(2) 对目前取定的参数值 SIGMA、RHO 和 BETA，选取不同的初始值 y0(当前的程序中的 y0 是在坐标原点)，运行上述的程序，观察计算的结果有什么特点？解的曲线是否有界？解的曲线是不是周期的或趋于某个固定的点？

(3) 在问题允许的范围内适当改变其中的参数值 SIGMA、RHO 和 BETA，再选取不同的初始值 y0，运行上述的程序，观察并记录计算的结果有什么特点？是否发现什么不同的现象？

实验 6.2 (刚性问题)

问题提出：考虑下面的初值问题 $t\in[0,10]$，

$$\begin{cases}\dfrac{\mathrm{d}y_1}{\mathrm{d}t}=-0.013y_1-1000y_1y_2\\[2ex]\dfrac{\mathrm{d}y_2}{\mathrm{d}t}=-2500y_2y_3\\[2ex]\dfrac{\mathrm{d}y_3}{\mathrm{d}t}=-0.013y_1-1000y_1y_2-2500y_2y_3\end{cases}\tag{E.6.2}$$

其中 $\boldsymbol{y}(t)=(y_1(t),y_2(t),y_3(t))^{\mathrm{T}}$，$\boldsymbol{y}(0)=(1,1,0)^{\mathrm{T}}$.

实验内容：刚性比是衡量问题困难程度的重要指标，针对问题合理选择求解刚性问题的方法很重要. Matlab 中提供了丰富的函数求解刚性方程，请读者尝试不同方法求解(E.6.2).

实验要求：

(1) 求解方程(E.6.2). 如果你使用的是 4.0 或 4.2 版本，可以使用函数 ode23 和 ode45，它们采用的算法是 Runge-Kutta 算法.

(2) 如果你使用是 Matlab 5.0 或更新的版本，它提供有专门处理刚性问题的算法，有更大的余地选择算法. 分别用刚性问题的算法和一般问题的算法求解方程(E.6.2)，与(1)比较它们的

计算结果和计算时间，并分析它们的精度.

(3) 在 $t=0.1,0.5,1,2,4,8,10$ 等处，计算解的刚性比.

(4) 尝试编写隐式 Runge-Kutta 算法和非线性方法的 Matlab 程序，计算方程(E.6.2)的解并与前面的计算结果相比较.

实验 6.3 (简单边值问题的求解)

问题提出：边值问题的差分法，是求解常微分方程边值问题最直观、最简单的方法. 考虑一个简单的边值问题

$$\begin{cases} y''(x)+y(x)=6x+x^3, & 0<x<\pi \\ y(0)=0, \quad y(\pi)=\pi^3 \end{cases} \tag{E.6.3}$$

考虑差分解对原方程解的近似.

实验内容：取步长为 $h=\pi/(N+1)$，则上述边值问题的差分离散导致线性代数方程组，其中的

$$A_h=\frac{1}{h^2}\begin{pmatrix} -2+h^2 & 1 & & & \\ 1 & -2+h^2 & 1 & & \\ & \ddots & \ddots & \ddots & \\ & & 1 & -2+h^2 & 1 \\ & & & 1 & -2+h^2 \end{pmatrix}$$

$$b_h=\begin{pmatrix} 6h+h^3 \\ 6(2h)+(2h)^3 \\ \vdots \\ 6(Nh)+(Nh)^3-\pi^3/h^2 \end{pmatrix}$$

实验要求：

(1) 验证上述边值问题的解为 $y(x)=\sin x+x^3$. 用 Matlab 将方程的解析解画出来.

(2) 对给定的步长 h，注意离散后的问题结构上是稀疏的，讨论如何选择求解线性方程组的算法，并比较不同算法的效率.

(3) 减小步长 h 时，离散问题的解是否应当更加接近精确解，为什

么？这时所得的离散问题规模会怎样变化？

(4) 选择不同的步长 h，求解线性问题便得到边值问题的近似解. 比较不同的步长所得数值解逼近原微分方程解的精确程度. 将所得的数值解与解析解画在同一张图上进行比较，分析解的精度与步长的关系.

(5) 打靶法将边值问题转化为初值问题求解. 取步长 $h=0.02$，设定不同的初始斜率，计算(E.6.3)的解.

(6) 试讨论边值问题与初值问题的基本差别. 希望读者通过对具体问题的实验研究，对常微分方程的边值问题有初步的认识.

附录 A　数学软件 Matlab 入门

数学软件是以科学与工程计算为服务对象的，它们从形式上可以区分为两种. 一种是软件平台或称软件工具，它是软件技术不断发展成熟后的产物，虽然近十几年才兴起，但势不可挡，发展很快. 本章介绍的 Matlab 便是典型的一例. 目前较成熟和流行的除 Matlab 之外，还有 Mathematica 和 Maple 等(见附录 C). 数学软件平台的特点是用户界面友好、功能较丰富，而且用户可以基本不了解软件的内部结构及算法，但它们具有程序封闭性较强的弱点.

数学软件的另外一种形式是软件包，它有较长的发展历史. 与软件平台相比，软件包的程序具有较好的开放性，但其功能一般都比较单一，而且要求用户熟悉相应的计算机高级语言. 软件平台通常是以一个或若干个软件包为基础的，例如 Matlab 的很多核心算法是以 LAPACK 和它的早期版本 LINPACK 和 EISPACK 为基础的.

目前流行的数学软件包是计算数学家多年不断积累之大成，通常每个数学软件包均是以几十到上千人年的浩大工作量完成的. 由于 FORTRAN 语言是过去几十年科学计算中使用的主要高级语言，故目前很多的数学软件包仍然是 FORTRAN 程序包. 数学软件包提供的是成熟的算法及经过反复锤炼和优化的程序，因此在工程设计或科学研究中，使用计算机进行模拟时，应当学会用各种数学软件作为底层支撑，切忌直接编写基本算法的子程序，哪怕是最简单的算法，要使程序优化合理亦非易事. 在计算机已经高度发展的今天，数学软件已具有较强的行业性，应予以充分的认同.

A.1 介绍你认识 Matlab

Matlab 是 Matrix Laboratory 的英文缩写，它是一个适用于多种类型计算机及操作系统的数学软件平台，可以使用 Matlab 的计算机大到各种企业级的服务器，小到具有一般配置的个人计算机. Matlab 的基本数据单元是不需要指定维数的矩阵. 你可以把 Matlab 看成是一种计算机语言，但它使用起来要比我们熟悉的其他高级语言简单方便得多.

如果已安装了 Matlab，激活 Matlab 得到命令操作窗口. 用鼠标单击命令窗口顶端的任意一个选项都得到下拉式菜单，其中最常用的是：通过"file"可以方便地打开编辑窗口；通过"help"得到帮助窗口，由此了解和掌握 Matlab 更全面的信息. 绘图时图形窗口会自动生成.

Matlab 的基本控制都是通过命令窗口实现的，下面几节分别介绍 Matlab 的基本函数和绘图等功能.

A.2 用 Matlab 处理矩阵——容易

矩阵在 Matlab 中是基本的数据单元，关于它的基本概念可以参阅一般的线性代数教材. Matlab 中矩阵变量名必须是以字母开头的，由字母和数字组成的字符串.

2.1 形成矩阵 在 Matlab 中形成矩阵的办法有多种. 生成小型矩阵的常用办法是直接从键盘输入. 例如在命令窗口击入

```
A=[1 3 2;3 1 0;2 1 5]〈enter〉
```

在命令窗口会显示如下结果：

```
A=

    1  3  2
```

3 1 0

2 1 5

即变量 A 赋值为一个 3 阶方阵. 注意输入矩阵的命令中空格和“;”的含义 . 在命令窗口再击入(注意与输入 A 时命令的区别)

B=[4 3 6 ;5 1 4;3 4 6];〈enter〉

其结果是变量 B 赋值为一个 3 阶方阵,但结果并不输出在命令窗口上.

形成大规模矩阵的常用方法是使用“load”语句从数据文件直接读入. 如“fort. 1”是一个纯数据文件,若该文件共有 m 行,行与行由“回车”符分割,同一行上数据两两之间由空格隔开,且每一行数据个数均为 n 个,则

load fort. 1;〈enter〉

的执行结果是形成一个 $m\times n$ 矩阵 fort. 如果再执行命令

size(fort)〈enter〉

会给出矩阵 fort 的维数.

其他形成矩阵的技巧在后面部分还会陆续介绍.

2.2 特殊矩阵 线性代数中有若干有特殊意义和结构的矩阵,在 Matlab 中则可以很容易地得到它们. 最常用的特殊矩阵命令有

ones(m,n);

形成一个 $m\times n$ 阶矩阵,它的所有元素均为“1”;

zeros(m,n);

形成一个 $m\times n$ 阶零矩阵;

eye(n);

形成一个 n 阶单位矩阵.

例如 zeros(size(fort))给出一个与矩阵 fort 同阶的零矩阵.

2.3 矩阵的运算 我们这里讨论矩阵的算术运算、分块和转置. 假设 A 和 B 为前面所输入的矩阵,则执行命令

C＝A＋B；

得到矩阵 A 和 B 的和矩阵 C；

D＝A－B；

得到矩阵 A 和 B 的差矩阵 D；

E＝A＊B；

得到矩阵 A 和 B 的乘积矩阵 F；

F＝A′；

当矩阵 A 为实数矩阵时，得到的 F 就是 A 的转置；而当 A 为复数矩阵时，得到的 F 是 A 的共轭转置.

在矩阵的算术运算中“除法”是必须特殊考虑和研究的，设

$$\boldsymbol{A}\boldsymbol{x}=\boldsymbol{b}$$

其中 $\boldsymbol{A}$ 为方阵，$\boldsymbol{x}$ 为所要求解的向量，$\boldsymbol{b}$ 为已知的向量. 上述的问题称为线性方程组，是线性代数讨论的中心问题之一. 使用Matlab 的一个语句就可以得到该问题的解，如命令

b＝ones(3,1)；x＝A/b；〈enter〉

就得到一个 3 阶线性方程组的解，该运算所涉及的算法是本书讨论的课题之一.

在 Matlab 这个平台上，可以很方便地进行矩阵元素的运算，例如

U(1,2)＝A(2,1)＋A(3,2)；〈enter〉

V(3,1)＝B(2,2)＊A(1,2)；〈enter〉

等都是有意义的语句. 而如果执行

A(1,3)＝5；　A(2,2)＝4；〈enter〉

这时矩阵 A 成为如下的矩阵

A＝

1	3	5
3	4	0
2	1	5

此外矩阵的分块也很容易用 Matlab 命令实现，特别行和列可以被视为特殊的分块矩阵. 例如，A(2,:)和 A(:,3)分别表示矩阵 A 的第 2 行和第 3 列，而且上述符号可以作为向量直接参与计算. 设 H 是一个 10 阶矩阵，则 H(:,4:8)表示的是 H 的第 4 到第 8 列组成的 10×5 矩阵. 从下面的例子读者可以看出其他一些形成矩阵的途径，输入

```
a=[1 3 5 7;2 4 6 8;-2 -3 -4 -5;-4 -5 -6 -7]
```

⟨enter⟩

得到的输出结果为

```
a=
     1    3    5    7
     2    4    6    8
    -2   -3   -4   -5
    -4   -5   -6   -7
```

执行命令

```
v=[1 3 4];b=a(v,4);
```

得到的结果是由 a 的第 4 列的第 1,3,4 个元素组成的向量，即

$$b=(7,-5,-7)^T$$

而如果执行命令

```
b=a(v,:)
```

则输出的结果为

```
b=
     1    3    5    7
    -2   -3   -4   -5
    -4   -5   -6   -7
```

在 Matlab 中“:”是十分常用的. 例如

```
x=-10:2:10;
```

得到的 x 为 11 维的向量，元素为 −10，−8，−6，…，8，10；

y=0:0.1:2;

得到的 y 为 21 维的向量,元素为 0,0.1,0.2,…,1.9,2.0;

z=[1:3 2:2:8 6:3:15];

得到的 z 为向量[1 2 3 2 4 6 8 6 9 12 15].

更复杂一点的例子还可以考虑

```
c=[3.2 4.5;2.4 4.7];
d=[c  ones(size(c));zeros(size(c))  eye(size(c))]
```

它的输出结果为

```
d=

    3.2000  4.5000  1.0000  1.0000
    2.4000  4.7000  1.0000  1.0000
    0.0000  0.0000  1.0000  0.0000
    0.0000  0.0000  0.0000  1.0000
```

另外 rand(m,n)和 randn(m,n)还能生成 $m\times n$ 阶的随机矩阵.

2.4 矩阵的特殊运算 这里主要介绍矩阵的乘幂运算和矩阵元素的运算.

A^p;

得到与 A 同阶的矩阵为 A 的 p 次幂,其中 p 可以是任何的正数.

假设 U 和 V 是同阶的矩阵(或向量),则

p=U.*V;

得到与 U 和 V 同阶的矩阵,其中 p(i,j)=U(i,j)*V(i,j);

q=U.^V;

得到与 U 和 V 同阶的矩阵,其中 q(i,j)=U(i,j)^V(i,j);

r=U./V;

得到与 U 和 V 同阶的矩阵,其中 r(i,j)=U(i,j)/V(i,j);

s=U.\V;

得到与 U 和 V 同阶的矩阵,其中 s(i,j)=V(i,j)/U(i,j).

A.3 用 Matlab 绘图——轻松

计算的可视化是当今科学与工程计算的主导方向之一，Matlab提供了许多可以选用的图形功能，这里简单介绍如下.

3.1 二维图形函数 plot 它是最常用和最简单的绘图命令.例如

plot(x,y,'—');

将向量 x 和 y 对应元素定义的点依次用实线联接(x 和 y 的维数必须一样)；如果 x 和 y 为矩阵，则按列依次处理.

plot(x1,y1,'*',x2,y2,'+');

将向量 x1 和 y1 对应元素定义的点用星号标出，将向量 x2 和 y2 对应元素定义的点用'+'标出. 即 Matlab 可以划线或者点，它提供的点和线类型如下表.

线	符　号	点	符　号
实线	—	实心圆点	.
虚线	--	加号	+
点	:	星号	*
虚线间点	-.	空心圆点	。
		叉号	×

另外"fplot"用于画已定义函数在指定范围内的图像，它与"plot"类似但差别在于 fplot 可以根据函数的性质自适应地选择取值点.

目前大部分的硬拷贝设备尚不能支持颜色，但彩色的显示已经是十分普及的，所以彩色显示在计算可视化中是十分有益的. 颜色在绘图中的使用方法与线形的控制方法一样，常用的颜色有

蓝色	b	黄色	y
红色	r	绿色	g

例如 plot(x,y,'－r') 将 x 和 y 对应的元素定义的点依次用红色实线联接.

3.2 绘图辅助函数 利用这一族函数可以为画出的图像加上标题等内容.

title('· · ·');

在图形的上方显示' '中所指定的内容;

xlabel('· · ·');

将' '中所指定的内容标在 x 轴;

ylabel('· · ·');

将' '中所指定的内容标在 y 轴;

grid;

在图上显示虚线格;

text(x,y,'· · ·');

将' '中所指定的内容显示在由 x,y 所定义的位置上;

gtext('· · ·');

运行到该命令时,屏幕光标位置显示符号"＋"等待,它将' '中所指定的内容标在鼠标指定的位置;

axis([xl xr yl yr]);

其中的 4 个实数分别定义 x 和 y 方向显示的范围;

hold on;

后面 plot 的图将叠加在一起;

hold off;

解除 hold on 命令,plot 将先冲去图形窗口已有图形;

注意上述辅助函数必须放在相应的"plot"语句之后.

3.3 多窗口绘图函数 subplot 该函数的形式为

```
subplot(p,q,r)
```

该命令将图形窗口分成 p 行 q 列共计 $p\times q$ 个格子,在第 r 个格子上画图,格子是从上到下按行依次记数的.

例如考虑 Chebeshev 多项式,它可以用其递推公式定义如下:

$$t_0(x)=1,\quad t_1(x)=x,$$

$$t_k(x)=2xt_{k-1}(x)-t_{k-2}(x),\quad k=2,3,\cdots$$

下面的程序将[−1,1]上的前四个 Chebeshev 多项式画在一张图上.

```
% see how hold works
x=-1:0.05:1;
t0=1.0+0*x;    t1=x;
t2=2*x.*t1-t0;    t3=2*x.*t2-t1;
plot(x,t0);gtext('T0');
title('Chebeshev P');
xlabel('x');ylabel('y');
hold on
plot(x,t1);gtext('T1');
plot(x,t2);gtext('T2');
plot(x,t3);gtext('T3');
hold off
```

得到的图形将在图形窗口输出如图 A-1 所示的图形. 如果将上述一段命令在文件编辑窗口中依次录入,并存为 shd.m,需要运行该程序时,只要在命令窗口输入命令"shd"即可.

而使用 subplot 则程序为

```
% see how subplot works Chebechev
x=-1:0.05:1;
t0=1.0+0*x;    t1=x;
t2=2*x.*t1-t0;    t3=2*x.*t2-t1;
```

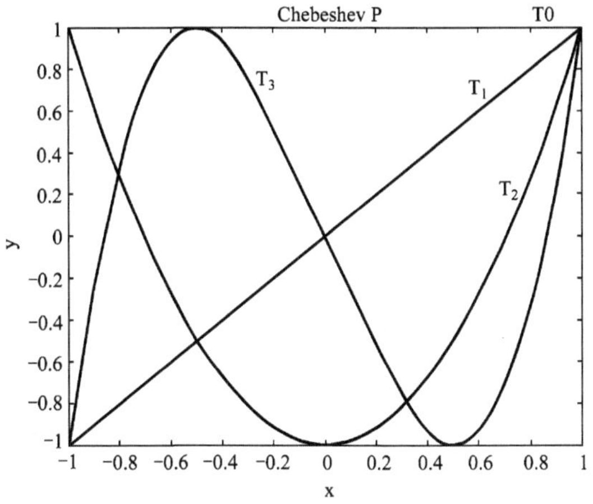

图 A-1　重叠绘出的 Chebeshev 多项式

```
subplot(2,2,1);plot(x,t0);
title('Chebeshev T0');
xlabel('x');ylabel('y');
subplot(2,2,2);plot(x,t1);
title('Chebeshev T1');
xlabel('x');ylabel('y');
subplot(2,2,3);plot(x,t2);
title('Chebeshev T2');
xlabel('x');ylabel('y');
subplot(2,2,4);plot(x,t3);
title('Chebeshev T3');
xlabel('x');ylabel('y');
```

得到的图形输出如图 A-2 所示.

3.4　三维图形函数　三维的立体图形在 Matlab 中形成也不难. 例如对于函数

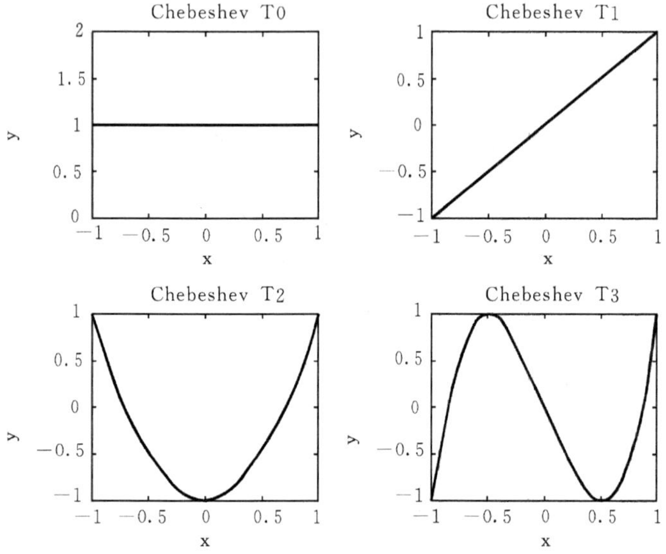

图 A-2　前 4 个 Chebeshev 多项式

$$f(x,y)=\frac{\sin(\sqrt{x^2+y^2})}{\sqrt{x^2+y^2}}$$

下面的程序画出该函数在区域$(x,y)\in[-18,18]\times[-18,18]$上的三维图形.

```
x=-18.0:0.5:18.0;     y=x';
u=ones(size(y)) * x;
v=y * ones(size(x));
r=sqrt(u.^2+v.^2)+eps;
z=sin(r)./r;
mesh(z);
xlabel('x');ylabel('y');
zlabel('z');
```

执行上述程序得到的输出如图 A-3.

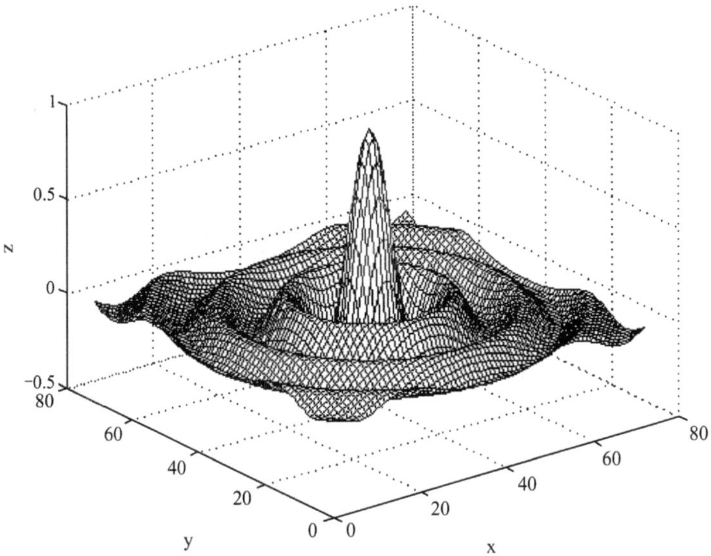

图 A-3　三维图形

A.4　用 Matlab 编程——简洁

将一个完整的命令集合写入 M 文件便是一段 Matlab 程序，但要注意，编程是在 Matlab 的编辑窗口而不是命令窗口.

Matlab 还提供了一般程序语言的基本功能.

4.1　for 循环语句　下面一段程序其含义不言自明.

```
for i=1:n
  for j=1:m
    A(i,j)=sin((i+j)/(m+n))+B(i,j);
  end
```

```
end
```

循环中的步长是可以选择的.如

```
for i=n:-2:n/2
    A(i)=sin(i+n);
end
```

即循环控制变量从 n 开始,步长是−2 到 n/2 结束.

4.2 while 循环语句 与计算机的其他高级语言一样,while 循环语句要由关系运算和逻辑运算给出的逻辑值控制,该语句的一般形式为

```
while (逻辑表达式)
    (一族可执行语句)
end
```

Matlab 中的关系运算有

==	相等	~=	不等,
<=	小于等于,	<	小于,
>=	大于等于,	>	大于.

而 Matlab 提供的逻辑运算有

& 与, | 或, ~非.

4.3 条件语句 我们只简单地看一个例子.

```
for i=1:n
  for j=1:m
    if i==j
      A(i,j)=1;
    else if(i<j)&(i>j/2)
      A(i,j)=-1;
    else
      A(i,j)=0;
    end
```

```
  end
end
```

注意条件语句是以 end 结尾的.

4.4　内部函数　Matlab 有许多内置的库函数,下面介绍若干简单的数学函数.详细的介绍请读者使用 Matlab 中的"帮助"进行学习.注意 Matlab 的内部函数一定是小写字母.

sqrt(x)	为 x 的平方根,	log(x)	为 x 的自然对数,
abs(x)	为 x 的绝对值,	log10(x)	为 x 以 10 为底的对数,
conj(x)	为 x 的复共轭,	exp(x)	为 x 的指数函数。
sin(x)	为 x 的正弦,	gamma(x)	为 x 的 γ-函数,
cosh(x)	为 x 的双曲余弦,	sqrtm(A)	为矩阵 A 的平方根.

除数学函数外,Matlab 还提供许多机器函数,它们也是很有用的.

pause	程序将暂时停在该函数所在的位置,击任意键程序继续执行;
echo on	在命令窗口显示正在执行的程序指令;
cputime	给出 Matlab 所耗用的总机器时间;
clock	给出日期及当前的时间;
tic,toc	记时函数:tic 开始记时,toc 给出前一个 tic 开始的机器时间;
flops	执行 flops(0)起始,flops 给出浮点运算的总数;
etime(t2,t1)	给出 t2,t1 间的机器时间.

4.5　用户自定义函数　Matlab 允许用户使用 M 文件定义函数,但必须符合一定的规则.例如将下面一段程序存为 funsim.m

```
function p=funsim(x)
% define a simple function
p=sqrt(x)-2*x^3+cos(x);
```

所给出的是函数$\sqrt{x}-2x^3+\cos(x)$.函数的输出可以多于一个,

例如

```
function[x1,x2]=quadroot(a,b,c)
% solve quadratic equation ax^2+bx+c=0.
ds=sqrt(b*b-4*a*c);
x1=(-b+ds)/2/a;
x2=(-b-ds)/2/a;
```

将它存为 quadroot.m,它给出二次方程的根.用户如此定义的函数可以与 Matlab 的内部函数同样使用.

A.5 用好 Matlab——祝你们成为好朋友

入门使用 Matlab 的确不困难,但要非常有效地使用和驾御它,充分发挥它的效力,则要有比较多的经验.当你更多地了解 Matlab 后,相信会有相见恨晚的感觉.

5.1 输入与输出 在 Matlab 的一个可执行语句后,如果我们不加";",语句的执行结果便会自动输出到命令窗口上,但这样的输出缺少可控性,显然不能满足要求.常用的输出命令主要有"disp"和"fprintf"两类函数.

```
disp(x);
```

在命令窗口显示 x 的数值,如

```
disp('The iteration starts');
```

在命令窗口显示

```
The iteration starts
```

利用该命令也可以同时显示字符和数字,但要将数值转化为字符显示.如

```
x=3.45;
disp(['The value of x is',unm2str(x),'at this stage']);
```

在命令窗口得到的显示为

```
The value of x is 3.45 at this stage
```

更加方便的输出方式是使用“fprintf”函数，例如

```
fprintf('fort.1','/nx=%8.2fy=%8.6f',x,y)
```

该语句的执行结果是将变量 x 和 y 的按定义的格式输出到文件'fort.1'. 如果文件一项省略将输出到 Matlab 命令窗口. 可以使用的主要格式有

/n	换行输出；
%p.qf	定点格式输出；总字长 p 位，其中小数点后 q 位；
%p.qe	浮点格式输出；总字长 p 位，其中指数用 q 位.

5.2 变量的命名 Matlab 中有几个已经定义的常数，如

eps	机器的精度；
pi	圆周率 π；
inf	零作了除数的输出；
NaN	零被零除的输出；
i、j	虚数单位 $\sqrt{-1}$.

在不需要这些常数的时候上述变量可以重新定义. 但要特别注意的是不要在 Matlab 的命令中包括“Matlab”本身作为变量名，否则可能导致错误. 与用其他计算机高级语言编程一样，变量名最好接近它本身的含义，这样可以增强程序的可读性以便于维护. Matlab 中变量名应是以字母开头，字母和数字组成的字符串，其长度不超过 19 个字符.

5.3 提高 Matlab 的速度 直接使用向量和矩阵运算将提高 Matlab 的速度.

```
% see how good of vector operation
clear;tic;
for i=1:5000
  b(i)=sqrt(i);
end
t=toc;
disp(['Time for loop method:',num2str(t)])
```

```
clear;tic;
a=1:1:5000;
b=sqrt(a);
t=toc;
disp(['Time for vector method:',num2str(t)])
```

上述程序的输出为(这当然与你所用的计算机有关)

```
Time for loop method:12.85
Time for vector method:0.05
```

可以看出其差别有多大.

5.4 再次提醒注意的问题 最后再特别提醒读者:

(1) 文件名和自定义函数名要符合变量名的要求,特别禁止使用 Matlab 的命令和内部函数名作为文件名和自定义函数名.

(2) Matlab 可以不必说明矩阵的维数,但在不是特别简单的 Matlab 程序中,明确说明矩阵的维数是有益而无害的. 通常较好的办法是在开始将矩阵赋值为合适大小的零矩阵.

(3) 要特别小心注意空格的作用. 如

```
a=[2 1-i*5 4+6*i];
```

a 是 3 维的复向量,分量为 2、1-5i、4+6i. 而对于

```
b=[2 1   -i*5 4+6*i];
```

b 则是 4 维的复向量,分量为 2、1、-5i、4+6i.

又如在向量元素运算中,对空格也要格外当心,若

x=[1 2 3 4];则

2. ^x　　意义是 2 与 x 的点积,其结果为 4 维向量 (2,4,8,16);

2. ^x　　意义是 2.0 的 x 次方. 由于 x 为向量,故该运算无意义.

(4) 要习惯于使用 Matlab 提供的"帮助"功能,对 Matlab 有了入门的知识后,这是提高该平台使用水平的捷径.

附录 B　Matlab 的工具箱

软件 Matlab 由美国 Mathworks 公司出品，它的前身是 Cleve Moler 教授（现为美国工程院院士，Mathworks 公司首席科学家）为著名的数学软件包 LINPACK 和 EISPACK 所写的一个接口程序. 经过近 20 年的发展，目前 Matlab 已经发展成一个系列产品，包括它的内核及多个可供选择的工具箱. Matlab 的工具箱数目不断增加，功能不断改善，这里简要介绍其中的几个.

(1) 通讯工具箱(Communication Toolbox)

★提供 100 多个函数及 150 多个 SIMULINK 模块，用于系统的仿真和分析

★可由结构图直接生成可应用的 C 语言源代码

(2) 控制系统工具箱(Control System Toolbox)

★连续系统设计和离散系统设计

★状态空间和传递函数

★模型转换

★频域响应：Bode 图、Nyquist 图、Nichols 图

★时域响应：冲击响应、阶跃响应、斜波响应等

★根轨迹、极点配置、LQG

(3) 金融工具箱(Financial Toolbox)

★成本、利润分析，市场灵敏度分析

★业务量分析及优化

★偏差分析

★资金流量估算

★财务报表

(4) 频率域系统辨识工具箱(Frequency Domain System Identification Toolbox)

★辨识具有未知延迟的连续和离散系统

★计算幅值/相位、零点/极点的置信区间

★设计周期激励信号、最小峰值、最优能量谱等

(5)模糊逻辑工具箱(Fuzzy Logic Toolbox)

★友好的交互设计界面

★自适应神经-模糊学习、聚类以及 Sugeno 推理

★支持 SIMULINK 动态仿真

★可生成 C 语言源代码用于实时应用

(6) 高阶谱分析工具箱(Higher-Order Spectral Analysis Toolbox)

★高阶谱估计

★信号中非线性特征的检测和刻划

★延时估计

★幅值和相位重构

★阵列信号处理

★谐波重构

(7) 图像处理工具箱(Image Processing Toolbox)

★二维滤波器设计和滤波

★图像恢复增强

★色彩、集合及形态操作

★二维变换

★图像分析和统计

(8) 线性矩阵不等式控制工具箱(LMI Control Toolbox)

★LMI 的基本用途

★基于 GUI 的 LMI 编辑器

★LMI 问题的有效解法

★LMI 问题解决方案

(9) 模型预测控制工具箱(Model Predictive Control Toolbox)

★建模、辨识及验证

★支持 MISO 模型和 MIMO 模型

★阶跃响应和状态空间模型

(10) μ 分析与综合工具箱(μ-Analysis and Synthesis Toolbox)

★μ 分析与综合

★H_2 和 H_∞ 最优综合

★模型降阶

★连续和离散系统

★μ 分析与综合理论

(11) 神经网络工具箱(Neural Network Toolbox).

★BP,Hopfield,Kohonen、自组织、径向基函数等网络

★竞争、线性、Sigmoidal 等传递函数

★前馈、递归等网络结构

★性能分析及反应

(12) 优化工具箱(Optimization Toolbox)

★线性规划和二次规划

★求函数的最大值和最小值

★多目标优化

★约束条件下的优化

★非线性方程求解

(13) 偏微分方程工具箱(Partial Differential Equation Toolbox)

★二维偏微方程的图形处理

★几何表示

★自适应曲面绘制

★有限元方法

(14) 鲁棒控制工具箱(Robust Control Toolbox)

★LQG/LTR 最优综合

★H_2 和 H_∞ 最优综合

★奇异值模型降阶

★谱分解和建模

(15) 信号处理工具箱(Signal Processing Toolbox)

★数字和模拟滤波器设计、应用及仿真

★谱分析和估计

★FFT,DCT 等变换

★参数化模型

(16) 样条工具箱(Spline Toolbox)

★分段多项式和 B 样条

★样条的构造

★曲线拟合及平滑

★函数微分、积分

(17) 统计工具箱(Statistics Toolbox)

★概率分布和随机数生成

★多变量分析

★回归分析

★主元分析

★假设检验

(18) 符号数学工具箱(Symbolic Math Toolbox)

★符号表达式和符号矩阵的创建

★符号微积分、线性代数、方程求解

★因式分解、展开和简化

★符号函数的二维图形

★图形化函数计算器

(19) 系统辨识工具箱(System Identification Toolbox)

★状态空间和传递函数模型

★模型验证

★MA,AR,ARMA 等

★基于模型的信号处理

★谱分析

(20) 小波工具箱(Wavelet Toolbox)

★基于小波的分析和综合

★图形界面和命令行接口

★连续和离散小波变换及小波包

★一维、二维小波

★自适应去噪和压缩

本附录的主要内容取自施阳等编,Matlab 语言工具箱,西北工业大学出版社,1998.

附录C　其他数学软件工具概览

数学软件是一类重要的计算机应用软件，这里我们简要介绍除 Matlab 之外的几个著名的软件. 它们在功能上各有特色，已经成为众多学科的基本研究工具，也是数学向其他学科伸展的重要途径.

C.1　Maple

该软件是与 Matlab 关系最密切的一个，Matlab 的符号计算工具箱，就是在 Maple Ⅴ基础上开发研制的.

Maple，英文的意思是一种枫树，主要生长在加拿大. Maple 软件起源于加拿大 Waterloo 大学符号计算研究小组的工作，1985 年推出其第 1 个商业软件版本. 经过十多年的努力和发展，目前已经成为学术界公认的最优秀的数学软件之一. Maple 尤其以它的符号计算能力见长，同时由于该软件比较好的开放性，使它在通用数学软件的激烈市场竞争中，占据了重要地位.

Maple Ⅴ版本提供有数学函数 2000 余种，它们涉及的范围包括：基本代数学、欧几里得几何学、数论、有理函数、微积分、线性代数及矩阵论、微分方程、图形学、离散数学、群论以及数学的其他许多领域. 此外，在数值计算和图形处理上，Maple 也有相当强的功能. Maple 是一个开放的系统，它提供一套内部编程语言，使用户可以开发自己的应用程序. 事实上 Maple 所提供的 2000 多种函数中，绝大部分是用这种语言编写的.

Maple Ⅴ适宜于多种操作系统. 以 Maple Ⅴ for Windows 为

例，启动 Maple 后会出现一个工作窗口，与 Matlab 的工作窗口十分类似. 此时，用户就可以在 Maple 工作区内出现的提示符号“>”后，输入命令，进行工作. 需要特别说明的是，输入表达式的后面必须用分号“;”结尾，以表示命令的结束，然后按回车键进行运算. 如若结尾缺少“;”，那么 Maple 将会认为命令没有结束，而处于等待状态.

Maple 最主要的功能是符号运算. 符号运算的特点在于，运算时无须事先将变量赋值，而计算所得到的结果是以标准的符号形式给出的. 而符号表达式中的数字，也都是不含任何机器误差的绝对准确值(例如 2/3 并不会表示成 0.66666…). 这是通常的浮点计算所无法实现的.

例 1 有理分式运算

```
>f:=expand((41*x^2+x+1)^2*(2*x-1))/expand
  ((3*x+5)*(2*x-1));
```

$$f:=\frac{3362x^5-1517x^4+84x^3-79x^2-1}{6x^2+7x-5}$$

注意，提示符“>”之后的是用户的输入，而第 2 行则是 Maple 的输出结果. 类似地，下面给出的是化简的结果.

```
>normal(f);
```

$$\frac{1681x^4+82x^3+83x^2+2x+1}{3x+5}$$

求准确的符号解，代价通常是计算机运算时间开销大. 为此 Maple 也提供有数值计算的功能. 对于那些有最终符号解的问题，Maple 可根据用户需要把符号结果变换成任何精度的数值结果. 对那些只有中间符号结果的问题，用户可以用数值运算来获取终极解.

例 2 解代数方程

```
>x^3-1/2*x^2*a+13/3*x^2-13/6*x*a
```

-10/3 * x+5/3 * a;

$$x^3-\frac{1}{2}x^2a+\frac{13}{3}x^2-\frac{13}{6}xa-\frac{10}{3}x+\frac{5}{3}a$$

>solve(",x);

$$-5,\frac{2}{3},\frac{1}{2}a$$

注意，第 2 个命令 solve(",x)中的双引号，代表此命令前的最新运算结果.

Maple 还带有一系列的工具软件包. 一旦工具包驻留，就可以得到许多额外的功能，如可用 with(linalg)命令，可以加载线性代数包. 该工具包中有许多线性代数和矩阵运算的功能.

例 3 给出 Vandermonde 矩阵，并计算矩阵行列式的值.

>with(linalg);

>V:=vandermonde([u,v,w]);

$$V:=\begin{bmatrix}1 & u & u^2\\ 1 & v & v^2\\ 1 & w & w^2\end{bmatrix}$$

>d:=det (V);

$$d:=vw^2-v^2w-uw^2+u^2w+uv^2-u^2v$$

Maple 还具有二维及三维图形的功能，支持计算结果的可视化.

例 4 plot3d()为三维图形函数

>plot3d(x * exp(-x^2-y^2),x=-2..2,y=-2..2,
  orientation=[80,57]);

它会给出函数的图形.

C.2 Mathematica

Mathematica 是另外一个极其著名的数学软件，它与 Maple

在功能上有相似之处. 读者借助简单的算例,可以初步了解Mathematica.

美国物理学家 Stephen Wolfram 领导的一个小组,80 年代初开发了一个数学符号计算系统,用来进行量子力学研究的,这就是Mathematica 的前身. 很快 Stephen Wolfram 于 1987 年组建了Wolfram 公司,并很快推出了商品化的数学软件 Mathematica 1.0版. 此后,Wolfram 公司通过改进和扩充其功能,不断推出新的版本,到 1996 年已经升级为 3.0 版.

Mathematica 涵盖广泛的数学分支,特别支持比较复杂的符号计算,因此它的早期用户主要限于数学、物理等理论研究领域. 近几年,Wolfram 公司为更大限度发挥软件的功能,帮助工程技术人员克服直接运用 Mathematica 时所遇的困难,开发了以Mathematica为基础的各种应用软件包,已经推出的有电气工程软件包、小波分析软件包等.

Mathematica 的核心系统是用 C 语言编写的,因此能方便地支持各种计算机的操作系统. 早期的版本有 MS-DOS 386 版 MS-DOS 386/387 版,目前流行的则是 MS-Windows 和各种 Unix 操作系统下的版本. 这里介绍 MS-Windows 的版本.

Mathematica 的工作窗口与 Matlab 也很类似,但其特别之处是系统自动将输入的指令用标题"ln[n]="标识,而输出的结果则用"Out[n]"标识,其中的数字"n"表示已输入和输出的指令顺序数.

例 1 乘方运算

In[1]:=

22^34

系统给出的结果为

Out[1]=

4389056261830591470007906571986683114651910144

说明：Mathematica 的 Windows 版本，要运行已经输入的表达式，需要同时按下 Shift+Enter 键，而不是如通常的只按 Enter 键，这是 Mathematica 的使用中要特别注意的. 工作窗口中“In[n]：=”和“Out[n]=”是系统自动生成的.

例 2 开方运算

In[2]：=

```
%^(1/34)
```

Out[2]=

22

注意，Mathematica 中用符号“%”表示最近 1 次的计算结果，“%%”则表示倒数第 2 次的计算结果，并依此类推.

Mathematica 的一个重要特点是，它能对符号表达式进行处理. 下面是一个符号计算的例子，可以从这个例子中体会 Mathematica符号计算的功能.

例 3 高阶导数运算

In[3]：=

```
D[sin[x]/(x+cos[[2 *  x]),  {x,3}]
```

Out[3]=

$$\frac{6\cos[x]}{x^3}-\frac{\cos[x]}{x}-\frac{6\sin[x]}{x^4}+\frac{3\sin[x]}{x^2}+8\sin[2x]$$

说明，这里“D”是求导操作. 在求导的表达式中，如有多于一个的变量，则进行的是求偏导数操作.

例 4 不定积分

In[4]：=

Integrate[$(x+3)^2+2x+3$, x]

Out[4]：=

$$12x+4x^2+\frac{x^3}{3}$$

Mathematica的图形功能相当强大，图像的质量也比较好. 它支持各种函数图形，包括二维和三维一般显函数图形和参数形式图形. Mathematica系统还有一个与众不同的图形操作特点，图形可以像构造其他表达式一样构造，也可以如同定义其他函数一样被定义.

C. 3 Mathcad

这里要简单介绍的第3个数学软件，是在国外的学校、机关、银行和公司中比较流行的Mathcad. 该软件的风格及服务宗旨，均与前面两个软件有较大的不同.

Mathcad是80年代初推出的，它是出现较早的一个交互式数学软件，其开发商是Mathsoft公司. 该软件的市场定位是，面向广大的教师和学生及工程技术人员，为他们提供一个兼备文字处理、数学计算和图形处理功能的集成工作环境，在该环境下可以方便地准备(自然科学)教学案例，完成有关作业和准备科学分析报告等. 计算的精度、速度、算法稳定性等复杂的数值计算问题，以及需经复杂推理的符号计算问题，都不是Mathcad所致力解决的目标.

Mathcad问世以后，Mathsoft公司不断对它进行完善和扩充，新的版本不断推向市场，到1996年Mathcad已经升级为7.0版，目前最新版本的Mathcad软件，其计算能力远远超出了该软件早期的设计目标.

Mathcad有3个突出的"大众化"特点，是该软件在市场上具有相当竞争力的重要原因.

(1) 它的输入方式完全是人们通常习惯的标准书写格式，数学公式、方程组和矩阵输入后，计算机就能直接给出结果，它输出的形式可以是数字、符号或图形. 用户无需考虑方法以及中间步骤，整个过程就像使用计算器一样简单.

(2) 灵活的“便笺”式文字处理能力.

(3) 由 Mathcad 可以生成所谓的 Electric Book 电子书籍，其中的指令、函数和图形都是“活”的，即指令或函数中任何参数的变化，都会使结果发生相应改变.

由于销售对象的不同，Mathcad 已发展出了很多版本，如学生版，增强版等，它们之间的功能略有差别. 本节将针对 Mathcad 6.0 增强版，对该软件的功能做一个简单的介绍.

Mathcad 6.0 启动后，会出现一个 Mathcad 的工作窗口，与 Matlab 的工作窗口类似，但它上方的操作板有许多标准的数学符号，以使得用户方便地写出所需的数学表达式. 首先在工作区内用鼠标点击一下，工作区内便会出现一个红十字，它提示用户可以开始工作.

作为概要性的介绍，本节不拟介绍 Mathcad 的文字处理功能，而只通过例子介绍它数学方面的功能和特点.

例 1　基本数值运算及内部函数

$$\sqrt{\frac{1.7}{6}}=0.5322906\cdots\cdots$$

(1) 等式左边内容的生成过程是，从操作板上得到平方根号，然后依次键入数字和算符. “加”、“减”、“乘”、“分式号”分别用键盘(或工具模板)上的算符“+”、“-”、“*”和“/”送入，并且在屏幕上自动显示成上述(等号左边的)人们习惯的形式.

(2) 左边输入完，键入“=”便可得到计算的结果. 上式中“=”的键入，意味着对它左边的表达式进行运算.

(3) 本例中的“根号”是 Mathcad 的内部函数. Mathcad 有许多函数，它们可从菜单条上【Math】栏的下拉菜单中，通过【Choose Function】的选择获得，也可通过键盘和工具模板上提供的各种数学符号得到.

例 2　Mathcad 允许用户自定义变量、表达式和函数. 例如

a :=4

$a+\sqrt{a}=6$

g(x,y) :=x · y+3 · y

g(2,3)=15

(1) 上面的第1、3行中的符号" :=",实现对左边的变量(或函数)的赋值(或定义). 该符号既可在【Evaluation and Boolean】操作板上得到,也可以从键盘上输入.

(2) 本例第2行是表达式运算,这时表达式中不允许有未定义的变量.

(3) 第3行定义的是函数,第4行是求函数在给定点上的值.

例 3 定积分的计算

$$\int_0^1 \frac{1}{1+x^2}\mathrm{d}x = 0.785$$

例 4 输入矩阵 **A**,并求矩阵的逆

$$A := \begin{pmatrix} 4 & 5 & 1 \\ 5 & 0 & -12 \\ -7 & 2 & 8 \end{pmatrix}$$

$$A^{-1} = \begin{pmatrix} 0.074 & -0.117 & -0.184 \\ 0.135 & 0.12 & 0.163 \\ 0.031 & -0.132 & -0.077 \end{pmatrix}$$

这里矩阵的输入方法是,单击操作面板中的矩阵图标,或【Math】菜单中选择【Matrices】,选择列数与行数;然后填入元素. 得到 **A** 矩阵逆的操作方法是,依次键入"A"、"^"、"−1"及"=".

C.4 SAS

提及数学软件,SAS似乎是不能不提一笔的,该软件1966年起由美国 North Carolina 洲立大学研制开发,60年代到70年代

广泛用于统计分析,SAS这一名称源于该系统的早期全称Statistical Analysis System.该系统自推出以来,版本翻新很快,功能也不断增加,已经发展完善为大规模的集成应用软件系统.它具有完备的数据存取、管理、分析和可视化功能,在数据处理和系统分析领域,被誉为标准的软件系统.

软件Base SAS是整个SAS系统的基础和核心,它的主要功能是数据管理和数据加工处理,并有报表生成和描述统计的功能.Base SAS软件可单独使用,也可以同其他软件产品一起组成用户的SAS系统.Base SAS软件提供以下方面功能.

(1) 数据管理功能,包括信息的存储和检索,程序的设计与维护,及对文件的操作功能.

(2) 基础统计计算功能,Base SAS软件中有一系列基本的函数和过程,它们能够完成基本的统计计算.包括计算简单的描述统计量,例如均值、标准差、极差、总和、平方和、偏度、峰度、分位数和相关系数等;还可以对数据进行标准化、求秩及计算有关统计量,生成并分析列联表,计算概率分布函数和样本统计量.

(3) 报表生成和图形显示功能,Base SAS软件输出数据和读入数据时,都可以采用很自由形式.除了SAS本身提供的固定报表格式外,用户可以根据自己的需要,设计报表的格式,包括将文件输出到磁盘.SAS的一些基本过程可绘制水平或垂直的直方图、饼图、块图和星形图,还可以画散布图、曲线图、层次图和时间序列图等.

SAS系统是模块化的大规模集成系统,其中,上面介绍的Base SAS是整个系统的基础与核心.其他软件产品均是在Base SAS软件所提供的环境中集成和使用的.用户可以根据自己的需要,灵活地选择相应模块或其中的部分过程,与Base SAS软件一起构成一个用户化的SAS系统.以下是SAS系统的部分产品模块.

SAS/STAT——这是一个完整可靠的统计分析软件包.它的功能包括回归分析、方差分析、属性数据分析,多变量分析、判别与聚类分析、生存分析和实用方法等 8 类方法共 40 多个过程.每个过程提供多种不同的算法选择,从而组成一个庞大的统计分析方法集.该软件是国际统计分析领域的标准软件.

SAS/ETS——用于计量经济与时间序列分析的专用软件.它是研究复杂系统和进行预测的有力工具.利用该软件可以建立各种统计模型,并进行相应的系统模拟和预测.SAS/ETS 包含全面的时间序列时域分析和谱域分析,如实用预测(逐步自回归、指数平滑、Winters 方法)、序列相关校正回归、分布滞后回归、ARIMA 模型、状态空间方法、谱分析和互谱分析等.还提供许多处理时间序列数据的实用程序,如时间频率转换和插值,X11 季节调整等.

SAS/OR——用于运筹学和工程管理的专用软件.该软件提供全面的运筹学方法,是一个强有力的决策支持工具.它辅助人们实现对人力、时间以及其他各种资源的最佳利用.该软件不但包含通用性的线性规划、整数规划及混合整数规划和非线性规划方法,还包含用于项目管理,时间安排和资源分配等问题的一整套办法.

SAS/QC——用于质量控制的专用软件.该软件提供全面质量管理的工具.它研究的对象是过程,既可以是产品制作过程,也可以是某种特定的工作,它提供从发现和明确问题,到进行试验设计和过程的能力分析.还提供一套全屏幕菜单系统,引导用户进行标准的统计过程控制以及试验设计.

SAS/IML——该软件提供功能强大的面向矩阵运算的编程语言,它是用户研究新的算法或解决 SAS 系统中没有现成方法问题辅助的工具.SAS/IML 中处理的基本数据元素是一个矩阵,它允许用户直接用矩阵代数的记号来组成 IML 的程序语句.

SAS/GRAPH——这是一个强有力的图形软件系统,它能够完成多种的绘图功能,如生成等直线图、二维和三维曲线图、直方图、圆饼图、区块图、星形图、地理图及各种映象图.使用这些图形，可以非常形象、直观地表现各变量之间的关系及数据的分布状态，对解决实际问题有重要的辅助作用. SAS/GRAPH 还有一个全屏幕图形编辑器，用户可以自由地绘制文字及图形元素，也可以对图形进行修改.

SAS/FSP——这是一个进行数据处理的交互式菜单系统.它可以完成全屏幕的数据录入、编辑、查询及数据文件的创建等，它也是一个有效的开发工具.

SAS/AF——这是一个应用开发工具系统.利用 SAS/AF 有力的屏幕设计能力及 SCL 语言的处理能力，可以快捷地开发各种应用系统. SAS/AF 采用先进的 OOP(面向对象编程)技术，使用户可以方便快速地实现各类具有图形用户界面(GUI)的应用系统.

SAS/ASSIST——该软件为 SAS 系统提供了面向任务的菜单驱动界面.它可以免去用户学习 SAS 语言的负担，同时 SAS/ASSIST生成的 SAS 程序既可辅助有经验的用户快速编写 SAS 程序，又可辅助新用户学习 SAS 语言.该软件是利用 SAS/AF 开发的产品，用户可以根据自己需要调用 SAS/ASSIST 的不同部分，或裁剪 SAS/ASSIST 的菜单来构成自己的应用系统.

SAS/ACCESS——该软件为用户提供了透明地访问其他数据库文件的功能，该软件可以访问目前流行的许多数据库管理系统的文件，包括 ADABAS、AS/400、CA-DATACOM、CA-IDMS/R、DB2、DB2/2、DB2/6000、IMS-DL/I、Informix、INGRES、ODBC、ORACLE、PC File Formats、DEC Rdb、SOL/DS、DYBASE、SQL Server 和 SYSTEM 2000.

SAS/INSIGHT——该软件是 SAS 系统下进行完整数据分析的子系统.它为用户提供了一个可进行交互式数据分析的工具.用户可以同时打开多个窗口，对数据和图像进行比较和分析.

SAS/LAB——这也是 SAS 系统下一个完整进行数据分析的子系统. 它为用户提供一个菜单驱动、面向任务的解释引导式数据分析功能.

SAS/TOOIKIT——这是 SAS 的功能扩充工具. 用户可以使用各种高级语言编写 SAS 的过程、函数和输入出格式等, 通过该软件可以使得这些转化为用户 SAS 系统的组成部分.

参 考 文 献

1 李庆扬，易大义，王能超. 现代数值分析. 北京：高等教育出版社，1995

2 李庆扬，王能超，易大义. 数值分析. 第 3 版. 武汉：华中理工大学出版社，1986

3 关治，陆金甫. 数值分析基础. 北京：高等教育出版社，1998

4 Dahlqist G et al. 数值方法. 包雪松译. 北京：高等教育出版社，1990

5 关治，陈景良. 数值计算方法. 北京：清华大学出版社，1990

6 陈景良. 并行算法引论. 北京：石油工业出版社，1992

7 李晓梅，蒋增荣. 并行算法. 长沙：湖南科学技术出版社，1992

8 王德人，杨忠华. 数值逼近引论. 北京：高等教育出版社，1990

9 黄友谦，李岳生. 数值逼近，第 2 版. 北京：高等教育出版社，1987

10 Davis P J，Rabinowitz P. 数值积分法. 冯振兴，伍富良译. 北京：高等教育出版社，1986

11 Davis P J. Interpolation and Approximation. Boston：Ginn(Blaisdell)，Massachusetts，1963

12 Haber S. Numerical Evaluation of Multiple Integrals. SIAM Rev，1970，12：481～526

13 Nürnberger G . Appoximationly Spline Functions . Berlin：Spring-Verlag，1989

14 Collatz L , The Numerical Treatment of Differential Equations. 3rd ed. Berlin：Springer，1966

15　裴鹿成，张孝泽. 蒙特卡罗方法及其在粒子输运问题中的应用. 北京：科学出版社，1980

16　蔡大用. 数值代数. 北京：清华大学出版社，1987

17　曹志浩. 数值线性代数. 上海：复旦大学出版社，1996

18　胡家赣. 线性代数方程组迭代解法. 北京：科学出版社，1991

19　Ciarlet P G. 矩阵数值分析与最优化. 胡健伟译. 北京：高等教育出版社，1990

20　Golub G H，C F Van Loan. 矩阵计算. 廉庆荣等译. 大连：大连理工大学出版社，1988

21　Yousef Saad . Iterative Methods for Sparse Linear Systems. Boston：PWS Bublishing Company，1996

22　Evans D S , ed . Sparsity and Its Applications . Cambridge：Cambridge University Press，1985

23　Stoer J , Bulirsch R . Introduction to Numerical Analysis. New York：Springer-Verlag，1980

24　Varga R S. 矩阵迭代分析. 蒋尔雄等译. 上海：上海科技出版社，1966

25　Ortega J M，Reinboldt W C. 多元非线性方程组迭代解法. 朱季纳译. 北京：科学出版社，1983

26　李庆扬，莫孜中，祁力群. 非线性方程组的数值解法. 北京：科学出版社，1987

27　李庆扬，任力伟. 非线性方程组自动变同伦方法. 清华大学学报(数学专辑)，1988，28：28～34

28　O'Leary D P，White R E. Multispliting of Matrices and Parallel of Linear Systems. SIAM J. Alg. Disc. Methods，1985，6：630-640

29　Neumann M，Plemmons R J. Convergence of Parallel

Multisplitting Methods for M-matrices. Linear Algebra Appl, 1987,88-89:559～574

30 Frommer A, Mayer G. Convergence of Relaxed Parallel Multisplitting Methods. Linear Algebra Appl, 1989, 119: 141～152

31 Frommer A . Parallel Nonlinear Multisplitting Methods. Numer. Math. ,1989,56:269～282

32 Pissanetzky S. Sparse Matrix Technology. New York: Academic Press, 1984

33 Watkins D S. Fundamentals of Matrix Computations. New York: John Wiley & Sons, 1991

34 Wilkinson J H. 代数特征值问题. 石钟慈等译. 北京:科学出版社,1987

35 李庆扬. 常微分方程数值解法(刚性问题与边值问题). 北京:高等教育出版社,1992

36 袁兆鼎,费景高,刘德贵. 刚性常微分方程初值问题的数值解法. 北京:科学出版社,1987

37 李庆扬,谢敬东. 刚性常微分方程的一种线性多步法. 清华大学学报,1991,31(6):1～11

38 Dekker K, Verwer J. Stability of Runge-Kutta Methods for Stiff Nonlinear Differential Equations. Oxford: North Holland Publ. Comp. ,1984

39 Lambert J D . Numerical Methods for Ordinary Differential Systems: The Initial Value Problem. Chichoster: John Wiley & Sons, 1991

40 Lambert J D. Nonlinear Methods for Stiff Systems of ODE. in: Conference on the numerical solution of differential equations. Springer-Verlag 1974. 75～88.

41 Cao Yang, Li Qingyang. A-Stable Explicit Nonlinear Runge-Kutta Methods. Tsinghua Science and Technology,1998,3(4):1227～1232

42 Keller H B. Numerical Solution of two Point Boundary Value Problems. Philadelphia;Pennsylvania 19103,1976

43 Aiken R C . Stiff Computation . Oxford : Oxford University Press,1985

44 Aziz A K . Numerical Solutions of Boundary Value Problems for Ordinary Differential Equations. New York: Academic Press Inc. ,1975

45 Kubicek M , Hiavacek V . Numerical Solution of Nonlinear Boundary Value Problem With Applications. Prentice-Hall In Englewoed Cliff,1983

索　引

A

B

C

D

E

F

G

H

J

K

L

M

N

P

Q

R

S

T

W

X

Y

Z